KB219081

세상이 변해도
배움의 즐거움은
변함없도록

시대는 빠르게 변해도
배움의 즐거움은
변함없어야 하기에

어제의 비상은
남다른 교재부터
결이 다른 콘텐츠
전에 없던 교육 플랫폼까지

변함없는 혁신으로
교육 문화 환경의 새로운 전형을
실현해왔습니다.

비상은 오늘, 다시 한번
새로운 교육 문화 환경을 실현하기 위한
또 하나의 혁신을 시작합니다.

오늘의 내가 어제의 나를 초월하고
오늘의 교육이 어제의 교육을 초월하여
배움의 즐거움을 지속하는 혁신,

바로, 메타인지 기반 완전 학습을.

상상을 실현하는 교육 문화 기업 비상

메타인지 기반 완전 학습
초월을 뜻하는 meta와 생각을 뜻하는 인지가 결합한 메타인지는
자신이 알고 모르는 것을 스스로 구분하고 학습계획을 세우도록 하는
궁극의 학습 능력입니다. 비상의 메타인지 기반 완전 학습 시스템은
잠들어 있는 메타인지를 깨워 공부를 100% 내 것으로 만들도록 합니다.

오투

과학탐구

생명과학I

STRUCTURE ... 구성과 특징

❶ 핵심 개념만 쏙쏙 뽑은 내용 정리

내신 및 수능 대비에 핵심이 되는 내용을 개념과 도표를 이용하여 한눈에 들어오도록 쉽고 간결하게 정리하였습니다.

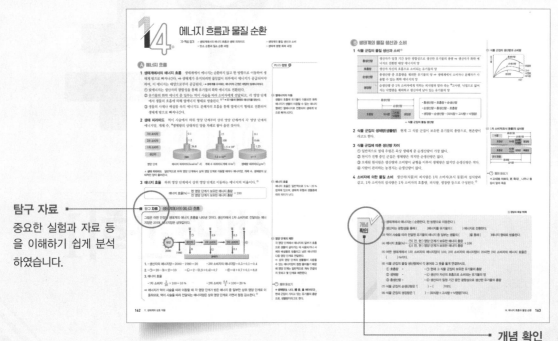

탐구 자료
중요한 실험과 자료 등을 이해하기 쉽게 분석하였습니다.

개념 확인
핵심 개념을 이해했는지 바로 바로 확인할 수 있습니다.

❷ 기출 자료를 통한 수능 자료 마스터

개념은 알지만 문제가 풀리지 않았던 것은 개념이 문제에 어떻게 적용되었는지 몰랐기 때문입니다. 수능 및 평가원 기출 자료 분석을 ○, × 문제로 구성하여 한눈에 파악하고 집중 훈련이 가능하도록 하였습니다.

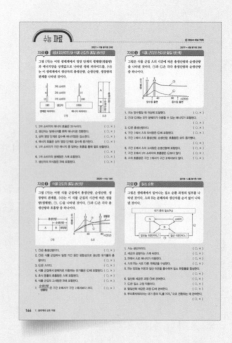

❸ 수능 1점, 수능 2점, 수능 3점 문제까지!

기본 개념을 확인하는 수능 1점 문제와 수능에 출제되었던 2점·3점 기출 문제 및 이와 유사한 난이도의 예상 문제로 구성하였습니다.

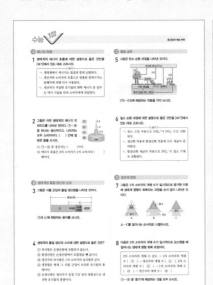
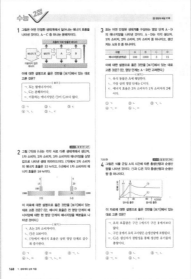
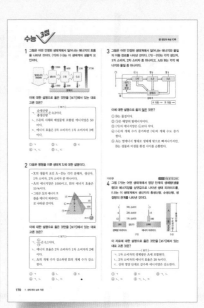

❹ 정확하고 확실한 해설

각 보기에 대한 자세한 해설을 모두 제시하였습니다.
특히, [자료 분석]과 [선택지 분석]을 통해 해설만으로는 이해하기 어려웠던 부분을 완벽하게 이해할 수 있도록 하였습니다.

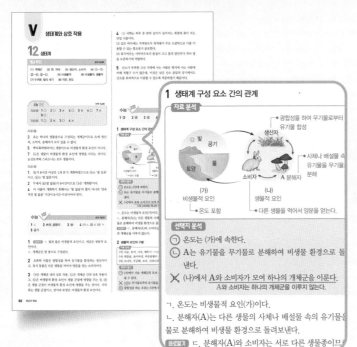

대수능 대비 특별자료

- **최근 4개년 수능 출제 경향**
- **대학수학능력시험 완벽 분석**
- **실전 기출 모의고사 2회**
  실전을 위해 최근 3개년 수능, 평가원 기출 문제로 모의고사를 구성하였습니다.
- **실전 예상 모의고사 3회**
  완벽한 마무리를 위해 실제 수능과 유사한 형태의 예상 문제로 구성하였습니다.

CONTENTS ... 차례

IV 유전

V 생태계와 상호 작용

생명 과학의 이해

생물의 특성과 생명 과학의 탐구

≫핵심 짚기 › 생물의 특성   › 바이러스의 생물적 특성과 비생물적 특성
          › 생명 과학의 통합적 특성   › 생명 과학의 탐구 방법

Ⓐ 생물의 특성

1 세포로 구성 모든 생물은 세포로 구성되며, 세포는 생물의 구조적·기능적 단위이다.
 ① 단세포 생물: 하나의 세포로 이루어진 생물 **예**아메바, 짚신벌레, 대장균
 ② 다세포 생물: 수많은 세포로 이루어진 생물 **예**사람, 코끼리, 소나무●

2 물질대사 생명체에서 일어나는 모든 화학 반응을 물질
대사라고 하며, 생물은 물질대사를 통해 몸에 필요한 물
질과 에너지를 얻어 생명을 유지한다.
 ① 물질대사 과정에는 효소가 관여하며, 에너지가 흡수
   되거나 방출된다.
 ② 물질대사는 동화 작용과 이화 작용으로 구분한다.●

▲ 동화 작용과 이화 작용

구분	동화 작용	이화 작용
물질 변화	간단한 물질을 복잡한 물질로 합성한다.	복잡한 물질을 간단한 물질로 분해한다.
에너지 출입	에너지를 흡수한다(흡열 반응).	에너지를 방출한다(발열 반응).
예	광합성, 단백질 합성	세포 호흡, 글리코젠을 포도당으로 분해

3 자극에 대한 반응과 항상성
 ① 자극에 대한 반응: 생물은 환경 변화를 자극으로 받아들이고, 그 자극에 대해 적절히 반
   응함으로써 생명을 유지한다. **예**미모사는 잎에 물체가 닿으면 잎을 접는다. 밝은 곳에
   서는 동공이 작아지고, 어두운 곳에서는 동공이 커진다.
 ② 항상성: 생물이 환경이 변해도 체내 상태를 항상 일정하게 유지하려는 성질이다.
   예더울 때 땀을 흘려 체온을 조절한다. 물을 많이 마시면 오줌의 양이 많아진다.

4 발생과 생장
 ① 발생: 다세포 생물에서 암수 생식세포의 수정으로 만들어진 수정란이 세포 분열을 통
   해 세포 수를 늘리고, 조직과 기관을 형성하여 하나의 개체로 되는 과정이다.
   예개구리의 수정란이 올챙이를 거쳐 어린 개구리가 된다.
 ② 생장: 어린 개체가 세포 분열을 하여 세포 수를 늘려감으로써 몸집이 커지고 무게가 증
   가하는 과정이다. **예**어린 개구리가 성체 개구리로 된다.

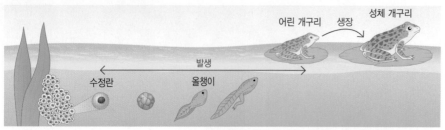

▲ 개구리의 발생과 생장

5 생식과 유전
 ① 생식: 생물이 종족을 유지하기 위해 자신과 닮은 자손을 만드는 현상이다.
   예짚신벌레는 분열법으로 번식하고, 치타는 생식세포의 수정을 통해 자손을 만든다.●
 ② 유전: 생식 과정에서 유전 물질이 자손에게 전해져 어버이의 형질이 다음 세대로 전해
   지는 현상이다. **예**적록 색맹인 어머니에게서 적록 색맹인 아들이 태어난다.

PLUS 강의 ➕

● **다세포 생물의 구성 단계**
다세포 생물은 세포가 체계적이고 유기
적으로 조직되어 몸을 구성한다. 모양과
기능이 비슷한 세포가 모여 조직을, 여
러 조직이 모여 특정 기능을 하는 기관
을, 여러 기관이 모여 하나의 개체를 이
룬다.

> 세포 → 조직 → 기관 → 개체

❷ **화성 생명체 탐사 실험**
 • 동화 작용(광합성) 확인: 화성 토양이
 든 용기에 방사성 기체를 넣고 빛을
 비춘 후, 기체를 제거하고 가열하여 방
 사성 기체의 발생 여부를 확인한다.
 • 이화 작용(세포 호흡) 확인: 화성 토양
 이 든 용기에 방사성 영양소를 주입하
 고 방사성 기체의 발생 여부를 확인
 한다.

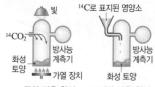

▲ 동화 작용 확인 ▲ 이화 작용 확인
➡ 화성 토양에 물질대사를 하는 생명체
가 있다면 방사성 기체가 발생할 것이다.

❸ **무성 생식과 유성 생식**
 • 무성 생식: 암수 생식세포의 수정 없
 이 개체 수를 늘린다. **예**짚신벌레의
 분열법, 히드라의 출아법
 • 유성 생식: 암수 생식세포의 수정을
 통해 개체 수를 늘린다. **예**대부분의
 동물과 식물

6 적응과 진화

① **적응**: 생물이 환경과 상호 작용하면서 서식 환경에 적합한 몸의 형태와 기능, 생활 습성 등을 가지도록 변화하는 현상이다.

② **진화**: 생물이 오랜 세월에 걸쳐 환경 변화에 적응하면서 집단의 유전자 구성이 변화하여 새로운 종이 나타나는 과정이다. ─● 진화의 결과 오늘날과 같이 다양한 종류의 생물이 나타났다.

③ **적응과 진화의 예**
- 선인장은 잎이 가시로 변해 물의 손실을 최소화한다.
- 갈라파고스 군도에 사는 핀치들의 부리 모양이 섬에 따라 조금씩 다른 것은 각 섬의 먹이 환경에 적응하여 진화한 결과이다.

Ⓑ 바이러스의 특성

1 바이러스 세균보다 크기가 작은 감염성 병원체로, 핵산과 단백질로 구성된다.

2 바이러스의 생물적 특성과 비생물적 특성

생물적 특성	• *숙주 세포에 있는 효소를 이용하여 물질대사를 하고, 자신의 유전 물질을 복제하여 증식한다. • 증식 과정에서 돌연변이가 일어나 많은 변종 바이러스가 형성됨으로써 환경에 적응하며 진화한다.
비생물적 특성	• 세포의 구조를 갖추고 있지 않아 세포 소기관이 없다. ─● 세포로 이루어져 있지 않다. • 생명체 밖에서는 입자 상태로 존재하며, 스스로 증식하거나 물질대사를 할 수 없다.

[박테리오파지의 구조와 증식]❹
- 구조: 유전 물질인 DNA와 단백질 껍질로 이루어진 단순한 구조이다.
- 증식: 세균 표면에 부착하여 유전 물질인 DNA를 세균 안으로 침투시킨 후, 세균의 효소를 이용하여 자신의 유전 물질을 복제하고 새로운 단백질 껍질을 만들어 증식한다.

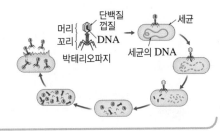

❹ 박테리오파지
'세균'이라는 뜻의 박테리오와 '먹는다'는 뜻의 파지가 합쳐진 말로, 세균에 기생하여 살아가는 바이러스이다. 박테리오파지에는 T2, T4 등이 있다.

�𝄞 용어 돋보기
* 숙주(宿 자다, 主 주인)_ 기생 생물에게 영양을 공급하는 생물

▤ 정답과 해설 2쪽

개념 확인

(1) 생물을 구성하는 구조적·기능적 단위는 (　　　)이다.

(2) 물질대사에 대한 다음 요소들을 관련 있는 것끼리 옳게 연결하시오.
　① 동화 작용 •　　　• ㉠ 간단한 물질 → 복잡한 물질 •　　　• ⓐ 세포 호흡
　② 이화 작용 •　　　• ㉡ 복잡한 물질 → 간단한 물질 •　　　• ⓑ 광합성

(3) 생물의 특성과 관련 깊은 현상을 옳게 연결하시오.
　① 항상성 　　•　　　• ㉠ 효모는 포도당을 분해하여 에너지를 얻는다.
　② 물질대사 　•　　　• ㉡ 건조한 지역에 서식하는 선인장은 잎이 가시로 변하였다.
　③ 적응과 진화 •　　　• ㉢ 더울 때 땀을 흘려 체온을 유지한다.

(4) 바이러스는 세균보다 크기가 (작고, 크고), 핵산이 (있다, 없다). 또 세포의 구조를 갖추고 (있으며, 있지 않으며), 생명체 밖에서 독자적인 물질대사를 할 수 (있다, 없다).

01 생물의 특성과 생명 과학의 탐구

ⓒ 생명 과학의 특성과 탐구 방법

1 생명 과학의 특성

① 생명 과학: 생물의 특성과 생명 현상을 연구하여 생명의 본질을 밝히고, 그 성과를 인류의 생존과 복지에 응용하는 종합적인 학문이다.

② 생명 과학의 연구 대상: 생물의 구성 물질에서부터 세포, 조직, 기관, 개체, 개체군, 군집, 생태계에 이르기까지 생명 현상과 관련된 모든 단계가 생명 과학의 연구 대상이다.
　예 세포학, 생리학, 유전학, 분류학, 생태학 등

③ 생명 과학의 통합적 특성
- 물질대사와 같은 분자 수준의 많은 생명 현상이 화학적, 물리학적 연구를 거쳐 밝혀졌다.
　예 생화학, 분자 생물학, 생물 물리학 등
- 오늘날 생명 과학자는 생명체의 복잡한 시스템과 상호 작용을 전체적으로 이해하기 위해 컴퓨터 공학, 정보 기술 등과 같은 다양한 학문 영역을 넘나들며 연구한다.
　예 유전 공학, 생물 정보학, 생물 기계 공학, 생물 지리학 등

※ 탐구 방법의 순서는 교과서마다 조금씩 다르니 내가 사용하는 교과서를 꼭 확인합니다. 오투는 비상 교과서를 기준으로 하였습니다.

2 귀납적 탐구 방법
관찰, 측정 등으로 수집한 자료를 분석하고 종합하여 원리나 법칙을 이끌어 내는 탐구 방법이다.

① 귀납적 탐구 방법의 순서[5]

② 귀납적 탐구 방법을 이용한 과학적 발견: '모든 생물은 세포로 구성되어 있다.'는 세포설은 200여 년에 걸쳐 과학자들이 현미경으로 다양한 생물을 관찰하면서 얻은 사실들이 축적되어 완성된 것이다.

3 연역적 탐구 방법
자연 현상에서 문제를 인식하고 가설을 세워 이를 실험적으로 검증하는 탐구 방법이다.[6]

① 연역적 탐구 방법의 순서

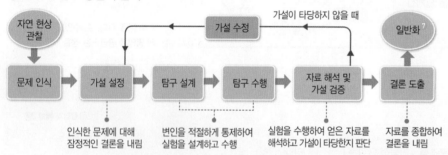

② 대조 실험: 탐구를 수행할 때에는 실험 결과의 타당성을 높이기 위해 대조군을 설정하여 실험군과 비교하는 대조 실험을 한다.[8]

실험군	실험 조건을 변화시켜 조작한 변인의 영향을 알아보는 집단
대조군	실험군과 비교하기 위해 실험 조건을 변화시키지 않은 집단

③ 변인 통제: 조작 변인을 제외한 다른 모든 독립변인은 일정하게 유지해야 한다.[9]

독립변인	실험 결과에 영향을 줄 수 있는 변인	
	조작 변인	실험에서 의도적으로 변화시키는 변인
	통제 변인	실험에서 일정하게 유지시키는 변인
종속변인	조작 변인에 따라 변하는 변인으로, 실험 결과에 해당한다.	

---

⑤ 귀납적 탐구 방법의 예 → 천재 교과서

생명 현상 관찰
가젤 영양의 특이한 뜀뛰기 행동을 관찰하였다.
↓
관찰 주제 설정
가젤 영양의 뜀뛰기 행동이 어떤 상황에서 나타나는지 관찰하기로 하였다.
↓
관찰 결과
가젤 영양은 치타와 같은 포식자가 주변에 나타날 때마다 엉덩이를 치켜드는 뜀뛰기 행동을 하였다.
↓
규칙성 발견
가젤 영양은 포식자가 주변에 나타나면 뜀뛰기 행동을 한다.

⑥ 가설
- 관찰을 통해 인식한 문제를 해결하기 위한 잠정적인 답이다.
- 가설은 예측 가능해야 하고, 옳은지 그른지 실험이나 관측을 통해 확인할 수 있어야 한다.

⑦ 일반화
연역적 탐구 과정에서 얻은 결론이 다른 과학자들의 탐구를 통해 반복해서 확인되면 이론이나 학설로 인정받아 일반화된다.

⑧ 대조 실험
탐구 결과가 조작한 변인의 영향으로 나타났다는 것을 증명하기 위해서 대조 실험을 한다.

⑨ 변인
실험의 조건이나 결과와 같이 실험에 관계된 모든 요인

④ 연역적 탐구 방법의 예

관찰 및 문제 인식	세균 배양 접시에 푸른곰팡이가 생긴 것을 발견하였는데, 푸른곰팡이 주변에는 세균이 증식하지 않은 것을 보고 '왜 그럴까?'라는 의문을 품었다.
가설 설정	'푸른곰팡이에서 나온 어떤 물질이 세균 증식을 억제하는 작용을 했을 것이다.'라는 가설을 세웠다.
탐구 설계 및 수행	여러 개의 세균 배양 접시 중 일부 배양 접시에는 푸른곰팡이를 접종하여 세균을 배양하고, 나머지 배양 접시에는 푸른곰팡이를 접종하지 않고 세균을 배양하였다. • 실험군: 세균 배양 접시에 푸른곰팡이를 접종한 것 • 대조군: 세균 배양 접시에 푸른곰팡이를 접종하지 않은 것 • 조작 변인: 푸른곰팡이의 접종 여부 • 통제 변인: 푸른곰팡이의 접종 여부 외 실험 결과에 영향을 줄 수 있는 세균 배양 접시의 조건 등 • 종속변인 : 세균의 증식 여부
자료 해석 및 가설 검증	푸른곰팡이를 접종한 배양 접시에서는 세균이 증식하지 않았고, 푸른곰팡이를 접종하지 않은 배양 접시에서는 세균이 증식하였다.
결론 도출	'푸른곰팡이에서 나온 물질이 세균 증식을 억제하는 효과가 있다.'라는 결론을 내렸다.

⑤ 연역적 탐구 방법을 이용한 과학적 발견: 플레밍의 페니실린 발견, 에이크만의 각기병 연구, 파스퇴르의 생물 속생설 검증 등 ⑩⑪

⑩ 에이크만의 각기병 연구
건강한 닭들을 두 집단으로 나누어 현미와 백미를 각각 먹여 기른 결과 백미를 먹인 닭은 대부분 각기병 증세가 나타나고, 현미를 먹인 닭은 각기병 증세가 나타나지 않았다. ➡ 현미에는 각기병을 예방하는 물질이 들어 있다.

⑪ 파스퇴르의 생물 속생설 검증
고기즙이 들어 있는 2개의 플라스크의 목을 백조 목 모양으로 구부린 다음 고기즙을 가열한 후 하나는 그대로 두고, 다른 하나는 백조 목 부분을 잘랐더니 그대로 둔 플라스크에서는 아무 것도 자라지 않았고, 백조 목 부분을 자른 플라스크에서는 미생물이 자랐다. ➡ 생물은 생물로부터 생겨난다.

4 생명 과학의 다양한 탐구 방법

① **다윈의 자연 선택설**: 여러 생물을 관찰하며 공통된 특성을 정리하는 귀납적 탐구 방법과 생물 진화에 대한 자신의 가설을 검증하기 위해 다양한 자료를 수집하여 분석하는 연역적 탐구 방법을 함께 사용하였다.

② **왓슨과 크릭의 DNA 구조 발견**: 기존의 실험 자료와 결과를 바탕으로 직관력을 발휘하여 DNA 구조를 설명하는 가설을 세우고 모형을 만들었으며, 실험적 증거를 바탕으로 DNA가 이중 나선 구조라는 것을 밝혔다.

※ 다윈의 자연 선택설 및 왓슨과 크릭의 DNA 구조 발견을 귀납적 탐구 방법을 이용한 과학적 발견으로 설명하는 교과서도 있으니 내가 사용하는 교과서를 꼭 확인합니다.

📋 정답과 해설 2쪽

개념 확인

(5) 생명 과학의 탐구 방법에 대한 다음 요소들을 관련 있는 것끼리 옳게 연결하시오.
① 귀납적 탐구 방법 • 　　　 • ㉠ 가설을 설정함 　　　 • ⓐ 페니실린 발견
② 연역적 탐구 방법 • 　　　 • ㉡ 가설을 설정하지 않음 • 　　　 • ⓑ 세포설

(6) (　　　) 탐구 방법의 순서는 '관찰 및 문제 인식 → (　　　) 설정 → 탐구 설계 및 수행 → 자료 해석 및 가설 검증 → 결론 도출'이다.

(7) 탐구를 설계할 때는 실험 결과의 타당성을 높이기 위해 실험 조건을 변화시키지 않은 집단인 (　　　)을 설정한다.

(8) 독립변인 중 (　　　)은 실험에서 의도적으로 변화시키는 변인이고, (　　　)은 실험에서 일정하게 유지시키는 변인이다.

(9) (　　　)은 조작 변인에 따라 변하는 요인으로, 실험 결과에 해당한다.

자료❶ 생물의 특성

표는 생물의 특성의 예를 나타낸 것이다. (가)와 (나)는 물질대사, 발생과 생장을 순서 없이 나타낸 것이다.

생물의 특성	예
(가)	개구리 알은 올챙이를 거쳐 개구리가 된다.
(나)	ⓐ식물은 빛에너지를 이용하여 포도당을 합성한다.
적응과 진화	㉠

1. (가)는 발생과 생장이다. (○, ×)
2. '수정란 → 올챙이 → 개구리'가 되는 과정에서 세포 분열이 일어난다. (○, ×)
3. (나)는 생명체에서 일어나는 화학 반응이다. (○, ×)
4. '효모는 포도당을 분해하여 에너지를 얻는다.'는 (나)의 예가 될 수 있다. (○, ×)
5. ⓐ 과정에서 효소가 이용된다. (○, ×)
6. ⓐ 과정에서 에너지를 방출한다. (○, ×)
7. '강낭콩의 어린 싹은 빛을 향해 굽어 자란다.'는 ㉠에 해당한다. (○, ×)
8. '가랑잎벌레의 몸의 형태가 주변의 잎과 비슷하여 포식자의 눈에 띄지 않는다.'는 ㉠에 해당한다. (○, ×)

자료❷ 바이러스의 특성

그림은 짚신벌레와 독감 바이러스의 공통점과 차이점을 나타낸 것이다.

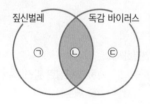

1. '세포로 되어 있다.'는 ㉠에 해당한다. (○, ×)
2. '단백질을 가지고 있다.'는 ㉠에 해당한다. (○, ×)
3. '핵이 있다.'는 ㉡에 해당한다. (○, ×)
4. '핵산을 가지고 있다.'는 ㉡에 해당한다. (○, ×)
5. '독립적으로 분열하여 증식한다.'는 ㉡에 해당한다. (○, ×)
6. '독립적으로 물질대사를 한다.'는 ㉢에 해당한다. (○, ×)
7. '생명체 밖에서 입자 상태로 존재한다.'는 ㉢에 해당한다. (○, ×)

자료❸ 탐구 설계 및 수행과 자료 해석

다음은 먹이 섭취량이 동물 종 ⓐ의 생존에 미치는 영향을 알아보기 위한 실험이다.

| 실험 과정 |
(가) 유전적으로 동일하고 같은 시기에 태어난 ⓐ의 수컷 개체 200마리를 준비하여, 100마리씩 집단 A와 B로 나눈다.
(나) A에는 충분한 양의 먹이를 제공하고 B에는 먹이 섭취량을 제한하면서 배양한다. 한 개체당 먹이 섭취량은 A의 개체가 B의 개체보다 많다.
(다) A와 B에서 시간에 따른 ⓐ의 생존 개체 수를 조사한다.

| 실험 결과 |
그림은 A와 B에서 시간에 따른 ⓐ의 생존 개체 수를 나타낸 것이다.

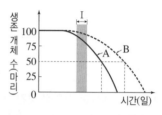

1. 연역적 탐구 방법이 이용되었다. (○, ×)
2. 먹이 섭취량은 통제 변인이다. (○, ×)
3. ⓐ의 생존 개체 수는 독립변인이다. (○, ×)
4. 조작 변인은 ⓐ의 생존 개체 수이다. (○, ×)
5. 개체들의 유전적 차이와 성별이 이 실험의 결과에 영향을 주었다. (○, ×)
6. 구간 I에서 사망한 ⓐ의 개체 수는 A에서가 B에서보다 많다. (○, ×)
7. 각 집단에서 ⓐ의 생존 개체 수가 50마리가 되는 데 걸린 시간은 A에서가 B에서보다 길다. (○, ×)
8. '먹이 섭취량이 많을수록 ⓐ가 오래 생존한다.'라는 결론을 얻을 수 있다. (○, ×)

A 생물의 특성

1 다음은 다세포 생물의 구성 단계이다.

세포 → ㉠(   ) → ㉡(   ) → 개체

(   ) 안에 알맞은 말을 쓰시오.

2 물질대사에 대한 설명으로 옳은 것만을 [보기]에서 있는 대로 고르시오.

┤ 보기 ├
ㄱ. 효소가 관여한다.
ㄴ. 에너지 출입이 함께 일어난다.
ㄷ. 아미노산이 단백질로 되는 것은 동화 작용의 예이다.

3 다음 [보기]는 생물의 특성을 나열한 것이다.

┤ 보기 ├
ㄱ. 생식   ㄴ. 유전   ㄷ. 발생과 생장
ㄹ. 항상성   ㅁ. 물질대사   ㅂ. 적응과 진화
ㅅ. 자극에 대한 반응

각 생명 현상과 관련 깊은 생물의 특성을 기호로 쓰시오.

(1) 효모는 출아법으로 번식한다.
(2) 미모사의 잎을 건드리면 잎이 접힌다.
(3) 장구벌레는 번데기 시기를 거쳐 모기가 된다.
(4) 벼는 빛에너지를 흡수하여 포도당을 합성한다.
(5) 어머니가 적록 색맹이면 아들도 적록 색맹이다.
(6) 식사 후 혈당량이 증가하면 인슐린 분비가 촉진된다.
(7) 살충제를 사용하면 살충제에 저항성이 있는 바퀴벌레의 수가 많아진다.

B 바이러스의 특성

4 바이러스의 생물적 특성으로 옳은 것만을 [보기]에서 있는 대로 고르시오.

┤ 보기 ├
ㄱ. 세포 분열을 한다.
ㄴ. 생명체 밖에서 스스로 물질대사를 한다.
ㄷ. 돌연변이가 일어나 환경에 적응하며 진화한다.

5 그림 (가)와 (나)는 각각 바이러스와 동물 세포 중 하나를 나타낸 것이고, 표는 (가)와 (나)의 특성을 비교한 것이다.

 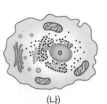

	(가)	(나)
(가)	(나)	

구분	핵산	단백질	세포막	독립적인 물질대사
(가)	㉠	있다.	㉡	㉢
(나)	㉣	㉤	㉥	한다.

㉠~㉥에 알맞은 말을 쓰시오.

C 생명 과학의 특성과 탐구 방법

6 그림 (가)와 (나)는 각각 귀납적 탐구 방법과 연역적 탐구 방법 중 하나를 나타낸 것이다.

(1) (가)와 (나)는 각각 어떤 탐구 방법인지 쓰시오.
(2) ㉠에 들어갈 단계를 쓰시오.

7 배즙에 단백질 분해 효소가 들어 있는지 알아보기 위해 표와 같이 처리하고, 일정 시간 후 각 시험관에 아미노산 검출 반응을 실시하였다.

구분	넣은 물질	온도	아미노산 검출 반응
시험관 A	배즙과 달걀흰자	27 ℃	(가)
시험관 B	증류수와 달걀흰자	(나)	(다)

(1) 실험군은 시험관 ㉠(   ), 대조군은 시험관 ㉡(   )이다.
(2) 배즙의 유무는 ㉠(   ) 변인, 온도는 ㉡(   ) 변인이다.
(3) 아미노산 검출 여부는 (   )변인이다.
(4) 시험관 B를 처리한 온도 (나)를 쓰시오.
(5) '배즙에 단백질 분해 효소가 들어 있다.'라는 결론을 얻었다면, (가)와 (다)는 '있음'과 '없음' 중 각각 무엇인지 쓰시오.

1 그림 (가)는 강아지를, (나)는 강아지 로봇을 나타낸 것이다. 강아지 로봇은 연료 전지를 충전시키면 에너지를 소모하면서 움직이고, 주인이 말을 하면 꼬리를 흔들기도 한다.

(가)   (나)

이에 대한 설명으로 옳은 것만을 [보기]에서 있는 대로 고른 것은?

| 보기 |
ㄱ. (가)는 세포 분열을 하여 생장한다.
ㄴ. (나)는 자극에 대해 반응하지 못한다.
ㄷ. (가)와 (나)는 모두 물질대사를 하여 에너지를 얻는다.

① ㄱ   ② ㄷ   ③ ㄱ, ㄴ
④ ㄱ, ㄷ   ⑤ ㄴ, ㄷ

2 그림은 밝은 사막 지역에 서식하여 털이 밝은색인 주머니생쥐와 어두운 암석 지역에 서식하여 털이 검은색인 주머니생쥐를 나타낸 것이다.

밝은 사막 지역   어두운 암석 지역

이 자료에 나타난 생물의 특성과 가장 관련이 깊은 것은?

① 짚신벌레는 분열법으로 개체 수를 늘린다.
② 효모는 포도당을 분해하여 에너지를 얻는다.
③ 밝은 곳에서 어두운 곳으로 가면 동공이 커진다.
④ 소나무는 빛에너지를 흡수하여 양분을 합성한다.
⑤ 사막여우는 귀가 크고 몸집이 작으며, 북극여우는 귀가 작고 몸집이 크다.

3 다음은 식충 식물인 파리지옥에 대한 설명이다.

파리지옥은 ㉠곤충이 잎에 닿게 되면 잎이 빠르게 접히고, 잎의 가장자리에 있는 가시들이 서로 맞물려 곤충을 가둔다.

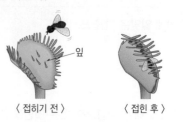

〈 접히기 전 〉   〈 접힌 후 〉

㉠에 나타난 생물의 특성과 가장 관련이 깊은 것은?

① 효모는 출아법으로 번식한다.
② 심해어류의 시각이 퇴화되었다.
③ 나비의 애벌레가 번데기를 거쳐 성충이 된다.
④ 거미는 거미줄의 진동이 감지되는 곳으로 다가간다.
⑤ 선인장은 잎이 가시로 변해 건조한 환경에 살기에 적합하다.

자료 ❶   2021 6월 평가원 1번

4 표는 생물의 특성의 예를 나타낸 것이다. (가)와 (나)는 물질대사, 발생과 생장을 순서 없이 나타낸 것이다.

생물의 특성	예
(가)	개구리 알은 올챙이를 거쳐 개구리가 된다.
(나)	ⓐ식물은 빛에너지를 이용하여 포도당을 합성한다.
적응과 진화	㉠

이에 대한 설명으로 옳은 것만을 [보기]에서 있는 대로 고른 것은?

| 보기 |
ㄱ. (가)는 발생과 생장이다.
ㄴ. ⓐ에서 효소가 이용된다.
ㄷ. '가랑잎벌레의 몸의 형태가 주변의 잎과 비슷하여 포식자의 눈에 띄지 않는다.'는 ㉠에 해당한다.

① ㄱ   ② ㄷ   ③ ㄱ, ㄴ
④ ㄴ, ㄷ   ⑤ ㄱ, ㄴ, ㄷ

5 다음은 혈우병에 대한 자료이다.

> 혈우병은 유전자 돌연변이에 의해 발생하는 병이다. 19세기 영국의 빅토리아 여왕은 혈우병 보인자였는데, ㉠빅토리아 여왕의 딸들이 유럽의 다른 왕족과 결혼하여 태어난 아들들에게서 혈우병이 나타났다. 이 과정을 통해 혈우병이 유럽의 여러 왕가로 퍼지게 되었다.

㉠에 나타난 생물의 특성과 가장 관련이 깊은 것은?

① 식물은 광합성을 통해 양분을 합성한다.
② 장구벌레는 번데기를 거쳐 모기가 된다.
③ 아버지가 가진 특정 형질이 딸에서도 나타난다.
④ 지렁이에 빛을 비추면 어두운 곳으로 이동한다.
⑤ 살충제를 지속적으로 살포하면 살충제 저항성 바퀴벌레가 증가한다.

6 다음은 철수가 두 종류의 생물에 대해 조사한 자료이다.

> • 빨간목벌새는 1000 km 이상을 쉬지 않고 날 수 있는데, 나는 동안 체내에 ㉠저장된 지방을 분해하여 에너지를 얻는다.
> • 아가미와 체표를 통해 많은 물이 체내로 유입되어 체액의 염분 농도가 낮아지는 민물고기는 ㉡부족한 염분을 흡수하고 묽은 오줌을 배설하여 염분의 손실을 줄인다.

이에 대한 설명으로 옳은 것만을 [보기]에서 있는 대로 고른 것은?

| 보기 |
ㄱ. ㉠은 동화 작용에 해당한다.
ㄴ. ㉠ 과정에는 효소가 관여한다.
ㄷ. ㉡은 생물의 특성 중 항상성에 해당한다.

① ㄱ   ② ㄷ   ③ ㄱ, ㄴ
④ ㄱ, ㄷ   ⑤ ㄴ, ㄷ

7 그림 (가)는 코로나 바이러스를, (나)는 박테리오파지를 나타낸 것이다.

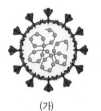

(가)   (나)

이에 대한 설명으로 옳은 것만을 [보기]에서 있는 대로 고른 것은?

| 보기 |
ㄱ. (가)는 세포 구조이다.
ㄴ. (나)는 독립적으로 물질대사를 할 수 없다.
ㄷ. (가)와 (나)는 모두 유전 물질을 가진다.

① ㄱ   ② ㄷ   ③ ㄱ, ㄴ
④ ㄴ, ㄷ   ⑤ ㄱ, ㄴ, ㄷ

자료 ❷   **2016** 9월 평가원 1번

8 그림은 짚신벌레와 독감 바이러스의 공통점과 차이점을 나타낸 것이다.

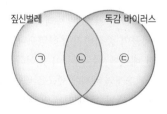

짚신벌레   독감 바이러스
㉠   ㉡   ㉢

이에 대한 설명으로 옳은 것만을 [보기]에서 있는 대로 고른 것은?

| 보기 |
ㄱ. '세포로 되어 있다.'는 ㉠에 해당한다.
ㄴ. '핵산을 가지고 있다.'는 ㉡에 해당한다.
ㄷ. '독립적으로 물질대사를 한다.'는 ㉢에 해당한다.

① ㄴ   ② ㄷ   ③ ㄱ, ㄴ
④ ㄱ, ㄷ   ⑤ ㄱ, ㄴ, ㄷ

2019 6월 평가원 3번

9 다음은 푸른곰팡이와 인플루엔자 바이러스에 대한 자료이다.

- 플레밍은 세균을 배양하던 접시에서 ㉠푸른곰팡이 주위에 세균이 자라지 못하는 것을 관찰하였다.
- 독감은 ㉡인플루엔자 바이러스에 의하여 발병하며 백신을 접종하여 예방할 수 있다.

이에 대한 설명으로 옳은 것만을 [보기]에서 있는 대로 고른 것은?

┤ 보기 ├
ㄱ. ㉠으로부터 페니실린이 발견되었다.
ㄴ. ㉡은 스스로 물질대사를 하지 못한다.
ㄷ. ㉠과 ㉡은 모두 유전 물질을 가진다.

① ㄱ　　　　② ㄷ　　　　③ ㄱ, ㄴ
④ ㄴ, ㄷ　　　⑤ ㄱ, ㄴ, ㄷ

10 다음은 물질 A에 대한 탐구 과정을 순서 없이 나열한 것이다.

(가) 물질 A는 세균의 생장을 억제한다.
(나) 물질 A가 들어 있는 용액에서 세균이 번식하지 않는 것을 발견하고, 의문을 가졌다.
(다) 물질 A가 들어 있는 용액을 떨어뜨린 배지에서는 세균이 증식하지 못하였으나, 증류수를 떨어뜨린 배지에서는 세균이 증식하였다.
(라) 멸균된 2개의 배지에 세균을 배양하고, 한 배지에는 물질 A가 들어 있는 용액을, 다른 배지에는 증류수를 떨어뜨려 적당한 온도를 유지하였다.
(마) 물질 A는 세균의 생장을 억제할 것이다.

탐구 과정을 순서대로 옳게 나열한 것은?

① (나) → (가) → (마) → (다) → (라)
② (나) → (마) → (다) → (라) → (가)
③ (나) → (마) → (라) → (다) → (가)
④ (마) → (나) → (라) → (다) → (가)
⑤ (마) → (라) → (다) → (가) → (나)

11 표는 어떤 식물에서 세균 X와 Y가 냉해 발생에 미치는 영향을 알아보기 위해 식물의 잎에 세균 X와 Y의 처리 조건을 다르게 하여 −4 °C에 일정 시간 두었다가 냉해 발생 여부를 조사한 결과를 나타낸 것이다.

구분	세균 처리 조건	냉해 발생 여부
(가)	처리 안 함	발생 안 함
(나)	세균 X 처리	발생함
(다)	세균 Y 처리	발생 안 함
(라)	세균 X와 Y 처리	발생 안 함

이에 대한 설명으로 옳은 것만을 [보기]에서 있는 대로 고른 것은?

┤ 보기 ├
ㄱ. (가)는 실험군이다.
ㄴ. 종속변인은 세균 처리 조건이고, 조작 변인은 냉해 발생 여부이다.
ㄷ. (나)와 (라)를 비교하면 세균 Y가 세균 X에 의한 냉해 발생을 억제한다는 것을 알 수 있다.

① ㄱ　　　　② ㄷ　　　　③ ㄱ, ㄴ
④ ㄱ, ㄷ　　　⑤ ㄴ, ㄷ

12 다음은 철수가 솔잎을 이용하여 실시한 실험이다.

(가) 화분 A, B에 같은 종류의 토양을 같은 양씩 담는다.
(나) 화분 A의 토양에는 솔잎 추출물을 뿌리고, 화분 B의 토양에는 솔잎 추출물을 뿌리지 않는다.
(다) 화분 A, B에 식물 I의 종자를 10개씩 심는다.
(라) 일정 시간 후 각 화분에서 종자의 발아율을 조사한다.

이에 대한 설명으로 옳은 것만을 [보기]에서 있는 대로 고른 것은?

┤ 보기 ├
ㄱ. A는 대조군이고, B는 실험군이다.
ㄴ. (다)에서 종자를 심을 때 화분 A와 B에서 종자 사이의 거리는 같게 한다.
ㄷ. '솔잎 추출물은 식물 I의 종자 발아를 억제할 것이다.'는 이 실험의 가설이 될 수 있다.

① ㄱ　　　　② ㄷ　　　　③ ㄱ, ㄴ
④ ㄴ, ㄷ　　　⑤ ㄱ, ㄴ, ㄷ

1 다음은 생물의 특성 (가)와 (나)의 예를 나타낸 것이다. (가)와 (나)는 적응과 진화, 물질대사를 순서 없이 나타낸 것이다.

특성	(가)	(나)
예	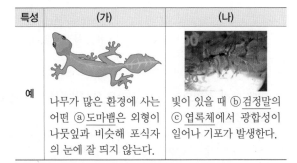 나무가 많은 환경에 사는 어떤 ⓐ도마뱀은 외형이 나뭇잎과 비슷해 포식자의 눈에 잘 띄지 않는다.	빛이 있을 때 ⓑ검정말의 ⓒ엽록체에서 광합성이 일어나 기포가 발생한다.

이에 대한 설명으로 옳은 것만을 [보기]에서 있는 대로 고른 것은?

┤ 보기 ├
ㄱ. ⓐ와 ⓑ는 모두 세포로 구성된다.
ㄴ. ⓒ에서 동화 작용이 일어난다.
ㄷ. 사막에 서식하는 선인장이 가시 형태의 잎을 갖는 것은 (가)의 예이다.

① ㄱ ② ㄱ, ㄴ ③ ㄱ, ㄷ
④ ㄴ, ㄷ ⑤ ㄱ, ㄴ, ㄷ

2 다음은 해캄과 호기성 세균을 이용한 실험과 그 결과이다.

호기성 세균은 산소를 이용하여 유기물을 분해해 에너지를 얻는다. 어두운 곳에서 해캄의 엽록체가 있는 부위와 없는 부위에 백색광을 비추었더니 ㉠호기성 세균이 해캄의 엽록체가 있는 부위에 모여 들었다.

이에 대한 설명으로 옳은 것만을 [보기]에서 있는 대로 고른 것은?

┤ 보기 ├
ㄱ. ㉠은 자극에 대한 반응의 예이다.
ㄴ. 호기성 세균은 스스로 물질대사를 하지 못한다.
ㄷ. 해캄과 호기성 세균의 상호 작용은 기생에 해당한다.

① ㄱ ② ㄴ ③ ㄷ
④ ㄱ, ㄴ ⑤ ㄴ, ㄷ

3 그림 (가)는 물질대사 A와 B에서의 물질 변화를, (나)는 화성 토양에 생명체가 있는지를 알아보기 위해 실시한 실험을 나타낸 것이다.

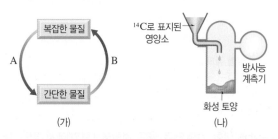

이에 대한 설명으로 옳은 것만을 [보기]에서 있는 대로 고른 것은?

┤ 보기 ├
ㄱ. A와 B에는 모두 효소가 관여한다.
ㄴ. (나)는 화성 토양에 A와 같은 물질대사를 하는 생명체가 있는지 알아보는 실험이다.
ㄷ. (나)에서 방사능 계측기는 ^{14}C로 표지된 영양소가 합성되는 양을 측정하기 위한 것이다.

① ㄱ ② ㄴ ③ ㄱ, ㄴ
④ ㄱ, ㄷ ⑤ ㄴ, ㄷ

4 다음은 갈라파고스 군도의 여러 섬에 서식하는 핀치에 대한 설명이다.

갈라파고스 군도의 여러 섬에는 먹이의 종류에 따라 ㉠부리 모양이 서로 다른 여러 종의 핀치가 서식한다. 이들 핀치는 원래 모두 한 종이었던 것으로 여겨진다.

열매를 먹는 핀치 곤충을 먹는 핀치
씨를 먹는 핀치 선인장을 먹는 핀치

이에 대한 설명으로 옳은 것만을 [보기]에서 있는 대로 고른 것은?

┤ 보기 ├
ㄱ. ㉠에서 핀치는 종이 달라도 유전적으로 같다.
ㄴ. 이 현상은 생물의 특성 중 적응과 진화로 설명할 수 있다.
ㄷ. 먹이를 먹기에 유리한 부리 모양을 가진 핀치가 더 많이 살아남는 과정이 반복되었다.

① ㄱ ② ㄷ ③ ㄱ, ㄴ
④ ㄴ, ㄷ ⑤ ㄱ, ㄴ, ㄷ

5 다음은 담배 모자이크병을 일으키는 바이러스 X의 특성을 알아보기 위한 실험이다.

| 실험 과정 |
(가) 담배 모자이크병에 걸린 담뱃잎의 즙을 짜내어 세균 여과기에 거른다.
(나) ㉠여과액을 건강한 담뱃잎에 발라준다.

| 실험 결과 |
㉡여과액을 발라준 담뱃잎에서 담배 모자이크병이 나타났으며, 주변의 담뱃잎에서도 이 병이 나타났다.

이에 대한 설명으로 옳은 것만을 [보기]에서 있는 대로 고른 것은?

┤ 보기 ├
ㄱ. ㉠에는 X가 있다.
ㄴ. ㉡ 과정에서 X는 담뱃잎 세포의 효소를 이용한다.
ㄷ. ㉡ 과정에서 X는 담뱃잎 세포의 유전 물질을 복제하여 증식한다.

① ㄱ   ② ㄱ, ㄴ   ③ ㄱ, ㄷ
④ ㄴ, ㄷ   ⑤ ㄱ, ㄴ, ㄷ

---

6 그림 (가)와 (나)는 각각 바이러스와 동물 세포 중 하나를 나타낸 것이다.

2015 6월 평가원 3번

 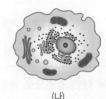
(가)   (나)

이에 대한 설명으로 옳은 것만을 [보기]에서 있는 대로 고른 것은?

┤ 보기 ├
ㄱ. (가)는 세포막을 갖는다.
ㄴ. (나)는 자신의 효소를 이용하여 물질대사를 한다.
ㄷ. (가)와 (나)는 모두 핵산을 가지고 있다.

① ㄱ   ② ㄴ   ③ ㄷ
④ ㄱ, ㄴ   ⑤ ㄴ, ㄷ

---

7 표 (가)는 A와 B의 특징을 나타낸 것이고, (나)는 특징 ㉠과 ㉡을 순서 없이 나타낸 것이다. A와 B는 각각 아메바와 박테리오파지 중 하나이다.

구분	특징 ㉠	특징 ㉡
A	○	○
B	×	○

(○: 있음, ×: 없음)
(가)

특징 (㉠, ㉡)
• 세포막이 있다.
• 유전 물질이 있다.

(나)

이에 대한 설명으로 옳은 것만을 [보기]에서 있는 대로 고른 것은?

┤ 보기 ├
ㄱ. A는 세포 분열로 개체 수를 늘린다.
ㄴ. B는 세포 소기관을 가진다.
ㄷ. 세균에서 특징 ㉠과 ㉡은 B와 같다.

① ㄱ   ② ㄴ   ③ ㄷ
④ ㄱ, ㄴ   ⑤ ㄴ, ㄷ

자료 ❸   2021 6월 평가원 20번

8 다음은 먹이 섭취량이 동물 종 ⓐ의 생존에 미치는 영향을 알아보기 위한 실험이다.

| 실험 과정 |
(가) 유전적으로 동일하고 같은 시기에 태어난 ⓐ의 수컷 개체 200마리를 준비하여, 100마리씩 집단 A와 B로 나눈다.
(나) A에는 충분한 양의 먹이를 제공하고 B에는 먹이 섭취량을 제한하면서 배양한다. 한 개체당 먹이 섭취량은 A의 개체가 B의 개체보다 많다.
(다) A와 B에서 시간에 따른 ⓐ의 생존 개체 수를 조사한다.

| 실험 결과 |
그림은 A와 B에서 시간에 따른 ⓐ의 생존 개체 수를 나타낸 것이다.

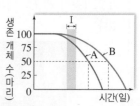

이 자료에 대한 설명으로 옳은 것만을 [보기]에서 있는 대로 고른 것은? (단, 제시된 조건 이외는 고려하지 않는다.)

┤ 보기 ├
ㄱ. 이 실험에서의 조작 변인은 ⓐ의 생존 개체 수이다.
ㄴ. 구간 I에서 사망한 ⓐ의 개체 수는 A에서가 B에서보다 많다.
ㄷ. 각 집단에서 ⓐ의 생존 개체 수가 50마리가 되는 데 걸린 시간은 A에서가 B에서보다 길다.

① ㄱ   ② ㄴ   ③ ㄷ   ④ ㄱ, ㄴ   ⑤ ㄴ, ㄷ

9 다음은 어떤 과학자가 수행한 탐구 과정이다.

| 가설 | 탄저병 백신은 탄저병을 예방하는 데 효과가 있을 것이다.
| 탐구 설계 및 수행 | 건강한 양들을 집단 A와 B로 나누어 표와 같이 처리하였다.

구분	탄저병 백신	탄저균
집단 A	㉠	2주 후 주사
집단 B	㉡	㉢

| 자료 해석 | 집단 A의 양은 탄저병에 걸리지 않고, 집단 B의 양만 모두 탄저병에 걸렸다.
| 결론 | 탄저병 백신은 탄저병을 예방하는 데 효과가 있다.

이에 대한 설명으로 옳은 것만을 [보기]에서 있는 대로 고른 것은?

─── 보기 ───
ㄱ. ㉠은 '주사', ㉡은 '주사 안 함'이다.
ㄴ. ㉢은 '2주 후 주사 안 함'이다.
ㄷ. 집단 B는 대조군이다.

① ㄱ   ② ㄴ   ③ ㄷ
④ ㄱ, ㄷ   ⑤ ㄴ, ㄷ

---

10 다음은 어떤 학생이 수행한 탐구 과정의 일부이다. 오줌 속의 요소가 암모니아로 분해되면 염기성이 된다.

(가) 콩에는 오줌 속의 요소를 분해하는 물질 A가 있을 것이라고 생각하였다.
(나) 증류수에 콩을 넣고 갈아서 생콩즙을 만든 후, 비커 두 개에 표와 같이 물질을 넣고 ㉠BTB 용액을 첨가한다.

비커	넣은 물질
Ⅰ	㉡
Ⅱ	오줌 20 mL+생콩즙 3 mL

(다) 일정 시간 간격으로 비커에 들어 있는 용액의 색깔 변화를 관찰한다.

이에 대한 설명으로 옳은 것만을 [보기]에서 있는 대로 고른 것은?

─── 보기 ───
ㄱ. ㉠은 A의 작용을 촉진하기 위한 것이다.
ㄴ. ㉡은 '오줌 20 mL+증류수 3 mL'이다.
ㄷ. 콩에 A가 있다면 (다)에서 Ⅰ의 용액 색깔은 변하고, Ⅱ의 용액 색깔은 변하지 않을 것이다.

① ㄱ   ② ㄴ   ③ ㄷ
④ ㄱ, ㄴ   ⑤ ㄴ, ㄷ

---

11 다음은 생명 과학의 두 가지 탐구 방법의 사례이다.

(가) 가젤 영양의 뜀뛰기 행동을 다양한 상황에서 오랫동안 관찰하고, 이를 종합하여 ㉠가젤 영양은 포식자가 주변에 나타나면 엉덩이를 치켜드는 뜀뛰기 행동을 한다고 설명하였다.
(나) 모든 조건을 동일하게 하여 세균을 배양한 접시들을 A와 B 두 집단으로 나누어 A에는 푸른곰팡이를 접종하고, B에는 푸른곰팡이를 접종하지 않은 채 배양하였다. ㉡실험 결과를 분석하여 푸른곰팡이는 세균의 증식을 억제하는 물질을 만든다고 설명하였다.

이에 대한 설명으로 옳은 것만을 [보기]에서 있는 대로 고른 것은?

─── 보기 ───
ㄱ. ㉠은 실험을 통해 검증된 가설이다.
ㄴ. (나)에는 변인을 의도적으로 변화시켜 탐구를 수행하는 과정이 있다.
ㄷ. ㉡은 'A에서는 세균이 증식하지 못하고, B에서는 세균이 증식한다.'이다.

① ㄱ   ② ㄱ, ㄴ   ③ ㄱ, ㄷ
④ ㄴ, ㄷ   ⑤ ㄱ, ㄴ, ㄷ

2021 9월 평가원 1번

12 다음은 어떤 과학자가 수행한 탐구이다.

(가) 서식 환경과 비슷한 털색을 갖는 생쥐가 포식자의 눈에 잘 띄지 않아 생존에 유리할 것이라고 생각했다.
(나) ㉠갈색 생쥐 모형과 ㉡흰색 생쥐 모형을 준비해서 지역 A와 B 각각에 두 모형을 설치했다. A와 B는 각각 갈색 모래 지역과 흰색 모래 지역 중 하나이다.
(다) A에서는 ㉠이 ㉡보다, B에서는 ㉡이 ㉠보다 포식자로부터 더 많은 공격을 받았다.
(라) ⓐ서식 환경과 비슷한 털색을 갖는 생쥐가 생존에 유리하다는 결론을 내렸다.

이 자료에 대한 설명으로 옳은 것만을 [보기]에서 있는 대로 고른 것은?

─── 보기 ───
ㄱ. A는 갈색 모래 지역이다.
ㄴ. 연역적 탐구 방법이 이용되었다.
ㄷ. ⓐ는 생물의 특성 중 적응과 진화의 예에 해당한다.

① ㄱ   ② ㄴ   ③ ㄱ, ㄷ
④ ㄴ, ㄷ   ⑤ ㄱ, ㄴ, ㄷ

사람의 물질대사

02. 생명 활동과 에너지

» 핵심 짚기   ▸ 물질대사의 구분   ▸ ATP의 분해와 합성
                   ▸ 에너지의 전환과 이용

Ⓐ 생명 활동과 물질대사

1 물질대사   생명체 내에서 생명을 유지하기 위해 일어나는 모든 화학 반응으로, 우리 몸은 물질대사를 통해 생명 활동에 필요한 물질을 합성하고 분해하며, 에너지를 얻는다.

① 반드시 에너지의 출입이 따른다. → 물질대사를 에너지 대사라고도 한다.

② 반응이 단계적으로 일어나며, 에너지가 여러 단계에 걸쳐 조금씩 출입한다.

③ *효소가 관여하므로, 체온 정도의 낮은 온도에서 반응이 일어난다.

2 물질대사의 구분   동화 작용과 이화 작용으로 나눌 수 있다. ❶

동화 작용	작고 간단한 물질을 크고 복잡한 물질로 합성하는 과정으로, 에너지가 흡수된다. 예 단백질 합성, 광합성 등
이화 작용	크고 복잡한 물질을 작고 간단한 물질로 분해하는 과정으로, 에너지가 방출된다. 예 세포 호흡, 녹말 소화 등

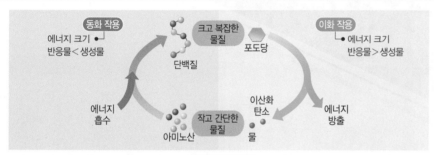

▲ 물질대사의 구분

Ⓑ 에너지의 전환과 이용

1 세포 호흡   세포에서 영양소를 분해하여 생명 활동에 필요한 에너지를 얻는 과정이다. •━탄수화물, 지방, 단백질

① 세포 호흡 장소: 주로 세포의 미토콘드리아에서 일어난다. → 일부 과정은 세포질에서 진행된다.

② 세포 호흡과 에너지: 포도당이 산소와 반응하여 이산화 탄소와 물로 분해되면서 에너지가 방출된다. 방출된 에너지의 일부는 ATP에 저장되고, 나머지는 열로 방출된다.

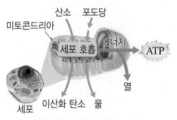

▲ 세포 호흡과 ATP 생성

2 ATP   생명 활동에 직접적으로 사용되는 에너지 저장 물질로, 아데노신에 3개의 인산기가 결합된 구조이며, 인산기와 인산기 사이의 결합에 많은 에너지가 저장되어 있다. ❷

[ATP의 분해와 합성]

• ATP 분해: ATP는 인산기와 인산기 사이의 결합이 끊어지면서 에너지가 방출되고, ADP와 무기 인산으로 분해된다. ➡ 세포는 세포 호흡에서 방출된 에너지의 일부를 ATP에 저장하였다가 필요할 때 ATP를 분해하여 생명 활동에 사용한다.

• ATP 합성: ADP는 세포 호흡으로 방출된 에너지를 흡수하여 다시 ATP로 합성된다.

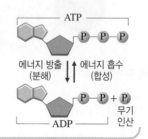

PLUS 강의 ➕

❶ **물질대사와 에너지의 흡수와 방출**

• 동화 작용: 에너지가 흡수되는 흡열 반응으로, 생성물의 에너지양이 반응물의 에너지양보다 많다.

• 이화 작용: 에너지가 방출되는 발열 반응으로, 반응물의 에너지양이 생성물의 에너지양보다 많다.

❷ **ATP의 구조**

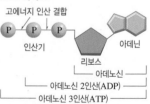

ATP에서 인산기와 인산기 사이의 결합에는 일반적인 화학 결합보다 많은 에너지가 저장되어 있어 이를 고에너지 인산 결합이라고 한다.

○ 용어 돋보기

＊ **효소** _ 생명체에서 물질대사가 빠르게 일어나도록 해 주는 생체 촉매

3 에너지의 전환과 이용 세포 호흡에 의해 포도당의 화학 에너지는 ATP의 화학 에너지로 전환되고, ATP의 분해로 방출된 화학 에너지는 화학 에너지, 기계적 에너지, 열에너지, 소리 에너지 등으로 전환되어 물질 합성, 근육 운동, 체온 유지, 발성, 정신 활동, 생장 등 다양한 생명 활동에 사용된다.—• 생명 활동에 직접적으로 사용되는 에너지원은 ATP이다.

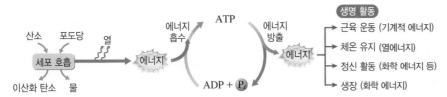

탐구 **자료** 효모의 이산화 탄소 방출량 비교하기

1. 발효관 1~5에 표와 같이 증류수나 음료수를 넣은 뒤, 효모액을 넣는다.

발효관 1	증류수 15 mL＋효모액 15 mL
발효관 2	음료수 A 15 mL＋효모액 15 mL
발효관 3	음료수 B 15 mL＋효모액 15 mL
발효관 4	음료수 C 15 mL＋효모액 15 mL
발효관 5	음료수 D 15 mL＋효모액 15 mL

효모액
음료수

2. 발효관의 입구를 솜 마개로 막은 후 30 °C~35 °C의 항온 수조에 넣는다.—• 발효에 관여하는 효소의 작용이 잘 일어나게 하기 위해서이다.
3. 일정 시간 간격으로 각 발효관에서 발생한 기체의 부피를 관찰한다.

발효관	1	2	3	4	5
발생한 기체의 부피	－	＋＋＋＋	＋＋	＋	＋＋＋

(－: 발생 안 함, ＋가 많을수록 기체 발생량이 많음)

➡ 발효관 2~5에서는 효모가 음료수에 포함된 당을 이용하여 세포 호흡과 발효를 한 결과 이산화 탄소가 발생하였다. [3]
➡ 음료수에 당이 많을수록 효모의 세포 호흡이 많이 일어나 이산화 탄소 발생량이 많아지므로, 음료수의 당 함량은 발효관 2＞발효관 5＞발효관 3＞발효관 4이다.

[3] 발효
효모는 산소가 있을 때에는 산소를 사용해 세포 호흡을 하여 포도당을 물과 이산화 탄소로 분해하지만, 산소가 없을 때에는 포도당을 에탄올과 이산화 탄소로 분해하는데, 이를 알코올 발효라고 한다. 솜 마개로 입구를 막은 발효관에서 효모는 처음에는 산소를 이용해 세포 호흡을 하다가 산소가 다 소모되면 발효를 한다.

≡ 정답과 해설 8쪽

개념 확인

(1) 생명체 내에서 일어나는 화학 반응을 (   )라고 한다.

(2) 물질대사의 구분과 특징, 예를 옳게 연결하시오.
　① 동화 작용 •　　　• ㉠ 크고 복잡한 물질을 작고 간단한 물질로 분해 •　　　• ⓐ 광합성
　② 이화 작용 •　　　• ㉡ 작고 간단한 물질을 크고 복잡한 물질로 합성 •　　　• ⓑ 세포 호흡

(3) 세포 호흡은 주로 (   )에서 일어나며, 세포 호흡에서 포도당은 (이산화 탄소, 산소)와 반응하여 (이산화 탄소, 산소)와 물로 분해된다.

(4) 세포 호흡에서 발생한 에너지 중 일부는 (   )에 화학 에너지 형태로 저장되고, 나머지는 (   )에너지로 방출된다.

(5) ATP가 (   )와 무기 인산으로 분해될 때 방출된 화학 에너지는 근육 운동, 정신 활동 등의 (   )에 이용된다.

(6) 음료수와 효모액이 들어 있는 발효관에서 발생하는 기체는 (   )이며, 세포 호흡이 활발히 일어날수록 기체의 발생량이 (적다, 많다).

2019 ● 6월 평가원 5번

자료 ❶ 물질대사에서의 에너지와 물질 이동

그림은 광합성과 세포 호흡에서의 에너지와 물질의 이동을 나타낸 것이다. (가)와 (나)는 각각 광합성과 세포 호흡 중 하나이다.

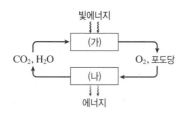

1. (가)는 세포 호흡, (나)는 광합성이다. (○, ×)
2. (가)는 동화 작용, (나)는 이화 작용이다. (○, ×)
3. (가)와 (나)에서 모두 효소가 이용된다. (○, ×)
4. (가)는 미토콘드리아에서, (나)는 엽록체에서 일어난다. (○, ×)
5. 동물에서 (가)와 (나)가 모두 일어난다. (○, ×)
6. (가)에서 빛에너지가 포도당의 화학 에너지로 전환된다. (○, ×)
7. (나)에서 ATP가 합성된다. (○, ×)

2021 ● 6월 평가원 2번

자료 ❷ ATP와 ADP 사이의 전환

그림은 ATP와 ADP 사이의 전환을 나타낸 것이다.

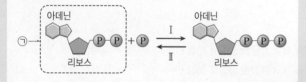

1. ㉠은 ATP이다. (○, ×)
2. 미토콘드리아에서 과정 I이 일어난다. (○, ×)
3. 과정 I은 이화 작용이다. (○, ×)
4. 과정 II에서 인산과 인산 사이의 결합이 끊어진다. (○, ×)
5. 과정 II에서 방출된 에너지 일부는 체온 유지에 이용된다. (○, ×)
6. ATP와 ADP 중 한 분자에 저장된 에너지의 크기는 ATP가 크다. (○, ×)
7. 폐포의 모세 혈관에서 폐포로 이산화 탄소가 이동하는 과정에서 과정 II가 일어난다. (○, ×)

📋 정답과 해설 8쪽

Ⓐ 생명 활동과 물질대사

1 그림은 세포에서 일어나는 물질대사 (가)와 (나)의 예를 나타낸 것이다.

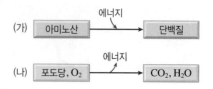

(1) (가)와 (나) 중 생성물의 에너지가 반응물의 에너지보다 큰 반응을 쓰시오.
(2) (가)와 (나)에서는 모두 생체 촉매인 (   )가 필요하다.

2 물질대사에 대한 설명으로 옳은 것만을 [보기]에서 있는 대로 고르시오.

┤ 보기 ├
ㄱ. 반드시 에너지 출입이 일어난다.
ㄴ. 생명체 내에서 일어나는 화학 반응이다.
ㄷ. 광합성은 물질대사 중 이화 작용에 해당한다.

Ⓑ 에너지의 전환과 이용

3 그림은 세포 소기관 (가)에서 일어나는 세포 호흡을 나타낸 것이다.

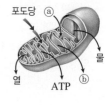

(1) (가)의 이름을 쓰시오.
(2) 기체 ⓐ와 ⓑ의 이름을 각각 쓰시오.

4 세포 호흡에 대한 설명으로 옳지 <u>않은</u> 것은?

① 흡열 반응이다.
② 효소가 필요하다.
③ 이화 작용에 해당한다.
④ 세포 호흡 과정에서 방출된 에너지의 일부는 ATP에 저장된다.
⑤ 세포 내에서 영양소를 분해하여 생명 활동에 필요한 에너지를 얻는 과정이다.

5 ATP의 화학 에너지가 이용되는 생명 활동을 [보기]에서 있는 대로 고르시오.

┤ 보기 ├
ㄱ. 발성   ㄴ. 체온 유지
ㄷ. 정신 활동   ㄹ. 근육 수축
ㅁ. 폐포에서 폐포 모세 혈관으로의 산소 이동

1 그림은 사람에서 일어나는 물질대사 I과 II를 나타낸 것이다.

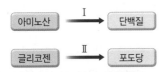

이에 대한 설명으로 옳은 것만을 [보기]에서 있는 대로 고른 것은?

┤ 보기 ├
ㄱ. I은 동화 작용이다.
ㄴ. I은 반응이 일어나는 과정에서 에너지가 흡수된다.
ㄷ. 인슐린은 간에서 II를 촉진한다.

① ㄱ   ② ㄷ   ③ ㄱ, ㄴ
④ ㄴ, ㄷ   ⑤ ㄱ, ㄴ, ㄷ

자료❶ 　　　　　　　　　 2019 6월 평가원 5번
2 그림은 광합성과 세포 호흡에서의 에너지와 물질의 이동을 나타낸 것이다. (가)와 (나)는 각각 광합성과 세포 호흡 중 하나이다.

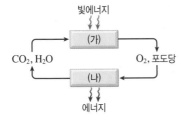

이에 대한 설명으로 옳은 것만을 [보기]에서 있는 대로 고른 것은?

┤ 보기 ├
ㄱ. (가)는 미토콘드리아에서 일어난다.
ㄴ. (나)에서 ATP가 합성된다.
ㄷ. (가)와 (나)에서 모두 효소가 이용된다.

① ㄱ   ② ㄷ   ③ ㄱ, ㄴ
④ ㄴ, ㄷ   ⑤ ㄱ, ㄴ, ㄷ

3 그림 (가)는 세포에서 녹말이 포도당으로 되는 과정을, (나)는 세포에서 포도당이 분해되는 과정을 나타낸 것이다.

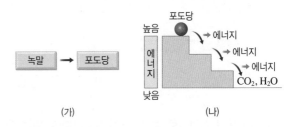

이에 대한 설명으로 옳은 것만을 [보기]에서 있는 대로 고른 것은?

┤ 보기 ├
ㄱ. (가)는 흡열 반응이다.
ㄴ. (나)는 이화 작용이다.
ㄷ. (나)에서 각 단계마다 효소가 작용한다.

① ㄱ   ② ㄷ   ③ ㄱ, ㄴ
④ ㄴ, ㄷ   ⑤ ㄱ, ㄴ, ㄷ

4 다음은 물질대사에 대한 학생 A~C의 발표 내용이다.

제시한 내용이 옳은 학생만을 있는 대로 고른 것은?

① A   ② C   ③ A, B
④ B, C   ⑤ A, B, C

5 그림 (가)는 사람에서 일어나는 물질의 변화를, (나)는 반응 경로에 따른 에너지 변화를 나타낸 것이다.

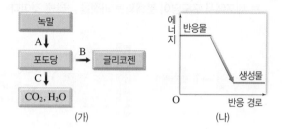

이에 대한 설명으로 옳은 것만을 [보기]에서 있는 대로 고른 것은?

┤ 보기 ├
ㄱ. A와 B에서 모두 (나)와 같은 변화가 나타난다.
ㄴ. B는 미토콘드리아에서 일어난다.
ㄷ. B와 C에서 모두 효소가 이용된다.

① ㄱ　　　② ㄷ　　　③ ㄱ, ㄴ
④ ㄴ, ㄷ　　　⑤ ㄱ, ㄴ, ㄷ

2018 9월 평가원 5번

6 그림은 미토콘드리아에서 일어나는 세포 호흡을 나타낸 것이다. ⓐ와 ⓑ는 O_2와 CO_2를 순서 없이 나타낸 것이다.

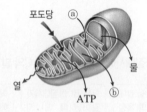

이에 대한 설명으로 옳은 것만을 [보기]에서 있는 대로 고른 것은?

┤ 보기 ├
ㄱ. ⓐ는 O_2이다.
ㄴ. 폐포 모세 혈관에서 폐포로의 ⓑ 이동에는 ATP가 사용된다.
ㄷ. 세포 호흡에는 효소가 필요하다.

① ㄱ　　　② ㄴ　　　③ ㄱ, ㄴ
④ ㄱ, ㄷ　　　⑤ ㄴ, ㄷ

2018 수능 5번

7 그림은 사람에서 세포 호흡을 통해 포도당으로부터 최종 분해 산물과 에너지가 생성되는 과정을 나타낸 것이다.

이에 대한 설명으로 옳은 것만을 [보기]에서 있는 대로 고른 것은?

┤ 보기 ├
ㄱ. ㉠은 암모니아(NH_3)이다.
ㄴ. 세포 호흡에는 효소가 필요하다.
ㄷ. 포도당이 분해되어 생성된 에너지의 일부는 ATP에 저장된다.

① ㄱ　　　② ㄷ　　　③ ㄱ, ㄴ
④ ㄴ, ㄷ　　　⑤ ㄱ, ㄴ, ㄷ

자료❷　　　2021 6월 평가원 2번

8 그림은 ATP와 ADP 사이의 전환을 나타낸 것이다.

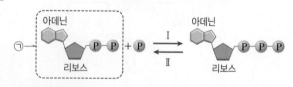

이에 대한 설명으로 옳은 것만을 [보기]에서 있는 대로 고른 것은?

┤ 보기 ├
ㄱ. ㉠은 ATP이다.
ㄴ. 미토콘드리아에서 과정 I이 일어난다.
ㄷ. 과정 II에서 인산 결합이 끊어진다.

① ㄱ　　　② ㄷ　　　③ ㄱ, ㄴ
④ ㄴ, ㄷ　　　⑤ ㄱ, ㄴ, ㄷ

9 그림 (가)와 (나)는 사람에서 일어나는 물질의 전환 과정을 나타낸 것이다.

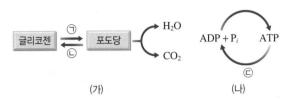

(가)   (나)

이에 대한 설명으로 옳은 것만을 [보기]에서 있는 대로 고른 것은?

┤ 보기 ├
ㄱ. ㉠과 ㉡ 과정이 모두 일어나는 기관 중에는 간이 있다.
ㄴ. 글루카곤의 작용으로 ㉡ 과정이 촉진된다.
ㄷ. ㉢ 과정에서 방출된 에너지의 일부는 ㉡ 과정에 이용된다.

① ㄱ   ② ㄴ   ③ ㄱ, ㄷ
④ ㄴ, ㄷ   ⑤ ㄱ, ㄴ, ㄷ

10 그림은 세포 호흡을 통해 생성된 물질이 생명 활동에 이용되는 과정을 나타낸 것이다. ㉠과 ㉡은 각각 ADP와 ATP 중 하나이다.

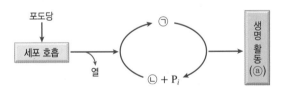

이에 대한 설명으로 옳은 것만을 [보기]에서 있는 대로 고른 것은?

┤ 보기 ├
ㄱ. 저장된 에너지양은 ㉠이 ㉡보다 많다.
ㄴ. 세포 호흡 시 포도당에서 방출된 에너지는 모두 ATP에 저장된다.
ㄷ. ⓐ의 예로는 모세 혈관에서 조직 세포로의 산소 이동이 있다.

① ㄱ   ② ㄴ   ③ ㄱ, ㄴ
④ ㄱ, ㄷ   ⑤ ㄴ, ㄷ

2017 수능 5번

11 그림 (가)는 사람에서 세포 호흡을 통해 포도당으로부터 최종 분해 산물과 에너지가 생성되는 과정을, (나)는 ATP와 ADP 사이의 전환을 나타낸 것이다. ㉠과 ㉡은 각각 O_2와 CO_2 중 하나이다.

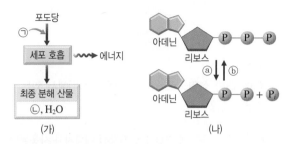

(가)   (나)

이에 대한 설명으로 옳은 것만을 [보기]에서 있는 대로 고른 것은?

┤ 보기 ├
ㄱ. ㉠은 CO_2이다.
ㄴ. 미토콘드리아에서 (나)의 ⓑ 과정이 일어난다.
ㄷ. (가)에서 생성된 에너지의 일부는 체온 유지에 이용된다.

① ㄱ   ② ㄷ   ③ ㄱ, ㄴ
④ ㄴ, ㄷ   ⑤ ㄱ, ㄴ, ㄷ

12 다음은 증류수에 효모를 넣어 만든 효모액을 이용한 실험 과정이다.

(가) 발효관 A와 B에 표와 같이 용액을 넣는다.	
발효관	**용액**
A	효모액 20 mL + 증류수 20 mL
B	효모액 20 mL + 5 % 포도당 용액 20 mL
(나) A와 B를 항온기에 넣고, 각 발효관에서 20분 동안 ㉠발생한 기체의 부피를 측정한다.	

이에 대한 설명으로 옳은 것만을 [보기]에서 있는 대로 고른 것은?

┤ 보기 ├
ㄱ. B에서 ㉠은 산소이다.
ㄴ. 효모액에는 이화 작용에 관여하는 효소가 있다.
ㄷ. (나)에서 ㉠의 부피는 B에서가 A에서보다 크다.

① ㄱ   ② ㄷ   ③ ㄱ, ㄴ
④ ㄴ, ㄷ   ⑤ ㄱ, ㄴ, ㄷ

1 그림은 물질 (가)의 구조를 나타낸 것이다.

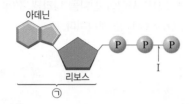

이에 대한 설명으로 옳은 것만을 [보기]에서 있는 대로 고른 것은?

┤ 보기 ├
ㄱ. 근육 운동에 결합 I에 저장된 에너지가 사용된다.
ㄴ. 미토콘드리아에서 (가)가 합성되는 반응이 일어난다.
ㄷ. ㉠은 DNA를 이루는 뉴클레오타이드 구조의 일부이다.

① ㄴ ② ㄷ ③ ㄱ, ㄴ
④ ㄱ, ㄷ ⑤ ㄱ, ㄴ, ㄷ

2 다음은 생물에서 일어나는 물질대사 과정 (가)와 (나)를 나타낸 것이다. ㉠~㉣은 각각 물, O_2, CO_2, 포도당 중 하나이며, ㉠과 ㉢의 흡수와 배출에는 호흡계가, ㉣의 배출에는 배설계가 관여한다.

(가)	㉠ + ㉡ ⟶ ㉢ + ㉣ + 에너지
(나)	㉢ + ㉣ + 에너지 ⟶ ㉠ + ㉡

이에 대한 설명으로 옳은 것만을 [보기]에서 있는 대로 고른 것은?

┤ 보기 ├
ㄱ. ㉡은 물, ㉢은 CO_2이다.
ㄴ. (가)에서 생성된 에너지의 일부는 ATP에 저장된다.
ㄷ. (나)에서는 빛에너지가 화학 에너지로 전환된다.

① ㄱ ② ㄷ ③ ㄱ, ㄴ
④ ㄴ, ㄷ ⑤ ㄱ, ㄴ, ㄷ

3 그림은 포도당이 분해되는 2가지 과정 (가)와 (나)의 최종 분해 산물을, 표는 두 과정의 구분 기준과 이에 해당하는 과정을 나타낸 것이다. (가)와 (나)는 각각 효모의 알코올 발효와 세포 호흡 중 하나이다.

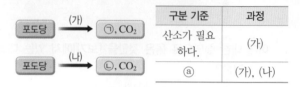

구분 기준	과정
산소가 필요하다.	(가)
ⓐ	(가), (나)

이에 대한 설명으로 옳은 것만을 [보기]에서 있는 대로 고른 것은?

┤ 보기 ├
ㄱ. ㉠은 우리 몸에서 가장 많은 양을 차지하는 물질이다.
ㄴ. '효소가 필요하다.'는 ⓐ에 해당한다.
ㄷ. 같은 양의 포도당이 분해될 때 방출되는 에너지의 양은 (가)에서가 (나)에서보다 많다.

① ㄱ ② ㄷ ③ ㄱ, ㄴ
④ ㄴ, ㄷ ⑤ ㄱ, ㄴ, ㄷ

2020 9월 평가원 5번

4 그림 (가)는 사람에서 녹말이 포도당으로 되는 과정을, (나)는 사람에서 세포 호흡을 통해 포도당으로부터 최종 분해 산물과 에너지가 생성되는 과정을 나타낸 것이다. ⓐ와 ⓑ는 CO_2와 O_2를 순서 없이 나타낸 것이다.

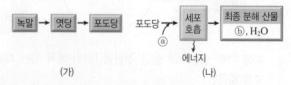

이에 대한 설명으로 옳은 것만을 [보기]에서 있는 대로 고른 것은?

┤ 보기 ├
ㄱ. 엿당은 이당류에 속한다.
ㄴ. 호흡계를 통해 ⓑ가 몸 밖으로 배출된다.
ㄷ. (가)와 (나)에서 모두 이화 작용이 일어난다.

① ㄱ ② ㄷ ③ ㄱ, ㄴ
④ ㄴ, ㄷ ⑤ ㄱ, ㄴ, ㄷ

5 그림 (가)는 미토콘드리아에서 일어나는 물질대사를, (나)는 ATP와 ADP 사이의 전환을 나타낸 것이다. ⓐ와 ⓑ는 각각 O_2와 CO_2 중 하나이고, ㉠과 ㉡은 각각 ADP와 ATP 중 하나이다.

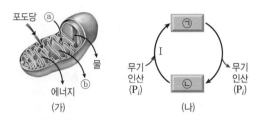

(가)   (나)

이에 대한 설명으로 옳은 것만을 [보기]에서 있는 대로 고른 것은?

┤ 보기 ├

ㄱ. (가)에서 과정 I이 일어난다.

ㄴ. 단위 부피당 $\dfrac{ⓐ의 양}{ⓑ의 양}$은 폐포 모세 혈관에서가 폐포에서보다 작다.

ㄷ. ㉡의 구성 원소에는 인(P)이 포함된다.

① ㄱ   ② ㄴ   ③ ㄱ, ㄷ
④ ㄴ, ㄷ   ⑤ ㄱ, ㄴ, ㄷ

6 그림은 사람에서 영양소 ㉠으로부터 ATP를 생성하고, 이 ATP를 생명 활동에 이용하는 과정을 나타낸 것이다. ㉠은 아미노산과 포도당 중 하나이다.

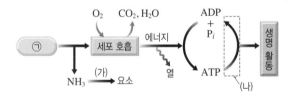

이에 대한 설명으로 옳은 것만을 [보기]에서 있는 대로 고른 것은?

┤ 보기 ├

ㄱ. (가)는 물질대사이다.

ㄴ. 글리코젠의 분해로 ㉠이 생성된다.

ㄷ. 세포막을 통한 물의 이동에는 (나) 과정에서 방출된 에너지가 이용된다.

① ㄱ   ② ㄴ   ③ ㄷ
④ ㄱ, ㄷ   ⑤ ㄱ, ㄴ, ㄷ

7 다음은 효모를 이용한 실험이며, 발효관 A~C는 각각 ⓐ~ⓒ 중 하나이다.

| 과정 |

(가) 3개의 발효관 A~C에 표와 같은 용액을 넣고, 맹관부에 공기가 들어가지 않도록 발효관을 세운 후, 입구를 솜 마개로 막는다.

발효관	용액
A	증류수 15 mL + 효모액 15 mL
B	2 % 포도당 수용액 15 mL + 효모액 15 mL
C	10 % 포도당 수용액 15 mL + 효모액 15 mL

A — 맹관부
증류수 15 mL + 효모액 15 mL
솜 마개

(나) A~C를 37 ℃에서 20분 동안 둔 후 맹관부에 발생한 기체의 부피를 측정한다.

(다) 맹관부에 기체가 다 모이면 용액의 일부를 뽑아내고, (㉠) 수용액 15 mL를 넣은 후 맹관부 수면의 높이 변화를 관찰한다.

| 결과 |

구분\발효관	ⓐ	ⓑ	ⓒ
(나)의 결과	+++	없음	+
(다)의 결과	높아짐	변화 없음	?

(+가 많을수록 기체 발생량이 많음)

이에 대한 설명으로 옳은 것만을 [보기]에서 있는 대로 고른 것은?

┤ 보기 ├

ㄱ. B는 ⓐ이다.

ㄴ. (나)의 실험 결과 C의 용액에는 에탄올이 포함되어 있다.

ㄷ. KOH는 ㉠에 해당한다.

① ㄱ   ② ㄴ   ③ ㄱ, ㄷ
④ ㄴ, ㄷ   ⑤ ㄱ, ㄴ, ㄷ

03 에너지를 얻기 위한 기관계의 통합적 작용

≫ **핵심 짚기** ▶ 영양소의 흡수와 이동 ▶ 산소의 흡수와 이동 ▶ 노폐물의 생성과 배설
▶ 기관계의 통합적 작용 ▶ 대사성 질환의 원인

Ⓐ 영양소와 산소의 흡수와 이동

1 세포 호흡에 필요한 물질 영양소와 산소

2 영양소의 흡수 영양소는 소화계를 통해 몸속으로 흡수된다. ❶
① 영양소의 소화: 섭취한 음식물이 소화 기관을 지나는 동안 여러 가지 소화 효소에 의해 녹말은 포도당으로, 단백질은 아미노산으로, 지방은 지방산과 모노글리세리드로 최종 분해된다. ❷
② 영양소의 흡수: 분해된 영양소는 소장 내벽에 있는 융털로 흡수된다. ➡ 영양소는 융털의 모세 혈관이나 암죽관으로 흡수된 후 심장에서 합류하여 혈액을 따라 온몸의 세포로 운반된다. ● 수용성 영양소는 소장 융털의 모세 혈관으로, 지용성 영양소는 암죽관으로 흡수된다.

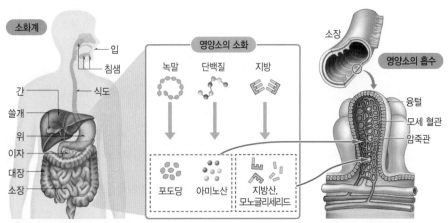

▲ **영양소의 소화와 흡수** 음식물 속의 영양소는 입 → 식도 → 위 → 소장 → 대장을 지나면서 소화되며, 소장에서 몸속으로 흡수된다.

3 산소의 흡수 산소는 호흡계를 통해 몸속으로 들어온다. ❸
① 호흡 운동: 숨을 들이쉬면 외부의 공기가 폐로 들어오고, 폐에서 산소와 이산화 탄소의 기체 교환을 거친 후 숨을 내쉴 때 폐 속의 공기가 몸 밖으로 나간다.
② 폐에서의 기체 교환: 숨을 들이쉴 때 폐로 들어온 공기 중의 산소는 폐포에서 모세 혈관으로 *확산하여 들어오고, 혈액 속 이산화 탄소는 폐포로 확산하여 몸 밖으로 나간다.
└ ● 에너지가 소모되지 않는다.

4 영양소와 산소의 이동 소화계를 통해 흡수된 영양소와 호흡계를 통해 흡수된 산소는 순환계를 통해 온몸의 조직 세포로 운반된다. ❹
① 영양소의 운반: 영양소는 혈액의 혈장에 의해 운반된다.
② 산소의 운반: 산소는 주로 적혈구(헤모글로빈)에 의해 운반된다.

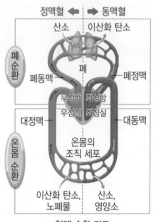

▲ 혈액 순환 경로

폐순환	우심실 → 폐동맥 → 폐포의 모세 혈관 → 폐정맥 → 좌심방
온몸 순환	좌심실 → 대동맥 → 온몸의 모세 혈관 → 대정맥 → 우심방

PLUS 강의 ➕

❶ 소화계
입, 식도, 위, 소장, 대장, 간 등으로 구성된다. 음식물에 들어 있는 녹말, 단백질, 지방과 같은 영양소는 분자 크기가 커서 세포막을 통과하지 못하는데, 소화계는 이 영양소들을 분자 크기가 작은 영양소로 분해하여 체내로 흡수한다.

❷ 소화 효소
• 아밀레이스: 녹말 분해 효소
• 펩신, 트립신: 단백질 분해 효소
• 라이페이스: 지방 분해 효소

❸ 호흡계
코, 기관, 기관지, 폐로 구성된다. 세포 호흡에 필요한 산소를 몸속으로 흡수하고, 세포 호흡 결과 발생한 이산화 탄소를 몸 밖으로 내보낸다.

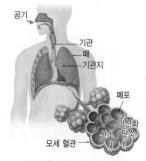

▲ 호흡계에서의 기체 교환

❹ 순환계
심장, 혈관, 혈액 등으로 구성된다. 소장 융털에서 흡수한 영양소와 폐에서 흡수한 산소는 순환계의 혈액을 통해 온몸의 조직 세포로 운반된다.

◯─ **용어 돋보기**

＊**확산**(擴 넓히다, 散 흩어지다)_ 물질이 압력이나 농도가 높은 곳에서 낮은 곳으로 이동하는 현상

Ⓑ 노폐물의 생성과 배설

영양소가 세포 호흡으로 분해되면 이산화 탄소, 물, 암모니아와 같은 노폐물이 생성되고, 노폐물은 순환계에 의해 호흡계와 배설계로 운반되어 몸 밖으로 나간다.⑤

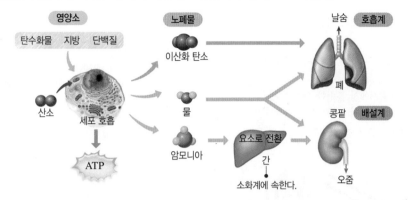

영양소⑥	노폐물	배설 경로
탄수화물, 지방, 단백질	이산화 탄소	폐(호흡계)에서 날숨을 통해 나간다.
	물	여러 가지 생명 활동에 이용되거나 콩팥(배설계)과 폐(호흡계)에서 각각 오줌과 날숨으로 나간다.
단백질	암모니아⑦	간(소화계)에서 요소로 전환된 후 콩팥(배설계)에서 오줌으로 나간다.

탐구 자료) 생콩즙으로 오줌 속 요소 확인하기

초록색(중성)   파란색(염기성)

1. 생콩즙에는 요소를 암모니아와 이산화 탄소로 분해하는 효소인 유레이스가 들어 있으며, 암모니아는 염기성이다.

2. 초록색(중성)의 오줌에 생콩즙을 넣으면 파란색으로 변한다. ➡ 오줌이 중성에서 염기성으로 변하였다.

3. 오줌이 염기성으로 변한 것으로 보아 생콩즙 속 유레이스가 오줌 속 요소를 분해하여 암모니아를 생성하였음을 알 수 있다. ➡ 오줌에는 요소가 들어 있다.

⑤ **배설계**
콩팥, 오줌관, 방광, 요도로 구성된다. 세포 호흡으로 생성된 노폐물을 걸러 오줌의 형태로 몸 밖으로 내보낸다.

⑥ **영양소의 구성 원소**
탄수화물과 지방은 탄소, 수소, 산소로 이루어져 있고, 단백질은 탄소, 수소, 산소 외에 질소를 포함하고 있다.

⑦ **암모니아(NH_3)**
단백질과 같이 질소(N)를 포함한 영양소가 분해될 때 생성된다. 암모니아는 독성이 강해 간에서 독성이 약한 요소로 바뀐 후 주로 콩팥을 통해 오줌으로 나간다.

⑧ **BTB 용액**
산성에서는 노란색, 중성에서는 초록색, 염기성에서는 파란색을 나타내는 지시약이다.

🔲 정답과 해설 13쪽

개념 확인

(1) 섭취한 음식물이 소화 기관을 지나는 동안 녹말은 (　　　　)으로, 단백질은 (　　　　)으로, 지방은 (　　　　)과 모노글리세리드로 분해된다.

(2) 소장에서 수용성 영양소는 융털의 (암죽관, 모세 혈관)으로, 지용성 영양소는 융털의 (암죽관, 모세 혈관)으로 흡수된 후 심장으로 들어간다.

(3) 폐에서 (이산화 탄소, 산소)는 폐포에서 모세 혈관으로, (이산화 탄소, 산소)는 모세 혈관에서 폐포로 확산한다.

(4) 소화계를 통해 흡수된 영양소는 주로 혈액의 (　　　　)을 통해, 호흡계를 통해 흡수된 산소는 주로 (　　　　)에 의해 온몸으로 운반된다.

(5) 탄수화물, 지방, 단백질이 세포 호흡으로 분해되면 이산화 탄소와 (　　　　)이 공통적으로 생성된다.

(6) (　　　　)의 분해 과정에서 생성된 암모니아는 간에서 독성이 약한 (　　　　)로 전환된 다음, 배설계의 (　　　　)을 통해 오줌으로 배설된다.

03 에너지를 얻기 위한 기관계의 통합적 작용

C 기관계의 통합적 작용

소화계, 순환계, 호흡계, 배설계는 서로 다른 기능을 수행하면서도 유기적으로 연결되어 통합적으로 작용하여 생명 활동을 유지한다.[9]

소화계	음식물에 들어 있는 영양소를 분자 크기가 작은 영양소로 분해하여 몸속으로 흡수한다.
호흡계	세포 호흡에 필요한 산소를 흡수하고, 세포 호흡으로 생성된 이산화 탄소를 몸 밖으로 내보낸다.
순환계	소화계에서 흡수한 영양소와 호흡계에서 흡수한 산소를 온몸의 세포로 운반하고, 세포에서 생성된 이산화 탄소, 요소 등의 노폐물을 호흡계나 배설계로 운반한다.
배설계	세포에서 생성된 요소와 같은 노폐물을 걸러 오줌의 형태로 몸 밖으로 내보낸다.

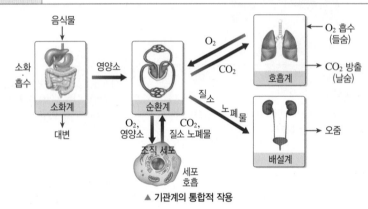
▲ 기관계의 통합적 작용

D 물질대사와 건강

1 에너지 대사의 균형 건강한 생활을 하기 위해서는 음식물로 섭취하는 에너지양과 활동으로 소비하는 에너지양 사이에 균형이 이루어져야 한다.[10]

① 영양 부족: 에너지 섭취량보다 에너지 소비량이 많은 경우 ➡ 지방이나 단백질을 분해하여 에너지를 얻으므로 체중이 감소하고, 심하면 영양실조에 걸릴 수 있다.[11]

② 영양 과다: 에너지 섭취량이 에너지 소비량보다 많은 경우 ➡ 남는 에너지를 주로 지방의 형태로 저장하므로 체중이 증가하고, 이런 상태가 계속되면 비만이 될 수 있다.

영양 부족	영양 균형	영양 과다
에너지 섭취량＜에너지 소비량 ➡ 체중 감소, 영양실조, 면역력 저하	에너지 섭취량＝에너지 소비량 ➡ 에너지 대사의 균형	에너지 섭취량＞에너지 소비량 ➡ 체중 증가, 비만

2 기초 대사량과 1일 대사량

① 기초 대사량: 체온 조절, 심장 박동, 혈액 순환, 물질 합성 등 기초적인 생명 활동을 유지하는 데 필요한 최소한의 에너지양[12]

② 활동 대사량: 기초 대사량 외에 다양한 신체 활동을 하는 데 소모되는 에너지양

③ 1일 대사량: 하루 동안 소비하는 에너지의 총량

▲ 1일 대사량의 구성비

기초 대사량 60 %~70 % / 활동 대사량 20 %~35 % / 기타 5 %~10 %

> 1일 대사량 = 기초 대사량 + 활동 대사량 + 음식물의 소화·흡수에 필요한 에너지양

---

[9] 기관계의 통합적 작용
· 세포 호흡에 필요한 영양소와 산소는 소화계와 호흡계에 의해 흡수된 후 순환계에 의해 온몸의 조직 세포로 운반된다.
· 조직 세포에서 발생한 노폐물과 이산화 탄소는 순환계에 의해 배설계와 호흡계로 운반되어 몸 밖으로 나간다.

[10] 에너지 대사
물질대사가 일어날 때에는 반드시 에너지의 출입이 따르기 때문에 물질대사를 에너지 대사라고도 한다.

[11] 영양실조
하나 또는 그 이상의 영양소를 부족하게 섭취하였거나, 충분한 양의 영양소를 섭취하였어도 어떤 원인으로 체내에서 흡수가 제대로 이루어지지 않아 영양이 저하된 상태를 말한다.

[12] 기초 대사량
기초 대사량은 성별, 연령 등에 따라 다르다. 근육 조직은 지방 조직보다 더 많은 에너지를 소비하므로 몸에 근육이 많으면 기초 대사량이 높아진다.

3 대사성 질환 우리 몸의 물질대사에 이상이 생겨 발생하는 질병이다.

① 대사성 질환의 원인: 오랜 기간 영양 과잉이나 운동 부족 등으로 에너지의 불균형이 지속되면 발생할 수 있으며, 유전, 스트레스 등에 의해서도 발생한다.
┗ 대사성 질환은 대부분 비만과 밀접한 관계가 있으며, 복부 비만인 경우 발병 위험이 높다.

② 대사성 질환의 종류

질병	특징	원인
고혈압	혈압이 정상 범위보다 높은 만성 질환이다.	스트레스, 식사 습관 등 환경적 요소와 유전적 요소의 상호 작용으로 발생한다.
당뇨병	혈당량이 높은 상태가 지속되는 질환. 오줌에 당이 섞여 나오며, 소변을 자주 보고, 체중이 감소한다.	이자에서 충분한 인슐린을 만들어 내지 못하거나, 몸의 세포가 인슐린에 적절하게 반응하지 못하여 발생한다.
고지혈증	필요 이상의 지방 성분(콜레스테롤, 중성지방)이 혈액에 존재하는 상태이다.⑬	주로 운동 부족, 비만, 음주 등 잘못된 생활 습관으로 발생한다.
지방간	간에 지방이 비정상적으로 많이 축적된 상태이다.	알코올성 지방간은 음주, 비알코올성 지방간은 비만과 약물 남용 등으로 발생한다.
구루병	뼈가 약해져 뼈의 통증이나 변형이 일어난다.	비타민 D 결핍으로 인한 칼슘 부족으로 발생한다.

③ 대사성 질환의 예방: 대사성 질환은 치료에 많은 시간과 노력이 필요하며 여러 가지 합병증을 일으키므로, 올바른 생활 습관을 통해 예방하는 것이 중요하다.⑭

[예] • 하루 세 끼 균형 잡힌 식사를 한다.
   • 열량이 높은 음료수 등은 되도록 적게 섭취한다.
   • 규칙적으로 운동을 한다.
   • 계단 오르기 등 일상생활에서 활동량을 늘린다.

⑬ **콜레스테롤**
우리 몸을 구성하는 영양소로 생명을 유지하는 데 꼭 필요하지만, 혈액의 콜레스테롤 농도가 지나치게 높으면 동맥 경화를 일으키고, 고혈압, 심장병, 뇌졸중 등의 원인이 된다.

⑭ **대사성 질환의 합병증**
대부분의 대사성 질환은 심혈관계 질환과 뇌혈관계 질환 등의 합병증을 일으킬 수 있다.
• 당뇨병: 심혈관 질환, 시력 상실 등
• 고지혈증: 동맥 경화, 고혈압, 뇌졸중 등
• 지방간: 간경변, 심혈관 질환 등

📋 정답과 해설 13쪽

개념 확인

(7) (　　　　)계는 음식물 속의 영양소를 흡수 가능한 형태로 분해하여 흡수하며, (　　　　)계는 혈액으로부터 요소와 여분의 물 등을 걸러 내어 오줌으로 내보낸다.

(8) (　　　　)계는 영양소와 산소를 온몸의 조직 세포로 운반하고, 조직 세포에서 세포 호흡 결과 생성된 이산화 탄소를 (　　　　)계로 운반한다.

(9) 에너지 섭취량이 에너지 소비량보다 많은 상태가 지속될 경우 체중이 (증가, 감소)할 수 있고, 이런 상태가 지속되면 (비만, 영양실조)이(가) 될 수 있다.

(10) 설명에 해당하는 것을 옳게 연결하시오.
   ① 활동 대사량 •　　　　• ㉠ 하루 동안 소비하는 에너지의 총량
   ② 기초 대사량 •　　　　• ㉡ 다양한 활동을 하는 데 소모하는 에너지양
   ③ 1일 대사량 •　　　　• ㉢ 생명 활동을 유지하는 데 필요한 최소한의 에너지양

(11) 대사성 질환은 우리 몸의 (　　　　)에 이상이 생겨 발생하는 질병이다.

(12) 대사성 질환의 종류와 특징을 옳게 연결하시오.
   ① 지방간 •　　　　• ㉠ 혈당량이 높은 상태가 지속된다.
   ② 당뇨병 •　　　　• ㉡ 혈압이 정상 범위보다 높은 만성 질환이다.
   ③ 고혈압 •　　　　• ㉢ 간에 지방이 비정상적으로 많이 축적된 상태이다.
   ④ 고지혈증 •　　　　• ㉣ 필요 이상의 지방 성분이 혈액에 존재하는 상태이다.

2021 ● 9월 평가원 2번

자료 ❶ 소화계와 호흡계

그림 (가)와 (나)는 각각 사람의 소화계와 호흡계를 나타 낸 것이다. A와 B는 각각 간과 폐 중 하나이다.

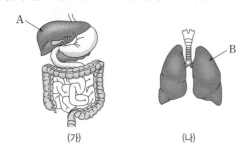

(가)　　　　　　(나)

1. A에서 암모니아가 요소로 전환된다. (○, ×)
2. A에서 동화 작용이 일어난다. (○, ×)
3. B에서 이화 작용이 일어난다. (○, ×)
4. B에서 기체 교환이 일어난다. (○, ×)
5. B는 항이뇨 호르몬의 표적 기관이다. (○, ×)
6. 대장은 (나)에 속한다. (○, ×)
7. (나)로 들어온 O_2의 일부는 배설계를 통해 운반된다. (○, ×)
8. (가)에서 흡수된 영양소 중 일부는 (나)에서 사용된다. (○, ×)

2017 ● 수능 12번

자료 ❷ 순환계

그림은 사람의 혈액 순환 경로를 나타낸 것이다. ㉠과 ㉡ 은 각각 대정맥과 폐정맥 중 하나이고, A와 B는 각각 간 과 콩팥 중 하나이다.

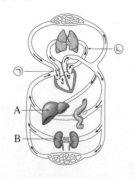

1. ㉠은 대정맥이다. (○, ×)
2. A에서 포도당이 글리코젠으로 전환된다. (○, ×)
3. A는 인슐린과 글루카곤의 표적 기관이다. (○, ×)
4. 요소의 농도는 A로 들어가는 혈액에서보다 A에서 나오는 혈액에서 더 높다. (○, ×)
5. B는 순환계에 속하는 기관이다. (○, ×)
6. B에서 수분의 재흡수가 일어난다. (○, ×)
7. 혈액의 단위 부피당 CO_2의 양은 ㉡에서가 ㉠에서보다 많다. (○, ×)

2020 ● 수능 10번

자료 ❸ 기관계의 통합적 작용

그림은 사람 몸에 있는 각 기관계의 통합적 작용을 나타낸 것이다. A와 B는 각각 소화계와 호흡계 중 하나이다.

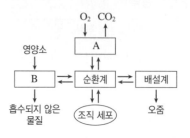

1. A는 소화계이고, B는 호흡계이다. (○, ×)
2. A에서 기체 교환이 일어난다. (○, ×)
3. 폐는 A에 속하는 기관이다. (○, ×)
4. A에서 흡수된 O_2는 순환계를 통해 온몸의 조직 세포로 운반된다. (○, ×)
5. 심한 운동을 하면 A에서 순환계로 단위 시간당 이동하는 O_2의 양이 증가한다. (○, ×)
6. B에서는 영양소의 소화와 흡수가 일어난다. (○, ×)
7. 위, 쓸개, 간은 B에 속한다. (○, ×)
8. B에는 포도당을 흡수하는 기관이 있다. (○, ×)
9. 심장은 B에 속하는 기관이다. (○, ×)
10. 순환계를 통해 B에서 생성된 요소가 배설계로 이동한다. (○, ×)
11. 세포 호흡 결과 생성된 노폐물 중 일부는 B를 통해 체외로 배출된다. (○, ×)
12. B에 속하는 한 기관에서 인슐린이 분비된다. (○, ×)
13. 기관지는 B에 속한다. (○, ×)
14. 혈액은 A와 B를 모두 지난다. (○, ×)
15. A와 B에서 모두 물질대사가 일어난다. (○, ×)
16. 순환계는 A와 B를 기능적으로 연결한다. (○, ×)
17. 글루카곤, 티록신과 같은 물질은 순환계를 통해 표적 기관으로 운반 된다. (○, ×)
18. 배설계는 한 가지 기관으로 구성되어 있다. (○, ×)
19. 땀을 많이 흘리면 배설계에서 생성되는 오줌의 삼투압이 감소한다. (○, ×)

Ⓐ 영양소와 산소의 흡수와 이동

1 영양소의 소화와 흡수에 대한 설명으로 옳은 것만을 [보기]에서 있는 대로 고르시오.

┤ 보기 ├
ㄱ. 음식물 속의 지방은 소화 기관에서 지방산과 모노글리세리드로 분해된다.
ㄴ. 아미노산은 소장 내벽 융털의 암죽관으로 흡수된다.
ㄷ. 소장에서 흡수된 영양소는 순환계를 통해 조직세포로 이동한다.
ㄹ. 소화계에서 흡수하지 못한 영양소는 배설계를 통해 몸 밖으로 배출된다.

2 그림은 사람의 혈액 순환 경로의 일부를 나타낸 것이다. ⓐ와 ⓑ는 각각 대동맥과 폐동맥 중 하나이고, A와 B는 각각 간과 폐 중 하나이다.

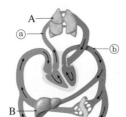

(1) A는 ㉠(　　　)계에 속하는 ㉡(　　　)이고, B는 ㉢(　　　)계에 속하는 ㉣(　　　)이다.
(2) O_2와 CO_2 중 A의 폐포에서 모세 혈관으로 확산되는 기체는 (　　　)이다.
(3) B에서 암모니아는 (　　　)로 전환된다.
(4) ⓐ는 ㉠(　　　), ⓑ는 ㉡(　　　)이며, 혈액의 단위 부피당 CO_2 양은 ⓑ에서보다 ⓐ에서 ㉢(　　　).

Ⓑ 노폐물의 생성과 배설

3 그림은 사람의 몸에서 일어나는 물질대사 과정의 일부를 나타낸 것이다. ⓐ와 ⓑ는 각각 단백질과 녹말 중 하나이고, ㉠은 기체이다.

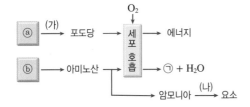

(1) ⓐ와 ⓑ의 이름을 각각 쓰시오.
(2) (가)와 (나)가 모두 일어나는 기관계를 쓰시오.
(3) ㉠의 이름을 쓰고, ㉠은 어떤 기관계를 통해 몸 밖으로 배출되는지 쓰시오.

4 그림은 사람의 어떤 기관계를 나타낸 것이다. 이 기관계에 대한 설명으로 옳은 것만을 [보기]에서 있는 대로 고르시오.

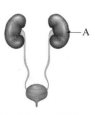

┤ 보기 ├
ㄱ. 배설계이다.
ㄴ. A에서 요소가 걸러져 오줌의 형태로 된다.
ㄷ. 체내의 수분 조절 작용이 일어난다.

Ⓒ 기관계의 통합적 작용

5 그림은 사람의 기관계 A~D를 나타낸 것이다. A~D는 각각 배설계, 소화계, 순환계, 호흡계 중 하나이다.

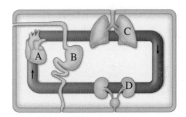

(　　　) 안에 알맞은 기관계의 기호를 쓰시오.

(1) 음식물로 섭취한 포도당은 ㉠(　　　)에서 흡수되어 ㉡(　　　)를 통해 조직 세포로 이동한다.
(2) 소화계, 배설계, 호흡계를 기능적으로 연결하는 기관계는 (　　　)이다.
(3) 항이뇨 호르몬의 표적 기관은 (　　　)에 속한다.

Ⓓ 물질대사와 건강

6 물질대사와 대사성 질환에 대한 설명으로 옳지 않은 것은?
① 1일 대사량에 기초 대사량이 포함된다.
② 에너지 소모량보다 에너지 섭취량이 많으면 비만이 될 수 있다.
③ 생명 유지에 필요한 최소한의 에너지양을 활동 대사량이라고 한다.
④ 대사성 질환은 우리 몸에서 물질대사 장애로 인해 발생한다.
⑤ 과도한 영양 섭취, 운동 부족과 같은 생활 습관은 대사성 질환의 위험을 높일 수 있다.

7 대사성 질환에 해당하는 질병을 세 가지만 쓰시오.

1 그림 (가)는 소화계에서 일어나는 영양소의 소화 작용 일부를, (나)는 소장 융털의 구조를 나타낸 것이다. A와 B는 영양소의 최종 분해 산물이고, ㉠과 ㉡은 각각 암죽관과 모세 혈관 중 하나이다.

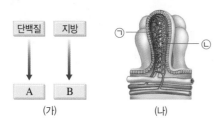

이에 대한 설명으로 옳은 것만을 [보기]에서 있는 대로 고른 것은?

┤ 보기 ├
ㄱ. ㉠으로 흡수된 영양소는 심장을 거쳐 온몸의 세포로 운반된다.
ㄴ. A는 ㉡을 통해 흡수된다.
ㄷ. 모노글리세리드는 B에 해당한다.

① ㄱ   ② ㄴ   ③ ㄱ, ㄷ
④ ㄴ, ㄷ   ⑤ ㄱ, ㄴ, ㄷ

2 그림은 생명 활동에 필요한 에너지를 얻는 과정과 기관계의 통합적 작용을 나타낸 것이다. (가)와 (나)는 각각 소화계와 호흡계 중 하나이고, ㉠과 ㉡은 각각 포도당과 O_2 중 하나이다.

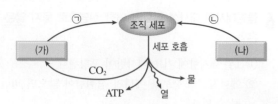

이에 대한 설명으로 옳은 것만을 [보기]에서 있는 대로 고른 것은?

┤ 보기 ├
ㄱ. (가)에서 물질대사가 일어난다.
ㄴ. ㉠과 ㉡은 모두 순환계를 통해 조직 세포로 운반된다.
ㄷ. 폐는 (나)에 속한다.

① ㄱ   ② ㄴ   ③ ㄱ, ㄴ
④ ㄴ, ㄷ   ⑤ ㄱ, ㄴ, ㄷ

3 그림은 세포 호흡에 필요한 물질이 조직 세포에 공급되는 과정과, 조직 세포에서 일어나는 ATP의 합성과 분해를 나타낸 것이다. (가)~(다)는 각각 호흡계, 순환계, 소화계 중 하나이다.

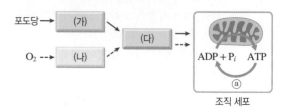

조직 세포

이에 대한 설명으로 옳은 것만을 [보기]에서 있는 대로 고른 것은?

┤ 보기 ├
ㄱ. (가)에서 동화 작용이 일어난다.
ㄴ. 심장은 (다)에 속한다.
ㄷ. O_2가 (나)를 거쳐 (다)로 이동하는 데 ⓐ 과정이 필요하다.

① ㄱ   ② ㄷ   ③ ㄱ, ㄴ
④ ㄴ, ㄷ   ⑤ ㄱ, ㄴ, ㄷ

4 그림은 사람의 체내에서 일어나는 물질대사 과정의 일부와 물질의 이동을 나타낸 것이다. (가)와 (나)는 각각 아미노산과 지방산 중 하나이고, A와 B는 각각 H_2O과 요소 중 하나이며, ㉠과 ㉡은 각각 콩팥과 폐 중 하나이다.

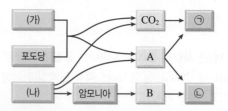

이에 대한 설명으로 옳은 것만을 [보기]에서 있는 대로 고른 것은?

┤ 보기 ├
ㄱ. (가)와 (나)의 구성 원소에는 모두 수소(H)가 포함된다.
ㄴ. 소화계에는 B가 생성되는 기관이 있다.
ㄷ. ㉡은 호흡계에 속한다.

① ㄱ   ② ㄴ   ③ ㄱ, ㄴ
④ ㄴ, ㄷ   ⑤ ㄱ, ㄴ, ㄷ

5 그림은 사람 몸에 있는 각 기관계의 통합적 작용을 나타낸 것이다. A와 B는 각각 소화계와 호흡계 중 하나이다.

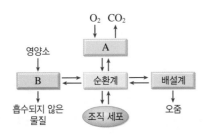

이에 대한 설명으로 옳은 것만을 [보기]에서 있는 대로 고른 것은?

┤ 보기 ├
ㄱ. A는 호흡계이다.
ㄴ. B에는 포도당을 흡수하는 기관이 있다.
ㄷ. 글루카곤은 순환계를 통해 표적 기관으로 운반된다.

① ㄱ   ② ㄴ   ③ ㄱ, ㄷ
④ ㄴ, ㄷ   ⑤ ㄱ, ㄴ, ㄷ

6 그림은 기관계의 통합적 작용을 나타낸 것이다. A~D는 각각 배설계, 소화계, 순환계, 호흡계 중 하나이다.

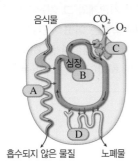

이에 대한 설명으로 옳은 것만을 [보기]에서 있는 대로 고른 것은?

┤ 보기 ├
ㄱ. A에서 영양소의 흡수가 일어난다.
ㄴ. 세포 호흡 결과 생성된 물질 중 일부는 B를 통해 C로 운반된다.
ㄷ. D를 통해 몸 밖으로 나간 노폐물에는 요소가 포함된다.

① ㄱ   ② ㄴ   ③ ㄱ, ㄷ
④ ㄴ, ㄷ   ⑤ ㄱ, ㄴ, ㄷ

7 그림 (가)와 (나)는 각각 사람 A와 B의 수축기 혈압과 이완기 혈압의 변화를 나타낸 것이다. A와 B는 정상인과 고혈압 환자를 순서 없이 나타낸 것이다.

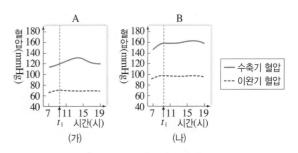

이에 대한 설명으로 옳은 것만을 [보기]에서 있는 대로 고른 것은?

┤ 보기 ├
ㄱ. 대사성 질환 중에는 고혈압이 있다.
ㄴ. t_1일 때 수축기 혈압은 A가 B보다 높다.
ㄷ. B는 고혈압 환자이다.

① ㄱ   ② ㄴ   ③ ㄱ, ㄷ
④ ㄴ, ㄷ   ⑤ ㄱ, ㄴ, ㄷ

8 표는 세 가지 질병 A~C의 특징 유무를 나타낸 것이다. A~C는 각각 당뇨병, 고혈압, 홍역 중 하나이다.

특징 질병	ⓐ	오줌에 당이 섞여 나온다.	감염성 질병이다.
A	○	×	×
B	○	㉠	×
C	×	×	㉡

이에 대한 설명으로 옳은 것만을 [보기]에서 있는 대로 고른 것은?

┤ 보기 ├
ㄱ. ㉠과 ㉡은 모두 '○'이다.
ㄴ. '대사성 질환이다.'는 ⓐ에 해당한다.
ㄷ. C는 동맥 경화의 원인이다.

① ㄱ   ② ㄴ   ③ ㄷ
④ ㄱ, ㄴ   ⑤ ㄴ, ㄷ

1 그림 (가)는 세포 호흡에 필요한 물질의 이동과 세포 호흡 결과 생성된 물질을, (나)는 기관계 C를 나타낸 것이다. A~C는 각각 순환계, 소화계, 호흡계 중 하나이고, ㉠~㉢은 각각 O_2, 포도당, ATP 중 하나이다.

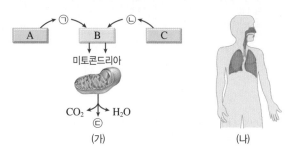

이에 대한 설명으로 옳은 것만을 [보기]에서 있는 대로 고른 것은?

보기
ㄱ. ㉠의 에너지 일부가 ㉢에 저장된다.
ㄴ. 심장은 B에 속한다.
ㄷ. 혈액의 단위 부피당 ㉡의 양은 대정맥에서보다 대동맥에서 많다.

① ㄱ   ② ㄷ   ③ ㄱ, ㄴ
④ ㄴ, ㄷ   ⑤ ㄱ, ㄴ, ㄷ

자료❶   [2021] 9월 평가원 2번

2 그림 (가)와 (나)는 각각 사람의 소화계와 호흡계를 나타낸 것이다. A와 B는 각각 간과 폐 중 하나이다.

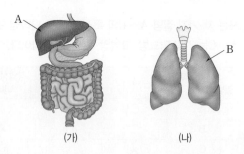

이에 대한 설명으로 옳은 것만을 [보기]에서 있는 대로 고른 것은?

보기
ㄱ. A에서 동화 작용이 일어난다.
ㄴ. B에서 기체 교환이 일어난다.
ㄷ. (가)에서 흡수된 영양소 중 일부는 (나)에서 사용된다.

① ㄱ   ② ㄷ   ③ ㄱ, ㄴ
④ ㄴ, ㄷ   ⑤ ㄱ, ㄴ, ㄷ

[2021] 수능 1번

3 그림은 사람에서 일어나는 영양소의 물질대사 과정 일부를 나타낸 것이다. ㉠과 ㉡은 암모니아와 이산화 탄소를 순서 없이 나타낸 것이다.

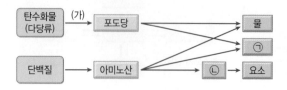

이에 대한 설명으로 옳은 것만을 [보기]에서 있는 대로 고른 것은?

보기
ㄱ. 과정 (가)에서 이화 작용이 일어난다.
ㄴ. 호흡계를 통해 ㉠이 몸 밖으로 배출된다.
ㄷ. 간에서 ㉡이 요소로 전환된다.

① ㄱ   ② ㄷ   ③ ㄱ, ㄴ
④ ㄴ, ㄷ   ⑤ ㄱ, ㄴ, ㄷ

---

4 표는 사람의 기관계와 그 기관계에 속하는 기관의 예를, 그림은 B에 속하는 어떤 기관을 나타낸 것이다. A와 B는 각각 순환계와 배설계 중 하나이고, ㉠과 ㉡은 각각 간과 심장 중 하나이며, ⓐ와 ⓑ는 혈관이다.

기관계	기관의 예
A	㉠
소화계	㉡
B	방광

이에 대한 설명으로 옳은 것만을 [보기]에서 있는 대로 고른 것은?

보기
ㄱ. ㉠에 연결된 자율 신경의 조절 중추는 간뇌이다.
ㄴ. 단위 부피당 요소의 양은 ⓐ의 혈액이 ⓑ의 혈액보다 적다.
ㄷ. ㉡에서 질소 노폐물의 전환이 일어난다.

① ㄱ   ② ㄷ   ③ ㄱ, ㄴ
④ ㄴ, ㄷ   ⑤ ㄱ, ㄴ, ㄷ

5 표 (가)는 사람 몸을 구성하는 기관 A~C에서 특징 ㉠~㉢의 유무를, (나)는 ㉠~㉢을 순서 없이 나타낸 것이다. A~C는 각각 간, 위, 폐 중 하나이다.

특징 기관	㉠	㉡	㉢
A	?	○	×
B	○	?	○
C	○	×	?

(○: 있음, ×: 없음)

(가)

특징 (㉠~㉢)
• 소화계에 속한다.
• 물질대사가 일어난다.
• 암모니아가 요소로 전환된다.

(나)

이에 대한 설명으로 옳은 것만을 [보기]에서 있는 대로 고른 것은?

┤ 보기 ├
ㄱ. ㉠은 '소화계에 속한다.'이다.
ㄴ. A에서 단백질의 소화와 흡수가 일어난다.
ㄷ. C에서 기체의 교환이 확산에 의해 일어난다.

① ㄱ ② ㄷ ③ ㄱ, ㄴ
④ ㄴ, ㄷ ⑤ ㄱ, ㄴ, ㄷ

6 그림은 사람 몸에 있는 각 기관계의 통합적 작용을, 표는 지방과 단백질이 물질대사를 통해 분해되어 생성된 최종 분해 산물 중 일부를 나타낸 것이다. A~C는 배설계, 소화계, 호흡계를, ㉠과 ㉡은 암모니아와 물을 순서 없이 나타낸 것이다.

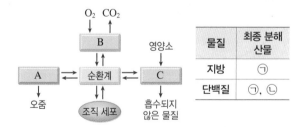

물질	최종 분해 산물
지방	㉠
단백질	㉠, ㉡

이에 대한 설명으로 옳은 것만을 [보기]에서 있는 대로 고른 것은?

┤ 보기 ├
ㄱ. B를 통해 ㉠의 일부가 몸 밖으로 나간다.
ㄴ. ㉡의 구성 원소에는 산소(O)가 포함된다.
ㄷ. C에서는 모세 혈관으로의 물질 흡수가 일어난다.

① ㄱ ② ㄴ ③ ㄱ, ㄷ
④ ㄴ, ㄷ ⑤ ㄱ, ㄴ, ㄷ

7 그림은 사람 몸에 있는 순환계와 기관계 A~C의 통합적 작용을 나타낸 것이다. A~C는 각각 배설계, 소화계, 호흡계 중 하나이다.

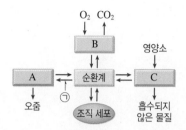

이에 대한 설명으로 옳은 것만을 [보기]에서 있는 대로 고른 것은?

┤ 보기 ├
ㄱ. ㉠에는 요소의 이동이 포함된다.
ㄴ. B는 호흡계이다.
ㄷ. C에서 흡수된 물질은 순환계를 통해 운반된다.

① ㄱ ② ㄷ ③ ㄱ, ㄴ
④ ㄴ, ㄷ ⑤ ㄱ, ㄴ, ㄷ

8 그림은 어떤 사람이 하루 동안 소비하는 총에너지양의 상대적 구성비, 표는 이 사람이 가진 질병 A와 B의 특징을 나타낸 것이다. A와 B는 고지혈증과 당뇨병을 순서 없이 나타낸 것이다.

질병	특징
A	인슐린의 분비 부족이나 작용 이상으로 혈당량이 조절되지 못한다.
B	혈액에 콜레스테롤과 중성 지방이 정상 범위 이상으로 많이 들어 있다.

이에 대한 설명으로 옳은 것만을 [보기]에서 있는 대로 고른 것은?

┤ 보기 ├
ㄱ. ⓐ는 생명을 유지하는 데 필요한 최소한의 에너지양이다.
ㄴ. B로 인해 이 사람의 오줌에서 포도당이 검출된다.
ㄷ. 이 사람은 A와 B의 치료를 위해 1일 대사량보다 많은 양의 에너지를 지속적으로 섭취해야 한다.

① ㄱ ② ㄴ ③ ㄷ
④ ㄱ, ㄴ ⑤ ㄴ, ㄷ

항상성과
몸의 조절

학습
계획표

자극의 전달

≫ **핵심 짚기** ≫ 뉴런의 구조와 기능   ≫ 뉴런의 종류   ≫ 흥분의 발생과 전도 원리
              ≫ 흥분 전도 시 막전위 변화   ≫ 활주설에 따른 근수축 과정

Ⓐ 뉴런

1 뉴런(신경 세포) 신경계를 구성하는 기본 단위가 되는 세포이다. ❶

신경 세포체	핵과 세포 소기관이 있으며, 물질대사를 담당한다.
가지 돌기	다른 뉴런이나 세포에서 오는 신호를 받아들인다.
축삭 돌기	다른 뉴런이나 세포로 신호를 전달한다.

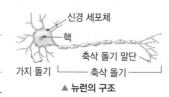
▲ 뉴런의 구조

2 뉴런의 종류

① 말이집 유무에 따른 구분: 말이집 신경과 민말이집 신경으로 구분된다. ❷

말이집 신경	축삭 돌기가 말이집으로 싸여 있으며, 랑비에 결절이 있다. ❸
민말이집 신경	축삭 돌기가 말이집으로 싸여 있지 않다.

▲ 말이집 신경   ▲ 민말이집 신경

② 기능에 따른 구분: 구심성 뉴런, 연합 뉴런, 원심성 뉴런으로 구분된다.

구심성 뉴런	감각기에서 받아들인 자극을 연합 뉴런으로 전달한다. 예 감각 뉴런
연합 뉴런	뇌와 척수 같은 중추 신경을 구성하며, 구심성 뉴런에서 온 자극 정보를 통합하여 원심성 뉴런으로 반응 명령을 내린다.
원심성 뉴런	연합 뉴런에서 내린 반응 명령을 반응기로 전달한다. 예 운동 뉴런

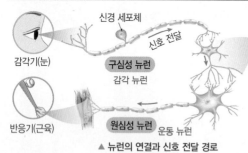

[신호 전달 경로]
감각기 → 구심성 뉴런 →
연합 뉴런 → 원심성 뉴런
→ 반응기

▲ 뉴런의 연결과 신호 전달 경로

구심성 뉴런은 신경 세포체가 축삭 돌기의 한쪽 옆에 붙어 있으며, 원심성 뉴런은 신경 세포체가 크고 축삭 돌기가 길게 발달되어 있다.

Ⓑ 흥분의 전도와 전달 여기서 잠깐! 46쪽

1 자극을 받지 않은 뉴런의 상태 세포막 안쪽이 상대적으로 음(-)전하, 바깥쪽이 양(+)전하를 띠는 *분극 상태이며, 휴지 전위를 나타낸다.

① 휴지 전위: 뉴런이 자극을 받지 않은 분극 상태일 때의 *막전위로, 약 $-70\ mV$이다.

② 분극 상태일 때 이온의 이동과 분포: Na^+-K^+ 펌프에 의해 Na^+은 세포 안에서 밖으로, K^+은 세포 밖에서 안으로 이동된다. ❹ ➡ Na^+ 농도는 세포 밖이 안보다 높고, K^+ 농도는 세포 안이 밖보다 높다.

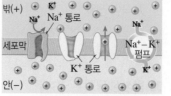
▲ 분극 상태 뉴런의 이온 분포

PLUS 강의 ⊕

❶ 신경계
감각기에서 받아들인 자극을 전달하고, 이를 통합하여 적절한 반응 명령을 내리는 기능을 하는 기관계이다. 사람의 신경계는 뇌와 척수를 중심으로 온몸에 그물망처럼 퍼져 있는 신경망으로 이루어져 있다.

❷ 말이집
슈반 세포의 세포막이 길게 늘어나 축삭 돌기를 여러 겹 싸고 있는 것으로, 신호 전달 과정에서 막을 통한 이온의 이동을 막는 절연체 역할을 한다.

❸ 랑비에 결절
말이집 신경의 축삭 돌기 일부는 말이집으로 싸여 있지 않고 겉으로 드러나 있는데, 이 부분을 랑비에 결절이라고 한다.

❹ Na^+-K^+ 펌프
동물의 세포막에 있는 수송 단백질로, ATP를 소모하여 Na^+을 세포 안에서 밖으로 이동시키고, K^+을 세포 밖에서 안으로 이동시킨다.

🕐 용어 돋보기
＊ **슈반 세포(Schwann cell)** _ 뉴런의 축삭 돌기를 둘러싸고 있는 세포로, 세포막이 늘어나 말이집을 이루며, 축삭 돌기에 영양을 공급한다.
＊ **분극(分 나누다, 極 전극)** _ 세포막을 경계로 안쪽이 상대적으로 음(-)전하를, 바깥쪽이 양(+)전하를 띠고 있는 상태
＊ **막전위(膜 막, 電 전기, 位 자리)** _ 세포막을 경계로 나타나는 세포 안과 밖의 전위 차이

2 *흥분의 발생   분극 → 탈분극 → 재분극으로 진행된다.

분극	• Na^+ 통로와 K^+ 통로는 닫혀 있다.❺ • 세포막 안쪽은 음(−)전하를, 바깥쪽은 양(+)전하를 띤다. • 약 −70 mV의 휴지 전위를 나타낸다.	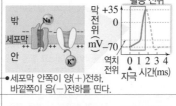
*탈분극	• 뉴런이 *역치 이상의 자극을 받으면 Na^+ 통로가 열린다. ➡ Na^+이 세포 안으로 확산되어 막전위가 상승한다. • 활동 전위 발생: 막전위가 역치 전위에 이르면 많은 Na^+ 통로가 열려 Na^+이 세포 안으로 빠르게 확산되어 막전위가 약 +35 mV까지 상승한다. ❻	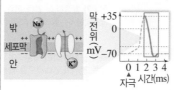 • 세포막 안쪽이 양(+)전하, 바깥쪽이 음(−)전하를 띤다.
*재분극	• Na^+ 통로는 닫히고, K^+ 통로가 열린다. ➡ K^+이 세포 밖으로 확산되어 막전위가 하강한다. • K^+ 통로가 천천히 닫혀 막전위가 휴지 전위 아래로 내려가는 과분극이 일어난다. • K^+ 통로가 모두 닫히면 Na^+−K^+ 펌프의 작용으로 분극 상태의 이온 분포를 회복한다.	

❺ **Na^+ 통로와 K^+ 통로**
세포막에 있는 통로 단백질이며, Na^+은 Na^+ 통로를 통해, K^+은 K^+ 통로를 통해 확산된다. 흥분 발생에 관여하는 Na^+ 통로와 K^+ 통로는 막전위 변화에 따라 열리고 닫히며, 뉴런이 휴지 상태일 때는 대부분 닫혀 있다.

❻ **탈분극과 활동 전위**
역치 이상의 자극을 받은 뉴런에서 탈분극이 일어나 막전위가 역치 전위에 이르면 막전위가 급격히 상승하였다가 하강하는데, 이러한 막전위의 급격한 변화를 활동 전위라고 한다.

탐구 자료   막전위와 이온의 막 투과도 변화

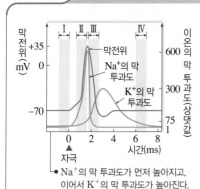

• Na^+의 막 투과도가 먼저 높아지고, 이어서 K^+의 막 투과도가 높아진다.

1. **구간 Ⅰ과 Ⅳ(분극)**: Na^+−K^+ 펌프에 의해 Na^+은 세포 안에서 밖으로 이동되고, K^+은 세포 밖에서 안으로 이동된다.
2. **구간 Ⅱ(탈분극)**: Na^+ 통로가 열려 Na^+의 막 투과도가 높아진다. ➡ Na^+이 세포 안으로 유입되어 막전위가 상승한다.
3. **구간 Ⅲ(재분극)**: Na^+ 통로가 닫혀 Na^+의 막 투과도는 낮아지고, K^+ 통로가 열려 K^+의 막 투과도가 높아진다. ➡ K^+이 세포 밖으로 유출되어 막전위가 하강한다.

🔍 **용어 돋보기**

* 흥분(興 일어나다, 奮 성내다)_ 세포가 활동 상태가 되는 것이며, 뉴런의 경우에는 활동 전위가 발생한 상태이다.
* 역치(閾 문지방, 値 값)_ 자극을 일으키는 최소한의 자극 세기
* 탈분극(脫 벗다, 分 나누다, 極 전극)_ 뉴런이 자극을 받아 막전위가 상승하는 현상
* 재분극(再 다시, 分 나누다, 極 전극)_ 상승하였던 막전위가 하강하여 분극 상태로 돌아가는 현상

📖 정답과 해설 17쪽

개념 확인

(1) 뉴런의 구조와 특징을 옳게 연결하시오.
① 신경 세포체 •   • ㉠ 핵이 있다.
② 가지 돌기 •   • ㉡ 다른 뉴런이나 세포로 흥분을 전달한다.
③ 축삭 돌기 •   • ㉢ 다른 뉴런이나 세포에서 오는 신호를 받아들인다.

(2) 말이집 신경의 축삭 돌기에서는 말이집으로 싸여 있지 않은 (   )에서만 흥분이 발생한다.

(3) (구심성, 원심성) 뉴런은 감각기에서 자극을 받아들여 중추 신경으로 전달하며, (구심성, 원심성) 뉴런은 중추 신경의 명령을 반응기로 전달한다.

(4) 흥분의 전달은 감각 뉴런 → (   ) 뉴런 → 운동 뉴런 순으로 이루어진다.

(5) 뉴런이 자극을 받지 않을 때 나타나는 세포 안과 밖의 전위차를 (휴지, 활동) 전위, 역치 이상의 자극이 가해져 막전위가 급격히 상승하였다가 하강하는 것을 (휴지, 활동) 전위라고 한다.

(6) 뉴런이 역치 이상의 자극을 받으면 닫혀 있던 (   ) 통로가 열리고 (   )이 세포 (안, 밖)에서 세포 (안, 밖)으로 확산되면서 (탈분극, 재분극)이 일어난다.

(7) 역치 이상의 자극을 받은 뉴런에서 막전위의 상승이 끝나는 시점에 이르면 (   ) 통로가 열려 (   )이 세포 (안, 밖)에서 세포 (안, 밖)으로 확산되면서 (탈분극, 재분극)이 일어난다.

04 자극의 전달

3 흥분 전도 한 뉴런 내에서 흥분이 이동하는 현상이다.

① **흥분 전도 과정:** 뉴런의 세포막 한 부위에서 활동 전위가 발생하면 이웃한 부위에서 탈분극이 일어나 활동 전위가 연속적으로 발생함으로써 흥분이 전도된다. ❼

[뉴런에서의 흥분 전도 과정]
- 활동 전위가 발생한 부위에서 세포 안으로 유입된 Na^+은 옆으로 확산하며, 확산한 부위의 막전위를 변화시킴으로써 탈분극이 일어나게 한다.
- 흥분이 축삭 돌기를 따라 축삭 돌기 말단까지 전도되는 동안 연속적으로 발생하는 활동 전위의 크기는 일정하다.

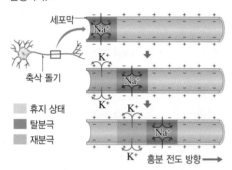

뉴런의 세포막 한 부위에서 Na^+이 유입되어 탈분극이 일어나고 활동 전위가 발생한다.

이웃한 부위에서 탈분극이 일어나 새로운 활동 전위가 발생하고, 활동 전위가 발생했던 부위의 세포막에서는 K^+이 유출되어 재분극이 일어난다.

축삭 돌기를 따라 탈분극과 재분극이 일어나면 활동 전위가 연속적으로 발생하여 흥분이 축삭 돌기 말단까지 전도된다.

② **흥분의 전도 방향:** 뉴런 내에서 흥분은 신경 세포체에서 축삭 돌기 말단 방향으로 전도된다.── 만약 축삭 돌기 중간에 역치 이상의 자극을 주어 흥분이 발생하면, 이 흥분은 좌우 양 방향으로 전도된다.

③ **흥분 전도 속도:** 말이집 유무, 축삭 돌기의 지름에 따라 다르다.
- 말이집 신경에서는 도약전도가 일어나기 때문에 말이집 신경이 민말이집 신경보다 흥분 전도 속도가 빠르다. ❽
- 축삭 돌기의 지름이 클수록 저항을 적게 받기 때문에 흥분 전도 속도가 빠르다.

4 흥분 전달 흥분이 시냅스를 통해 한 뉴런에서 다음 뉴런으로 전달되는 현상이다. ❾❿
➡ 시냅스에서의 흥분 전달은 신경 전달 물질의 확산을 통해 일어난다.

[흥분 전달 과정]

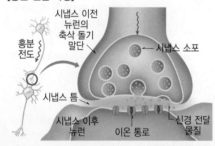

- 흥분이 시냅스 이전 뉴런의 축삭 돌기 말단에 도달한다. → 시냅스 소포에서 신경 전달 물질을 방출한다. → 시냅스 이후 뉴런의 세포막이 탈분극되고, 활동 전위가 발생한다.
- 시냅스 소포가 축삭 돌기 말단에만 있으므로 흥분은 시냅스 이전 뉴런의 축삭 돌기 말단에서 시냅스 이후 뉴런의 가지 돌기나 신경 세포체 쪽으로만 전달된다.

ⓒ 근수축

1 골격근의 구조 골격근은 뼈대에 붙어서 움직임을 일으키는 근육으로, 근육 원섬유가 모여 근육 섬유(근육 세포)를, 근육 섬유가 모여 근육 섬유 다발을, 근육 섬유 다발이 모여 근육을 이룬다.

① **근육 섬유:** 근육을 구성하는 세포로, 세포 여러 개가 융합하여 형성된 다핵성 세포이다.

② **근육 원섬유:** 굵은 마이오신 필라멘트와 가는 액틴 필라멘트로 구성되어 있으며, 전자 현미경으로 관찰하면 근육 원섬유 마디가 반복되어 있다.

③ **근육 원섬유 마디(근절):** 근수축이 일어나는 단위이며, 액틴 필라멘트와 마이오신 필라멘트가 일부 겹쳐 배열해 있다.

---

❼ **활동 전위의 크기와 발생 빈도**
뉴런은 1초에 수백 번의 높은 빈도로 활동 전위가 발생한다. 자극의 세기가 강해지면 활동 전위의 발생 빈도가 증가한다.

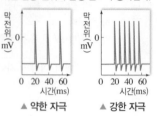

▲ 약한 자극   ▲ 강한 자극

❽ **도약전도**
말이집 신경에서는 Na^+ 통로와 K^+ 통로가 랑비에 결절에만 밀집해 있어 활동 전위가 랑비에 결절에서만 발생한다. 그 결과 흥분이 랑비에 결절에서 다음 랑비에 결절로 뛰어넘듯이 전도되는데, 이를 도약전도라고 한다. 사람의 감각 뉴런과 운동 뉴런은 말이집 신경이므로 도약전도가 일어난다.

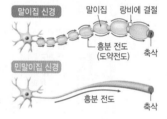

❾ **시냅스**
한 뉴런의 축삭 돌기 말단은 다음 뉴런과 약 20 nm의 좁은 간격을 두고 접해 있다. 이 접속 부위를 시냅스라 하고, 접속 부위의 좁은 틈을 시냅스 틈이라고 한다. 시냅스를 통한 흥분 전달 속도는 뉴런 내의 흥분 전도 속도보다 느리다.

❿ **시냅스에 영향을 미치는 약물**
- 진정제: 시냅스에서 일어나는 신호 전달을 억제하여 긴장과 통증을 완화한다.
- 각성제: 시냅스에서 신경 전달 물질의 재흡수나 분해를 억제하여 중추 신경과 말초 신경을 흥분시킴으로써 긴장 상태를 유지한다.
- 환각제: 시냅스에서 신경 전달 물질의 작용을 방해하여 인지 작용과 의식을 변화시킴으로써 공포, 불안을 증가시키고 환각을 일으킨다.

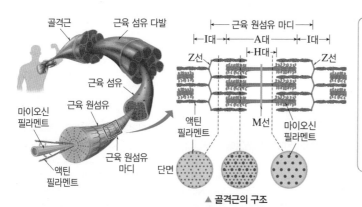

- I대: 가는 액틴 필라멘트만 있어 밝게 보인다.
- A대: 굵은 마이오신 필라멘트가 있어 어둡게 보인다.
- H대: 마이오신 필라멘트만 있는 부분이다.

▲ 골격근의 구조

2 근수축 과정 근육 섬유의 세포막에 접해 있는 운동 뉴런의 축삭 돌기 말단에 활동 전위가 도달하면 축삭 돌기 말단에서 아세틸콜린이 방출된다. → 근육 섬유의 세포막이 탈분극되고 활동 전위가 발생한다. → 근육 원섬유가 수축한다.[⑪]

① **근수축 원리(활주설):** 액틴 필라멘트가 마이오신 필라멘트 사이로 미끄러져 들어가 근육 원섬유 마디가 짧아지면서 근육이 수축한다. ➡ 마이오신 필라멘트가 ATP를 소모하여 액틴 필라멘트를 끌어당김으로써 일어난다.

② **근수축 시 근육 원섬유 마디의 길이 변화:** 근수축 시 마이오신 필라멘트와 액틴 필라멘트가 겹치는 구간이 늘어나 근육 원섬유 마디가 짧아진다. ➡ 마이오신 필라멘트와 액틴 필라멘트의 길이는 변하지 않고, 근육 원섬유 마디의 길이는 짧아진다.

⑪ **골격근의 수축과 이완**
팔과 다리의 뼈대에는 두 가지 근육이 쌍으로 붙어 서로 반대로 수축·이완함으로써 팔과 다리를 굽히고 편다.

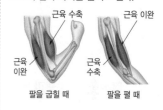

[근수축 시 근육 원섬유 마디의 변화]

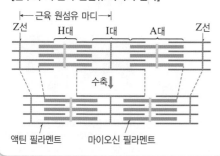

- 근육 원섬유 마디: 길이가 짧아진다.
- A대: 길이에 변화가 없다.
- I대: 길이가 짧아진다.
- H대: 길이가 짧아진다.
- 액틴 필라멘트와 마이오신 필라멘트가 겹치는 구간의 길이: 길어진다.

📖 정답과 해설 17쪽

**개념
확인**

(8) 한 뉴런의 특정 부위에서 (　　　) 전위가 발생하면 인접한 부위에서 탈분극이 일어나 연쇄적으로 (　　　) 전위가 발생한다. 그 결과 흥분이 축삭 돌기를 따라 이동하는데, 이 현상을 흥분의 (전도, 전달)(이)라고 한다.

(9) 말이집 신경에서는 (　　　)전도가 일어나기 때문에 민말이집 신경보다 흥분의 전도 속도가 (빠르다, 느리다).

(10) 흥분이 한 뉴런의 축삭 돌기 말단에서 다른 뉴런의 가지 돌기로 전달되는 현상을 흥분의 (　　　)이라고 한다.

(11) 뉴런의 축삭 돌기 말단과 다른 뉴런의 가지 돌기나 신경 세포체 사이의 좁은 틈을 (　　　)라고 하며, (　　　) 이전 뉴런의 축삭 돌기 말단에는 (　　　)이 들어 있는 시냅스 소포가 있다.

(12) 골격근은 여러 개의 (　　　) 다발로 구성되어 있고, 하나의 (　　　)는 여러 개의 (　　　)로 이루어져 있다.

(13) 근육 원섬유 마디의 구조와 특징을 옳게 연결하시오.
　① H대 •　　　　　　• ㉠ 액틴 필라멘트만 존재
　② I대 •　　　　　　• ㉡ 마이오신 필라멘트만 존재
　③ A대 •　　　　　　• ㉢ 액틴 필라멘트와 마이오신 필라멘트가 겹쳐진 부분 존재

(14) 근수축 시 액틴 필라멘트와 마이오신 필라멘트 각각의 길이는 (짧아진다, 늘어난다, 변하지 않는다). 또, 액틴 필라멘트와 마이오신 필라멘트가 겹치는 구간이 (줄어들어, 늘어나) 근육 원섬유 마디가 (짧아진다, 늘어난다).

(15) 근수축이 일어나는 데 필요한 에너지는 (　　　)를 분해하여 얻는다.

흥분의 발생 과정

뉴런은 역치 이상의 자극을 받으면 막전위가 상승해서 활동 전위가 발생해요. 이러한 막전위의 변화는 뉴런의 세포막에서 일어나는 Na^+과 K^+의 이동과 관련이 있어요. 뉴런의 세포막에서 활동 전위가 발생하는 과정을 자세히 살펴보아요.

📖 정답과 해설 17쪽

1 > 휴지 상태의 뉴런

자극을 받지 않은 휴지 상태의 뉴런은 세포막을 경계로 안쪽은 상대적으로 음(−)전하를, 바깥쪽은 양(+)전하를 띤다. 이러한 분극 상태는 세포막 안팎에 존재하는 이온(주로 Na^+과 K^+)의 농도와 막 투과도가 다르기 때문에 나타난다.

> 자극을 받지 않은 뉴런의 안과 밖에 미세 전극을 꽂고 막전위를 측정하면 −70 mV의 휴지 전위가 측정된다.

> 흥분 전도에 관여하는 Na^+ 통로와 K^+ 통로는 대부분 닫혀 있다.

> Na^+–K^+ 펌프가 ATP를 소모하여 세포 안에 있는 Na^+을 세포 밖으로 운반하고, 세포 밖에 있는 K^+을 세포 안으로 운반한다. ➡ 세포 안은 세포 밖보다 K^+ 농도가 높고, 세포 밖은 세포 안보다 Na^+ 농도가 높다.

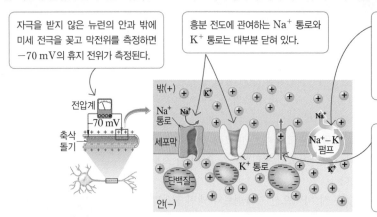

> 뉴런의 세포막에는 항상 열려 있는 K^+ 통로가 있어 K^+의 일부가 세포 밖으로 확산되어 나간다. ➡ 세포 밖에 양(+)전하가 많아져 세포막 안쪽은 상대적으로 음(−)전하를 띠고, 세포막 바깥쪽은 양(+)전하를 띤다.

2 > 활동 전위 발생과 막전위 변화

❷ 탈분극 시작

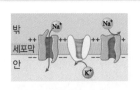

- Na^+ 통로가 일부 열려 Na^+이 세포 안으로 확산되어 들어온다. ➡ 막전위가 약간 상승한다.
- 세포막 안쪽은 음(−)전하, 바깥쪽은 양(+)전하를 띤다.

❸ 활동 전위 발생

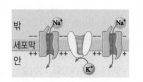

- 막전위가 역치 전위에 이르면 더 많은 Na^+ 통로가 열려 Na^+이 세포 안으로 빠르게 확산되어 들어온다. ➡ 막전위가 +35 mV까지 급격히 상승한다.
- 세포막 안쪽은 양(+)전하, 바깥쪽은 음(−)전하를 띤다.

❹ 재분극

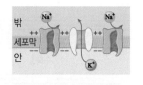

- 막전위의 상승이 끝나는 시점에 이르면 Na^+ 통로는 닫히고 K^+ 통로가 열려 K^+이 세포 밖으로 확산되어 나간다. ➡ 막전위가 하강한다.
- 다시 세포막 안쪽은 음(−)전하, 바깥쪽은 양(+)전하를 띤다.

❶ 분극

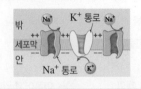

- Na^+–K^+ 펌프에 의한 Na^+과 K^+의 능동 수송이 일어난다.
- Na^+, K^+ 통로는 대부분 닫혀 있다.
- 세포 안에는 K^+, 밖에는 Na^+이 많다.
- 세포막 안쪽은 음(−)전하를, 바깥쪽은 양(+)전하를 띤다.

(그래프: 막전위(mV), +35 / 0 / −70, 활동 전위, 역치 전위, ❶❷❸❹❺, 시간(ms) 0 1 2 3 4, 자극)

❺ 과분극

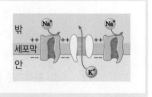

- K^+ 통로가 천천히 닫혀 일부 K^+ 통로로 K^+이 계속 확산되어 나간다. ➡ 막전위가 휴지 전위 아래로 하강한다.
- K^+ 통로가 모두 닫히면 이온 분포가 분극 상태로 돌아간다.

Q1 뉴런에서 탈분극이 일어날 때는 ㉠( ) 통로가 열려 ㉡( )이 ㉢(유입, 유출)된다. ➡ 막전위 ㉣(상승, 하강)

Q2 뉴런에서 재분극이 일어날 때는 ㉠( ) 통로가 열려 ㉡( )이 ㉢(유입, 유출)된다. ➡ 막전위 ㉣(상승, 하강)

2020 ● 수능 15번

자료 ① 흥분 전도와 막전위 변화

다음은 민말이집 신경 A와 B의 흥분 전도에 대한 자료이다. (단, A와 B에서 흥분의 전도는 각각 1회 일어났고, 휴지 전위는 −70 mV이다.)

- 그림은 A와 B의 지점 d_1~d_4의 위치를, 표는 ㉠A와 B의 지점 X에 역치 이상의 자극을 동시에 1회 주고 경과한 시간이 2 ms, 3 ms, 5 ms, 7 ms일 때 d_2에서 측정한 막전위를 나타낸 것이다. X는 d_1과 d_4 중 하나이고, I~IV는 2 ms, 3 ms, 5 ms, 7 ms를 순서 없이 나타낸 것이다.

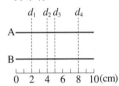

신경	d_2에서 측정한 막전위(mV)			
	I	II	III	IV
A	?	−60	?	−80
B	−60	−80	?	−70

- A와 B의 흥분 전도 속도는 각각 1 cm/ms와 2 cm/ms 중 하나이다.
- A와 B 각각에서 활동 전위가 발생하였을 때, 각 지점에서의 막전위 변화는 그림과 같다.

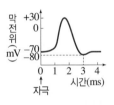

1. II는 3 ms이다. (○, ×)
2. 자극을 준 지점 X는 d_1이다. (○, ×)
3. A의 흥분 전도 속도는 2 cm/ms이다. (○, ×)
4. ㉠이 4 ms일 때 A의 d_3에서의 막전위는 −60 mV이다. (○, ×)
5. ㉠이 4 ms일 때 B의 d_3에서 K^+이 세포 밖으로 유출된다. (○, ×)

2021 ● 6월 평가원 4번

자료 ② 흥분 전달

그림 (가)는 시냅스로 연결된 두 뉴런 A와 B를, (나)는 A와 B 사이의 시냅스에서 일어나는 흥분 전달 과정을 나타낸 것이다. X와 Y는 A의 가지 돌기와 B의 축삭 돌기 말단을 순서 없이 나타낸 것이다.

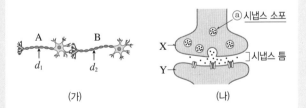

(가) (나)

1. ⓐ에 신경 전달 물질이 들어 있다. (○, ×)
2. X는 A의 가지 돌기 말단이다. (○, ×)
3. (가)의 A와 B는 모두 민말이집 뉴런이다. (○, ×)
4. 지점 d_2에 역치 이상의 자극을 주면 지점 d_1에서 활동 전위가 발생한다. (○, ×)
5. 시냅스 틈에 신경 전달 물질이 방출되면 Y에서 탈분극이 일어난다. (○, ×)

2018 ● 9월 평가원 9번

자료 ③ 말이집 신경에서의 흥분 전도

그림 (가)는 운동 신경 X에 역치 이상의 자극을 주었을 때 X의 축삭 돌기 한 지점 P에서 측정한 막전위 변화를, (나)는 P에서 발생한 흥분이 X의 축삭 돌기 말단 방향 각 지점에 도달하는 데 경과된 시간을 P로부터의 거리에 따라 나타낸 것이다. I과 II는 X의 축삭 돌기에서 말이집으로 싸여 있는 부분과 말이집으로 싸여 있지 않은 부분을 순서 없이 나타낸 것이다. (단, 흥분의 전도는 1회 일어났다.)

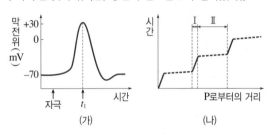

(가) (나)

1. X에서 흥분의 이동은 도약전도를 통해 일어난다. (○, ×)
2. I은 말이집으로 싸여 있는 부분이다. (○, ×)
3. II에서 활동 전위가 발생했다. (○, ×)
4. I에는 슈반 세포가 존재하지 않는다. (○, ×)
5. t_1일 때 이온의 $\dfrac{\text{세포 안의 농도}}{\text{세포 밖의 농도}}$는 K^+이 Na^+보다 크다. (○, ×)

2019 ● 수능 9번

자료 ④ 골격근의 수축

다음은 골격근의 수축 과정에 대한 자료이다.

- 표는 골격근 수축 과정의 세 시점 t_1~t_3일 때 근육 원섬유 마디 X의 길이, ㉠의 길이에서 ㉡의 길이를 뺀 값(㉠−㉡), ㉢의 길이를, 그림은 t_3일 때 X의 구조를 나타낸 것이다. X는 좌우 대칭이다.

시점	X의 길이	㉠−㉡	㉢의 길이
t_1	3.2	0.4	?
t_2	?	1.0	0.5
t_3	?	?	0.3

(단위: μm)

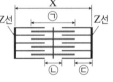

- 구간 ㉠은 마이오신 필라멘트가 있는 부분이고, ㉡은 마이오신 필라멘트만 있는 부분이며, ㉢은 액틴 필라멘트만 있는 부분이다.

1. t_1에서 t_2로 될 때 마이오신 필라멘트의 길이는 짧아진다. (○, ×)
2. ㉡은 H대이다. (○, ×)
3. X의 길이는 t_2일 때가 t_1일 때보다 0.6 μm 길다. (○, ×)
4. X의 길이에서 ㉡의 길이를 뺀 값은 t_1일 때와 t_2일 때가 같다. (○, ×)
5. $\dfrac{\text{㉢의 길이}}{\text{㉡의 길이}}$는 t_2일 때가 t_3일 때보다 크다. (○, ×)
6. X는 근육 섬유에 존재한다. (○, ×)

A 뉴런

1 그림은 시냅스로 연결된 뉴런 (가)~(다)를 나타낸 것이다.

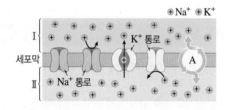

(1) 이에 대한 설명으로 옳은 것만을 [보기]에서 있는 대로 고르시오.

┤ 보기 ├
ㄱ. (가)는 원심성 뉴런, (다)는 구심성 뉴런이다.
ㄴ. (나)는 뇌와 척수에 존재하는 연합 뉴런이다.
ㄷ. 자극은 (다) → (나) → (가) 순으로 전달된다.

(2) A는 슈반 세포로 이루어진 ㉠( )이고, B는 ㉡( )이다.

(3) (가)와 (나)의 흥분 전도 속도를 부등호로 비교하시오. (단, 말이집의 유무만 고려한다.)

B 흥분의 전도와 전달

2 그림은 분극 상태인 뉴런의 한 지점에 분포하는 이온과 막단백질을 나타낸 것이다. Ⅰ과 Ⅱ는 각각 세포 안과 밖 중 하나이다.

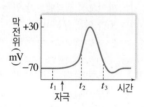

(1) A는 ㉠( )이며, A에 의해 Na^+은 세포 ㉡(안, 밖)으로, K^+은 세포 ㉢(안, 밖)으로 이동된다.

(2) Ⅰ은 상대적으로 ㉠(양(+), 음(−))전하, Ⅱ는 ㉡(양(+), 음(−))전하를 띤다.

(3) A를 통해 Na^+과 K^+이 이동될 때 ( )의 에너지가 사용된다.

3 그림은 어떤 뉴런의 한 지점에 자극을 주었을 때 일어나는 막전위 변화를 나타낸 것이다. $t_1 \sim t_3$ 중 다음에서 설명하는 시점을 쓰시오.

(1) 휴지 전위가 측정된다. ( )
(2) Na^+이 세포 안으로 확산된다. ( )
(3) 재분극이 일어난다. ( )
(4) 열린 K^+ 통로의 수가 가장 많다. ( )

4 그림 (가)는 뉴런에 자극을 주었을 때의 막전위 변화를, (나)는 세포막의 이온 통로를 통한 이온의 이동을 나타낸 것이다.

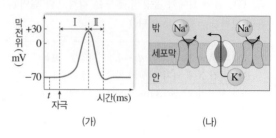

이에 대한 설명으로 옳은 것만을 [보기]에서 있는 대로 고르시오.

┤ 보기 ├
ㄱ. t에서 세포막을 통한 이온의 이동은 없다.
ㄴ. 구간 Ⅰ에서 (나)와 같은 이온의 이동이 일어난다.
ㄷ. Na^+의 막 투과도는 구간 Ⅰ에서가 Ⅱ에서보다 높다.

5 그림은 뉴런 X와 Y 사이에서 일어나는 흥분 전달 과정을 나타낸 것이다.

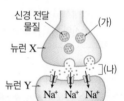

(1) (가)와 (나)의 이름을 각각 쓰시오.

(2) 뉴런 X와 Y 사이에서 흥분은 뉴런 ㉠( )에서 뉴런 ㉡( ) 방향으로 전달된다.

C 근수축

6 그림은 골격근의 구조를 나타낸 것이다. A~C의 이름을 각각 쓰시오.

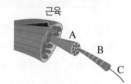

7 그림은 근육 원섬유의 일부를 나타낸 것이다.

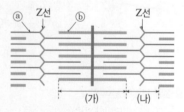

(1) 필라멘트 ⓐ와 ⓑ의 이름을 각각 쓰시오.

(2) (가)는 어둡게 관찰되는 ㉠( )대, (나)는 밝게 관찰되는 ㉡( )대이다.

(3) 근수축 시 (가)의 길이는 ㉠(짧아지고, 변함없고), (나)의 길이는 ㉡(짧아진다, 변함없다).

1 그림은 뉴런 A~C를 나타낸 것이다. A~C는 각각 연합 뉴런, 원심성 뉴런, 구심성 뉴런 중 하나이다.

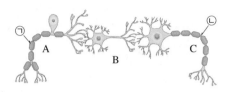

이에 대한 설명으로 옳은 것만을 [보기]에서 있는 대로 고른 것은?

┤ 보기 ├
ㄱ. ㉠을 형성하는 세포는 슈반 세포이다.
ㄴ. ㉡ 지점에 역치 이상의 자극을 주면 A와 B에서 모두 활동 전위가 발생한다.
ㄷ. C는 원심성 뉴런이다.

① ㄱ   ② ㄷ   ③ ㄱ, ㄴ
④ ㄱ, ㄷ   ⑤ ㄴ, ㄷ

2 그림 (가)는 역치 이상의 자극을 받은 뉴런의 한 지점에서 나타나는 막전위 변화를, (나)는 (가)의 한 시점에서 세포막의 이온 통로를 나타낸 것이다. ㉠과 ㉡은 각각 세포 안과 밖 중 하나이다.

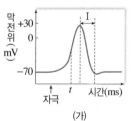 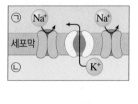

(가)   (나)

이에 대한 설명으로 옳은 것만을 [보기]에서 있는 대로 고른 것은?

┤ 보기 ├
ㄱ. ㉠은 세포 안이다.
ㄴ. t 시점에서 Na^+은 ATP의 에너지를 사용하여 ㉠에서 ㉡으로 이동한다.
ㄷ. 구간 I에서 (나)와 같은 이온의 이동이 일어난다.

① ㄱ   ② ㄷ   ③ ㄱ, ㄴ
④ ㄴ, ㄷ   ⑤ ㄱ, ㄴ, ㄷ

5 그림 (가)는 신경 A~C의 P 지점에 역치 이상의 자극을 동시에 1회 주고 일정 시간이 지난 후 t일 때 Q 지점에서 측정한 막전위를, (나)는 A~C의 Q 지점에서 활동 전위가 발생하였을 때 막전위 변화를 나타낸 것이다.

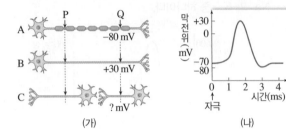

(가)   (나)

이에 대한 설명으로 옳은 것만을 [보기]에서 있는 대로 고른 것은? (단, A~C에서 흥분의 전도는 각각 1회 일어났고, 휴지 전위는 모두 −70 mV이다.)

| 보기 |
ㄱ. A에서 도약전도가 일어난다.
ㄴ. 흥분 전도 속도는 B가 A보다 빠르다.
ㄷ. t일 때 C의 Q 지점에서 막전위는 −70 mV이다.

① ㄱ   ② ㄴ   ③ ㄱ, ㄷ
④ ㄴ, ㄷ   ⑤ ㄱ, ㄴ, ㄷ

6 그림 (가)는 시냅스로 연결된 2개의 뉴런을, (나)는 (가)의 특정 부위에 역치 이상의 자극을 주었을 때 지점 B에서의 막전위 변화를 나타낸 것이다.

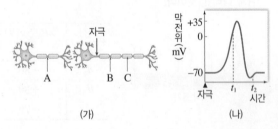

(가)   (나)

이에 대한 설명으로 옳은 것만을 [보기]에서 있는 대로 고른 것은?

| 보기 |
ㄱ. t_1일 때 B의 세포막 안쪽은 양(+)전하를 띤다.
ㄴ. t_2일 때 A에서 세포막을 통한 K^+의 이동이 일어나지 않는다.
ㄷ. t_2 이후 C에서 활동 전위가 발생한다.

① ㄱ   ② ㄷ   ③ ㄱ, ㄴ
④ ㄴ, ㄷ   ⑤ ㄱ, ㄴ, ㄷ

7 그림은 사람의 골격근을 구성하는 근육 원섬유의 구조를 나타낸 것이다.

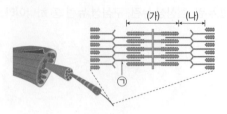

이에 대한 설명으로 옳은 것만을 [보기]에서 있는 대로 고른 것은?

| 보기 |
ㄱ. ㉠은 마이오신 필라멘트이다.
ㄴ. 골격근이 수축하면 $\dfrac{(가)의\ 길이}{(나)의\ 길이}$는 증가한다.
ㄷ. 전자 현미경으로 관찰하면 (나)가 (가)보다 밝게 보인다.

① ㄱ   ② ㄴ   ③ ㄱ, ㄷ
④ ㄴ, ㄷ   ⑤ ㄱ, ㄴ, ㄷ

8 다음은 골격근의 구성과 수축 과정에 대한 자료이다.

- (가)는 어떤 골격근의 구조를, (나)는 이 골격근을 구성하는 근육 원섬유 마디 X의 구조를 나타낸 것이다.

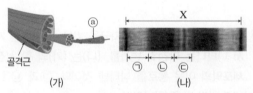

(가)   (나)

- 구간 ㉠~㉢은 각각 액틴 필라멘트와 마이오신 필라멘트가 겹치는 부분, 액틴 필라멘트만 있는 부분, 마이오신 필라멘트만 있는 부분 중 하나이다.
- X의 길이는 시점 t_1일 때 2.8 μm, t_2일 때 2.4 μm이다.

이에 대한 설명으로 옳은 것만을 [보기]에서 있는 대로 고른 것은?

| 보기 |
ㄱ. ⓐ는 여러 개의 핵을 가진 세포이다.
ㄴ. 이 골격근에는 축삭 돌기 말단에서 아세틸콜린을 분비하는 원심성 뉴런이 연결되어 있다.
ㄷ. $\dfrac{㉢의\ 길이}{㉠의\ 길이+㉡의\ 길이}$는 t_1일 때가 t_2일 때보다 작다.

① ㄱ   ② ㄷ   ③ ㄱ, ㄴ
④ ㄴ, ㄷ   ⑤ ㄱ, ㄴ, ㄷ

2017 6월 평가원 15번

1 그림 (가)는 활동 전위가 발생한 뉴런의 축삭 돌기 한 지점 X에서 측정한 막전위 변화를, (나)는 t_2일 때 X에서 K^+ 통로를 통한 K^+의 이동을 나타낸 것이다. ㉠과 ㉡은 각각 세포 안과 세포 밖 중 하나이다.

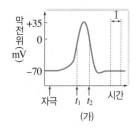 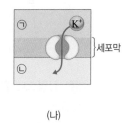

이에 대한 설명으로 옳은 것만을 [보기]에서 있는 대로 고른 것은?

┤ 보기 ├
ㄱ. (나)에서 K^+의 이동에 ATP가 소모된다.
ㄴ. K^+의 막 투과도는 t_1일 때보다 t_2일 때가 크다.
ㄷ. 구간 I에서 Na^+의 $\dfrac{㉠에서의 농도}{㉡에서의 농도}$는 1보다 크다.

① ㄱ ② ㄴ ③ ㄱ, ㄴ
④ ㄱ, ㄷ ⑤ ㄴ, ㄷ

자료❸ **2018** 9월 평가원 9번

2 그림 (가)는 운동 신경 X에 역치 이상의 자극을 주었을 때 X의 축삭 돌기 한 지점 P에서 측정한 막전위 변화를, (나)는 P에서 발생한 흥분이 X의 축삭 돌기 말단 방향 각 지점에 도달하는 데 경과된 시간을 P로부터의 거리에 따라 나타낸 것이다. I과 Ⅱ는 X의 축삭 돌기에서 말이집으로 싸여 있는 부분과 말이집으로 싸여 있지 않은 부분을 순서 없이 나타낸 것이다.

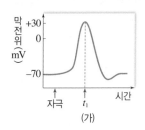 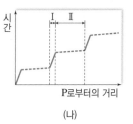

이에 대한 설명으로 옳은 것만을 [보기]에서 있는 대로 고른 것은? (단, 흥분의 전도는 1회 일어났다.)

┤ 보기 ├
ㄱ. t_1일 때 이온의 $\dfrac{세포 안의 농도}{세포 밖의 농도}$는 K^+이 Na^+ 보다 크다.
ㄴ. I에서 활동 전위가 발생했다.
ㄷ. Ⅱ에는 슈반 세포가 존재하지 않는다.

① ㄴ ② ㄷ ③ ㄱ, ㄴ
④ ㄱ, ㄷ ⑤ ㄱ, ㄴ, ㄷ

3 그림 (가)는 어떤 뉴런에 역치 이상의 자극을 주었을 때 시간에 따른 막전위를, (나)는 이 뉴런에 물질 X를 처리하고 역치 이상의 자극을 주었을 때 시간에 따른 막전위를 나타낸 것이다. X는 세포막에 있는 이온 통로를 통한 Na^+과 K^+의 이동 중 하나를 억제한다.

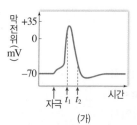 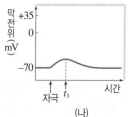

이에 대한 설명으로 옳은 것만을 [보기]에서 있는 대로 고른 것은?

┤ 보기 ├
ㄱ. (가)에서 $\dfrac{K^+의 막 투과도}{Na^+의 막 투과도}$는 t_2일 때가 t_1일 때보다 크다.
ㄴ. X는 K^+의 이동을 억제한다.
ㄷ. (나)에서 t_3일 때 Na^+의 농도는 세포 안이 세포 밖보다 높다.

① ㄱ ② ㄴ ③ ㄱ, ㄴ
④ ㄱ, ㄷ ⑤ ㄴ, ㄷ

2019 9월 평가원 15번

4 그림은 어떤 뉴런에 역치 이상의 자극을 주었을 때, 이 뉴런 세포막의 한 지점에서 이온 ㉠과 ㉡의 막 투과도를 시간에 따라 나타낸 것이다. ㉠과 ㉡은 각각 Na^+과 K^+ 중 하나이다.

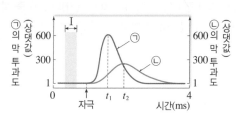

이에 대한 설명으로 옳은 것만을 [보기]에서 있는 대로 고른 것은?

┤ 보기 ├
ㄱ. Na^+의 막 투과도는 t_1일 때가 t_2일 때보다 크다.
ㄴ. t_2일 때 K^+은 K^+ 통로를 통해 세포 밖으로 확산된다.
ㄷ. 구간 I에서 Na^+-K^+ 펌프를 통해 ㉠이 세포 안으로 유입된다.

① ㄱ ② ㄷ ③ ㄱ, ㄴ
④ ㄴ, ㄷ ⑤ ㄱ, ㄴ, ㄷ

5 그림은 민말이집 신경 A와 B의 지점 d_1으로부터 $d_2 \sim$ d_4까지의 거리를, 표는 A와 B의 지점 d_1에 역치 이상의 자극을 동시에 1회 주고 경과된 시간이 t일 때 $d_2 \sim d_4$에서 측정한 막전위를 나타낸 것이다.

신경	d_2	d_3	d_4
A	−80	?	−70
B	−70	?	0

A와 B의 흥분 전도 속도는 각각 1 cm/ms와 3 cm/ms 중 하나이다. A와 B 각각에서 활동 전위가 발생하였을 때, 각 지점에서의 막전위 변화는 그림과 같다.

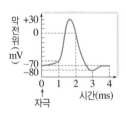

이에 대한 설명으로 옳은 것만을 [보기]에서 있는 대로 고른 것은? (단, A와 B에서 흥분의 전도는 각각 1회 일어났고, 휴지 전위는 −70 mV이다.)

┤ 보기 ├
ㄱ. t는 5 ms이다.
ㄴ. A의 흥분 전도 속도는 3 cm/ms이다.
ㄷ. t일 때 B의 d_3에서 K^+이 세포 밖으로 확산된다.

① ㄱ ② ㄷ ③ ㄱ, ㄴ ④ ㄴ, ㄷ ⑤ ㄱ, ㄴ, ㄷ

6 그림은 민말이집 신경 (가)와 (나)를, 표는 (가)와 (나)에 역치 이상의 자극을 동시에 1회 주고 일정 시간이 지난 후 t일 때 세 지점 ㉠~㉢에서 측정한 막전위를 나타낸 것이다. (가)와 (나)에서 흥분의 전도는 각각 1회 일어났고, 휴지 전위는 −70 mV이다. (가)와 (나) 중 하나에만 시냅스가 있으며, 이외의 조건은 동일하다.

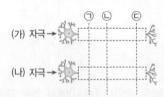

신경	t일 때 측정한 막전위(mV)		
	㉠	㉡	㉢
(가)	−80	−70	+30
(나)	−80	+4	−70

이에 대한 설명으로 옳은 것만을 [보기]에서 있는 대로 고른 것은?

┤ 보기 ├
ㄱ. (가)의 ㉠과 ㉡ 사이에 시냅스가 있다.
ㄴ. t일 때 (가)의 ㉡에서 대부분의 Na^+ 통로는 닫혀 있다.
ㄷ. t일 때 (나)의 ㉢에서 세포막을 통한 Na^+의 이동에 ATP가 소모되지 않는다.

① ㄱ ② ㄴ ③ ㄷ ④ ㄴ, ㄷ ⑤ ㄱ, ㄴ, ㄷ

자료②

2021 6월 평가원 4번

7 그림 (가)는 시냅스로 연결된 두 뉴런 A와 B를, (나)는 A와 B 사이의 시냅스에서 일어나는 흥분 전달 과정을 나타낸 것이다. X와 Y는 A의 가지 돌기와 B의 축삭 돌기 말단을 순서 없이 나타낸 것이다.

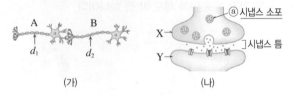

이에 대한 설명으로 옳은 것만을 [보기]에서 있는 대로 고른 것은?

┤ 보기 ├
ㄱ. ⓐ에 신경 전달 물질이 들어 있다.
ㄴ. X는 B의 축삭 돌기 말단이다.
ㄷ. 지점 d_1에 역치 이상의 자극을 주면 지점 d_2에서 활동 전위가 발생한다.

① ㄱ ② ㄷ ③ ㄱ, ㄴ ④ ㄴ, ㄷ ⑤ ㄱ, ㄴ, ㄷ

2021 9월 평가원 10번

8 다음은 민말이집 신경 A~D의 흥분 전도와 전달에 대한 자료이다.

- 그림은 A, C, D의 지점 d_1으로부터 두 지점 d_2, d_3까지의 거리를, 표는 ㉠A, C, D의 d_1에 역치 이상의 자극을 동시에 1회 주고 경과된 시간이 5 ms일 때 d_2와 d_3에서의 막전위를 나타낸 것이다.

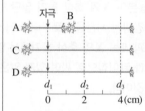

신경	5 ms일 때 막전위(mV)	
	d_2	d_3
B	−80	ⓐ
C	?	−80
D	+30	?

- B와 C의 흥분 전도 속도는 같다.
- A~D 각각에서 활동 전위가 발생하였을 때, 각 지점에서의 막전위의 변화는 그림과 같다.

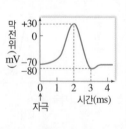

이에 대한 설명으로 옳은 것만을 [보기]에서 있는 대로 고른 것은? (단, A~D에서 흥분의 전도는 각각 1회 일어났고, 휴지 전위는 −70 mV이다.)

┤ 보기 ├
ㄱ. 흥분의 전도 속도는 C에서가 D에서보다 빠르다.
ㄴ. ⓐ는 +30이다.
ㄷ. ㉠이 3 ms일 때 C의 d_3에서 탈분극이 일어나고 있다.

① ㄱ ② ㄷ ③ ㄱ, ㄴ ④ ㄴ, ㄷ ⑤ ㄱ, ㄴ, ㄷ

9 다음은 민말이집 신경 A와 B의 흥분 전도에 대한 자료 이다. 2020 수능 15번

- 그림은 A와 B의 지점 $d_1 \sim d_4$의 위치를, 표는 ⊙A와 B의 지점 X에 역치 이상의 자극을 동시에 1회 주고 경과한 시간이 2 ms, 3 ms, 5 ms, 7 ms일 때 d_2에서 측정한 막전위를 나타낸 것이다. X는 d_1과 d_4 중 하나이고, Ⅰ~Ⅳ는 2 ms, 3 ms, 5 ms, 7 ms를 순서 없이 나타낸 것이다.

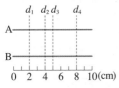

신경	d_2에서 측정한 막전위(mV)			
	Ⅰ	Ⅱ	Ⅲ	Ⅳ
A	?	−60	?	−80
B	−60	−80	?	−70

- A와 B의 흥분 전도 속도는 각각 1 cm/ms와 2 cm/ms 중 하나이다.
- A와 B 각각에서 활동 전위가 발생하였을 때, 각 지점에서의 막전위 변화는 그 림과 같다.

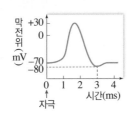

이에 대한 설명으로 옳은 것만을 [보기]에서 있는 대로 고른 것은? (단, A와 B에서 흥분의 전도는 각각 1회 일 어났고, 휴지 전위는 −70 mV이다.)

┤ 보기 ├

ㄱ. Ⅱ는 3 ms이다.
ㄴ. B의 흥분 전도 속도는 2 cm/ms이다.
ㄷ. ⊙이 4 ms일 때 A의 d_3에서의 막전위는 −60 mV 이다.

① ㄱ   ② ㄴ   ③ ㄷ
④ ㄱ, ㄴ   ⑤ ㄴ, ㄷ

10 그림 (가)는 민말이집 신경 ⊙과 ⓒ에서 지점 $P_1 \sim P_4$를, (나)는 $P_1 \sim P_4$에서 활동 전위가 발생하였을 때 막전위 변 화를 나타낸 것이다. P_2에 자극을 1회 주고 경과된 시간 이 7 ms일 때 P_1과 P_3에서의 막전위는 모두 +30 mV 이며, P_3에 자극을 1회 주고 경과된 시간이 6 ms일 때 P_4에서의 막전위는 −80 mV이다.

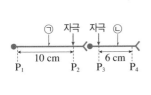
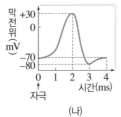

            (가)   (나)

이에 대한 설명으로 옳은 것만을 [보기]에서 있는 대로 고른 것은? (단, 자극은 역치 이상의 자극이다.)

┤ 보기 ├

ㄱ. 흥분의 전도 속도는 ⊙에서가 ⓒ에서보다 빠르다.
ㄴ. P_3에 역치 이상의 자극을 주고 경과된 시간이 8 ms 일 때 P_1에서의 막전위는 −70 mV이다.
ㄷ. P_2에 역치 이상의 자극을 주고 경과된 시간이 9 ms 일 때 P_4에서 재분극이 일어난다.

① ㄱ   ② ㄴ   ③ ㄱ, ㄷ
④ ㄴ, ㄷ   ⑤ ㄱ, ㄴ, ㄷ

11 다음은 민말이집 신경 A와 B의 흥분 이동에 대한 자료 이다.

- 그림은 A와 B의 지점 $d_1 \sim d_4$의 위치를, 표는 A 와 B의 ⊙d_1에 역치 이상의 자극을 동시에 1회 주고 경과한 시간이 4 ms일 때 $d_2 \sim d_4$에서 측정 한 막전위를 나타낸 것이다. A와 B 중 한 신경에 서만 $d_2 \sim d_4$ 사이에 하나의 시냅스가 있으며, 시 냅스 이전 뉴런과 시냅스 이후 뉴런의 흥분 전도 속도는 서로 같다.

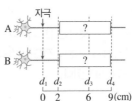

신경	4 ms일 때 막전위(mV)		
	d_2	d_3	d_4
A	−70	+21	?
B	−80	?	?

- A와 B를 구성하는 뉴런의 흥분 전도 속도가 서로 다르며, A를 구성하는 뉴런에서의 흥분의 전도는 1 ms당 4 cm씩 이동한다.
- A와 B의 $d_1 \sim d_4$에서 활 동 전위가 발생하였을 때, 각 지점에서의 막전 위 변화는 그림과 같으며, 휴지 전위는 −70 mV 이다.

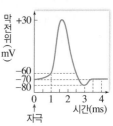

이에 대한 설명으로 옳은 것만을 [보기]에서 있는 대로 고른 것은?

┤ 보기 ├

ㄱ. B를 구성하는 뉴런의 흥분 전도 속도는 3 cm/ms 이다.
ㄴ. 시냅스는 A의 $d_3 \sim d_4$ 사이에 있다.
ㄷ. ⊙이 7 ms일 때 B의 d_4에서 재분극이 일어나 고 있다.

① ㄱ   ② ㄷ   ③ ㄱ, ㄴ
④ ㄴ, ㄷ   ⑤ ㄱ, ㄴ, ㄷ

12 다음은 민말이집 신경 A~C의 흥분 전도에 대한 자료이다.

2019 수능 15번

- 그림은 A~C의 지점 d_1으로부터 세 지점 d_2~d_4 까지의 거리를, 표는 ㉠각 신경의 d_1에 역치 이상의 자극을 동시에 1회 주고 경과된 시간이 3 ms일 때 d_1~d_4에서 측정한 막전위를 나타낸 것이다. Ⅰ~Ⅲ은 A~C를 순서 없이 나타낸 것이다.

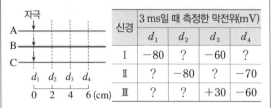

신경	3 ms일 때 측정한 막전위(mV)			
	d_1	d_2	d_3	d_4
Ⅰ	−80	?	−60	?
Ⅱ	?	−80	?	−70
Ⅲ	?	?	+30	−60

- A의 흥분 전도 속도는 2 cm/ms이다.
- 그림 (가)는 A와 B의 d_1~d_4에서, (나)는 C의 d_1~d_4에서 활동 전위가 발생하였을 때 각 지점에서의 막전위 변화를 나타낸 것이다.

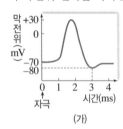 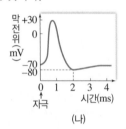

(가)   (나)

이 자료에 대한 설명으로 옳은 것만을 [보기]에서 있는 대로 고른 것은? (단, A~C에서 흥분의 전도는 각각 1회 일어났고, 휴지 전위는 −70 mV이다.)

┤ 보기 ├
ㄱ. 흥분의 전도 속도는 C에서가 A에서보다 빠르다.
ㄴ. ㉠이 3 ms일 때 Ⅰ의 d_2에서 K^+은 K^+ 통로를 통해 세포 밖으로 확산된다.
ㄷ. ㉠이 5 ms일 때 B의 d_4와 C의 d_4에서 측정한 막전위는 같다.

① ㄱ   ② ㄴ   ③ ㄱ, ㄴ
④ ㄴ, ㄷ   ⑤ ㄱ, ㄴ, ㄷ

---

13 그림은 좌우 대칭인 근육 원섬유 마디 X의 구조를, 표는 시점 t_1과 t_2일 때 ㉡의 길이를 나타낸 것이다. ㉠은 마이오신 필라멘트만, ㉡은 액틴 필라멘트만 있는 부분이고, t_1일 때 X의 길이는 2.0 μm이다.

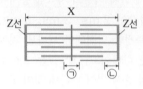

시점	㉡의 길이
t_1	0.2 μm
t_2	0.6 μm

이에 대한 설명으로 옳은 것만을 [보기]에서 있는 대로 고른 것은?

┤ 보기 ├
ㄱ. ㉠의 길이는 t_1일 때가 t_2일 때보다 짧다.
ㄴ. t_1일 때 $\dfrac{\text{A대의 길이}}{\text{마이오신 필라멘트의 길이}}$ 는 1보다 작다.
ㄷ. t_2일 때 X의 길이는 2.4 μm이다.

① ㄱ   ② ㄴ   ③ ㄷ
④ ㄱ, ㄴ   ⑤ ㄴ, ㄷ

---

14 다음은 골격근의 수축 과정에 대한 자료이다.

2021 수능 16번

- 그림은 근육 원섬유 마디 X의 구조를 나타낸 것이다. X는 좌우대칭이다.

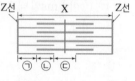

- 구간 ㉠은 액틴 필라멘트만 있는 부분이고, ㉡은 액틴 필라멘트와 마이오신 필라멘트가 겹치는 부분이며, ㉢은 마이오신 필라멘트만 있는 부분이다.
- 골격근 수축 과정의 시점 t_1일 때 ㉠~㉢의 길이는 순서 없이 ⓐ, $3d$, $10d$이고, 시점 t_2일 때 ㉠~㉢의 길이는 순서 없이 ⓐ, $2d$, $3d$이다. d는 0보다 크다.

이에 대한 설명으로 옳은 것만을 [보기]에서 있는 대로 고른 것은?

┤ 보기 ├
ㄱ. 근육 원섬유는 근육 섬유로 구성되어 있다.
ㄴ. H대의 길이는 t_1일 때가 t_2일 때보다 길다.
ㄷ. t_2일 때 ㉠의 길이는 $2d$이다.

① ㄱ   ② ㄴ   ③ ㄷ
④ ㄱ, ㄴ   ⑤ ㄴ, ㄷ

15 다음은 골격근의 수축 과정에 대한 자료이다.

- 그림은 근육 원섬유 마디 X의 구조를 나타낸 것이다. X는 좌우 대칭이며, 구간 ㉠은 액틴 필라멘트만 있는 부분, ㉡은 액틴 필라멘트와 마이오신 필라멘트가 겹치는 부분, ㉢은 마이오신 필라멘트만 있는 부분이다.

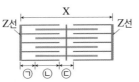

- 표는 골격근 수축 과정의 두 시점 t_1과 t_2일 때 X의 길이, ⓐ의 길이와 ⓒ의 길이를 더한 값(ⓐ+ⓒ), ⓑ의 길이와 ⓒ의 길이를 더한 값(ⓑ+ⓒ)을 나타낸 것이다. ⓐ~ⓒ는 ㉠~㉢을 순서 없이 나타낸 것이다.

시점	X의 길이	ⓐ+ⓒ	ⓑ+ⓒ
t_1	3.2 μm	1.4 μm	2.0 μm
t_2	?	1.0 μm	0.8 μm

이에 대한 설명으로 옳은 것만을 [보기]에서 있는 대로 고른 것은?

| 보기 |
ㄱ. ⓑ는 ㉢이다.
ㄴ. t_1일 때 H대의 길이는 1.2 μm이다.
ㄷ. t_2일 때 $\dfrac{X의\ 길이}{㉠의\ 길이+㉡의\ 길이}$는 2.4 μm이다.

① ㄴ   ② ㄷ   ③ ㄱ, ㄴ
④ ㄴ, ㄷ   ⑤ ㄱ, ㄴ, ㄷ

자료④

2019 수능 9번

16 다음은 골격근의 수축 과정에 대한 자료이다.

- 표는 골격근 수축 과정의 세 시점 t_1~t_3일 때 근육 원섬유 마디 X의 길이, ㉠의 길이에서 ㉡의 길이를 뺀 값(㉠−㉡), ㉢의 길이를, 그림은 t_3일 때 X의 구조를 나타낸 것이다. X는 좌우 대칭이다.

시점	X의 길이	㉠−㉡	㉢의 길이
t_1	3.2	0.4	?
t_2	?	1.0	0.5
t_3	?	?	0.3

(단위: μm)

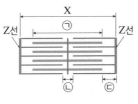

- 구간 ㉠은 마이오신 필라멘트가 있는 부분이고, ㉡은 마이오신 필라멘트만 있는 부분이며, ㉢은 액틴 필라멘트만 있는 부분이다.

이에 대한 설명으로 옳은 것만을 [보기]에서 있는 대로 고른 것은?

| 보기 |
ㄱ. t_1에서 t_2로 될 때 액틴 필라멘트의 길이는 짧아진다.
ㄴ. X의 길이는 t_2일 때가 t_3일 때보다 0.4 μm 길다.
ㄷ. t_1일 때 $\dfrac{㉠의\ 길이+㉢의\ 길이}{㉠의\ 길이+㉡의\ 길이}$는 $\dfrac{6}{7}$이다.

① ㄱ   ② ㄴ   ③ ㄷ
④ ㄱ, ㄴ   ⑤ ㄴ, ㄷ

2021 9월 평가원 15번

17 다음은 골격근의 수축 과정에 대한 자료이다.

- 그림 (가)는 근육 원섬유 마디 X의 구조를, (나)의 ㉠~㉢은 X를 ㉮ 방향으로 잘랐을 때 관찰되는 단면의 모양을 나타낸 것이다. X는 좌우 대칭이다.

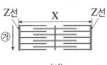

- 표는 골격근 수축 과정의 두 시점 t_1과 t_2일 때 각 시점의 한 쪽 Z선으로부터의 거리가 각각 l_1, l_2, l_3인 세 지점에서 관찰되는 단면의 모양을 나타낸 것이다. ⓐ~ⓒ는 ㉠~㉢을 순서 없이 나타낸 것이며, X의 길이는 t_2일 때가 t_1일 때보다 짧다.

거리	단면의 모양	
	t_1	t_2
l_1	ⓐ	ⓑ
l_2	㉡	ⓒ
l_3	ⓑ	?

- l_1~l_3는 모두 $\dfrac{t_2일\ 때\ X의\ 길이}{2}$보다 작다.

이에 대한 설명으로 옳은 것만을 [보기]에서 있는 대로 고른 것은?

| 보기 |
ㄱ. 마이오신 필라멘트의 길이는 t_1일 때가 t_2일 때보다 길다.
ㄴ. ⓐ는 ㉠이다.
ㄷ. $l_3 < l_1$이다.

① ㄱ   ② ㄴ   ③ ㄷ
④ ㄱ, ㄴ   ⑤ ㄴ, ㄷ

05 신경계

>> **핵심 짚기** > 뇌와 척수의 구조와 기능
> 체성 신경계와 자율 신경계의 구조와 기능
> 의식적인 반응과 무조건 반사의 경로
> 교감 신경과 부교감 신경의 구조와 기능

A 중추 신경계 [1]

1 뇌 대뇌, 소뇌, 간뇌, 뇌줄기(중간뇌, 뇌교, 연수)로 구성되어 있다.

추리, 기억, 상상, 언어 등의 정신 활동 담당, 감각과 *수의 운동의 중추 — 대뇌

항상성 유지의 중추로, 체온 과 삼투압 등을 조절 — 간뇌 — 시상 / 시상 하부

· 중간뇌: 안구 운동과 홍채의 크기 조절
· 뇌교: 대뇌와 소뇌 사이의 정보 전달
· 연수: 심장 박동, 호흡 및 소화 운동 조절
— 뇌줄기[2] — 중간뇌 / 뇌교 / 연수

소뇌 — 수의 운동을 조절하여 몸의 평형 유지

척수

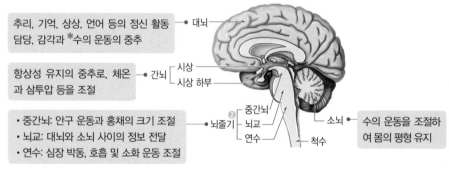

▲ 뇌의 구조와 기능

대뇌	· 좌우 두 개의 반구로 나누어져 있으며, 겉질과 속질로 구분된다. ➡ 겉질은 신경 세포체가 모여 있는 회색질, 속질은 축삭 돌기가 모여 있는 백색질이다. · 추리, 기억, 상상, 언어 등 정신 활동을 담당하고, 감각과 수의 운동의 중추이다. ➡ 대뇌 좌반구는 몸의 오른쪽 감각과 운동을, 우반구는 몸의 왼쪽 감각과 운동을 담당한다. — 연수에서 신경이 좌우 교차되기 때문이다. · 대뇌의 기능은 대부분 대뇌 겉질에서 일어난다. · 대뇌 겉질은 기능에 따라 감각령(감각 담당), 연합령(정보 통합 및 명령), 운동령(수의 운동 담당)으로 구분된다.
소뇌	· 좌우 두 개의 반구로 나누어져 있다. · 내이의 평형 감각 기관(전정 기관, 반고리관)에서 오는 감각 정보를 받아 대뇌와 함께 수의 운동을 조절하고, 몸의 평형을 유지한다.
간뇌	· 시상과 시상 하부로 구분된다. 시상 하부는 혈당량, 체온, 혈장 삼투압의 조절 중추이다. · 시상 하부는 자율 신경과 내분비계의 조절 중추로, 항상성 유지에 관여한다.
중간뇌	· 소뇌와 함께 몸의 평형을 조절한다. · 안구 운동과 홍채의 크기를 조절한다. ➡ 동공 *반사의 조절 중추이다. [3]
뇌교	대뇌와 소뇌 사이의 정보를 전달하는 통로이며, 연수와 함께 호흡 운동을 조절한다.
연수	· 뇌와 척수를 연결하는 신경이 지나며, 신경의 좌우 교차가 일어난다. · 심장 박동, 호흡 운동, 소화 운동, 소화액 분비 등의 중추이다. · 기침, 재채기, 하품, 눈물 분비 등과 같은 반사의 중추이다.

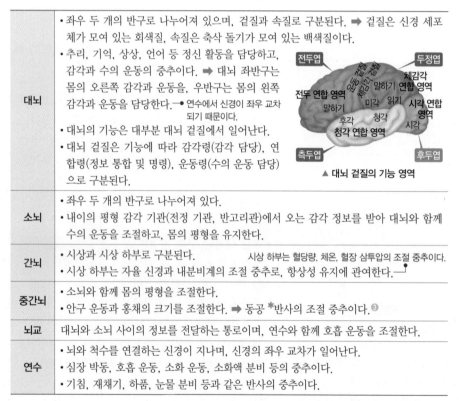

전두엽 / 두정엽 / 체감각 연합 영역 / 전두 연합 영역 / 말하기 / 읽기 / 미각 / 시각 연합 영역 / 후각 / 청각 / 시각 / 청각 연합 영역 / 측두엽 / 후두엽

▲ 대뇌 겉질의 기능 영역

감각 뉴런의 신경 세포체는 후근의 신경절에 존재하고, 운동 뉴런의 신경 세포체는 척수의 속질(회색질)에 존재한다.

2 척수 연수에 이어져 척추 속으로 뻗어 있으며, 뇌와 말초 신경계를 연결한다.

구조	· 대뇌와 반대로 겉질은 백색질, 속질은 회색질이다. ➡ 겉질은 축삭 돌기, 속질은 운동 뉴런의 신경 세포체와 연합 뉴런이 모여 있다. · 척추 마디마다 좌우 한 쌍씩 총 31쌍의 신경이 나와 온몸으로 퍼져 있다. ➡ 등 쪽으로 후근, 배 쪽으로 전근이 연결되어 있다. [4]
기능	· 뇌와 말초 신경계 사이의 신경 신호를 전달하는 통로 역할을 한다. · 배변 반사, 배뇨 반사, 무릎 반사, 회피 반사의 중추이다.

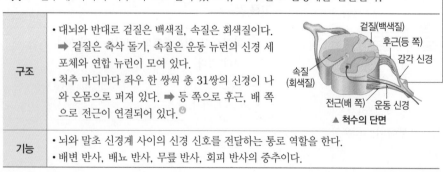

겉질(백색질) / 후근(등 쪽) / 감각 신경 / 속질(회색질) / 전근(배 쪽) / 운동 신경

▲ 척수의 단면

PLUS 강의 +

[1] 사람의 신경계
뇌와 척수로 구성된 중추 신경계와 온몸에 퍼져 있는 말초 신경계로 구분된다. 중추 신경계는 말초 신경계로부터 감각 정보를 전달받아 이를 통합하여 반응 명령을 내리고, 말초 신경계는 중추 신경계와 온몸을 연결해 감각 정보와 반응 명령을 전달한다.

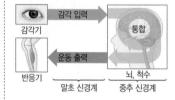

감각기 — 감각 입력 → 통합 / 운동 출력 → 반응기
말초 신경계 / 중추 신경계 / 뇌, 척수

[2] 뇌줄기
중간뇌, 뇌교, 연수를 합하여 뇌줄기(뇌간)라고 한다. 뇌줄기는 생명 유지와 직결된 기능을 담당하므로 뇌줄기를 다치면 생명을 잃을 수 있다.

[3] 동공 반사
중간뇌는 주변의 밝기에 따라 홍채를 확대 또는 축소시켜 동공의 크기를 조절한다.

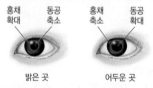

홍채 확대 / 동공 축소 / 홍채 축소 / 동공 확대
밝은 곳   어두운 곳

[4] 후근과 전근
척수의 등 쪽에서 나오는 신경 다발을 후근, 배 쪽에서 나오는 신경 다발을 전근이라고 한다. 후근은 구심성 신경(감각 신경)의 다발이고, 전근은 원심성 신경(운동 신경)의 다발이다.

🔍 **용어 돋보기**

* 수의(隨 따르다, 意 생각) 운동 _ 팔다리를 움직이는 골격근의 운동처럼 사람의 의지대로 이루어지는 운동
* 반사(反 되돌리다, 射 쏘다) _ 특정 자극에 대해 무의식적으로 일어나는 반응

Ⓑ 의식적인 반응과 무조건 반사의 경로

1 의식적인 반응 대뇌의 판단과 명령에 따라 일어나는 반응이다.

예 날아오는 공을 보고 야구 방망이로 친다.

[반응 경로] 자극 → 감각기 → 감각 신경 → 중추 신경(대뇌) → 운동 신경 → 반응기 → 반응
(공 날아옴)　(눈)　　　　　　　　　　　　척수를 거침　　　(팔 근육)　(방망이로 공을 침)

2 무조건 반사 의지와 관계없이 무의식적으로 일어나는 반응으로, 자극이 대뇌로 전달되기 전에 일어나므로 반응 속도가 빠르다. ➡ 위험으로부터 몸을 보호할 수 있다. ❺

예 뜨거운 냄비에 손이 닿았을 때 손을 무의식적으로 뗀다(*회피 반사). 무릎뼈 아래를 고무망치로 가볍게 치면 다리가 살짝 올라간다(무릎 반사).

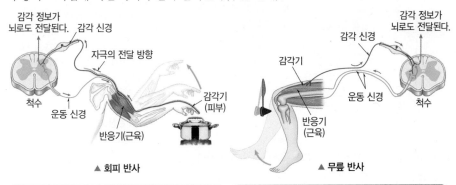

▲ 회피 반사　　　　　　　　　　▲ 무릎 반사

[반응 경로]
자극 → 감각기 → 감각 신경 → 중추 신경(척
(뜨거움)　(피부)
수) → 운동 신경 → 반응기 → 반응
　　　　　(팔 근육)　(손을 뗌)

[반응 경로]
자극 → 감각기 → 감각 신경 → 중추 신경(척
(두드림)　(근육에 있는 감각기)
수) → 운동 신경 → 반응기 → 반응
　　　　　　(다리 근육)　(다리 올라감)

❺ **무조건 반사의 중추**
무조건 반사는 척수, 연수, 중간뇌가 반응 중추로 작용하여 일어난다.
• 척수 반사: 무릎 반사, 회피 반사, 젖분비 반사, 배변 반사, 배뇨 반사 등
• 연수 반사: 기침, 재채기, 하품, 눈물 분비, 딸꾹질 등
• 중간뇌 반사: 동공 반사 등

🕐 **용어 돋보기**
* 회피(回 돌다, 避 피하다) 반사 _ 갑자기 뜨거운 것에 닿았을 때나 날카로운 것에 찔렸을 때 무의식적으로 피하는 반사 행동

📋 정답과 해설 27쪽

개념
확인 ✓

(1) 뇌의 각 부위와 특징을 옳게 연결하시오.

① 대뇌 •　　　　　• ㉠ 시상과 시상 하부로 구분된다.

② 간뇌 •　　　　　• ㉡ 겉질은 회색질, 속질은 백색질이다.

③ 소뇌 •　　　　　• ㉢ 홍채를 이용한 동공의 크기 조절 중추이다.

④ 연수 •　　　　　• ㉣ 수의 운동을 조절하며, 몸의 평형 유지 중추이다.

⑤ 중간뇌 •　　　　• ㉤ 심장 박동, 호흡 운동, 소화 운동을 조절하는 중추이다.

(2) 대뇌 (겉질, 속질)은 기능에 따라 감각령, (　　　), 운동령으로 구분된다.

(3) 생명 유지와 직결된 기능을 담당하는 중간뇌, 뇌교, 연수를 합하여 (　　　)라고 한다.

(4) (시상, 시상 하부)(은)는 자율 신경과 내분비계의 조절 중추로, (　　　) 조절에 중요한 역할을 한다.

(5) 척수의 각 부위와 특징을 옳게 연결하시오.

① 겉질 •　　　　• ㉠ 원심성 뉴런 다발

② 속질 •　　　　• ㉡ 구심성 뉴런 다발

③ 전근 •　　　　• ㉢ 축삭 돌기가 모인 백색질

④ 후근 •　　　　• ㉣ 신경 세포체가 모인 회색질

(6) (　　　)는 뇌와 척수 신경 사이에서 정보를 전달하는 역할을 하며, (동공, 무릎) 반사의 중추이다.

(7) 무조건 반사는 의식적인 반응에 비해 반응 속도가 (빠르다, 느리다).

(8) 회피 반사의 중추는 (　　　)이며, 재채기, 눈물 분비 등의 반사 중추는 (　　　)이다.

05 신경계

C 말초 신경계

1 *말초 신경계의 구성

① 해부학적 구성: 12쌍의 뇌 신경과 31쌍의 척수 신경으로 구성되어 있다. [6]

② 기능적 구성: 감각기에서 받아들인 자극 정보를 중추 신경계로 전달하는 구심성 신경 (감각 신경)과 중추 신경계의 반응 명령을 반응기로 전달하는 원심성 신경으로 구성되어 있으며, 원심성 신경은 체성 신경계와 자율 신경계로 구분된다. [7]

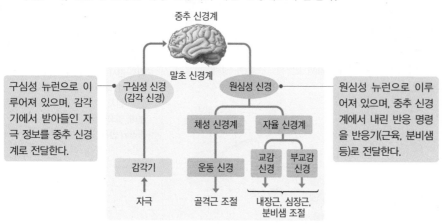

구심성 뉴런으로 이루어져 있으며, 감각기에서 받아들인 자극 정보를 중추 신경계로 전달한다.

원심성 뉴런으로 이루어져 있으며, 중추 신경계에서 내린 반응 명령을 반응기(근육, 분비샘 등)로 전달한다.

▲ 말초 신경계의 기능적 구성

2 체성 신경계 운동 신경으로 구성되어 있으며, 골격근에 분포하여 골격근의 반응을 조절한다.

① 대뇌의 지배를 받는다. ➡ 의식적인 골격근의 반응을 조절한다.

② 중추에서 나와 반응기에 이르기까지 시냅스 없이 하나의 뉴런으로 연결되어 있다.

3 *자율 신경계 대뇌의 영향을 직접 받지 않고 간뇌, 중간뇌, 연수의 조절을 받아 몸의 기능을 자동 조절한다.
└➤ 무의식적으로 작용한다.

① 주로 내장 기관, 혈관, 분비샘에 분포하여 소화, 순환, 호흡, 호르몬 분비 등 생명 유지에 필수적인 기능을 조절한다.

② 중추에서 나와 반응기에 이르기까지 2개의 뉴런이 신경절에서 시냅스를 이룬다. [8]

③ 교감 신경과 부교감 신경으로 구성되어 있다. ➡ 교감 신경과 부교감 신경은 주로 같은 기관에 분포하며 서로 반대 효과를 나타내는 길항 작용을 한다.

구분	구조적 특징	신경 전달 물질	
		신경절	신경 말단
교감 신경	• 척수의 중간 부분에서 나온다. • 신경절 이전 뉴런이 신경절 이후 뉴런보다 짧다.	아세틸콜린	노르에피네프린
부교감 신경	• 중간뇌, 연수, 척수의 꼬리 부분에서 나온다. • 신경절 이전 뉴런이 신경절 이후 뉴런보다 길다.	아세틸콜린	아세틸콜린

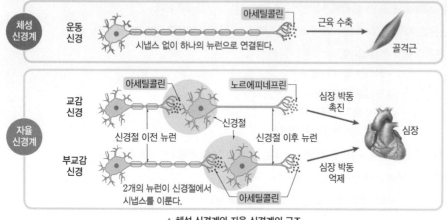

▲ 체성 신경계와 자율 신경계의 구조

---

[6] 말초 신경계의 해부학적 구성

해부학적으로 말초 신경은 뇌에서 나온 12쌍의 뇌 신경과 척수에서 나온 31쌍의 척수 신경으로 구성되어 있다. 뇌 신경은 뇌에서 나와 머리와 신체 상부 기관에 분포하고, 척수 신경은 척수에서 나와 머리 아래 신체 부위에 광범위하게 분포한다.

[7] 신경계 질환
• 중추 신경계 이상
– 알츠하이머병: 대뇌의 기능 저하로 인지 장애, 우울증 등이 나타난다.
– 파킨슨병: 뇌에서 도파민을 분비하는 뉴런이 파괴되어 통증, 운동 장애 등이 나타난다.
• 말초 신경계 이상
– 근위축성 측삭 경화증(루게릭병): 운동 신경 손상으로 근육 약화, 호흡 곤란 등이 나타난다.

[8] 신경절
말초 신경의 신경 세포체가 모인 곳으로, 신경절에서는 뉴런을 통해 전달되는 정보의 통합과 조정이 일어난다. 자율 신경의 뉴런은 신경절을 기준으로 신경절 이전 뉴런과 신경절 이후 뉴런으로 구분한다.

⌇ 용어 돋보기

* 말초(末 끝, 梢 말단) 신경계 _ 중추 신경계와 몸의 각 부분을 연결하는 신경계
* 자율(自 스스로, 律 법) 신경계 _ 여러 내장 기관과 조직의 기능을 자율적으로 조절하는 말초 신경계

④ **자율 신경의 작용**: 교감 신경과 부교감 신경은 길항 작용으로 기관의 기능을 상황에 따라 적절히 조절한다. ➡ 교감 신경은 몸을 긴장 상태로, 부교감 신경은 몸을 안정 상태로 만드는 작용을 한다. ❷

●소화액 분비와
소화관 운동

구분	동공	기관지	심장 박동	소화	방광
교감 신경	확대	확장	촉진	억제	이완
부교감 신경	축소	수축	억제	촉진	수축

[교감 신경과 부교감 신경의 분포와 기능]

교감 신경은 척수의 중간 부분에서 뻗어 나오고, 부교감 신경은 중간뇌, 연수, 척수의 꼬리 부분에서 뻗어 나온다.

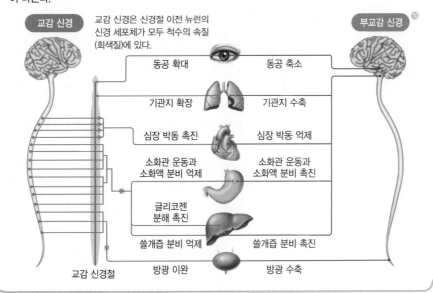

교감 신경은 신경절 이전 뉴런의 신경 세포체가 모두 척수의 속질(회색질)에 있다.

교감 신경 / 부교감 신경 ⑩

동공 확대 / 동공 축소
기관지 확장 / 기관지 수축
심장 박동 촉진 / 심장 박동 억제
소화관 운동과 소화액 분비 억제 / 소화관 운동과 소화액 분비 촉진
글리코젠 분해 촉진
쓸개즙 분비 억제 / 쓸개즙 분비 촉진
교감 신경절 / 방광 이완 / 방광 수축

❾ **교감 신경과 부교감 신경의 길항 작용**
위험한 상황에서는 교감 신경이 작용하여 심장 박동과 호흡이 빨라지고 혈압이 올라간다. 위험이 사라지면 부교감 신경이 작용하여 심장 박동과 호흡이 느려지고 혈압이 내려가 이전 상태를 회복한다.

⑩ **부교감 신경의 분포**
동공에 분포한 부교감 신경은 신경절 이전 뉴런의 신경 세포체가 중간뇌에 있고, 기관지, 심장, 위, 쓸개에 분포한 부교감 신경은 신경절 이전 뉴런의 신경 세포체가 연수에 있다. 방광에 분포한 부교감 신경은 신경절 이전 뉴런의 신경 세포체가 척수의 꼬리 부분에 있다.

📋 정답과 해설 27쪽

개념 확인

(9) 말초 신경계는 해부학적으로 31쌍의 (척수, 뇌) 신경과 12쌍의 (척수, 뇌) 신경으로 구분된다.

⑽ 감각 신경은 (구심성, 원심성) 신경이고, 체성 신경과 자율 신경은 모두 (구심성, 원심성) 신경이다.

⑾ (체성, 자율) 신경은 주로 대뇌의 지배를 받는 말초 신경으로, 반응기인 (   )에 분포하여 신경 전달 물질인 (   )을 분비한다.

⑿ 자율 신경은 대뇌의 직접적인 지배를 (받으며, 받지 않으며), 중추 신경계와 반응기 사이에 뉴런이 시냅스를 이루는 (   )이 존재한다.

⒀ 교감 신경과 부교감 신경은 모두 (체성, 자율) 신경이다.

⒁ (교감, 부교감) 신경의 신경절 이전 뉴런은 신경절 이후 뉴런보다 길고, (교감, 부교감) 신경의 신경절 이전 뉴런은 신경절 이후 뉴런보다 짧다.

⒂ 교감 신경의 신경절 이후 뉴런에서는 (아세틸콜린, 노르에피네프린)이 분비되고, 부교감 신경의 신경절 이후 뉴런에서는 (아세틸콜린, 노르에피네프린)이 분비된다.

⒃ 교감 신경과 부교감 신경은 (   ) 작용으로 기관의 기능을 상황에 따라 적절히 조절하며, 교감 신경은 몸을 (긴장, 안정) 상태로 만드는 작용을 한다.

⒄ 다음은 자율 신경의 작용에 의한 여러 기관의 반응을 나타낸 것이다. 교감 신경의 작용이면 '교', 부교감 신경의 작용이면 '부'라고 쓰시오.
① 동공 축소 (   )   ② 심장 박동 촉진 (   )
③ 방광 확장 (   )   ④ 소화 작용 억제 (   )
⑤ 기관지 수축 (   )   ⑥ 글리코젠 분해 촉진 (   )

2017 ● 수능 6번

자료❶ 중추 신경계의 구조와 기능

그림은 중추 신경계의 구조를 나타낸 것이다. A~E는 각각 간뇌, 대뇌, 연수, 중간뇌, 척수 중 하나이다.

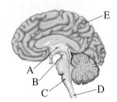

1. A에 시상 하부가 있다. (○, ×)
2. B와 C는 모두 뇌줄기를 구성한다. (○, ×)
3. D의 겉질은 회색질이다. (○, ×)
4. D에서 나온 운동 신경 다발은 후근을 이룬다. (○, ×)
5. E의 겉질에 주로 신경 세포체가 존재한다. (○, ×)
6. 배뇨 반사의 중추는 A이다. (○, ×)
7. 동공 크기 조절의 중추는 B이다. (○, ×)
8. 무릎 반사의 중추는 D이다. (○, ×)

2018 ● 수능 13번

자료❸ 말초 신경계의 구조와 기능

그림은 중추 신경계로부터 말초 신경을 통해 심장과 다리 골격근에 연결된 경로를 나타낸 것이다.

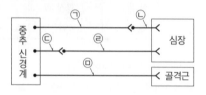

1. ㉠의 신경 세포체는 척수에 있다. (○, ×)
2. ㉡과 ㉢의 말단에서 분비되는 신경 전달 물질은 같다. (○, ×)
3. ㉣의 축삭 돌기 말단에서 심장으로 노르에피네프린이 분비된다. (○, ×)
4. ㉣과 ㉤은 모두 체성 신경이다. (○, ×)
5. ㉤은 척수의 전근을 구성한다. (○, ×)
6. ㉡에서 활동 전위의 발생 빈도가 증가하면 심장 박동이 억제된다. (○, ×)
7. ㉡과 ㉤의 말단에서는 같은 종류의 신경 전달 물질이 분비된다. (○, ×)

2018 ● 9월 평가원 13번

자료❷ 무조건 반사

그림은 자극에 의한 반사가 일어나 근육 ⓐ가 수축할 때 흥분 전달 경로를 나타낸 것이다.

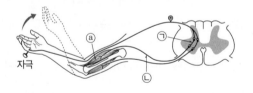

1. ㉠은 연합 뉴런이다. (○, ×)
2. ㉡의 신경 세포체는 척수의 회색질에 존재한다. (○, ×)
3. ㉡의 축삭 돌기 말단에서 분비되는 신경 전달 물질은 노르에피네프린이다. (○, ×)
4. ㉡은 척수의 후근을 구성한다. (○, ×)
5. 근육 ⓐ가 수축할 때 액틴 필라멘트의 길이가 짧아진다. (○, ×)
6. 근육 ⓐ가 수축할 때 ⓐ의 근육 원섬유 마디에서
   $\dfrac{\text{I대의 길이}+\text{H대의 길이}}{\text{A대의 길이}}$ 는 작아진다. (○, ×)
7. ㉡은 체성 신경이다. (○, ×)

2021 ● 9월 평가원 16번

자료❹ 자율 신경의 구조

그림 (가)는 동공의 크기 조절에 관여하는 교감 신경과 부교감 신경이 중추 신경계에 연결된 경로를, (나)는 빛의 세기에 따른 동공의 크기를 나타낸 것이다. ⓐ와 ⓑ에 각각 하나의 신경절이 있으며, ㉠과 ㉣의 말단에서 분비되는 신경 전달 물질은 같다.

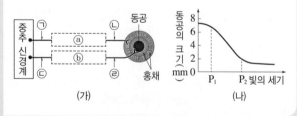

1. ㉠과 ㉢은 모두 원심성 뉴런이다. (○, ×)
2. ㉠은 부교감 신경의 신경절 이전 뉴런이다. (○, ×)
3. ㉠의 신경 세포체는 척수의 회색질에 있다. (○, ×)
4. ㉠의 길이가 ㉡의 길이보다 짧다. (○, ×)
5. ㉡이 흥분하면 동공이 축소된다. (○, ×)
6. ㉡의 말단에서 분비되는 신경 전달 물질은 노르에피네프린이다. (○, ×)
7. ㉢의 신경 세포체는 중간뇌에 있다. (○, ×)
8. ㉣의 말단에서 분비되는 신경 전달 물질의 양은 P_2일 때가 P_1일 때보다 많다. (○, ×)

Ⓐ 중추 신경계

1 그림은 뇌의 구조를 나타낸 것이다.

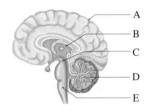

다음 설명에 해당하는 부분의 기호와 이름을 쓰시오.

(1) 뇌교, C와 함께 뇌줄기를 구성한다.
(2) 시상과 시상 하부로 구분된다.
(3) 대부분의 신경이 교차되는 장소이다.
(4) 동공 반사의 중추이다.
(5) 두 개의 반구로 구성되며, 몸의 평형 유지 중추이다.

2 그림은 척수의 단면을 나타낸 것이다.

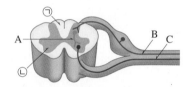

각 부분에 대한 설명으로 옳지 <u>않은</u> 것은?

① ㉠은 백색질이다.
② ㉡은 속질이다.
③ A는 자극을 통합하여 명령을 내리는 연합 신경이다.
④ B는 후근을 구성하고, C는 전근을 구성한다.
⑤ 자극은 C → A → B 순으로 전달된다.

Ⓑ 의식적인 반응과 무조건 반사의 경로

3 그림은 무릎 반사가 일어나는 과정에서 흥분 전달 경로를 나타낸 것이다.

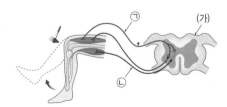

이에 대한 설명 중 틀린 부분을 찾아 옳게 고치시오.

(1) (가)는 말초 신경계에 속하는 척수이다.
(2) ㉠은 원심성 뉴런으로 후근을, ㉡은 구심성 뉴런으로 전근을 이룬다.
(3) ㉡의 신경 세포체는 (가)의 겉질에 있다.

4 그림은 감각기 A와 B로부터 받아들인 자극이 중추 신경계를 거쳐 반응기 (가)~(다)로 전달되는 경로를 나타낸 것이다.

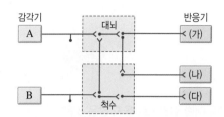

다음 반응 경로에서 ( ) 안에 알맞은 기호를 쓰시오.

(1) 손을 얼음물에 넣으니 차갑다고 느껴져 얼음물에서 손을 빼는 과정은 ( ) → ( ) 이다.
(2) 날아오는 공을 보고 손으로 잡는 과정은 ( ) → ( )이다.
(3) 회피 반사의 경로는 ( ) → ( )이다.

Ⓒ 말초 신경계

5 그림은 사람의 신경계를 구분하여 나타낸 것이다. ㉠~㉢에 알맞은 말을 쓰시오.

6 체성 신경에 대한 설명으로 옳은 것만을 [보기]에서 있는 대로 고르시오.

┤ 보기 ├
ㄱ. 구심성 신경이다.
ㄴ. 주로 대뇌의 지배를 받는다.
ㄷ. 골격근에 연결되어 있으며, 축삭 돌기 말단에서 아세틸콜린을 분비한다.

7 그림은 방광과 연결된 자율 신경 X와 Y를 나타낸 것이다.

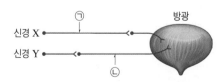

(1) ㉠과 ㉡의 말단에서 분비되는 신경 전달 물질을 각각 쓰시오.
(2) ㉠의 신경 세포체는 ( )에 있다.
(3) 신경 X가 흥분했을 때(가)와 신경 Y가 흥분했을 때 (나) 방광은 각각 어떤 반응을 나타내는지 쓰시오.

자료❶ 2017 수능 6번

1 그림은 중추 신경계의 구조를 나타낸 것이다. A~E는 각각 간뇌, 대뇌, 연수, 중간뇌, 척수 중 하나이다.

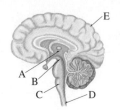

이에 대한 설명으로 옳지 **않은** 것은?

① A에는 시상이 존재한다.
② B는 동공 반사의 중추이다.
③ C는 뇌줄기에 속한다.
④ D에서 나온 운동 신경 다발이 후근을 이룬다.
⑤ E의 겉질에 신경 세포체가 존재한다.

2 표 (가)는 신경계를 구성하는 구조의 특징 3가지를, (나)는 (가) 중에서 A~C가 가지는 특징의 개수를 나타낸 것이다. A~C는 연수, 소뇌, 중간뇌를 순서 없이 나타낸 것이다.

특징
• 뇌줄기를 구성한다.
• 동공 반사의 중추이다.
• 중추 신경계에 속한다.

(가)

구조	특징의 개수
A	1
B	2
C	㉠

(나)

이에 대한 설명으로 옳은 것만을 [보기]에서 있는 대로 고른 것은?

보기
ㄱ. ㉠은 3이다.
ㄴ. A는 몸의 평형 유지에 관여한다.
ㄷ. B는 중간뇌이다.

① ㄱ   ② ㄷ   ③ ㄱ, ㄴ
④ ㄴ, ㄷ   ⑤ ㄱ, ㄴ, ㄷ

2019 9월 평가원 8번

3 그림은 자극에 의한 반사가 일어날 때 흥분 전달 경로를 나타낸 것이다.

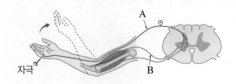

이에 대한 설명으로 옳은 것만을 [보기]에서 있는 대로 고른 것은?

보기
ㄱ. A는 척수 신경이다.
ㄴ. B는 자율 신경계에 속한다.
ㄷ. 이 반사의 조절 중추는 뇌줄기를 구성한다.

① ㄱ   ② ㄴ   ③ ㄷ
④ ㄱ, ㄷ   ⑤ ㄴ, ㄷ

4 그림은 사람에서 자극에 의한 반사가 일어날 때 흥분 전달 경로를 나타낸 것이다.

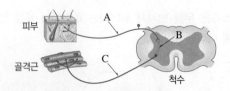

이에 대한 설명으로 옳은 것만을 [보기]에서 있는 대로 고른 것은?

보기
ㄱ. A는 원심성 뉴런이다.
ㄴ. B는 백색질 부위에 존재한다.
ㄷ. C는 전근을 구성한다.

① ㄱ   ② ㄷ   ③ ㄱ, ㄴ
④ ㄴ, ㄷ   ⑤ ㄱ, ㄴ, ㄷ

5 그림은 중추 신경계로부터 말초 신경을 통해 심장과 다리 골격근에 연결된 경로를 나타낸 것이다.

2018 수능 13번

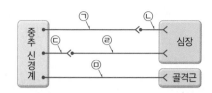

이에 대한 설명으로 옳은 것만을 [보기]에서 있는 대로 고른 것은?

─ 보기 ─
ㄱ. ㉠의 신경 세포체는 연수에 있다.
ㄴ. ㉡과 ㉢의 말단에서 분비되는 신경 전달 물질은 같다.
ㄷ. ㉢은 후근을 통해 나온다.

① ㄱ   ② ㄴ   ③ ㄷ
④ ㄱ, ㄴ   ⑤ ㄴ, ㄷ

---

6 그림 (가)는 동공의 크기 조절에 관여하는 교감 신경과 부교감 신경이 중추 신경계에 연결된 경로를, (나)는 빛의 세기에 따른 동공의 크기를 나타낸 것이다. ⓐ와 ⓑ에 각각 하나의 신경절이 있으며, ㉠과 ㉣의 말단에서 분비되는 신경 전달 물질은 같다.

2021 9월 평가원 16번

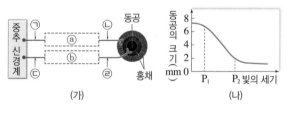

이에 대한 설명으로 옳은 것만을 [보기]에서 있는 대로 고른 것은?

─ 보기 ─
ㄱ. ㉠의 신경 세포체는 척수의 회색질에 있다.
ㄴ. ㉡의 말단에서 분비되는 신경 전달 물질의 양은 P_2일 때가 P_1일 때보다 많다.
ㄷ. ㉣의 말단에서 분비되는 신경 전달 물질은 노르에피네프린이다.

① ㄱ   ② ㄷ   ③ ㄱ, ㄴ
④ ㄴ, ㄷ   ⑤ ㄱ, ㄴ, ㄷ

---

7 그림은 어떤 사람에서 중추 신경계와 심장이 자율 신경으로 연결된 모습의 일부를 나타낸 것이다. A와 B는 각각 연수와 간뇌 중 하나이고, ㉠과 ㉡ 중 한 부위에 신경절이 있다.

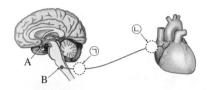

이에 대한 설명으로 옳은 것만을 [보기]에서 있는 대로 고른 것은?

─ 보기 ─
ㄱ. A의 기능이 상실되면 이 사람은 자발적인 호흡이 불가능하다.
ㄴ. B는 체온 조절의 중추이다.
ㄷ. 신경절은 ㉡에 있다.

① ㄱ   ② ㄷ   ③ ㄱ, ㄴ
④ ㄱ, ㄷ   ⑤ ㄴ, ㄷ

---

8 그림 (가)는 중추 신경계의 구조를, (나)는 중추 신경계와 동공이 자율 신경으로 연결된 모습을 나타낸 것이다. A~C는 각각 척수, 중간뇌, 대뇌 중 하나이다.

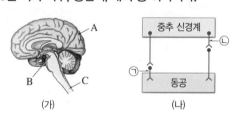

이에 대한 설명으로 옳은 것만을 [보기]에서 있는 대로 고른 것은?

─ 보기 ─
ㄱ. A의 겉질은 회색질이다.
ㄴ. ㉠에서 흥분 발생 빈도가 증가하면 동공이 확장된다.
ㄷ. ㉡의 신경 세포체는 B에 존재한다.

① ㄱ   ② ㄴ   ③ ㄱ, ㄷ
④ ㄴ, ㄷ   ⑤ ㄱ, ㄴ, ㄷ

1 그림 (가)는 어떤 사람 대뇌의 좌반구 운동령의 단면과 여기에 연결된 신체 부분을 대뇌 겉질 표면에 나타낸 것이며, (나)는 오른쪽 다리에서 무릎 반사가 일어날 때 흥분 전달 경로를 나타낸 것이다.

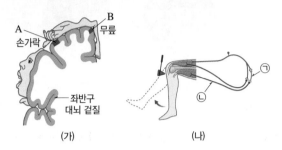

(가)　　　　　　(나)

이에 대한 설명으로 옳은 것만을 [보기]에서 있는 대로 고른 것은?

| 보기 |
ㄱ. A에 역치 이상의 자극을 주면 오른손의 손가락이 움직인다.
ㄴ. B가 손상되어도 오른쪽 다리에서 무릎 반사가 일어난다.
ㄷ. ㉠과 ㉡은 모두 말초 신경계에 속한다.

① ㄱ　　　　② ㄷ　　　　③ ㄱ, ㄴ
④ ㄴ, ㄷ　　　⑤ ㄱ, ㄴ, ㄷ

2 그림 (가)는 대뇌의 영역별 기능 일부를, (나)는 단어를 들을 때와 볼 때 대뇌에서 활성화되는 주요 부위를 나타낸 것이다.

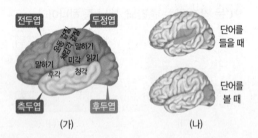

(가)　　　　　　(나)

이에 대한 설명으로 옳은 것만을 [보기]에서 있는 대로 고른 것은?

| 보기 |
ㄱ. 전두엽에 감각령이 있다.
ㄴ. 후두엽이 손상되면 시각 장애가 나타날 수 있다.
ㄷ. 소리를 느끼는 기능은 주로 측두엽의 백색질에서 담당한다.

① ㄱ　　　　② ㄴ　　　　③ ㄷ
④ ㄱ, ㄷ　　　⑤ ㄴ, ㄷ

3 표 (가)는 중추 신경계를 구성하는 구조 A~D에서 특징 ㉠~㉢의 유무를, (나)는 ㉠~㉢을 순서 없이 나타낸 것이다. A~D는 각각 소뇌, 연수, 중간뇌, 척수 중 하나이다.

특징 구조	㉠	㉡	㉢
A	×	○	×
B	?	○	○
C	×	?	×
D	○	○	×

(○: 있음, ×: 없음)

특징(㉠~㉢)
• 부교감 신경이 나온다. • 뇌줄기를 구성한다. • 동공 반사의 중추이다.

(가)　　　　　　(나)

이에 대한 설명으로 옳은 것만을 [보기]에서 있는 대로 고른 것은?

| 보기 |
ㄱ. ㉠은 '뇌줄기를 구성한다.'이다.
ㄴ. A는 연수이다.
ㄷ. C는 배뇨 반사의 중추이다.

① ㄱ　　　　② ㄷ　　　　③ ㄱ, ㄴ
④ ㄱ, ㄷ　　　⑤ ㄴ, ㄷ

4 그림은 중추 X와 여기에 연결된 뉴런 A와 B를, 표는 A와 B를 각각 자극하였을 때 A와 B에서의 활동 전위 발생 여부를 나타낸 것이다.

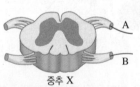

중추 X

자극한 뉴런	활동 전위
A	A에서만 발생
B	A와 B에서 모두 발생

이에 대한 설명으로 옳은 것만을 [보기]에서 있는 대로 고른 것은?

| 보기 |
ㄱ. A는 척수의 등 쪽에서 나온다.
ㄴ. B의 신경 세포체는 척수의 속질에 존재한다.
ㄷ. X는 뜨거운 물체에 손이 닿자마자 손을 떼는 반응의 중추이다.

① ㄱ　　　　② ㄴ　　　　③ ㄷ
④ ㄱ, ㄴ　　　⑤ ㄴ, ㄷ

5 그림은 자극에 의한 반사가 일어나 근육 ⓐ가 수축할 때 흥분 전달 경로를 나타낸 것이다.

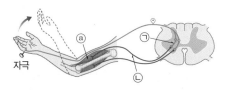

이에 대한 설명으로 옳은 것만을 [보기]에서 있는 대로 고른 것은?

┤ 보기 ├
ㄱ. ㉠은 연합 뉴런이다.
ㄴ. ㉡의 신경 세포체는 척수의 회색질에 존재한다.
ㄷ. ⓐ의 근육 원섬유 마디에서
$$\dfrac{\text{A대의 길이}}{\text{I대의 길이}+\text{H대의 길이}}$$ 가 작아진다.

① ㄱ   ② ㄷ   ③ ㄱ, ㄴ
④ ㄴ, ㄷ   ⑤ ㄱ, ㄴ, ㄷ

6 그림은 무릎 반사가 일어나는 과정에서 흥분 전달 경로를, 표는 무릎을 고무망치로 치기 전과 친 후에 근육 ⓐ와 ⓑ 중 하나를 구성하는 근육 원섬유 마디에서 ㉠과 ㉡의 길이를 나타낸 것이다. ㉠과 ㉡은 각각 A대와 H대 중 하나이다.

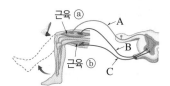

구분	길이(상댓값)	
	㉠	㉡
전	0.8	1.6
후	0.4	1.6

이에 대한 설명으로 옳은 것만을 [보기]에서 있는 대로 고른 것은?

┤ 보기 ├
ㄱ. ㉠에는 액틴 필라멘트와 마이오신 필라멘트 중 마이오신 필라멘트만 존재한다.
ㄴ. A는 원심성 뉴런이다.
ㄷ. 표는 근육 ⓐ를 구성하는 근육 원섬유 마디에서 일어난 길이 변화이다.

① ㄱ   ② ㄷ   ③ ㄱ, ㄴ
④ ㄱ, ㄷ   ⑤ ㄴ, ㄷ

7 그림은 감각기 A와 B에서 받아들인 자극이 중추 신경계를 거쳐 반응기 (가)~(다)로 전달되는 경로를 나타낸 것이다.

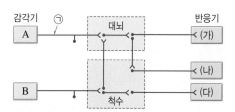

이에 대한 설명으로 옳은 것만을 [보기]에서 있는 대로 고른 것은?

┤ 보기 ├
ㄱ. ㉠은 원심성 신경이다.
ㄴ. 정지선을 위반한 차량을 보고 눈살을 찌푸리는 과정은 A → (나)이다.
ㄷ. 배뇨 반사는 B → (다) 경로에 의해 일어난다.

① ㄴ   ② ㄷ   ③ ㄱ, ㄴ
④ ㄱ, ㄷ   ⑤ ㄱ, ㄴ, ㄷ

8 그림은 중추 신경계로부터 말초 신경 A~C를 통해 피부, 다리의 골격근, 위에 연결된 경로 일부를 나타낸 것이다. C가 흥분하면 위 운동이 억제된다.

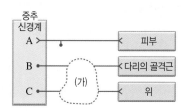

이에 대한 설명으로 옳은 것만을 [보기]에서 있는 대로 고른 것은?

┤ 보기 ├
ㄱ. A는 전근을 구성한다.
ㄴ. B는 체성 신경이다.
ㄷ. C의 (가) 부분에는 아세틸콜린이 분비되는 곳이 있다.

① ㄴ   ② ㄷ   ③ ㄱ, ㄴ
④ ㄱ, ㄷ   ⑤ ㄴ, ㄷ

9 그림은 중추 신경계와 어떤 기관을 연결하는 신경의 구조 일부를, 표는 지점 A~C 각각에 역치 이상의 자극을 1회 주었을 때 A~C 중 활동 전위가 발생한 지점의 수를 나타낸 것이다.

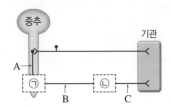

자극을 준 지점	활동 전위가 발생한 지점의 수
A	ⓐ
B	?
C	2

이에 대한 설명으로 옳은 것만을 [보기]에서 있는 대로 고른 것은?

| 보기 |
ㄱ. ⓐ는 '3'이다.
ㄴ. ㉠과 ㉡에서 모두 신경 전달 물질이 분비된다.
ㄷ. B를 포함하는 뉴런은 자율 신경계에 속한다.

① ㄱ ② ㄴ ③ ㄱ, ㄴ
④ ㄱ, ㄷ ⑤ ㄴ, ㄷ

10 그림은 중추 신경계에 속한 ㉠, ㉡과 호흡계를 연결하는 뉴런 A~E를 나타낸 것이다. ㉠과 ㉡은 각각 척수와 연수 중 하나이다.

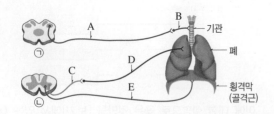

이에 대한 설명으로 옳은 것만을 [보기]에서 있는 대로 고른 것은?

| 보기 |
ㄱ. ㉡은 연수이다.
ㄴ. A와 E는 모두 원심성 뉴런이다.
ㄷ. D가 흥분하면 기관지가 확장된다.

① ㄴ ② ㄷ ③ ㄱ, ㄴ
④ ㄴ, ㄷ ⑤ ㄱ, ㄴ, ㄷ

11 그림 (가)는 중추 신경계와 홍채에 연결된 말초 신경 A와 B를, (나)는 중추 신경계와 방광에 연결된 말초 신경 C와 D를 나타낸 것이다. ㉠과 ㉡은 각각 중간뇌와 척수 중 하나이고, ⓐ와 ⓑ는 신경의 흥분 이동 방향이다.

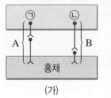 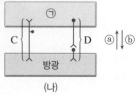

이에 대한 설명으로 옳은 것만을 [보기]에서 있는 대로 고른 것은?

| 보기 |
ㄱ. ㉠에는 회색질이 있다.
ㄴ. B가 흥분하면 동공이 확장된다.
ㄷ. C와 D에서 흥분의 이동 방향은 모두 ⓑ이다.

① ㄱ ② ㄴ ③ ㄷ
④ ㄱ, ㄴ ⑤ ㄱ, ㄷ

12 표는 말초 신경 A~C에서 특징 ㉠~㉢의 유무를, 그림은 A를 자극하였을 때 동공 크기의 변화를 나타낸 것이다. A~C는 각각 반응기와 연결된 교감 신경, 부교감 신경, 운동 신경 중 하나이고, ㉠과 ㉢ 중 하나는 '반응기로 아세틸콜린을 분비한다.'이다.

특징 신경	㉠	㉡	㉢
A	×	○	○
B	○	×	○
C	?	×	○

(○: 있음, ×: 없음)

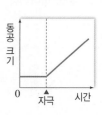

이에 대한 설명으로 옳은 것만을 [보기]에서 있는 대로 고른 것은?

| 보기 |
ㄱ. '반응기로 아세틸콜린을 분비한다.'는 ㉠이다.
ㄴ. '원심성 신경이다.'는 ㉢에 해당한다.
ㄷ. B는 신경절 이전 뉴런이 신경절 이후 뉴런보다 짧다.

① ㄱ ② ㄷ ③ ㄱ, ㄴ
④ ㄴ, ㄷ ⑤ ㄱ, ㄴ, ㄷ

13 그림은 중추 신경계로부터 자율 신경을 통해 심장과 위에 연결된 경로를, 표는 ㉠이 심장에, ㉡이 위에 각각 작용할 때 나타나는 기관의 반응을 나타낸 것이다. @는 '억제됨'과 '촉진됨' 중 하나이다.

기관	반응
심장	심장 박동 촉진됨
위	소화 작용 (@)

이에 대한 설명으로 옳은 것만을 [보기]에서 있는 대로 고른 것은?

┤ 보기 ├
ㄱ. ㉠은 신경절 이전 뉴런이 신경절 이후 뉴런보다 짧다.
ㄴ. ㉡은 감각 신경이다.
ㄷ. @는 '억제됨'이다.

① ㄱ ② ㄴ ③ ㄷ
④ ㄱ, ㄴ ⑤ ㄴ, ㄷ

14 그림 (가)는 심장 박동을 조절하는 자율 신경 A와 B를, (나)는 A와 B 중 하나를 자극했을 때 심장 세포에서 활동 전위가 발생하는 빈도의 변화를 나타낸 것이다.

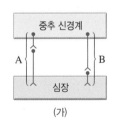 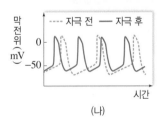

(가) (나)

이에 대한 설명으로 옳은 것만을 [보기]에서 있는 대로 고른 것은?

┤ 보기 ├
ㄱ. A는 말초 신경계에 속한다.
ㄴ. B의 신경절 이전 뉴런의 신경 세포체는 척수에 존재한다.
ㄷ. (나)는 A를 자극했을 때의 변화를 나타낸 것이다.

① ㄱ ② ㄴ ③ ㄱ, ㄷ
④ ㄴ, ㄷ ⑤ ㄱ, ㄴ, ㄷ

15 그림은 방광에 연결된 뉴런 A~C를 나타낸 것이다.

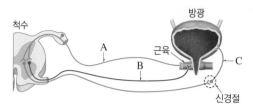

이에 대한 설명으로 옳은 것만을 [보기]에서 있는 대로 고른 것은?

┤ 보기 ├
ㄱ. A의 흥분은 대뇌로 전달된다.
ㄴ. B는 척수의 전근을 이룬다.
ㄷ. C에 역치 이상의 자극을 주면 방광이 이완한다.

① ㄱ ② ㄷ ③ ㄱ, ㄴ
④ ㄴ, ㄷ ⑤ ㄱ, ㄴ, ㄷ

16 다음은 자율 신경과 함께 떼어 낸 개구리의 심장을 이용한 실험이다.

| 실험 과정 |

(가) 그림과 같이 자율 신경 ㉠이 붙어 있는 심장 Ⅰ과 신경을 제거한 심장 Ⅱ를
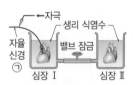
각각 생리 식염수에 담고 생리 식염수가 통하게 용기를 연결한 후 밸브를 잠근다.

(나) ㉠에 역치 이상의 전기 자극을 가하면서 심장 Ⅰ의 박동 속도 변화를 관찰한다.

(다) 과정 (나)가 끝난 후, 밸브를 열고 심장 Ⅱ의 박동 속도 변화를 관찰한다.

| 실험 결과 |

과정	(나)	(다)
심장 박동 속도 변화	@	느려짐

이에 대한 설명으로 옳은 것만을 [보기]에서 있는 대로 고른 것은?

┤ 보기 ├
ㄱ. @는 '빨라짐'이다.
ㄴ. ㉠의 신경절 이전 뉴런의 신경 세포체는 연수에 있다.
ㄷ. ㉠의 신경절 이후 뉴런의 축삭 돌기 말단에서 분비되는 신경 전달 물질은 혈압을 상승시킨다.

① ㄱ ② ㄴ ③ ㄷ
④ ㄱ, ㄷ ⑤ ㄴ, ㄷ

06 항상성 유지

➤➤ **핵심 짚기** ▸ 호르몬의 특징 ▸ 호르몬과 신경 비교 ▸ 항상성 유지 원리
▸ 혈당량 조절 과정 ▸ 체온 조절 과정 ▸ 삼투압 조절 과정

Ⓐ 호르몬

1 호르몬 내분비샘에서 합성·분비되어 특정 조직이나 기관의 생리 작용을 조절하는 화학 물질이다. ❶

2 호르몬의 특징
① 내분비샘에서 생성되어 별도의 분비관 없이 주변의 혈관으로 분비된다.
② 혈액을 따라 이동하다가 *표적 세포에 작용한다.
③ 매우 적은 양으로 작용하지만, 결핍증과 과다증이 있다.
④ 척추동물 사이에서는 종 특이성이 없거나 작다.─● 다른 종에서 항원으로 작용하지 않는다.

3 호르몬과 신경 비교 ❷

구분	신호 전달 매체	신호 전달 속도	작용 범위	효과 지속성	특징
호르몬	혈액	비교적 느림	넓음	오래 지속됨	표적 세포에 작용
신경	뉴런	빠름	좁음	빨리 사라짐	한 방향으로 전달

4 사람의 내분비샘과 주요 호르몬

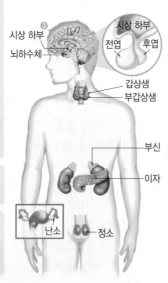

뇌하수체
전엽
- 생장 호르몬: 생장 촉진
- 갑상샘 자극 호르몬(TSH): 티록신 분비 촉진
- 생식샘 자극 호르몬: 성호르몬 분비 촉진
- 부신 겉질 자극 호르몬(ACTH): 당질 코르티코이드 분비 촉진
후엽
- 항이뇨 호르몬: 콩팥에서 수분 재흡수 촉진
- 옥시토신: 자궁 수축 촉진

정소
테스토스테론: 남자의 2차 성징 발현

난소
- 에스트로겐: 여자의 2차 성징 발현
- 프로게스테론: 배란 억제, 자궁 내막을 두껍게 유지

갑상샘
- 티록신: 물질대사 촉진
- 칼시토닌: 혈장 내 칼슘 농도 감소

부갑상샘
파라토르몬: 혈장 내 칼슘 농도 증가

부신
겉질
- 당질 코르티코이드: 혈당량 증가
- 무기질 코르티코이드(알도스테론): 콩팥에서 나트륨 재흡수 촉진
속질
- 에피네프린: 혈당량 증가, 심장 박동 촉진

이자
- 인슐린: 혈당량 감소
- 글루카곤: 혈당량 증가

시상 하부, 뇌하수체, 시상 하부, 전엽, 후엽, 갑상샘, 부갑상샘, 부신, 이자, 난소, 정소

5 호르몬 분비 이상에 따른 질환(내분비계 질환)

성장이 끝난 후 생장 호르몬이 ●─ 과다 분비된 경우 발생

호르몬	결핍/과다	질환	증상
티록신	과다	갑상샘 기능 항진증	물질대사 *항진 ➡ 체온 상승, 체중 감소 등
	결핍	갑상샘 기능 저하증	물질대사 저하 ➡ 추위 잘 탐, 체중 증가 등
생장 호르몬	과다	거인증	키가 비정상적으로 크게 자람
		말단 비대증	손, 발, 코, 턱 등 몸의 말단부가 커짐
	결핍	소인증	키가 잘 자라지 않음
항이뇨 호르몬	결핍	요붕증	콩팥에서 물의 재흡수 저하 ➡ 많은 양의 오줌을 자주 누며, 물을 많이 마심
인슐린	결핍	당뇨병	혈당량이 높음 ➡ 오줌에 포도당이 섞여 나옴

PLUS 강의 ➕

❶ 내분비샘
호르몬을 생성하고 분비하는 조직이나 기관으로, 분비관이 따로 없어 합성한 호르몬을 주변의 혈관으로 분비한다.

혈관, 호르몬, 수용체, 내분비 세포, 표적 세포

❷ 호르몬과 신경의 기능
호르몬과 신경은 공통적으로 체내에서 신호를 전달하는 역할을 하는데, 신경은 반사와 같은 빠른 반응 조절에 관여하고, 호르몬은 생식, 발생, 생장 등 지속적이고 광범위한 조절에 주로 관여한다.

❸ 시상 하부
내분비계의 최고 조절 중추는 간뇌의 시상 하부이다. 시상 하부에서 혈액 속 호르몬 농도 변화를 감지하고, 이에 따라 뇌하수체 전엽의 호르몬 분비를 조절하여 갑상샘, 생식샘, 부신 겉질 등 여러 내분비샘의 호르몬 분비를 조절한다.

⟜◯ 용어 돋보기
* 표적(標 표하다, 的 과녁) 세포 _ 특정 호르몬에 대한 수용체가 있어 특정 호르몬의 작용을 받는 세포
* 항진(亢 오르다, 進 나아가다) _ 기세나 기능이 높아지는 현상

ⓑ 항상성 유지

1 항상성 체내·외의 환경 변화에 관계없이 체온, 혈당량, 혈장 삼투압 등의 체내 상태를 일정하게 유지하려는 성질이다.

2 항상성 유지 원리 항상성은 신경계와 내분비계에 의한 음성 피드백과 길항 작용으로 조절된다.

① 음성 피드백(음성 되먹임): 어떤 원인으로 인해 나타난 결과가 원인을 억제하는 조절 원리이다. [예] 갑상샘에서의 티록신 분비 조절

[음성 피드백에 의한 티록신 분비 조절]
❶ 시상 하부에서 TRH가 분비되어 뇌하수체 전엽을 자극한다.④
❷ 뇌하수체 전엽에서 TSH가 분비되어 갑상샘을 자극한다.
❸ 갑상샘에서 티록신이 분비된다.
❹ 티록신 농도가 높아지면 시상 하부와 뇌하수체의 호르몬 분비가 억제된다. ➡ 티록신이 과다 분비되는 것을 막는다.⑤

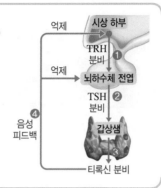

② 길항 작용: 한 기관에 두 가지 요인이 서로 반대로 작용하여 한 요인이 기관의 기능을 촉진하면, 다른 요인은 기관의 기능을 억제하는 조절 작용이다.
[예] 인슐린과 글루카곤의 혈당량 조절, 교감 신경과 부교감 신경의 심장 박동 조절

④ **TRH(갑상샘 자극 호르몬 방출 호르몬)**
간뇌의 시상 하부에서 분비되는 호르몬으로, 뇌하수체 전엽을 자극하여 TSH(갑상샘 자극 호르몬)의 분비를 촉진한다.

⑤ **티록신 분비 조절과 갑상샘종 발생**
티록신의 주성분인 아이오딘이 오랫동안 결핍되면 갑상샘이 크게 부어오르는 갑상샘종이 나타난다. 아이오딘이 결핍되면 티록신이 부족해지므로 시상 하부와 뇌하수체에서 TRH와 TSH 분비가 증가한다. 그 결과 TSH가 갑상샘을 계속 자극하여 갑상샘이 커진다.

📄 정답과 해설 34쪽

개념 확인

(1) 호르몬은 (　　　)에서 생성되어 별도의 분비관 없이 주변의 (　　　)으로 분비된다.

(2) 호르몬은 매우 (적은, 많은) 양으로 생리 작용을 조절하며, 부족하면 (결핍증, 과다증)이 나타난다.

(3) 호르몬은 (　　　)을 따라 이동하면서 호르몬에 대한 수용체가 있는 (　　　) 세포(기관)에만 작용한다.

(4) 호르몬은 신경에 비해 신호 전달 속도가 (느리며, 빠르며), 그 효과는 (빨리 사라진다, 오래 지속된다). 또한 작용 범위는 (좁다, 넓다).

(5) 사람의 내분비샘과 분비되는 호르몬, 그 작용을 옳게 연결하시오.
① 이자 ・　　　・ ㉠ 티록신 ・　　　・ ⓐ 혈당량 감소
② 갑상샘 ・　　　・ ㉡ 인슐린 ・　　　・ ⓑ 물질대사 촉진
③ 부신 속질 ・　　　・ ㉢ 에피네프린 ・　　　・ ⓒ 심장 박동 촉진
④ 뇌하수체 전엽・　　　・ ㉣ 항이뇨 호르몬(ADH) ・　　　・ ⓓ 티록신 분비 촉진
⑤ 뇌하수체 후엽・　　　・ ㉤ 갑상샘 자극 호르몬(TSH)・　　・ ⓔ 콩팥에서 수분 재흡수 촉진

(6) 오줌으로 포도당이 빠져나가는 증상이 나타나는 질환인 (갑상샘 기능 항진증, 당뇨병)은 (인슐린, 티록신)의 분비 이상으로 발생하는 질환이다.

(7) 생장 호르몬이 성장기에 과다 분비되면 (거인증, 말단 비대증)이 나타나고, 성장기 이후에 과다 분비되면 (거인증, 말단 비대증)이 나타난다.

(8) 항상성 유지 원리 중 어떤 원인으로 나타난 결과가 원인을 억제하는 조절 원리를 (　　　)이라고 하고, 한 기관에 두 가지 요인이 서로 반대로 작용하여 기관의 기능을 조절하는 원리를 (　　　)이라고 한다.

(9) 시상 하부에서 (TSH, TRH)의 분비가 촉진되면 뇌하수체 전엽에서 (TSH, TRH)의 분비가 촉진되고, 혈중 티록신의 농도가 높아지면 TRH의 분비가 (억제, 촉진)된다.

ⓒ 항상성 유지의 예

1 *혈당량 조절 혈당량의 변화에 따라 인슐린, 글루카곤, 에피네프린의 분비량을 조절하여 혈당량을 일정하게 유지한다.

혈당량이 높을 때	이자섬의 β세포에서 인슐린 분비 → 간에서 포도당을 *글리코젠으로 합성 촉진, 체세포의 포도당 흡수 촉진 → 혈당량 감소⑥
혈당량이 낮을 때	이자섬의 α세포에서 글루카곤 분비, 부신 속질에서 에피네프린 분비 → 간에서 글리코젠을 포도당으로 분해 촉진 → 혈당량 증가

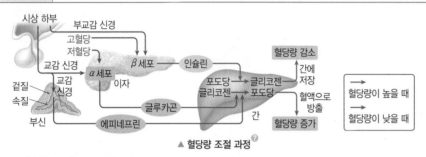

▲ 혈당량 조절 과정⑦

탐구 자료 혈당량 조절

그림 (가)는 탄수화물 위주의 식사를 한 후 혈당량과 혈중 인슐린, 글루카곤의 농도 변화를, (나)는 운동 시 혈중 인슐린과 글루카곤의 농도 변화를 나타낸 것이다.

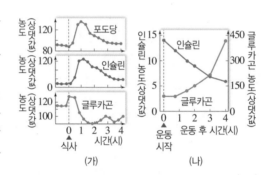

1. (가)에서 식사 후 혈당량이 높아지면 혈중 인슐린 농도는 증가하고, 글루카곤 농도는 감소한다. ➡ 인슐린은 혈당량을 낮추고, 글루카곤은 혈당량을 높이는 호르몬임을 알 수 있다.

2. (나)에서 운동 시작 후 혈중 인슐린 농도는 감소하고, 글루카곤 농도는 증가한다. ➡ 운동을 하면 포도당이 에너지원으로 소모되어 혈당량이 낮아지므로 글루카곤이 분비되어 혈당량을 높인다.

2 *체온 조절 간뇌의 시상 하부에서 체온의 변화를 감지하고, 열 발생량(열 생산량)과 열 발산량(방출량)을 조절하여 체온을 유지한다.

추울 때	열 발생량 증가	• 티록신과 에피네프린 분비량 증가 ➡ 간과 근육 등에서 물질대사 촉진 • 몸 떨림과 같은 근육 운동 촉진
	열 발산량 감소	교감 신경의 작용 강화 ➡ 피부 근처 혈관 수축
더울 때	열 발생량 감소	티록신과 에피네프린 분비량 감소 ➡ 간과 근육 등에서 물질대사 감소
	열 발산량 증가	• 교감 신경의 작용 완화 ➡ 피부 근처 혈관 확장 • 땀 분비 증가

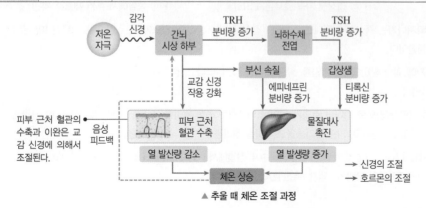

▲ 추울 때 체온 조절 과정

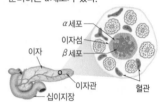

⑥ **이자섬**

이자에서 호르몬을 분비하는 내분비 세포가 모여 있는 섬 모양의 조직이다. 인슐린을 분비하는 β세포와 글루카곤을 분비하는 α세포가 있다.

⑦ **인슐린, 글루카곤, 에피네프린의 분비 조절**

인슐린과 글루카곤은 자율 신경의 조절을 받아 분비되기도 하지만, 주로 이자섬의 α세포와 β세포에서 직접 혈당량의 변화를 감지하여 분비된다. 에피네프린은 교감 신경의 자극을 받아 분비된다.

• 혈당량이 높을 때: 이자섬의 β세포에서 직접 고혈당을 감지하여 인슐린을 분비하며, 간뇌의 시상 하부가 부교감 신경을 통해 인슐린 분비를 촉진한다.

• 혈당량이 낮을 때: 이자섬의 α세포에서 직접 저혈당을 감지하여 글루카곤을 분비하며, 간뇌의 시상 하부가 교감 신경을 통해 글루카곤과 에피네프린 분비를 촉진한다.

🔍 **용어 돋보기**

* **혈당량(血 피, 糖 사탕, 量 헤아리다)** _ 혈액 속 포도당 농도이며, 정상인은 100 mg/100 mL(0.1 %) 정도로 일정하게 유지된다.

* **글리코젠(glycogen)** _ 포도당 여러 분자가 결합하여 형성되는 동물의 저장 탄수화물로, 간이나 근육 세포에 저장되어 있다.

* **체온(體 몸, 溫 따뜻하다)** _ 신체 내부의 온도이며, 외부 온도와 관계없이 36.5 ℃ 내외로 일정하게 유지된다.

3 삼투압 조절　간뇌의 시상 하부에서 혈장 삼투압의 변화를 감지하고 항이뇨 호르몬(ADH)의 분비량을 조절하여 혈장 삼투압을 일정하게 유지한다. ⑧⑨

혈장 삼투압이 높을 때	**[땀을 많이 흘리거나, 짠 음식을 많이 먹은 경우]** 혈장 삼투압 높아짐 → 시상 하부가 뇌하수체 후엽 자극 → 뇌하수체 후엽에서 항이뇨 호르몬(ADH) 분비량 증가 → 콩팥에서 수분 재흡수량 증가 → 오줌양 감소, 오줌의 삼투압 높아짐 → 혈장 삼투압 낮아짐
혈장 삼투압이 낮을 때	**[물을 많이 마신 경우]** 혈장 삼투압 낮아짐 → 시상 하부의 뇌하수체 후엽 자극 감소 → 뇌하수체 후엽에서 항이뇨 호르몬(ADH) 분비량 감소 → 콩팥에서 수분 재흡수량 감소 → 오줌양 증가, 오줌의 삼투압 낮아짐 → 혈장 삼투압 높아짐

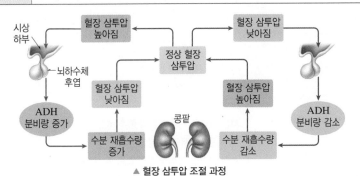
▲ 혈장 삼투압 조절 과정

탐구 자료 항이뇨 호르몬과 삼투압 조절

그림은 건강한 사람의 혈장 삼투압 변화에 따른 항이뇨 호르몬의 농도 변화를 나타낸 것이다.

- 혈장 삼투압이 증가할수록 항이뇨 호르몬의 농도가 증가한다. ➡ 혈장 삼투압이 증가하면 항이뇨 호르몬의 분비가 촉진된다.
- 항이뇨 호르몬은 콩팥에서 물의 재흡수를 촉진하므로, 항이뇨 호르몬의 농도가 높을수록 오줌의 양은 감소한다. ➡ 혈장 삼투압이 높아질 때 같은 시간 동안 생성되는 오줌의 양은 감소한다.

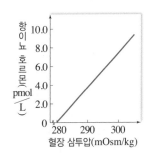

⑧ 삼투압
농도가 다른 두 액체가 반투과성 막을 사이에 두고 있을 때, 용질의 농도가 낮은 쪽에서 높은 쪽으로 물이 이동하는 현상을 삼투라 하고, 이때 막에 가해지는 압력을 삼투압이라고 한다. 삼투압은 용액의 농도에 비례하며, 인체는 혈장을 비롯한 체액의 삼투압을 약 0.9 % 소금물의 삼투압과 같게 유지한다.

⑨ 항이뇨 호르몬(ADH)
뇌하수체 후엽에서 분비되어 콩팥에서 수분의 재흡수를 촉진하는 호르몬으로, 바소프레신이라고도 한다. 항이뇨 호르몬(ADH)의 분비가 증가하면 콩팥에서 재흡수되는 물의 양이 증가하므로 전체 혈액량이 증가하고 혈압이 상승한다.

🗐 정답과 해설 34쪽

개념 확인

(10) 혈당량이 정상 범위보다 낮을 때 이자의 (α, β)세포에서 (인슐린, 글루카곤)의 분비가 촉진된다.

(11) 혈당량이 증가하면 인슐린의 분비량은 (증가, 감소)하고, 글루카곤의 분비량은 (증가, 감소)한다.

(12) 인슐린과 글루카곤은 (콩팥, 간)에서 (　　　　) 작용을 함으로써 혈당량을 조절하고, 에피네프린은 간에서 글리코젠의 (합성, 분해)(을)를 촉진하여 혈당량을 (높이는, 낮추는) 작용을 한다.

(13) 혈당량 조절 호르몬의 분비는 자율 신경에 의해서 조절되는데, (교감, 부교감) 신경은 글루카곤의 분비를, (교감, 부교감) 신경은 인슐린의 분비를 촉진한다.

(14) 체온이 정상 범위보다 낮아지면 피부 근처 혈관이 (확장, 수축)되어 피부 근처 혈관에서의 혈류량이 (증가, 감소)함으로써 열 발산량이 (증가, 감소)한다.

(15) 체온이 정상 범위보다 낮아지면 몸 떨림과 같은 근육 운동이 (촉진, 억제)되어 열 발생량이 (증가, 감소)한다.

(16) 항이뇨 호르몬을 분비하는 내분비샘은 (　　　　)이고, 항이뇨 호르몬의 표적 기관은 (　　　　)이다.

(17) 혈장 삼투압이 정상 범위보다 높아지면 항이뇨 호르몬의 분비량이 (감소, 증가)하여 오줌양이 (감소, 증가)한다.

(18) 혈중 항이뇨 호르몬의 분비량이 감소하면 혈장 삼투압은 (낮아, 높아)지고, 오줌의 삼투압은 (낮아, 높아)진다. 또 혈중 항이뇨 호르몬의 농도가 증가하면 체내 혈액량은 (감소, 증가)한다.

수능 자료

정답과 해설 34쪽

자료 ❶ 호르몬의 특징
2018 ● 수능 9번

표 (가)는 사람 몸에서 분비되는 호르몬 A~C에서 특징 ㉠~㉢의 유무를, (나)는 ㉠~㉢을 순서 없이 나타낸 것이다. A~C는 인슐린, 글루카곤, 에피네프린을 순서 없이 나타낸 것이다.

특징\호르몬	㉠	㉡	㉢
A	?	×	○
B	○	?	○
C	○	○	?

(○: 있음, ×: 없음)
(가)

특징 (㉠~㉢)
• 부신에서 분비된다.
• 혈당량을 증가시킨다.
• 순환계를 통해 표적 기관으로 운반된다.
(나)

1. A는 이자의 α세포에서 분비된다. (○, ×)
2. 간은 A의 표적 기관에 해당한다. (○, ×)
3. ㉠은 '순환계를 통해 표적 기관으로 운반된다.'이다. (○, ×)
4. 이자에 연결된 부교감 신경의 흥분 발생 빈도가 증가하면 B의 분비가 촉진된다. (○, ×)
5. B와 C는 길항적으로 작용한다. (○, ×)
6. B는 글루카곤이다. (○, ×)
7. C는 간에서 글리코젠의 분해를 촉진한다. (○, ×)

자료 ❷ 혈당량 조절
2021 ● 6월 평가원 8번

그림 (가)와 (나)는 탄수화물을 섭취한 후 시간에 따른 A와 B의 혈중 포도당 농도와 혈중 X 농도를 각각 나타낸 것이다. A와 B는 정상인과 당뇨병 환자를 순서 없이 나타낸 것이고, X는 인슐린과 글루카곤 중 하나이다.

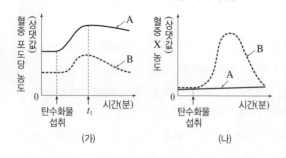
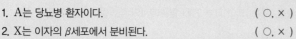

(가) (나)

1. A는 당뇨병 환자이다. (○, ×)
2. X는 이자의 β세포에서 분비된다. (○, ×)
3. X는 혈액에서 조직 세포로의 포도당 흡수를 촉진한다. (○, ×)
4. 교감 신경의 흥분으로 X의 분비가 촉진된다. (○, ×)
5. X의 분비를 조절하는 중추는 연수이다. (○, ×)
6. 정상인에서 혈중 글루카곤의 농도는 탄수화물 섭취 시점에서가 t_1에서보다 낮다. (○, ×)
7. t_1 시점일 때 A에게 X를 투여하면 간에서 글리코젠 합성이 촉진된다. (○, ×)

자료 ❸ 체온 조절
2020 ● 9월 평가원 9번

그림 (가)는 사람에서 시상 하부 온도에 따른 ㉠을, (나)는 저온 자극이 주어졌을 때, 시상 하부로부터 교감 신경 A를 통해 피부 근처 혈관의 수축이 일어나는 과정을 나타낸 것이다. ㉠은 근육에서의 열 발생량(열 생산량)과 피부에서의 열 발산량(열 방출량) 중 하나이다.

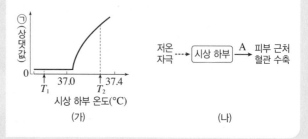

(가) (나)

1. 시상 하부는 체온 조절의 중추이다. (○, ×)
2. ㉠은 근육에서의 열 발생량이다. (○, ×)
3. A의 신경절 이후 뉴런의 축삭 돌기 말단에서 분비되는 신경 전달 물질은 아세틸콜린이다. (○, ×)
4. 피부 근처 모세 혈관을 흐르는 단위 시간당 혈액량은 T_1일 때가 T_2일 때보다 많다. (○, ×)
5. A의 흥분 발생 빈도가 높아지면 피부에서의 열 발산량은 감소한다. (○, ×)
6. 근육에서의 열 발생량은 T_2일 때가 T_1일 때보다 적다. (○, ×)

자료 ❹ 삼투압 조절
2021 ● 6월 평가원 12번

그림 (가)와 (나)는 정상인에서 각각 ㉠과 ㉡의 변화량에 따른 혈중 항이뇨 호르몬(ADH)의 농도를 나타낸 것이다. ㉠과 ㉡은 각각 혈장 삼투압과 전체 혈액량 중 하나이다.

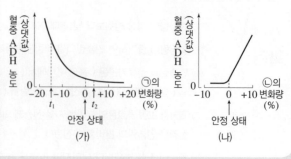
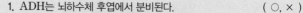

(가) (나)

1. ADH는 뇌하수체 후엽에서 분비된다. (○, ×)
2. 콩팥은 ADH의 표적 기관이다. (○, ×)
3. 시상 하부는 ADH의 분비를 조절한다. (○, ×)
4. ㉠은 혈장 삼투압이다. (○, ×)
5. 단위 시간당 오줌 생성량은 t_1에서가 t_2에서보다 적다. (○, ×)
6. ㉡이 안정 상태보다 높아지면 오줌의 삼투압은 감소한다. (○, ×)
7. 콩팥의 단위 시간당 수분 재흡수량은 t_1일 때보다 t_2일 때 많다. (○, ×)

📘 정답과 해설 35쪽

Ⓐ 호르몬

1 그림은 호르몬에 의한 신호 전달을 나타낸 것이다.

세포 A / 호르몬 ㉠ / 세포 B / 혈관

이에 대한 설명으로 옳지 <u>않은</u> 것은?

① 세포 A는 내분비샘을 구성하는 세포이다.
② 세포 B는 호르몬 ㉠의 표적 세포이다.
③ 호르몬 ㉠은 혈액을 따라 온몸을 이동한다.
④ 호르몬 ㉠의 항상성 조절 효과는 신경보다 짧게 지속된다.
⑤ 호르몬 ㉠의 분비량이 너무 많거나 적으면 이상 질환이 나타날 수 있다.

2 그림은 사람의 내분비샘 A~D를 나타낸 것이다.

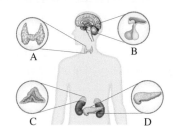

A / B / C / D

(1) A~D의 이름을 각각 쓰시오.
(2) A~D에 대한 설명으로 옳은 것만을 [보기]에서 있는 대로 고르시오.

| 보기 |
ㄱ. A에서 혈당량을 증가시키는 호르몬이 분비된다.
ㄴ. B에서는 D를 자극하는 호르몬이 분비된다.
ㄷ. C에서 에피네프린의 분비량이 증가하면 혈당량이 높아진다.

Ⓑ 항상성 유지

3 그림은 정상인에서 티록신의 분비 조절 과정을 나타낸 것이다.

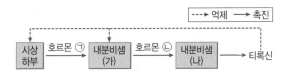

- - -→ 억제   ──→ 촉진

시상하부 → 호르몬 ㉠ → 내분비샘 (가) → 호르몬 ㉡ → 내분비샘 (나) → 티록신

(1) 내분비샘 (가)와 (나)의 이름을 각각 쓰시오.
(2) 호르몬 ㉠과 ㉡의 이름을 각각 쓰시오.
(3) 티록신이 정상보다 과다 분비되었을 때 ㉠과 ㉡의 분비량은 각각 어떻게 변하는지 쓰시오.

Ⓒ 항상성 유지의 예

4 그림은 간에서 호르몬 A와 B에 의해 일어나는 ㉠과 ㉡ 사이의 전환을 나타낸 것이다. A는 이자의 α세포에서, B는 이자의 β세포에서 분비되며, ㉠과 ㉡은 각각 글리코젠과 포도당 중 하나이다.

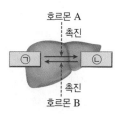

호르몬 A / 촉진 / ㉠ / ㉡ / 촉진 / 호르몬 B

(1) ㉠과 ㉡이 무엇인지 각각 쓰시오.
(2) A와 B의 이름을 각각 쓰시오.
(3) 이자에 연결된 교감 신경의 흥분으로 분비량이 증가하는 호르몬의 기호를 쓰시오.
(4) 혈당량이 정상 범위보다 높아졌을 때 혈중 농도가 증가하는 호르몬의 기호를 쓰시오.

5 그림은 저온 자극이 주어졌을 때 일어나는 체온 조절 과정의 일부를 나타낸 것이다. (1)~(3)의 내용 중 틀린 부분을 옳게 고치시오.

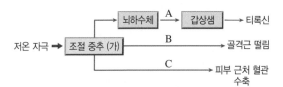

저온 자극 → 조절 중추 (가) —A→ 뇌하수체 → 갑상샘 → 티록신
조절 중추 (가) —B→ 골격근 떨림
조절 중추 (가) —C→ 피부 근처 혈관 수축

(1) 체온 조절 중추 (가)는 연수이다.
(2) A와 B에 의해 열 발생량이 감소하고, C에 의해 열 발산량이 증가한다.
(3) A를 통한 자극 전달 속도는 C를 통한 자극 전달 속도보다 빠르다.

6 그림은 항이뇨 호르몬(ADH)에 의한 혈장 삼투압 조절 작용을 나타낸 것이다. ㉠은 억제 또는 촉진 중 하나이다.

혈장 삼투압 증가 → 조절 중추 → 내분비샘 (A) → 항이뇨 호르몬 분비 증가 → 콩팥에서 수분 재흡수 (㉠)

이에 대한 설명으로 옳은 것만을 [보기]에서 있는 대로 고르시오.

| 보기 |
ㄱ. ㉠은 촉진이다.
ㄴ. A는 뇌하수체 전엽이다.
ㄷ. 항이뇨 호르몬의 분비량이 증가하면 오줌의 삼투압이 증가한다.

1 그림 (가), (나)는 신경과 호르몬에 의한 신호 전달을 순서 없이 나타낸 것이다.

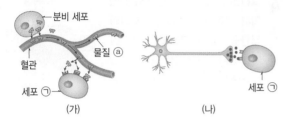

이에 대한 설명으로 옳은 것만을 [보기]에서 있는 대로 고른 것은?

| 보기 |
ㄱ. ㉠은 @의 표적 세포이다.
ㄴ. @의 예로는 에피네프린이 있다.
ㄷ. 신호가 ㉠에 도달하기까지의 속도는 (가)가 (나)보다 빠르다.

① ㄱ   ② ㄷ   ③ ㄱ, ㄴ
④ ㄴ, ㄷ   ⑤ ㄱ, ㄴ, ㄷ

2 그림은 사람의 호르몬 A~C의 분비 경로를 나타낸 것이다.

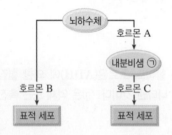

이에 대한 설명으로 옳은 것만을 [보기]에서 있는 대로 고른 것은?

| 보기 |
ㄱ. 당질 코르티코이드는 B가 될 수 있다.
ㄴ. C가 티록신이라면, ㉠은 갑상샘이다.
ㄷ. C의 분비량은 뇌하수체 후엽에서 분비되는 호르몬의 조절을 받는다.

① ㄱ   ② ㄴ   ③ ㄷ
④ ㄱ, ㄷ   ⑤ ㄴ, ㄷ

2021 수능 19번

3 다음은 티록신의 분비 조절 과정에 대한 실험이다.

• ㉠과 ㉡은 각각 티록신과 TSH 중 하나이다.

| 실험 과정 및 결과 |
(가) 유전적으로 동일한 생쥐 A, B, C를 준비한다.
(나) B와 C의 갑상샘을 각각 제거한 후, A~C에서 혈중 ㉠의 농도를 측정한다.
(다) (나)의 B와 C 중 한 생쥐에만 ㉠을 주사한 후, A~C에서 혈중 ㉡의 농도를 측정한다.
(라) (나)와 (다)에서 측정한 결과는 그림과 같다.

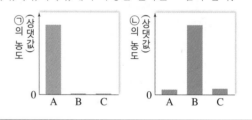

이에 대한 설명으로 옳은 것만을 [보기]에서 있는 대로 고른 것은? (단, 제시된 조건 이외는 고려하지 않는다.)

| 보기 |
ㄱ. 갑상샘은 ㉡의 표적 기관이다.
ㄴ. (다)에서 ㉠을 주사한 생쥐는 B이다.
ㄷ. 티록신의 분비는 음성 피드백에 의해 조절된다.

① ㄱ   ② ㄴ   ③ ㄱ, ㄷ
④ ㄴ, ㄷ   ⑤ ㄱ, ㄴ, ㄷ

2020 6월 평가원 12번

4 다음은 사람의 항상성에 대한 학생 A~C의 발표 내용이다.

학생 A: 체온이 떨어지면, 교감 신경이 작용하여 피부의 모세 혈관이 이완(확장)됩니다.

학생 B: 땀을 많이 흘리면, 항이뇨 호르몬(ADH)이 작용하여 콩팥에서의 수분 재흡수가 촉진됩니다.

학생 C: 혈중 티록신 농도가 증가하면, 뇌하수체 전엽에서 갑상샘 자극 호르몬(TSH)의 분비가 촉진됩니다.

제시한 내용이 옳은 학생만을 있는 대로 고른 것은?

① A   ② B   ③ A, C
④ B, C   ⑤ A, B, C

5 그림 (가)는 정상인에서 24시간 동안 시간에 따른 호르몬 X의 혈중 농도를, (나)는 간에서 일어나는 포도당과 글리코젠 사이의 전환을 나타낸 것이다. X는 혈당량 조절에 관여하며, 이자에서 분비된다.

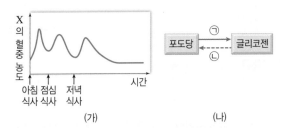

(가)   (나)

이에 대한 설명으로 옳은 것만을 [보기]에서 있는 대로 고른 것은?

┤ 보기 ├
ㄱ. X는 간에서 ⓛ 과정을 촉진한다.
ㄴ. X의 분비를 조절하는 중추는 연수이다.
ㄷ. X는 이자의 β세포에서 분비된다.

① ㄱ   ② ㄴ   ③ ㄷ
④ ㄱ, ㄴ   ⑤ ㄴ, ㄷ

6 그림은 저온 자극이 주어졌을 때 일어나는 체온 조절 과정의 일부를 나타낸 것이다.

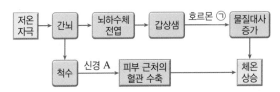

이에 대한 설명으로 옳은 것만을 [보기]에서 있는 대로 고른 것은?

┤ 보기 ├
ㄱ. ㉠은 에피네프린이다.
ㄴ. A는 구심성 신경이다.
ㄷ. 피부의 혈관 수축으로 열 발산량이 감소한다.

① ㄱ   ② ㄷ   ③ ㄱ, ㄴ
④ ㄱ, ㄷ   ⑤ ㄴ, ㄷ

7 그림 (가)는 자율 신경 X에 의한 체온 조절 과정을, (나)는 항이뇨 호르몬(ADH)에 의한 체내 삼투압 조절 과정을 나타낸 것이다. ㉠은 '피부 근처 혈관 수축'과 '피부 근처 혈관 확장' 중 하나이다.

(가) 저온 자극 ┈▶ │ 조절 중추 │ ─X→ │ ㉠ │

(나) 정상 범위 보다 높은 ┈▶ │ 조절 중추 │ ──▶ │ 내분비샘 │ ─ADH→ 콩팥에서의 수분 재흡수량 증가
      혈장 삼투압

이에 대한 설명으로 옳은 것만을 [보기]에서 있는 대로 고른 것은?

┤ 보기 ├
ㄱ. ㉠은 '피부 근처 혈관 수축'이다.
ㄴ. 혈중 ADH의 농도가 증가하면, 생성되는 오줌의 삼투압이 감소한다.
ㄷ. (가)와 (나)에서 조절 중추는 모두 연수이다.

① ㄱ   ② ㄴ   ③ ㄷ
④ ㄱ, ㄴ   ⑤ ㄱ, ㄷ

8 그림 (가)는 정상인의 혈장 삼투압에 따른 혈중 호르몬 X의 농도를, (나)는 이 사람에서 혈중 X의 농도에 따른 ㉠의 변화를 나타낸 것이다. X는 뇌하수체 후엽에서 분비되며, ㉠은 오줌 삼투압과 단위 시간당 오줌 생성량 중 하나이다.

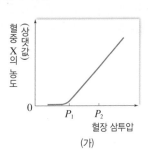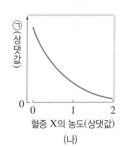

(가)   (나)

이에 대한 설명으로 옳은 것만을 [보기]에서 있는 대로 고른 것은?

┤ 보기 ├
ㄱ. X는 항이뇨 호르몬(ADH)이다.
ㄴ. ㉠은 단위 시간당 오줌 생성량이다.
ㄷ. 콩팥에서 단위 시간당 수분 재흡수량은 P_1에서가 P_2에서보다 많다.

① ㄱ   ② ㄷ   ③ ㄱ, ㄴ
④ ㄴ, ㄷ   ⑤ ㄱ, ㄴ, ㄷ

자료 ①

2018 수능 9번

1 표 (가)는 사람 몸에서 분비되는 호르몬 A~C에서 특징 ㉠~㉢의 유무를, (나)는 ㉠~㉢을 순서 없이 나타낸 것이다. A~C는 인슐린, 글루카곤, 에피네프린을 순서 없이 나타낸 것이다.

특징 호르몬	㉠	㉡	㉢
A	?	×	○
B	○	?	○
C	○	○	?

(○: 있음, ×: 없음)

(가)

특징 (㉠~㉢)

• 부신에서 분비된다.
• 혈당량을 증가시킨다.
• 순환계를 통해 표적 기관으로 운반된다.

(나)

이에 대한 설명으로 옳은 것만을 [보기]에서 있는 대로 고른 것은?

보기
ㄱ. ㉠은 '혈당량을 증가시킨다.'이다.
ㄴ. B는 간에서 글리코젠 분해를 촉진한다.
ㄷ. C는 에피네프린이다.

① ㄱ   ② ㄷ   ③ ㄱ, ㄴ
④ ㄴ, ㄷ   ⑤ ㄱ, ㄴ, ㄷ

2 그림은 호르몬 ㉠~㉢의 분비 경로를 나타낸 것이다. (가)와 (나)는 각각 뇌하수체 전엽과 뇌하수체 후엽 중 하나이고, ㉠~㉢은 당질 코르티코이드, 항이뇨 호르몬(ADH), 갑상샘 자극 호르몬(TSH)을 순서 없이 나타낸 것이다.

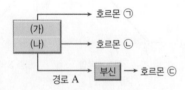

이에 대한 설명으로 옳은 것만을 [보기]에서 있는 대로 고른 것은?

보기
ㄱ. (가)는 뇌하수체 전엽이다.
ㄴ. 경로 A는 자율 신경에 의한 자극 전달 경로이다.
ㄷ. 갑상샘을 제거하면 ㉡의 단위 시간당 분비량은 제거하기 전보다 증가한다.

① ㄱ   ② ㄴ   ③ ㄷ
④ ㄱ, ㄷ   ⑤ ㄴ, ㄷ

3 그림은 호르몬 분비 조절 방식 중 하나를, 표는 호르몬 ㉢의 분비량에 따라 호르몬 ㉠과 ㉡의 분비가 촉진되거나 억제되는 경우를 나타낸 것이다.

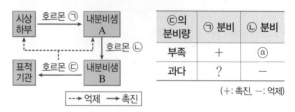

㉢의 분비량	㉠ 분비	㉡ 분비
부족	+	ⓐ
과다	?	−

(+: 촉진, −: 억제)

이에 대한 설명으로 옳은 것만을 [보기]에서 있는 대로 고른 것은?

보기
ㄱ. ⓐ는 '−'이다.
ㄴ. 이자의 이자섬은 내분비샘 B에 해당한다.
ㄷ. ㉢의 분비량은 음성 피드백에 의해 조절된다.

① ㄴ   ② ㄷ   ③ ㄱ, ㄴ
④ ㄱ, ㄷ   ⑤ ㄱ, ㄴ, ㄷ

4 그림 (가)는 티록신의 분비 조절 과정을, (나)는 어떤 사람의 호르몬 A와 B의 혈중 농도를 시간에 따라 나타낸 것이다. 이 사람은 t_1일 때 갑상샘 기능이 저하되어 t_2일 때 호르몬 A 주사를 맞았으며, A와 B는 각각 갑상샘과 뇌하수체 전엽에서 분비되는 호르몬 중 하나이다.

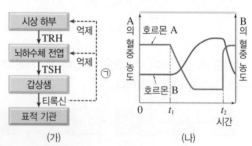

(가)   (나)

이에 대한 설명으로 옳은 것만을 [보기]에서 있는 대로 고른 것은?

보기
ㄱ. A의 혈중 농도가 높아지면 TRH의 분비량은 감소한다.
ㄴ. B의 표적 기관은 뇌하수체 전엽이다.
ㄷ. t_1~t_2 시기에 시간이 지날수록 ㉠을 통한 억제 자극은 증가한다.

① ㄱ   ② ㄴ   ③ ㄱ, ㄴ
④ ㄱ, ㄷ   ⑤ ㄴ, ㄷ

5 그림 (가)는 이자에서 분비되는 호르몬 X와 Y의 작용을, (나)는 어떤 정상인의 식사 후 시간에 따른 혈당량을 나타낸 것이다.

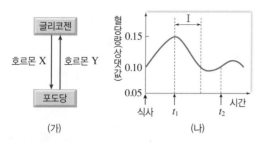

(가)　　　　　(나)

이에 대한 설명으로 옳은 것만을 [보기]에서 있는 대로 고른 것은?

┌─── 보기 ───
│ ㄱ. X는 이자의 β세포에서 분비된다.
│ ㄴ. 혈중 Y의 농도는 t_1일 때가 t_2일 때보다 높다.
│ ㄷ. 구간 I에서는 간에서 글리코겐이 포도당으로
│ 　 전환되는 작용이 촉진된다.
└────────────

① ㄱ　　　　② ㄴ　　　　③ ㄱ, ㄷ
④ ㄴ, ㄷ　　⑤ ㄱ, ㄴ, ㄷ

자료❷　　　　　　　　　2021 6월 평가원 8번

6 그림 (가)와 (나)는 탄수화물을 섭취한 후 시간에 따른 A와 B의 혈중 포도당 농도와 혈중 X 농도를 각각 나타낸 것이다. A와 B는 정상인과 당뇨병 환자를 순서 없이 나타낸 것이고, X는 인슐린과 글루카곤 중 하나이다.

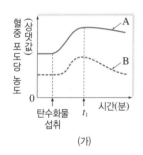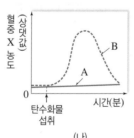

(가)　　　　　(나)

이에 대한 설명으로 옳은 것만을 [보기]에서 있는 대로 고른 것은? (단, 제시된 조건 이외는 고려하지 않는다.)

┌─── 보기 ───
│ ㄱ. B는 당뇨병 환자이다.
│ ㄴ. X는 이자의 β세포에서 분비된다.
│ ㄷ. 정상인에서 혈중 글루카곤의 농도는 탄수화물
│ 　 섭취 시점에서가 t_1에서보다 낮다.
└────────────

① ㄱ　　　　② ㄴ　　　　③ ㄷ
④ ㄱ, ㄷ　　⑤ ㄴ, ㄷ

7 그림 (가)는 혈당량 조절에 관여하는 중추 X에 의한 호르몬의 분비 경로를, (나)는 정상인에서 식사 후 시간에 따른 호르몬 ⓐ의 혈중 농도를 나타낸 것이다. ㉠과 ㉡은 각각 인슐린과 글루카곤 중 하나이고, ⓐ는 ㉠과 ㉡ 중 하나이다.

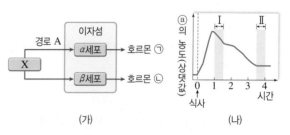

(가)　　　　　(나)

이에 대한 설명으로 옳은 것만을 [보기]에서 있는 대로 고른 것은?

┌─── 보기 ───
│ ㄱ. X는 뇌하수체 전엽이다.
│ ㄴ. 경로 A는 교감 신경에 의한 자극 전달 경로이다.
│ ㄷ. 간에서 글리코겐 합성량은 구간 Ⅱ에서가 구간
│ 　 I에서보다 많다.
└────────────

① ㄱ　　　　② ㄴ　　　　③ ㄱ, ㄷ
④ ㄴ, ㄷ　　⑤ ㄱ, ㄴ, ㄷ

2021 9월 평가원 8번

8 그림은 정상인과 당뇨병 환자 A가 탄수화물을 섭취한 후 시간에 따른 혈중 인슐린 농도를, 표는 당뇨병 (가)와 (나)의 원인을 나타낸 것이다. A의 당뇨병은 (가)와 (나) 중 하나에 해당한다.

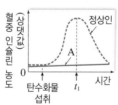

당뇨병	원인
(가)	이자의 β세포가 파괴되어 인슐린이 정상적으로 생성되지 못함
(나)	인슐린은 정상적으로 분비되나 표적 세포가 인슐린에 반응하지 못함

이에 대한 설명으로 옳은 것만을 [보기]에서 있는 대로 고른 것은? (단, 제시된 조건 이외는 고려하지 않는다.)

┌─── 보기 ───
│ ㄱ. A의 당뇨병은 (가)에 해당한다.
│ ㄴ. 인슐린은 세포로의 포도당 흡수를 촉진한다.
│ ㄷ. t_1일 때 혈중 포도당 농도는 A가 정상인보다 낮다.
└────────────

① ㄱ　　　　② ㄷ　　　　③ ㄱ, ㄴ
④ ㄴ, ㄷ　　⑤ ㄱ, ㄴ, ㄷ

9 그림은 정상인에게 저온 자극과 고온 자극을 주었을 때 ㉠의 변화를 나타낸 것이다. ㉠은 근육에서의 열 발생량(열 생산량)과 피부 근처 모세 혈관을 흐르는 단위 시간당 혈액량 중 하나이다.

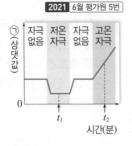
2021 6월 평가원 5번

이에 대한 설명으로 옳은 것만을 [보기]에서 있는 대로 고른 것은?

─── 보기 ───
ㄱ. ㉠은 근육에서의 열 발생량이다.
ㄴ. 피부 근처 모세 혈관을 흐르는 단위 시간당 혈액량은 t_2일 때가 t_1일 때보다 많다.
ㄷ. 체온 조절 중추는 시상 하부이다.

① ㄱ   ② ㄴ   ③ ㄷ
④ ㄱ, ㄷ   ⑤ ㄴ, ㄷ

11 그림은 추울 때 체온이 조절되는 세 가지 경로 A~C를 나타낸 것이다. ㉠과 ㉡은 각각 열 발생량 증가와 열 발산량 감소 중 하나이다.

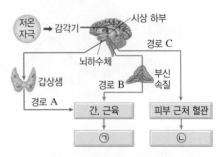

이에 대한 설명으로 옳은 것만을 [보기]에서 있는 대로 고른 것은?

─── 보기 ───
ㄱ. ㉠은 '열 발생량 증가'이다.
ㄴ. 신호 전달 속도는 A에서보다 C에서가 빠르다.
ㄷ. 간세포에는 에피네프린에 대한 수용체가 있다.

① ㄱ   ② ㄴ   ③ ㄱ, ㄷ
④ ㄴ, ㄷ   ⑤ ㄱ, ㄴ, ㄷ

자료❸

10 그림 (가)는 사람에서 시상 하부 온도에 따른 ㉠을, (나)는 저온 자극이 주어졌을 때, 시상 하부로부터 교감 신경 A를 통해 피부 근처 혈관의 수축이 일어나는 과정을 나타낸 것이다. ㉠은 근육에서의 열 발생량(열 생산량)과 피부에서의 열 발산량(열 방출량) 중 하나이다.

2020 9월 평가원 9번

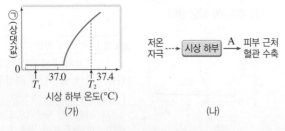

이에 대한 설명으로 옳은 것만을 [보기]에서 있는 대로 고른 것은?

─── 보기 ───
ㄱ. ㉠은 피부에서의 열 발산량이다.
ㄴ. A의 신경절 이후 뉴런의 축삭 돌기 말단에서 분비되는 신경 전달 물질은 아세틸콜린이다.
ㄷ. 피부 근처 모세 혈관으로 흐르는 단위 시간당 혈액량은 T_2일 때가 T_1일 때보다 많다.

① ㄱ   ② ㄴ   ③ ㄷ
④ ㄱ, ㄴ   ⑤ ㄱ, ㄷ

12 그림 (가)는 저온 자극이 주어졌을 때 일어나는 체온 조절 과정의 일부를, (나)의 ⓐ와 ⓑ는 체온이 정상 범위보다 낮을 때와 높을 때의 피부 근처 혈관의 상태를 순서 없이 나타낸 것이다. (가)에서 ㉠과 ㉡은 각각 부신 속질과 갑상샘 중 하나이고, A와 B는 자극 전달 경로이다. (나)에서 화살표의 굵기는 혈관으로 흐르는 혈액의 양을 상대적으로 나타낸 것이다.

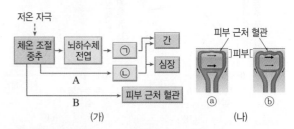

이에 대한 설명으로 옳은 것만을 [보기]에서 있는 대로 고른 것은?

─── 보기 ───
ㄱ. ㉠은 부신 속질이다.
ㄴ. A는 호르몬에 의한 자극 전달 경로이다.
ㄷ. B를 통한 자극 전달로 피부 근처 혈관의 상태는 (나)의 ⓐ와 같이 된다.

① ㄱ   ② ㄷ   ③ ㄱ, ㄴ
④ ㄴ, ㄷ   ⑤ ㄱ, ㄴ, ㄷ

13 그림 (가)는 혈중 ADH 농도에 따른 ⓒ의 삼투압에 대한 ⓒ의 삼투압 비를, (나)는 정상인이 1 L의 물을 섭취한 후 시간에 따른 혈장과 오줌의 삼투압을 나타낸 것이다. ⓒ과 ⓒ은 각각 혈장과 오줌 중 하나이다.

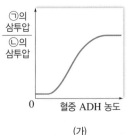
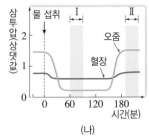

(가)   (나)

이에 대한 설명으로 옳은 것만을 [보기]에서 있는 대로 고른 것은? (단, 제시된 자료 이외에 체내 수분량에 영향을 미치는 요인은 없다.)

┌─────────── 보기 ───────────┐
ㄱ. 시상 하부는 ADH의 분비를 조절한다.
ㄴ. ⓒ은 오줌이다.
ㄷ. $\dfrac{\text{혈중 ADH 농도}}{\text{오줌 생성량}}$ 는 구간 I에서가 구간 II에서보다 크다.
└──────────────────────────┘

① ㄱ   ② ㄴ   ③ ㄱ, ㄴ
④ ㄱ, ㄷ   ⑤ ㄴ, ㄷ

---

14 그림 (가)는 뇌하수체에서 분비되는 호르몬 A, B와 각각의 표적 기관을, (나)는 요인 ⓒ에 따른 혈중 B의 농도를 나타낸 것이다. A와 B는 각각 ADH와 TSH 중 하나이고, ⓒ은 혈장 삼투압과 혈압 중 하나이다.

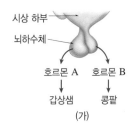
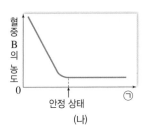

(가)   (나)

이에 대한 설명으로 옳은 것만을 [보기]에서 있는 대로 고른 것은? (단, 오줌의 생성량은 B의 영향만 고려한다.)

┌─────────── 보기 ───────────┐
ㄱ. 갑상샘이 제거되면 혈중 A의 농도는 갑상샘 제거 전보다 증가한다.
ㄴ. B의 분비량이 증가하면 오줌의 삼투압은 높아진다.
ㄷ. 건강한 사람이 ⓒ이 안정 상태일 때 땀을 많이 흘리면 ⓒ이 높아진다.
└──────────────────────────┘

① ㄱ   ② ㄴ   ③ ㄱ, ㄴ
④ ㄱ, ㄷ   ⑤ ㄴ, ㄷ

---

15 그림은 어떤 사람에서 오줌 생성이 정상일 때와 ⓒ일 때 시간에 따른 혈중 항이뇨 호르몬(ADH)의 농도를 나타낸 것이다. ⓒ은 정상 상태일 때보다 전체 혈액량이 증가한 상태와 감소한 상태 중 하나이다.

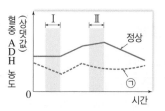

이에 대한 설명으로 옳은 것만을 [보기]에서 있는 대로 고른 것은? (단, 제시된 자료 이외에 체내 수분량에 영향을 미치는 요인은 없다.)

┌─────────── 보기 ───────────┐
ㄱ. 구간 I에서 ⓒ일 때가 정상일 때보다 전체 혈액량이 증가한 상태이다.
ㄴ. 정상일 때 수분 재흡수량은 구간 II에서가 구간 I에서보다 적다.
ㄷ. 구간 II에서 생성되는 오줌의 양은 정상일 때가 ⓒ일 때보다 많다.
└──────────────────────────┘

① ㄱ   ② ㄷ   ③ ㄱ, ㄴ
④ ㄴ, ㄷ   ⑤ ㄱ, ㄴ, ㄷ

자료④

16 그림 (가)와 (나)는 정상인에서 각각 ⓒ과 ⓒ의 변화량에 따른 혈중 항이뇨 호르몬(ADH)의 농도를 나타낸 것이다. ⓒ과 ⓒ은 각각 혈장 삼투압과 전체 혈액량 중 하나이다.

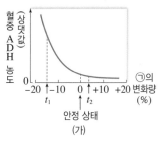
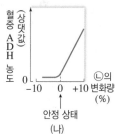

(가)   (나)

이에 대한 설명으로 옳은 것만을 [보기]에서 있는 대로 고른 것은? (단, 제시된 자료 이외에 체내 수분량에 영향을 미치는 요인은 없다.)

┌─────────── 보기 ───────────┐
ㄱ. ⓒ은 혈장 삼투압이다.
ㄴ. 콩팥은 ADH의 표적 기관이다.
ㄷ. (가)에서 단위 시간당 오줌 생성량은 t_1에서가 t_2에서보다 많다.
└──────────────────────────┘

① ㄱ   ② ㄷ   ③ ㄱ, ㄴ
④ ㄴ, ㄷ   ⑤ ㄱ, ㄴ, ㄷ

인체의 방어 작용

≫ **핵심 짚기** ▸ 비감염성 질병과 감염성 질병 구분 ▸ 병원체의 종류와 특징 ▸ 인체의 방어 작용 구분
  ▸ 항원 항체 반응과 체액성 면역 과정 ▸ 1차 면역 반응과 2차 면역 반응 ▸ 혈액형 판정 원리

Ⓐ 질병과 병원체

PLUS 강의 ⊕

1 질병의 구분   비감염성 질병과 감염성 질병으로 구분한다.

비감염성 질병	병원체 없이 발생하는 질병이다. ➡ 다른 사람에게 전염되지 않는다. 예 심장병, 뇌졸중, 당뇨병, 혈우병, 고혈압
감염성 질병	병원체에 감염되어 발생하는 질병이다. ➡ 다른 사람에게 전염될 수 있다. 예 결핵, 독감, 홍역, 무좀, 말라리아

2 병원체의 종류   세균, 바이러스, 원생생물, 곰팡이, 변형 프라이온 등이 있다.

세균	• 원핵생물이다. ❶ • 대부분 *분열법으로 번식하므로 환경이 적합하면 빠르게 증식할 수 있다. • 인체에 침입한 뒤 증식하여 세포를 파괴하거나 독소를 분비하여 질병을 일으킨다. • 질병 예: 결핵, 폐렴, 파상풍, 탄저병, 위궤양 ➡ *항생제로 치료

세포벽 세포막
DNA
▲ 세균의 구조

바이러스	• 세포 구조를 갖추지 않고 유전 물질(핵산)과 단백질 껍질로 구성되어 있다.─● 생물과 비생물의 중간 단계이다. • 자신의 효소가 없어 독자적으로 물질대사를 하지 못하고, 살아 있는 숙주 세포 내에서만 증식할 수 있다. ➡ 증식한 바이러스가 숙주 세포를 파괴하고 나와 더 많은 세포를 감염시키면서 질병을 일으킨다. • 질병 예: 감기, 독감, 홍역, 간염, 광견병, 대상 포진, 후천성 면역 결핍증(AIDS), 중동 호흡기 증후군(MERS), 코로나 바이러스 감염증 ➡ *항바이러스제로 치료 ❷

핵산
외피
단백질 껍질
▲ 바이러스의 구조

원생생물	• 단세포 진핵생물이며, 오염된 음식물이나 매개 생물(모기, 쥐 등)을 통해 감염된다. • 질병 예: 수면병, 말라리아, 아메바성 이질 ❸
곰팡이	• 다세포 진핵생물이며, 균계에 속한다.─● 세포벽이 있고 균사로 이루어져 있으며, 포자로 번식한다. • 질병 예: 무좀, 칸디다증 ➡ 항진균제로 치료
변형 프라이온	• 단백질로만 구성된 입자이다. ➡ 유전 물질(DNA나 RNA)이 없다. • 질병 예: 소의 광우병, 양의 스크래피, 사람의 크로이츠펠트·야코프병

└─● 뇌에 축적되면 신경 세포가 파괴된다.

3 질병의 감염 경로와 예방

① 질병의 감염 경로: 호흡 및 환자와의 접촉, 병원체에 오염된 물이나 음식 섭취, 모기나 파리 등 매개 동물에 의해 감염된다.

② 질병의 예방: 손 씻기, 마스크 쓰기 등으로 병원체의 감염 경로를 차단하거나, 규칙적인 운동, 균형 잡힌 식사, 충분한 휴식, 예방 접종 등으로 인체의 방어 능력을 높인다.

Ⓑ 인체의 방어 작용 ┌● 인체가 스스로 병원체에 대항하여 몸을 보호하는 작용으로, 면역이라고도 한다.

1 방어 작용의 종류   비특이적 방어 작용과 특이적 방어 작용으로 구분된다.

비특이적 방어 작용	특이적 방어 작용
• 병원체의 종류를 구분하지 않고 동일한 방식으로 일어난다. • 신속하고 광범위하게 일어난다. 예 피부, 점막, 식균 작용, 염증 반응	• 병원체의 종류에 따라 선별적으로 일어난다. • 병원체의 종류를 인식하고 반응하는 데 시간이 걸린다. 예 세포성 *면역, 체액성 면역

---

❶ 원핵생물과 진핵생물
• 원핵생물: 핵막과 막으로 둘러싸인 세포 소기관이 없는 원핵세포로 이루어진 생물이며, 모두 단세포 생물이다.
• 진핵생물: 핵막으로 둘러싸인 뚜렷한 핵이 있는 진핵세포로 이루어진 생물이며, 단세포 생물도 있고 다세포 생물도 있다. 원생생물, 균류, 식물, 동물이 모두 진핵생물에 해당된다.

❷ 세균과 바이러스 비교

구분	세균	바이러스
공통점	• 병원체이다. • 유전 물질이 있다.	
차이점	세포 구조	비세포 구조
	독자적으로 물질대사와 증식을 한다.	독자적으로 물질대사와 증식을 못한다.
	항생제로 치료한다.	항바이러스제로 치료한다.

❸ 말라리아
말라리아 원충이 모기를 매개로 하여 사람의 몸속으로 들어가 적혈구 속에서 증식하면서 적혈구를 파괴하여 질병을 일으킨다.

✎ 용어 돋보기
* **분열법**(分 나누다, 裂 찢다, 法 방법) _ 모세포가 분열하여 생긴 각각의 세포가 새로운 개체로 되는 생식 방법
* **항생제**(抗 막다, 生 살아 있다, 劑 약) _ 세균을 죽이거나 번식을 억제하여 세균성 질병을 치료하는 물질
* **항**(抗 막다)**바이러스제** _ 체내에 침입한 바이러스의 작용을 약하게 하거나 소멸시키는 물질
* **면역**(免 면하다, 役 전염병) _ 이물질이나 병원체로부터 스스로 몸을 보호하는 방어 작용

2 비특이적 방어 작용

① **피부와 점막**: 병원체가 몸속으로 들어오는 것을 막는 1차 방어벽에 해당한다.
- 피부: 병원체를 막는 물리적 장벽 역할을 하며, 땀은 *라이소자임을 포함하여 세균의 침입을 막고 피지샘에서 산성 물질을 분비하여 세균의 증식을 억제한다.
- 점막: 기관, 소화관 등의 내벽을 덮고 있는 세포층으로, 라이소자임을 포함하는 점액을 분비한다. ➡ 점액이 미생물의 이동을 방해하고, 라이소자임이 세균의 침입을 막는다.

② **식균 작용(식세포 작용)**: 백혈구(대식 세포 등)가 병원체를 세포 안으로 끌어들여 분해하는 작용이다. ❹

③ **염증 반응**: 피부나 점막이 손상되어 병원체가 몸속으로 침입하였을 때 일어나는 방어 작용이며, 발열, 부어오름, 붉어짐, 통증 등의 증상이 나타난다.

> **[염증 반응이 일어나는 과정]**
>
>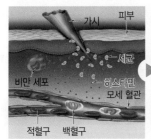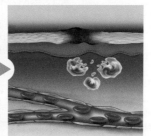
>
> | 상처가 생겨 세균이 몸속으로 들어오면 *비만 세포에서 *히스타민이 방출된다. ➡ 히스타민이 모세 혈관을 확장시킨다. | 혈관벽으로 백혈구와 혈장이 빠져나와 상처 부위로 모인다. ➡ 상처 부위가 붉어지고 열이 나며 부어오른다. | 상처 부위로 모인 백혈구(대식 세포 등)가 식균 작용으로 세균을 제거한다. |
> | --- | --- | --- |

❹ 식균 작용 과정
백혈구가 세포막으로 병원체를 둘러싸서 세포 안으로 끌어들인다. → 세포 안에 병원체를 포함한 식포가 형성된다. → 식포와 리소좀이 융합한다. → 리소좀 속의 효소에 의해 병원체가 분해된다.

용어 돋보기
* **라이소자임**(lysozyme) _ 땀, 침, 눈물, 콧물, 점액 등에 포함되어 있는 효소로, 세균의 세포벽을 분해하여 세균을 제거한다.
* **비만 세포** _ 백혈구의 일종으로 혈관 주변에 많으며, 히스타민과 같이 면역 반응을 촉진하는 화학 물질을 분비한다.
* **히스타민**(histamine) _ 스트레스를 받거나 체내에 병원체가 침입하였을 때 분비되어 염증 반응에 관여하는 화학 물질

📋 정답과 해설 42쪽

개념 확인

(1) (감염성, 비감염성) 질병은 병원체에 감염되어 발생하며, 타인에게 전염되기도 한다.

(2) 다음의 질병이 감염성 질병에 속하면 '감', 비감염성 질병에 속하면 '비'라고 쓰시오.
  ① 고혈압 (   )   ② 결핵 (   )   ③ 말라리아 (   )   ④ 당뇨병 (   )
  ⑤ 무좀 (   )   ⑥ 감기 (   )   ⑦ 혈우병 (   )   ⑧ 후천성 면역 결핍증 (   )

(3) 병원체의 종류와 특징, 질병의 예를 옳게 연결하시오.
  ① 바이러스 •   • ㉠ 원핵생물이다.   • ⓐ 결핵, 파상풍
  ② 곰팡이 •   • ㉡ 주로 포자로 번식한다.   • ⓑ 무좀, 칸디다증
  ③ 세균 •   • ㉢ 세포의 구조를 갖추고 있지 않다. •   • ⓒ 감기, 후천성 면역 결핍증

(4) 자신의 효소가 없는 병원체인 (세균, 바이러스)은(는) 세포 분열에 의해 스스로 증식할 수 (있다, 없다).

(5) 세균으로 인한 질병은 (   )를 이용하여 치료하고, 바이러스로 인한 질병은 (   )를 이용하여 치료한다.

(6) 우리 몸이 병원체에 감염되면 병원체의 종류에 관계없이 일어나는 (비특이적, 특이적) 방어 작용이 특정 병원체를 인식하여 제거하는 (비특이적, 특이적) 방어 작용보다 먼저 일어난다.

(7) 땀, 침, 눈물, 점액 속에는 세균의 세포벽을 분해하는 효소인 (   )이 들어 있다.

(8) 대식 세포와 같은 (적혈구, 백혈구)는 체내로 침입한 병원체를 자신의 세포 안으로 끌어들여 분해하는 (   )을 한다.

(9) 피부나 점막이 손상되어 병원체가 체내로 침입하면 열, 부어오름, 붉어짐, 통증이 나타나는 (   ) 반응이 일어나며, 이 반응은 (특이적, 비특이적) 방어 작용에 해당한다.

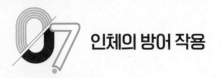

3 특이적 방어 작용

① 항원 항체 반응: 항원이 몸속으로 들어오면 항체가 생성되고, 항체가 항원과 결합하는 항원 항체 반응이 일어나 항원을 무력화한다.

항원	외부에서 침입한 이물질
항체	체내에서 항원을 제거하기 위해 만들어진 Y자 모양의 단백질로, 항원 결합 부위가 2개 있다. ❺
항원 항체 반응의 특이성	항체는 항원 결합 부위와 입체 구조가 맞는 특정 항원하고만 결합한다.

항체 A는 항원 A와 결합한다.
항체 A
항원 A
항체 C
항체 B
항체 B와 항체 C는 항원 A와 결합하지 못한다.

② 특이적 방어 작용의 종류: 세포성 면역과 체액성 면역으로 구분된다. ❻
- 세포성 면역: 세포독성 T림프구가 병원체에 감염된 세포를 직접 제거하는 과정이다. ❼
- 체액성 면역: 형질 세포에서 생성·분비된 항체로 항원을 제거하는 과정이다.

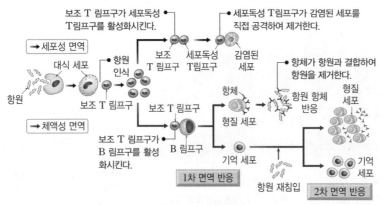

▲ 세포성 면역과 체액성 면역

③ 1차 면역 반응과 2차 면역 반응: 항원이 처음 침입하면 1차 면역 반응이 일어나고, 같은 항원이 재침입하면 2차 면역 반응이 일어나 항원을 효과적으로 제거한다.

1차 면역 반응: 항원 처음 침입	2차 면역 반응: 항원 재침입
항원의 종류를 인식한 보조 T 림프구의 도움으로 B 림프구가 형질 세포와 기억 세포로 분화 → 형질 세포에서 항체 생성·분비 → 항원 제거	기억 세포가 빠르게 증식하여 형질 세포로 분화 → 형질 세포에서 다량의 항체 생성·분비 → 항원 제거 일부 기억 세포는 남아 있다.

탐구 자료 1차 면역 반응과 2차 면역 반응

그림은 항원 A가 인체에 침입하였을 때 항체 A의 혈중 농도 변화를 나타낸 것이다.

1. 1차 면역 반응: 보조 T 림프구의 도움으로 B 림프구가 항원 A를 인식하고 기억 세포와 형질 세포로 분화하여 형질 세포가 항체를 생성한다.
➡ 잠복기가 있다.

2. 2차 면역 반응: 항원 A의 1차 침입 때 생성된 기억 세포가 빠르게 증식하고, 형질 세포로 분화하여 다량의 항체를 생성한다. ➡ 잠복기 없이 항체 A의 혈중 농도가 빠르게 증가한다.

4 백신의 작용 원리

① 백신: 질병을 예방하기 위해 체내에 주입하는 항원을 포함한 물질로, 병원성을 제거하거나 약화시킨 병원체 또는 병원체의 독소 등으로 만든다. ❽
② 백신의 원리: 백신을 접종하면 1차 면역 반응이 일어나 그 병원체에 대한 기억 세포가 형성된다. ➡ 이후에 병원체가 침입하면 2차 면역 반응이 일어나 다량의 항체가 빠르게 생성되어 질병을 예방한다.

---

❺ 항체의 구조
항체는 항원 결합 부위가 2개 있어 항원과 연쇄적으로 결합하여 항원을 서로 엉겨 붙게 만든다. 그 결과 항원 덩어리가 형성되어 바닥에 가라앉거나 식균 작용으로 쉽게 제거된다.

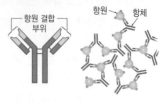

항원 결합 부위
항원
항체

❻ 특이적 방어 작용의 시작
대식 세포가 항원을 잡아먹은 다음 그 조각을 세포 표면에 제시하면, 제시된 항원을 보조 T 림프구가 인식하고 이 항원에 대한 세포독성 T림프구와 B 림프구를 활성화시킨다.

대식 세포
항원
항원 조각

❼ 림프구
백혈구의 일종으로 골수에서 만들어진다.
- B 림프구: 골수에서 만들어져 골수에서 성숙한다.
- T 림프구: 골수에서 만들어진 후 가슴샘으로 이동하여 그곳에서 성숙한다.

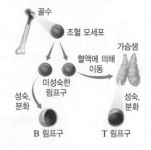

골수
조혈 모세포
혈액에 의해 이동
가슴샘
미성숙한 림프구
성숙, 분화
성숙, 분화
B 림프구
T 림프구

❽ 백신과 면역 혈청의 차이
백신에는 항원이 들어 있어 1차 면역 반응을 유도하여 질병을 예방한다. 면역 혈청은 항원을 동물에 주입하여 항체 생성을 유도한 다음 이 동물의 혈액에서 분리한 혈청으로, 항체가 포함되어 있어 병을 치료하거나 진단하는 데 사용한다.

5 면역 관련 질환

알레르기	특정 항원에 대해 면역계가 과민하게 반응한다.⑨ 예 알레르기 비염
자가 면역 질환	면역계가 자기 몸을 구성하는 세포나 조직을 공격한다. 예 류머티즘 관절염
면역 결핍	면역 담당 세포나 기관 이상으로 면역 기능이 현저히 저하된다. 예 후천성 면역 결핍증(AIDS) →● 사람 면역 결핍 바이러스(HIV)가 T 림프구를 파괴하여 면역 결핍이 나타난다.

C 혈액의 *응집 반응과 혈액형

1 ABO식 혈액형 판정
항 A 혈청과 항 B 혈청에 대한 응집 반응으로 판정한다.⑩

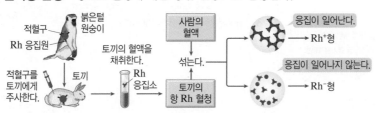

구분	A형(응집원 A)	B형(응집원 B)	AB형(응집원 A, B)	O형(응집원 없음)
항 A 혈청 (응집소 α)	응집 ○	응집 ×	응집 ○	응집 ×
항 B 혈청 (응집소 β)	응집 ×	응집 ○	응집 ○	응집 ×

2 Rh식 혈액형 판정
항 Rh 혈청에 대한 응집 반응으로 판정한다.⑪

3 혈액형과 수혈 관계
혈액을 주는 쪽의 응집원과 받는 쪽의 응집소 사이에 응집 반응이 일어나지 않으면 서로 다른 혈액형이라도 소량 수혈이 가능하다.

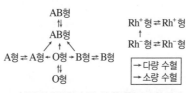

▲ ABO식 혈액형과 Rh식 혈액형의 수혈 관계

---

⑨ **알레르기 반응**
알레르기 항원이 처음 몸속에 들어오면 항체가 생성되어 비만 세포에 결합한다. 이후 같은 항원이 들어오면 비만 세포에 결합된 항체가 활성화되면서 비만 세포를 자극하여 히스타민 등의 화학 물질이 분비된다. 그 결과 두드러기, 가려움, 콧물 등의 증상이 나타난다.

⑩ **ABO식 혈액형의 응집원과 응집소**

혈액형	응집원	응집소
A형	A	β
B형	B	α
AB형	A, B	없음
O형	없음	α, β

⑪ **Rh식 혈액형의 응집원과 응집소**

혈액형	응집원	응집소
Rh⁺형	있음	없음
Rh⁻형	없음	응집원에 노출되면 생성

🔍 **용어 돋보기**

* **응집(凝 엉기다, 集 모이다) 반응**_ 적혈구 세포막에 있는 응집원(항원)과 혈장의 응집소(항체)가 항원 항체 반응을 하여 적혈구가 엉기는 현상

📘 정답과 해설 42쪽

개념 확인

⑽ 특정 항체는 항원 결합 부위와 입체 구조가 맞는 항원하고만 결합하는데, 이를 (   )이라고 한다.

⑾ 활성화된 세포독성 T림프구가 병원체에 감염된 세포를 직접 제거하는 면역 반응을 (   ) 면역이라 하고, 항체가 항원과 결합함으로써 항원을 효율적으로 제거하는 면역 반응을 (   ) 면역이라고 한다.

⑿ 항원이 1차 침입하면 활성화된 (   ) 림프구의 도움을 받은 (   ) 림프구가 (   ) 세포와 항체를 생성하는 (   ) 세포로 분화한다.

⒀ 특이적 방어 작용에 관여하는 림프구는 (   )에서 생성되며, B 림프구는 (   )에서 성숙(분화)하고, T 림프구는 (   )에서 성숙(분화)한다.

⒁ 동일 항원의 재침입 시 (1차, 2차) 면역 반응이 일어나 그 항원에 대한 (형질, 기억) 세포가 (형질, 기억) 세포로 분화하여 항체를 생성한다.

⒂ 병원성을 제거하거나 약화시킨 병원체를 포함한 (   )을 주사하면 이 항원에 대한 (   ) 세포가 형성되며, 실제로 병원체가 침입했을 때 (   )차 면역 반응이 빠르게 일어난다.

⒃ ABO식 혈액형이 A형인 사람은 (백혈구, 적혈구) 표면에 응집원 (A, B)를, 혈장 속에 응집소 (α, β)를 갖는다.

⒄ 항 B 혈청 속에는 응집소 (   )가 있어 B형과 (   )형의 혈액과 섞으면 응집 반응이 일어나며, (   )형의 혈액은 항 A 혈청과 항 B 혈청에 모두 응집되지 않는다.

07. 인체의 방어 작용 **083**

2019 ● 수능 7번

자료 ❶ 질병과 병원체

표는 사람의 질병을 A와 B로 구분하여 나타낸 것이다. A와 B는 각각 감염성 질병과 비감염성 질병 중 하나이다.

구분	질병
A	㉠후천성 면역 결핍증(AIDS), ㉡독감, 결핵
B	낫 모양 적혈구 빈혈증

1. A에 대한 방어 과정에서 비특이적 방어 작용이 일어난다. (○, ×)
2. B는 다른 사람에게 전염되지 않는다. (○, ×)
3. 고혈압은 B의 예에 해당한다. (○, ×)
4. ㉠과 ㉡의 병원체는 모두 단백질을 가지고 있다. (○, ×)
5. ㉠의 병원체는 세포 구조로 되어 있다. (○, ×)
6. ㉡의 병원체는 핵산을 가지고 있다. (○, ×)
7. ㉡의 병원체는 세포 분열로 증식한다. (○, ×)

2019 ● 9월 평가원 10번

자료 ❷ 방어 작용 실험

다음은 항원 X에 대한 생쥐의 방어 작용 실험이다.

| 실험 과정 |

(가) 유전적으로 동일하고 X에 노출된 적이 없는 생쥐 ㉠, ㉡, ㉢을 준비한다.

(나) ㉠에게 X를 2회에 걸쳐 주사한다.

(다) 1주 후, (나)의 ㉠에서 ⓐ와 ⓑ를 각각 분리한다. ⓐ와 ⓑ는 혈청과 X에 대한 기억 세포를 순서 없이 나타낸 것이다.

(라) ㉡에게 ⓐ를, ㉢에게 ⓑ를 각각 주사한다.

(마) 일정 시간이 지난 후, ㉡과 ㉢에게 X를 각각 주사한다.

| 실험 결과 |

㉡과 ㉢의 X에 대한 혈중 항체 농도 변화는 그림과 같다.

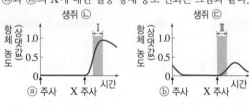

1. ⓐ는 X에 대한 기억 세포이다. (○, ×)
2. ⓑ에는 형질 세포가 들어 있다. (○, ×)
3. 구간 Ⅰ에서 비특이적 방어 작용이 일어난다. (○, ×)
4. 구간 Ⅰ에서 X에 대한 체액성 면역 반응이 일어난다. (○, ×)
5. 구간 Ⅰ에서 X에 대한 형질 세포가 기억 세포로 분화한다. (○, ×)
6. 구간 Ⅱ에서 X에 대한 2차 면역 반응이 일어난다. (○, ×)
7. 구간 Ⅱ에서 X에 대한 B 림프구가 형질 세포로 분화한다. (○, ×)

2020 ● 6월 평가원 9번

자료 ❸ 비특이적 방어 작용과 특이적 방어 작용

그림 (가)와 (나)는 어떤 사람이 세균 X에 처음 감염된 후 나타나는 면역 반응을 순차적으로 나타낸 것이다. ㉠과 ㉡은 B 림프구와 보조 T 림프구를 순서 없이 나타낸 것이다.

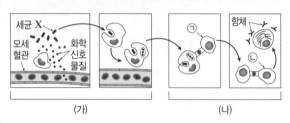

1. (가)에서 염증 반응이 일어난다. (○, ×)
2. (가)에서 X에 대한 특이적 방어 작용이 일어났다. (○, ×)
3. (가)에서 X에 대한 식균 작용이 일어났다. (○, ×)
4. (가)에서 화학 신호 물질은 세균 X에서 분비된다. (○, ×)
5. (나)에서 ㉠은 골수에서 성숙(분화)한다. (○, ×)
6. (나)에서 X에 대한 2차 면역 반응이 일어났다. (○, ×)
7. (나)에서 ㉡은 형질 세포와 기억 세포로 분화된다. (○, ×)
8. (나)에서 체액성 면역이 일어났다. (○, ×)

2018 ● 6월 평가원 16번

자료 ❹ ABO식 혈액형의 판정

표는 200명의 학생 집단을 대상으로 ABO식 혈액형에 대한 응집원 ㉠, ㉡과 응집소 ㉢, ㉣의 유무와 Rh식 혈액형에 대한 응집원의 유무를 조사한 것이다. 이 집단에는 A형, B형, AB형, O형이 모두 있고, A형인 학생 수가 O형인 학생 수보다 많다. Rh⁻형인 학생들 중 A형인 학생과 AB형인 학생은 각각 1명이다.

구분	학생 수
응집원 ㉠을 가진 학생	74
응집소 ㉢을 가진 학생	110
응집원 ㉡과 응집소 ㉣을 모두 가진 학생	70
Rh 응집원을 가진 학생	198

1. O형인 학생의 수가 B형인 학생 수보다 많다. (○, ×)
2. 항 A 혈청과 항 B 혈청 모두에 응집되는 혈액을 가진 학생 수는 25이다. (○, ×)
3. Rh⁺형인 학생들 중 A형인 학생 수는 70이다. (○, ×)
4. 항 B 혈청에 응집되는 혈액을 가진 학생 수가 응집되지 않는 혈액을 가진 학생 수보다 많다. (○, ×)

A 질병과 병원체

1 표는 사람의 질병을 A와 B로 구분하여 나타낸 것이다. 다음 설명이 A에 해당하면 'A', B에 해당하면 'B', A와 B 모두에 해당하면 'AB'로 표시하시오.

구분	질병
A	결핵, 탄저병
B	독감, 홍역

(1) 감염성 질병이다. (　　　)
(2) 병원체는 바이러스이다. (　　　)
(3) 질병의 치료에 항생제를 사용한다. (　　　)

2 그림은 병원체 A와 B의 공통점과 차이점을 나타낸 것이다. A와 B는 각각 감기를 일으키는 병원체와 세균성 폐렴을 일으키는 병원체 중 하나이다.

(1) '스스로 물질대사를 할 수 없다.'는 ㉠과 ㉡ 중 (　　　)에 해당한다.
(2) '유전 물질을 가진다.'는 ㉠과 ㉡ 중 (　　　)에 해당한다.

B 인체의 방어 작용

3 그림은 가시에 찔려 피부가 손상되었을 때 일어나는 반응을 나타낸 것이다.

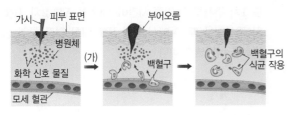

(1) 그림은 ㉠(특이적, 비특이적) 방어 작용에 해당하는 ㉡(　　　) 반응을 나타낸 것이다.
(2) 손상된 부위에서 화학 신호 물질을 분비하는 세포의 이름을 쓰시오.
(3) 화학 신호 물질에 의해 (가) 과정에서 모세 혈관에 어떤 변화가 일어나는지 쓰시오.

4 그림은 어떤 항체의 구조를 나타낸 것이다.

(1) 항원이 결합하는 부위의 기호를 모두 쓰시오.
(2) 이와 같은 항체를 생성하는 세포의 이름을 쓰시오.
(3) 이 항체와 결합할 수 있는 항원의 종류는 몇 가지인지 쓰시오.

5 그림 (가)와 (나)는 체액성 면역 반응과 세포성 면역 반응을 순서 없이 나타낸 것이며, ㉠~㉢은 기억 세포, 세포독성 T림프구, B 림프구를 순서 없이 나타낸 것이다.

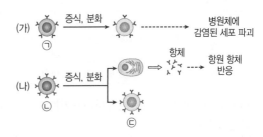

(1) (가)와 (나)는 각각 어떤 면역을 나타낸 것인지 쓰시오.
(2) ㉡에서 ㉢으로의 분화를 촉진하는 세포의 이름을 쓰시오.
(3) 2차 면역 반응에서 빠르게 분화하여 형질 세포를 만드는 세포의 기호와 이름을 쓰시오.

6 그림은 인체에 항원 A와 B가 침입했을 때 혈중 항체 a와 b의 농도 변화를 나타낸 것이다. a와 b는 각각 항원 A와 B에 대한 항체이다.

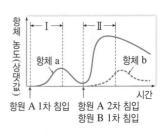

이에 대한 설명으로 옳은 것만을 [보기]에서 있는 대로 고르시오.

┤ 보기 ├
ㄱ. 구간 Ⅰ에서 A에 대한 체액성 면역이 일어난다.
ㄴ. 구간 Ⅱ에서 A에 대한 2차 면역 반응이 일어난다.
ㄷ. 구간 Ⅱ에는 B에 대한 기억 세포가 존재한다.

C 혈액의 응집 반응과 혈액형

7 그림은 어떤 사람의 혈액을 항 A 혈청과 항 B 혈청에 각각 섞었을 때 일어나는 응집 반응을 나타낸 것이다.

항 A 혈청	항 B 혈청

(1) 이 사람의 ABO식 혈액형을 쓰시오.
(2) 응집소 ㉠과 ㉡의 이름을 쓰시오.
(3) ㉡과 ㉢ 중 이 사람의 혈액에 존재하는 응집소는 어느 것인지 쓰시오.

자료❶

1 표는 사람의 질병을 A와 B로 구분하여 나타낸 것이다. A와 B는 각각 감염성 질병과 비감염성 질병 중 하나이다.

2019 수능 7번

구분	질병
A	㉠후천성 면역 결핍증(AIDS), ㉡독감, 결핵
B	낫 모양 적혈구 빈혈증

이에 대한 설명으로 옳은 것만을 [보기]에서 있는 대로 고른 것은?

┤ 보기 ├
ㄱ. ㉠의 병원체는 세포 구조로 되어 있다.
ㄴ. ㉡의 병원체는 스스로 물질대사를 하지 못한다.
ㄷ. 혈우병은 B의 예에 해당한다.

① ㄱ   ② ㄷ   ③ ㄱ, ㄴ
④ ㄴ, ㄷ   ⑤ ㄱ, ㄴ, ㄷ

2 다음은 사람의 질병에 대한 학생 A~C의 대화 내용이다.

2021 6월 평가원 6번

학생 A: 무좀의 병원체는 곰팡이야.
학생 B: 말라리아는 모기를 매개로 전염돼.
학생 C: 독감의 병원체는 세포 분열을 통해 스스로 증식해.

제시한 내용이 옳은 학생만을 있는 대로 고른 것은?

① A   ② C   ③ A, B
④ B, C   ⑤ A, B, C

3 표는 사람의 4가지 질병을 A와 B로 구분하여 나타낸 것이다. 이에 대한 설명으로 옳은 것만을 [보기]에서 있는 대로 고른 것은?

2021 9월 평가원 5번

구분	질병
A	천연두, 홍역
B	결핵, 콜레라

┤ 보기 ├
ㄱ. A의 병원체는 원생생물이다.
ㄴ. 결핵의 치료에는 항생제가 사용된다.
ㄷ. A와 B는 모두 감염성 질병이다.

① ㄱ   ② ㄴ   ③ ㄱ, ㄷ
④ ㄴ, ㄷ   ⑤ ㄱ, ㄴ, ㄷ

4 그림은 항원 A와 B에 노출된 적이 없는 생쥐 X에게 A를 1차 주사하고, 일정 시간이 지난 후 A를 2차, B를 1차 주사했을 때, X에서 A와 B에 대한 혈중 항체 농도 변화를 나타낸 것이다.

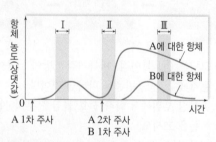

이에 대한 설명으로 옳은 것만을 [보기]에서 있는 대로 고른 것은?

┤ 보기 ├
ㄱ. 구간 Ⅰ에서 A에 대한 체액성 면역 반응이 일어났다.
ㄴ. 구간 Ⅱ에서 B에 대한 2차 면역 반응이 일어났다.
ㄷ. 구간 Ⅲ에서 B에 대한 항체 농도가 감소하는 것은 B에 대한 기억 세포의 수가 감소하기 때문이다.

① ㄱ   ② ㄴ   ③ ㄱ, ㄷ
④ ㄴ, ㄷ   ⑤ ㄱ, ㄴ, ㄷ

5 그림 (가)는 항원 A가 어떤 사람의 체내에 처음 침입하였을 때 일어나는 방어 작용의 일부를, (나)는 A가 처음 침입하였을 때 이 사람에서 생성되는 A에 대한 혈중 항체 농도 변화를 나타낸 것이다. ㉠~㉢은 기억 세포, 형질 세포, 보조 T 림프구를 순서 없이 나타낸 것이다.

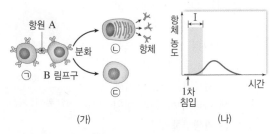

(가)   (나)

이에 대한 설명으로 옳은 것만을 [보기]에서 있는 대로 고른 것은?

| 보기 |
ㄱ. ㉠은 골수에서 생성되고 가슴샘에서 성숙한다.
ㄴ. 구간 I에서 ㉡이 형성된다.
ㄷ. ㉢은 A에 대한 기억 세포이다.

① ㄱ   ② ㄴ   ③ ㄱ, ㄷ
④ ㄴ, ㄷ   ⑤ ㄱ, ㄴ, ㄷ

6 그림은 사람 면역 결핍 바이러스(HIV)에 감염된 사람의 혈액에 있는 HIV 항체 농도와 물질 ㉠, ㉡의 수를 시간에 따라 나타낸 것이다. ㉠과 ㉡은 각각 HIV와 T 림프구 중 하나이다.

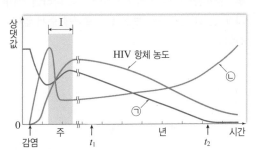

이에 대한 설명으로 옳은 것만을 [보기]에서 있는 대로 고른 것은?

| 보기 |
ㄱ. ㉠은 T 림프구이다.
ㄴ. 구간 I에서 HIV에 대한 체액성 면역 반응이 일어난다.
ㄷ. B 림프구는 t_1에서보다 t_2에서 형질 세포로 활발하게 분화한다.

① ㄱ   ② ㄷ   ③ ㄱ, ㄴ
④ ㄴ, ㄷ   ⑤ ㄱ, ㄴ, ㄷ

7 다음은 철수 가족의 ABO식 혈액형에 관한 자료이다.

- 철수 가족의 ABO식 혈액형은 서로 다르다.
- 표는 아버지, 어머니, 철수, 남동생의 혈액을 각각 혈구와 혈장으로 분리하여 서로 섞었을 때 응집 여부를 나타낸 것이다.

구분	아버지의 혈장	철수의 혈장	남동생의 혈장
어머니의 혈구	응집됨	응집 안 됨	㉠

이에 대한 설명으로 옳은 것만을 [보기]에서 있는 대로 고른 것은? (단, ABO식 혈액형만 고려한다.)

| 보기 |
ㄱ. 아버지의 ABO식 혈액형은 AB형이다.
ㄴ. ㉠은 '응집됨'이다.
ㄷ. 어머니와 철수의 혈구에는 동일한 종류의 응집원이 있다.

① ㄱ   ② ㄷ   ③ ㄱ, ㄴ
④ ㄴ, ㄷ   ⑤ ㄱ, ㄴ, ㄷ

8 표 (가)는 영희의 혈액 응집 반응 결과를 나타낸 것이고, (나)는 200명의 학생 집단을 대상으로 ABO식 혈액형에 대한 응집원 ㉠과 응집소 ㉡의 유무를 조사한 것이다. 이 집단에는 영희가 포함되지 않으며, A형, B형, AB형, O형이 모두 있다.

항 A 혈청	항 B 혈청
응집함	응집함

(가)

구분	학생 수
응집원 ㉠이 있는 사람	79
응집소 ㉡이 있는 사람	118
응집원 ㉠과 응집소 ㉡이 모두 있는 사람	55

(나)

이 집단에 대한 설명으로 옳은 것만을 [보기]에서 있는 대로 고른 것은?

| 보기 |
ㄱ. B형인 학생 수가 가장 적다.
ㄴ. ABO식 혈액형이 영희와 같은 학생 수는 24이다.
ㄷ. 항 A 혈청과 항 B 혈청 모두에 응집하지 않는 혈액을 가진 학생 수는 58이다.

① ㄱ   ② ㄴ   ③ ㄷ
④ ㄱ, ㄴ   ⑤ ㄴ, ㄷ

1 표 (가)는 사람의 6가지 질병을 A~C로 구분한 것을, (나)는 병원체 ㉠~㉢의 특징을 나타낸 것이다. A~C는 각각 세균성 질병, 바이러스성 질병, 비감염성 질병을 순서 없이 나타낸 것이고, ㉠~㉢은 곰팡이, 바이러스, 세균을 순서 없이 나타낸 것이다.

구분	질병
A	파상풍, 결핵
B	홍역, 감기
C	고혈압, 당뇨병

구분	특징
㉠	핵이 있음
㉡	항생제에 의해 제거됨
㉢	숙주 세포 없이는 스스로 증식할 수 없음

(가)   (나)

이에 대한 설명으로 옳은 것만을 [보기]에서 있는 대로 고른 것은?

──┤ 보기 ├──
ㄱ. A는 매개 곤충에 의해 감염된다.
ㄴ. 수면병을 일으키는 병원체는 ㉠이다.
ㄷ. B의 병원체는 ㉢이다.

① ㄱ   ② ㄴ   ③ ㄷ
④ ㄱ, ㄷ   ⑤ ㄴ, ㄷ

2 표 (가)는 사람의 질병 A~C에서 특징 ㉠~㉢의 유무를, (나)는 특징 ㉠~㉢을 순서 없이 나타낸 것이다. A~C는 각각 탄저병, 류머티즘 관절염, 후천성 면역 결핍증 중 하나이다.

특징 질병	㉠	㉡	㉢
A	○	×	ⓐ
B	×	?	○
C	ⓑ	×	×

(○: 있음, ×: 없음)

특징 (㉠~㉢)
• 면역 관련 질환이다.
• 타인에게 전염될 수 있다.
• 병원체가 세포 구조를 갖추고 있다.

(가)   (나)

이에 대한 설명으로 옳은 것만을 [보기]에서 있는 대로 고른 것은?

──┤ 보기 ├──
ㄱ. ⓐ와 ⓑ는 모두 '○'이다.
ㄴ. A의 병원체는 사람 면역 결핍 바이러스(HIV)이다.
ㄷ. C의 병원체는 단백질을 가지고 있다.

① ㄱ   ② ㄴ   ③ ㄱ, ㄴ
④ ㄱ, ㄷ   ⑤ ㄴ, ㄷ

3 표는 사람의 질병 A~D의 특징을, 그림은 질병 예방 홍보 포스터의 일부를 나타낸 것이다. A~D는 각각 혈우병, 무좀, 독감, 말라리아 중 하나이다.

• A, B, D의 병원체는 모두 유전 물질을 가진다.
• A와 D의 병원체는 모두 세포 구조로 되어 있다.
• C는 유전자 돌연변이에 의해 나타나며, D의 병원체는 원생생물이다.

올바른 손 씻기와 기침 예절로 감염병을 예방하고 개인 위생을 지킨다.

이에 대한 설명으로 옳은 것만을 [보기]에서 있는 대로 고른 것은?

──┤ 보기 ├──
ㄱ. 그림은 A~D 중 B를 예방하기 위한 것이다.
ㄴ. C는 백신을 이용하여 예방할 수 있다.
ㄷ. D는 매개 곤충에 의해 감염된다.

① ㄱ   ② ㄴ   ③ ㄱ, ㄷ
④ ㄴ, ㄷ   ⑤ ㄱ, ㄴ, ㄷ

자료❸   2020 6월 평가원 9번

4 그림 (가)와 (나)는 어떤 사람이 세균 X에 처음 감염된 후 나타나는 면역 반응을 순차적으로 나타낸 것이다. ㉠과 ㉡은 B 림프구와 보조 T 림프구를 순서 없이 나타낸 것이다.

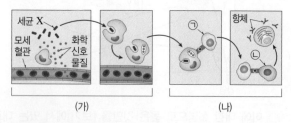

(가)   (나)

이에 대한 설명으로 옳은 것만을 [보기]에서 있는 대로 고른 것은?

──┤ 보기 ├──
ㄱ. (가)에서 X에 대한 비특이적 면역 반응이 일어났다.
ㄴ. ㉡은 가슴샘(흉선)에서 성숙되었다.
ㄷ. (나)에서 X에 대한 2차 면역 반응이 일어났다.

① ㄱ   ② ㄴ   ③ ㄷ
④ ㄱ, ㄷ   ⑤ ㄴ, ㄷ

5 표 (가)는 세포 Ⅰ~Ⅲ에서 특징 ㉠~㉢의 유무를 나타낸 것이고, (나)는 ㉠~㉢을 순서 없이 나타낸 것이다. Ⅰ~Ⅲ은 각각 보조 T 림프구, 세포독성 T 림프구, 형질 세포 중 하나이다.

특징 세포	㉠	㉡	㉢
Ⅰ	○	○	○
Ⅱ	×	○	×
Ⅲ	○	○	×

(○: 있음, ×: 없음)
(가)

특징 (㉠~㉢)
• 특이적 방어 작용에 관여한다.
• 가슴샘에서 성숙된다.
• 병원체에 감염된 세포를 직접 파괴한다.

(나)

이에 대한 설명으로 옳은 것만을 [보기]에서 있는 대로 고른 것은?

┤ 보기 ├
ㄱ. Ⅰ은 보조 T 림프구이다.
ㄴ. Ⅱ에서 항체가 분비된다.
ㄷ. ㉢은 '병원체에 감염된 세포를 직접 파괴한다.'이다.

① ㄱ ② ㄴ ③ ㄱ, ㄷ
④ ㄴ, ㄷ ⑤ ㄱ, ㄴ, ㄷ

6 그림 (가)와 (나)는 사람의 면역 반응을 나타낸 것이다. (가)와 (나)는 각각 세포성 면역과 체액성 면역 중 하나이며, ㉠~㉢은 기억 세포, 세포독성 T 림프구, B 림프구를 순서 없이 나타낸 것이다.

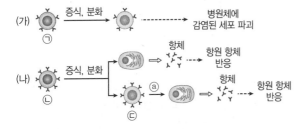

이에 대한 설명으로 옳은 것만을 [보기]에서 있는 대로 고른 것은?

┤ 보기 ├
ㄱ. (가)는 체액성 면역이다.
ㄴ. 보조 T 림프구는 ㉡에서 ㉢으로의 분화를 촉진한다.
ㄷ. 2차 면역 반응에서 과정 ⓐ가 일어난다.

① ㄱ ② ㄴ ③ ㄱ, ㄷ
④ ㄴ, ㄷ ⑤ ㄱ, ㄴ, ㄷ

7 다음은 항원 A~C에 대한 생쥐의 방어 작용 실험이다.

| 실험 과정 |
(가) 유전적으로 동일하고 A, B, C에 노출된 적이 없는 생쥐 Ⅰ~Ⅳ를 준비한다.
(나) Ⅰ에 A를, Ⅱ에 ㉠을, Ⅲ에 ㉡을, Ⅳ에 생리 식염수를 1회 주사한다. ㉠과 ㉡은 B와 C를 순서 없이 나타낸 것이다.
(다) 2주 후, (나)의 Ⅰ에서 기억 세포를 분리하여 Ⅱ에, (나)의 Ⅲ에서 기억 세포를 분리하여 Ⅳ에 주사한다.

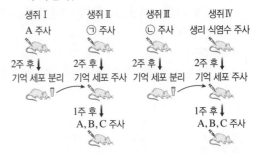

(라) 1주 후, (다)의 Ⅱ와 Ⅳ에 일정 시간 간격으로 A, B, C를 주사한다.

| 실험 결과 |
Ⅱ와 Ⅳ에서 A, B, C에 대한 혈중 항체 농도 변화는 그림과 같다.

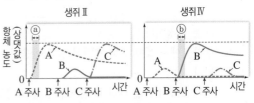

이에 대한 설명으로 옳은 것만을 [보기]에서 있는 대로 고른 것은?

┤ 보기 ├
ㄱ. ㉠은 C이다.
ㄴ. 구간 ⓐ에서 A에 대한 체액성 면역 반응이 일어났다.
ㄷ. 구간 ⓑ에서 B에 대한 형질 세포가 기억 세포로 분화되었다.

① ㄱ ② ㄴ ③ ㄷ
④ ㄱ, ㄴ ⑤ ㄴ, ㄷ

자료② 2019 9월 평가원 10번

8 다음은 항원 X에 대한 생쥐의 방어 작용 실험이다.

| 실험 과정 |
(가) 유전적으로 동일하고 X에 노출된 적이 없는 생쥐 ㉠, ㉡, ㉢을 준비한다.
(나) ㉠에게 X를 2회에 걸쳐 주사한다.
(다) 1주 후, (나)의 ㉠에서 ⓐ와 ⓑ를 각각 분리한다. ⓐ와 ⓑ는 혈청과 X에 대한 기억 세포를 순서 없이 나타낸 것이다.
(라) ㉡에게 ⓐ를, ㉢에게 ⓑ를 각각 주사한다.
(마) 일정 시간이 지난 후, ㉡과 ㉢에게 X를 각각 주사한다.

| 실험 결과 |
㉡과 ㉢의 X에 대한 혈중 항체 농도 변화는 그림과 같다.

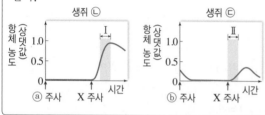

이에 대한 설명으로 옳은 것만을 [보기]에서 있는 대로 고른 것은?

| 보기 |
ㄱ. ⓐ는 혈청이다.
ㄴ. 구간 I에서 X에 대한 체액성 면역 반응이 일어났다.
ㄷ. 구간 II에서 X에 대한 B 림프구가 형질 세포로 분화한다.

① ㄱ ② ㄴ ③ ㄱ, ㄷ
④ ㄴ, ㄷ ⑤ ㄱ, ㄴ, ㄷ

9 그림은 항원 A와 B에 노출된 적이 없는 생쥐 ㉠에게 A와 B를 함께 주사하고, 4주 후 동일한 양의 A와 B를 다시 주사하였을 때 ㉠의 A와 B에 대한 혈중 항체 농도 변화를 나타낸 것이다.

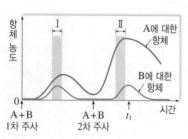

이에 대한 설명으로 옳은 것만을 [보기]에서 있는 대로 고른 것은?

| 보기 |
ㄱ. 구간 I에서 A에 대한 기억 세포가 형성되었다.
ㄴ. 구간 II에서 B에 대한 특이적 방어 작용이 일어났다.
ㄷ. t_1일 때 ㉠으로부터 얻은 혈청에는 B에 대한 항체를 생성하는 형질 세포가 들어 있다.

① ㄱ ② ㄷ ③ ㄱ, ㄴ
④ ㄴ, ㄷ ⑤ ㄱ, ㄴ, ㄷ

10 다음은 병원성 세균 X에 대한 생쥐의 방어 작용 실험이다.

| 실험 과정 |
(가) X의 병원성을 약화시켜 X*를 만든다.
(나) X에 노출된 적이 없는 생쥐 A에게 X*를 1차 주사하고, 4주 후 X*를 2차 주사한다.
(다) 4주 후 A에게 X를 주사하고, 1일 후 A의 생존 여부를 확인한다.

| 실험 결과 |
A는 생존하였으며, A의 X*에 대한 혈중 항체 농도 변화는 그림과 같다.

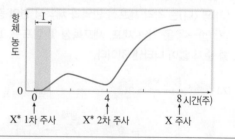

이에 대한 설명으로 옳은 것만을 [보기]에서 있는 대로 고른 것은? (단, A와 유전적으로 동일하고 세균 X에 노출된 적이 없는 생쥐에 세균 X를 주사하면 1일 후 이 생쥐는 죽는다.)

| 보기 |
ㄱ. X*는 X에 대한 백신 역할을 하였다.
ㄴ. 구간 I에서 X*에 대한 특이적 방어 작용이 일어났다.
ㄷ. (다)에서 A에게 X를 주사한 후 A에서 X*에 대한 형질 세포가 항체를 생성하였다.

① ㄱ ② ㄴ ③ ㄱ, ㄷ
④ ㄴ, ㄷ ⑤ ㄱ, ㄴ, ㄷ

11 그림 (가)는 어떤 사람의 체내에 병원체 X가 처음 침입하였을 때 일어나는 방어 작용의 일부를, (나)는 이 사람에서 X의 침입에 의해 생성되는 X에 대한 혈중 항체의 농도 변화를 나타낸 것이다.

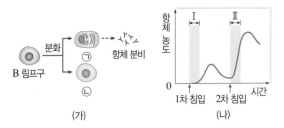

(가)   (나)

이에 대한 설명으로 옳은 것만을 [보기]에서 있는 대로 고른 것은?

┤ 보기 ├
ㄱ. (가)는 특이적 방어 작용에 해당한다.
ㄴ. 구간 Ⅰ에서 X에 대한 식균 작용이 일어난다.
ㄷ. 구간 Ⅱ에서 ⊙이 ⓒ으로 분화한다.

① ㄱ   ② ㄷ   ③ ㄱ, ㄴ   ④ ㄴ, ㄷ   ⑤ ㄱ, ㄴ, ㄷ

2021 수능 14번

12 다음은 병원체 ⊙과 ⓒ에 대한 생쥐의 방어 작용 실험이다.

| 실험 과정 및 결과 |
(가) 유전적으로 동일하고, ⊙과 ⓒ에 노출된 적이 없는 생쥐 Ⅰ~Ⅵ을 준비한다.
(나) Ⅰ에는 생리식염수를, Ⅱ에는 죽은 ⊙을, Ⅲ에는 죽은 ⓒ을 각각 주사한다. Ⅱ에서는 ⊙에 대한, Ⅲ에서는 ⓒ에 대한 항체가 각각 생성되었다.
(다) 2주 후 (나)의 Ⅰ~Ⅲ에서 각각 혈장을 분리하여 표와 같이 살아 있는 ⊙과 함께 Ⅳ~Ⅵ에게 주사하고, 1일 후 생쥐의 생존 여부를 확인한다.

생쥐	주사액의 조성	생존 여부
Ⅳ	Ⅰ의 혈장+⊙	죽는다.
Ⅴ	Ⅱ의 혈장+⊙	산다.
Ⅵ	ⓐⅢ의 혈장+⊙	죽는다.

이에 대한 설명으로 옳은 것만을 [보기]에서 있는 대로 고른 것은? (단, 제시된 조건 이외는 고려하지 않는다.)

┤ 보기 ├
ㄱ. (나)의 Ⅱ에서 ⊙에 대한 특이적 방어 작용이 일어났다.
ㄴ. (다)의 Ⅴ에서 ⊙에 대한 2차 면역 반응이 일어났다.
ㄷ. ⓐ에는 ⓒ에 대한 형질 세포가 있다.

① ㄱ   ② ㄴ   ③ ㄱ, ㄷ   ④ ㄴ, ㄷ   ⑤ ㄱ, ㄴ, ㄷ

자료❹ 2018 6월 평가원 16번

13 표는 200명의 학생 집단을 대상으로 ABO식 혈액형에 대한 응집원 ⊙, ⓒ과 응집소 ⓒ, ⓔ의 유무와 Rh식 혈액형에 대한 응집원의 유무를 조사한 것이다. 이 집단에는 A형, B형, AB형, O형이 모두 있고, A형인 학생 수가 O형인 학생 수보다 많다. Rh⁻형인 학생들 중 A형인 학생과 AB형인 학생은 각각 1명이다.

구분	학생 수
응집원 ⊙을 가진 학생	74
응집소 ⓒ을 가진 학생	110
응집원 ⓒ과 응집소 ⓔ을 모두 가진 학생	70
Rh 응집원을 가진 학생	198

이 집단에 대한 설명으로 옳은 것만을 [보기]에서 있는 대로 고른 것은?

┤ 보기 ├
ㄱ. O형인 학생 수가 B형인 학생 수보다 많다.
ㄴ. Rh⁺형인 학생들 중 AB형인 학생 수는 20이다.
ㄷ. 항 A 혈청에 응집되는 혈액을 가진 학생 수가 항 A 혈청에 응집되지 않는 혈액을 가진 학생 수보다 많다.

① ㄱ   ② ㄴ   ③ ㄱ, ㄷ
④ ㄴ, ㄷ   ⑤ ㄱ, ㄴ, ㄷ

14 표는 철수네 가족 (가)~(라)의 혈액을 혈장 ⓐ~ⓒ와 섞었을 때의 응집 여부를, 그림은 (가)~(라) 중 두 사람의 혈액을 섞었을 때 ABO식 혈액형에 대한 응집 반응 결과를 나타낸 것이다. (가)~(라)의 ABO식 혈액형은 모두 다르며, 어머니와 아버지의 혈장은 각각 ⓐ~ⓒ 중 하나이다.

구분	(가)	(나)	(다)	(라)
ⓐ	+	?	−	?
ⓑ	?	−	+	+
ⓒ	−	−	?	+

(+: 응집함, −: 응집 안 함)

이에 대한 설명으로 옳은 것만을 [보기]에서 있는 대로 고른 것은? (단, ABO식 혈액형만 고려한다.)

┤ 보기 ├
ㄱ. (나)는 ⊙과 ⓒ을 모두 가지고 있다.
ㄴ. (라)는 ⊙을 가진 사람에게 소량 수혈할 수 있다.
ㄷ. 그림은 어머니와 철수의 혈액을 섞었을 때의 응집 반응 결과이다.

① ㄱ   ② ㄴ   ③ ㄱ, ㄷ
④ ㄴ, ㄷ   ⑤ ㄱ, ㄴ, ㄷ

오늘도 고마워.

투덜거리긴 했지만, 잘 해결할 수 있게 해줘서 고마워.

과정은 어려웠지만, 잘 이겨낼 수 있게 해줘서 고마워.

학구열을 치솟게 해줘서 고마워.

탐구 영역에서의 진짜를 만나게 해줘서 고마워.

구체적으로 말해서, 오투 너와 함께 할 수 있어서 고마워!!!

Thank you

IV

유전

학습
계획표

08 염색체와 DNA

>> **핵심 짚기** > 염색체의 구조와 특징　　　　　　> 유전자, DNA, 염색체, 유전체의 관계
　　　　　　　 > 상동 염색체와 대립유전자　　　　> 염색 분체의 형성과 분리

Ⓐ 염색체

1 염색체 유전 정보를 담아 전달하는 역할을 하며, DNA와 히스톤 단백질로 구성된다.[❶]

DNA	유전 정보를 저장하고 있는 유전 물질로, 뉴클레오타이드가 단위체이다.[❷]
뉴클레오솜	DNA가 히스톤 단백질 주위를 감싸고 있는 구조이다.
유전자	생물의 형질을 결정하는 유전 정보가 저장된 DNA의 특정 부분이다. ➡ 염색체 하나를 구성하고 있는 DNA에는 수많은 유전자가 있다.
염색 분체	하나의 염색체를 이루는 각각의 가닥으로, 유전 정보가 같다.[❸]
유전체	한 개체의 유전 정보가 저장되어 있는 DNA 전체로, 한 생명체가 가진 모든 유전 정보이다.

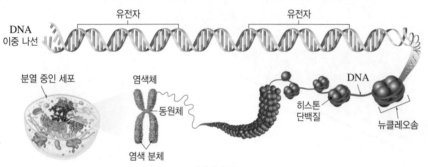

▲ 염색체의 구조

2 사람의 염색체 사람의 체세포에는 46개의 염색체가 있다.

① **상동 염색체**: 감수 분열 시 접합하는 한 쌍의 염색체로, 모양과 크기가 같다. ➡ 사람의 체세포에는 23쌍의 상동 염색체가 있다.
  • 하나는 아버지, 다른 하나는 어머니에게서 물려받은 것이다.
  • **대립유전자**: 상동 염색체의 같은 위치에 존재하며, 하나의 형질을 결정한다. ➡ 대립유 전자 쌍이 같은 경우를 동형 접합성, 서로 다른 경우를 이형 접합성이라고 한다.

[상동 염색체와 염색 분체의 유전자 구성]
  • 상동 염색체: 대립유전자는 같을 수도 있고 다를 수도 있다. ➡ 상동 염색체는 부모에게서 하나씩 물려 받은 것이기 때문
  • 염색 분체: 유전자 구성이 같다. ➡ 한 염색체의 두 염색 분체는 DNA가 복제되어 만들어지는 것이기 때문

▲ **대립유전자의 구성** 털색을 결정하는 대립유전자는 A와 A로 같지만, 귓불 모양을 결정하는 대립유전자는 각각 E와 e로 다르다.

② **상염색체**: 남녀에게 공통으로 있는 염색체 22쌍이다. ➡ 1번~22번 염색체
③ **성염색체**: 남녀에 따라 구성이 다른 염색체 1쌍으로, 성 결정에 관여한다. ➡ 여자의 성염색체 구성 XX, 남자의 성염색체 구성 XY

PLUS 강의 ➕

❶ 염색체 형태
염색체는 분열하는 세포에서 막대 모양 으로 관찰되며, 세포가 분열하지 않을 때에는 핵 속에 실과 같은 모양으로 풀어져 있다.

❷ 뉴클레오타이드
DNA와 RNA 같은 핵산을 구성하는 단위체로 당, 인산, 염기가 1 : 1 : 1로 결합되어 있다. DNA의 당은 디옥시리 보스이고, RNA의 당은 리보스이다.

❸ 염색 분체의 형성과 분리
세포가 분열하기 전에 DNA가 복제되 며, 복제된 DNA는 *동원체 부위에서 서로 연결되어 두 가닥의 염색 분체가 된다. 염색 분체는 세포 분열이 진행됨 에 따라 분리되어 각각 다른 딸세포로 들어간다.

용어 돋보기

＊동원체(動 움직이다, 原 근원, 體 몸)_ 염색체에서 잘록한 부분으로, 세포가 분 열할 때 방추사가 붙는 자리

3 핵형 한 생물의 체세포에 들어 있는 염색체의 수, 모양, 크기와 같은 염색체의 외형적인 특성 ➡ 생물종의 고유한 특성이며, 같은 종의 생물은 성별이 같으면 핵형이 같다. ❹

4 핵상 세포 하나에 들어 있는 염색체의 상대적인 수 ➡ 상동 염색체가 쌍으로 있는 세포의 핵상은 $2n$, 상동 염색체 중 하나씩만 있는 세포의 핵상은 n으로 표시한다.

[핵상과 염색체 수 표현]─● 일반적으로 체세포의 핵상은 $2n$, 생식세포의 핵상은 n이다.
- 상동 염색체가 쌍으로 있다.
  ➡ $2n$
- 염색체 수가 6개이다.
  ➡ $2n=6$

상동 염색체
$2n=6$　　$n=3$

- 상동 염색체 중 하나씩만 있다. ➡ n
- 염색체 수가 3개이다.
  ➡ $n=3$

탐구 자료 사람의 핵형 분석 ⑤

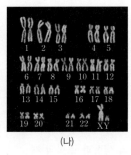

(가)　　　　　　(나)　　　　　　(다)

1. 정상 사람의 체세포에는 상동 염색체가 쌍으로 존재하며, 염색체 수는 46개이다. ➡ $2n=46$
2. (가): 22쌍의 상염색체가 있고, 성염색체로 XX가 있다. ➡ 여자의 핵형($2n=44+XX$)
3. (나): 22쌍의 상염색체가 있고, 성염색체로 XY가 있다. ➡ 남자의 핵형($2n=44+XY$)
4. (다): 21번 염색체가 3개이다. ➡ 다운 증후군 여자의 핵형($2n+1=45+XX$)

❹ 생물종에 따른 염색체 수

생물	염색체 수	생물	염색체 수
사람	46개	초파리	8개
침팬지	48개	완두	14개
개	78개	감자	48개

염색체 수가 같아도 염색체의 모양과 크기에 차이가 있으면 핵형이 다르다. 따라서 핵형은 생물종에 따라 고유하다.

❺ 핵형 분석으로 알 수 있는 것
- 핵형을 분석하면 성별과 염색체 수 및 구조 이상은 알 수 있지만, 유전 형질이나 유전자의 이상은 알 수 없다.
- 다운 증후군은 21번 염색체가 3개로 남녀에서 모두 나타날 수 있다. ($45+XX$ 또는 $45+XY$)

▤ 정답과 해설 **49**쪽

개념 확인

(1) 제시된 용어와 가장 관련 깊은 설명을 옳게 연결하시오.
　① 유전자 •　　　　• ㉠ 유전 정보가 저장된 DNA의 특정 부분이다.
　② 유전체 •　　　　• ㉡ 분열하는 세포에서 막대 모양으로 관찰된다.
　③ 염색체 •　　　　• ㉢ 한 개체의 유전 정보가 저장되어 있는 DNA 전체이다.

(2) 염색체를 구성하는 유전 물질은 (DNA, 단백질)이며, 염색체 하나를 구성하고 있는 유전 물질에는 (하나의, 수많은) 유전자가 있다.

(3) 세포 분열이 시작될 때 염색체는 두 가닥으로 되어 있는데, 동원체에서 연결된 각 가닥을 (염색 분체, 상동 염색체) 라고 하며, 이것의 유전자 구성은 (같다, 다르다).

(4) 체세포에 들어 있는 모양과 크기가 같은 한 쌍의 염색체를 (염색 분체, 상동 염색체)라고 하며, 이것의 같은 위치에 있는 대립유전자는 (같다, 같을 수도 있고 다를 수도 있다).

(5) 사람의 체세포에는 (　　　)개의 상염색체와 (　　　)개의 성염색체가 있다.

(6) 남자의 성염색체 구성은 (　　　)이고, 여자의 성염색체 구성은 (　　　)이다.

(7) 사람 체세포의 핵상은 (n, $2n$)이고, 생식세포의 핵상은 (n, $2n$)이다.

08 염색체와 DNA

B 세포 주기

1 세포 주기 분열을 마친 딸세포가 생장하여 다시 분열을 마칠 때까지의 기간이다.[6]

2 세포 주기의 구분 간기와 분열기로 구분한다.

① 간기
- 세포가 생장하고, DNA가 복제된다.
- 세포 주기 중 대부분을 차지한다.
- G_1기, S기, G_2기로 구분한다.

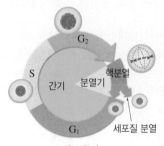

▲ 세포 주기

G_1기	• 세포를 구성하는 물질을 합성한다. • 미토콘드리아, 소포체 등의 세포 소기관을 만들어서 그 수를 늘린다.
S기	DNA를 복제하여 DNA양이 2배로 증가한다.
G_2기	분열에 필요한 물질을 합성하고, 분열을 준비한다.

② 분열기(M기)
- 핵분열이 먼저 일어나 유전 물질이 나누어진 후 세포질 분열이 일어나 두 개의 딸세포가 만들어진다.
- 염색 분체가 두 개의 딸세포로 나뉘어 들어간다.

C 체세포 분열

1 체세포 분열 몸을 구성하는 세포의 수를 늘리는 체세포 분열은 생물의 생장과 조직의 재생 과정에서 일어난다.

① 핵분열과 세포질 분열이 일어나며, 핵분열은 염색체의 모양과 행동에 따라 전기, 중기, 후기, 말기로 구분된다.

② 모세포 1개가 나누어져 딸세포 2개가 만들어진다. ➡ 유전 정보가 같은 염색 분체가 분리되어 들어간 딸세포 2개는 모세포와 유전 정보가 같다.

[체세포 분열 과정에서 염색 분체의 형성과 분리]
세포 분열이 일어나기 전의 간기에 DNA가 복제되어 유전 정보가 같은 염색 분체 2개를 형성한 후 염색 분체가 분리되어 딸세포로 들어간다. 그 결과 딸세포의 염색체 수와 DNA양 및 유전 정보는 DNA를 복제하기 전의 세포와 같다.

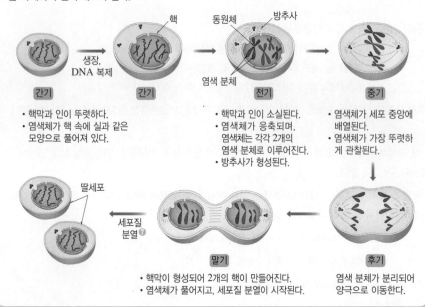

- **간기**: 핵막과 인이 뚜렷하다. 염색체가 핵 속에 실과 같은 모양으로 풀어져 있다.
- **전기**: 핵막과 인이 소실된다. 염색체가 응축되며, 염색체는 각각 2개의 염색 분체로 이루어진다. 방추사가 형성된다.
- **중기**: 염색체가 세포 중앙에 배열된다. 염색체가 가장 뚜렷하게 관찰된다.
- **후기**: 염색 분체가 분리되어 양극으로 이동한다.
- **말기**: 핵막이 형성되어 2개의 핵이 만들어진다. 염색체가 풀어지고, 세포질 분열이 시작된다.
- 세포질 분열[7] → **딸세포**

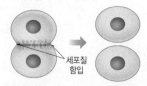

[6] **분열하지 않는 세포**
신경 세포, 근육 세포와 같은 세포들은 세포 주기가 진행되지 않아 분열하지 않는 상태에 있으며, 각각 고유한 기능을 수행한다.

• G_1기는 세포가 빠르게 생장하는 시기이고, S기는 DNA를 복제하는 시기이며, G_2기는 분열을 준비하는 시기이다.

[7] **세포질 분열**
세포질 분열은 동물 세포와 식물 세포에서 서로 다르게 일어난다.
- 동물 세포: 세포질이 안쪽으로 함입되며 세포질이 나누어진다. (세포질 함입)
- 식물 세포: 세포의 중심 부위에서 세포판이 형성되어 바깥쪽으로 성장하면서 세포질이 나누어지고, 세포판에서 새로운 세포벽이 형성된다. (세포판 형성)

2 체세포 분열 과정에서 염색체와 DNA양 변화

간기	G_1기에 풀어져 있는 염색체의 DNA는 하나의 이중 나선 DNA 가닥으로 구성된다.
	↓
	S기에 DNA가 복제되면 DNA양은 두 배로 증가하고, 두 개의 이중 나선 DNA 가닥이 만들어진다.
분열기	염색체가 짧고 굵게 응축되며, 각 염색체는 두 염색 분체가 붙은 상태이다.
	↓
	붙어 있던 두 염색 분체는 후기에 분리되어 각각 독립된 염색체가 된다.
	↓
	말기에 응축된 염색체가 풀어진다.
	↓
	핵이 형성되고 세포질 분열이 일어나면 G_2기나 분열기 세포보다 DNA양이 반으로 감소하여 G_1기 세포와 DNA양이 동일한 두 개의 딸세포가 만들어진다.

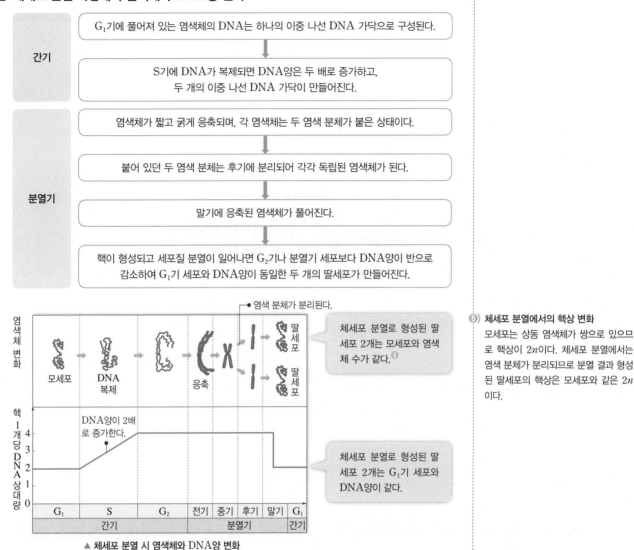

체세포 분열로 형성된 딸세포 2개는 모세포와 염색체 수가 같다. ⑧

체세포 분열로 형성된 딸세포 2개는 G_1기 세포와 DNA양이 같다.

▲ 체세포 분열 시 염색체와 DNA양 변화

⑧ 체세포 분열에서의 핵상 변화
모세포는 상동 염색체가 쌍으로 있으므로 핵상이 $2n$이다. 체세포 분열에서는 염색 분체가 분리되므로 분열 결과 형성된 딸세포의 핵상은 모세포와 같은 $2n$이다.

■ 정답과 해설 49쪽

개념 확인

(8) 간기와 분열기 중 세포 주기의 대부분을 차지하는 것은 (   )이고, 염색 분체가 분리되는 것은 (   )이다.

(9) DNA가 복제되는 시기는 간기 중 (   )기이다.

(10) 분열에 필요한 물질을 합성하고, 분열을 준비하는 시기는 간기 중 (   )기이다.

(11) 어떤 세포의 핵 1개당 DNA 상대량이 G_1기일 때 10이라면, G_2기일 때는 (   )이다.

(12) 체세포 분열의 각 시기에 일어나는 변화를 옳게 연결하시오.
  ① 간기 •   • ㉠ 세포가 생장하고 DNA가 복제된다.
  ② 전기 •   • ㉡ 핵막이 다시 나타나고 염색체가 풀어진다.
  ③ 중기 •   • ㉢ 핵막과 인이 사라지고 염색체가 응축된다.
  ④ 후기 •   • ㉣ 염색 분체가 분리되어 세포의 양극으로 이동한다.
  ⑤ 말기 •   • ㉤ 염색체가 세포 중앙에 배열되어 가장 뚜렷하게 관찰된다.

(13) (동물, 식물) 세포는 세포질 함입에 의해, (동물, 식물) 세포는 세포판 형성에 의해 세포질이 나누어진다.

(14) 체세포 분열로 만들어진 딸세포 2개는 유전 정보가 모세포와 (같고, 다르고), 염색체 수가 모세포와 (같다, 다르다).

2017 ● 9월 평가원 5번

자료❶ 염색체의 구조

그림은 사람의 체세포에 있는 염색체의 구조를 나타낸 것이다.

1. ㉠은 2가 염색체이다. (○, ×)
2. ㉠을 구성하는 두 가닥은 부모에게서 각각 하나씩 물려받은 것이다. (○, ×)
3. 세포 주기의 G_1기에 ㉠이 관찰된다. (○, ×)
4. 세포 주기의 S기에 ㉡이 ㉠으로 응축된다. (○, ×)
5. ㉡에는 뉴클레오솜이 있다. (○, ×)
6. ㉡은 DNA와 단백질로 구성된다. (○, ×)
7. ㉢의 기본 단위는 뉴클레오타이드이다. (○, ×)
8. ㉢에는 리보스가 있다. (○, ×)
9. ㉢에서 당, 인산, 염기의 비율은 1 : 1 : 4이다. (○, ×)

2021 ● 6월 평가원 10번

자료❸ 세포 주기

그림은 사람 체세포의 세포 주기를 나타낸 것이다. ㉠~㉢은 각각 G_2기, M기(분열기), S기 중 하나이다.

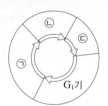

1. ㉠ 시기에 핵막이 소실된다. (○, ×)
2. ㉠ 시기에 DNA가 복제된다. (○, ×)
3. ㉡은 간기에 속한다. (○, ×)
4. 세포 1개당 $\dfrac{㉡\ 시기의\ DNA양}{G_1기의\ DNA양}$의 값은 1보다 크다. (○, ×)
5. ㉢ 시기에 염색 분체가 분리된다. (○, ×)
6. ㉢ 시기에 2가 염색체가 관찰된다. (○, ×)
7. ㉢ 시기에 상동 염색체가 접합한다. (○, ×)
8. ㉢ 시기에 핵막이 소실되었다가 다시 형성된다. (○, ×)

2021 ● 6월 평가원 9번

자료❷ 핵형과 핵상

그림은 세포 (가)와 (나) 각각에 들어 있는 모든 염색체를 나타낸 것이다. (가)와 (나)는 각각 동물 A($2n=6$)와 동물 B($2n=?$)의 세포 중 하나이다.

(가)   (나)

1. (가)의 핵상은 $2n$이다. (○, ×)
2. (가)는 A의 세포이다. (○, ×)
3. (가)와 (나)의 핵상은 같다. (○, ×)
4. (가)에는 3쌍의 상동 염색체가 있다. (○, ×)
5. (가)와 (나)의 염색 분체 수는 6으로 같다. (○, ×)
6. B의 체세포의 핵상과 염색체 수는 $2n=12$이다. (○, ×)
7. B의 체세포 분열 중기의 세포 1개당 염색 분체 수는 12이다. (○, ×)

2019 ● 수능 8번

자료❹ 체세포 분열 시 DNA양 변화와 염색체 행동

그림 (가)는 어떤 동물($2n=4$)의 체세포 Q를 배양한 후 세포당 DNA양에 따른 세포 수를, (나)는 Q의 체세포 분열 과정 중 ㉠ 시기에서 관찰되는 세포를 나타낸 것이다. 이 동물의 특정 형질에 대한 유전자형은 Rr이며, R와 r는 대립유전자이다.

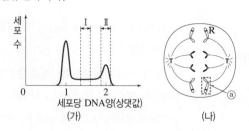

(가)   (나)

1. $\dfrac{G_1기\ 세포\ 수}{G_2기\ 세포\ 수}$의 값은 1보다 작다. (○, ×)
2. 구간 I에는 간기의 세포가 있다. (○, ×)
3. 구간 I에는 DNA가 복제되는 세포가 있다. (○, ×)
4. 구간 II에는 ㉠ 시기의 세포가 있다. (○, ×)
5. 구간 II에는 핵막을 가진 세포가 있다. (○, ×)
6. ⓐ에는 대립유전자 R가 있다. (○, ×)
7. (나)에서 상동 염색체가 분리되어 양극으로 이동한다. (○, ×)

Ⓐ 염색체

[1~2] 그림은 염색체의 구조를 나타낸 것이다.

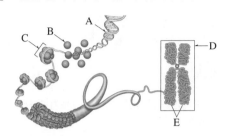

1 A~E의 이름을 쓰시오.

2 이에 대한 설명으로 옳은 것은?

① A에는 하나의 유전자가 있다.
② B의 단위체는 뉴클레오타이드이다.
③ C는 DNA와 단백질로 이루어져 있다.
④ D는 분열하지 않는 세포에서 관찰된다.
⑤ E의 두 가닥은 부모에게서 하나씩 물려받은 것이다.

3 그림은 체세포 분열 과정에서 관찰되는 한 쌍의 상동 염색체를 나타낸 것이다. 이에 대한 설명으로 옳은 것만을 [보기]에서 있는 대로 고르시오.

ㅡㅡㅡ 보기 ㅡㅡㅡ
ㄱ. ㉠과 ㉢의 유전자 구성은 항상 같다.
ㄴ. ㉡과 ㉢의 같은 위치에 대립유전자가 있다.
ㄷ. ㉢과 ㉣은 하나의 DNA가 복제되어 만들어진 것이다.

4 그림은 어떤 사람의 핵형을 나타낸 것이다.

1	2	3		4	5		6	7	8	9	10	11	12

13	14	15		16	17	18		19	20		21	22	X X

이에 대한 설명으로 옳지 **않은** 것은?

① 여자의 핵형이다.
② 23쌍의 대립유전자가 있다.
③ 23쌍의 상동 염색체가 있다.
④ 상염색체의 염색 분체 수는 88이다.
⑤ 이 사람의 모든 체세포의 핵형은 이와 동일하다.

5 사람 체세포의 핵상과 염색체 수는 $2n=46$이다. 사람의 정자 1개에 들어 있는 상염색체의 수를 쓰시오.

Ⓑ 세포 주기

[6~7] 그림은 어떤 동물 체세포의 세포 주기를 나타낸 것이다. ㉠~㉢은 각각 G_1기, G_2기, S기 중 하나이다.

6 각 설명에 해당하는 시기의 기호나 이름을 쓰시오.

(1) DNA를 복제하는 시기를 쓰시오.
(2) 응축된 염색체가 관찰되는 시기를 쓰시오.
(3) 간기에 해당하는 시기를 모두 쓰시오.

7 이에 대한 설명으로 옳은 것만을 [보기]에서 있는 대로 고르시오.

ㅡㅡㅡ 보기 ㅡㅡㅡ
ㄱ. 방추사는 ㉡ 시기에 나타난다.
ㄴ. 핵 1개당 DNA양은 ㉢ 시기 세포가 ㉠ 시기 세포의 2배이다.
ㄷ. M기에 세포판이 형성되는 모습이 관찰된다.

Ⓒ 체세포 분열

[8~9] 그림은 체세포 분열 과정을 순서 없이 나타낸 것이다.

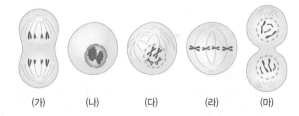

(가)   (나)   (다)   (라)   (마)

8 체세포 분열 과정을 간기부터 순서대로 나열하시오.

9 이에 대한 설명으로 옳은 것은?

① (가) 시기에 염색 분체가 분리된다.
② (나) 시기에 걸리는 시간이 가장 짧다.
③ (다) 시기에 핵막이 형성된다.
④ (라) 시기에는 핵상이 n이다.
⑤ (마) 시기에 풀어진 염색체가 응축된다.

10 그림은 어떤 동물에서 체세포 분열이 일어날 때 핵 1개당 DNA 상대량의 변화를 나타낸 것이다. A는 간기에서 어느 시기에 해당하는지 쓰시오.

1 그림은 어떤 동물의 체세포에 있는 염색체의 구조를 나타낸 것이다.

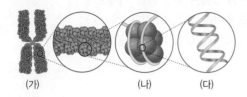

(가)   (나)   (다)

이에 대한 설명으로 옳은 것만을 [보기]에서 있는 대로 고른 것은?

┤ 보기 ├
ㄱ. (가)는 DNA와 히스톤 단백질로 구성된다.
ㄴ. (나)는 뉴클레오솜이다.
ㄷ. (다)의 단위체는 뉴클레오타이드이다.

① ㄱ   ② ㄷ   ③ ㄱ, ㄴ
④ ㄴ, ㄷ   ⑤ ㄱ, ㄴ, ㄷ

2 그림은 사람의 DNA가 염색체로 형성되는 과정의 일부를 나타낸 것이다.

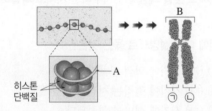

히스톤
단백질

이에 대한 설명으로 옳은 것만을 [보기]에서 있는 대로 고른 것은?

┤ 보기 ├
ㄱ. A의 특정 부분에 유전 정보가 저장된 유전자가 있다.
ㄴ. B는 세포 주기의 간기에 관찰된다.
ㄷ. ㉠과 ㉡은 유전자 구성이 다르다.

① ㄱ   ② ㄴ   ③ ㄱ, ㄷ
④ ㄴ, ㄷ   ⑤ ㄱ, ㄴ, ㄷ

자료①   **2017** 9월 평가원 5번

3 그림은 사람의 체세포에 있는 염색체의 구조를 나타낸 것이다.

이에 대한 설명으로 옳은 것만을 [보기]에서 있는 대로 고른 것은?

┤ 보기 ├
ㄱ. ㉠은 2가 염색체이다.
ㄴ. 세포 주기의 S기에 ㉡이 ㉠으로 응축된다.
ㄷ. ㉢의 기본 단위는 뉴클레오타이드이다.

① ㄴ   ② ㄷ   ③ ㄱ, ㄴ
④ ㄱ, ㄷ   ⑤ ㄴ, ㄷ

4 그림 (가)와 (나)는 핵형이 정상인 사람의 체세포에 들어 있는 2쌍의 상염색체와 1쌍의 성염색체를 나타낸 것이다.

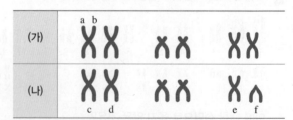

이에 대한 설명으로 옳은 것만을 [보기]에서 있는 대로 고른 것은?

┤ 보기 ├
ㄱ. a와 b는 상동 염색체이다.
ㄴ. c와 d는 유전자 구성이 모두 같다.
ㄷ. e는 X 염색체, f는 Y 염색체이다.

① ㄱ   ② ㄴ   ③ ㄷ
④ ㄱ, ㄴ   ⑤ ㄴ, ㄷ

2021 9월 평가원 6번

5 그림은 어떤 사람의 핵형 분석 결과를 나타낸 것이다. ⓐ 는 세포 분열 시 방추사가 부착되는 부분이다.

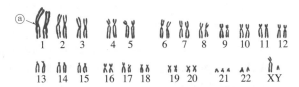

이에 대한 설명으로 옳은 것만을 [보기]에서 있는 대로 고른 것은?

보기
ㄱ. ⓐ는 동원체이다.
ㄴ. 이 사람은 다운 증후군의 염색체 이상을 보인다.
ㄷ. 이 핵형 분석 결과에서 $\dfrac{\text{상염색체의 염색 분체 수}}{\text{성염색체 수}}$ $= \dfrac{45}{2}$이다.

① ㄱ   ② ㄷ   ③ ㄱ, ㄴ
④ ㄴ, ㄷ   ⑤ ㄱ, ㄴ, ㄷ

자료❸

2021 6월 평가원 10번

6 그림은 사람 체세포의 세포 주기를 나타낸 것이다. ㉠~ ㉢은 각각 G₂기, M기(분열기), S기 중 하나이다.

이에 대한 설명으로 옳은 것만을 [보기]에서 있는 대로 고른 것은?

보기
ㄱ. ㉠ 시기에 DNA가 복제된다.
ㄴ. ㉡은 간기에 속한다.
ㄷ. ㉢ 시기에 상동 염색체의 접합이 일어난다.

① ㄱ   ② ㄴ   ③ ㄷ
④ ㄱ, ㄴ   ⑤ ㄱ, ㄷ

---

7 그림은 양파 뿌리를 이용하여 세포 분열 과정 중에 있는 세포들을 관찰한 결과를 나타낸 것이다.

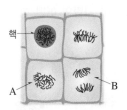

이에 대한 설명으로 옳은 것만을 [보기]에서 있는 대로 고른 것은?

보기
ㄱ. 핵에는 뉴클레오솜이 있다.
ㄴ. A의 염색체는 DNA가 복제되기 전 상태이다.
ㄷ. B에서는 염색 분체가 분리되어 이동하고 있다.

① ㄱ   ② ㄱ, ㄴ   ③ ㄱ, ㄷ
④ ㄴ, ㄷ   ⑤ ㄱ, ㄴ, ㄷ

---

8 그림은 어떤 동물 세포에서 일어나는 염색체의 변화를 나타낸 것이다.

이에 대한 설명으로 옳은 것만을 [보기]에서 있는 대로 고른 것은?

보기
ㄱ. A와 B는 핵 속에 있다.
ㄴ. (가)에서 DNA가 복제된다.
ㄷ. (나)에서 세포의 핵상이 변한다.

① ㄱ   ② ㄴ   ③ ㄱ, ㄴ
④ ㄱ, ㄷ   ⑤ ㄴ, ㄷ

1 그림은 어떤 사람의 체세포에 있는 염색체의 구조를 나타낸 것이다. 이 사람의 어떤 형질에 대한 유전자형은 Aa이다.

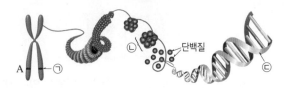

이에 대한 설명으로 옳은 것만을 [보기]에서 있는 대로 고른 것은?

┤ 보기 ├
ㄱ. ㉠은 대립유전자 a이다.
ㄴ. ㉡은 간기의 핵 속에 있다.
ㄷ. ㉢에는 디옥시리보스가 있다.

① ㄱ   ② ㄴ   ③ ㄷ
④ ㄱ, ㄴ   ⑤ ㄴ, ㄷ

2 그림은 어떤 사람의 체세포의 핵형 분석 결과와 이 중 12번 염색체 1개를 확대하여 나타낸 것이다.

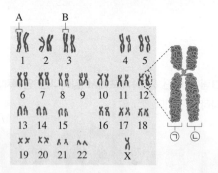

이에 대한 설명으로 옳은 것만을 [보기]에서 있는 대로 고른 것은?

┤ 보기 ├
ㄱ. A와 B는 모두 상염색체이다.
ㄴ. $\frac{\text{상염색체의 염색 분체 수}}{\text{성염색체의 수}}=44$이다.
ㄷ. ㉠과 ㉡의 같은 위치에 있는 대립유전자는 같을 수도 있고 다를 수도 있다.

① ㄱ   ② ㄴ   ③ ㄱ, ㄴ
④ ㄱ, ㄷ   ⑤ ㄴ, ㄷ

2021 수능 6번

3 그림은 서로 다른 종인 동물 A(2n=?)와 B(2n=?)의 세포 (가)~(다) 각각에 들어 있는 염색체 중 X 염색체를 제외한 나머지 염색체를 모두 나타낸 것이다. (가)~(다) 중 2개는 A의 세포이고, 나머지 1개는 B의 세포이다. A와 B는 성이 다르고, A와 B의 성염색체는 암컷이 XX, 수컷이 XY이다.

(가)   (나)   (다)

이에 대한 설명으로 옳은 것만을 [보기]에서 있는 대로 고른 것은? (단, 돌연변이는 고려하지 않는다.)

┤ 보기 ├
ㄱ. (가)와 (다)의 핵상은 같다.
ㄴ. A는 수컷이다.
ㄷ. B의 체세포 분열 중기의 세포 1개당 염색 분체 수는 16이다.

① ㄱ   ② ㄴ   ③ ㄱ, ㄷ
④ ㄴ, ㄷ   ⑤ ㄱ, ㄴ, ㄷ

4 그림은 같은 종인 동물(2n=6) Ⅰ과 Ⅱ의 세포 (가)~(다) 각각에 들어 있는 모든 염색체를 나타낸 것이다. (가)는 Ⅰ의 세포이고, 이 동물의 성염색체는 암컷이 XX, 수컷이 XY이다.

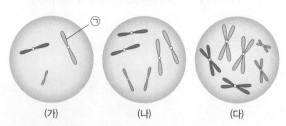
(가)   (나)   (다)

이에 대한 설명으로 옳은 것만을 [보기]에서 있는 대로 고른 것은? (단, 돌연변이는 고려하지 않는다.)

┤ 보기 ├
ㄱ. Ⅱ는 암컷이다.
ㄴ. (나)와 (다)의 핵상은 같다.
ㄷ. ㉠은 성 결정에 관여하는 염색체이다.

① ㄱ   ② ㄴ   ③ ㄷ
④ ㄱ, ㄴ   ⑤ ㄴ, ㄷ

5 (가)는 어떤 한 동물의 세포 A, B에 들어 있는 염색체 수를, (나)는 A, B 중 한 세포에 들어 있는 모든 염색체를 나타낸 것이다. 이 동물의 어떤 형질에 대한 유전자형은 Tt이고, T와 t는 대립유전자이다.

세포	염색체 수
A	3
B	6

(가)　　　　　(나)

이에 대한 설명으로 옳은 것만을 [보기]에서 있는 대로 고른 것은?

┌─────── 보기 ───────┐
ㄱ. ㉠에는 대립유전자 T가 있다.
ㄴ. A의 핵상은 n이다.
ㄷ. G_1기 세포와 B에서 세포 1개당 t의 수는 같다.
└────────────────────┘

① ㄱ　　　　② ㄴ　　　　③ ㄱ, ㄴ
④ ㄱ, ㄷ　　⑤ ㄴ, ㄷ

---

6 그림은 성별이 다른 두 사람의 세포 (가)와 (나)에 존재하는 대립유전자 A, A*의 DNA 상대량을 나타낸 것이다. (가)와 (나)는 각각 핵상이 $2n$과 n 중 하나이고, A와 A*는 성염색체에 존재하며, A와 A* 1개의 DNA 상대량은 각각 1이다.

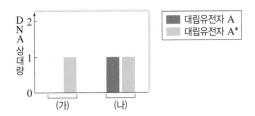

이에 대한 설명으로 옳은 것만을 [보기]에서 있는 대로 고른 것은? (단, 돌연변이는 고려하지 않는다.)

┌─────── 보기 ───────┐
ㄱ. (가)의 A*는 아버지에게서 물려받은 것이다.
ㄴ. (나)의 핵상은 $2n$이다.
ㄷ. $\dfrac{(나)의 \ 상염색체 \ 수}{(가)의 \ 상염색체 \ 수}=2$이다.
└────────────────────┘

① ㄱ　　　　② ㄷ　　　　③ ㄱ, ㄴ
④ ㄴ, ㄷ　　⑤ ㄱ, ㄴ, ㄷ

---

7 그림은 사람 체세포의 세포 주기를 나타낸 것이다. ㉠~㉢은 각각 G_2기, M기, S기 중 하나이다.

이에 대한 설명으로 옳은 것만을 [보기]에서 있는 대로 고른 것은?

┌─────── 보기 ───────┐
ㄱ. ㉠ 시기에 염색체가 응축된다.
ㄴ. 세포 1개당 $\dfrac{㉡ \ 시기의 \ DNA양}{G_1기의 \ DNA양}$의 값은 2이다.
ㄷ. ㉢ 시기에 핵막의 소실과 생성이 관찰된다.
└────────────────────┘

① ㄱ　　　　② ㄴ　　　　③ ㄷ
④ ㄱ, ㄴ　　⑤ ㄴ, ㄷ

2021 수능 9번

8 그림 (가)는 사람 A의 체세포를 배양한 후 세포당 DNA 양에 따른 세포 수를, (나)는 A의 체세포 분열 과정 중 ㉠ 시기의 세포로부터 얻은 핵형 분석 결과의 일부를 나타낸 것이다.

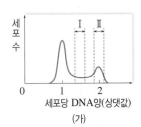　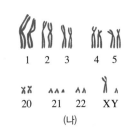

(가)　　　　　　　(나)

이에 대한 설명으로 옳은 것만을 [보기]에서 있는 대로 고른 것은?

┌─────── 보기 ───────┐
ㄱ. 구간 Ⅰ에는 핵막을 갖는 세포가 있다.
ㄴ. (나)에서 다운 증후군의 염색체 이상이 관찰된다.
ㄷ. 구간 Ⅱ에는 ㉠ 시기의 세포가 있다.
└────────────────────┘

① ㄱ　　　　② ㄴ　　　　③ ㄱ, ㄷ
④ ㄴ, ㄷ　　⑤ ㄱ, ㄴ, ㄷ

9 그림 (가)는 염색체의 구조를, (나)는 세포 주기를 나타낸 것이다. ⓐ~ⓒ는 각각 G_1기, S기, M기 중 하나이다.

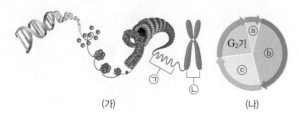

(가)　　　　　　(나)

이에 대한 설명으로 옳은 것만을 [보기]에서 있는 대로 고른 것은?

┤ 보기 ├
ㄱ. ⊙이 ⓛ으로 응축되는 시기는 ⓐ이다.
ㄴ. 세포 1개당 DNA양은 G_2기 세포가 ⓑ 시기 세포의 2배이다.
ㄷ. ⓒ 시기에는 ⓛ이 ⊙으로 풀어지고 핵막이 다시 나타난다.

① ㄱ　② ㄴ　③ ㄷ　④ ㄱ, ㄴ　⑤ ㄴ, ㄷ

2018 6월 평가원 5번

10 다음은 세포 주기에 대한 실험이다.

| 실험 과정 |
(가) 어떤 동물의 체세포를 배양하여 집단 A와 B로 나눈다.
(나) A와 B 중 B에만 방추사 형성을 억제하는 물질을 처리하고, 두 집단을 동일한 조건에서 일정 시간 동안 배양한다.
(다) 두 집단에서 같은 수의 세포를 동시에 고정한 후, 각 집단에서 세포당 DNA양을 측정하여 DNA양에 따른 세포 수를 그래프로 나타낸다.

| 실험 결과 |

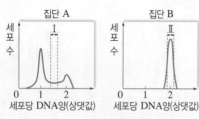

이에 대한 설명으로 옳은 것만을 [보기]에서 있는 대로 고른 것은?

┤ 보기 ├
ㄱ. 구간 Ⅰ에는 핵막을 가진 세포가 있다.
ㄴ. 집단 A에서 G_2기의 세포 수가 G_1기의 세포 수보다 많다.
ㄷ. 구간 Ⅱ에는 염색 분체가 분리되지 않은 상태의 세포가 있다.

① ㄱ　② ㄷ　③ ㄱ, ㄴ　④ ㄱ, ㄷ　⑤ ㄴ, ㄷ

---

11 그림은 어떤 동물의 체세포 집단 A의 세포 주기를, 표는 물질 X의 작용을 나타낸 것이다. ⊙~ⓒ은 각각 G_1기, G_2기, M기 중 하나이다.

물질	작용
X	G_1기에서 S기로의 진행을 억제한다.

이에 대한 설명으로 옳은 것만을 [보기]에서 있는 대로 고른 것은?

┤ 보기 ├
ㄱ. ⓛ 시기에 상동 염색체의 접합과 분리가 일어난다.
ㄴ. A에 X를 처리하면 ⊙ 시기의 세포는 세포 분열이 진행되지 않는다.
ㄷ. A에 X를 처리하면 ⓒ 시기의 세포 수는 처리하기 전보다 증가한다.

① ㄱ　　② ㄴ　　③ ㄷ
④ ㄱ, ㄴ　　⑤ ㄴ, ㄷ

2017 9월 평가원 13번

12 그림 (가)는 동물 P에서 체세포의 세포 주기를, (나)는 P의 체세포 분열 과정 중 어느 한 시기에서 관찰되는 세포를 나타낸 것이다. ⊙~ⓒ은 각각 G_2기, M기, S기 중 하나이다.

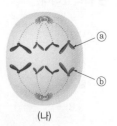

(가)　　　　　　(나)

이에 대한 설명으로 옳은 것만을 [보기]에서 있는 대로 고른 것은? (단, 돌연변이는 고려하지 않는다.)

┤ 보기 ├
ㄱ. (나)는 ⊙ 시기에 관찰된다.
ㄴ. 핵상은 G_1기의 세포와 ⓛ 시기의 세포가 같다.
ㄷ. ⓐ와 ⓑ는 부모에게서 각각 하나씩 물려받은 것이다.

① ㄱ　　② ㄴ　　③ ㄷ
④ ㄱ, ㄷ　　⑤ ㄴ, ㄷ

13

13 그림 (가)는 사람의 체세포를 배양한 후 세포당 DNA양에 따른 세포 수를, (나)는 사람의 체세포에 있는 염색체의 구조를 나타낸 것이다.

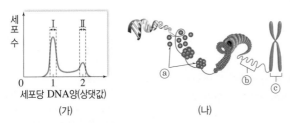

(가)   (나)

이에 대한 설명으로 옳은 것만을 [보기]에서 있는 대로 고른 것은?

┤ 보기 ├
ㄱ. 구간 I에 ⓐ가 들어 있는 세포가 있다.
ㄴ. 구간 II에 ⓑ가 ⓒ로 응축되는 시기의 세포가 있다.
ㄷ. 핵막을 갖는 세포의 수는 구간 II에서가 구간 I에서보다 많다.

① ㄱ   ② ㄴ   ③ ㄷ
④ ㄱ, ㄴ   ⑤ ㄱ, ㄷ

---

14 그림 (가)는 어떤 동물의 체세포 Q를 배양한 후 세포당 DNA양에 따른 세포 수를, (나)는 Q의 체세포 분열 과정 중 ㉠ 시기에서 관찰되는 세포를 나타낸 것이다.

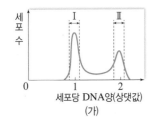

(가)   (나)

이에 대한 설명으로 옳은 것만을 [보기]에서 있는 대로 고른 것은?

┤ 보기 ├
ㄱ. ⓐ에는 히스톤 단백질이 있다.
ㄴ. 구간 II에는 ㉠ 시기의 세포가 있다.
ㄷ. G_1기의 세포 수는 구간 II에서가 구간 I에서보다 많다.

① ㄱ   ② ㄷ   ③ ㄱ, ㄴ
④ ㄴ, ㄷ   ⑤ ㄱ, ㄴ, ㄷ

---

15 그림은 어떤 동물의 세포 분열 과정에서 시간에 따른 세포 1개의 질량과 핵 1개당 DNA 상대량 변화를 나타낸 것이다.

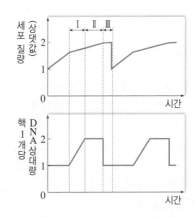

이에 대한 설명으로 옳은 것만을 [보기]에서 있는 대로 고른 것은?

┤ 보기 ├
ㄱ. 구간 I에서 염색 분체가 분리된다.
ㄴ. 구간 II에는 간기가 포함되지 않는다.
ㄷ. 구간 III에서 세포질 분열이 일어난다.

① ㄱ   ② ㄷ   ③ ㄱ, ㄴ
④ ㄱ, ㄷ   ⑤ ㄴ, ㄷ

---

16 그림 (가)는 핵상이 $2n$인 식물 P에서 체세포가 분열하는 동안 핵 1개당 DNA양을, (나)는 P의 체세포 분열 과정 중에 있는 세포들을 나타낸 것이다. P의 특정 형질에 대한 유전자형은 Rr이며, R와 r는 대립유전자이다.

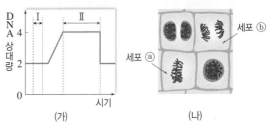

(가)   (나)

이에 대한 설명으로 옳은 것만을 [보기]에서 있는 대로 고른 것은? (단, 돌연변이는 고려하지 않는다.)

┤ 보기 ├
ㄱ. 세포 1개당 R의 수는 구간 I의 세포와 세포 ⓐ가 같다.
ㄴ. 구간 II에서 핵상이 $2n$인 세포가 관찰된다.
ㄷ. 세포 ⓑ에서 방추사가 형성되기 시작한다.

① ㄱ   ② ㄴ   ③ ㄷ
④ ㄱ, ㄴ   ⑤ ㄴ, ㄷ

생식세포 형성과 유전적 다양성

≫ **핵심 짚기** ➤ 감수 1분열과 감수 2분열의 차이   ➤ 생식세포 분열 시 DNA양 변화
➤ 체세포 분열과 생식세포 분열 비교   ➤ 생식세포의 유전적 다양성 획득 원리

Ⓐ 생식세포 분열(감수 분열)

1 생식세포 분열 생식세포를 만드는 과정으로, 정소와 난소 등의 생식 기관에서 일어난다.[●]
① 간기의 S기에 DNA가 한 번 복제된 후 분열이 연속해서 2회 일어난다. ➡ 염색체 수와 유전 물질 양이 모세포의 반인 딸세포가 4개 만들어진다.
② 감수 1분열: 상동 염색체가 분리되어 각각 다른 딸세포로 들어간다. ➡ 딸세포는 모세포의 상동 염색체 중 1개씩만 있게 되어 염색체 수가 반으로 감소한다($2n \rightarrow n$).
③ 감수 2분열: 염색 분체가 분리되어 각각 다른 딸세포로 들어간다. ➡ 딸세포의 염색체 수는 변화가 없다($n \rightarrow n$).[●]

[생식세포 분열 과정]
생식세포 분열 과정에서는 체세포 분열 과정과 달리 감수 1분열 전기에 상동 염색체가 접합하여 2가 염색체를 형성하고, 후기에 상동 염색체가 분리되어 양극으로 이동한다.

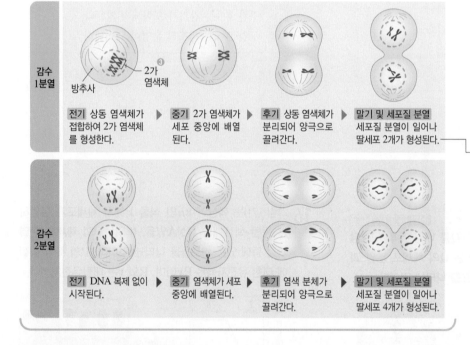

PLUS 강의 ⊕

❶ 생식세포와 생식
• 무성 생식: 암수 생식세포의 결합 없이 새로운 개체가 만들어진다. ➡ 자손과 모체의 유전 정보가 같다.
예 아메바나 짚신벌레와 같은 단세포 생물은 체세포 분열이 곧 개체 수를 늘리는 생식이 된다.
• 유성 생식: 암수 생식세포가 결합하여 자손이 만들어진다. ➡ 유전적으로 다양한 자손이 생긴다.

❷ 생식세포 분열에서의 염색체 수와 DNA양 변화
• 감수 1분열: 상동 염색체 분리 ➡ 염색체 수와 DNA양 반감
• 감수 2분열: 염색 분체 분리 ➡ 염색체 수는 변화 없고, DNA양만 반감

• 딸세포의 염색체 하나는 염색 분체 2개로 구성된다.

❸ 2가 염색체
생식세포 분열 시 상동 염색체끼리 접합한 것으로, 염색 분체 4개로 구성되어 4분 염색체라고도 한다.

2 체세포 분열과 생식세포 분열 비교[❹]

구분	체세포 분열	생식세포 분열
DNA양 변화	(그래프)	(그래프)
분열 횟수	1회 ➡ 딸세포 2개 형성	2회 ➡ 딸세포 4개 형성
2가 염색체	형성되지 않음	감수 1분열 전기에 형성
DNA 복제	간기에 1회 복제	감수 1분열 전 간기에 1회 복제
염색체 수 변화	변화 없음($2n \rightarrow 2n$)	반으로 감소($2n \rightarrow n$)

❹ 체세포 분열과 생식세포 분열 과정

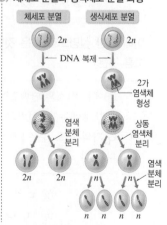

B 생식세포와 유전적 다양성

1 생식세포 분열의 의의

① 염색체 수와 유전 물질 양 유지: 염색체 수와 DNA양이 반감된 암수 생식세포가 결합하여 수정란을 형성하므로 수정란의 염색체 수와 DNA양이 체세포와 같다. ➡ 세대를 거듭하더라도 자손의 염색체 수와 유전 물질 양은 부모와 같게 유지된다.

② 유전적 다양성 증가: 생식세포 분열 과정에서 상동 염색체가 무작위로 배열하고 분리되는 것은 상동 염색체 쌍마다 독립적으로 일어난다. ➡ 한 개체에서 염색체 조합이 다양한 생식세포가 형성될 수 있다. ❺

2 자손의 유전적 다양성 획득 원리

① 상동 염색체의 무작위 배열과 분리: 생식세포 분열 과정에서 2가 염색체가 세포 중앙에 배열되는 방향은 독립적이고, 무작위이다.

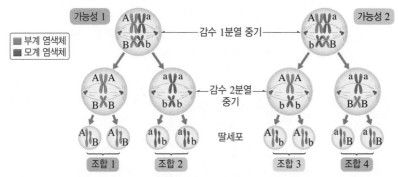

[생식세포의 유전적 다양성 획득 원리]

- 2가 염색체가 세포 중앙에 어떻게 배열되는가에 따라 상동 염색체가 양극으로 이동하는 방향이 결정된다. ➡ 염색체 조합이 달라지면서 대립유전자의 조합도 달라진다.
- 상동 염색체가 2쌍인 모세포($2n=4$)에서 형성될 수 있는 생식세포의 염색체 조합은 $4(=2^2)$가지이다. ❻

② 암수 생식세포의 무작위 수정: 자손은 암수 생식세포가 무작위로 결합하여 생긴다.
➡ 생식세포의 염색체 조합이 2^{23}가지인 사람의 경우 암수 생식세포의 무작위 수정으로 태어날 수 있는 자손의 염색체 조합은 이론적으로 $2^{23} \times 2^{23}$가지이다.
└ 실제로는 염색체의 다양한 조합 이외에도 유전적 다양성을 높이는 다른 요인들이 추가로 작용하므로 유전적 다양성은 이보다 높아진다.

---

❺ 유전적 다양성의 중요성
집단 내 개체들이 유전적으로 다양하면 환경이 급변할 때 종을 유지하는 데 유리하다. 유전적으로 다양한 개체들 중에는 변화된 환경에 적응할 수 있는 개체가 있을 가능성이 높기 때문에 집단의 생존 확률도 높아진다.

❻ 생식세포의 염색체 조합
체세포의 핵상이 $2n$인 생물에서 상동 염색체의 독립적인 무작위 배열과 분리로 만들어질 수 있는 생식세포의 염색체 조합은 이론적으로 2^n가지이다.
예 핵상이 $2n=46$인 사람의 경우 생식세포의 염색체 조합은 2^{23}가지이다.

 개념
확인

▤ 정답과 해설 55쪽

(1) 생식세포 분열이 일어날 때 DNA는 간기의 (G_1, S, G_2)기에 (한, 두) 번 복제된다.

(2) 생식세포 분열이 일어날 때는 1개의 모세포가 연속해서 (   )회 분열하여 딸세포 (   )개를 형성한다.

(3) 사람 체세포의 핵상과 염색체 수는 $2n=46$이고, 생식세포인 정자의 핵상과 염색체 수는 (   )이다.

(4) (감수 1분열, 감수 2분열) 전기에 상동 염색체가 접합하여 (   )를 형성한다.

(5) 감수 1분열 과정에서 핵상은 (n, $2n$) → (n, $2n$)이 되고, 감수 2분열 과정에서 핵상은 (n, $2n$) → (n, $2n$)이 된다.

(6) 다음 요소들을 관련 있는 것끼리 옳게 연결하시오.

    ① 감수 1분열 •   • ㉠ 염색 분체 분리 •   • ⓐ 염색체 수 유지

    ② 감수 2분열 •   • ㉡ 상동 염색체 분리 •   • ⓑ 염색체 수 반감

(7) 생식세포 분열 과정 중 (감수 1분열, 감수 2분열)은 자손의 유전적 다양성을 증가시키는 것과 밀접한 관련이 있다.

(8) 체세포의 염색체 수가 $2n=8$인 초파리에서 형성될 수 있는 생식세포의 염색체 조합은 이론적으로 (   )가지이다.

2020 ● 6월 평가원 5번

자료 ❶ 생식세포 분열 시 DNA양 변화

그림 (가)는 어떤 동물(2n=6)의 세포가 분열하는 동안 핵 1개당 DNA양을, (나)는 이 세포 분열 과정의 어느 한 시기에서 관찰되는 세포를 나타낸 것이다. 이 동물의 특정 형질에 대한 유전자형은 Rr이며, R와 r는 대립유전자이다.

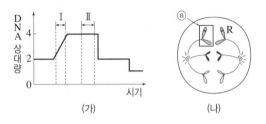

(가)   (나)

1. 구간 Ⅰ에서 세포에 핵막이 있다.   (○, ×)
2. 구간 Ⅰ에서 2가 염색체가 관찰된다.   (○, ×)
3. 구간 Ⅰ과 Ⅱ에서 세포에 히스톤 단백질이 있다.   (○, ×)
4. ⓐ에는 R가 있다.   (○, ×)
5. (나)는 구간 Ⅱ에서 관찰된다.   (○, ×)
6. (나)의 DNA 상대량은 G_1기 체세포와 같다.   (○, ×)
7. 체세포 분열 중기의 세포 1개당 염색 분체 수는 12이다.   (○, ×)

2021 ● 6월 평가원 19번

자료 ❸ 생식세포 분열과 대립유전자 구성(1)

그림은 유전자형이 AaBbDD인 어떤 사람의 G_1기 세포 Ⅰ로부터 생식세포가 형성되는 과정을, 표는 세포 (가)~(라)가 갖는 대립유전자 A, B, D의 DNA 상대량을 나타낸 것이다. (가)~(라)는 Ⅰ~Ⅳ를 순서 없이 나타낸 것이고, ㉠+㉡+㉢=4이다.

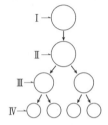

세포	DNA 상대량		
	A	B	D
(가)	2	㉠	?
(나)	2	㉡	㉢
(다)	?	1	2
(라)	?	0	?

1. Ⅰ의 A, B, D의 DNA 상대량은 각각 1, 1, 2이다.   (○, ×)
2. Ⅱ의 A, B, D의 DNA 상대량은 각각 2, 2, 4이다.   (○, ×)
3. Ⅲ과 Ⅳ에는 a와 B가 없다.   (○, ×)
4. A의 DNA 상대량이 2인 것은 Ⅱ와 Ⅲ이다.   (○, ×)
5. D의 DNA 상대량이 2인 (다)는 Ⅳ이다.   (○, ×)
6. ㉠과 ㉡의 값은 2로 같다.   (○, ×)
7. (가)는 Ⅱ이고, (나)는 Ⅲ이다.   (○, ×)
8. 세포 1개당 a의 DNA 상대량은 (다)와 (라)가 같다.   (○, ×)

2020 ● 수능 3번

자료 ❷ 생식세포 분열과 염색체 구성

그림은 같은 종인 동물(2n=?) Ⅰ과 Ⅱ의 세포 (가)~(다) 각각에 들어 있는 모든 염색체를 나타낸 것이다. (가)~(다) 중 1개는 Ⅰ의 세포이며, 나머지 2개는 Ⅱ의 세포이다. 이 동물의 성염색체는 암컷이 XX, 수컷이 XY이다. A는 a와 대립유전자이고, ㉠은 A와 a 중 하나이다.

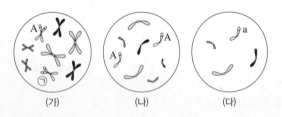

(가)   (나)   (다)

1. (가)는 암컷의 세포이다.   (○, ×)
2. (가)와 (나)의 핵상은 같다.   (○, ×)
3. (가)와 (나)에 들어 있는 A의 수는 같다.   (○, ×)
4. (나)는 Ⅱ의 세포이다.   (○, ×)
5. (나)와 (다)에 들어 있는 X 염색체의 수는 같다.   (○, ×)
6. ㉠은 A이다.   (○, ×)
7. Ⅰ의 감수 2분열 중기 세포 1개당 염색 분체 수는 8이다.   (○, ×)
8. Ⅱ의 감수 1분열 중기 세포 1개당 2가 염색체 수는 8이다.   (○, ×)

2020 ● 수능 7번

자료 ❹ 생식세포 분열과 대립유전자 구성(2)

사람의 유전 형질 ⓐ는 2쌍의 대립유전자 H와 h, T와 t에 의해 결정된다. 표는 어떤 사람의 난자 형성 과정에서 나타나는 세포 (가)~(다)에서 유전자 ㉠~㉢의 유무를, 그림은 (가)~(다)가 갖는 H와 t의 DNA 상대량을 나타낸 것이다. (가)~(다)는 중기의 세포이고, ㉠~㉢은 h, T, t를 순서 없이 나타낸 것이다.

유전자	세포		
	(가)	(나)	(다)
㉠	○	○	×
㉡	○	×	○
㉢	×	?	×

(○: 있음, ×: 없음)

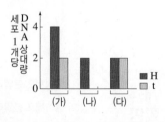

1. G_1기 세포의 H와 h의 DNA 상대량을 합한 값은 2이다.   (○, ×)
2. 이 사람의 감수 1분열 중기 세포에서 T와 t의 DNA 상대량을 합한 값은 4이다.   (○, ×)
3. (가)는 감수 1분열 중기 세포이다.   (○, ×)
4. (가)에는 h가 있다.   (○, ×)
5. 이 사람의 ⓐ에 대한 유전자형은 HhTt이다.   (○, ×)
6. (나)의 유전자 구성은 HHTT이다.   (○, ×)
7. ㉠은 t, ㉡은 T이다.   (○, ×)
8. (나)와 (다)의 핵상은 n이다.   (○, ×)

Ⓐ 생식세포 분열(감수 분열)

1 그림은 어떤 동물의 생식세포 분열 과정을 나타낸 것이다. 그림에는 두 쌍의 염색체만을 나타내었다.

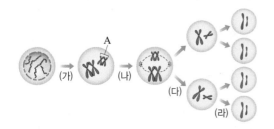

(1) A를 무엇이라고 하는지 쓰시오.
(2) (가)~(라) 중 염색체 수가 반으로 줄어드는 과정의 기호를 모두 쓰시오.
(3) (가)~(라) 중 DNA양이 반으로 줄어드는 과정의 기호를 모두 쓰시오.

2 그림은 어떤 식물에서 일어나는 생식세포 분열 과정 중 서로 다른 시기의 세포 ㉠~㉢을 관찰한 결과를 나타낸 것이다.

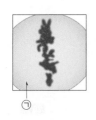 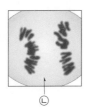 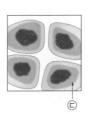

(1) 2가 염색체가 관찰되는 세포를 모두 쓰시오.
(2) ㉢의 DNA 상대량이 1이라면 ㉠의 DNA 상대량은 얼마인지 쓰시오.

3 그림 (가)~(다)는 어떤 동물($2n=4$)의 세포 분열 중기 상태의 세포를 나타낸 것이다.

이에 대한 설명으로 옳은 것은?

① (가)와 (다)의 핵상은 같다.
② (가)에서 2가 염색체가 관찰된다.
③ (나)는 체세포 분열 과정에서 관찰된다.
④ (나)에서 상동 염색체의 분리가 일어난다.
⑤ (다)의 염색 분체 수는 4이다.

4 그림은 동물 A의 분열 중인 세포 (가)와 동물 B의 생식세포 (나)에 들어 있는 모든 염색체를 나타낸 것이다. A와 B는 같은 종이고 성이 다르며, 성염색체는 수컷이 XY, 암컷이 XX이고 X 염색체가 Y 염색체보다 크다.

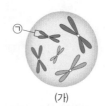 

이에 대한 설명으로 옳지 <u>않은</u> 것은?

① ㉠은 성염색체이다.
② (가)와 (나)는 핵상이 같다.
③ A의 체세포의 염색체 수는 10이다.
④ B의 체세포의 상염색체 수는 8이다.
⑤ B의 감수 1분열 중기 세포에는 X 염색체가 없다.

Ⓑ 생식세포와 유전적 다양성

5 그림은 어떤 생물의 감수 1분열 전기 세포의 염색체 구성을 나타낸 것이다. 이 생물에서 만들어질 수 있는 생식세포의 유전자 구성을 모두 쓰시오.

6 체세포의 염색체 수가 $2n=16$인 어떤 동물에서 만들어질 수 있는 생식세포의 염색체 조합은 이론적으로 몇 가지인지 쓰시오. (단, 돌연변이와 교차는 고려하지 않는다.)

7 그림은 생식세포 분열 과정에서 핵 1개당 DNA 상대량의 변화를 나타낸 것이다. (가)~(다)는 각각 감수 1분열, 감수 2분열, 간기 중 하나이다. 이에 대한 설명으로 옳지 <u>않은</u> 것은?

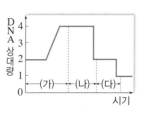

① (가) 시기에 핵막이 관찰된다.
② (나) 시기에 2가 염색체가 관찰된다.
③ (나)의 결과 염색체 수와 DNA 양이 반감된다.
④ (다)의 결과 염색체 수는 변하지 않는다.
⑤ (다) 시기에 독립적이고 무작위인 상동 염색체의 배열과 분리가 일어난다.

1 그림은 특정 형질에 대한 유전자형이 Rr인 식물 P에서 일어나는 생식세포 분열 과정 중 서로 다른 시기의 세포 ㉠~㉢을 관찰한 결과를 나타낸 것이다.

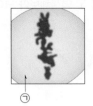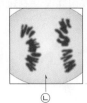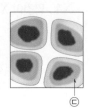

㉠   ㉡   ㉢

이에 대한 설명으로 옳은 것만을 [보기]에서 있는 대로 고른 것은?

| 보기 |
ㄱ. ㉠에서 2가 염색체가 관찰된다.
ㄴ. ㉡은 염색 분체가 분리되지 않은 상태이다.
ㄷ. ㉢이 유전자 R를 가질 확률은 $\frac{1}{4}$이다.

① ㄱ   ② ㄴ   ③ ㄷ
④ ㄱ, ㄴ   ⑤ ㄴ, ㄷ

2 그림 (가)는 어떤 동물의 정상적인 세포 분열 과정에서 핵 1개당 DNA양을, (나)는 이 세포 분열 과정의 어느 한 시기에서 관찰되는 세포를 나타낸 것이다.

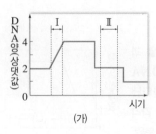

(가)   (나)

이에 대한 설명으로 옳은 것만을 [보기]에서 있는 대로 고른 것은?

| 보기 |
ㄱ. 구간 I에서 세포에 핵막이 있다.
ㄴ. (나)의 핵상은 $2n$이다.
ㄷ. (나)의 핵 1개당 DNA양은 구간 Ⅱ에서와 같다.

① ㄱ   ② ㄴ   ③ ㄱ, ㄴ
④ ㄱ, ㄷ   ⑤ ㄴ, ㄷ

3 그림 (가)는 어떤 동물($2n=?$)의 G_1기 세포로부터 생식세포가 형성되는 동안 핵 1개당 DNA 상대량을, (나)는 이 세포 분열 과정 중 일부를 나타낸 것이다. ⓐ~ⓒ는 중기 세포이고, ⓐ와 ⓑ의 핵상은 서로 다르다.

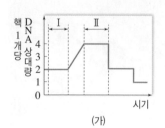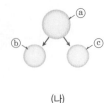

(가)   (나)

이에 대한 설명으로 옳은 것만을 [보기]에서 있는 대로 고른 것은? (단, 돌연변이와 교차는 고려하지 않는다.)

| 보기 |
ㄱ. 구간 I에서 세포에 방추사가 나타난다.
ㄴ. ⓐ는 구간 Ⅱ에서 관찰된다.
ㄷ. ⓑ와 ⓒ의 유전자 구성은 동일하다.

① ㄱ   ② ㄴ   ③ ㄷ
④ ㄱ, ㄴ   ⑤ ㄱ, ㄷ

2019 수능 5번

4 그림은 같은 종인 동물($2n=6$) I과 Ⅱ의 세포 (가)~(라) 각각에 들어 있는 모든 염색체를 나타낸 것이다. (가)~(라) 중 1개만 I의 세포이며, 나머지는 Ⅱ의 G_1기 세포로부터 생식세포가 형성되는 과정에서 나타나는 세포이다. 이 동물의 성염색체는 암컷이 XX, 수컷이 XY이다.

(가)   (나)   (다)   (라)

이에 대한 설명으로 옳은 것만을 [보기]에서 있는 대로 고른 것은? (단, 돌연변이는 고려하지 않는다.)

| 보기 |
ㄱ. (가)는 세포 주기의 S기를 거쳐 (라)가 된다.
ㄴ. (나)와 (라)의 핵상은 같다.
ㄷ. (다)는 Ⅱ의 세포이다.

① ㄱ   ② ㄴ   ③ ㄷ
④ ㄱ, ㄴ   ⑤ ㄴ, ㄷ

5 그림은 유전자형이 AaBbDD인 어떤 사람의 G_1기 세포 I로부터 생식세포가 형성되는 과정을, 표는 세포 (가)~(라)가 갖는 대립유전자 A, B, D의 DNA 상대량을 나타낸 것이다. (가)~(라)는 I~IV를 순서 없이 나타낸 것이고, ⊙+ⓒ+ⓒ=4이다.

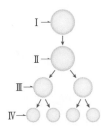

세포	DNA 상대량		
	A	B	D
(가)	2	⊙	?
(나)	2	ⓒ	ⓒ
(다)	?	1	2
(라)	?	0	?

이에 대한 설명으로 옳은 것만을 [보기]에서 있는 대로 고른 것은? (단, 돌연변이와 교차는 고려하지 않으며, A, a, B, b, D 각각의 1개당 DNA 상대량은 1이다. II와 III은 중기의 세포이다.)

┌──── 보기 ────┐
ㄱ. (가)는 II이다.
ㄴ. ⓒ은 2이다.
ㄷ. 세포 1개당 a의 DNA 상대량은 (다)와 (라)가 같다.
└──────────────┘

① ㄱ　　　　　② ㄴ　　　　　③ ㄱ, ㄷ
④ ㄴ, ㄷ　　　⑤ ㄱ, ㄴ, ㄷ

6 사람의 유전 형질 ⓐ는 2쌍의 대립유전자 H와 h, T와 t에 의해 결정된다. 표는 어떤 사람의 난자 형성 과정에서 나타나는 세포 (가)~(다)에서 유전자 ⊙~ⓒ의 유무를, 그림은 (가)~(다)가 갖는 H와 t의 DNA 상대량을 나타낸 것이다. (가)~(다)는 중기의 세포이고, ⊙~ⓒ은 h, T, t를 순서 없이 나타낸 것이다.

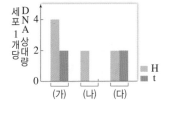

유전자	세포		
	(가)	(나)	(다)
⊙	○	○	×
ⓒ	○	×	○
ⓒ	×	?	×

(○: 있음, ×: 없음)

이에 대한 설명으로 옳은 것만을 [보기]에서 있는 대로 고른 것은? (단, 돌연변이와 교차는 고려하지 않으며, H, h, T, t 각각의 1개당 DNA 상대량은 1이다.)

┌──── 보기 ────┐
ㄱ. ⓒ은 T이다.
ㄴ. (나)와 (다)의 핵상은 같다.
ㄷ. 이 사람의 ⓐ에 대한 유전자형은 HhTt이다.
└──────────────┘

① ㄱ　　　　　② ㄴ　　　　　③ ㄷ
④ ㄱ, ㄴ　　　⑤ ㄱ, ㄷ

7 그림은 어떤 동물에서 일어나는 생식세포 분열 과정의 일부를 나타낸 것이다.

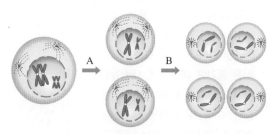

이에 대한 설명으로 옳은 것만을 [보기]에서 있는 대로 고른 것은?

┌──── 보기 ────┐
ㄱ. A 과정에서 생식세포의 유전적 다양성이 증가한다.
ㄴ. B 과정에서 세포 1개당 염색체 수가 반으로 줄어든다.
ㄷ. 핵 1개당 DNA 상대량은 A와 B 과정에서 각각 반으로 줄어든다.
└──────────────┘

① ㄱ　　　　　② ㄷ　　　　　③ ㄱ, ㄴ
④ ㄱ, ㄷ　　　⑤ ㄴ, ㄷ

8 그림은 특정 형질에 대한 유전자형이 AaBb인 어떤 동물(2n=4)의 생식세포 분열 과정에서 핵 1개당 DNA 상대량을 나타낸 것이다. 구간 I과 II는 각각 세포 분열 중기에 해당한다.

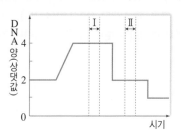

이에 대한 설명으로 옳은 것만을 [보기]에서 있는 대로 고른 것은? (단, 돌연변이와 교차는 고려하지 않는다.)

┌──── 보기 ────┐
ㄱ. 구간 II의 세포는 구간 I의 세포에 비해 염색체 수가 $\frac{1}{2}$이다.
ㄴ. 구간 II의 세포 1개에 대립유전자 A와 a가 모두 존재한다.
ㄷ. 이 동물의 생식세포 분열 결과 형성될 수 있는 생식세포의 염색체 조합은 4가지이다.
└──────────────┘

① ㄱ　　　　　② ㄴ　　　　　③ ㄱ, ㄷ
④ ㄴ, ㄷ　　　⑤ ㄱ, ㄴ, ㄷ

정답과 해설 58쪽

1 그림은 특정 형질에 대한 유전자형이 **Aa**인 사람에서 세포 ㉠으로부터 정자가 형성되는 과정을 나타낸 것이다. ㉠은 G_1기, ㉡과 ㉢은 중기에 해당하며, 대립유전자 A와 a 각각 1개의 DNA양은 같다. 이에 대한 설명으로 옳은 것만을 [보기]에서 있는 대로 고른 것은? (단, 돌연변이와 교차는 고려하지 않는다.)

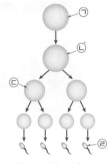

| 보기 |
ㄱ. 세포 1개당 A의 DNA양은 ㉡이 ㉠의 2배이다.
ㄴ. 세포 1개당 상염색체의 염색 분체 수는 ㉡이 ㉢의 4배이다.
ㄷ. 세포 1개당 a의 수는 ㉢이 ㉣의 2배이다.

① ㄱ 　　② ㄷ 　　③ ㄱ, ㄴ
④ ㄴ, ㄷ 　　⑤ ㄱ, ㄴ, ㄷ

2 그림 (가)는 어떤 동물($2n=?$)의 세포가 분열하는 동안 시간에 따른 핵 1개당 DNA양을, (나)는 t_1과 t_2 중 한 시점에서 관찰되는 모든 염색체를 나타낸 것이다.

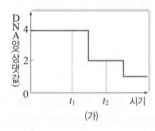

이에 대한 설명으로 옳은 것만을 [보기]에서 있는 대로 고른 것은?

| 보기 |
ㄱ. (나)는 t_2에서 관찰된다.
ㄴ. t_2에서 세포의 핵상은 $2n$이다.
ㄷ. 이 동물의 체세포 분열 중기의 세포와 (나)는 $\dfrac{핵\ 1개당\ DNA양}{세포\ 1개당\ 염색체\ 수}$ 이 같다.

① ㄱ 　　② ㄷ 　　③ ㄱ, ㄴ
④ ㄱ, ㄷ 　　⑤ ㄴ, ㄷ

2020 6월 평가원 5번

3 그림 (가)는 어떤 동물($2n=6$)의 세포가 분열하는 동안 핵 1개당 DNA양을, (나)는 이 세포 분열 과정의 어느 한 시기에서 관찰되는 세포를 나타낸 것이다. 이 동물의 특정 형질에 대한 유전자형은 **Rr**이며, R와 r는 대립유전자이다.

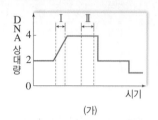

이에 대한 설명으로 옳은 것만을 [보기]에서 있는 대로 고른 것은? (단, 돌연변이와 교차는 고려하지 않는다.)

| 보기 |
ㄱ. ⓐ에는 R가 있다.
ㄴ. 구간 Ⅰ에서 2가 염색체가 관찰된다.
ㄷ. (나)는 구간 Ⅱ에서 관찰된다.

① ㄱ 　　② ㄴ 　　③ ㄷ
④ ㄱ, ㄴ 　　⑤ ㄱ, ㄷ

2020 수능 3번

4 그림은 같은 종인 동물($2n=?$) Ⅰ과 Ⅱ의 세포 (가)~(다) 각각에 들어 있는 모든 염색체를 나타낸 것이다. (가)~(다) 중 1개는 Ⅰ의 세포이며, 나머지 2개는 Ⅱ의 세포이다. 이 동물의 성염색체는 암컷이 **XX**, 수컷이 **XY**이다. A는 a와 대립유전자이고, ㉠은 A와 a 중 하나이다.

이에 대한 설명으로 옳은 것만을 [보기]에서 있는 대로 고른 것은? (단, 돌연변이와 교차는 고려하지 않는다.)

| 보기 |
ㄱ. ㉠은 A이다.
ㄴ. (나)는 Ⅱ의 세포이다.
ㄷ. Ⅰ의 감수 2분열 중기 세포 1개당 염색 분체 수는 8이다.

① ㄴ 　　② ㄷ 　　③ ㄱ, ㄴ
④ ㄱ, ㄷ 　　⑤ ㄱ, ㄴ, ㄷ

5 2019 수능 13번

어떤 동물 종($2n=6$)의 유전 형질 ⓐ는 2쌍의 대립유전자 H와 h, T와 t에 의해 결정된다. 그림은 이 동물 종의 세포 (가)~(라)가 갖는 유전자 ㉠~㉣의 DNA 상대량을 나타낸 것이다. 이 동물 종의 개체 Ⅰ에서는 ㉠~㉣의 DNA 상대량이 (가), (나), (다)와 같은 세포가, 개체 Ⅱ에서는 ㉠~㉣의 DNA 상대량이 (나), (다), (라)와 같은 세포가 형성된다. ㉠~㉣은 H, h, T, t를 순서 없이 나타낸 것이다. 이 동물 종의 성염색체는 암컷이 XX, 수컷이 XY이다.

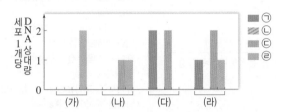

이에 대한 설명으로 옳은 것만을 [보기]에서 있는 대로 고른 것은? (단, 돌연변이와 교차는 고려하지 않으며, (가)와 (다)는 중기의 세포이다. H, h, T, t 각각의 1개당 DNA 상대량은 같다.)

┤ 보기 ├
ㄱ. ㉠은 ㉣과 대립유전자이다.
ㄴ. (가)와 (다)의 염색 분체 수는 같다.
ㄷ. 세포 1개당 $\dfrac{\text{X 염색체 수}}{\text{상염색체 수}}$ 는 (라)가 (나)의 2배이다.

① ㄱ ② ㄷ ③ ㄱ, ㄴ ④ ㄴ, ㄷ ⑤ ㄱ, ㄴ, ㄷ

6 표는 유전자형이 AaBbDd인 어떤 동물의 한 G_1기 세포로부터 생식세포가 형성되는 과정에 있는 세포 Ⅰ~Ⅲ에서 A, a, B, b, D, d 중 4가지 유전자 ㉠~㉣의 DNA 상대량을, 그림은 세포 Ⅰ~Ⅲ 중 하나에 들어 있는 모든 염색체를 나타낸 것이며, 나머지 두 세포는 중기의 세포이다. A와 a, B와 b, D와 d는 각각 서로 대립유전자이며, A, a, B, b, D, d 각각의 1개당 DNA 상대량은 1이다. 이 동물의 성염색체는 XX이다.

세포	DNA 상대량			
	㉠	㉡	㉢	㉣
Ⅰ	0	?	2	?
Ⅱ	1	1	0	1
Ⅲ	2	2	2	2

이에 대한 설명으로 옳은 것만을 [보기]에서 있는 대로 고른 것은? (단, 돌연변이와 교차는 고려하지 않는다.)

┤ 보기 ├
ㄱ. ㉠과 ㉡은 대립유전자이다.
ㄴ. Ⅰ의 세포 분열이 완료되면 Ⅱ가 형성된다.
ㄷ. Ⅲ의 세포 1개당 염색 분체 수는 12이다.

① ㄱ ② ㄴ ③ ㄷ ④ ㄱ, ㄷ ⑤ ㄴ, ㄷ

7 2021 9월 평가원 18번

그림은 유전자형이 Aa인 어떤 동물($2n=?$)의 G_1기 세포 Ⅰ로부터 생식세포가 형성되는 과정을, 표는 세포 ㉠~㉣의 상염색체 수와 대립유전자 A와 a의 DNA 상대량을 더한 값을 나타낸 것이다. ㉠~㉣은 Ⅰ~Ⅳ를 순서 없이 나타낸 것이고, 이 동물의 성염색체는 XX이다.

세포	상염색체 수	A와 a의 DNA 상대량을 더한 값
㉠	8	?
㉡	4	2
㉢	ⓐ	ⓑ
㉣	?	4

이에 대한 설명으로 옳은 것만을 [보기]에서 있는 대로 고른 것은? (단, 돌연변이는 고려하지 않으며, A와 a 각각의 1개당 DNA 상대량은 1이다. Ⅱ와 Ⅲ은 중기의 세포이다.)

┤ 보기 ├
ㄱ. ㉠은 Ⅰ이다.
ㄴ. ⓐ+ⓑ=5이다.
ㄷ. Ⅱ의 2가 염색체 수는 5이다.

① ㄱ ② ㄷ ③ ㄱ, ㄴ ④ ㄴ, ㄷ ⑤ ㄱ, ㄴ, ㄷ

8 2020 6월 평가원 8번

표는 같은 종인 동물($2n=6$) Ⅰ의 세포 (가)와 (나), Ⅱ의 세포 (다)와 (라)에서 유전자 ㉠~㉣의 유무를, 그림은 세포 A와 B 각각에 들어 있는 모든 염색체를 나타낸 것이다. 이 동물 종의 특정 형질은 2쌍의 대립유전자 H와 h, T와 t에 의해 결정되며, ㉠~㉣은 H, h, T, t를 순서 없이 나타낸 것이다. A와 B는 각각 Ⅰ과 Ⅱ의 세포 중 하나이고, Ⅰ과 Ⅱ의 성염색체는 암컷이 XX, 수컷이 XY이다.

유전자	Ⅰ의 세포		Ⅱ의 세포	
	(가)	(나)	(다)	(라)
㉠	×	○	×	×
㉡	×	×	○	○
㉢	○	○	×	○
㉣	○	○	○	×

(○: 있음, ×: 없음)

    A   B

이에 대한 설명으로 옳은 것만을 [보기]에서 있는 대로 고른 것은? (단, 돌연변이와 교차는 고려하지 않는다.)

┤ 보기 ├
ㄱ. ㉠은 ㉣과 대립유전자이다.
ㄴ. A는 Ⅱ의 세포이다.
ㄷ. (라)에는 X 염색체가 있다.

① ㄱ ② ㄴ ③ ㄱ, ㄷ ④ ㄴ, ㄷ ⑤ ㄱ, ㄴ, ㄷ

10 사람의 유전

>> 핵심 짚기 ▸ 상염색체 유전의 특징과 가계도 분석   ▸ ABO식 혈액형 유전의 특징과 가계도 분석
       ▸ 성염색체 유전의 특징과 가계도 분석   ▸ 단일 인자 유전과 다인자 유전의 구분

Ⓐ 사람의 유전 연구 ❶

1 사람의 유전 연구가 어려운 까닭   사람은 한 세대가 길고, 자손의 수가 적으며, 인위적인 교배 실험을 할 수 없으므로 유전 연구를 하기 어렵다.

2 사람의 유전 연구 방법

가계도 조사	특정 형질이 있는 집안을 조사하여 이 형질이 유전되는 방식을 분석한다. ➡ 형질의 우열 관계를 알 수 있고, 앞으로 태어날 자손의 형질을 예측할 수 있다. [가계도 기호] ■ 남자 ■ 특정 형질 남자 □─○ 부모 결혼 ● 여자 ● 특정 형질 여자 자손 1란성 쌍둥이 2란성 쌍둥이
집단 조사	여러 가계를 포함하는 집단을 조사하여 얻은 유전 형질의 자료를 통계 처리하여 유전 현상을 연구한다.
쌍둥이 연구	1란성 쌍둥이와 2란성 쌍둥이의 형질 차이를 연구하여 유전자와 환경이 형질에 미치는 영향을 알아본다. ❷
염색체와 유전자 분석	분자 생물학의 발달로 염색체 수나 모양을 조사하는 핵형 분석이나 특정 유전자를 직접 분리하여 염기 서열을 분석하는 방법 등을 통해 유전 현상을 연구한다.

Ⓑ 상염색체 유전

1 단일 인자 유전   대립유전자 한 쌍으로 형질이 결정되는 유전 현상으로, 표현형이 뚜렷하게 구분된다. 예 귓불 모양, ABO식 혈액형, 적록 색맹

2 상염색체 유전   유전자가 상염색체에 있으면 유전자가 자손에게 전달되는 방식이나 형질이 나타나는 빈도가 성별과 관계없이 같다.
   ① 대립유전자가 두 가지인 경우: 눈꺼풀, 보조개, 이마선 모양, 귓불 모양 등이 있으며, 일반적으로 멘델의 유전 원리에 따라 유전된다. ❸❹

탐구 자료   귓불 모양 유전 가계도 분석

1. 우열 관계 파악: 표현형이 같은 부모에게서 부모와 다른 형질의 자손이 태어나면 부모의 형질이 우성, 자손의 형질이 열성이다.
   ➡ 귓불 모양이 분리형인 1과 2 사이에서 부착형인 6이 태어났으므로 분리형이 우성, 부착형이 열성이다.

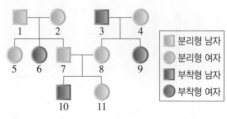

□ 분리형 남자
○ 분리형 여자
■ 부착형 남자
● 부착형 여자

2. 귓불 모양 유전자형 판단 (분리형 대립유전자를 E, 부착형 대립유전자를 e라고 표시한다.)
   • 부착형인 3, 6, 9, 10의 유전자형은 ee이다.
   • 1, 2, 4, 7, 8은 자손에게 부착형 대립유전자를 물려주었으므로 유전자형이 Ee이다.
   • 부모와 본인이 모두 분리형인 5와 11의 유전자형은 EE 또는 Ee로, 확실히 알 수 없다.

3. 자손의 형질 예측: 7과 8 사이에서 아이가 태어날 때, 이 아이가 분리형 귓불을 가질 확률은 $\frac{3}{4}$이다
   (Ee×Ee → EE, Ee, Ee, ee).

PLUS 강의 ⊕

❶ 유전 용어
• 유전 형질: 부모에게서 자손으로 전달되는 형질
• 대립 형질: 하나의 형질에 대해 서로 대립 관계에 있는 형질
• 표현형: 대립유전자 구성에 따라 겉으로 나타난 형질
• 유전자형: 대립유전자 구성을 기호로 나타낸 것 예 AA, Aa, aa
• 동형 접합성: 대립유전자 쌍이 같은 것 예 AA, aa
• 이형 접합성: 대립유전자 쌍이 서로 다른 것 예 Aa
• 우성: 이형 접합성일 때 겉으로 표현되는 형질
• 열성: 이형 접합성일 때 겉으로 표현되지 않는 형질

❷ 쌍둥이의 발생과 형질 차이의 원인
• 1란성 쌍둥이: 1개의 수정란이 발생 초기에 둘로 나누어져 각각 발생하므로 유전자 구성이 같다. ➡ 형질 차이는 환경의 영향으로 나타난다.
• 2란성 쌍둥이: 각기 다른 2개의 수정란이 동시에 발생하므로 유전자 구성이 서로 다르다. ➡ 형질 차이는 유전자와 환경의 영향으로 나타난다.

❸ 멘델의 유전 원리
대립유전자 쌍은 감수 분열 과정에서 분리되어 각각의 생식세포로 나누어지는 **분리의 법칙**을 따르며, 다른 염색체 상에 있는 대립유전자 쌍과는 서로 영향을 주지 않고 독립적으로 유전되는 **독립의 법칙**을 따른다.

❹ 상염색체 유전 형질의 우열 관계

유전 형질	우성	열성
귓불 모양	분리형	부착형
혀 말기	가능	불가능
눈꺼풀	쌍꺼풀	외까풀
보조개	있음	없음
이마선 모양	V자형	일자형
엄지손가락 젖혀짐	젖혀짐	곧음

② 복대립 유전: ABO식 혈액형과 같이 형질을 결정하는 데 세 가지 이상의 대립유전자가 관여하는 유전이다. └─● 상염색체에 있는 대립유전자 한 쌍으로 결정되는 유전 형질이다.

• ABO식 혈액형 유전

대립유전자	I^A, I^B, i의 세 가지이다. ➡ I^A와 I^B는 우성이고 i는 열성이며, I^A와 I^B 사이에는 우열 관계가 없다($I^A=I^B>i$).			
표현형과 유전자형	적혈구 표면에 있는 응집원의 종류에 따라 A형, B형, AB형, O형의 4가지 표현형으로 나타나며, 유전자형은 6가지이다.⑤			
	A형	B형	AB형	O형
	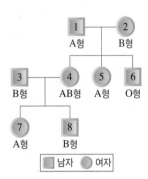			
	$I^A I^A$ $I^A i$	$I^B I^B$ $I^B i$	$I^A I^B$	ii

 탐구 자료) **ABO식 혈액형 유전 가계도 분석** (여기서 잠깐!) **120쪽**

1. AB형과 O형의 유전자형은 각각 한 가지이다. ➡ 4의 유전자형은 $I^A I^B$, 6의 유전자형은 ii이다.

2. 6의 부모인 1과 2는 대립유전자 i를 가진다. ➡ 1의 유전자형은 $I^A i$, 2의 유전자형은 $I^B i$이다.

3. 5는 1에게서 대립유전자 I^A, 2에게서 대립유전자 i를 물려받았다. ➡ 5의 유전자형은 $I^A i$이다.

4. 7이 A형이 되려면 4에게서 대립유전자 I^A, 3에게서 대립유전자 i를 물려받아야 한다. ➡ 3의 유전자형은 $I^B i$, 7의 유전자형은 $I^A i$이다.

5. 8의 유전자형은 $I^B I^B$ 또는 $I^B i$로, 확실히 알 수 없다.

6. **자손의 형질 예측**: 8의 동생이 태어날 때, 이 아이가 A형이고 남자일 확률은 (A형일 확률)×(남자일 확률)이므로 $\frac{1}{4}(I^B i \times I^A I^B \rightarrow I^A I^B, \underline{I^A i}, I^B I^B, I^B i) \times \frac{1}{2} = \frac{1}{8}$이다.

⑤ **적혈구의 응집원과 ABO식 혈액형**
I^A는 적혈구 표면에 응집원 A를 만들고, I^B는 응집원 B를 만들며, i는 응집원을 만들지 못한다.

A형	B형
응집원 A	응집원 B
AB형	O형
응집원 A 응집원 B	응집원이 없다.

혈액의 응집 반응과 혈액형은 Ⅲ-07. 인체의 방어 작용에서 자세히 다룹니다.

A형 1 ─ B형 2
B형 3 ─ AB형 4   A형 5   O형 6
A형 7   B형 8
■ 남자 ● 여자

□ 정답과 해설 61쪽

개념 확인

(1) 사람은 한 세대가 (짧고, 길고) 자손의 수가 (적으며, 많으며) 인위적인 교배가 (가능, 불가능)하기 때문에 유전 현상을 연구하기 어렵다.

(2) 유전자와 환경이 형질에 미치는 영향을 알아보는 데 가장 적합한 유전 연구 방법은 (   )이다.

(3) 대립유전자 한 쌍으로 형질이 결정되는 유전 현상을 (   ) 유전이라고 한다.

(4) 형질을 결정하는 유전자가 상염색체에 있는 경우 성별에 따라 형질이 나타나는 빈도가 (같다, 다르다).

(5) 귓불 모양이 철수 부모님은 모두 분리형인데 철수는 부착형이라면 귓불 모양의 우성 형질은 (   )이고 열성 형질은 (   )이다.

(6) 형질을 결정하는 데 세 가지 이상의 대립유전자가 관여하는 유전을 (   ) 유전이라고 한다.

(7) ABO식 혈액형의 유전자형은 (   )가지이고, 표현형은 (   )가지이다.

(8) ABO식 혈액형을 결정하는 대립유전자 중 I^A, I^B는 (우성, 열성)이고 i는 (우성, 열성)이다.

(9) AB형과 O형의 부모 사이에서 태어날 수 있는 자녀의 ABO식 혈액형은 (A형, B형, AB형, O형) 두 가지이다.

 **사람의 유전**

C 성염색체 유전

1 사람의 성 결정 방식 자녀의 성별은 정자에 들어 있는 성염색체의 종류로 결정된다.
① 딸(XX): 어머니와 아버지에게서 X 염색체를 하나씩 물려받는다.
② 아들(XY): 어머니에게서 X 염색체를, 아버지에게서 Y 염색체를 물려받는다.

2 성염색체 유전 유전자가 성염색체에 있으면 유전자가 자손에게 전달되는 방식이나 형질
이 나타나는 빈도가 성별에 따라 다르다. ➡ 반성유전[6]
① 적록 색맹 유전: 적록 색맹 유전자는 X 염색체에 있으며, 열성 유전자이다.[7][8]
  • 우열 관계: 정상 대립유전자(X^R)가 우성, 적록 색맹 대립유전자(X^r)가 열성이다.

성별	남자		여자		
유전자형	$X^R Y$	$X^r Y$	$X^R X^R$	$X^R X^r$	$X^r X^r$
표현형	정상	적록 색맹	정상	정상(*보인자)	적록 색맹

  • 특징: 여자(XX)는 X 염색체 2개에 모두 적록 색맹 대립유전자가 있어야($X^r X^r$) 적록
    색맹이 되고, 남자(XY)는 X 염색체에 적록 색맹 대립유전자가 있으면($X^r Y$) 적록 색
    맹이 된다. ➡ 적록 색맹은 여자보다 남자에서 많이 나타난다.

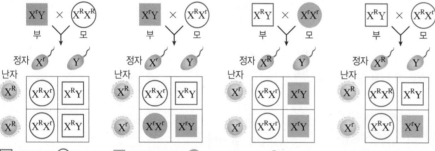

□ 정상 남자 ○ 정상 여자 ■ 적록 색맹 남자 ● 적록 색맹 여자 X^R: 정상 대립유전자 X^r: 적록 색맹 대립유전자

탐구 자료) 적록 색맹 유전 가계도 분석

1. 우열 관계 파악: 정상인 1과 2 사이에서 적록 색맹인 5
가 태어났으므로 정상이 우성, 적록 색맹이 열성이다.

2. 유전자형 판단(정상 대립유전자를 X^R, 적록 색맹 대립유
전자를 X^r라고 표시한다.)
  • 정상 남자(1, 4, 10)의 유전자형은 $X^R Y$, 적록 색맹
    남자(5, 8, 12)의 유전자형은 $X^r Y$, 적록 색맹 여자
    (3, 11)의 유전자형은 $X^r X^r$이다.
  • 적록 색맹 남자(5)는 어머니(2)에게서 적록 색맹 대
    립유전자를 물려받았다. ➡ 2는 보인자($X^R X^r$)이다.
  • 적록 색맹 여자(11)는 아버지(5)와 어머니(6)에게서 적록 색맹 대립유전자를 하나씩 물려받았다.
    ➡ 6은 보인자($X^R X^r$)이다.
  • 적록 색맹 어머니(3)를 가진 정상 딸(7, 9)은 어머니에게서 적록 색맹 대립유전자를 물려받았다.
    ➡ 7과 9는 보인자($X^R X^r$)이다.

3. 자손의 형질 예측: 12의 동생이 태어날 때, 이 아이가 적록 색맹인 아들일 확률은 25 %이다($X^r Y \times$
  $X^R X^r \to X^R X^r, X^r X^r, X^R Y, \underline{X^r Y}$).

[정상 남자] [적록 색맹 남자]
[정상 여자] [적록 색맹 여자]

[적록 색맹의 유전 양상][9]
❶ 어머니가 적록 색맹이면 아들은 적록 색맹이다.
❷ 아버지가 적록 색맹인데 딸이 정상이면 딸은 보인자이다.
❸ 어머니가 정상인데 아들이 적록 색맹이면 어머니는 보인자이다.
❹ 딸이 적록 색맹이면 아버지는 적록 색맹이고, 어머니는 적록 색맹 대립유전자를 하나 이상 가진다.

---

[6] 반성유전
유전자가 성염색체에 존재해 형질의 유
전이 성별과 연관된 현상으로, 특정 표
현형의 발현 빈도가 성에 따라 다르다.

[7] 적록 색맹
시각 세포의 이상으로 빨간색과 초록색
을 구별하지 못하는 유전 형질이다.

[8] 혈우병
출혈 시 혈액이 잘 응고되지 않는 유전
질환으로, 적록 색맹과 마찬가지로 유전
자가 X 염색체에 있으며 열성 형질이다.

[9] 적록 색맹의 유전 양상
  • 어머니가 적록 색맹($X^r X^r$)이면 어머니
    에게서 X^r를 물려받는 아들은 적록 색
    맹($X^r Y$)이다.
  • 아버지가 적록 색맹($X^r Y$)이면 딸은 항
    상 X^r를 가지게 된다.
  • 아들이 적록 색맹($X^r Y$)일 때 X^r는 어
    머니에게서 물려받은 것이다.
  • 적록 색맹인 딸($X^r X^r$)은 아버지와 어
    머니에게서 X^r를 하나씩 물려받았다.

○ 용어 돋보기

* 보인자(保 지키다, 因 인하다, 者 사
람)_ 형질을 나타내는 대립유전자는 있
으나 형질이 겉으로 드러나지 않은 사람

Ⓓ 다인자 유전

여러 쌍의 대립유전자에 의해 형질이 결정되는 유전 현상으로, 표현형이 뚜렷이 구분되지 않고 다양하게 나타나며, 환경의 영향을 받기도 한다. 예)피부색, 키, 몸무게 등 ⑩

⑩ 단일 인자 유전과 다인자 유전의 표현형
• 단일 인자 유전: 표현형이 뚜렷이 구분되어 불연속적인 변이로 나타난다.

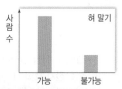

• 다인자 유전: 표현형이 다양하고 환경의 영향을 받아 연속적인 변이가 나타나는 경우가 많다.

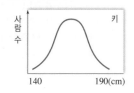

탐구 자료 사람의 피부색 유전

[사람의 피부색을 결정하는 대립유전자에 대한 가정]
• 사람의 피부색은 3쌍의 대립유전자 A와 a, B와 b, C와 c에 의해 결정되며, 대립유전자 A, B, C는 각각 서로 다른 상염색체에 있다.
• A, B, C는 피부를 검게 만드는 대립유전자이고, 피부색의 표현형은 유전자형에서 대문자로 표시되는 대립유전자의 수에 의해서만 결정되며, 이 대립유전자의 수가 다르면 표현형이 다르다.

유전자형이 AaBbCc인 중간 정도의 피부색을 가진 남녀가 결혼하여 자손을 낳을 때 자손에서 나타날 수 있는 피부색의 종류와 빈도는 다음과 같이 구한다.

1. 유전자형이 AaBbCc인 사람에게서 만들어질 수 있는 생식세포는 ABC, ABc, AbC, Abc, aBC, aBc, abC, abc 8가지이다.

2. 8가지 생식세포 중 대문자로 표시되는 대립유전자(피부를 검게 만드는 대립유전자)의 수가 3개인 것은 1가지, 2개인 것은 3가지, 1개인 것은 3가지, 0개인 것은 1가지이다. 즉, 생식세포에서 대문자로 표시되는 대립유전자의 수가 3개일 확률은 $\frac{1}{8}$, 2개일 확률은 $\frac{3}{8}$, 1개일 확률은 $\frac{3}{8}$, 0개일 확률은 $\frac{1}{8}$이다.

정자 난자	3개($\frac{1}{8}$)	2개($\frac{3}{8}$)	1개($\frac{3}{8}$)	0개($\frac{1}{8}$)
3개($\frac{1}{8}$)	6개($\frac{1}{64}$)	5개($\frac{3}{64}$)	4개($\frac{3}{64}$)	3개($\frac{1}{64}$)
2개($\frac{3}{8}$)	5개($\frac{3}{64}$)	4개($\frac{9}{64}$)	3개($\frac{9}{64}$)	2개($\frac{3}{64}$)
1개($\frac{3}{8}$)	4개($\frac{3}{64}$)	3개($\frac{9}{64}$)	2개($\frac{9}{64}$)	1개($\frac{3}{64}$)
0개($\frac{1}{8}$)	3개($\frac{1}{64}$)	2개($\frac{3}{64}$)	1개($\frac{3}{64}$)	0개($\frac{1}{64}$)

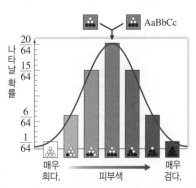

3. 대문자로 표시되는 대립유전자를 0개~6개까지 가질 수 있으므로 표현형은 7가지이다.

≣ 정답과 해설 61쪽

개념 확인

⑩ 사람의 경우 성염색체 구성이 XX이면 (   )이고, XY이면 (   )이다.

⑪ 적록 색맹 대립유전자는 성염색체인 (   ) 염색체에 있으며, 정상 대립유전자에 대해 (   )이다.

⑫ 적록 색맹은 남자와 여자 중 (   )에서 더 많이 나타나는데, 이와 같이 유전자가 성염색체에 있어 성별에 따라 형질 발현 빈도가 다른 유전 현상을 (   )유전이라고 한다.

⑬ 적록 색맹의 유전에서 각 형질이 나타날 확률을 구하시오.
① 아버지가 정상일 때 딸이 정상(보인자 포함)일 확률은 (   ) %이다.
② 어머니가 적록 색맹일 때 아들이 적록 색맹일 확률은 (   ) %이다.
③ 아버지는 적록 색맹, 어머니는 정상이고, 첫째 아이는 적록 색맹인 아들이다. 둘째 아이가 태어날 때, 적록 색맹인 딸일 확률은 (   ) %이다.

⑭ 형질이 여러 쌍의 대립유전자에 의해 결정되는 유전 현상을 (   ) 유전이라고 한다.

⑮ 다인자 유전 형질은 표현형이 뚜렷이 구분(되고, 되지 않고) 환경의 영향을 받아 (연속적인, 불연속적인) 변이를 나타내는 경우가 많다.

ABO식 혈액형을 포함한 두 가지 형질 가계도 분석하기

최근 수능에 두 가지 이상의 형질에 대한 가계도 분석 문제가 자주 출제되고 있으며, 'Ⅲ-07. 인체의 방어 작용'에서 학습한 혈액의 응집 반응을 함께 묻는 문제도 종종 출제됩니다. ABO식 혈액형의 응집원과 응집소를 복습하고 가계도를 쉽게 분석하는 방법을 마스터해 봅시다.

- 그림은 형질 ㉠에 대한 어떤 집안의 가계도를 나타낸 것이다. 형질 ㉠은 대립유전자 H와 H*에 의해 결정되며, H는 H*에 대해 완전 우성이다.
- 구성원 2의 형질 ㉠에 대한 유전자형은 동형 접합성이다.
- 표는 구성원 1, 5, 6 사이의 ABO식 혈액형에 대한 혈액 응집 반응 결과를 나타낸 것이다.
- 구성원 7의 ABO식 혈액형은 AB형이다.
- 구성원 1과 3의 혈액은 항 B 혈청에 응집 반응을 나타내지 않는다.
- 형질 ㉠을 결정하는 유전자와 ABO식 혈액형을 결정하는 유전자는 서로 다른 염색체에 존재한다.

구분	1의 적혈구	5의 적혈구	6의 적혈구
1의 혈장		?	+
5의 혈장	+		+
6의 혈장	+	?	

(+: 응집됨, -: 응집 안 됨)

1 > 형질 ㉠의 우열 관계와 유전자의 위치를 판단한다.

❶ 형질 ㉠에 대한 2의 유전자형이 동형 접합성이고, 6은 2에게서 형질 ㉠ 대립유전자를 하나 물려받지만 정상이므로 정상은 우성 형질, 형질 ㉠은 열성 형질이다. ➡ H는 정상 대립유전자이고, H*는 형질 ㉠ 대립유전자이다.

❷ 형질 ㉠을 결정하는 유전자가 X 염색체에 있을 경우 어머니가 열성 형질인 ㉠을 나타내면 형질 ㉠ 대립유전자가 있는 X 염색체를 물려받는 아들은 항상 형질 ㉠을 나타내는데, 형질 ㉠을 나타내는 2에게서 정상인 6이 태어났다. ➡ 형질 ㉠을 결정하는 유전자는 상염색체에 있다.

2 > 구성원의 ABO식 혈액형을 판단한다.

ABO식 혈액형에 따라 적혈구와 혈장에 각각 존재하는 응집원과 응집소의 종류는 표와 같다. 항 A 혈청에는 응집소 α, 항 B 혈청에는 응집소 β가 들어 있으며, 응집소 α는 응집원 A와, 응집소 β는 응집원 B와 응집 반응을 나타낸다.

구분	A형	B형	AB형	O형
적혈구(응집원)	A	B	A와 B	없음
혈장(응집소)	β	α	없음	α와 β

❶ 3의 혈액은 항 B 혈청에 응집 반응을 나타내지 않으므로 응집원 B가 없는 A형 또는 O형이다. ➡ 7이 AB형이므로 3은 A형이고, 4는 유전자 I^B를 가지는 B형 또는 AB형이다.

❷ 1의 혈액은 항 B 혈청에 응집 반응을 나타내지 않으므로 A형과 O형 중 하나인데, 1의 적혈구와 5와 6의 혈장이 응집 반응을 나타내므로 1은 응집원이 있다. ➡ 1은 A형이다.

❸ 1의 적혈구와 6의 혈장을 섞었을 때 응집 반응이 일어나므로 6은 응집소 α가 있고(B형 또는 O형), 6의 적혈구가 1의 혈장(응집소 β)에 응집 반응을 나타내므로 6은 응집원 B가 있다. ➡ 6은 B형이다.

❹ 5의 혈장은 1과 6의 적혈구에 응집 반응을 나타내므로 응집소 α와 β가 모두 있다. ➡ 5는 O형이다.

❺ 5가 O형이므로 1과 2는 열성 대립유전자 i를 가지며, 6이 B형이므로 2는 대립유전자 I^B를 가진다. ➡ 2는 B형이다.

3 > 형질 ㉠과 ABO식 혈액형에 대한 구성원의 유전자형을 판단한다.

❶ 형질 ㉠ 유전자형
- 열성 형질인 ㉠이 나타난 사람(2, 3, 5, 7)의 유전자형은 열성 동형 접합성(H*H*)이다.
- 정상이지만 자손에서 형질 ㉠이 나타난 1과 4, 정상이지만 부모에서 형질 ㉠이 나타난 6과 8은 모두 형질 ㉠ 대립유전자 H*를 가진다. ➡ 1, 4, 6, 8: HH*

❷ ABO식 혈액형 유전자형
- B형인 6은 1에게서 대립유전자 i를, 2에게서 대립유전자 I^B를 물려받았다. ➡ 1: $I^A i$, 2: $I^B i$, 5: ii, 6: $I^B i$
- 3은 열성 대립유전자 i를 가지는지 아닌지 확실히 알 수 없고, 4는 B형인지 AB형인지 확실히 알 수 없다.

1 $\times$ 2 : HH*/$I^A i$ H*H*/$I^B i$

3 $\times$ 4 : H*H*/$I^A\_$ HH*/$I^B\_$

5 : H*H*/ii 6 : HH*/$I^B i$ 7 : H*H*/$I^A I^B$

8 : HH*/??

4 > 자손이 태어날 때, 자손에게서 특정 형질이 나타날 확률을 계산한다.

8의 동생이 태어날 때, 이 아이가 형질 ㉠을 나타내고 ABO식 혈액형이 A형인 남자일 확률을 구하시오.

❶ 형질 ㉠이 나타날 확률: HH* × H*H* → HH*, HH*, <u>H*H*</u>, <u>H*H*</u> ➡ $\dfrac{1}{2}$

❷ A형일 확률: $I^B i \times I^A I^B$ → $I^A I^B$, $I^B I^B$, <u>$I^A i$</u>, $I^B i$ ➡ $\dfrac{1}{4}$

❸ 남자일 확률: $\dfrac{1}{2}$

[형질 ㉠을 나타내고 A형인 남자일 확률]

❶ × ❷ × ❸ = $\dfrac{1}{2} \times \dfrac{1}{4} \times \dfrac{1}{2} = \dfrac{1}{16}$

자료 ① 두 가지 형질 유전 가계도 분석

- (가)는 대립유전자 R와 r에 의해 결정되며, R는 r에 대해 완전 우성이다.
- (나)는 상염색체에 있는 1쌍의 대립유전자에 의해 결정되며, 대립유전자에는 E, F, G가 있다.
- (나)의 표현형은 4가지이며, (나)의 유전자형이 EG인 사람과 EE인 사람의 표현형은 같고, 유전자형이 FG인 사람과 FF인 사람의 표현형은 같다.
- 가계도는 구성원 1~9에게서 (가)의 발현 여부를 나타낸 것이다.

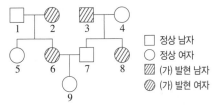

□ 정상 남자
○ 정상 여자
▨ (가) 발현 남자
◩ (가) 발현 여자

- $\dfrac{1,\ 2,\ 5,\ 6\ \text{각각의 체세포 1개당 E의 DNA 상대량을 더한 값}}{3,\ 4,\ 7,\ 8\ \text{각각의 체세포 1개당 r의 DNA 상대량을 더한 값}}=\dfrac{3}{2}$
- 1, 2, 3, 4의 (나)의 표현형은 모두 다르고, 2, 6, 7, 9의 (나)의 표현형도 모두 다르다.
- 3과 8의 (나)의 유전자형은 이형 접합성이다.

1. (나)의 표현형이 4가지이므로 유전자형이 (EG, EE), (FG, FF), (   ), (   )인 사람의 표현형이 각각 다르다.

2. 경우에 따른 3, 4, 7, 8 각각의 체세포 1개당 r의 DNA 상대량을 더한 값(⊙)을 구해본다.
   (1) (가) 유전자가 상염색체에 있고 (가)가 우성 형질일 경우 유전자형: 4와 7은 (   ), 3과 8은 (   ) ➡ ⊙은 (   )
   (2) (가) 유전자가 상염색체에 있고 (가)가 열성 형질일 경우 유전자형: 3과 8은 (   ), 4와 7은 (   ) ➡ ⊙은 (   )
   (3) (가) 유전자가 X 염색체에 있고 (가)가 우성 형질일 경우 유전자형: 3은 (   ), 4는 (   ), 7은 (   ), 8은 (   ) ➡ ⊙은 (   )
   (4) (가) 유전자가 X 염색체에 있고 (가)가 열성 형질일 경우는 (가) 발현 여자 6의 아버지 1이 정상이므로 성립하지 않는다.

3. ⊙이 6일 경우 1, 2, 5, 6 각각의 체세포 1개당 E의 DNA 상대량을 더한 값(ⓒ)이 (   )가 되어야 하는데, ⓒ은 최대 8이므로 성립하지 않는다. ➡ (가)의 유전자는 (   ) 염색체에 있고, (가)는 정상에 대해 (   ) 형질이며, ⊙은 (   ), ⓒ은 (   )이다.

4. ⓒ이 6이므로, 두 명의 유전자형이 EE이고 나머지 2명은 E를 하나씩 갖는다. 1, 2, 3, 4의 (나) 표현형이 모두 다르므로 1과 2의 유전자형은 각각 (EG, EE)와 (   ) 중 하나이고, 3과 4의 유전자형은 각각 (FG, FF)와 (   ) 중 하나이다.

5. 3의 유전자형은 이형 접합성이므로 (   )이고, 4의 유전자형은 (   )이다.

6. 7의 유전자형은 FG 또는 GG이고, 6의 유전자형은 EE 또는 EF인데, 6이 EE일 때는 2, 6, 7, 9의 (나)의 표현형이 모두 다르게 나타날 수 없다. ➡ 유전자형이 1은 (   ), 2는 EE, 6은 EF, 7은 (   ), 9는 (   )이다.

자료 ② 복잡한 유전 형질에서 표현형의 가짓수 계산

- ⊙은 대립유전자 A와 a에 의해 결정되며, 유전자형이 다르면 표현형이 다르다.
- ⓒ을 결정하는 3개의 유전자는 각각 대립유전자 B와 b, D와 d, E와 e를 갖는다.
- ⓒ의 표현형은 유전자형에서 대문자로 표시되는 대립유전자의 수에 의해서만 결정되며, 이 대립유전자의 수가 다르면 표현형이 다르다.
- 그림 (가)는 남자 P의, (나)는 여자 Q의 체세포에 들어 있는 일부 염색체와 유전자를 나타낸 것이다.

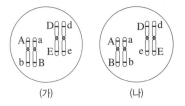

(가)   (나)

1. ⊙의 유전자형은 (   ) 세 가지이고, 유전자형이 다르면 표현형이 다르므로 표현형도 세 가지이다. ➡ A와 a의 우열 관계가 뚜렷하지 않다.

2. ⓒ은 3쌍의 대립유전자에 의해 형질이 결정되는 (   ) 유전 형질이다.

3. ⓒ의 표현형은 유전자형에서 대문자로 표시되는 대립유전자의 수에 의해서만 결정되므로 이론적으로 표현형은 유전자형에서 대문자로 표시되는 대립유전자의 수가 0개(bbddee), 1개, 2개, 3개, 4개, 5개, 6개(BBDDEE)인 것까지 총 (   )가지가 가능하다.

4. 하나의 염색체에 함께 있는 유전자는 함께 행동한다. 따라서 남자 P에서 형성될 수 있는 정자의 유전자형은 AbDE, (   ), (   ), aBde의 4가지이다.

5. 여자 Q에서 형성될 수 있는 난자의 유전자형은 (   )의 4가지이다.

6. P의 정자와 Q의 난자가 수정하여 태어나는 아이가 가질 수 있는 표현형은 표와 같다. ⊙의 표현형은 AA, Aa, aa로 나타내고, ⓒ의 표현형은 (   ) 안에 대문자로 표시되는 대립유전자의 수로 나타낸다.

정자\난자	AbDE(2)	Abde(0)	aBDE(3)	aBde(1)
ABDe(2)	AABbDDEe ➡ AA(4)	AABbDdee ➡ AA(2)	AaBBDDEe ➡ Aa(5)	AaBBDdee ➡ Aa(3)
ABdE(2)	AABbDdEE ➡ AA(4)	AABbddEe ➡ AA(2)	AaBBDdEE ➡ Aa(5)	AaBBddEe ➡ Aa(3)
abDe(1)	AabbDDEe ➡ Aa(3)	AabbDdee ➡ Aa(1)	aaBbDDEe ➡ aa(4)	aaBbDdee ➡ aa(2)
abdE(1)	AabbDdEE ➡ Aa(3)	Aabbddee ➡ Aa(1)	aaBbDdEE ➡ aa(4)	aaBbddEe ➡ aa(2)

➡ P와 Q 사이에서 아이가 태어날 때, 이 아이에게서 나타날 수 있는 표현형은 AA(4), AA(2), Aa(5), Aa(3), Aa(1), aa(4), aa(2)이므로 최대 가짓수는 (   )이다.

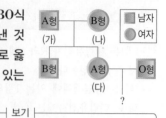
Ⓐ 사람의 유전 연구

1 다음은 사람의 유전 연구에 대한 학생 A~C의 의견이다.

> 사람은 자손의 수가 적어 통계 처리하기에 적합해.
>
> 가계도 조사는 유전과 환경이 사람의 형질 발현에 미치는 영향을 알아보는 데 가장 적합해.
>
> 사람은 한 세대가 길어 유전 결과를 짧은 시간 안에 확인할 수 없어.

제시한 의견이 옳은 학생을 모두 고르시오.

2 그림은 어떤 쌍둥이가 형성되는 과정을 나타낸 것이다.

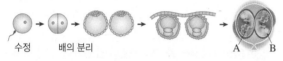

수정   배의 분리   A   B

이에 대한 설명으로 옳은 것만을 [보기]에서 있는 대로 고르시오.

┤ 보기 ├
ㄱ. A와 B는 2란성 쌍둥이이다.
ㄴ. A와 B는 성별이 다를 수 있다.
ㄷ. A와 B가 성인이 되어 나타나는 형질의 차이는 유전적 차이보다 환경의 영향에 의한 것이다.

Ⓑ 상염색체 유전

3 그림은 유전병 A에 대한 가계도를 나타낸 것이다.

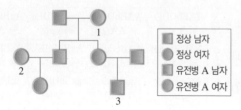

- 🟫 정상 남자
- 🟤 정상 여자
- 🟫 유전병 A 남자
- 🟤 유전병 A 여자

(1) 정상 형질과 유전병 A 중 우성 형질을 쓰시오.
(2) 유전병 A의 유전자는 상염색체와 성염색체 중 어디에 있는지 쓰시오.
(3) 우성 대립유전자를 H, 열성 대립유전자를 h라고 할 때 1~3의 유전자형을 쓰시오.
(4) 3의 동생이 태어날 때, 이 아이가 유전병 A를 나타낼 확률을 구하시오.

4 그림은 어떤 집안의 ABO식 혈액형 가계도를 나타낸 것이다. 이에 대한 설명으로 옳은 것만을 [보기]에서 있는 대로 고르시오.

A형(가) — B형(나)
🟦 남자 🔘 여자
B형 — A형(다) — O형
?

┤ 보기 ├
ㄱ. (가)와 (나)는 ABO식 혈액형의 열성 대립유전자를 갖는다.
ㄴ. (다)의 ABO식 혈액형 유전자형은 동형 접합성이다.
ㄷ. (다)와 남편 사이에서 자녀가 태어날 때, 이 자녀가 A형인 아들일 확률은 25 %이다.

Ⓒ 성염색체 유전

5 그림은 철수네 집안의 적록 색맹 가계도를 나타낸 것이다.

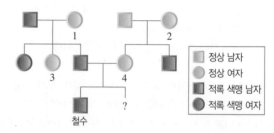

- 🟦 정상 남자
- 🔘 정상 여자
- 🟦 적록 색맹 남자
- 🔘 적록 색맹 여자

철수

(1) 1~4 중 보인자가 확실한 사람을 모두 쓰시오.
(2) 철수의 동생이 태어날 때, 이 아이가 적록 색맹인 여자일 확률을 구하시오.

Ⓓ 다인자 유전

6 그림은 어떤 학생 집단을 대상으로 유전 형질 (가)와 (나)의 표현형에 따른 학생 수를 조사하여 나타낸 것이다.

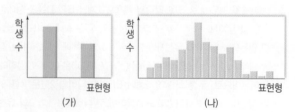

학생 수 / 표현형 (가)   학생 수 / 표현형 (나)

이에 대한 설명으로 옳은 것은?

① (가)는 대립 형질이 뚜렷하게 구분되지 않는다.
② (가)가 (나)보다 환경의 영향을 더 많이 받는다.
③ 사람의 피부색은 표현형이 (가)와 같이 나타난다.
④ 귓불 모양은 표현형이 (나)와 같이 나타난다.
⑤ (나)는 (가)보다 형질을 결정하는 대립유전자 쌍이 더 많다.

1 다음은 철수네 집안의 유전병 ㉠에 대한 자료이다.

- 부모님과 철수는 유전병 ㉠을 나타내지 않는다.
- 할머니와 여동생은 유전병 ㉠을 나타낸다.

이에 대한 설명으로 옳은 것만을 [보기]에서 있는 대로 고른 것은?

┤ 보기 ├
ㄱ. 유전병 ㉠은 우성 형질이다.
ㄴ. 부모님은 유전병 ㉠ 대립유전자를 가진다.
ㄷ. 유전병 ㉠의 대립유전자는 상염색체에 있다.

① ㄱ ② ㄴ ③ ㄷ
④ ㄱ, ㄴ ⑤ ㄴ, ㄷ

2 그림은 어떤 집안의 유전병 ㉠에 대한 가계도를 나타낸 것이다. ㉠은 대립유전자 T와 T*에 의해 결정되며, T는 T*에 대해 완전 우성이다.

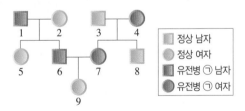

┤ 정상 남자
┤ 정상 여자
┤ 유전병 ㉠ 남자
┤ 유전병 ㉠ 여자

이에 대한 설명으로 옳은 것만을 [보기]에서 있는 대로 고른 것은? (단, 돌연변이는 고려하지 않는다.)

┤ 보기 ├
ㄱ. ㉠은 우성 형질이다.
ㄴ. 이 가계도의 구성원 모두 T*를 가지고 있다.
ㄷ. 9의 동생이 태어날 때, 이 아이가 ㉠을 나타낼 확률은 $\frac{1}{4}$이다.

① ㄱ ② ㄷ ③ ㄱ, ㄷ
④ ㄱ, ㄷ ⑤ ㄱ, ㄴ, ㄷ

3 다음은 ABO식 혈액형 유전에 대한 자료이다.

- 그림은 어떤 집안의 ABO식 혈액형 유전 가계도를 나타낸 것이다.

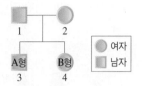

┤ 여자
┤ 남자

- 1~4의 혈액형은 모두 다르다.
- 2의 ABO식 혈액형 유전자형은 동형 접합성이다.

이에 대한 설명으로 옳은 것만을 [보기]에서 있는 대로 고른 것은?

┤ 보기 ├
ㄱ. 1의 혈장에는 응집소 α와 β가 있다.
ㄴ. 3은 ABO식 혈액형 열성 대립유전자를 가진다.
ㄷ. 4의 동생이 태어날 때, 이 아이가 O형일 확률은 25 %이다.

① ㄴ ② ㄷ ③ ㄱ, ㄴ
④ ㄱ, ㄷ ⑤ ㄴ, ㄷ

4 표는 철수네 가족의 두 가지 형질을 나타낸 것이다. ABO식 혈액형의 유전자는 9번 염색체에 있고, 유전병 ㉠의 유전자는 12번 염색체에 있다.

구분	ABO식 혈액형	유전병 ㉠
아버지	B형	정상
어머니	A형	정상
누나	O형	정상
철수	B형	유전병 ㉠

이에 대한 설명으로 옳은 것만을 [보기]에서 있는 대로 고른 것은?

┤ 보기 ├
ㄱ. 유전병 ㉠은 열성 형질이다.
ㄴ. 어머니는 유전병 ㉠ 대립유전자를 가지고 있다.
ㄷ. 철수의 동생이 태어날 때, 이 아이가 AB형이고 유전병 ㉠인 여자일 확률은 $\frac{1}{32}$이다.

① ㄱ ② ㄱ, ㄴ ③ ㄱ, ㄷ
④ ㄴ, ㄷ ⑤ ㄱ, ㄴ, ㄷ

5 다음은 어떤 유전병에 대한 자료이다.

> • 이 유전병은 대립유전자 H와 H*에 의해 결정되며, H는 H*에 대해 완전 우성이다.
> • 이 유전병 유전자는 성염색체에 존재한다.
> • 그림은 이 유전병에 대한 어떤 집안의 가계도를 나타낸 것이다.

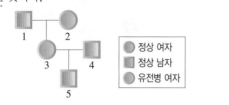

⬤	정상 여자
⬛	정상 남자
⬤	유전병 여자

이에 대한 설명으로 옳은 것만을 [보기]에서 있는 대로 고른 것은?

> ┤ 보기 ├
> ㄱ. 3은 H*를 가지고 있다.
> ㄴ. 5의 정상 대립유전자는 3에게서 물려받은 것이다.
> ㄷ. 5의 동생이 태어날 때, 이 아이에게서 유전병이 나타날 확률은 $\frac{1}{2}$이다.

① ㄴ   ② ㄱ, ㄴ   ③ ㄱ, ㄷ
④ ㄴ, ㄷ   ⑤ ㄱ, ㄴ, ㄷ

6 그림은 영희네 집안의 ABO식 혈액형과 적록 색맹 유전 가계도를 나타낸 것이다.

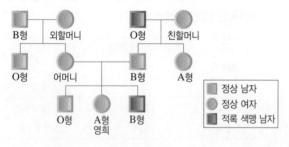

⬛	정상 남자
⬤	정상 여자
⬛	적록 색맹 남자

이에 대한 설명으로 옳은 것만을 [보기]에서 있는 대로 고른 것은?

> ┤ 보기 ├
> ㄱ. 친할머니는 AB형이다.
> ㄴ. 외할머니와 어머니는 모두 A형이며, 적록 색맹 보인자이다.
> ㄷ. 영희의 여동생이 태어났을 때, 이 아이가 적록 색맹 대립유전자를 가질 확률은 50 %이다.

① ㄱ   ② ㄷ   ③ ㄱ, ㄴ
④ ㄴ, ㄷ   ⑤ ㄱ, ㄴ, ㄷ

7 다음은 어떤 생물의 유전 형질 ㉠에 대한 자료이다.

> • ㉠은 서로 다른 상염색체에 존재하는 3쌍의 대립유전자 A와 a, B와 b, D와 d에 의해 결정된다.
> • ㉠의 표현형은 유전자형에서 대문자로 표시되는 대립유전자의 수에 의해서만 결정되며, 이 대립유전자의 수가 다르면 ㉠의 표현형이 서로 다르다.
> • 유전자형이 AABbDd인 암컷 (가)와 AaBBDd인 수컷 (나)를 교배하여 자손(F₁)을 얻었다.

이에 대한 설명으로 옳은 것만을 [보기]에서 있는 대로 고른 것은? (단, 돌연변이와 환경의 영향은 고려하지 않는다.)

> ┤ 보기 ├
> ㄱ. ㉠의 유전은 복대립 유전이다.
> ㄴ. (가)와 (나)의 ㉠의 표현형은 같다.
> ㄷ. 자손(F₁)에서 나타날 수 있는 ㉠의 표현형은 최대 5가지이다.

① ㄱ   ② ㄴ   ③ ㄷ
④ ㄱ, ㄴ   ⑤ ㄴ, ㄷ

8 다음은 어떤 동물의 피부색 유전에 대한 자료이다.

> • 피부색은 서로 다른 상염색체에 존재하는 3쌍의 대립유전자 A와 a, B와 b, D와 d에 의해 결정된다.
> • 피부색은 유전자형에서 대문자로 표시되는 대립유전자의 수에 의해서만 결정되며, 이 수가 다르면 피부색이 다르다.
> • 개체 Ⅰ의 유전자형은 aabbDD이다.
> • 개체 Ⅰ과 Ⅱ 사이에서 ㉠자손(F₁)이 태어날 때, ㉠의 유전자형이 AaBbDd일 확률은 $\frac{1}{8}$이다.

㉠의 피부색이 Ⅰ과 같을 확률은 얼마인가?

① $\frac{3}{4}$ ② $\frac{5}{8}$ ③ $\frac{1}{2}$ ④ $\frac{3}{8}$ ⑤ $\frac{1}{4}$

1 그림은 어느 가족의 가계도를, 표는 이 가계도 구성원의 ABO식 혈액형에 대한 응집원 ㉠과 응집소 ㉡의 유무를 조사한 것이다. 1~4의 ABO식 혈액형은 모두 다르며, 2의 ABO식 혈액형의 유전자형은 이형 접합성이다.

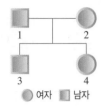

구성원	응집원 ㉠	응집소 ㉡
1	있음	없음
2	?	?
3	?	?
4	있음	없음

● 여자 ■ 남자

이에 대한 설명으로 옳은 것만을 [보기]에서 있는 대로 고른 것은? (단, ABO식 혈액형만 고려하며, 돌연변이는 고려하지 않는다.)

┤ 보기 ├
ㄱ. 1의 혈구와 4의 혈장을 섞으면 응집 반응이 일어난다.
ㄴ. 3은 응집소 ㉡을 갖는다.
ㄷ. 4의 동생이 태어날 때, 이 아이가 응집원 ㉠을 가질 확률은 $\frac{1}{2}$이다.

① ㄱ   ② ㄴ   ③ ㄱ, ㄴ
④ ㄴ, ㄷ   ⑤ ㄱ, ㄴ, ㄷ

2 그림 (가)는 유전병 ㉠에 대한 어떤 집안의 가계도를, (나)는 이 가계도 구성원 중 4와 5의 유전병 ㉠ 대립유전자의 DNA 상대량을 나타낸 것이다.

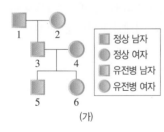

정상 남자
● 정상 여자
■ 유전병 남자
● 유전병 여자

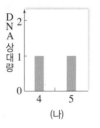

(가)   (나)

이에 대한 설명으로 옳은 것만을 [보기]에서 있는 대로 고른 것은? (단, 돌연변이는 고려하지 않는다.)

┤ 보기 ├
ㄱ. 5의 유전병 ㉠ 대립유전자는 3으로부터 물려받은 것이다.
ㄴ. 6의 유전병 ㉠ 대립유전자의 DNA 상대량은 3과 같다.
ㄷ. 6의 동생이 태어날 때, 이 아이가 유전병 ㉠을 나타내는 여자일 확률은 $\frac{1}{4}$이다.

① ㄱ   ② ㄷ   ③ ㄱ, ㄴ
④ ㄱ, ㄷ   ⑤ ㄴ, ㄷ

3 그림은 어떤 집안의 ABO식 혈액형과 유전병 ㉠에 대한 가계도를 나타낸 것이다. ABO식 혈액형 대립유전자는 9번 염색체에 있고, 유전병 ㉠ 대립유전자는 1번 염색체에 있다.

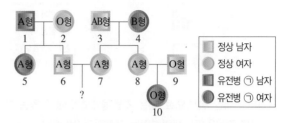

정상 남자
● 정상 여자
■ 유전병 ㉠ 남자
● 유전병 ㉠ 여자

이에 대한 설명으로 옳은 것만을 [보기]에서 있는 대로 고른 것은? (단, 돌연변이는 고려하지 않는다.)

┤ 보기 ├
ㄱ. 3과 4 사이에서 아이가 태어날 때, 이 아이가 A형일 확률이 B형일 확률보다 높다.
ㄴ. 6과 7 사이에서 아이가 태어날 때, 이 아이가 A형이고 유전병 ㉠을 나타낼 확률은 $\frac{3}{16}$이다.
ㄷ. 8이 유전병 ㉠ 대립유전자를 가질 확률은 $\frac{1}{2}$이다.

① ㄱ   ② ㄴ   ③ ㄱ, ㄴ
④ ㄱ, ㄷ   ⑤ ㄴ, ㄷ

2020 수능 12번

4 다음은 사람의 유전 형질 (가)~(다)에 대한 자료이다.

- (가)~(다)를 결정하는 유전자는 모두 상염색체에 있다.
- (가)는 대립유전자 A와 a에 의해, (나)는 대립유전자 B와 b에 의해, (다)는 대립유전자 D와 d에 의해 결정된다.
- (가)~(다) 중 2가지 형질은 각 유전자형에서 대문자로 표시되는 대립유전자가 소문자로 표시되는 대립유전자에 대해 완전 우성이다. 나머지 한 형질을 결정하는 대립유전자 사이의 우열 관계는 분명하지 않고, 3가지 유전자형에 따른 표현형이 모두 다르다.
- 유전자형이 ㉠AaBbDd인 아버지와 AaBBdd인 어머니 사이에서 ⓐ가 태어날 때, ⓐ에게서 나타날 수 있는 표현형은 최대 8가지이다.

ⓐ에서 (가)~(다) 중 적어도 2가지 형질에 대한 표현형이 ㉠과 같을 확률은? (단, 돌연변이와 교차는 고려하지 않는다.)

① $\frac{3}{4}$ ② $\frac{5}{8}$ ③ $\frac{1}{2}$ ④ $\frac{3}{8}$ ⑤ $\frac{1}{4}$

5 그림은 어떤 가족의 ABO식 혈액형과 반성유전을 하는 유전병에 대한 가계도를 나타낸 것이다. 1과 5는 ABO식 혈액형의 유전자형이 동일하다.

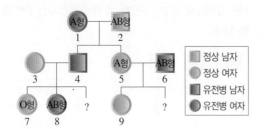

이에 대한 설명으로 옳은 것만을 [보기]에서 있는 대로 고른 것은? (단, 돌연변이는 고려하지 않는다.)

┌─── 보기 ───
ㄱ. 1의 ABO식 혈액형 유전자형은 동형 접합성이다.
ㄴ. 8의 동생과 9의 동생이 각각 한 명씩 태어날 때, 이 두 아이의 ABO식 혈액형이 모두 A형일 확률은 12.5 %이다.
ㄷ. 9의 동생이 태어날 때, 이 아이의 ABO식 혈액형 유전자형과 유전병 유전자형이 모두 1과 같을 확률은 6.25 %이다.
└───────

① ㄱ   ② ㄴ   ③ ㄷ
④ ㄴ, ㄷ   ⑤ ㄱ, ㄴ, ㄷ

이에 대한 설명으로 옳은 것만을 [보기]에서 있는 대로 고른 것은? (단, 돌연변이와 교차는 고려하지 않는다.)

┌─── 보기 ───
ㄱ. (가)는 열성 형질이다.
ㄴ. 2의 혈장과 5의 혈구를 섞으면 응집 반응이 일어난다.
ㄷ. 10의 동생이 태어날 때, 이 아이에게서 (가)가 발현되고 ABO식 혈액형이 10과 같을 확률은 $\frac{1}{8}$이다.
└───────

① ㄱ   ② ㄴ   ③ ㄱ, ㄴ
④ ㄱ, ㄷ   ⑤ ㄴ, ㄷ

6 다음은 어떤 집안의 유전 형질 (가)와 ABO식 혈액형에 대한 자료이다.

• (가)는 대립유전자 T와 t에 의해 결정되며, T는 t에 대해 완전 우성이다.
• 가계도는 구성원 1~10에게서 (가)의 발현 여부를 나타낸 것이다.

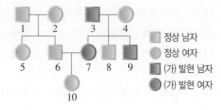

• 7, 8, 9 각각의 체세포 1개당 t의 DNA 상대량을 더한 값은 4의 체세포 1개당 t의 DNA 상대량의 3배이다.
• 1, 2, 5, 6의 ABO식 혈액형은 서로 다르며, 1의 혈구와 항 A 혈청을 섞으면 응집 반응이 일어난다.
• 1과 10의 ABO식 혈액형은 같으며, 6과 7의 ABO식 혈액형은 같다.

7 다음은 어떤 집안의 유전 형질 ㉠과 ㉡에 대한 자료이다.

• ㉠과 ㉡은 독립적으로 유전된다.
• ㉠은 대립유전자 A와 A*에 의해, ㉡은 대립유전자 B와 B*에 의해 결정되며, 각 대립유전자 사이의 우열 관계는 분명하다.

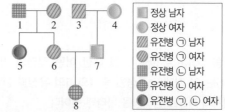

• 그림은 구성원 1, 2, 3의 G_1기 체세포 1개당 유전자 A와 B의 DNA 상대량을 나타낸 것이다.

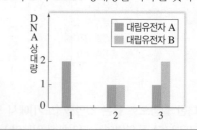

이에 대한 설명으로 옳은 것만을 [보기]에서 있는 대로 고른 것은? (단, 돌연변이는 고려하지 않는다.)

┌─── 보기 ───
ㄱ. ㉠의 유전자는 상염색체에 있다.
ㄴ. ㉡은 우성 형질이다.
ㄷ. 8의 동생이 태어날 때, 이 아이에게서 유전병 ㉠과 ㉡ 중 ㉡만 나타날 확률은 $\frac{3}{8}$이다.
└───────

① ㄱ   ② ㄴ   ③ ㄷ
④ ㄱ, ㄴ   ⑤ ㄴ, ㄷ

8 다음은 어떤 집안의 유전 형질 (가)~(다)에 대한 자료이다.

- (가)는 대립유전자 H와 h에 의해, (나)는 대립유전자 R와 r에 의해, (다)는 대립유전자 T와 t에 의해 결정된다. H는 h에 대해, R는 r에 대해, T는 t에 대해 각각 완전 우성이다.
- (가)~(다)의 유전자 중 2개는 X 염색체에, 나머지 1개는 상염색체에 있다.
- 가계도는 구성원 ⓐ를 제외한 구성원 1~8에게서 (가)~(다) 중 (가)와 (나)의 발현 여부를 나타낸 것이다.

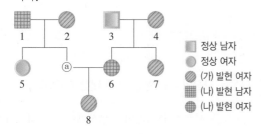

정상 남자
정상 여자
(가) 발현 여자
(나) 발현 남자
(나) 발현 여자

- 2, 7에서는 (다)가 발현되었고, 4, 5, 8에서는 (다)가 발현되지 않았다.

이에 대한 설명으로 옳은 것만을 [보기]에서 있는 대로 고른 것은? (단, 돌연변이와 교차는 고려하지 않는다.)

─ 보기 ─
ㄱ. (나)의 유전자는 X 염색체에 있다.
ㄴ. 4의 (가)~(다)의 유전자형은 모두 이형 접합성이다.
ㄷ. 8의 동생이 태어날 때, 이 아이에게서 (가)~(다) 중 (가)만 발현될 확률은 $\frac{1}{4}$이다.

① ㄱ　　　② ㄴ　　　③ ㄷ
④ ㄱ, ㄴ　　⑤ ㄴ, ㄷ

9 그림은 철수네 가족 구성원 중 한 명의 세포 (가)에 들어 있는 염색체 중 일부를, 표는 철수네 가족 구성원에서 G_1기 체세포 1개당 대립유전자 A, A*, B, B*의 DNA 상대량을 나타낸 것이다. A의 대립유전자는 A*만 있으며, B의 대립유전자는 B*만 있다.

(가)

구성원	DNA 상대량			
	A	A*	B	B*
아버지	㉠	㉡	0	1
어머니	1	?	?	?
형	2	㉢	㉣	0
철수	?	2	0	㉤

이에 대한 설명으로 옳은 것만을 [보기]에서 있는 대로 고른 것은? (단, 돌연변이는 고려하지 않으며, A, A*, B, B* 각각의 1개당 DNA 상대량은 1이다.)

─ 보기 ─
ㄱ. ㉠+㉡+㉢=㉣+㉤이다.
ㄴ. (가)는 어머니의 세포이다.
ㄷ. A*는 성염색체에 있다.

① ㄱ　　　② ㄷ　　　③ ㄱ, ㄴ
④ ㄴ, ㄷ　　⑤ ㄱ, ㄴ, ㄷ

10 다음은 어떤 집안의 유전 형질 (가)와 (나)에 대한 자료이다.

- (가)는 대립유전자 R와 r에 의해 결정되며, R는 r에 대해 완전 우성이다.
- (나)는 상염색체에 있는 1쌍의 대립유전자에 의해 결정되며, 대립유전자에는 E, F, G가 있다.
- (나)의 표현형은 4가지이며, (나)의 유전자형이 EG인 사람과 EE인 사람의 표현형은 같고, 유전자형이 FG인 사람과 FF인 사람의 표현형은 같다.
- 가계도는 구성원 1~9에게서 (가)의 발현 여부를 나타낸 것이다.

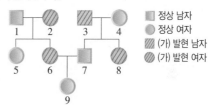

정상 남자
정상 여자
(가) 발현 남자
(가) 발현 여자

- $\dfrac{1, 2, 5, 6\ 각각의\ 체세포\ 1개당\ E의\ DNA\ 상대량을\ 더한\ 값}{3, 4, 7, 8\ 각각의\ 체세포\ 1개당\ r의\ DNA\ 상대량을\ 더한\ 값} = \dfrac{3}{2}$
- 1, 2, 3, 4의 (나)의 표현형은 모두 다르고, 2, 6, 7, 9의 (나)의 표현형도 모두 다르다.
- 3과 8의 (나)의 유전자형은 이형 접합성이다.

이에 대한 설명으로 옳은 것만을 [보기]에서 있는 대로 고른 것은? (단, 돌연변이와 교차는 고려하지 않으며, E, F, G, R, r 각각의 1개당 DNA 상대량은 1이다.)

─ 보기 ─
ㄱ. (가)의 유전자는 상염색체에 있다.
ㄴ. 7의 (나)의 유전자형은 동형 접합성이다.
ㄷ. 9의 동생이 태어날 때, 이 아이의 (가)와 (나)의 표현형이 8과 같을 확률은 $\frac{1}{8}$이다.

① ㄱ　　　② ㄴ　　　③ ㄷ
④ ㄱ, ㄴ　　⑤ ㄴ, ㄷ

11 다음은 어떤 집안의 유전 형질 ㉠과 ㉡에 대한 자료이다.

- ㉠은 대립유전자 A와 A*에 의해, ㉡은 대립유전자 B와 B*에 의해 결정된다. A는 A*에 대해, B는 B*에 대해 각각 완전 우성이다.
- ㉠의 유전자와 ㉡의 유전자 중 하나는 상염색체, 다른 하나는 성염색체에 존재한다.

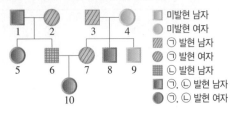

□	미발현 남자
○	미발현 여자
▨	㉠ 발현 남자
◪	㉠ 발현 여자
▦	㉡ 발현 남자
◼	㉠, ㉡ 발현 남자
◕	㉠, ㉡ 발현 여자

이에 대한 설명으로 옳은 것만을 [보기]에서 있는 대로 고른 것은? (단, 돌연변이는 고려하지 않는다.)

├─ 보기 ├─
ㄱ. ㉡의 유전자는 성염색체에 존재한다.
ㄴ. 체세포 1개당 A*의 수는 2가 9의 $\frac{1}{2}$이다.
ㄷ. 10의 동생이 태어날 때, 이 아이에게서 ㉠은 발현되고 ㉡은 발현되지 않을 확률은 $\frac{1}{4}$이다.

① ㄱ   ② ㄷ   ③ ㄱ, ㄴ
④ ㄴ, ㄷ   ⑤ ㄱ, ㄴ, ㄷ

12 다음은 유전병 ㉠과 ㉡의 유전에 대한 자료이다.

- 유전병 ㉠은 대립유전자 E와 e, 유전병 ㉡은 대립유전자 R와 r에 의해 결정되며, 두 형질 모두 대립유전자 사이의 우열 관계가 분명하다.
- 그림은 어떤 부부에서 유전병 대립유전자의 위치를 염색체에 나타낸 것이고, 표는 이들 부부에서 유전병 ㉠과 ㉡의 발현 여부를 나타낸 것이다.

유전병	남편	부인
㉠	발현됨	발현 안 됨
㉡	발현 안 됨	발현 안 됨

이에 대한 설명으로 옳은 것만을 [보기]에서 있는 대로 고른 것은?

├─ 보기 ├─
ㄱ. 유전병 ㉠이 나타나게 하는 대립유전자는 e이다.
ㄴ. 이 부부 사이에서 아이가 태어날 때, 이 아이가 유전병 ㉠과 ㉡을 모두 나타낼 확률은 $\frac{1}{4}$이다.
ㄷ. 유전병 ㉠인 자녀는 모두 유전병 ㉡을 나타낸다.

① ㄱ   ② ㄷ   ③ ㄱ, ㄴ
④ ㄴ, ㄷ   ⑤ ㄱ, ㄴ, ㄷ

13 다음은 사람의 유전 형질 ㉠에 대한 자료이다.

- ㉠은 서로 다른 4개의 상염색체에 있는 4쌍의 대립유전자 A와 a, B와 b, D와 d, E와 e에 의해 결정된다.
- ㉠의 표현형은 ㉠에 대한 유전자형에서 대문자로 표시되는 대립유전자의 수에 의해서만 결정되며, 이 대립유전자의 수가 다르면 표현형이 다르다.
- 표는 사람 (가)~(마)의 ㉠에 대한 유전자형에서 대문자로 표시되는 대립유전자의 수와 동형 접합을 이루는 대립유전자 쌍의 수를 나타낸 것이다.

사람	대문자로 표시되는 대립유전자의 수	동형 접합을 이루는 대립유전자 쌍의 수
(가)	2	?
(나)	4	2
(다)	3	1
(라)	7	?
(마)	5	3

- (가)~(라) 중 2명은 (마)의 부모이다.
- (가)~(마)는 각각 B와 b 중 한 종류만 갖는다.
- (가)와 (나)는 e를 갖지 않고, (라)는 e를 갖는다.

이에 대한 설명으로 옳은 것만을 [보기]에서 있는 대로 고른 것은? (단, 돌연변이는 고려하지 않는다.)

├─ 보기 ├─
ㄱ. (마)의 부모는 (나)와 (다)이다.
ㄴ. (가)에서 생성될 수 있는 생식세포의 ㉠에 대한 유전자형은 1가지이다.
ㄷ. (마)의 동생이 태어날 때, 이 아이의 ㉠에 대한 표현형이 (나)와 같을 확률은 $\frac{5}{16}$이다.

① ㄱ   ② ㄷ   ③ ㄱ, ㄴ
④ ㄴ, ㄷ   ⑤ ㄱ, ㄴ, ㄷ

14 다음은 사람의 유전 형질 (가)~(다)에 대한 자료이다.

- (가)~(다)의 유전자는 서로 다른 3개의 상염색체에 있다.
- (가)는 대립유전자 A와 A*에 의해 결정되며, A는 A*에 대해 완전 우성이다.
- (나)는 대립유전자 B와 B*에 의해 결정되며, 유전자형이 다르면 표현형이 다르다.
- (다)는 1쌍의 대립유전자에 의해 결정되며, 대립유전자에는 D, E, F, G가 있고, 각 대립유전자 사이의 우열 관계는 분명하다. (다)의 표현형은 4가지이다.
- 유전자형이 ㉠AA*BB*DE인 아버지와 AA*BB*FG인 어머니 사이에서 아이가 태어날 때, 이 아이에게서 나타날 수 있는 표현형은 최대 12가지이다.
- 유전자형이 AABB*DF인 아버지와 AA*BBDE인 어머니 사이에서 아이가 태어날 때, 이 아이의 표현형이 어머니와 같을 확률은 $\frac{3}{8}$이다.

유전자형이 **AA*BB*DF**인 아버지와 **AA*BB*EG**인 어머니 사이에서 아이가 태어날 때, 이 아이의 표현형이 ㉠과 같을 확률은? (단, 돌연변이는 고려하지 않는다.)

① $\frac{1}{8}$ ② $\frac{3}{16}$ ③ $\frac{1}{4}$ ④ $\frac{9}{32}$ ⑤ $\frac{5}{16}$

자료❷

15 다음은 사람의 유전 형질 ㉠과 ㉡에 대한 자료이다.

- ㉠은 대립유전자 A와 a에 의해 결정되며, 유전자형이 다르면 표현형이 다르다.
- ㉡을 결정하는 3개의 유전자는 각각 대립유전자 B와 b, D와 d, E와 e를 갖는다.
- ㉡의 표현형은 유전자형에서 대문자로 표시되는 대립유전자의 수에 의해서만 결정되며, 이 대립유전자의 수가 다르면 표현형이 다르다.
- 그림 (가)는 남자 P의, (나)는 여자 Q의 체세포에 들어 있는 일부 염색체와 유전자를 나타낸 것이다.

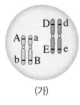

(가)   (나)

P와 Q 사이에서 아이가 태어날 때, 이 아이에게서 나타날 수 있는 표현형의 최대 가짓수는? (단, 돌연변이와 교차는 고려하지 않는다.)

① 5   ② 6   ③ 7   ④ 8   ⑤ 9

16 다음은 어떤 집안의 유전 형질 (가)와 (나)에 대한 자료이다.

- (가)는 대립유전자 H와 H*에 의해, (나)는 대립유전자 T와 T*에 의해 결정된다. H는 H*에 대해, T는 T*에 대해 각각 완전 우성이다.
- (가)의 유전자와 (나)의 유전자는 X 염색체에 함께 있다.
- 가계도는 구성원 ⓐ와 ⓑ를 제외한 구성원 1~8에게서 (가)와 (나)의 발현 여부를 나타낸 것이다.

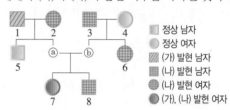

정상 남자 / 정상 여자 / (가) 발현 남자 / (나) 발현 남자 / (나) 발현 여자 / (가), (나) 발현 여자

- 표는 구성원 1, 2, 6에서 체세포 1개당 H의 DNA 상대량과 구성원 3, 4, 5에서 체세포 1개당 T*의 DNA 상대량을 나타낸 것이다. ㉠~㉢은 0, 1, 2를 순서 없이 나타낸 것이다.

구성원	H의 DNA 상대량	구성원	T*의 DNA 상대량
1	㉠	3	㉠
2	㉡	4	㉢
6	㉢	5	㉡

이에 대한 설명으로 옳은 것만을 [보기]에서 있는 대로 고른 것은? (단, 돌연변이와 교차는 고려하지 않으며, H, H*, T, T* 각각의 1개당 DNA 상대량은 1이다.)

┤ 보기 ├

ㄱ. (가)는 열성 형질이다.

ㄴ. $\dfrac{7,\; ⓐ\;\text{각각의 체세포 1개당 T의 DNA 상대량을 더한 값}}{4,\; ⓑ\;\text{각각의 체세포 1개당 H*의 DNA 상대량을 더한 값}}=1$ 이다.

ㄷ. 8의 동생이 태어날 때, 이 아이에게서 (가)와 (나) 중 (나)만 발현될 확률은 $\dfrac{1}{2}$이다.

① ㄴ   ② ㄷ   ③ ㄱ, ㄴ
④ ㄱ, ㄷ   ⑤ ㄱ, ㄴ, ㄷ

사람의 유전병

>> **핵심 짚기** ▸ 염색체 비분리 현상 ▸ 염색체 수 이상에 의한 유전병
  ▸ 염색체 구조 이상에 의한 유전병 ▸ 유전자 이상에 의한 유전병

Ⓐ 염색체 이상 유전병❶

1. 염색체 수 이상

생식세포 분열 과정에서 염색체 비분리 현상이 일어난다.	➡ 염색체 수가 정상보다 적거나 많은 생식세포가 만들어진다.	➡ 염색체 수가 정상이 아닌 생식세포가 수정되어 태아로 발생한다.❷

탐구 자료 염색체 비분리 현상❸

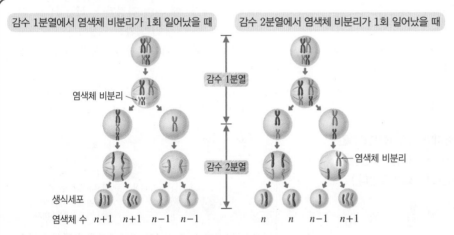

감수 1분열에서 염색체 비분리가 1회 일어났을 때 / 감수 2분열에서 염색체 비분리가 1회 일어났을 때

염색체 비분리 / 감수 1분열 / 감수 2분열 / 염색체 비분리

생식세포 / 염색체 수 $n+1$ $n+1$ $n-1$ $n-1$ / n n $n-1$ $n+1$

1. **감수 1분열 중 1쌍의 상동 염색체가 비분리되는 경우:** 생식세포 중 2개는 염색체 수가 1개 많고 ($n+1$), 2개는 염색체 수가 1개 적다($n-1$). ➡ 모든 생식세포에 이상이 나타난다.

2. **감수 2분열 중 1개의 염색체에서 염색 분체가 비분리되는 경우:** 생식세포 중 2개는 염색체 수가 정상(n)이고, 1개는 염색체 수가 1개 적으며($n-1$), 1개는 염색체 수가 1개 많다($n+1$). ➡ 정상 생식세포와 이상이 있는 생식세포가 1 : 1로 나타난다.❹

3. 핵상이 $n-1$, $n+1$인 생식세포가 정상 생식세포와 수정하여 형성된 자손의 핵상은 각각 $2n-1$, $2n+1$이 된다. ➡ 염색체 수에 이상이 있는 아이가 태어난다.

• **염색체 수 이상에 의한 유전병:** 상염색체 비분리에 의한 유전병은 남녀 모두에게서 나타날 수 있으며, 성염색체 비분리에 의해서도 유전병이 나타난다. ➡ 핵형 분석으로 알아낼 수 있다.

유전병	염색체 구성	증상
다운 증후군 (염색체 수 47개)	21번 염색체 3개 • 남자: $2n+1=45+XY$ • 여자: $2n+1=45+XX$	일반적으로 머리가 작고 눈 사이가 멀며, 지적 장애와 선천성 심장 질환 등이 나타난다.
에드워드 증후군 (염색체 수 47개)	18번 염색체 3개 • 남자: $2n+1=45+XY$ • 여자: $2n+1=45+XX$	심한 지적 장애를 동반하며, 심장을 비롯한 여러 장기의 기형으로 유아기에 사망하는 경우가 많다.
클라인펠터 증후군 (염색체 수 47개)	성염색체 구성 XXY • 남자: $2n+1=44+XXY$	외관상 남자이지만 정소가 비정상적으로 작고 불임이다. 유방 발달과 같은 여자의 신체적 특징이 나타난다.
터너 증후군 (염색체 수 45개)	성염색체 구성 X • 여자: $2n-1=44+X$	외관상 여자이지만 생식 기관이 제대로 발달하지 않아 불임이다. 목이 짧고 두꺼우며, 만성적인 중이염을 앓는 경우가 많다.

PLUS 강의 ➕

❶ **유전병과 돌연변이**
• 유전병: 염색체나 유전자의 이상으로 몸에 여러 이상 증상이 나타나는 것이다.
• 돌연변이: 염색체나 유전자에 변화가 일어나는 것으로, 유전병의 원인이 될 수 있다.

❷ **유전병의 유전**
체세포의 돌연변이에 의해 발생한 유전병은 자손에게 유전되지 않지만, 생식세포의 돌연변이에 의해 발생한 유전병은 자손에게 유전된다.

❸ **배수성 돌연변이**
생식세포 분열 시 모든 염색체에서 비분리 현상이 일어나면 핵상이 $3n$, $4n$ 등으로 변할 수 있는데, 이를 배수성 돌연변이라고 한다. 배수성 돌연변이를 가진 개체는 식물에서 흔히 발견되며 농작물을 육종하는 과정에서 인위적으로 만들기도 한다.
예 씨 없는 수박($3n$), 통밀($4n$, $6n$)

❹ **정자 형성 과정에서의 염색체 비분리**
• 감수 1분열에서 성염색체 비분리 시 생성되는 정자의 염색체 구성: 22, $22+XY$
• 감수 2분열에서 성염색체 비분리 시 생성되는 정자의 염색체 구성: 22, $22+XX$, $22+Y$ 또는 22, $22+YY$, $22+X$

2. 염색체 구조 이상

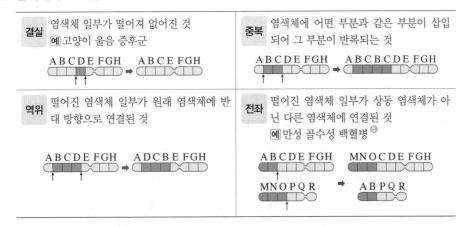

결실	염색체 일부가 떨어져 없어진 것 [예]고양이 울음 증후군	**중복**	염색체에 어떤 부분과 같은 부분이 삽입되어 그 부분이 반복되는 것
	ABCDE FGH → ABCE FGH		ABCDE FGH → ABCBCDE FGH
역위	떨어진 염색체 일부가 원래 염색체에 반대 방향으로 연결된 것	**전좌**	떨어진 염색체 일부가 상동 염색체가 아닌 다른 염색체에 연결된 것 [예]만성 골수성 백혈병 [5]
	ABCDE FGH → ADCBE FGH		ABCDE FGH MNOCDE FGH MNOPQR → ABPQR

Ⓑ 유전자 이상 유전병

유전자 이상 유전병은 유전자를 구성하는 DNA의 염기 서열에 이상이 생겨 나타난다.
[예]낫 모양 적혈구 빈혈증, 페닐케톤뇨증, 알비노증, 헌팅턴 무도병 등 [6]

[낫 모양 적혈구 빈혈증]
낫 모양 적혈구는 수명이 짧고 산소 운반 능력이 떨어지며, 모세 혈관을 막아 혈액 순환을 방해한다.
➡ 조직으로 공급되는 산소와 영양소가 부족해져 심한 빈혈이 나타나고 신체 조직이 손상될 수 있다.

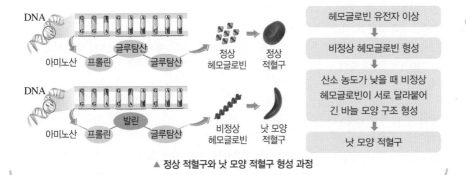

헤모글로빈 유전자 이상
↓
비정상 헤모글로빈 형성
↓
산소 농도가 낮을 때 비정상 헤모글로빈이 서로 달라붙어 긴 바늘 모양 구조 형성
↓
낫 모양 적혈구

▲ 정상 적혈구와 낫 모양 적혈구 형성 과정

---

[5] **염색체 구조 이상에 의한 유전병**
• 고양이 울음 증후군: 5번 염색체 일부 결실 ➡ 지적 장애를 보이며 보통 유아 시절에 사망한다.
• 만성 골수성 백혈병: 9번 염색체와 22번 염색체 간의 전좌 ➡ 전좌가 일어난 세포가 암세포로 변하여 과도하게 증식한다.

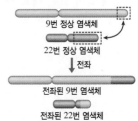

9번 정상 염색체
22번 정상 염색체
↓ 전좌
전좌된 9번 염색체
전좌된 22번 염색체

▲ 만성 골수성 백혈병과 관련된 전좌

[6] **유전자 이상에 의한 유전병**
• 페닐케톤뇨증: 페닐알라닌 분해 효소 유전자의 이상으로 체내에 페닐알라닌이 축적되어 중추 신경계를 손상시킨다.
• 알비노증: 멜라닌 합성 효소 유전자의 이상으로 멜라닌 색소를 만들지 못해 눈, 피부 등에 색소가 결핍된다.
• 헌팅턴 무도병: 우성 유전병으로 신경계가 점진적으로 파괴되면서 지적 장애가 생기고 머리와 팔다리의 움직임이 통제되지 않는다.

🔖 정답과 해설 72쪽

개념 확인

(1) 염색체 수 이상은 (　　) 분열 과정에서 (　　) 현상이 일어나 나타난다.

(2) 사람의 체세포 염색체 수는 $2n=46$이다. 감수 1분열에서 1쌍의 상동 염색체가 비분리될 때와 감수 2분열에서 하나의 염색체를 이루는 염색 분체가 비분리될 때 형성될 수 있는 생식세포의 염색체 수를 모두 고르시오.
　① 감수 1분열: (22개, 23개, 24개)
　② 감수 2분열: (22개, 23개, 24개)

(3) 염색체 수 이상에 의한 유전병의 염색체 구성과 그 특징을 옳게 연결하시오.
　① 다운 증후군　•　　•ⓐ 44+XXY　　•　　•ⓐ 21번 염색체 3개
　② 터너 증후군　•　　•ⓑ 44+X　　•　　•ⓑ 성염색체 1개
　③ 클라인펠터 증후군 •　　•ⓒ 45+XY 또는 45+XX •　　•ⓒ 외관상 남자이나 불임

(4) 염색체 수는 정상이지만 염색체 일부가 떨어져 없어지면 (　　)이고, 염색체 일부가 상동 염색체가 아닌 다른 염색체에 연결되면 (　　)이다.

(5) 낫 모양 적혈구 빈혈증, 페닐케톤뇨증 등은 (　　) 이상에 의해 나타나는 유전병이다.

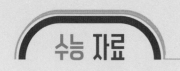
2019 ● 9월 평가원 9번

자료❶ 생식세포 분열과 염색체 비분리

사람의 유전 형질 (가)는 3쌍의 대립유전자 H와 h, R와 r, T와 t에 의해 결정되며, (가)를 결정하는 유전자는 서로 다른 3개의 상염색체에 존재한다. 그림은 어떤 사람의 G_1 기 세포 I로부터 정자가 형성되는 과정을, 표는 세포 ㉠~㉣에 들어 있는 세포 1개당 대립유전자 H, R, T의 DNA 상대량을 더한 값을 나타낸 것이다. 이 정자 형성 과정에서 21번 염색체의 비분리가 1회 일어났고, ㉠~㉣은 I~Ⅳ를 순서 없이 나타낸 것이다.

세포	H, R, T의 DNA 상대량을 더한 값
㉠	2
㉡	3
㉢	3
㉣	?

1. Ⅱ와 Ⅲ은 상동 염색체는 없지만 각 염색체는 (　　)개의 염색 분체로 이루어져 있다. 따라서 염색체 비분리가 일어난 시기와 상관 없이 H, R, T의 DNA 상대량을 더한 값이 짝수이다. ➡ Ⅱ와 Ⅲ은 각각 (　　)과 (　　) 중 하나이다.

2. ㉡과 ㉢은 I과 Ⅳ 중 하나인데, 둘 다 H, R, T의 DNA 상대량을 더한 값이 (　　)이다. 따라서 I이 DNA를 복제하면 H, R, T의 DNA 상대량을 더한 값이 (　　)이고, 이것은 Ⅱ와 Ⅲ의 H, R, T의 DNA 상대량을 더한 값의 합이므로 ㉣은 (　　)이다.

3. Ⅱ가 감수 2분열을 완료하여 Ⅳ가 형성되므로 H, R, T의 DNA 상대량을 더한 값은 Ⅱ가 Ⅳ(3)보다 커야 한다. ➡ ㉣은 (　　)이고, ㉠은 (　　)이다.

4. Ⅱ가 정상적으로 염색 분체가 분리되었다면 Ⅳ의 H, R, T의 DNA 상대량을 더한 값이 (　　)가 되어야 하는데 3이므로 Ⅳ가 형성되는 감수 (　　)분열에서 21번 염색체가 비분리되었다. ➡ Ⅳ에는 21번 염색체가 (　　)개 들어 있으며, H, R, T 중 하나는 21번 염색체에 있다.

5. ⓐ는 21번 염색체가 (　　)개 있는 정자이므로 ⓐ가 정상 난자와 수정되어 태어나는 아이는 염색체 수 이상에 의한 유전병인 (　　)을 나타낸다.

2019 ● 수능 17번

자료❷ 염색체 비분리와 가계도 분석

- ㉠은 대립유전자 A와 A*에 의해, ㉡은 대립유전자 B와 B*에 의해 결정된다. A는 A*에 대해, B는 B*에 대해 각각 완전 우성이다.
- ㉠의 유전자와 ㉡의 유전자는 같은 염색체에 있다.
- 가계도는 구성원 1~8에게서 ㉠과 ㉡의 발현 여부를 나타낸 것이다.

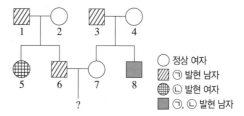

○ 정상 여자
▨ ㉠ 발현 남자
⊕ ㉡ 발현 여자
▩ ㉠, ㉡ 발현 남자

- 1~8의 핵형은 모두 정상이다.
- 5와 8 중 한 명은 정상 난자와 정상 정자가 수정되어 태어났다. 나머지 한 명은 염색체 수가 비정상적인 난자와 염색체 수가 비정상적인 정자가 수정되어 태어났으며, ⓐ이 난자와 정자의 형성 과정에서 각각 염색체 비분리가 1회 일어났다.
- $\dfrac{1, 2, 6 \text{ 각각의 체세포 1개당 A*의 DNA 상대량을 더한 값}}{3, 4, 7 \text{ 각각의 체세포 1개당 A*의 DNA 상대량을 더한 값}}=1$ 이다.

1. $\dfrac{1, 2, 6 \text{ 각각의 체세포 1개당 A*의 DNA 상대량을 더한 값(P)}}{3, 4, 7 \text{ 각각의 체세포 1개당 A*의 DNA 상대량을 더한 값(Q)}}=1$ 을 통해 ㉠의 특징을 파악한다.

(1) ㉠의 유전자가 상염색체에 있고 ㉠이 우성 형질일 경우: P는 최대 (　　)이고, Q는 (　　)이다. ➡ P≠Q이므로 성립하지 않는다.

(2) ㉠의 유전자가 상염색체에 있고 ㉠이 열성 형질일 경우: P는 (　　)이고, Q는 최대 (　　)이다. ➡ P≠Q이므로 성립하지 않는다.

(3) ㉠의 유전자가 X 염색체에 있고 ㉠이 우성 형질일 경우: 아버지 3의 우성 대립유전자가 딸에게 전달되므로 7이 (　　)이어야 한다. ➡ 7이 정상이므로 성립하지 않는다.

2. ㉠의 유전자는 (　　) 염색체에 있고 ㉠은 정상에 대해 (　　) 형질이다. ➡ A는 (　　) 대립유전자, A*는 (　　) 대립유전자이다.

3. ㉠과 ㉡의 유전자는 같은 염색체에 있으므로 ㉡의 유전자도 (　　) 염색체에 있다. ㉡에 대해 정상인 1과 2 사이에서 ㉡ 발현인 5가, 정상인 3과 4 사이에서 ㉡ 발현인 8이 태어났으므로 ㉡은 정상에 대해 (　　) 형질이다. ➡ B는 (　　) 대립유전자, B*는 (　　) 대립유전자이다.

4. 1의 유전자형은 $X^{A^*B}Y$이므로 정상적이라면 1의 X 염색체를 물려받는 딸 5는 ㉡이 발현되지 않는다. 그런데 5는 ㉡이 발현되었으므로 5는 어머니인 2에게서 B*가 있는 X 염색체를 2개 물려받았다. ➡ 2에게는 X^{AB^*}가 있으며, 감수 (　　)분열에서 염색체 비분리가 일어나 $X^{AB^*}X^{AB^*}$를 가진 난자 ⓐ가 만들어졌다.

Ⓐ 염색체 이상 유전병

1 그림은 사람의 정자 형성 과정에서 일어날 수 있는 염색체 비분리를 나타낸 것이다.

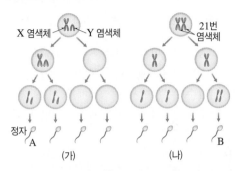

(　　) 안에 알맞은 말을 쓰거나 고르시오.

(1) (가)에서는 ㉠(감수 1분열, 감수 2분열)에서 성염색체의 비분리가, (나)에서는 ㉡(감수 1분열, 감수 2분열)에서 상염색체의 비분리가 일어났다.

(2) 정자 A의 염색체 구성은 $n+1=22+($　　$)$이다.

(3) 정자 B가 정상 난자와 수정하여 태어나는 아이는 유전병인 (　　)을 나타낸다.

2 염색체 수 이상에 대한 설명으로 옳지 <u>않은</u> 것은?

① 염색체 비분리 현상은 상염색체와 성염색체에서 모두 일어날 수 있다.

② 감수 1분열에서 염색체 비분리 현상이 일어나면 염색체 수가 정상인 생식세포가 형성될 수 있다.

③ 감수 2분열에서 염색체 비분리 현상이 일어날 때는 염색 분체가 비분리된다.

④ 에드워드 증후군은 18번 염색체가 3개일 때 나타나는 유전병이다.

⑤ 염색체 수 이상에 의한 유전병인 다운 증후군은 남녀에게서 모두 나타날 수 있다.

3 그림 (가)는 어떤 생물($2n=4$)의 정상 체세포를, (나)와 (다)는 이 생물에서 염색체 이상이 일어난 체세포를 나타낸 것이다.

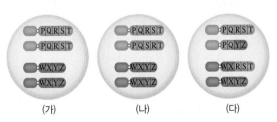

(나)와 (다)에서 일어난 염색체 이상은 각각 무엇인지 쓰시오.

4 표는 정상인과 유전병 환자 (가)~(라)의 일부 염색체 구성을 나타낸 것이다.

염색체 구성	정상인			
	X Y	X X	5번 염색체	21번 염색체
	유전병 환자			
	X X Y	X	5번 염색체	21번 염색체
	(가)	(나)	(다)	(라)

이에 대한 설명으로 옳은 것만을 [보기]에서 있는 대로 고르시오. (단, 제시된 것 이외의 돌연변이는 고려하지 않는다.)

──── 보기 ────

ㄱ. (가)와 (라)는 체세포 1개당 염색체 수가 같다.

ㄴ. (나)와 같은 염색체 구성은 성염색체 비분리가 일어난 난자와 정상 정자가 수정될 때에만 나타난다.

ㄷ. (다)와 (라)의 유전병은 남녀 모두에서 나타날 수 있다.

Ⓑ 유전자 이상 유전병

5 유전자 이상 유전병에 대한 설명으로 옳지 <u>않은</u> 것은?

① 우성으로 유전되는 유전병도 있다.

② 알비노증은 유전자 이상 유전병이다.

③ 핵형 분석으로 유전병 여부를 진단할 수 있다.

④ 유전자를 구성하는 DNA의 염기 서열 이상이 원인이다.

⑤ 유전자 이상 유전병을 나타내는 사람의 체세포의 염색체 수는 정상인과 같다.

6 사람이 다음과 같은 유전병을 나타낼 때 체세포의 염색체 수가 가장 적은 것은?

① 다운 증후군

② 터너 증후군

③ 클라인펠터 증후군

④ 고양이 울음 증후군

⑤ 낫 모양 적혈구 빈혈증

1 그림은 어떤 사람에서 정자가 형성되는 과정과 각 정자의 핵상을 나타낸 것이다. 정자 형성 과정 중 감수 1분열에서 성염색체의 비분리가 1회 일어났다.

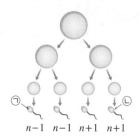

이에 대한 설명으로 옳은 것만을 [보기]에서 있는 대로 고른 것은? (단, 제시된 염색체 비분리 이외의 돌연변이는 고려하지 않는다.)

┤ 보기 ├
ㄱ. ㉠에 22개의 상염색체가 있다.
ㄴ. ㉡에 X 염색체가 있다.
ㄷ. ㉠과 정상 난자가 수정되어 아이가 태어날 때, 이 아이가 터너 증후군일 확률은 $\frac{1}{2}$이다.

① ㄱ ② ㄴ ③ ㄱ, ㄴ
④ ㄱ, ㄷ ⑤ ㄴ, ㄷ

2 그림 (가)는 감수 1분열 전기의 세포, (나)는 (가)에서 형성될 수 있는 4가지 생식세포의 성염색체를 나타낸 것이다.

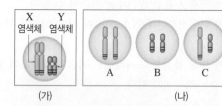

이에 대한 설명으로 옳은 것만을 [보기]에서 있는 대로 고른 것은? (단, 상염색체는 모두 정상이고, 제시된 것 이외의 돌연변이는 고려하지 않는다.)

┤ 보기 ├
ㄱ. A의 염색체 수는 (가)의 $\frac{1}{2}$이다.
ㄴ. B의 DNA양은 정상 생식세포의 2배이다.
ㄷ. 감수 1분열에서 염색체 비분리가 일어났을 때 형성되는 생식세포는 C와 D이다.

① ㄱ ② ㄷ ③ ㄱ, ㄴ
④ ㄴ, ㄷ ⑤ ㄱ, ㄴ, ㄷ

3 적록 색맹 여자와 정상 남자 사이에서 태어난 사람 A는 정상이며, 체세포의 염색체 구성은 44+XXY이다. 이에 대한 설명으로 옳은 것만을 [보기]에서 있는 대로 고른 것은? (단, 염색체 비분리는 부모 중 한쪽에서 1회 일어났으며, 다른 돌연변이는 일어나지 않았다.)

┤ 보기 ├
ㄱ. A는 클라인펠터 증후군을 나타낸다.
ㄴ. A는 적록 색맹 대립유전자를 가진다.
ㄷ. 감수 2분열에서 성염색체가 비분리된 정자가 정상 난자와 수정되어 A가 태어났다.

① ㄱ ② ㄴ ③ ㄷ
④ ㄱ, ㄴ ⑤ ㄴ, ㄷ

4 다음은 어떤 유전병에 대한 자료이다.

• 유전병을 결정하는 유전자는 성염색체에 있다.
• 부모는 정상인데, A는 유전병을 나타낸다.
• 생식세포 분열 시 부모 중 한 사람에게서만 염색체 비분리가 1회 일어나 형성된 생식세포 ㉠이 정상 생식세포와 수정하여 A가 태어났다.
• A의 핵형 분석 결과는 그림과 같다.

1	2	3	4	5	6	7	8	9	10	11	12
13	14	15	16	17	18	19	20	21	22	X	

이에 대한 설명으로 옳은 것만을 [보기]에서 있는 대로 고른 것은? (단, 제시된 것 이외의 돌연변이는 일어나지 않았다.)

┤ 보기 ├
ㄱ. ㉠은 성염색체가 없는 정자이다.
ㄴ. A는 터너 증후군을 나타낸다.
ㄷ. A의 핵형 분석 결과로 페닐케톤뇨증 여부를 알 수 있다.

① ㄱ ② ㄴ ③ ㄱ, ㄴ
④ ㄱ, ㄷ ⑤ ㄴ, ㄷ

5 다음은 영희네 가족에 대한 자료이다.

- 그림은 영희네 가족의 적록 색맹 가계도를 나타낸 것이다.
- 부모님과 영희는 모두 염색체 수가 정상이다.

아버지 □─○ 어머니
영희 ●

정상 남자 □
정상 여자 ○
적록 색맹 여자 ●

- 부모님의 생식세포 형성 과정 중 성염색체에서만 비분리가 1회씩 일어났고, 표는 그 결과 형성된 난자와 정자 중 일부에 대한 자료를 나타낸 것이다.

생식세포	비분리 발생 시기	성염색체	적록 색맹 유전자
난자 A	감수 1분열	있음	있음
난자 B	감수 2분열	있음	있음
정자 C	감수 1분열	있음	없음
정자 D	감수 2분열	있음	없음
정자 E	감수 2분열	없음	없음

- 난자 A, B 중 하나와 정자 C~E 중 하나가 수정되어 영희가 태어났다.

이에 대한 설명으로 옳은 것만을 [보기]에서 있는 대로 고른 것은? (단, 제시된 것 이외의 돌연변이는 고려하지 않는다.)

┤ 보기 ├
ㄱ. 난자 B와 정자 E가 수정되어 영희가 태어났다.
ㄴ. 영희의 적록 색맹 대립유전자는 부모에게서 1개씩 물려받은 것이다.
ㄷ. 영희의 핵형은 정상 여자와 같다.

① ㄱ　　　　② ㄴ　　　　③ ㄷ
④ ㄱ, ㄷ　　　⑤ ㄴ, ㄷ

6 그림은 어떤 사람의 세포 (가)~(다)에 존재하는 8번과 14번 염색체를 나타낸 것이다. (가)는 정상 체세포이고, (나)와 (다)는 생식세포이며, A~G, a, d, f, g는 유전자를 나타낸다.

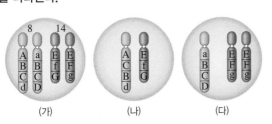

(가)　　　　(나)　　　　(다)

이에 대한 설명으로 옳은 것만을 [보기]에서 있는 대로 고른 것은? (단, 다른 염색체는 모두 정상이며, 제시된 것 이외의 돌연변이는 일어나지 않았다.)

┤ 보기 ├
ㄱ. (나)와 정상 생식세포의 결합으로 형성된 수정란의 핵상은 $2n+1$이다.
ㄴ. (나)가 형성될 때 8번 염색체에서 역위가 일어났다.
ㄷ. (다)가 형성될 때 감수 2분열에서 14번 염색체의 비분리가 일어났다.

① ㄱ　　　　② ㄷ　　　　③ ㄱ, ㄴ
④ ㄱ, ㄷ　　　⑤ ㄴ, ㄷ

7 다음은 유전자 이상에 의한 유전병 A에 대한 자료이다.

- 유전병 A 환자는 정상인과 단백질 ㉠의 아미노산 서열에 차이가 나며, 단백질 ㉠을 결정하는 유전자는 11번 염색체에 존재한다.
- 그림은 단백질 ㉠을 구성하는 아미노산 중 정상인과 유전병 A 환자에서 차이가 있는 아미노산이 포함된 일부 아미노산의 서열을 나타낸 것이다.

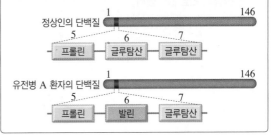

유전병 A에 대한 설명으로 옳은 것만을 [보기]에서 있는 대로 고른 것은? (단, 제시된 것 이외의 돌연변이는 고려하지 않는다.)

┤ 보기 ├
ㄱ. 남녀 모두에서 나타날 수 있다.
ㄴ. 유전병 A 환자의 핵형은 정상인과 같다.
ㄷ. 유전병 A 환자는 11번 염색체에 있는 유전자를 구성하는 DNA의 염기 서열에 이상이 있다.

① ㄱ　　　　② ㄴ　　　　③ ㄱ, ㄴ
④ ㄱ, ㄷ　　　⑤ ㄱ, ㄴ, ㄷ

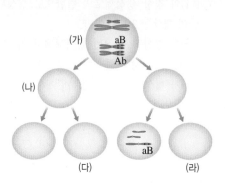

1 그림은 어떤 남자에서 세포 (가)로부터 생식세포가 형성되는 과정을 나타낸 것이다. (가)에서는 상염색체와 성염색체를 한 쌍씩만 나타냈으며, 염색체 비분리는 1회 일어났다.

이에 대한 설명으로 옳은 것만을 [보기]에서 있는 대로 고른 것은? (단, 제시된 것 이외의 돌연변이와 교차는 고려하지 않는다.)

┌─── 보기 ───
ㄱ. $\dfrac{\text{(나)의 상염색체의 염색 분체 수}}{\text{(라)의 염색체 수}}=2$이다.
ㄴ. (다)에는 a가 있다.
ㄷ. (라)가 형성될 때 염색 분체가 비분리되었다.
└─

① ㄱ   ② ㄴ   ③ ㄱ, ㄴ
④ ㄱ, ㄷ   ⑤ ㄴ, ㄷ

2 그림 (가)는 어떤 여자에서 세포 A로부터 난자가 형성되는 과정을, (나)는 세포 A에서 상동 염색체 4쌍을 나타낸 것이다. (가)에서 B의 핵상은 $n+1$이고, 감수 2분열은 정상적으로 일어났다.

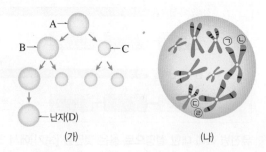

이에 대한 설명으로 옳은 것만을 [보기]에서 있는 대로 고른 것은?

┌─── 보기 ───
ㄱ. ⊙과 ⓒ은 B와 C 중 하나의 세포에 함께 있다.
ㄴ. ⓒ과 ② 을 모두 가진 난자가 만들어질 수 있다.
ㄷ. $\dfrac{\text{A의 염색 분체 수}}{\text{D의 염색체 수}}=4$이다.
└─

① ㄱ   ② ㄷ   ③ ㄱ, ㄴ
④ ㄱ, ㄷ   ⑤ ㄴ, ㄷ

2020 수능 19번

3 다음은 어떤 가족의 유전 형질 ⊙에 대한 자료이다.

- ⊙을 결정하는 데 관여하는 3개의 유전자는 모두 상염색체에 있으며, 3개의 유전자는 각각 대립유전자 A와 a, B와 b, D와 d를 갖는다.
- ⊙의 표현형은 유전자형에서 대문자로 표시되는 대립유전자의 수에 의해서만 결정되며, 이 대립유전자의 수가 다르면 표현형이 다르다.
- 표 (가)는 이 가족 구성원의 ⊙에 대한 유전자형에서 대문자로 표시되는 대립유전자의 수를, (나)는 아버지로부터 형성된 정자 Ⅰ~Ⅲ이 갖는 A, a, B, D의 DNA 상대량을 나타낸 것이다. Ⅰ~Ⅲ 중 1개는 세포 P의 감수 1분열에서 염색체 비분리가 1회, 나머지 2개는 세포 Q의 감수 2분열에서 염색체 비분리가 1회 일어나 형성된 정자이다. P와 Q는 모두 G_1기 세포이다.

구성원	대문자로 표시되는 대립유전자의 수
아버지	3
어머니	3
자녀 1	8

(가)

정자	A	a	B	D
Ⅰ	0	?	1	0
Ⅱ	1	1	1	1
Ⅲ	2	?	?	?

(나) DNA 상대량

- Ⅰ~Ⅲ 중 1개의 정자와 정상 난자가 수정되어 자녀 1이 태어났다. 자녀 1을 제외한 나머지 가족 구성원의 핵형은 모두 정상이다.

이에 대한 설명으로 옳은 것만을 [보기]에서 있는 대로 고른 것은? (단, 제시된 염색체 비분리 이외의 돌연변이와 교차는 고려하지 않으며, A, a, B, b, D, d 각각의 1개당 DNA 상대량은 1이다.)

┌─── 보기 ───
ㄱ. Ⅰ은 감수 2분열에서 염색체 비분리가 일어나 형성된 정자이다.
ㄴ. 자녀 1의 체세포 1개당 $\dfrac{\text{B의 DNA 상대량}}{\text{A의 DNA 상대량}}=1$ 이다.
ㄷ. 자녀 1의 동생이 태어날 때, 이 아이에게서 나타날 수 있는 ⊙의 표현형은 최대 5가지이다.
└─

① ㄱ   ② ㄴ   ③ ㄷ
④ ㄱ, ㄴ   ⑤ ㄱ, ㄷ

4 그림 (가)는 어떤 동물(2n=6)에서 형질 ⓐ의 유전자형이 BBEeFfhh인 G_1기 세포로부터 정자가 형성되는 과정을, (나)는 ⓐ의 유전자형이 eh인 세포 ⑩에 들어 있는 모든 염색체를 나타낸 것이다. (가)에서 염색체 비분리가 1회 일어났고, ㉠과 ㉡에서 F의 DNA 상대량은 같다.

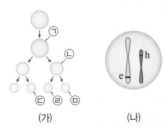

(가)   (나)

이에 대한 설명으로 옳은 것만을 [보기]에서 있는 대로 고른 것은? (단, 제시된 염색체 비분리 이외의 돌연변이와 교차는 고려하지 않으며, ㉠과 ㉡은 중기의 세포이다.)

──────── 보기 ────────
ㄱ. 염색체 비분리는 감수 1분열에서 일어났다.
ㄴ. ㉢에서 B와 f는 같은 염색체에 있다.
ㄷ. $\dfrac{㉣의\ 염색체\ 수}{㉠의\ 염색\ 분체\ 수} = \dfrac{1}{6}$이다.
────────────────────

① ㄱ ② ㄴ ③ ㄱ, ㄷ ④ ㄴ, ㄷ ⑤ ㄱ, ㄴ, ㄷ

5 다음은 어떤 가족의 유전 형질 (가)~(다)에 대한 자료이다.

• (가)는 대립유전자 A와 a에 의해, (나)는 대립유전자 B와 b에 의해, (다)는 대립유전자 D와 d에 의해 결정된다.
• (가)~(다)의 유전자 중 2개는 서로 다른 상염색체에, 나머지 1개는 X 염색체에 있다.
• 표는 아버지의 정자 Ⅰ과 Ⅱ, 어머니의 난자 Ⅲ과 Ⅳ, 딸의 체세포 Ⅴ가 갖는 A, a, B, b, D, d의 DNA 상대량을 나타낸 것이다.

구분	세포	A	a	B	b	D	d
아버지의 정자	Ⅰ	1	0	?	0	0	?
	Ⅱ	0	1	0	0	?	1
어머니의 난자	Ⅲ	?	1	0	?	㉠	0
	Ⅳ	0	?	1	?	0	?
딸의 체세포	Ⅴ	1	?	?	㉡	?	0

(표 안 열 머리: DNA 상대량)

• Ⅰ과 Ⅱ 중 하나는 염색체 비분리가 1회 일어나 형성된 ⓐ염색체 수가 비정상적인 정자이고, 나머지 하나는 정상 정자이다. Ⅲ과 Ⅳ 중 하나는 염색체 비분리가 1회 일어나 형성된 ⓑ염색체 수가 비정상적인 난자이고, 나머지 하나는 정상 난자이다.
• Ⅴ는 ⓐ와 ⓑ가 수정되어 태어난 딸의 체세포이며, 이 가족 구성원의 핵형은 모두 정상이다.

이에 대한 설명으로 옳은 것만을 [보기]에서 있는 대로 고른 것은? (단, 제시된 염색체 비분리 이외의 돌연변이는 고려하지 않으며, A, a, B, b, D, d 각각의 1개당 DNA 상대량은 1이다.)

──────── 보기 ────────
ㄱ. (나)의 유전자는 X 염색체에 있다.
ㄴ. ㉠+㉡=2이다.
ㄷ. $\dfrac{아버지의\ 체세포\ 1개당\ B의\ DNA\ 상대량}{어머니의\ 체세포\ 1개당\ D의\ DNA\ 상대량} = \dfrac{1}{2}$이다.
────────────────────

① ㄱ ② ㄴ ③ ㄱ, ㄷ ④ ㄴ, ㄷ ⑤ ㄱ, ㄴ, ㄷ

6 다음은 어떤 가족의 형질 ㉠과 ㉡에 대한 자료이다.

• 형질 ㉠은 대립유전자 H와 H*에 의해, 형질 ㉡은 대립유전자 R와 R*에 의해 결정된다. H는 H*에 대해, R는 R*에 대해 각각 완전 우성이다.
• 형질 ㉠과 ㉡을 결정하는 유전자 중 하나는 상염색체에 있고, 다른 하나는 X 염색체에 있다.
• 생식세포 분열 시 부모 중 한 사람에게서만 염색체 비분리가 1회 일어나 생식세포 ⓐ가 형성된 후, ⓐ가 정상 생식세포와 수정되어 아이가 태어났다. 이 아이는 자녀 3과 자녀 4 중 하나이며, 클라인펠터 증후군을 나타낸다. 이 아이를 제외한 나머지 구성원의 핵형은 모두 정상이다.
• 표는 구성원의 성별과 형질 발현 여부이다. 어머니의 형질 ㉡에 대한 유전자형은 동형 접합성이다.

구성원	성별	형질 ㉠	형질 ㉡
아버지	남	×	○
어머니	여	×	×
자녀 1	남	×	×
자녀 2	여	○	○
자녀 3	남	×	○
자녀 4	남	○	×

(○: 발현됨, ×: 발현 안 됨)

이에 대한 설명으로 옳은 것만을 [보기]에서 있는 대로 고른 것은? (단, 제시된 염색체 비분리 이외의 돌연변이는 고려하지 않는다.)

──────── 보기 ────────
ㄱ. ㉡ 발현 대립유전자는 R*이다.
ㄴ. ⓐ는 감수 1분열에서 염색체 비분리가 일어나 형성된 정자이다.
ㄷ. 클라인펠터 증후군을 나타내는 구성원은 자녀 4이다.
────────────────────

① ㄱ ② ㄴ ③ ㄱ, ㄴ ④ ㄱ, ㄷ ⑤ ㄴ, ㄷ

7 다음은 영희네 가족의 형질 ⓐ, ⓑ에 대한 자료이다.

- ⓐ는 대립유전자 A와 A*, ⓑ는 대립유전자 B와 B*에 의해 결정되며, 각 대립유전자 사이의 우열 관계는 분명하다.
- 그림은 영희네 가족 구성원에서 체세포 1개당 A*와 B*의 DNA 상대량을, 표는 형질 ⓐ와 ⓑ의 발현 여부를 나타낸 것이다.

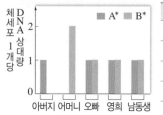

구성원	ⓐ	ⓑ
아버지	○	×
어머니	×	○
오빠	○	○
영희	○	×
남동생	○	×

(○: 발현됨, ×: 발현 안 됨)

- 생식세포 분열 시 염색체 비분리가 1회 일어나 형성된 정자와 정상 난자가 수정되어 영희의 남동생이 태어났다. 남동생의 염색체 수는 47이다.

이에 대한 설명으로 옳은 것만을 [보기]에서 있는 대로 고른 것은? (단, 제시된 염색체 비분리 이외의 돌연변이는 고려하지 않으며, A, A*, B, B* 각각의 1개당 DNA 상대량은 1이다.)

――― 보기 ―――

ㄱ. A*는 A에 대해 우성이다.

ㄴ. 영희와 남동생의 체세포 1개당 B의 DNA 상대량은 1로 같다.

ㄷ. ⓐ와 ⓑ 중 ⓑ만 발현된 남자와 영희 사이에서 아이가 태어날 때, 이 아이에게서 ⓐ, ⓑ가 모두 발현될 확률은 $\frac{1}{8}$이다.

① ㄱ ② ㄴ ③ ㄱ, ㄴ ④ ㄱ, ㄷ ⑤ ㄴ, ㄷ

2019 6월 평가원 15번

8 그림 (가)와 (나)는 핵상이 $2n$인 어떤 동물에서 암컷과 수컷의 생식세포 형성 과정을, 표는 세포 ㉠~㉣이 갖는 유전자 E, e, F, f, G, g의 DNA 상대량을 나타낸 것이다. E와 e, F와 f, G와 g는 각각 대립유전자이다. (가)와 (나)의 감수 1분열에서 성염색체 비분리가 각각 1회 일어났다. ㉠~㉣은 Ⅰ~Ⅳ를 순서 없이 나타낸 것이다.

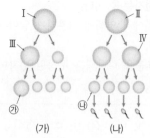

(가)   (나)

세포	DNA 상대량					
	E	e	F	f	G	g
㉠	?	0	2	0	2	ⓐ
㉡	2	2	0	4	0	?
㉢	ⓑ	0	?	2	?	0
㉣	4	0	ⓒ	2	?	2

이에 대한 설명으로 옳은 것만을 [보기]에서 있는 대로 고른 것은? (단, 제시된 염색체 비분리 이외의 돌연변이와 교차는 고려하지 않으며, Ⅰ~Ⅳ는 중기의 세포이다. E, e, F, f, G, g 각각의 1개당 DNA 상대량은 같다.)

――― 보기 ―――

ㄱ. ㉢은 Ⅲ이다.

ㄴ. ⓐ+ⓑ+ⓒ=6이다.

ㄷ. 성염색체 수는 ㉮ 세포와 ㉯ 세포가 같다.

① ㄱ ② ㄴ ③ ㄷ

④ ㄱ, ㄴ ⑤ ㄴ, ㄷ

9 다음은 어떤 집안의 유전병 ㉠과 ㉡에 대한 자료이다.

- ㉠을 결정하는 유전자는 X 염색체에 있고, ㉡을 결정하는 유전자는 상염색체에 있다.
- ㉠과 ㉡은 각각 대립유전자 A와 A*, B와 B*에 의해 결정된다. A는 A*에 대해, B는 B*에 대해 각각 완전 우성이다.

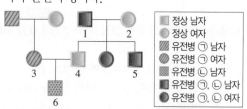

- 가계도 구성원의 핵형은 모두 정상이다.
- 1과 2는 각각 ㉠에 대한 대립유전자 A와 A* 중 한 종류만 가지고 있다.
- 가계도 구성원 중 5가 태어날 때에만 1과 2의 생식세포 분열 과정에서 염색체 비분리가 각각 1회씩 일어났고, 5는 1의 정자 ⓐ와 2의 난자 ⓑ가 수정되어 태어났다.

이에 대한 설명으로 옳은 것만을 [보기]에서 있는 대로 고른 것은? (단, 제시된 염색체 비분리 이외의 돌연변이는 고려하지 않는다.)

――― 보기 ―――

ㄱ. ⓐ가 형성될 때 염색체 비분리는 감수 1분열에서 일어났다.

ㄴ. ⓑ에는 대립유전자 B가 있다.

ㄷ. 6의 동생이 태어날 때, 이 아이에게서 유전병 ㉠과 ㉡이 모두 나타날 확률은 $\frac{1}{8}$이다.

① ㄱ ② ㄴ ③ ㄱ, ㄴ

④ ㄱ, ㄷ ⑤ ㄴ, ㄷ

10 사람의 유전 형질 (가)는 3쌍의 대립유전자 H와 h, R와 r, T와 t에 의해 결정되며, (가)를 결정하는 유전자는 서로 다른 3개의 상염색체에 존재한다. 그림은 어떤 사람의 G_1기 세포 I로부터 정자가 형성되는 과정을, 표는 세포 ㉠~㉣에 들어 있는 세포 1개당 대립유전자 H, R, T의 DNA 상대량을 더한 값을 나타낸 것이다. 이 정자 형성 과정에서 21번 염색체의 비분리가 1회 일어났고, ㉠~㉣은 I~IV를 순서 없이 나타낸 것이다.

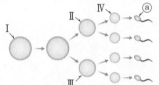

세포	H, R, T의 DNA 상대량을 더한 값
㉠	2
㉡	3
㉢	3
㉣	?

이에 대한 설명으로 옳은 것만을 [보기]에서 있는 대로 고른 것은? (단, 제시된 염색체 비분리 이외의 돌연변이와 교차는 고려하지 않으며, H, h, R, r, T, t 각각의 1개당 DNA 상대량은 1이다.)

| 보기 |
ㄱ. ㉣은 II이다.
ㄴ. 염색체 비분리는 감수 1분열에서 일어났다.
ㄷ. 정자 ⓐ와 정상 난자가 수정되어 태어난 아이는 다운 증후군의 염색체 이상을 보인다.

① ㄱ   ② ㄴ   ③ ㄱ, ㄷ
④ ㄴ, ㄷ   ⑤ ㄱ, ㄴ, ㄷ

11 다음은 어떤 집안의 유전 형질 (가)와 적록 색맹에 대한 자료이다.

- (가)는 대립유전자 A와 a에 의해, 적록 색맹은 대립 유전자 B와 b에 의해 결정되며, A는 a에 대해, B는 b에 대해 각각 완전 우성이다.
- (가)와 적록 색맹을 결정하는 유전자는 동일한 염색체에 함께 있다.

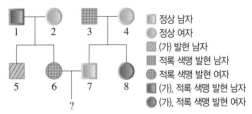

- 정상 남자
- 정상 여자
- (가) 발현 남자
- 적록 색맹 발현 남자
- 적록 색맹 발현 여자
- (가), 적록 색맹 발현 남자
- (가), 적록 색맹 발현 여자

- 구성원 5는 클라인펠터 증후군을, 구성원 8은 터너 증후군을 나타낸다. 5와 8은 각각 부모 중 한 사람의 생식세포 분열에서 성염색체 비분리가 1회 일어나 형성된 생식세포가 정상 생식세포와 수정되어 태어났다.
- 5에서 체세포 1개당 a와 B의 수는 같다.

이에 대한 설명으로 옳은 것만을 [보기]에서 있는 대로 고른 것은? (단, 제시된 염색체 비분리 이외의 돌연변이와 교차는 고려하지 않는다.)

| 보기 |
ㄱ. 2에서 감수 2분열 시 성염색체가 비분리되어 형성된 난자가 정상 정자와 수정하여 5가 태어났다.
ㄴ. 체세포 1개당 a의 수는 4와 8이 같다.
ㄷ. 6과 7 사이에서 아이가 태어날 때, 이 아이에게서 (가)와 적록 색맹이 모두 발현될 확률은 $\frac{1}{4}$이다.

① ㄱ   ② ㄴ   ③ ㄱ, ㄷ
④ ㄴ, ㄷ   ⑤ ㄱ, ㄴ, ㄷ

12 다음은 영희네 가족의 유전 형질 (가)~(다)에 대한 자료이다.

- (가)는 대립유전자 A와 A*에 의해, (나)는 대립유전자 B와 B*에 의해, (다)는 대립유전자 D와 D*에 의해 결정된다.
- (가)와 (나)의 유전자는 7번 염색체에, (다)의 유전자는 X 염색체에 있다.
- 그림은 영희네 가족 구성원 중 어머니, 오빠, 영희, ⓐ남동생의 세포 I~IV가 갖는 A, B, D*의 DNA 상대량을 나타낸 것이다.

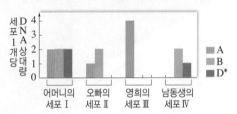

- 어머니의 생식세포 형성 과정에서 대립유전자 ㉠이 대립유전자 ㉡으로 바뀌는 돌연변이가 1회 일어나 ㉡을 갖는 생식세포가 형성되었다. 이 생식세포가 정상 생식세포와 수정되어 ⓐ가 태어났다. ㉠과 ㉡은 (가)~(다) 중 한 가지 형질을 결정하는 서로 다른 대립유전자이다.

이에 대한 설명으로 옳은 것만을 [보기]에서 있는 대로 고른 것은? (단, 제시된 돌연변이 이외의 돌연변이와 교차는 고려하지 않으며, A, A*, B, B*, D, D* 각각의 1개당 DNA 상대량은 1이다.)

| 보기 |
ㄱ. I은 G_1기 세포이다.
ㄴ. ㉠은 A이다.
ㄷ. 아버지에서 A*, B, D를 모두 갖는 정자가 형성될 수 있다.

① ㄱ   ② ㄴ   ③ ㄷ   ④ ㄱ, ㄷ   ⑤ ㄴ, ㄷ

V

생태계와 상호 작용

12. 생태계

>> **핵심 짚기** > 개체군, 군집, 생태계의 관계   > 생태계 구성 요소 간의 관계
> 생물적 요인과 비생물적 요인의 상호 작용

A 생태계의 구성

1 개체군, 군집, 생태계의 관계

개체	독립적으로 생명 활동을 할 수 있는 하나의 생명체
개체군	일정한 지역에서 같은 종의 개체가 무리를 이루어 생활하는 집단 →• 한 종으로 구성됨
군집	일정한 지역에서 여러 종류의 개체군이 모여 생활하는 집단 →• 여러 종으로 구성됨
생태계❶	군집을 이루는 각각의 개체군이 다른 개체군 및 물리적 환경과 영향을 주고받으며 살아가는 체계

▲ 개체군, 군집, 생태계의 관계

2 생태계의 구성 요소   생태계는 생물적 요인과 비생물적 요인으로 구성된다.

① 생물적 요인: 생태계에서의 역할에 따라 생산자, 소비자, 분해자로 구분된다.

구분	생태계에서의 역할	대표적인 생물
생산자	빛에너지를 이용하여 광합성을 한다. ➡ 무기물로부터 유기물을 합성한다.	식물, *조류 등
소비자❷	스스로 양분을 합성하지 못해 다른 생물을 먹어서 양분을 얻는다. ➡ 먹이 사슬에서 차지하는 위치에 따라 1차, 2차, 3차 소비자 등으로 구분된다.	초식 동물, 육식 동물 등
분해자	다른 생물의 사체나 배설물 속의 유기물을 무기물로 분해하여 에너지를 얻는다. ➡ 무기물을 비생물 환경으로 돌려보낸다.	세균, 버섯, 곰팡이 등

② 비생물적 요인: 생물을 둘러싸고 있는 비생물 환경으로, 빛, 온도, 물, 공기, 토양 등이 있다.

3 생태계 구성 요소 간의 관계   생물은 자신을 둘러싸고 있는 생물적 요인 및 비생물적 요인과 상호 작용 하며 살아간다.

[생태계 구성 요소 간의 관계와 예]
❶ 비생물적 요인이 생물에 영향을 주는 예 →• 작용
  • 비옥한 토양에서 식물이 잘 자란다.
  • 수온이 돌말 개체군의 크기에 영향을 준다.
❷ 생물이 비생물적 요인에 영향을 주는 예 →• 반작용
  • 낙엽이 쌓이면 토양이 비옥해진다.
  • 지의류에 의해 암석의 풍화가 촉진되어 토양이 형성된다.
❸ 생물이 서로 영향을 주고받는 예 →• 상호 작용
  • 초식 동물은 풀을 먹고 살며, 초식 동물의 사체나 배설물은 풀이 자라는 데 필요한 양분이 된다.

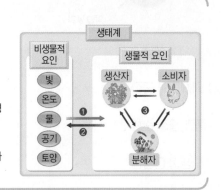

PLUS 강의 ✚

❶ **생태계**
생태계는 생태 공원이나 연못과 같은 좁은 범위에서 삼림, 초원, 사막, 해양 등과 같은 넓은 범위까지를 모두 나타낼 수 있으며, 에너지 흐름과 물질 순환이 일어나는 기능적인 단위이다.

❷ **소비자의 구분**
• 1차 소비자(초식 동물): 생산자를 먹이로 한다.
• 2차, 3차 소비자(육식 동물): 각각 1차 소비자와 2차 소비자를 먹이로 한다.

🔍 **용어 돋보기**
* 조류(藻 바닷말, 類 무리)_ 물속에서 생활하며, 광합성을 하는 엽록체를 가지고 있어서 독립 영양 생활을 하는 생물

ⓑ 생물과 환경의 상호 작용

구분		상호 작용
빛	빛의 세기	• 음지 식물은 양지 식물보다 보상점과 광포화점이 낮아 빛이 약한 곳에서도 서식할 수 있다.❸ • 빛이 강한 곳에 있는 양엽은 그늘진 곳의 음엽보다 울타리 조직이 발달하여 두께가 더 두껍다.
	일조 시간	• 국화는 하루 중 밤의 길이가 길어지는 계절에 꽃이 핀다. → 단일 식물 • 닭이나 꾀꼬리는 빛을 쬐는 일조 시간이 길어지면 생식을 위해 산란을 한다.
	빛의 파장	빛의 파장에 따라 바닷속에 서식하는 해조류의 분포가 달라진다.❹ ➡ 깊은 바다에는 적색광보다 청색광이 주로 도달하므로 이를 이용할 수 있는 홍조류가 분포한다.
온도		• 개구리와 뱀은 온도가 낮아지면 겨울잠을 잔다. • 활엽수는 온도가 낮아지면 단풍이 들고 낙엽을 만든다. • 북극여우는 사막여우보다 몸집이 크고 몸의 말단부가 작아 열을 보존하기에 적합하다.
물		• 물에서 자라는 연의 줄기와 뿌리에는 공기가 통하는 통기 조직이 발달하며, 연잎은 물에 젖지 않도록 발달한 구조이다. • 물이 부족한 사막에 서식하는 선인장에는 물을 저장하는 저수 조직이 있으며, 선인장의 가시는 수분의 증발을 줄이도록 적응된 구조이다.
공기		• 고산 지대처럼 산소가 희박한 곳에 사는 사람의 혈액 속 적혈구 수가 평지에 사는 사람보다 많다. • 동물의 호흡이나 식물의 광합성 결과는 공기의 조성에 영향을 미친다.
토양		• 세균과 버섯에 의해 토양 속 무기물이 증가한다. • 지렁이와 두더지는 흙 속을 파헤치며 이동하여 토양의 통기성을 높여 준다.

[양엽]
200 μm
표피 / 울타리 조직 / 해면 조직

[음엽]
75 μm
표피 / 울타리 조직 / 해면 조직

12시간
☀ 낮 / 🌙 밤
☀ 낮 / 🌙 밤

장일 식물 / 단일 식물
개화 / 개화 안 함
개화 안 함 / 개화

❸ 식물의 보상점과 광포화점
• 보상점: 식물이 흡수하는 CO_2 양과 방출하는 CO_2 양이 같을 때의 빛의 세기
  ➡ 빛의 세기가 보상점 이상인 곳에서 식물이 생장한다.
• 광포화점: 광합성량이 증가하지 않는 최소한의 빛의 세기

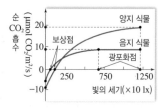

순 CO_2 흡수 ($\mu mol\ CO_2/m^2/s$)
양지 식물 / 음지 식물
보상점 / 광포화점
250 / 750 / 1250
빛의 세기($\times 10\ lx$)
20 / 10 / 0 / -10

❹ 빛의 파장과 해조류의 수직 분포

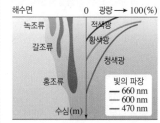

해수면 / 0 광량 ➡ 100(%)
녹조류 / 적색광
갈조류 / 황색광
청색광
홍조류
수심(m)
빛의 파장
— 660 nm
— 600 nm
— 470 nm

🗐 정답과 해설 80쪽

개념 확인

(1) 일정한 지역에서 같은 종의 개체가 무리를 이루어 생활하는 집단을 (　　　)이라고 한다.

(2) 개체군은 (한, 여러) 종의 생물로 구성되고, 군집은 (한, 여러) 종의 생물로 구성된다.

(3) 생물적 요인 중 (　　　)는 광합성을 하여 유기물을 합성하며, (　　　)는 다른 생물을 먹이로 하여 양분을 얻는다.

(4) 각 생물적 요인과 대표적인 생물을 옳게 연결하시오.

　① 생산자 •　　　　　　• ㉠ 식물, 조류
　② 소비자 •　　　　　　• ㉡ 세균, 곰팡이
　③ 분해자 •　　　　　　• ㉢ 초식 동물, 육식 동물

(5) 빛, 온도, 물, 공기, 토양 등은 생태계를 구성하는 (　　　) 요인이다.

(6) 비옥한 토양에서 식물이 잘 자라는 것은 (　　　) 요인이 (　　　) 요인에 영향을 미친 예이다.

(7) 강한 빛을 받는 양엽이 약한 빛을 받는 음엽보다 잎이 (얇은, 두꺼운) 것은 (　　　)가 생물에 영향을 미친 예이다.

(8) 북극여우가 사막여우보다 몸의 말단부가 (큰, 작은) 것은 (　　　)가 생물에 영향을 미친 예이다.

수능 자료

정답과 해설 80쪽

2020 ● 수능 20번

자료 ❶ 생태계 구성 요소 간의 관계

그림은 생태계를 구성하는 요소 사이의 상호 관계를 나타낸 것이다.

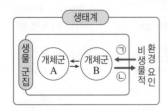

1. A와 B는 모두 생물적 요인이다. (○, ×)
2. A는 하나의 생물종으로 구성된다. (○, ×)
3. A에 생산자, 소비자, 분해자가 모두 속해 있다. (○, ×)
4. 빛과 물은 모두 비생물적 환경 요인에 해당한다. (○, ×)
5. 뿌리혹박테리아는 비생물적 환경 요인에 해당한다. (○, ×)
6. 기온이 나뭇잎의 색 변화에 영향을 미치는 것은 ㉠에 해당한다. (○, ×)
7. 눈신토끼의 개체 수가 증가하자 스라소니의 개체 수도 증가하는 것은 ㉡에 해당한다. (○, ×)
8. 숲의 나무로 인해 햇빛이 차단되어 토양 수분의 증발량이 감소되는 것은 ㉡에 해당한다. (○, ×)

2020 ● 평가원 9월 18번

자료 ❷ 빛과 생물

일조 시간이 식물의 개화에 미치는 영향을 알아보기 위하여, 식물 종 A의 개체 I~V에 빛 조건을 달리하여 개화 여부를 관찰하였다. 표는 I~V에 '빛 있음', '빛 없음', ⓐ, ⓑ 순으로 처리한 기간과 I~V의 개화 여부를 나타낸 것이다. ⓐ와 ⓑ는 각각 '빛 있음'과 '빛 없음' 중 하나이고, 이 식물이 개화하는 데 필요한 최소한의 '연속적인 빛 없음' 기간은 8시간이다.

개체	처리 기간(시간)				개화 여부
	빛 있음	빛 없음	ⓐ	ⓑ	
I	12	0	0	12	개화함
II	12	4	1	7	개화 안 함
III	14	4	1	5	개화 안 함
IV	7	1	4	12	개화함
V	5	1	9	9	㉠

1. ⓐ는 '빛 있음'이다. (○, ×)
2. ㉠은 '개화 안 함'이다. (○, ×)
3. 일조 시간은 비생물적 환경 요인이다. (○, ×)
4. 이 식물은 '빛 없음'과 ⓑ의 합이 8시간 이상이면 항상 개화한다. (○, ×)

정답과 해설 80쪽

Ⓐ 생태계의 구성

1 생태계의 구성에 대한 설명으로 옳은 것만을 [보기]에서 있는 대로 고르시오.

┤ 보기 ├
ㄱ. 빛, 물, 세균은 모두 비생물적 요인이다.
ㄴ. 생물적 요인은 그 역할에 따라 생산자, 소비자, 분해자로 구분된다.
ㄷ. 같은 지역에 사는 생산자와 소비자는 하나의 개체군을 이룬다.

2 다음은 생태계를 구성하는 생물을 나타낸 것이다.

조류, 버섯, 곰팡이, 육식 동물, 식물

분해자에 해당하는 생물을 모두 쓰시오.

3 그림은 생태계 구성 요소 사이의 관계를 나타낸 것이다.

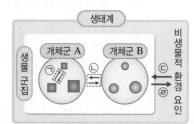

㉠~㉢ 중 지의류에 의해 암석의 풍화가 촉진되어 토양이 형성되는 관계에 해당하는 것을 쓰시오.

Ⓑ 생물과 환경의 상호 작용

4 각 현상과 관련 깊은 비생물적 요인을 [보기]에서 골라 기호를 쓰시오.

┤ 보기 ├
ㄱ. 온도   ㄴ. 일조 시간   ㄷ. 빛의 파장

(1) 국화는 밤의 길이가 길어지는 계절에 꽃이 핀다.
(2) 홍조류는 녹조류보다 깊은 수심까지 서식한다.
(3) 북극여우는 사막여우보다 몸집이 크고 몸의 말단부가 작다.

5 고산 지대에 사는 사람이 평지에 사는 사람보다 적혈구 수가 많은 것은 어떤 비생물적 요인이 영향을 미친 것인지 쓰시오.

1 그림은 생태계의 구성 요소 (가)와 (나)를 나타낸 것이다. (가)와 (나)는 각각 생물적 요인과 비생물적 요인 중 하나이다.

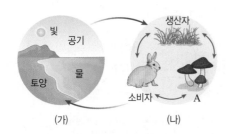

(가)   (나)

이에 대한 설명으로 옳은 것만을 [보기]에서 있는 대로 고른 것은?

┤ 보기 ├
ㄱ. 온도는 (가)에 속한다.
ㄴ. A는 유기물을 무기물로 분해하여 비생물 환경으로 돌려보낸다.
ㄷ. (나)에서 A와 소비자가 모여 하나의 개체군을 이룬다.

① ㄱ   ② ㄷ   ③ ㄱ, ㄴ
④ ㄴ, ㄷ   ⑤ ㄱ, ㄴ, ㄷ

2 다음은 어떤 생태계를 구성하는 생물적 요인 (가)~(다)에 속한 생물을 나타낸 것이다. (가)~(다)는 각각 생산자, 소비자, 분해자 중 하나이다.

(가) 사슴, 토끼, 사자, 메뚜기
(나) 대장균, 송이버섯, 푸른곰팡이
(다) 소나무, 무궁화, 보리, 사과나무

이에 대한 설명으로 옳은 것만을 [보기]에서 있는 대로 고른 것은?

┤ 보기 ├
ㄱ. (가)에서 사슴 개체군과 토끼 개체군은 하나의 군집 내에 있을 수 있다.
ㄴ. (나)는 무기물로부터 유기물을 합성한다.
ㄷ. 광합성을 하는 조류는 (다)에 속한다.

① ㄱ   ② ㄴ   ③ ㄱ, ㄴ
④ ㄱ, ㄷ   ⑤ ㄴ, ㄷ

자료❶   **2020** 수능 20번

3 그림은 생태계를 구성하는 요소 사이의 상호 관계를 나타낸 것이다.

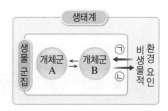

이에 대한 설명으로 옳은 것만을 [보기]에서 있는 대로 고른 것은?

┤ 보기 ├
ㄱ. 뿌리혹박테리아는 비생물적 환경 요인에 해당한다.
ㄴ. 기온이 나뭇잎의 색 변화에 영향을 미치는 것은 ㉠에 해당한다.
ㄷ. 숲의 나무로 인해 햇빛이 차단되어 토양 수분의 증발량이 감소되는 것은 ㉡에 해당한다.

① ㄱ   ② ㄷ   ③ ㄱ, ㄴ
④ ㄴ, ㄷ   ⑤ ㄱ, ㄴ, ㄷ

4 그림은 한 식물에 존재하는 양엽과 음엽을 순서 없이 나타낸 것이다.

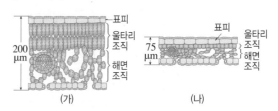

(가)   (나)

이에 대한 설명으로 옳은 것만을 [보기]에서 있는 대로 고른 것은?

┤ 보기 ├
ㄱ. (가)는 (나)보다 빛이 약한 곳에 있다.
ㄴ. (가)는 (나)보다 울타리 조직이 발달하였다.
ㄷ. 빛의 세기에 따라 식물 잎의 두께가 달라진다.

① ㄱ   ② ㄴ   ③ ㄷ
④ ㄱ, ㄴ   ⑤ ㄴ, ㄷ

수능 3점

---

1 [2020 6월 평가원 13번]
그림은 생태계를 구성하는 요소 사이의 상호 관계를 나타낸 것이다.

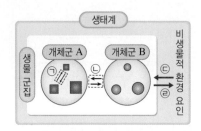

이에 대한 설명으로 옳은 것만을 [보기]에서 있는 대로 고른 것은?

┤ 보기 ├
ㄱ. 스라소니가 눈신토끼를 잡아먹는 것은 ㉠에 해당한다.
ㄴ. 분서는 ㉡에 해당한다.
ㄷ. 질소 고정 세균에 의해 토양의 암모늄 이온(NH_4^+)이 증가하는 것은 ㉣에 해당한다.

① ㄱ ② ㄷ ③ ㄱ, ㄴ
④ ㄴ, ㄷ ⑤ ㄱ, ㄴ, ㄷ

---

2 그림은 어떤 생태계의 구성을 나타낸 것이다. ㉠과 ㉡은 각각 물과 빛 중 하나이고, ㉡은 생물의 세포 호흡 결과 생성된다. A~C는 각각 분해자, 생산자, 소비자 중 하나이다.

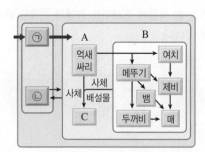

이에 대한 설명으로 옳은 것만을 [보기]에서 있는 대로 고른 것은? (단, →는 물질의 이동을 나타낸다.)

┤ 보기 ├
ㄱ. A의 광합성에 ㉠이 이용된다.
ㄴ. A에서 B로 유기물이 이동한다.
ㄷ. 버섯과 곰팡이는 C에 속한다.

① ㄴ ② ㄷ ③ ㄱ, ㄴ
④ ㄱ, ㄷ ⑤ ㄱ, ㄴ, ㄷ

---

3 그림은 생태계 구성 요소 간의 일부 관계와 생물 군집 내에서의 유기물 이동을, 표는 물질대사 ⓐ와 ⓑ에서의 물질 전환을 나타낸 것이다. (가)~(다)는 각각 분해자, 생산자, 소비자 중 하나이다.

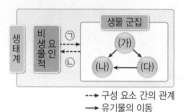

구분	반응
ⓐ	무기물 → 유기물
ⓑ	유기물 → 무기물

--▶ 구성 요소 간의 관계
─▶ 유기물의 이동

이에 대한 설명으로 옳은 것만을 [보기]에서 있는 대로 고른 것은?

┤ 보기 ├
ㄱ. (가)에서 ⓐ가, (나)에서 ⓑ가 일어난다.
ㄴ. (나)와 (다)는 서로 다른 개체군을 이룬다.
ㄷ. 노루가 일조 시간이 짧아지는 가을에 번식하는 것은 ㉡에 해당한다.

① ㄱ ② ㄴ ③ ㄱ, ㄴ
④ ㄱ, ㄷ ⑤ ㄴ, ㄷ

---

4 표는 생태계 구성 요소 간의 상호 관계 (가)~(다)에 관련된 요인과 그 예를 나타낸 것이다. A와 B는 각각 생물적 요인과 비생물적 요인 중 하나이고, A → B는 A가 B에게 영향을 주는 것이다.

구분	관련 요인	예
(가)	A → B	두더지에 의해 토양의 통기성이 증가한다.
(나)	B → A	음지 식물은 양지 식물보다 빛이 약한 곳에서도 잘 자란다.
(다)	A → A	?

이에 대한 설명으로 옳은 것만을 [보기]에서 있는 대로 고른 것은?

┤ 보기 ├
ㄱ. (가)의 예에서 A는 생산자에 속한다.
ㄴ. (나)의 예에서 B는 온도이다.
ㄷ. 호랑이가 배설물로 자기 영역을 표시하는 것은 (다)의 예에 해당한다.

① ㄴ ② ㄷ ③ ㄱ, ㄴ
④ ㄱ, ㄷ ⑤ ㄴ, ㄷ

5 다음은 생태계를 구성하는 ㉠~㉢에 대한 자료이다.

- ㉠~㉢은 각각 빛, 공기, 온도 중 하나이다.
- ㉠의 영향으로 고산 지대에 사는 사람의 적혈구 수가 평지에 사는 사람의 적혈구 수보다 많다.
- 그림은 어떤 나무의 위쪽과 아래쪽에 있는 두 잎을 나타낸 것이다. ㉢의 영향으로 위쪽 잎은 두껍고 좁은 반면, 아래쪽 잎은 얇고 넓다.

  위쪽 잎 　　아래쪽 잎

이에 대한 설명으로 옳은 것만을 [보기]에서 있는 대로 고른 것은?

┤ 보기 ├
ㄱ. ㉡은 온도이다.
ㄴ. ㉠~㉢은 모두 생태계의 비생물적 요인이다.
ㄷ. 바다의 깊이에 따라 해조류의 분포가 다르게 나타나는 것은 ㉢의 영향을 받은 것이다.

① ㄱ　　　② ㄷ　　　③ ㄱ, ㄴ
④ ㄴ, ㄷ　　　⑤ ㄱ, ㄴ, ㄷ

2019 6월 평가원 11번

6 일조 시간이 식물의 개화에 미치는 영향을 알아보기 위하여, 식물 종 A의 개체 ㉠~㉣에 빛 조건을 달리하여 개화 여부를 관찰하였다. 그림은 빛 조건 Ⅰ~Ⅳ를, 표는 Ⅰ~Ⅳ에서 ㉠~㉣의 개화 여부를 나타낸 것이다. ⓐ는 종 A가 개화하는 데 필요한 최소한의 '연속적인 빛 없음' 기간이다.

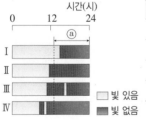

조건	개체	개화 여부
Ⅰ	㉠	×
Ⅱ	㉡	○
Ⅲ	㉢	×
Ⅳ	㉣	?

빛 있음 　빛 없음
(○: 개화함, ×: 개화 안 함)

이 자료에 대한 설명으로 옳은 것만을 [보기]에서 있는 대로 고른 것은? (단, 제시된 조건 이외는 고려하지 않는다.)

┤ 보기 ├
ㄱ. Ⅳ에서 ㉣은 개화한다.
ㄴ. 일조 시간은 비생물적 환경 요인이다.
ㄷ. 종 A는 '빛 없음' 시간의 합이 ⓐ보다 길 때 항상 개화한다.

① ㄱ　　　② ㄷ　　　③ ㄱ, ㄴ
④ ㄴ, ㄷ　　　⑤ ㄱ, ㄴ, ㄷ

---

7 그림은 서로 다른 지역에 사는 여우 (가)와 (나)를, 표는 비생물적 요인 ㉠과 ㉡이 생물에 영향을 미친 사례를 나타낸 것이다. (가)와 (나)는 각각 북극여우와 사막여우 중 하나이고, ㉠과 ㉡은 각각 빛과 온도 중 하나이다.

(가)　　　(나)

요인	사례
㉠	개구리는 겨울잠을 잔다.
㉡	양엽이 음엽보다 두껍다.

이에 대한 설명으로 옳은 것만을 [보기]에서 있는 대로 고른 것은?

┤ 보기 ├
ㄱ. (가)와 (나)는 같은 개체군에 속한다.
ㄴ. (나)가 (가)보다 열을 빠르게 방출하기에 적합하다.
ㄷ. ㉠과 ㉡ 중 (가)와 (나)의 모습 차이에 영향을 미친 비생물적 요인은 ㉠이다.

① ㄱ　　　② ㄷ　　　③ ㄱ, ㄴ
④ ㄱ, ㄷ　　　⑤ ㄴ, ㄷ

---

8 표는 비생물적 요인 (가)~(다)가 식물에 영향을 준 예를 나타낸 것이다. (가)~(다)는 각각 물, 빛, 온도 중 하나이다.

구분	예
(가)	선인장에는 저수 조직이 발달해 있다.
(나)	국화는 밤의 길이가 길어지는 계절에 꽃이 핀다.
(다)	온대 지방의 활엽수는 가을이 되면 단풍이 들고 낙엽을 만든다.

이에 대한 설명으로 옳은 것만을 [보기]에서 있는 대로 고른 것은?

┤ 보기 ├
ㄱ. 물에서 자라는 연의 줄기와 뿌리에 통기 조직이 발달한 것은 (가)가 생물에게 영향을 준 예이다.
ㄴ. (나)의 파장에 따라 해조류의 수직 분포가 달라진다.
ㄷ. (다)는 온도이다.

① ㄱ　　　② ㄴ　　　③ ㄱ, ㄴ
④ ㄱ, ㄷ　　　⑤ ㄱ, ㄴ, ㄷ

13 개체군과 군집

▶▶ 핵심 짚기 ▶ 개체군의 특성과 개체군 내의 상호 작용　　　▶ 군집의 특성과 식물 군집 조사 방법
　　　　　　 ▶ 식물 군집의 천이 과정　　　　　　　　　　　▶ 군집 내 개체군 간의 상호 작용

A 개체군의 특성

1 개체군의 밀도 일정 공간에 서식하는 개체 수이며, 개체군의 크기는 밀도를 이용하여 나타낸다. ➡ 개체의 출생과 이입으로 증가하고, 사망과 이출로 감소한다.●

$$개체군의 밀도(D) = \frac{개체군을 \; 구성하는 \; 개체 \; 수(N)}{개체군이 \; 서식하는 \; 면적 \; 또는 \; 공간(S)}$$

2 개체군의 생장 곡선　┌● 개체군 내의 개체 수가 시간에 따라 증가하는 것이다.
개체군의 생장을 그래프로 나타낸 것이다.

이론상의 생장 곡선	생식 활동에 먹이, 서식 공간 등의 제약을 받지 않으면 개체 수가 기하급수적으로 증가한다. ➡ J자 모양의 생장 곡선
실제의 생장 곡선	자연 상태에서는 개체군의 밀도가 높아지면 환경 저항이 커져 개체군의 생장이 둔화되다가 개체 수가 점차 일정해진다. ➡ S자 모양의 생장 곡선
환경 저항	개체군의 생장을 억제하는 환경 요인 예 서식 공간과 먹이 부족, 경쟁 심화, 노폐물 축적, 질병
환경 수용력	주어진 환경 조건에서 서식할 수 있는 개체군의 최대 크기

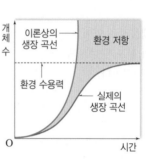

3 개체군의 생존 곡선 같은 시기에 태어난 개체들이 시간이 지남에 따라 얼마나 살아남았는지를 그래프로 나타낸 것이다.

I형	적은 수의 자손을 낳지만 초기 사망률이 낮고, 수명이 길어 대부분 성체로 생장한다. 예 사람, 코끼리, 돌산양 등 대형 포유류
II형	출생 이후 개체 수가 일정한 비율로 줄어든다. 예 다람쥐 등 초식 동물류, 기러기 등 조류, 히드라
III형	많은 수의 자손을 낳지만 초기 사망률이 높아 성체로 생장하는 개체 수가 적다. 예 고등어, 굴 등 어패류

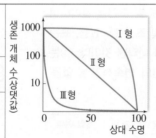

4 개체군의 연령 분포 한 개체군 내에서 전체 개체 수에 대한 각 연령대별 개체 수의 비율을 나타낸 것이며, 이를 낮은 연령층부터 차례대로 쌓아 올린 그림을 연령 피라미드라고 한다. ➡ 개체군의 크기 변화를 예측할 수 있다.❷

5 개체군의 주기적 변동
① 계절에 따른 주기적 변동: 환경 요인이 계절에 따라 주기적으로 변하면, 개체군의 크기도 계절에 따라 주기적으로 변동한다.
예 돌말 개체군의 주기적 변동: 빛의 세기, 수온, 영양염류의 양 등의 계절적 변화에 따라 개체군의 크기가 1년을 주기로 변한다.

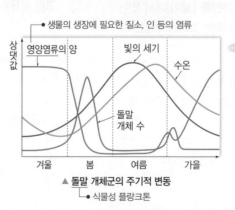

▲ 돌말 개체군의 주기적 변동
└● 식물성 플랑크톤

PLUS 강의 ⊕

❶ **개체군에서 이입과 이출**
• 이입: 외부에서 특정 개체군으로 개체가 들어오는 현상
• 이출: 특정 개체군에서 다른 개체군으로 개체가 떠나가는 현상

❷ **연령 피라미드**
• 발전형: 생식 전 연령층의 개체 수가 많아 개체군의 크기가 점점 커진다.
• 안정형: 생식 전 연령층과 생식 연령층의 개체 수가 비슷하여 개체군의 크기 변화가 적다.
• 쇠퇴형: 생식 전 연령층의 개체 수가 적어 개체군의 크기가 점점 작아진다.

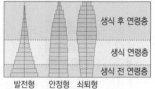

• 봄: 영양염류가 충분한 상태에서 빛의 세기가 강해지고 수온이 높아져 개체 수가 증가한다.
• 여름: 영양염류가 고갈되어 개체 수가 감소한다.
• 가을: 영양염류가 증가하여 개체 수가 증가한다.
• 겨울: 빛의 세기가 약해지고 수온이 낮아져 개체 수가 감소한다.

② 피식과 포식에 따른 주기적 변동

[예] 눈신토끼와 스라소니 개체군의 주기적 변동: *피식자인 눈신토끼와 *포식자인 스라소니는 오랜 시간에 걸쳐 개체군의 크기가 주기적으로 변동한다. 눈신토끼와 스라소니 개체군 크기의 변동은 거의 10년을 주기로 반복되고 있다.

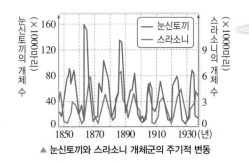

▲ 눈신토끼와 스라소니 개체군의 주기적 변동

눈신토끼의 개체 수가 증가하면 눈신토끼를 잡아먹는 스라소니의 개체 수도 증가한다. 스라소니의 개체 수가 증가하면 눈신토끼의 개체 수는 감소하고, 그에 따라 먹이가 부족해져 스라소니의 개체 수도 감소한다.

ⓑ 개체군 내의 상호 작용

개체군 내에서 개체들은 종내 경쟁을 피하고 질서를 유지하기 위해 다양한 상호 작용을 한다.

텃세	생활 공간 확보, 먹이 획득, 배우자 독점 등을 위해 일정한 서식 공간을 차지하고 다른 개체가 침입하는 것을 막는다. ➡ 개체를 분산하여 밀도를 알맞게 조절하고, 불필요한 싸움을 피하게 한다.❸ [예]은어, 백로, 물개, 까치, 표범, 얼룩말
순위제	개체들 사이에서 힘의 서열에 따라 순위를 정하여 먹이나 배우자를 차지한다. ➡ 먹이 획득이나 번식 과정에서 불필요한 경쟁을 줄일 수 있다. [예]• 큰뿔양의 숫양은 뿔의 크기나 뿔 치기로 순위를 정한다. • 닭은 싸움을 통해 순위를 결정하고, 순위에 따라 모이를 먹는다.
리더제❹	우두머리가 무리 전체를 통솔하며, 다른 개체들은 리더의 명령에 복종하고 각자 맡은 일을 수행한다. ➡ 경험이 많은 개체가 리더가 되어 개체군의 이동 방향을 정하거나 천적으로부터 도피할 수 있도록 개체군을 통솔한다. [예]• 우두머리 늑대가 늑대 무리의 사냥 시기와 사냥감을 정한다. • 기러기, 코끼리 등은 한 개체가 전체 무리를 이끌며 이동한다.
사회생활	역할에 따라 계급과 업무를 분담하여 생활한다. ➡ 전체적으로 조화롭게 분업화된 사회를 이룬다. [예]• 개미 개체군에서 여왕개미는 생식, 병정개미는 방어, 일개미는 먹이 획득을 담당한다. • 꿀벌 개체군에서 여왕벌은 조직 통솔과 산란, 일벌은 꿀의 채취와 벌집 관리, 수벌은 생식을 담당한다.
가족생활	혈연관계의 개체가 모여 생활한다. ➡ 가족은 먹이를 공유하고 어린 개체를 효과적으로 키울 수 있다. [예]사자, 코끼리, 침팬지

❸ 세력권
텃세가 있는 상황에서 개체가 차지한 서식 공간을 세력권이라고 한다.

❹ 순위제와 리더제의 차이점
순위제는 개체군 내의 모든 개체에 서열이 정해져 있지만, 리더제는 리더를 제외한 나머지 개체들의 서열이 없다.

🔍 용어 돋보기
* 피식자(被 당하다, 食 먹다, 者 놈)_ 먹이 관계에서 잡아먹히는 생물
* 포식자(捕 잡다, 食 먹다, 者 놈)_ 먹이 관계에서 잡아먹는 생물

📖 정답과 해설 83쪽

개념 확인

(1) 개체군의 밀도는 출생과 이입으로 (증가, 감소)하고, 사망과 이출로 (증가, 감소)한다.

(2) 이론상의 생장 곡선은 (J, S)자 모양을 나타내고, 실제의 생장 곡선은 (J, S)자 모양을 나타낸다.

(3) 자연 상태에서는 개체군의 밀도가 높아지면 개체군의 생장을 억제하는 환경 요인인 (   )이 증가한다.

(4) 개체군의 생존 곡선 중 사람과 같이 적은 수의 자손을 낳지만 초기 사망률이 낮은 유형은 (Ⅰ, Ⅱ, Ⅲ)형이고, 굴과 같이 많은 수의 자손을 낳지만 초기 사망률이 높은 유형은 (Ⅰ, Ⅱ, Ⅲ)형이다.

(5) 눈신토끼 개체군과 스라소니 개체군은 (경쟁, 피식과 포식)에 의해 개체 수가 주기적으로 변동한다.

(6) 개체군 내의 상호 작용과 그 예를 옳게 연결하시오.
  ① 텃세 •   • ㉠ 닭은 서열에 따라 먹이를 먹는 순서가 결정된다.
  ② 순위제•   • ㉡ 기러기는 다른 지역으로 이동할 때 우두머리를 따라 이동한다.
  ③ 리더제•   • ㉢ 얼룩말은 일정한 서식 공간을 차지하고 다른 개체의 침입을 경계한다.

(7) 꿀벌과 같이 각 개체가 역할을 나누어 수행하는 분업화된 체제를 형성하는 것은 (   )이고, 사자와 같이 혈연관계의 개체가 모여 생활하는 것은 (   )이다.

개체군과 군집

ⓒ 군집의 특성

1 군집의 종류 서식 환경에 따라 크게 수생 군집과 육상 군집으로 구분한다.
  ① 수생 군집: 수중 생활에 적당한 생물들이 이루는 군집으로, 담수 군집(하천, 호수, 강에 형성)과 해수 군집(바다에 형성)이 있다.
  ② 육상 군집: 기온과 강수량의 차이에 따라 삼림, 초원, 사막으로 나타난다.

삼림	강수량이 많고, 식물이 자라기에 온도가 적당한 곳에 형성된다. ➡ 많은 종류의 목본과 초본 개체군을 포함한다. 예 열대 우림, 온대림, 북부 침엽수림(아한대 지방)
초원	삼림보다 강수량이 적은 지역에 형성된다. 예 열대 초원(사바나), 온대 초원
사막	강수량이 매우 적고 건조하여 식물이 자라기 어려운 지역에 형성된다. 예 열대 사막, 온대 사막, 한대 사막(툰드라)

2 생태 분포 기온이나 강수량 등 환경 요인의 영향에 따라 형성된 군집의 분포이다.
  ① 수평 분포: 위도에 따른 기온과 강수량의 차이로 나타난다.
  ② 수직 분포: 특정 지역에서 고도에 따른 기온의 차이로 나타난다.

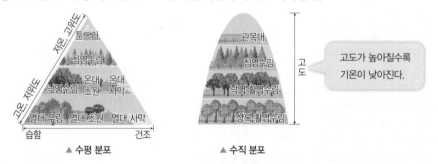

고도가 높아질수록 기온이 낮아진다.

▲ 수평 분포   ▲ 수직 분포

3 군집의 구조
  ① 먹이 사슬과 먹이 그물: 군집을 이루는 여러 개체군은 영양 단계에 따라 서로 먹고 먹히는 관계인 먹이 사슬을 형성하며, 군집에서는 여러 먹이 사슬이 복잡하게 얽힌 먹이 그물이 형성된다. ➡ 먹이 그물이 복잡할수록 군집이 더 안정해진다.⑤
  ② 생태적 지위: 군집 내에서 개체군이 담당하는 구조적·기능적 역할
    • 먹이 지위: 개체군이 먹이 사슬에서 차지하는 위치
    • 공간 지위: 개체군이 차지하는 서식 공간
  ③ 층상 구조: 삼림과 같이 많은 개체군으로 구성된 군집은 수직적인 몇 개의 층으로 구성된다. ➡ 빛의 세기와 양, 온도 등 환경 변화에 따라 결정된다.⑥⑦

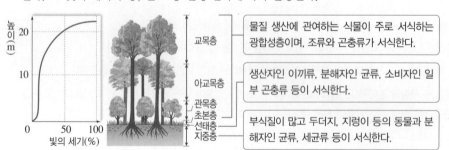

물질 생산에 관여하는 식물이 주로 서식하는 광합성층이며, 조류와 곤충류가 서식한다.

생산자인 이끼류, 분해자인 균류, 소비자인 일부 곤충류 등이 서식한다.

부식질이 많고 두더지, 지렁이 등의 동물과 분해자인 균류, 세균류 등이 서식한다.

  ④ 군집의 종 구성

우점종	개체 수가 가장 많거나 가장 넓은 면적을 차지하여 군집의 구조와 환경에 큰 영향을 미치는 종 ➡ 군집을 대표할 수 있는 종
희소종	개체 수가 매우 적은 종
지표종	특정 환경 조건을 충족하는 군집에서만 볼 수 있는 종⑧
핵심종	우점종은 아니지만 군집의 구조에 결정적인 영향을 미치는 종⑨

---

⑤ **먹이 사슬과 먹이 그물**

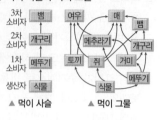

3차 소비자 / 2차 소비자 / 1차 소비자 / 생산자

▲ 먹이 사슬   ▲ 먹이 그물

⑥ **수생 군집의 층상 구조**
군집의 층상 구조는 수생 군집에서도 형성되는데, 수생 군집의 층상 구조는 빛, 온도, 산소와 같은 환경 요인에 의해 결정된다.

⑦ **나무의 구분**
• 교목: 높이가 8 m 이상인 나무로, 뿌리에서 한 개의 굵은 줄기가 나와서 자란다. 예 소나무, 참나무
• 아교목: 교목과 모양이 비슷하지만 교목보다 작은 나무이다. 예 단풍나무
• 관목: 높이가 2 m 이하인 나무로, 뿌리에서 여러 개의 줄기가 나와서 자란다. 예 개나리, 산철쭉

⑧ **지표종**
• 지의류: 대기오염 정도(이산화 황의 농도)를 알 수 있다.
• 양서류: 서식지의 환경 파괴 정도를 알 수 있다.
• 에델바이스: 고산 지대에 서식하여 고도와 온도의 범위를 알 수 있다.

⑨ **핵심종**
• 불가사리: 담치의 개체 수를 조절하여 조간대 군집의 종 다양성을 유지한다.
• 비버: 비버가 강에 댐을 쌓아 숲을 습지로 만들면 그곳에 살던 생물의 구성이 크게 달라진다.
• 수달: 습지 생태계에서 군집 내 먹이가 되는 개체군의 밀도를 조절하고, 다른 동물에게 서식지를 제공한다.

4 방형구법을 이용한 식물 군집 조사 조사하고자 하는 곳에 방형구를 설치하고 방형구에 나타난 식물의 종과 개체 수(밀도), 종이 출현한 방형구 수(빈도), 종이 지표를 덮고 있는 정도(피도)를 조사한다. ➡ 중요치가 가장 높은 종이 그 군집의 우점종이다.

> - 밀도 $=\dfrac{\text{특정 종의 개체 수}}{\text{전체 방형구의 면적}(m^2)}$
> - 상대 밀도(%) $=\dfrac{\text{특정 종의 밀도}}{\text{조사한 모든 종의 밀도 합}} \times 100$
> - 빈도 $=\dfrac{\text{특정 종이 출현한 방형구 수}}{\text{전체 방형구 수}}$
> - 상대 빈도(%) $=\dfrac{\text{특정 종의 빈도}}{\text{조사한 모든 종의 빈도 합}} \times 100$
> - 피도 $=\dfrac{\text{특정 종의 점유 면적}(m^2)}{\text{전체 방형구의 면적}(m^2)}$
> - 상대 피도(%) $=\dfrac{\text{특정 종의 피도}}{\text{조사한 모든 종의 피도 합}} \times 100$
> - 중요치 = 상대 밀도 + 상대 빈도 + 상대 피도

탐구 자료 방형구법을 이용한 식물 군집 조사 [10]

어떤 지역에 1 m×1 m 크기의 방형구 4개를 설치하여 식물 군집을 조사하였더니 그 결과가 다음과 같았다. (단, 방형구 안의 한 칸에 출현한 종은 그 칸의 면적을 모두 차지하는 것으로 한다.)

□ : 민들레
▲ : 토끼풀
● : 질경이

구분	밀도(수/m²)	빈도(수/수)	피도(m²/m²)	상대 밀도(%)	상대 빈도(%)	상대 피도(%)
민들레	$\dfrac{4}{4}=1$	$\dfrac{2}{4}=0.5$	$\dfrac{0.16}{4}=0.04$	10.26	20	11.43
토끼풀	$\dfrac{10}{4}=2.5$	$\dfrac{4}{4}=1$	$\dfrac{0.24}{4}=0.06$	25.64	40	17.14
질경이	$\dfrac{25}{4}=6.25$	$\dfrac{4}{4}=1$	$\dfrac{1}{4}=0.25$	64.10	40	71.43
계	9.75	2.5	0.35	100	100	100

- 민들레의 중요치: 10.26＋20＋11.43＝41.69
- 토끼풀의 중요치: 25.64＋40＋17.14＝82.78
- 질경이의 중요치: 64.10＋40＋71.43＝175.53

➡ 이 식물 군집의 우점종은 중요치가 가장 높은 질경이이다.

방형구법을 이용한 식물 군집 조사
방형구를 하나만 제시하고 방형구 안의 구획을 기준으로 빈도를 구하는 경우도 있으니 제시된 조건을 확인한다.

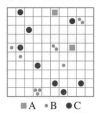

■ A · B ● C

- 종 A의 빈도: $\dfrac{2}{100}=0.02$
- 종 B의 빈도: $\dfrac{6}{100}=0.06$
- 종 C의 빈도: $\dfrac{8}{100}=0.08$

📋 정답과 해설 83쪽

개념 확인

⑻ (삼림, 초원, 사막)은 강수량이 매우 적고 건조하여 식물이 자라기 어려운 지역에 형성된다.

⑼ 군집의 (   ) 분포는 특정 지역에서 고도에 따른 (   )의 차이로 나타난다.

⑽ 먹이 사슬이 복잡하게 얽혀 그물처럼 나타나는 것을 (   )이라고 한다.

⑾ 군집 내에서 개체군이 담당하는 구조적·기능적 역할을 (   )라고 한다.

⑿ 삼림의 층상 구조에서 각 층의 특징을 옳게 연결하시오.
① 지중층 •　　　　　• ㉠ 광합성층이며, 조류가 서식한다.
② 교목층 •　　　　　• ㉡ 이끼류, 균류, 곤충류 등이 서식한다.
③ 선태층 •　　　　　• ㉢ 부식질이 많으며, 세균류와 지렁이 등이 서식한다.

⒀ 지의류는 특정 환경 조건을 충족하는 군집에서만 볼 수 있는 (   )이다.

⒁ $\dfrac{\text{특정 종의 개체 수}}{\text{전체 방형구의 면적}}$ 는 (밀도, 빈도)이고, $\dfrac{\text{특정 종이 출현한 방형구 수}}{\text{전체 방형구 수}}$ 는 (밀도, 빈도)이다.

⒂ 상대 밀도, 상대 빈도, 상대 피도를 합한 것을 (   )라고 하며, 이것이 가장 높은 종이 그 군집의 (   )이다.

13 개체군과 군집

D 식물 군집의 천이

1 천이 시간이 지남에 따라 군집의 종 구성과 특성이 달라지는 현상이다.⑪

2 천이의 종류 천이는 1차 천이와 2차 천이로 구분된다.
① 1차 천이: 생명체가 없고 토양이 형성되지 않은 불모지에서 시작되는 천이이다.

구분	건성 천이	습성 천이
특징	용암 대지, 바위, 모래 언덕 등과 같이 건조한 곳에서 시작된다.	호수나 연못과 같이 습한 곳에서 시작된다.
천이 과정	척박한 땅 → 지의류(개척자), 이끼류 → 초원(초본류) → 관목림 → 양수림 → 혼합림 → 음수림(극상)⑫	*빈영양호 → *부영양호 → 이끼류, 습원 → 초원 → 관목림 → 양수림 → 혼합림 → 음수림(극상)

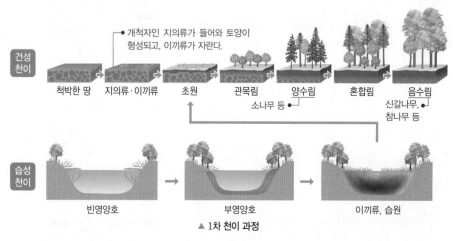

▲ 1차 천이 과정

② 2차 천이: 버려진 경작지나 기존의 식물 군집이 산불, 산사태 등과 같은 교란으로 훼손된 곳에서 토양 내 살아남은 종자나 식물 뿌리 등에 의해 다시 시작되는 천이이다.
➡ 1차 천이에 비해 천이의 진행 속도가 빠르다.⑬

E 군집 내 개체군 간의 상호 작용

1 종간 경쟁
① 한정된 자원이나 서식 공간을 차지하기 위해 생태적 지위가 비슷한 개체군 사이에는 종간 경쟁이 일어난다. → 생태적 지위가 많이 겹칠수록 경쟁이 심해진다.
② 경쟁·배타 원리: 두 개체군 사이에서 심한 경쟁이 발생하여 경쟁에서 이긴 개체군은 살아남고, 경쟁에서 진 개체군은 사라지는 것이다.

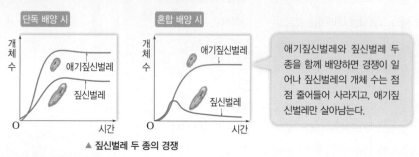

애기짚신벌레와 짚신벌레 두 종을 함께 배양하면 경쟁이 일어나 짚신벌레의 개체 수는 점점 줄어들어 사라지고, 애기짚신벌레만 살아남는다.

▲ 짚신벌레 두 종의 경쟁

→ 생태 지위 분화라고 하는 교과서도 있다.
2 분서(생태적 지위 분화) 환경 요구 조건이 비슷한 개체군들이 함께 생활할 때 서식지, 먹이, 활동 시기, 산란 시기 등을 달리하여 경쟁을 피하는 현상이다.
예 솔새의 분서, 피라미와 은어의 분서, 피라미와 갈겨니의 분서⑭

Right sidebar:

⑪ **천이 계열**
식물 군집이 천이를 시작해서 마지막의 안정된 군집으로 되기까지의 변천 과정의 각 단계이다.
• 개척자: 첫 번째 천이를 시작하는 생물
• 극상: 마지막의 안정된 군집 상태

⑫ **양수림에서 음수림으로의 천이**
양수림이 발달하면 하층으로 도달하는 빛의 양이 크게 줄어들어 숲의 하층에서 양수 묘목이 잘 자라지 못하고 음수가 늘어난다. 이후 양수와 음수의 혼합림이 형성되고 혼합림에서는 어린 음수가 양수보다 경쟁에 유리하므로 점차 음수가 번성하면서 음수림으로 전환된다.

⑬ **2차 천이 과정**
2차 천이에서 초기에 정착하는 생물은 대부분 초본이며, 토양에 살아 있는 나무뿌리가 있다면 관목림으로 빠르게 전환될 수 있다. 이후 1차 천이와 같이 양수림, 혼합림을 거치며 마지막에 음수림이 형성된다.

⑭ **분서의 예**
• 솔새의 분서: 북아메리카의 솔새는 한 나무에 여러 종이 서식하지만 서로 다른 위치에 서식하여 공간 지위와 먹이 지위를 달리한다.
• 피라미와 은어의 분서: 피라미는 하천의 중앙에서 녹조류를 먹으며 살다가 은어가 이주해 오면 하천의 가장자리로 이동해 수서 곤충을 먹고, 은어가 중앙에서 녹조류를 먹는다.

🔍 **용어 돋보기**
* **빈(貧 모자라다)영양호** _ 영양염류가 적어 플랑크톤이 적은 호수
* **부(富 부유하다)영양호** _ 영양염류가 많아 플랑크톤이 많은 호수

---

3 공생 종이 다른 개체군이 서로 밀접하게 관계를 맺고 함께 생활하는 것이다.

① 상리 공생: 두 개체군 모두가 이익을 얻는 관계이다.

예 말미잘과 흰동가리, 청소놀래기와 도미, 콩과식물과 뿌리혹박테리아, 곤충과 꽃[15]

② 편리공생: 한 개체군은 이익을 얻지만, 다른 개체군은 이익도 손해도 없는 관계이다.

예 빨판상어와 거북, 황로와 들소, 따개비와 혹등고래, 숨이고기와 해삼[16]

4 기생 한 개체군이 다른 개체군에 피해를 주면서 함께 사는 것이다. ➡ 기생 관계에서 해를 주는 생물을 기생 생물, 해를 입는 생물을 숙주라고 한다.

예 동물과 기생충(회충, 요충, 십이지장충 등), 개와 벼룩[17]

5 포식과 피식 서로 다른 종 사이의 먹고 먹히는 관계이다.

예 스라소니와 눈신토끼, 치타와 톰슨가젤, 사자와 영양 ➡ 포식자를 피식자의 천적이라고 한다.

6 군집 내 개체군 간의 상호 작용에 의해 각 개체군이 받는 영향

상호 작용	경쟁	상리 공생	편리공생	기생	포식과 피식
개체군 A	−	+	+	−	+
개체군 B	−	+	0	+	−

(+: 이익, 0: 이익도 손해도 없음, −: 손해)

⑮ **상리 공생의 예**
• 말미잘과 흰동가리: 말미잘은 흰동가리가 유인한 먹고, 흰동가리는 천적으로부터 말미잘의 보호를 받는다.
• 청소놀래기와 도미: 청소놀래기는 도미의 아가미와 입속 찌꺼기를 먹어 도미의 아가미와 입속을 청소해 준다.

⑯ **편리공생의 예**
• 빨판상어와 거북: 빨판상어는 거북의 몸에 붙어살면서 쉽게 이동하고 먹이를 얻으며 보호를 받지만, 거북은 이익도 손해도 없다.
• 황로와 들소: 황로는 들소가 이동할 때 풀숲에서 나오는 벌레를 잡아먹기 위해 들소를 따라다니지만, 들소는 이익도 손해도 없다.

• 기생: 숙주는 손해를 입고, 기생 생물은 이익을 얻는다.
• 포식과 피식: 포식자는 이익을 얻고, 피식자는 손해를 입는다.

⑰ **기생의 예**
• 동물과 기생충: 회충, 요충과 같은 기생충은 숙주인 동물의 몸속에 살면서 양분을 섭취한다.
• 개와 벼룩: 벼룩은 숙주인 개의 몸 표면에 살면서 양분을 섭취한다.

탐구 자료 군집 내 개체군 간의 상호 작용에 따른 개체 수 변화

그림 (가)~(라)는 각각 편리공생, 상리 공생, 종간 경쟁, 포식과 피식 관계에서의 개체 수 변화 중 하나를 나타낸 것이다.

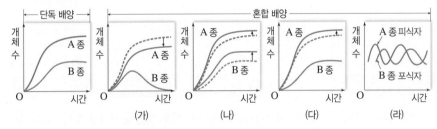

• (가) B 종의 개체 수가 점점 감소하다가 사라진다. ➡ 경쟁(경쟁·배타 원리)
• (나) A 종과 B 종의 개체 수가 모두 증가한다. ➡ 상리 공생
• (다) A 종의 개체 수는 증가하고, B 종의 개체 수는 변하지 않는다. ➡ 편리공생
• (라) A 종과 B 종의 개체 수가 주기적으로 변동한다. ➡ 포식과 피식

📖 정답과 해설 83쪽

개념 확인

(16) 생명체가 없고 토양이 형성되지 않은 불모지에서 시작되는 천이는 (   ) 천이이다.

(17) 1차 천이가 일어날 때 개척자는 (관목류, 지의류)이다.

(18) 건성 천이 과정은 '척박한 땅 → 지의류·이끼류 → 초원 → 관목림 → (   ) → 혼합림 → (   )'이다.

(19) 한정된 자원이나 서식 공간을 차지하기 위해 생태적 지위가 비슷한 개체군 사이에는 종간 (   )이 일어나며, 그 결과 한 개체군이 도태되어 완전히 사라지는 것을 (   )라고 한다.

(20) 군집 내 개체군 간의 상호 작용과 그 예를 옳게 연결하시오.

① 분서 •   • ㉠ 스라소니는 눈신토끼를 잡아먹는다.

② 상리 공생 •   • ㉡ 여러 종의 솔새가 한 나무에서 서로 다른 위치에 서식한다.

③ 포식과 피식 •   • ㉢ 흰동가리는 말미잘의 보호를 받고, 말미잘은 흰동가리가 유인한 먹이를 먹는다.

(21) 한 개체군은 이익을 얻지만, 다른 개체군은 이익도 손해도 없는 관계를 (   )이라고 한다.

2020 ● 6월 평가원 20번

자료 ❶ 개체군의 생장 곡선

그림은 먹이의 양이 서로 다른 두 조건 A와 B에서 종 ⓐ 를 각각 단독 배양했을 때 시간에 따른 개체 수를 나타낸 것이다. 먹이의 양은 A가 B보다 많다.

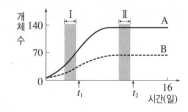

1. 환경 수용력은 A가 B보다 작다. (○, ×)
2. A와 B에서 모두 ⓐ는 이론상의 생장 곡선을 나타낸다. (○, ×)
3. 이입과 이출이 없다면, A에서 t_2일 때 ⓐ의 출생률과 사망률은 같다. (○, ×)
4. B에서 ⓐ의 밀도는 t_2일 때가 t_1일 때보다 높다. (○, ×)
5. 구간 I에서 증가한 ⓐ의 개체 수는 A에서가 B에서보다 많다. (○, ×)
6. A의 구간 II에서 ⓐ에게 환경 저항이 작용한다. (○, ×)
7. B에서 ⓐ에게 작용하는 환경 저항은 구간 II에서가 구간 I에서보다 크다. (○, ×)

2021 ● 6월 평가원 11번

자료 ❸ 식물 군집 조사와 우점종

표 (가)는 어떤 지역의 식물 군집을 조사한 결과를 나타낸 것이고, (나)는 우점종에 대한 자료이다. (단, A~C 이외 의 종은 고려하지 않는다.)

종	개체 수	빈도	상대 피도(%)
A	198	0.32	㉠
B	81	0.16	23
C	171	0.32	45

(가)

어떤 군집의 우점종은 중요치가 가장 높아 그 군집을 대표할 수 있는 종을 의미하며, 각 종의 중요치는 상대 밀도, 상대 빈도, 상대 피도를 더한 값이다.

(나)

1. ㉠은 32이다. (○, ×)
2. 밀도와 상대 밀도는 모두 A가 가장 크다. (○, ×)
3. 이 군집에서 A와 B는 하나의 개체군을 이룬다. (○, ×)
4. $\dfrac{\text{B의 상대 밀도}}{\text{B의 상대 빈도}} > 1$이다. (○, ×)
5. B의 상대 빈도는 20 %이다. (○, ×)
6. C의 중요치는 123이다. (○, ×)
7. 이 식물 군집의 우점종은 C이다. (○, ×)
8. 우점종은 특정 환경 조건을 충족하는 군집에서만 볼 수 있는 종이다. (○, ×)

2020 ● 9월 평가원 11번

자료 ❷ 개체군의 생장과 상대 밀도

그림은 어떤 군집을 이루는 종 A와 종 B의 시간에 따른 개체 수를 나타낸 것이고, 표는 상대 밀도에 대한 자료이 다. (단, A와 B 이외의 종은 고려하지 않는다.)

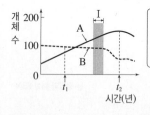

상대 밀도는 어떤 지역에서 조 사한 모든 종의 개체 수에 대한 특정 종의 개체 수를 백분율로 나타낸 것이다.

1. A는 B와 한 개체군을 이룬다. (○, ×)
2. A의 밀도는 t_1에서가 t_2에서보다 크다. (○, ×)
3. 구간 I에서 A에 환경 저항이 작용한다. (○, ×)
4. 이입과 이출이 없다면, A의 $\dfrac{\text{사망률}}{\text{출생률}}$은 t_2에서가 t_1에서보다 작다. (○, ×)
5. B의 상대 밀도는 t_1에서가 t_2에서보다 크다. (○, ×)
6. A의 상대 밀도와 B의 상대 밀도를 더한 값은 t_1에서와 t_2에서 각각 100(%)이다. (○, ×)

2021 ● 6월 평가원 18번

자료 ❹ 군집 내 개체군 간의 상호 작용

표 (가)는 종 사이의 상호 작용을 나타낸 것이고, (나)는 바다에 서식하는 산호와 조류 간의 상호 작용에 대한 자료 이다. I과 II는 경쟁과 상리 공생을 순서 없이 나타낸 것 이다.

상호 작용	종 1	종 2
I	이익	ⓐ
II	ⓑ	손해

(가)

산호와 함께 사는 조류는 산호에게 산 소와 먹이를 공급하고, 산호는 조류에 게 서식지와 영양소를 제공한다.

(나)

1. II는 경쟁이다. (○, ×)
2. ⓐ와 ⓑ는 모두 '손해'이다. (○, ×)
3. (나)의 상호 작용은 I의 예에 해당한다. (○, ×)
4. 말미잘과 흰동가리 사이에서 I이 일어난다. (○, ×)
5. (나)에서 산호는 조류와 한 개체군을 이룬다. (○, ×)
6. 포식과 피식 관계에서 피식자가 받는 영향은 ⓐ이다. (○, ×)
7. II가 일어나는 두 종 사이에서 경쟁·배타 원리가 적용될 수 있다. (○, ×)
8. I이 일어나는 두 종은 혼합 배양할 때가 단독 배양할 때보다 환경 수 용력이 작다. (○, ×)
9. I과 II 중 두 종의 생태적 지위가 유사할수록 일어날 가능성이 높은 상호 작용은 I이다. (○, ×)

A 개체군의 특성

1 그림은 개체군의 이론상의 생장 곡선과 실제의 생장 곡선을 나타낸 것이다. ㉠~㉢의 이름을 쓰시오.

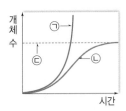

2 개체군의 특성에 대한 설명으로 옳은 것만을 [보기]에서 있는 대로 고르시오.

┤ 보기 ├
ㄱ. 개체군의 밀도는 일정 공간에 서식하는 개체 수이다.
ㄴ. 먹이와 서식 공간의 부족은 개체군의 생장을 저해하는 환경 저항이다.
ㄷ. 발전형의 연령 피라미드를 나타내는 개체군은 개체군의 크기가 점점 작아진다.

B 개체군 내의 상호 작용

3 다음은 개체군 내의 상호 작용 (가)~(다)에 대한 자료이다.

(가) 개체들 사이에서 힘의 서열에 따라 순위가 정해진다.
(나) 일정한 서식 공간을 차지하고 다른 개체가 침입하는 것을 막는다.
(다) 우두머리가 무리 전체를 통솔하여 개체군의 이동 방향을 결정한다.

(가)~(다)에 해당하는 상호 작용을 쓰시오.

C 군집의 특성

4 군집의 구조에 대한 설명으로 옳은 것만을 [보기]에서 있는 대로 고르시오.

┤ 보기 ├
ㄱ. 생태적 지위에는 먹이 지위와 공간 지위가 있다.
ㄴ. 삼림 군집의 선태층에서는 교목층에서보다 광합성이 활발하게 일어난다.
ㄷ. 핵심종은 가장 수가 많거나 가장 넓은 면적을 차지하여 군집을 대표하는 종이다.

5 그림은 방형구법을 이용해 어떤 식물 군집을 조사한 결과를 나타낸 것이다.

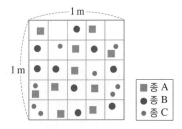

종 A~C의 상대 밀도를 각각 구하시오. (단, 소수점 셋째 자리에서 반올림한다.)

D 식물 군집의 천이

6 다음은 식물 군집의 천이 과정을 나타낸 것이다.

용암 대지 → (가) → 초원 → 관목림 → (나) → 혼합림 → (다)

( ) 안에 알맞은 기호를 쓰시오.

(1) 지의류는 ( )이고, 양수림은 ( )이다.
(2) ( )에서 극상을 이룬다.

E 군집 내 개체군 간의 상호 작용

7 군집 내 개체군 간의 상호 작용과 그 예를 옳게 짝 지은 것만을 [보기]에서 있는 대로 고르시오.

┤ 보기 ├
ㄱ. 기생 – 개와 벼룩
ㄴ. 분서 – 치타와 톰슨가젤
ㄷ. 상리 공생 – 말미잘과 흰동가리

8 그림은 서로 다른 두 종을 각각 단독 배양할 때와 혼합 배양할 때 두 종의 개체 수 변화를 나타낸 것이다.

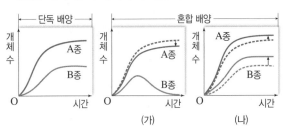

(가)와 (나)에 해당하는 군집 내 개체군 간의 상호 작용을 쓰시오.

1 그림은 어떤 개체군의 이론상의 생장 곡선과 실제의 생장 곡선을 나타낸 것이다.

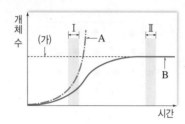

이에 대한 설명으로 옳은 것만을 [보기]에서 있는 대로 고른 것은? (단, 이 개체군에서 이입과 이출은 없다.)

┤ 보기 ├
ㄱ. A는 생식 활동에 제약이 없을 때의 생장 곡선이다.
ㄴ. B에서의 환경 저항은 구간 Ⅱ보다 구간 Ⅰ에서 더 크다.
ㄷ. (가)는 환경 수용력이다.

① ㄱ ② ㄱ, ㄴ ③ ㄱ, ㄷ
④ ㄴ, ㄷ ⑤ ㄱ, ㄴ, ㄷ

2 그림은 개체군 (가)~(다)의 생존 곡선을 나타낸 것이다.

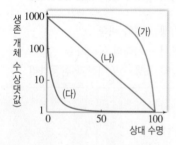

이에 대한 설명으로 옳은 것만을 [보기]에서 있는 대로 고른 것은?

┤ 보기 ├
ㄱ. 초기 사망률은 개체군 (가)가 (나)보다 낮다.
ㄴ. Ⅲ형에 해당하는 생존 곡선을 나타내는 개체군은 (다)이다.
ㄷ. 많은 수의 자손을 낳는 종일수록 개체군 (다)보다 (가)와 유사한 생존 곡선을 나타낸다.

① ㄱ ② ㄴ ③ ㄷ
④ ㄱ, ㄴ ⑤ ㄴ, ㄷ

3 그림은 먹이의 양이 서로 다른 두 조건 A와 B에서 종 ⓐ를 각각 단독 배양했을 때 시간에 따른 개체 수를 나타낸 것이다. 먹이의 양은 A가 B보다 많다.

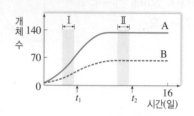

이 자료에 대한 설명으로 옳은 것만을 [보기]에서 있는 대로 고른 것은? (단, 제시된 조건 이외는 고려하지 않는다.)

┤ 보기 ├
ㄱ. 구간 Ⅰ에서 증가한 ⓐ의 개체 수는 A에서가 B에서보다 많다.
ㄴ. A의 구간 Ⅱ에서 ⓐ에게 환경 저항이 작용한다.
ㄷ. B의 개체 수는 t_2일 때가 t_1일 때보다 많다.

① ㄱ ② ㄴ ③ ㄱ, ㄷ
④ ㄴ, ㄷ ⑤ ㄱ, ㄴ, ㄷ

4 다음은 개체군 내에서 일어나는 상호 작용 (가)~(다)에 대한 설명이다. (가)~(다)는 각각 리더제, 순위제, 사회생활 중 하나이다.

(가) 개체들이 분업을 통해 서로 조화를 이루며 살아간다.
(나) 먹이를 찾거나 공격·방어 시에 개체군을 이끌어가는 ⓐ개체가 존재한다.
(다) 개체들 사이의 힘의 강약에 따라 먹이나 배우자를 차등적으로 얻는다.

이에 대한 설명으로 옳은 것만을 [보기]에서 있는 대로 고른 것은?

┤ 보기 ├
ㄱ. 꿀벌 개체군에서 (가)가 나타난다.
ㄴ. (나)에서 ⓐ을 제외한 다른 개체들 사이에는 서열이 없다.
ㄷ. 닭이 모이를 쪼는 순서가 다른 것은 (다)에 해당한다.

① ㄴ ② ㄷ ③ ㄱ, ㄴ
④ ㄴ, ㄷ ⑤ ㄱ, ㄴ, ㄷ

5 그림은 서로 다른 지역에 $1m \times 1m$ 크기의 방형구 I과 Ⅱ를 설치하여 조사한 식물 종의 분포를 나타낸 것이다.

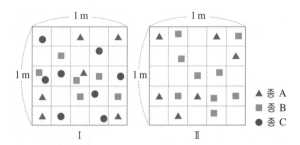

▲ 종 A
■ 종 B
● 종 C

이에 대한 설명으로 옳은 것만을 [보기]에서 있는 대로 고른 것은? (단, 방형구에 나타낸 각 도형은 식물 1개체를 의미하며, 제시된 종 이외의 종은 고려하지 않는다.)

┤ 보기 ├
ㄱ. 식물의 종 수는 I에서가 Ⅱ에서보다 많다.
ㄴ. Ⅱ에서 A는 B와 한 개체군을 이룬다.
ㄷ. A의 개체군 밀도는 I에서와 Ⅱ에서가 같다.

① ㄱ   ② ㄴ   ③ ㄱ, ㄴ
④ ㄱ, ㄷ   ⑤ ㄴ, ㄷ

자료④

7 표 (가)는 종 사이의 상호 작용을 나타낸 것이고, (나)는 바다에 서식하는 산호와 조류 간의 상호 작용에 대한 자료이다. I과 Ⅱ는 경쟁과 상리 공생을 순서 없이 나타낸 것이다.

상호 작용	종 1	종 2
I	이익	ⓐ
Ⅱ	ⓑ	손해

(가)

산호와 함께 사는 조류는 산호에게 산소와 먹이를 공급하고, 산호는 조류에게 서식지와 영양소를 제공한다.

(나)

이 자료에 대한 설명으로 옳은 것만을 [보기]에서 있는 대로 고른 것은?

┤ 보기 ├
ㄱ. ⓐ와 ⓑ는 모두 '손해'이다.
ㄴ. (나)의 상호 작용은 I의 예에 해당한다.
ㄷ. (나)에서 산호는 조류와 한 개체군을 이룬다.

① ㄱ   ② ㄴ   ③ ㄷ
④ ㄱ, ㄷ   ⑤ ㄴ, ㄷ

---

6 그림 (가)와 (나)는 천이 과정을 나타낸 것이다. A~C는 각각 초원, 지의류, 관목림 중 하나이다.

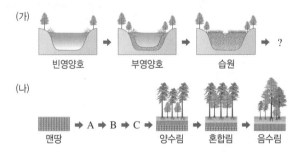

(가)
빈영양호 → 부영양호 → 습원 → ?

(나)
맨땅 → A → B → C → 양수림 → 혼합림 → 음수림

이에 대한 설명으로 옳은 것만을 [보기]에서 있는 대로 고른 것은?

┤ 보기 ├
ㄱ. (가)에서 습원 이후에 B가 나타난다.
ㄴ. (나)는 2차 천이 과정을 나타낸 것이다.
ㄷ. (나)에서 개척자는 A이고, C에서 극상을 이룬다.

① ㄱ   ② ㄱ, ㄴ   ③ ㄱ, ㄷ
④ ㄴ, ㄷ   ⑤ ㄱ, ㄴ, ㄷ

---

8 다음은 종 사이의 상호 작용에 대한 자료이다. (가)와 (나)는 기생과 상리 공생의 예를 순서 없이 나타낸 것이다.

(가) 겨우살이는 다른 식물의 줄기에 뿌리를 박아 물과 양분을 빼앗는다.
(나) 뿌리혹박테리아는 콩과식물에게 질소 화합물을 제공하고, 콩과식물은 뿌리혹박테리아에게 양분을 제공한다.

이에 대한 설명으로 옳은 것만을 [보기]에서 있는 대로 고른 것은?

┤ 보기 ├
ㄱ. (가)는 기생의 예이다.
ㄴ. (가)와 (나) 각각에는 이익을 얻는 종이 있다.
ㄷ. 꽃이 벌새에게 꿀을 제공하고, 벌새가 꽃의 수분을 돕는 것은 상리 공생의 예에 해당한다.

① ㄱ   ② ㄷ   ③ ㄱ, ㄴ
④ ㄴ, ㄷ   ⑤ ㄱ, ㄴ, ㄷ

1 그림은 어떤 격리된 개체군의 이론상의 생장 곡선과 실제의 생장 곡선을 나타낸 것이다.

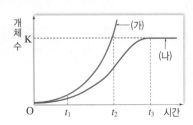

이에 대한 설명으로 옳은 것만을 [보기]에서 있는 대로 고른 것은?

┤ 보기 ├
ㄱ. 서식 공간이 넓어지면 K가 작아진다.
ㄴ. (가)에서 t_1일 때 출생률과 사망률이 같다.
ㄷ. (나)에서 t_2일 때보다 t_3일 때 개체 사이의 경쟁이 심하다.

① ㄱ   ② ㄴ   ③ ㄷ
④ ㄱ, ㄴ   ⑤ ㄴ, ㄷ

2 그림은 개체군 (가)~(다)에서 예상되는 개체 수 변화를 나타낸 것이다. (가)~(다)의 연령 피라미드는 각각 발전형, 안정형, 쇠퇴형 중 하나이다.

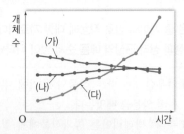

이에 대한 설명으로 옳은 것만을 [보기]에서 있는 대로 고른 것은?

┤ 보기 ├
ㄱ. (가)의 연령 피라미드는 쇠퇴형이다.
ㄴ. $\dfrac{생식 후 연령층의 개체 수}{생식 전 연령층의 개체 수}$는 (가)보다 (다)에서 크다.
ㄷ. $\dfrac{생식 연령층의 개체 수}{생식 전 연령층의 개체 수}$는 (다)보다 (나)에서 크다.

① ㄱ   ② ㄴ   ③ ㄱ, ㄷ
④ ㄴ, ㄷ   ⑤ ㄱ, ㄴ, ㄷ

3 그림 (가)는 어떤 강 생태계에서 돌말 개체군의 개체 수와 영양염류 양의 변화를, (나)는 어떤 육상 생태계에서 개체군 ㉠과 ㉡의 주기적인 개체 수 변화를 나타낸 것이다. ㉠과 ㉡은 포식과 피식 관계에 있다.

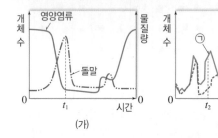

이에 대한 설명으로 옳은 것만을 [보기]에서 있는 대로 고른 것은? (단, 제시된 요인에 의한 상호 관계만을 고려하며 이입과 이출은 없다.)

┤ 보기 ├
ㄱ. (가)와 (나)는 생물 사이의 상호 작용 사례이다.
ㄴ. t_1일 때 돌말 개체군은 환경 저항을 받는다.
ㄷ. t_2일 때 $\dfrac{사망률}{출생률}$은 ㉠과 ㉡ 모두 1보다 크다.

① ㄱ   ② ㄴ   ③ ㄱ, ㄴ
④ ㄱ, ㄷ   ⑤ ㄴ, ㄷ

4 표 (가)는 생물 간의 상호 작용 A~C와 순위제에서 특징 ㉠~㉢의 유무를, (나)는 ㉠~㉢ 중 두 가지를 순서 없이 나타낸 것이다. A~C는 각각 사회생활, 상리 공생, 포식과 피식 중 하나이다.

구분	㉠	㉡	㉢
A	×	○	×
B	○	×	×
C	×	×	×
순위제	○	×	○

(○: 있음, ×: 없음)

(가)

㉠~㉢ 중 두 가지
• 같은 종의 개체 사이에서 일어난다.
• 서로 다른 두 개체군 모두 이익을 얻는다.

(나)

이에 대한 설명으로 옳은 것만을 [보기]에서 있는 대로 고른 것은?

┤ 보기 ├
ㄱ. 개미가 여왕개미, 병정개미, 일개미로 구분되는 것은 A에 해당한다.
ㄴ. 말미잘과 흰동가리 사이에서 C가 일어난다.
ㄷ. '개체군 내에서 힘의 세기에 따라 순위가 정해진다.'는 ㉢이 될 수 있다.

① ㄴ   ② ㄷ   ③ ㄱ, ㄷ
④ ㄱ, ㄷ   ⑤ ㄴ, ㄷ

5 표는 개미와 관련된 두 현상 (가)와 (나)를, 그림은 꿀을 채취하는 일벌이 다른 일벌에게 꽃의 위치를 알릴 때 사용하는 춤을 나타낸 것이다.

구분	현상
(가)	일개미는 시종 개미, 청소부 개미, 수렵 개미로 구분된다.
(나)	딱정벌레는 개미집을 보호해 주고, 개미는 딱정벌레에게 식량을 제공한다.

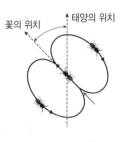

이에 대한 설명으로 옳은 것만을 [보기]에서 있는 대로 고른 것은?

┤ 보기 ├
ㄱ. (가)는 가족생활의 사례이다.
ㄴ. (나)와 그림은 모두 개체군 내의 상호 작용 사례이다.
ㄷ. 그림은 꿀벌의 사회생활을 보여주는 근거가 될 수 있다.

① ㄱ   ② ㄷ   ③ ㄱ, ㄴ
④ ㄱ, ㄷ   ⑤ ㄴ, ㄷ

---

6 다음은 종 A~D만 서식하는 어떤 지역에 대한 자료이다.

• 표는 t_1일 때와 t_2일 때 서식지 면적과 종 A~D의 개체 수를 상댓값으로 나타낸 것이다.

시기	서식지 면적	A	B	C	D
t_1	㉠	86	48	55	11
t_2	100	80	60	55	55

• t_1일 때와 t_2일 때 B의 밀도는 서로 같다.

이에 대한 설명으로 옳은 것만을 [보기]에서 있는 대로 고른 것은?

┤ 보기 ├
ㄱ. B와 D는 서로 다른 군집에 속한다.
ㄴ. ㉠은 80이다.
ㄷ. A와 C의 밀도는 모두 t_2일 때가 t_1일 때보다 작다.

① ㄱ   ② ㄷ   ③ ㄱ, ㄴ
④ ㄴ, ㄷ   ⑤ ㄱ, ㄴ, ㄷ

2018 6월 평가원 20번

7 수생 식물 종 A와 종 B 사이의 상호 작용이 A와 B의 생장에 미치는 영향을 알아보기 위하여, A와 B를 인공 연못 ㉠~㉢에 심고 일정 시간이 지난 후 수심에 따른 생물량을 조사하였다. 그림 (가)는 A를 ㉠에, B를 ㉡에 각각 심었을 때의 결과를, (나)는 A와 B를 ㉢에 혼합하여 심었을 때의 결과를 나타낸 것이다.

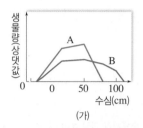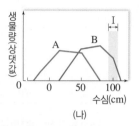

이에 대한 설명으로 옳은 것만을 [보기]에서 있는 대로 고른 것은? (단, A와 B를 각각 심은 것과 혼합하여 심은 것 이외의 조건은 동일하다.)

┤ 보기 ├
ㄱ. B가 서식하는 수심의 범위는 (가)에서가 (나)에서보다 넓다.
ㄴ. I에서 A가 생존하지 못한 것은 경쟁·배타의 결과이다.
ㄷ. (나)에서 A는 B와 한 개체군을 이룬다.

① ㄱ   ② ㄴ   ③ ㄱ, ㄴ
④ ㄱ, ㄷ   ⑤ ㄴ, ㄷ

자료❷   **2020** 9월 평가원 11번

8 그림은 어떤 군집을 이루는 종 A와 종 B의 시간에 따른 개체 수를 나타낸 것이고, 표는 상대 밀도에 대한 자료이다.

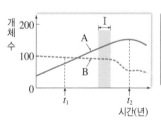

상대 밀도는 어떤 지역에서 조사한 모든 종의 개체 수에 대한 특정 종의 개체 수를 백분율로 나타낸 것이다.

이에 대한 설명으로 옳은 것만을 [보기]에서 있는 대로 고른 것은? (단, A와 B 이외의 종은 고려하지 않는다.)

┤ 보기 ├
ㄱ. A는 B와 한 개체군을 이룬다.
ㄴ. 구간 I에서 A에 환경 저항이 작용한다.
ㄷ. B의 상대 밀도는 t_1에서가 t_2에서보다 크다.

① ㄱ   ② ㄴ   ③ ㄱ, ㄷ
④ ㄴ, ㄷ   ⑤ ㄱ, ㄴ, ㄷ

9 표 (가)는 면적이 동일한 서로 다른 지역 Ⅰ과 Ⅱ의 식물 군집을 조사한 결과를 나타낸 것이고, (나)는 우점종에 대한 자료이다.

지역	종	상대 밀도 (%)	상대 빈도 (%)	상대 피도 (%)	총 개체 수
Ⅰ	A	30	?	19	
	B	?	24	22	100
	C	29	31	?	
Ⅱ	A	5	?	13	
	B	?	13	25	120
	C	70	42	?	

(가)

(나) • 어떤 군집의 우점종은 중요치가 가장 높아 그 군집을 대표할 수 있는 종을 의미하며, 각 종의 중요치는 상대 밀도, 상대 빈도, 상대 피도를 더한 값이다.

이에 대한 설명으로 옳은 것만을 [보기]에서 있는 대로 고른 것은? (단, A~C 이외의 종은 고려하지 않는다.)

├ 보기 ├
ㄱ. Ⅰ의 식물 군집에서 우점종은 C이다.
ㄴ. 개체군 밀도는 Ⅰ의 A가 Ⅱ의 B보다 크다.
ㄷ. 종 다양성은 Ⅰ에서가 Ⅱ에서보다 높다.

① ㄱ   ② ㄴ   ③ ㄱ, ㄷ
④ ㄴ, ㄷ   ⑤ ㄱ, ㄴ, ㄷ

10 그림은 군집의 수평 분포를, 표는 군집 A~E를 순서 없이 나열한 것이다. 활엽수림은 침엽수림보다 기온이 높고 강수량이 많은 곳에 형성된다.

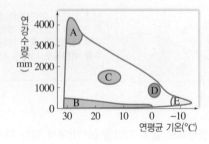
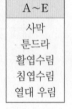

이에 대한 설명으로 옳지 <u>않은</u> 것은?

① A는 열대 우림이다.
② A는 E보다 기온이 높고 강수량이 많다.
③ B에는 건조한 환경에 적응한 생물이 살고 있다.
④ C와 D는 모두 삼림에 속한다.
⑤ 수직 분포에서는 주로 C가 D보다 고도가 높은 지역에 나타난다.

11 그림은 두 식물 A, B의 빛의 세기에 따른 광합성량을, 표는 어떤 지역에서 일어난 천이 과정을 나타낸 것이다. A와 B는 각각 ㉠과 ㉡ 중 한 단계의 우점종이다.

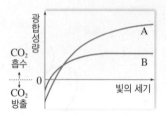

천이 과정
초원 → 관목림 → ㉠ → 혼합림 → ㉡

이에 대한 설명으로 옳은 것만을 [보기]에서 있는 대로 고른 것은?

├ 보기 ├
ㄱ. B는 ㉠ 단계의 우점종이다.
ㄴ. 잎의 평균 두께는 A가 B보다 두껍다.
ㄷ. 빛이 약한 곳에서는 A보다 B가 더 잘 자란다.

① ㄴ   ② ㄱ, ㄴ   ③ ㄱ, ㄷ
④ ㄴ, ㄷ   ⑤ ㄱ, ㄴ, ㄷ

12 그림 (가)는 종 A와 종 B를 각각 단독 배양했을 때, (나)는 A와 B를 혼합 배양했을 때 시간에 따른 개체 수를 나타낸 것이다.

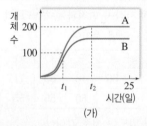
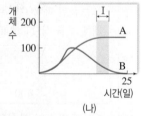

(가)   (나)

이에 대한 설명으로 옳은 것만을 [보기]에서 있는 대로 고른 것은? (단, (가)와 (나)에서 초기 개체 수와 배양 조건은 동일하다.)

├ 보기 ├
ㄱ. A의 개체 수는 t_2일 때가 t_1일 때보다 많다.
ㄴ. (나)에서 A와 B 사이에 편리공생이 일어났다.
ㄷ. 구간 Ⅰ에서 A와 B 모두에 환경 저항이 작용한다.

① ㄱ   ② ㄴ   ③ ㄱ, ㄷ
④ ㄴ, ㄷ   ⑤ ㄱ, ㄴ, ㄷ

13 그림 (가)는 어떤 식물 군집의 천이 과정 일부를, (나)는 이 과정 중 ㉠에서 조사한 침엽수(양수)와 활엽수(음수)의 크기(높이)에 따른 개체 수를 나타낸 것이다. ㉠은 A와 B 중 하나이며, A와 B는 양수림과 음수림을 순서 없이 나타낸 것이다.

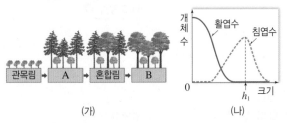

(가)

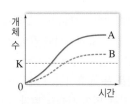

(나)

이에 대한 설명으로 옳은 것만을 [보기]에서 있는 대로 고른 것은?

┤ 보기 ├
ㄱ. ㉠은 양수림이다.
ㄴ. ㉠에서 h_1보다 작은 활엽수는 없다.
ㄷ. 이 식물 군집은 혼합림에서 극상을 이룬다.

① ㄱ   ② ㄴ   ③ ㄷ
④ ㄱ, ㄴ   ⑤ ㄱ, ㄷ

---

14 그림은 서로 다른 종으로 구성된 개체군 A와 B를 각각 단독 배양했을 때와 혼합 배양했을 때, A와 B가 서식하는 온도의 범위를 나타낸 것이다. 혼합 배양했을 때 온도의 범위가 $T_1 \sim T_2$인 구간에서 A와 B 사이의 경쟁이 일어났다. 이에 대한 설명으로 옳은 것만을 [보기]에서 있는 대로 고른 것은? (단, 제시된 조건 이외는 고려하지 않는다.)

┤ 보기 ├
ㄱ. A가 서식하는 온도의 범위는 단독 배양했을 때가 혼합 배양했을 때보다 넓다.
ㄴ. 혼합 배양했을 때, 구간 I에서 B가 생존하지 못한 것은 경쟁·배타의 결과이다.
ㄷ. 혼합 배양했을 때, 구간 II에서 A는 B와 군집을 이룬다.

① ㄱ   ② ㄷ   ③ ㄱ, ㄴ
④ ㄴ, ㄷ   ⑤ ㄱ, ㄴ, ㄷ

---

15 그림은 종 A와 B를 혼합 배양했을 때 시간에 따른 개체 수를, 표는 군집 내 개체군 간의 상호 작용 ㉠과 ㉡에서 두 종이 받는 영향을 나타낸 것이다. K는 A와 B를 단독 배양했을 때의 환경 수용력이다. 혼합 배양 시 A와 B 사이에서는 ㉠과 ㉡ 중 하나가 일어나며, ⓐ는 '이익'과 '손해' 중 하나이다.

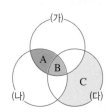

상호 작용	종 1	종 2
㉠	손해	ⓐ
㉡	이익	ⓐ

이에 대한 설명으로 옳은 것만을 [보기]에서 있는 대로 고른 것은?

┤ 보기 ├
ㄱ. 경쟁은 ㉠에 해당한다.
ㄴ. ㉡은 생태적 지위가 비슷한 두 종 사이에서 일어난다.
ㄷ. ⓐ는 '이익'이다.

① ㄱ   ② ㄷ   ③ ㄱ, ㄴ
④ ㄱ, ㄷ   ⑤ ㄴ, ㄷ

---

16 그림은 군집 내 개체군 사이에서 일어나는 상호 작용 (가)~(다)의 공통점과 차이점을, 표는 특징 A~C를 순서 없이 나타낸 것이다. (가)~(다)는 각각 기생, 경쟁, 포식과 피식 중 하나이다.

A~C
• ㉠
• 이익을 얻는 종이 있다.
• 손해를 보는 종이 있다.

이에 대한 설명으로 옳은 것만을 [보기]에서 있는 대로 고른 것은?

┤ 보기 ├
ㄱ. A는 '이익을 얻는 종이 있다.'이다.
ㄴ. '두 종의 개체 수가 주기적으로 변동한다.'는 ㉠에 해당한다.
ㄷ. 두 종의 생태적 지위가 많이 겹칠수록 (다)가 일어날 확률이 낮아진다.

① ㄱ   ② ㄴ   ③ ㄷ
④ ㄱ, ㄴ   ⑤ ㄴ, ㄷ

에너지 흐름과 물질 순환

>> **핵심 짚기** ▸ 생태계에서의 에너지 흐름과 생태 피라미드   ▸ 생태계의 물질 생산과 소비
            ▸ 탄소 순환과 질소 순환 과정   ▸ 생태계 평형 회복 과정

A 에너지 흐름

1 생태계에서의 에너지 흐름 생태계에서 에너지는 순환하지 않고 한 방향으로 이동하여 생태계 밖으로 빠져나간다. ➡ 생태계가 유지되려면 끊임없이 외부에서 에너지가 공급되어야 하며, 이 에너지는 태양으로부터 공급된다. ─● 생태계를 유지하는 에너지의 근원은 태양의 빛에너지이다.

① 빛에너지는 생산자의 광합성을 통해 유기물의 화학 에너지로 전환된다.

② 유기물의 화학 에너지 중 일부는 먹이 사슬을 따라 소비자에게 전달되고, 각 영양 단계에서 생물의 호흡에 의해 열에너지 형태로 방출된다. ● ─● 유기물의 형태로 에너지를 얻는다.

③ 생물의 사체나 배설물 속의 에너지도 분해자의 호흡을 통해 열에너지 형태로 전환되어 생태계 밖으로 빠져나간다.

2 생태 피라미드 먹이 사슬에서 하위 영양 단계부터 상위 영양 단계까지 각 영양 단계의 에너지양, 개체 수, *생체량의 상대적인 양을 차례로 쌓아 올린 것이다.

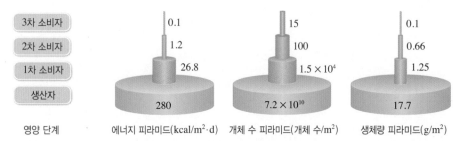

| 영양 단계 | 에너지 피라미드(kcal/m²·d) | 개체 수 피라미드(개체 수/m²) | 생체량 피라미드(g/m²) |

▲ **생태 피라미드** 일반적으로 하위 영양 단계에서 상위 영양 단계로 이동할 때마다 에너지양, 개체 수, 생체량의 상대적인 양이 줄어든다.

3 에너지 효율 하위 영양 단계에서 상위 영양 단계로 이동하는 에너지의 비율이다. ❷

$$\text{에너지 효율(\%)} = \frac{\text{현 영양 단계가 보유한 에너지 총량}}{\text{전 영양 단계가 보유한 에너지 총량}} \times 100$$

탐구 자료 ▸ 생태계에서의 에너지 흐름

그림은 어떤 안정된 생태계의 에너지 흐름을 나타낸 것이다. 생산자에서 1차 소비자로 전달되는 에너지양은 2이며, 에너지양은 상댓값이다.

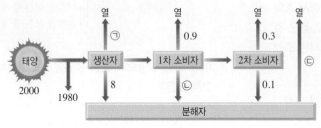

1. • 생산자의 에너지양 = 2000 − 1980 = 20   • 2차 소비자의 에너지양 = 0.3 + 0.1 = 0.4

2. • ㉠ = 20 − (8 + 2) = 10   • ㉡ = 2 − (0.9 + 0.4) = 0.7   • ㉢ = 8 + 0.7 + 0.1 = 8.8

3. 에너지 효율

   • 1차 소비자: $\frac{2}{20} \times 100 = 10\,\%$ • 2차 소비자: $\frac{0.4}{2} \times 100 = 20\,\%$

➡ 에너지가 먹이 사슬을 따라 이동할 때 각 영양 단계가 받은 에너지 중 일부만 상위 영양 단계로 이동하므로, 먹이 사슬을 따라 전달되는 에너지양은 상위 영양 단계로 가면서 점점 감소한다. ❸

PLUS 강의 ➕

❶ **열에너지의 이동**
생물의 호흡에 유기물이 이용되면 화학 에너지가 생물이 이용할 수 없는 에너지 형태인 열에너지로 전환되어 생태계 밖으로 빠져나간다.

❷ **에너지 효율**
에너지 효율은 일반적으로 5 % ~ 20 % 범위에 있으며, 생태계 유형과 생물종에 따라 차이가 난다.

❸ **영양 단계의 제한**
각 영양 단계에서 에너지의 일부가 호흡으로 생물이 살아가는 데 사용되거나 사체와 배설물로 방출되고 남은 에너지만 다음 영양 단계로 전달된다.
➡ 상위 영양 단계의 생물들이 사용할 수 있는 에너지양이 점점 줄어들기 때문에 영양 단계는 일반적으로 계속 연결되지 못하고 몇 단계로 제한된다.

⌐◯ **용어 돋보기**
* **생체량**(生 나다, 體 몸, 量 헤아리다)_
현재 군집이 가지고 있는 유기물의 총량으로, 생물량이라고도 한다.

B 생태계의 물질 생산과 소비

1 식물 군집의 물질 생산과 소비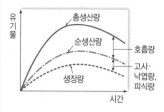

총생산량	생산자가 일정 기간 동안 광합성으로 생산한 유기물의 총량 ➡ 생산자가 화학 에너지로 전환한 태양 에너지의 양
호흡량	생산자 자신의 호흡으로 소비되는 유기물의 양
순생산량	총생산량 중 호흡량을 제외한 유기물의 양 ➡ 생태계에서 소비자나 분해자가 사용할 수 있는 화학 에너지의 양
생장량	순생산량 중 1차 소비자에게 먹히는 피식량과 말라 죽는 *고사량, 낙엽으로 없어지는 낙엽량을 제외하고 생산자에 남아 있는 유기물의 양

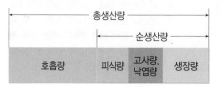

- 총생산량＝호흡량＋순생산량
- 순생산량＝총생산량－호흡량
- 생장량＝순생산량－(피식량＋고사량＋낙엽량)

▲ 식물 군집의 물질 생산량

식물 군집의 생산량과 소비량

2 식물 군집의 생체량(생물량)
현재 그 식물 군집이 보유한 유기물의 총량으로, 현존량이라고도 한다.

3 식물 군집에 따른 생산량 차이
① 일반적으로 열대 우림은 육상 생태계 중 순생산량이 가장 많다.
② 천이가 진행 중인 군집은 생체량은 적지만 순생산량은 많다.
③ 오래된 원시림은 생산량과 소비량이 균형을 이루어 생체량은 많지만 순생산량은 적다.
④ 사람이 관리하는 농경지는 순생산량이 많다.

4 소비자에 의한 물질 소비
생산자(식물)의 피식량은 1차 소비자(초식 동물)의 섭식량과 같고, 1차 소비자의 섭식량은 1차 소비자의 호흡량, 피식량, 생장량 등으로 구성된다.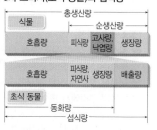

1차 소비자(초식 동물)의 섭식량

용어 돋보기
＊고사(枯 마르다, 死 죽다)＿ 나무나 풀 등이 말라 죽음

📘 정답과 해설 90쪽

개념 확인

(1) 생태계에서 에너지는 (순환한다, 한 방향으로 이동한다).
(2) 생산자는 광합성을 통해 (   )에너지를 유기물의 (   ) 에너지로 전환한다.
(3) 먹이 사슬을 따라 전달된 유기물의 에너지 중 일부는 생물의 (   )을 통해 (   )에너지 형태로 방출된다.
(4) 에너지 효율(%)＝$\dfrac{\text{⊙(전, 현) 영양 단계가 보유한 에너지 총량}}{\text{ⓛ(전, 현) 영양 단계가 보유한 에너지 총량}} \times 100$
(5) 어떤 생태계에서 1차 소비자의 에너지양이 100, 2차 소비자의 에너지양이 20이면 2차 소비자의 에너지 효율은 (   ) %이다.
(6) 식물 군집의 물질 생산량에서 각 용어와 그 뜻을 옳게 연결하시오.
　① 호흡량　・　　　　　・⊙ 현재 그 식물 군집이 보유한 유기물의 총량
　② 생체량　・　　　　　・ⓛ 생산자 자신의 호흡으로 소비되는 유기물의 양
　③ 총생산량・　　　　　・ⓒ 생산자가 일정 기간 동안 광합성으로 생산한 유기물의 총량
(7) 식물 군집의 순생산량은 '(   ) － (   )'이다.
(8) 식물 군집의 생장량은 '(   ) － (피식량＋고사량＋낙엽량)'이다.

14 에너지 흐름과 물질 순환

C 물질 순환

1 탄소 순환 대기나 물속의 탄소는 생산자의 광합성을 통해 생물체 내로 유입되고, 호흡을 통해 대기나 물속으로 되돌아가는 순환을 한다.

[탄소 순환 과정]
❶ 이산화 탄소는 생산자에 흡수된 후 광합성에 이용되어 유기물로 전환된다.
❷ 유기물은 먹이 사슬을 따라 이동한다.
❸ 생산자와 소비자의 호흡으로 유기물이 분해되어 이산화 탄소 형태로 대기로 돌아간다.
❹ 사체와 배설물 속의 유기물은 분해자에 의해 분해되어 이산화 탄소 형태로 대기로 돌아간다.
❺ 사체 중 분해되지 않은 유기물은 오랜 기간 퇴적되어 화석 연료로 변화되고, 화석 연료는 연소되어 이산화 탄소 형태로 대기로 돌아간다.❻

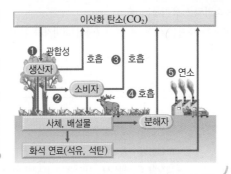

❻ 화석 연료의 연소
인간의 화석 연료 사용 증가로 대기 중의 이산화 탄소 농도가 증가하여 지구 온난화 문제가 대두되고 있다. 이를 해결하기 위해 세계 여러 나라는 기후 변화 협약을 하여 이산화 탄소 발생량을 줄이는 노력을 하고 있다.

2 질소 순환 질소는 생물체 내에서 단백질, 핵산 등을 구성하는 원소로 질소 고정 작용, 질산화 작용, 탈질산화 작용을 통해 생물과 비생물 환경 사이를 순환한다.

[질소 순환 과정]
❶ 질소 고정 작용: 질소 고정 세균(뿌리혹박테리아, 아조토박터 등)에 의해 대기 중의 질소(N_2)가 암모늄 이온(NH_4^+)으로 전환된다.❼
❷ 질산화 작용: 질산화 세균에 의해 암모늄 이온이 질산 이온(NO_3^-)으로 전환된다.
❸ 식물의 뿌리에서 흡수된 암모늄 이온과 질산 이온은 식물체의 구성 성분이 되거나 단백질 같은 질소 화합물 합성에 쓰인다. ─ 질소 동화 작용
❹ 식물이 합성한 질소 화합물은 먹이 사슬을 따라 이동한다.
❺ 분해자가 사체나 배설물 속의 질소 화합물을 암모늄 이온으로 분해한다. ●식물이 암모늄 이온을 다시 이용하거나 질산화 세균이 질산 이온으로 전환한다.
❻ 탈질산화 작용: 토양 속 일부 질산 이온은 탈질산화 세균에 의해 질소 기체로 환원되어 대기 중으로 돌아간다.❽

❼ 뿌리혹박테리아
콩과식물의 뿌리에 뿌리혹을 만들어 식물과 공생하면서 대기 중의 질소를 암모늄 이온으로 고정한다.

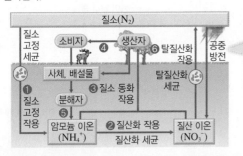

번개의 공중 방전으로 형성된 질소 화합물이나 화학 비료 속의 질소 화합물이 토양으로 유입되어 식물체에 전달되기도 한다.❾

❽ 탈질산화 세균
질산 이온에서 질소를 분리해 주는 탈질산화 작용을 하는 세균

❾ 질소 비료의 사용
화학 기술의 발달로 공장에서 질소 비료를 합성하는 산업적 고정이 이루어지고 있다. ➡ 질소 비료의 사용으로 토양에 과잉 공급된 질소는 물로 유입되어 물의 부영양화를 유발할 수 있다.
└물속에 질소, 인과 같은 양분이 과도하게 증가한 상태

3 에너지 흐름과 물질 순환 비교 식물이 생산한 유기물이나 외부에서 흡수한 물질은 먹이 사슬을 따라 이동하면서 다시 비생물 환경으로 돌아가 순환하지만, 물질과 함께 이동한 에너지는 순환하지 않고 열에너지 형태로 생태계 밖으로 빠져나간다.

[생태계에서의 에너지 흐름과 물질 순환 과정]
• 에너지 흐름: 태양의 빛에너지는 광합성으로 유기물 속에 화학 에너지 형태로 저장되어 먹이 사슬을 따라 이동하고, 호흡에 의해 열에너지 형태로 전환되어 생태계 밖으로 빠져나가 손실된다. ➡ 에너지는 순환하지 않는다.
• 물질 순환: 탄소나 질소 등의 물질은 환경으로부터 생물 군집 내로 유입된 후 먹이 사슬을 따라 이동하고 최종적으로 분해자에 의해 토양이나 대기로 되돌아간다. ➡ 물질은 순환한다.

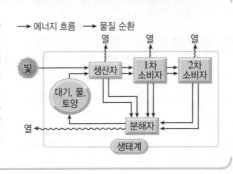

D 생태계 평형

1 생태계 평형 생물 군집의 구성이나 개체 수, 물질의 양, 에너지 흐름이 안정된 상태를 유지하여 생태계가 균형을 이루고 있는 상태이다.

2 생태계 평형 유지 생태계 평형은 주로 먹이 사슬에 의해 유지된다.

① 먹이 사슬이 복잡한 먹이 그물을 형성할 때 생태계 평형이 잘 유지된다.

② 안정된 생태계는 먹이 사슬의 어느 단계에서 일시적으로 변동이 나타나도 시간이 지나면 평형을 회복한다.[10]

⑩ **생태계 평형을 깨뜨리는 요인**
홍수나 산사태 같은 자연재해와 사람의 개발 활동, 다른 종의 침입과 같은 교란이 일어날 때 생태계 평형이 깨질 수 있다.

[생태계 평형 회복 과정]

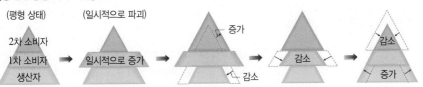

❶ 1차 소비자가 빠르게 늘어나 생태계 평형이 깨진다.
❷ 1차 소비자의 먹이인 생산자는 감소하고, 1차 소비자를 먹는 2차 소비자는 증가한다.
❸ 먹이가 줄어들고 포식자가 증가한 1차 소비자가 감소한다.
❹ 1차 소비자가 감소하였으므로 생산자가 증가하고 2차 소비자가 감소하여 생태계 평형을 회복한다.

탐구 자료) 카이바브고원의 생태계 변화

그림은 카이바브고원에서 사슴의 개체 수를 늘리기 위해 사슴의 포식자인 퓨마를 사냥한 이후의 개체 수와 생산량 변화를 나타낸 것이다.

1. **개체 수와 생산량 변화**: 퓨마 개체 수 감소 → 사슴 개체 수 급격히 증가 → 먹이 고갈 → 사슴 개체 수 감소

2. **인간의 간섭 결과**: 생태계 평형을 파괴하여 사슴과 퓨마의 개체 수를 감소시켰다.

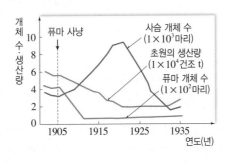

정답과 해설 90쪽

개념 확인

(9) 탄소 순환 과정에서 생산자는 (   )을 통해 (   )를 유기물로 전환한다.

(10) 생물의 (   )으로 유기물이 분해되면 (질소, 탄소)가 이산화 탄소 형태로 대기로 돌아간다.

(11) 뿌리혹박테리아는 대기 중의 질소를 (   ) 이온으로 전환하는 (   ) 세균이다.

(12) 식물은 뿌리를 통해 (N_2, NO_3^-)을(를) 흡수하여 단백질 같은 질소 화합물 합성에 사용한다.

(13) 질소 순환 과정에서 일어나는 각 작용과 물질의 변화를 옳게 연결하시오.

① 질산화 작용 •   • ㉠ $N_2 \rightarrow NH_4^+$

② 탈질산화 작용 •   • ㉡ $NO_3^- \rightarrow N_2$

③ 질소 고정 작용 •   • ㉢ $NH_4^+ \rightarrow NO_3^-$

(14) 빛에너지는 광합성으로 유기물 속에 (   ) 에너지 형태로 저장되고, 이것은 호흡에 의해 (   )에너지 형태로 전환되어 생태계 밖으로 빠져나간다.

(15) 생태계에서 (물질, 에너지)은(는) 순환하지 않지만, (물질, 에너지)은(는) 순환한다.

(16) 어떤 생태계에서 1차 소비자의 개체 수가 일시적으로 증가하면 생산자의 개체 수는 (감소, 증가)하고, 2차 소비자의 개체 수는 (감소, 증가)한다.

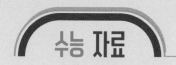

자료 ❶ 생태 피라미드와 식물 군집의 물질 생산량

그림 (가)는 어떤 생태계에서 영양 단계의 생체량(생물량)과 에너지양을 상댓값으로 나타낸 생태 피라미드를, (나)는 이 생태계에서 생산자의 총생산량, 순생산량, 생장량의 관계를 나타낸 것이다.

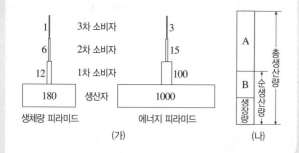

1. 2차 소비자의 에너지 효율은 20 %이다. (○, ×)
2. 생산자는 빛에너지를 화학 에너지로 전환한다. (○, ×)
3. 상위 영양 단계로 갈수록 에너지양은 감소한다. (○, ×)
4. 에너지 효율은 상위 영양 단계로 갈수록 증가한다. (○, ×)
5. 1차 소비자가 가진 에너지 중 일부는 호흡을 통해 열로 방출된다.
(○, ×)
6. 1차 소비자의 생체량은 A에 포함된다. (○, ×)
7. 생산자의 피식량은 B에 포함된다. (○, ×)

자료 ❸ 식물 군집의 천이와 물질 생산량

그림은 식물 군집 A의 시간에 따른 총생산량과 순생산량을 나타낸 것이다. ⊙과 ⓒ은 각각 총생산량과 순생산량 중 하나이다.

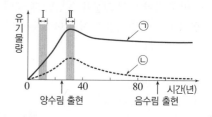

1. A는 양수림일 때 극상에 도달했다. (○, ×)
2. ⊙과 ⓒ에는 모두 분해자가 이용할 수 있는 에너지가 포함된다.
(○, ×)
3. ⓒ은 총생산량이다. (○, ×)
4. 구간 I에서 A의 피식량은 ⓒ에 포함된다. (○, ×)
5. 구간 I에서 A의 총생산량, 순생산량, 호흡량은 모두 증가했다.
(○, ×)
6. 구간 II에서 A의 고사량은 순생산량에 포함된다. (○, ×)
7. 구간 II에서 1차 소비자의 호흡량은 ⓒ보다 많다. (○, ×)
8. A의 호흡량은 구간 I에서가 구간 II에서보다 많다. (○, ×)

자료 ❷ 식물 군집의 물질 생산량

그림 (가)는 어떤 식물 군집에서 총생산량, 순생산량, 생장량의 관계를, (나)는 이 식물 군집의 시간에 따른 생물량(생체량), ⊙, ⓒ을 나타낸 것이다. ⊙과 ⓒ은 각각 총생산량과 호흡량 중 하나이다.

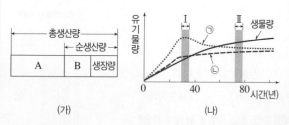

1. ⊙은 총생산량이다. (○, ×)
2. ⊙은 식물 군집에서 일정 기간 동안 광합성으로 생산한 유기물의 총량이다. (○, ×)
3. ⓒ은 A이다. (○, ×)
4. 식물 군집에서 분해자로 이동하는 유기물은 ⓒ에 포함된다. (○, ×)
5. 초식 동물의 호흡량은 A에 포함된다. (○, ×)
6. 식물 군집의 고사량은 B에 포함된다. (○, ×)
7. $\dfrac{순생산량}{생물량}$은 구간 II에서가 구간 I에서보다 크다. (○, ×)

자료 ❹ 질소 순환

그림은 생태계에서 일어나는 질소 순환 과정의 일부를 나타낸 것이다. A와 B는 분해자와 생산자를 순서 없이 나타낸 것이다.

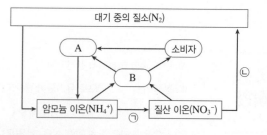

1. A는 생산자이다. (○, ×)
2. 세균과 곰팡이는 A에 속한다. (○, ×)
3. B에서 A로 에너지가 이동한다. (○, ×)
4. A와 B는 서로 다른 개체군을 구성한다. (○, ×)
5. B는 암모늄 이온과 질산 이온을 흡수하여 질소 화합물을 합성한다.
(○, ×)
6. 질산화 세균은 과정 ⊙에 관여한다. (○, ×)
7. ⓒ은 질소 고정 작용이다. (○, ×)
8. 탈질산화 세균은 과정 ⓒ에 관여한다. (○, ×)
9. 뿌리혹박테리아는 대기 중의 N_2를 NH_4^+으로 전환하는 데 관여한다.
(○, ×)

Ⓐ 에너지 흐름

1 생태계의 에너지 흐름에 대한 설명으로 옳은 것만을 [보기]에서 있는 대로 고르시오.

┤ 보기 ├
ㄱ. 생태계에서 에너지는 물질과 함께 순환한다.
ㄴ. 생산자와 소비자의 호흡으로 방출된 열에너지는 분해자에 의해 다시 이용된다.
ㄷ. 생산자가 저장한 유기물의 화학 에너지 중 일부는 먹이 사슬을 따라 소비자에게 전달된다.

2 그림은 어떤 생태계의 에너지 피라미드를 나타낸 것이다. ㉠~㉣ 중 하나는 생산자이고, 나머지는 모두 소비자이다. ( ) 안에 알맞은 말을 쓰시오.

(1) ㉠~㉣ 중 생산자는 ( )이다.
(2) 에너지 효율은 2차 소비자가 1차 소비자의 ( ) 배이다.

Ⓑ 생태계의 물질 생산과 소비

3 그림은 식물 군집의 물질 생산량을 나타낸 것이다.

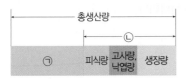

㉠과 ㉡에 해당하는 용어를 쓰시오.

4 생태계의 물질 생산과 소비에 대한 설명으로 옳은 것은?

① 피식량은 순생산량에 포함되지 않는다.
② 총생산량은 순생산량에서 호흡량을 뺀 값이다.
③ 생산자의 피식량은 1차 소비자의 섭식량과 같다.
④ 생장량은 현재 그 식물 군집이 보유한 유기물의 총량이다.
⑤ 순생산량은 생산자가 일정 기간 동안 광합성으로 생산한 유기물의 총량이다.

Ⓒ 물질 순환

5 그림은 탄소 순환 과정을 나타낸 것이다.

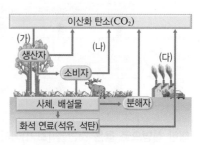

(가)~(다)에 해당하는 작용을 각각 쓰시오.

6 질소 순환 과정에 대한 설명으로 옳은 것만을 [보기]에서 있는 대로 고르시오.

┤ 보기 ├
ㄱ. 질소 고정 작용으로 NH_4^+이 NO_3^-으로 전환된다.
ㄴ. 질산화 작용과 탈질산화 작용에 모두 세균이 관여한다.
ㄷ. 탈질산화 세균의 작용으로 NO_3^-이 질소 기체로 전환된다.

Ⓓ 생태계 평형

7 그림은 1차 소비자의 개체 수가 일시적으로 증가한 이후에 생태계 평형이 회복되는 과정을 순서 없이 나타낸 것이다.

A~C를 일어나는 순서대로 나열하시오.

8 다음은 2차 소비자의 개체 수가 일시적으로 감소했을 때 일어나는 생태계 평형 회복 과정이다.

2차 소비자의 개체 수 감소 → 1차 소비자의 개체 수 (㉠) → 생산자의 개체 수 (㉡), 2차 소비자의 개체 수 (㉢) → 1차 소비자의 개체 수 (㉣) → 생산자의 개체 수 (㉤)

㉠~㉤ 중 '증가'에 해당하는 것을 모두 쓰시오.

1 그림은 어떤 안정한 생태계에서 일어나는 에너지 흐름을 나타낸 것이다. A~C 중 하나는 분해자이다.

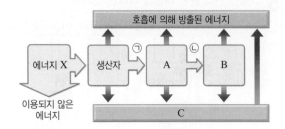

이에 대한 설명으로 옳은 것만을 [보기]에서 있는 대로 고른 것은?

─── 보기 ───
ㄱ. X는 열에너지이다.
ㄴ. C는 분해자이다.
ㄷ. 이동하는 에너지양은 ㉠이 ㉡보다 많다.

① ㄱ   ② ㄴ   ③ ㄷ
④ ㄱ, ㄴ   ⑤ ㄴ, ㄷ

---

3 표는 어떤 안정된 생태계를 구성하는 영양 단계 A~D의 에너지양을 나타낸 것이다. A~D는 각각 생산자, 1차 소비자, 2차 소비자, 3차 소비자 중 하나이고, 생산자는 A와 B 중 하나이다.

구분	A	B	C	D
에너지양(상댓값)	100	1000	3	15

이에 대한 설명으로 옳은 것만을 [보기]에서 있는 대로 고른 것은? (단, 영양 단계는 A~D만 고려한다.)

─── 보기 ───
ㄱ. 육식 동물은 A에 해당한다.
ㄴ. 가장 상위 영양 단계는 C이다.
ㄷ. 에너지 효율은 3차 소비자가 1차 소비자의 2배이다.

① ㄱ   ② ㄴ   ③ ㄱ, ㄴ
④ ㄱ, ㄷ   ⑤ ㄴ, ㄷ

2020 6월 평가원 18번

2 그림 (가)와 (나)는 각각 서로 다른 생태계에서 생산자, 1차 소비자, 2차 소비자, 3차 소비자의 에너지양을 상댓값으로 나타낸 생태 피라미드이다. (가)에서 2차 소비자의 에너지 효율은 15 %이고, (나)에서 1차 소비자의 에너지 효율은 10 %이다.

이 자료에 대한 설명으로 옳은 것만을 [보기]에서 있는 대로 고른 것은? (단, 에너지 효율은 전 영양 단계의 에너지양에 대한 현 영양 단계의 에너지양을 백분율로 나타낸 것이다.)

─── 보기 ───
ㄱ. A는 3차 소비자이다.
ㄴ. ㉠은 100이다.
ㄷ. (가)에서 에너지 효율은 상위 영양 단계로 갈수록 증가한다.

① ㄱ   ② ㄷ   ③ ㄱ, ㄴ
④ ㄴ, ㄷ   ⑤ ㄱ, ㄴ, ㄷ

자료 ❸

2019 6월 평가원 20번

4 그림은 식물 군집 A의 시간에 따른 총생산량과 순생산량을 나타낸 것이다. ㉠과 ㉡은 각각 총생산량과 순생산량 중 하나이다.

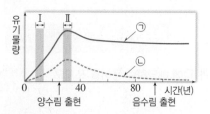

이 자료에 대한 설명으로 옳은 것만을 [보기]에서 있는 대로 고른 것은?

─── 보기 ───
ㄱ. A의 호흡량은 구간 I에서가 구간 II에서보다 많다.
ㄴ. 구간 II에서 A의 고사량은 순생산량에 포함된다.
ㄷ. ㉡은 생산자가 광합성을 통해 생산한 유기물의 총량이다.

① ㄱ   ② ㄴ   ③ ㄱ, ㄷ
④ ㄱ, ㄷ   ⑤ ㄴ, ㄷ

5 그림은 생태계의 탄소 순환 과정을 나타낸 것이다. A와 B는 각각 생산자와 분해자 중 하나이다.

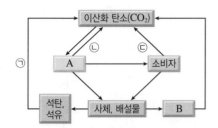

이에 대한 설명으로 옳은 것만을 [보기]에서 있는 대로 고른 것은?

┌─────────── 보기 ───────────┐
ㄱ. A는 광합성을 하는 생물이다.
ㄴ. ㉠ 과정이 활발하게 일어날수록 지구 온난화가 심해질 수 있다.
ㄷ. ㉡과 ㉢은 모두 호흡에 의해 일어난다.
└──────────────────────────┘

① ㄱ   ② ㄷ   ③ ㄱ, ㄴ
④ ㄴ, ㄷ   ⑤ ㄱ, ㄴ, ㄷ

---

7 그림은 생산자, 1차 소비자, 2차 소비자로 구성된 어떤 생태계에서 1차 소비자의 개체 수가 일시적으로 변화한 이후에 생태계 평형이 회복되는 과정의 일부를 나타낸 것이다.

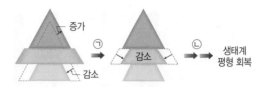

이에 대한 설명으로 옳은 것만을 [보기]에서 있는 대로 고른 것은?

┌─────────── 보기 ───────────┐
ㄱ. 1차 소비자의 개체 수가 일시적으로 감소하여 생산자의 수가 감소하였다.
ㄴ. ㉠에서 생산자에서 1차 소비자로 유기물이 이동한다.
ㄷ. ㉡에서 2차 소비자의 개체 수가 감소하는 현상이 일어날 것이다.
└──────────────────────────┘

① ㄴ   ② ㄷ   ③ ㄱ, ㄴ
④ ㄱ, ㄷ   ⑤ ㄴ, ㄷ

자료❹   2018 6월 평가원 18번

6 그림은 생태계에서 일어나는 질소 순환 과정의 일부를 나타낸 것이다. A와 B는 분해자와 생산자를 순서 없이 나타낸 것이다.

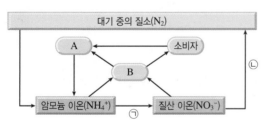

이에 대한 설명으로 옳은 것만을 [보기]에서 있는 대로 고른 것은?

┌─────────── 보기 ───────────┐
ㄱ. A는 생산자이다.
ㄴ. 질산화 세균은 과정 ㉠에 관여한다.
ㄷ. 탈질산화 세균은 과정 ㉡에 관여한다.
└──────────────────────────┘

① ㄱ   ② ㄴ   ③ ㄱ, ㄷ
④ ㄴ, ㄷ   ⑤ ㄱ, ㄴ, ㄷ

---

8 그림은 평균 기온이 서로 다른 계절 Ⅰ과 Ⅱ에 측정한 식물 A의 온도에 따른 순생산량을 나타낸 것이다. 이에 대한 설명으로 옳은 것만을 [보기]에서 있는 대로 고른 것은?

2021 수능 5번

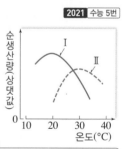

┌─────────── 보기 ───────────┐
ㄱ. 순생산량은 총생산량에서 호흡량을 제외한 양이다.
ㄴ. A의 순생산량이 최대가 되는 온도는 Ⅰ일 때가 Ⅱ일 때보다 높다.
ㄷ. 계절에 따라 A의 순생산량이 최대가 되는 온도가 달라지는 것은 비생물적 요인이 생물에 영향을 미치는 예에 해당한다.
└──────────────────────────┘

① ㄱ   ② ㄴ   ③ ㄱ, ㄷ
④ ㄴ, ㄷ   ⑤ ㄱ, ㄴ, ㄷ

1 그림은 어떤 안정된 생태계에서 일어나는 에너지의 흐름을 나타낸 것이다. (가)와 (나)는 이 생태계의 생물적 요인이다.

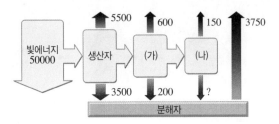

이에 대한 설명으로 옳은 것만을 [보기]에서 있는 대로 고른 것은?

보기

ㄱ. $\dfrac{순생산량}{총생산량}$은 0.2이다.

ㄴ. (나)의 사체와 배설물에 포함된 에너지양은 50이다.

ㄷ. 에너지 효율은 2차 소비자가 1차 소비자의 3배이다.

① ㄱ   ② ㄴ   ③ ㄷ
④ ㄱ, ㄴ   ⑤ ㄴ, ㄷ

2 다음은 평형을 이룬 생태계 X에 대한 설명이다.

- X의 생물적 요인 A~D는 각각 분해자, 생산자, 1차 소비자, 2차 소비자 중 하나이다.
- A의 에너지양은 1000이고, B의 에너지 효율은 10 %이다.
- 그림은 X의 에너지 흐름을 에너지 피라미드로 나타낸 것이다.

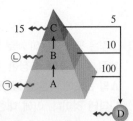

이에 대한 설명으로 옳은 것만을 [보기]에서 있는 대로 고른 것은?

보기

ㄱ. $\dfrac{ⓒ}{⑦}$은 0.1이다.

ㄴ. 에너지 효율은 2차 소비자가 1차 소비자의 2배이다.

ㄷ. A의 개체 수가 감소하면 B의 개체 수가 감소한다.

① ㄱ   ② ㄴ   ③ ㄷ
④ ㄱ, ㄴ   ⑤ ㄴ, ㄷ

3 그림은 어떤 안정된 생태계에서 일어나는 에너지와 물질의 이동 경로를 나타낸 것이다. (가)~(다)는 각각 생산자, 1차 소비자, 2차 소비자 중 하나이고, A와 B는 각각 에너지와 물질 중 하나이다.

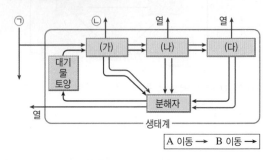

이에 대한 설명으로 옳지 <u>않은</u> 것은?

① B는 물질이다.
② ㉠은 태양의 빛에너지이다.
③ (가)의 에너지양은 ㉡보다 작다.
④ (나)의 개체 수가 증가하면 (다)의 개체 수도 증가한다.
⑤ A는 열에너지 형태로 생태계 밖으로 빠져나가지만, B는 생물과 비생물 환경 사이를 순환한다.

자료 ❶   2021 9월 평가원 20번

4 그림 (가)는 어떤 생태계에서 영양 단계의 생체량(생물량)과 에너지양을 상댓값으로 나타낸 생태 피라미드를, (나)는 이 생태계에서 생산자의 총생산량, 순생산량, 생장량의 관계를 나타낸 것이다.

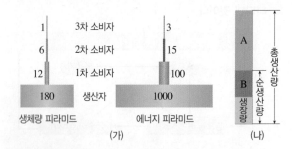

이 자료에 대한 설명으로 옳은 것만을 [보기]에서 있는 대로 고른 것은?

보기

ㄱ. 1차 소비자의 생체량은 A에 포함된다.

ㄴ. 2차 소비자의 에너지 효율은 20 %이다.

ㄷ. 상위 영양 단계로 갈수록 에너지양은 감소한다.

① ㄱ   ② ㄷ   ③ ㄱ, ㄴ
④ ㄴ, ㄷ   ⑤ ㄱ, ㄴ, ㄷ

5 그림 (가)는 어떤 지역의 식물 군집 K에서 산불이 난 후의 천이 과정을, (나)는 K의 시간에 따른 총생산량과 순생산량을 나타낸 것이다. A와 B는 양수림과 음수림을 순서 없이 나타낸 것이다.

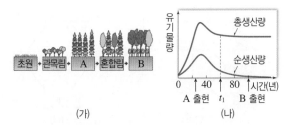

(가)   (나)

이 자료에 대한 설명으로 옳은 것만을 [보기]에서 있는 대로 고른 것은?

| 보기 |

ㄱ. (가)는 2차 천이를 나타낸 것이다.
ㄴ. K는 (가)의 A에서 극상을 이룬다.
ㄷ. (나)에서 t_1일 때 K의 생장량은 순생산량보다 크다.

① ㄱ　　　　② ㄴ　　　　③ ㄱ, ㄷ
④ ㄴ, ㄷ　　　⑤ ㄱ, ㄴ, ㄷ

7 다음은 안정된 생태계 X의 생물적 요인과 에너지양에 대한 자료이다. 에너지양은 모두 상댓값이다.

- X의 생물적 요인은 분해자와 A~C이고, A~C는 각각 1차 소비자, 2차 소비자, 생산자 중 하나이다.
- 생산자의 에너지양은 1000이고, 2차 소비자의 에너지양은 30이다.
- 생산자에서 분해자로 이동하는 에너지양은 380이고, 생산자의 피식량은 120이다.

X에 대한 설명으로 옳은 것만을 [보기]에서 있는 대로 고른 것은?

| 보기 |

ㄱ. 생산자의 호흡량과 순생산량은 같다.
ㄴ. 2차 소비자의 에너지 효율은 15 %이다.
ㄷ. B의 사체와 배설물 속의 에너지는 분해자로 이동한다.

① ㄱ　　　　② ㄴ　　　　③ ㄱ, ㄷ
④ ㄴ, ㄷ　　　⑤ ㄱ, ㄴ, ㄷ

자료❷

6 그림 (가)는 어떤 식물 군집에서 총생산량, 순생산량, 생장량의 관계를, (나)는 이 식물 군집의 시간에 따른 생물량(생체량), ㉠, ㉡을 나타낸 것이다. ㉠과 ㉡은 각각 총생산량과 호흡량 중 하나이다.

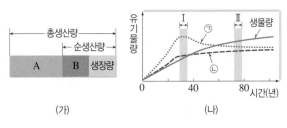

(가)   (나)

이에 대한 설명으로 옳은 것만을 [보기]에서 있는 대로 고른 것은?

| 보기 |

ㄱ. ㉠은 총생산량이다.
ㄴ. 초식 동물의 호흡량은 A에 포함된다.
ㄷ. $\dfrac{순생산량}{생물량}$은 구간 Ⅱ에서가 구간 Ⅰ에서보다 크다.

① ㄱ　　　　② ㄴ　　　　③ ㄷ
④ ㄱ, ㄴ　　　⑤ ㄴ, ㄷ

8 그림은 생태계 X에서 시간에 따른 생산자의 A와 B를, 표는 생태계 ㉠~㉢에서 1년 동안 생산자의 A와 호흡량을 나타낸 것이다. X에서 t_1 이후로 생산자의 고사량과 낙엽량의 합은 항상 일정하며, A와 B는 각각 생장량과 순생산량 중 하나이다.

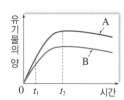

구분	A	호흡량
㉠	10	10
㉡	25	15
㉢	30	5

(단위: 상댓값/년)

이에 대한 설명으로 옳은 것만을 [보기]에서 있는 대로 고른 것은?

| 보기 |

ㄱ. B는 생장량이다.
ㄴ. ㉠~㉢ 중 1년 동안 생산자가 광합성으로 생산한 유기물의 총량은 ㉢에서 가장 많다.
ㄷ. X의 경우, 생산자에서 1차 소비자로 이동하는 유기물의 양은 t_1일 때가 t_2일 때보다 적다.

① ㄴ　　　　② ㄷ　　　　③ ㄱ, ㄴ
④ ㄱ, ㄷ　　　⑤ ㄴ, ㄷ

9 그림은 생태계의 탄소 순환 과정을 나타낸 것이고, 자료는 지구 온난화에 대한 설명이다.

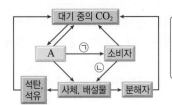

지구 온난화는 CO_2 배출량 증가 등으로 인한 온실 효과로 지구의 평균 기온이 상승하는 현상이다.

이에 대한 설명으로 옳은 것만을 [보기]에서 있는 대로 고른 것은?

| 보기 |
- ㄱ. A는 광합성을 하고, 호흡은 하지 않는다.
- ㄴ. ㉠에서 전달되는 에너지양은 ㉡에서 전달되는 에너지양보다 적다.
- ㄷ. 인간의 활동이 대기 중 이산화 탄소 농도에 영향을 미칠 수 있다.

① ㄱ   ② ㄷ   ③ ㄱ, ㄴ
④ ㄴ, ㄷ   ⑤ ㄱ, ㄴ, ㄷ

10 그림은 어떤 생태계의 질소 순환 과정의 일부에서 물질 ㉠~㉢과 단백질 사이의 전환 과정 및 각 과정에 관여하는 생물 (가)~(다)를 나타낸 것이다. ㉠~㉢은 각각 질소(N_2), 질산 이온(NO_3^-), 암모늄 이온(NH_4^+) 중 하나이고, (가)~(다) 중 하나가 생산자이다.

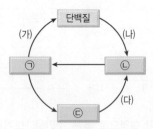

이에 대한 설명으로 옳은 것만을 [보기]에서 있는 대로 고른 것은?

| 보기 |
- ㄱ. ㉠은 NO_3^-이고, ㉡은 NH_4^+이다.
- ㄴ. (가)와 (다)는 세균에 의해서만 일어난다.
- ㄷ. 이 생태계의 순생산량은 (나)의 총생산량에서 호흡량을 뺀 값이다.

① ㄱ   ② ㄴ   ③ ㄷ
④ ㄱ, ㄷ   ⑤ ㄴ, ㄷ

11 그림 (가)와 (나)는 생태계를 구성하는 일부 생물 사이에서 일어나는 물질의 이동을 나타낸 것이다. (가)와 (나)는 각각 탄소 순환과 질소 순환 중 하나이고, A~E는 모두 세균이다.

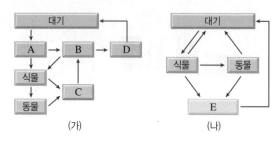

이에 대한 설명으로 옳은 것만을 [보기]에서 있는 대로 고른 것은?

| 보기 |
- ㄱ. (가)는 질소 순환이다.
- ㄴ. 뿌리혹박테리아는 A에 해당한다.
- ㄷ. C와 E는 모두 분해자에 속한다.

① ㄴ   ② ㄷ   ③ ㄱ, ㄴ
④ ㄱ, ㄷ   ⑤ ㄱ, ㄴ, ㄷ

12 표는 생태계의 질소 순환 과정에서 만들어지는 물질 ㉠~㉣을, 그림은 두 종 A, B를 단독 배양했을 때와 혼합 배양했을 때 시간에 따른 개체 수를 나타낸 것이다. A 종과 B 종 사이에서 상호 작용 X가 일어난다.

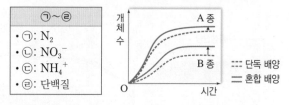

| ㉠~㉣ |
- ㉠: N_2
- ㉡: NO_3^-
- ㉢: NH_4^+
- ㉣: 단백질

이에 대한 설명으로 옳은 것만을 [보기]에서 있는 대로 고른 것은?

| 보기 |
- ㄱ. ㉠ → ㉢ 과정을 수행하는 세균 중 특정 식물과 상호 작용 X를 하는 것이 있다.
- ㄴ. 생태계에서 질소가 순환할 때 ㉢ → ㉡ → ㉠ 과정이 일어난다.
- ㄷ. 분해자는 ㉣ → ㉢ 과정을 수행한다.

① ㄱ   ② ㄷ   ③ ㄱ, ㄴ
④ ㄴ, ㄷ   ⑤ ㄱ, ㄴ, ㄷ

13 그림은 생태계에서 일어나는 질소 순환 과정을 나타낸 것이다. (가)와 (나)는 각각 생산자와 소비자 중 하나이다.

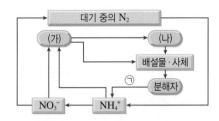

이에 대한 설명으로 옳은 것만을 [보기]에서 있는 대로 고른 것은?

┤ 보기 ├
ㄱ. (가)에서 (나)로 물질과 에너지가 이동한다.
ㄴ. (가)는 NO_3^-을 흡수해 핵산 합성에 이용할 수 있다.
ㄷ. ㉠은 질소 고정 작용이다.

① ㄴ   ② ㄷ   ③ ㄱ, ㄴ
④ ㄱ, ㄷ   ⑤ ㄱ, ㄴ, ㄷ

14 그림은 녹조류와 생물 (가)~(다)가 먹이 사슬을 이루고 있는 생태계 X의 에너지 피라미드를, 표는 생태계 X에서 각 생물의 개체 수가 증가할 때 다른 생물들의 개체 수 변화를 나타낸 것이다.

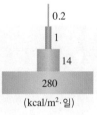

(kcal/m²·일)

구분	개체 수 변화			
	녹조류	(가)	(나)	(다)
녹조류 증가		증가	증가	증가
(가) 증가	감소		증가	감소
(나) 증가	감소	증가		증가
(다) 증가	㉠증가	증가	감소	

이에 대한 설명으로 옳은 것만을 [보기]에서 있는 대로 고른 것은?

┤ 보기 ├
ㄱ. (가)는 2차 소비자이다.
ㄴ. 에너지 효율은 (다)가 (나)보다 높다.
ㄷ. ㉠은 (나)의 개체 수가 감소하여 나타난다.

① ㄱ   ② ㄴ   ③ ㄷ
④ ㄱ, ㄴ   ⑤ ㄴ, ㄷ

15 다음은 어떤 안정한 생태계에 대한 자료이다.

• 생물적 요인으로 분해자와 생물 A~C가 있으며, 생물 A~C는 각각 1차 소비자, 2차 소비자, 생산자 중 하나이다.
• 상위 영양 단계로 갈수록 에너지양이 감소한다.
• 에너지양은 생물 B가 생물 C보다 적다.
• 생물 C의 개체 수가 증가하면 ㉠생물 B의 개체 수는 증가하고, 생물 A의 개체 수는 감소한다.

이에 대한 설명으로 옳은 것만을 [보기]에서 있는 대로 고른 것은?

┤ 보기 ├
ㄱ. 에너지양은 생물 A가 생물 C보다 많다.
ㄴ. ㉠이 일어난 후에 생물 C의 개체 수는 감소할 것이다.
ㄷ. 생물 B의 에너지는 생물 C와 분해자에게 유기물의 형태로 이동한다.

① ㄴ   ② ㄷ   ③ ㄱ, ㄴ
④ ㄱ, ㄷ   ⑤ ㄱ, ㄴ, ㄷ

16 그림은 분해자와 생물 A~C로 구성된 어떤 생태계의 생태 피라미드를, 자료는 이 생태계의 평형 회복 과정을 나타낸 것이다. 생물 A~C는 각각 1차 소비자, 2차 소비자, 생산자 중 하나이고, ㉠과 ㉡은 각각 생물 A와 C 중 하나이다.

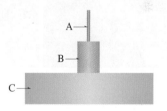

B의 개체 수 감소 → ㉠의 개체 수 감소, ㉡의 개체 수 증가 → ⓐ → ㉠의 개체 수 증가, ㉡의 개체 수 감소 → 생태계 평형 회복

이에 대한 설명으로 옳은 것만을 [보기]에서 있는 대로 고른 것은?

┤ 보기 ├
ㄱ. ㉠은 ㉡보다 상위 영양 단계에 속한다.
ㄴ. 생물 A의 유기물은 다른 생물에게 전달되지 않는다.
ㄷ. ⓐ는 'B의 개체 수 증가'이다.

① ㄴ   ② ㄷ   ③ ㄱ, ㄴ
④ ㄱ, ㄷ   ⑤ ㄱ, ㄴ, ㄷ

15 생물 다양성

>> **핵심 짚기**
- 생물 다양성의 의미
- 생물 다양성의 감소 원인과 대책
- 생물 다양성의 중요성
- 생물 다양성 보전 방안

A 생물 다양성

1 생물 다양성 생태계에 존재하는 생물의 다양한 정도를 의미하며, 유전적 다양성, 종 다양성, 생태계 다양성을 모두 포함한다.

유전적 다양성

종 다양성

생태계 다양성

유전적 다양성	• 한 생물종에 얼마나 다양한 대립유전자가 존재하는가를 뜻한다. • 각 개체가 가지는 유전자가 다양하기 때문에 같은 종의 생물이라도 색, 모양, 크기 등이 다양하게 나타난다. [1] • 유전적 다양성이 높은 개체군은 환경 변화에 적응하여 생존할 가능성이 크다. [2] • 개체군 사이의 유전적 변이는 종분화와 같은 진화의 원동력으로 작용한다. 예 무당벌레 등의 다양한 무늬와 색, 기린의 다양한 털 무늬, 고양이의 다양한 털색과 무늬
종 다양성	• 한 군집에 서식하는 생물종의 다양한 정도이다. • 종 다양성은 종 수가 많을수록, 전체 개체 수에서 각 종이 차지하는 비율이 균등할수록 높아진다.　└●종 풍부도　　　　　　└●종 균등도
생태계 다양성	• 생물의 서식지인 생태계의 다양한 정도이다. • 생태계의 종류에 따라 서식지의 환경 특성과 생물의 종류, 생물의 상호 작용이 다양하게 나타난다. ➡ 생태계가 다양할수록 다양한 생물이 서식한다. [3] • 생태계의 종류: 삼림, 사막, 초원, 습지, 갯벌, 해양, 강 등

사막

초원

해양

탐구 자료 군집의 종 다양성

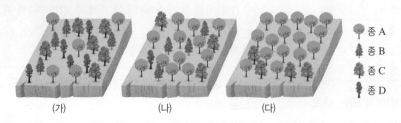

● 종 A
● 종 B
● 종 C
● 종 D

군집	(가)				(나)				(다)			
종	A	B	C	D	A	B	C	D	A	B	C	D
개체 수	5	4	6	5	12	4	3	1	16	0	4	0

1. (가)와 (나)에는 각각 4종의 식물이 총 20개체, (다)에는 2종의 식물이 총 20개체 서식한다.

2. 식물 종 A~D의 분포 비율은 (가)에서가 (나)에서보다 균등하다.

3. 종 다양성은 종 수가 많고, 종들 사이에 개체 수의 비가 유사한 (가)에서 가장 높다.

PLUS 강의 ⊕

1) 유전적 다양성과 변이
같은 종인 기린의 털 무늬가 서로 다른 것은 털 무늬를 결정하는 대립유전자가 다양하여 나타나는 현상이다. 기린의 다양한 털 무늬는 다양한 환경에서 개체의 위장 효과를 높여 개체군이나 종이 생존하는 데 도움을 준다.

2) 유전적 다양성의 중요성
감자마름병이 유행할 때 감자 품종이 다양하면 일부 감자 품종이 생존할 수 있지만, 감자마름병에 약한 단일 품종의 감자만 재배하면 모든 감자가 죽는다.
➡ 유전적 다양성은 급격한 환경 변화에서 개체군이나 종의 생존 가능성을 높이는 데 중요하다.

3) 생태계 접경지대의 종 다양성
서로 다른 생태계의 접경지대에서는 인접한 모든 생태계의 자원을 이용하여 살아가는 생물종들이 출현하기 때문에 종 다양성이 상대적으로 높다.
예 갯벌과 습지는 육상 생태계와 수생태계를 잇는 완충 지역으로 종 다양성이 매우 높다.

⒝ 생물 다양성의 중요성

1 생물 다양성과 생태계 평형 종 다양성이 높을수록 생태계는 안정적으로 유지된다. ❹

[종 다양성이 낮은 생태계와 높은 생태계 비교]

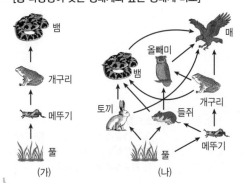

(가)　　　　　　(나)

- **(가) 종 다양성이 낮은 생태계** 먹이 사슬이 단순하여 한 생물종이 사라지면 대체할 수 있는 생물이 없거나 적어 생태계 평형이 깨지기 쉽다. 예 개구리가 사라지면 뱀은 먹이가 없어 굶어 죽는다.
- **(나) 종 다양성이 높은 생태계** 먹이 사슬(먹이 그물)이 복잡하여 한 생물종이 사라져도 대체할 수 있는 다른 먹이 사슬이 있어 생태계 평형을 유지할 수 있다. 예 개구리가 사라져도 뱀은 토끼나 들쥐를 먹고 살 수 있다.

2 생물 자원 인간이 생활에 이용하는 자원 중 생물에서 유래한 것이며, 지구상의 다양한 생물은 모두 소중한 자원이다.

자원의 이용	예
식량	벼, 보리, 밀 등의 식물
의복 재료	목화(면섬유), 누에고치(비단)
의약품 원료	푸른곰팡이(항생제−페니실린), 주목(항암제−택솔), 버드나무(아스피린), 팔각회향 (기생충 치료제), 일일초(혈액암 치료제), 청자고둥(진통제)
목재	숲에서 목재를 얻어 집이나 가구 등을 만듦
유전자원	병충해에 저항성이 있는 생물의 유전자, 야생 벼의 바이러스 저항성 유전자 등을 새로운 농작물 개발에 활용
관광 자원	생태계의 아름다운 자연경관이 휴식, 교육, 문화 공간 제공

➡ 생물 다양성은 경제적·사회적·윤리적·심미적 측면에서도 중요한 가치를 지닌다. ❺

---

❹ **생물 다양성과 생태계 평형**
특정 종의 개체 수가 감소하면 유전적 다양성이 낮아져 멸종의 위험이 커지고, 특정 종이 사라지면 먹이 그물이 훼손되어 생태계 평형이 깨질 수 있다.

● 버드나무 껍데기에서 얻은 살리실산이 아스피린의 주성분이다.

❺ **생물 다양성의 중요성**
생물 다양성은 생태계 평형을 유지하는 데 매우 중요하고, 사람의 생존과 관련된 다양한 생물 자원을 제공한다. 또, 생명 그 자체를 지키는 것이 윤리적으로 바람직하므로 인류는 생물 다양성 보전을 위해 노력해야 한다.

目 정답과 해설 97쪽

개념 확인

(1) 생물 다양성은 (　　　　) 다양성, 종 다양성, 생태계 다양성을 모두 포함한다.

(2) 생물 다양성의 세 가지 의미와 그 예를 옳게 연결하시오.
　① 종 다양성　　　　•
　② 유전적 다양성•
　③ 생태계 다양성•
　　　　　　• ⊙ 같은 종인 무당벌레의 등 무늬가 개체마다 다양하다.
　　　　　　• ⓒ 사막, 삼림, 초원, 습지 등 다양한 서식지가 나타난다.
　　　　　　• ⓒ 우리나라의 갯벌에는 게, 조개, 고둥, 낙지 등이 살고 있다.

(3) 유전적 다양성이 높은 개체군은 환경 변화에 대한 적응력이 (높아, 낮아) 멸종할 확률이 (높다, 낮다).

(4) 종 다양성은 서식하고 있는 생물종의 수가 (적고, 많고), 각 생물종의 분포 비율이 (균등, 불균등)할수록 높다.

(5) 종 다양성이 (낮은, 높은) 생태계에서는 복잡한 먹이 그물이 형성되므로 어떤 한 종이 사라질 경우 다른 종이 함께 사라질 확률이 (높다, 낮다).

(6) 각 생물 자원의 종류와 대표적인 예를 옳게 연결하시오.
　① 식량　　　　•
　② 의약품　　•
　③ 의복 재료•
　　　　　　• ⊙ 벼, 밀
　　　　　　• ⓒ 목화, 누에고치
　　　　　　• ⓒ 푸른곰팡이, 주목

15 생물 다양성

C 생물 다양성 보전

1 생물 다양성의 감소 원인과 대책 → 단기간에 일어나는 생물의 멸종은 대부분 인간의 활동과 관련이 있다.

① 서식지 파괴와 단편화

서식지 파괴	• 숲의 벌채나 습지의 매립 등으로 서식지가 파괴된다. ➡ 그 지역에 서식하던 생물들이 멸종될 가능성이 커진다. • 대책: 생물의 서식지를 보호·보전한다.
서식지 단편화	• 도로 건설, 택지 개발 등으로 생태계가 작은 생태로 나누어지는 것이다. ➡ 서식지 면적이 감소하고, 로드킬이 흔히 발생하게 된다.[6][7] • 대책: 생태 통로를 설치하여 생태계가 단절되지 않도록 한다.[8]

탐구 자료) 서식지 단편화

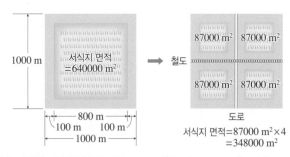

1000 m

서식지 면적
=640000 m²

800 m
100 m　100 m
1000 m

철도

87000 m²　87000 m²

87000 m²　87000 m²

도로
서식지 면적=87000 m²×4
=348000 m²

1. 도로와 철도가 건설된 후 서식지 면적이 640000 m²에서 348000 m²으로 절반 가까이 감소하였다.

2. 서식지가 단편화되면 서식지 면적이 감소할 뿐만 아니라 전체 서식지에서 가장자리의 비율이 급격히 늘어나고, 서식지 중심부에서 가장자리까지의 거리가 짧아진다. ➡ 서식지 중앙에 서식하는 생물종이 멸종할 가능성이 높아진다.

② 남획: 개체군의 크기가 회복되지 못할 정도로 과도하게 생물을 포획하는 것이다.[9]
 • 대책: 여러 국가 간의 노력으로 특정 종의 남획을 막고 개체 수를 회복하기 위한 여러 협약이 만들어지고 있다. 예 멸종 위기종의 국제 교역에 대한 협약(CITES)

코끼리의 상아

상아가 상업적으로 거래되면서 아프리카코끼리가 남획되었다.

고래

기름과 고기를 얻기 위해 무분별하게 포획되었다.

뱅가이 카디날

수족관을 꾸미려는 사람들이 무차별적으로 채집하였다.

▲ 남획에 의해 멸종 위기에 처한 생물종

③ 외래종(외래 생물)의 도입: 외래종은 포식자(천적)나 기생충이 없어 개체 수가 크게 늘어날 수 있다. ➡ 고유종의 서식지를 차지하고 먹이 사슬을 변화시켜 생태계를 교란한다.[10]
 • 대책: 허가받지 않은 외래종의 도입을 막고, 도입에 앞서 외래종이 생태계에 미칠 영향을 철저히 검증하며, 외래종이 확산되지 않도록 생태계에서 외래종을 제거한다.

뉴트리아

수생 식물과 농작물을 먹어 치우고 제방을 무너뜨린다.

꽃매미

나무의 수액을 빨아먹어 과수원에 피해를 준다.

가시박

다른 식물을 감고 올라가 덮어 아래쪽 식물이 자라지 못한다.

▲ 생태계 교란 외래종

---

⑥ **서식지 단편화의 영향**
서식지가 단편화되면 생물이 이동할 수 있는 범위가 좁아져 생존에 필요한 자원을 얻기 어렵고, 단편화된 서식지에서만 교배가 일어나 유전적 다양성이 감소한다.

⑦ **로드킬**
도로 건설로 서식지가 분리되면 야생 동물이 도로를 건너다가 자동차에 치여 죽는 로드킬이 흔히 발생한다.

⑧ **생태 통로**

단편화된 서식지를 연결하는 생태 통로를 설치하여 동물이 안전하게 이동할 수 있도록 한다.

⑨ **불법 포획**
야생 동물의 밀렵과 희귀 식물의 채취 등 불법 포획으로도 생물 다양성이 감소한다. 예 우리나라 지리산에 서식하던 반달가슴곰은 무분별한 밀렵으로 멸종되어 현재 복원 사업이 진행 중이다.

⑩ **외래종(외래 생물)**
본래 살고 있던 지역을 벗어나 다른 지역으로 옮겨 서식하게 된 종이다.
예 뉴트리아, 블루길, 가시박, 꽃매미, 붉은귀거북, 큰입배스, 돼지풀

④ 환경 오염: 인간의 활동으로 생긴 쓰레기와 폐수 증가, 비료와 농약의 남용 등은 모두 환경 오염의 원인이 된다.
  • 대기 오염으로 발생한 산성비는 하천, 호수, 토양의 산성도를 높여 생태계를 파괴한다.
  • 담수나 해양 생태계에 유입된 유해 화학 물질과 중금속은 수중 식물은 물론 생물 농축으로 결국 인간에게까지 심각한 피해를 준다. ⑪

2 생물 다양성 보전을 위한 노력 ⑫
① 개인적 노력: 쓰레기 분류 배출, 공원의 지정 탐방로 이용, 자원 절약 등
② 사회적 노력: 대정부 감시 기능과 홍보를 위한 비정부 기구(NGO) 활동 등
③ 국가적 노력: 국가 연구 기관을 통한 생물 다양성 보전·관리, 야생 생물 보호 및 관리에 관한 법률 제정, 국립 공원 지정·관리 등 ⑬
④ 국제적 노력: 생물 다양성 보전을 위한 국제 협약 가입 등

[생물 다양성 보전을 위한 국제 협약과 주요 목적]
• 생물 다양성 협약: 생물 다양성의 보전과 지속 가능한 이용, 그 이용으로 얻어지는 이익의 공정한 분배를 목적으로 채택되었다.
• 나고야 의정서: 나고야 의정서가 채택되면서 모든 국가가 자국의 자생 생물에 대한 주권적 권리를 갖게 되어 특정 국가가 다른 나라의 생물 자원을 무단으로 활용할 수 없게 되었다.
• 람사르 협약: 물새 서식지로서 국제적으로 중요한 습지 보호에 관한 협약이다.
• CITES: 멸종 위기에 처한 야생 동식물종의 국제 교역에 대한 협약이다.

▲ 쓰레기 분류 배출

▲ 국립수목원의 종자 은행 ⑭

▲ 국립 공원 지정

3 인간과 생물의 공동체적 관계 인식
생물 다양성 보전 대책을 세우기에 앞서 인간도 생태계를 구성하는 일원이며 인간과 다른 생물들이 하나의 공동체임을 인식하는 것이 우선되어야 한다.

⑪ 생물 농축
중금속이나 유해 화학 물질이 먹이 사슬을 따라 상위 영양 단계로 이동하면서 생물의 체내에서 분해되지 않고 점차 농축되는 현상

⑫ 핵심종 관리
서식지마다 생태계를 유지하는 데 상대적으로 중요한 핵심종을 파악하고 이를 우선 관리해야 한다.
예 수달은 담수 생태계의 핵심종이고, 상어는 해양 생태계의 핵심종이다.

⑬ 국가 연구 기관의 활동
자생 생물종의 현황 파악, 종 목록 작성, 유전 정보 확보, 생물종의 분포 양상과 서식지 정보의 수집 등 다양한 업무를 수행한다.

⑭ 종자 은행
우리나라의 종자 은행은 농촌진흥청의 농업유전자원센터, 국립수목원, 국립백두대간 수목원 등에 있으며, 종자 은행을 통해 다양한 자생종의 종자를 보관하여 멸종에 대비하고 있다.

📋 정답과 해설 97쪽

개념
확인

(7) 숲의 벌채나 습지의 매립 등에 따른 (   )는 생물 다양성을 위협하는 주요 원인이다.
(8) 서식지가 단편화되면 서식지 면적이 (감소, 증가)하고, 가장자리의 비율이 (감소, 증가)한다.
(9) 도로나 철도를 건설할 때 야생 동물이 안전하게 이동할 수 있도록 (   )를 설치하면 서식지 단편화로 인한 피해를 줄일 수 있다.
(10) (   )은 개체군의 크기가 회복되지 못할 정도로 과도하게 생물을 포획하는 것이다.
(11) 뉴트리아나 가시박과 같이 천적이 없는 (   )이 도입되어 개체 수가 크게 늘어나면 생태계를 교란할 수 있다.
(12) 대기 오염으로 인한 (   )는 하천, 호수, 토양의 산성도를 높여 생태계를 파괴한다.
(13) 생물 다양성 보전을 위한 각 단계의 노력과 그 예를 옳게 연결하시오.
  ① 사회적 노력 •   • ㉠ 국제 협약 가입
  ② 국가적 노력 •   • ㉡ 국립 공원 지정
  ③ 국제적 노력 •   • ㉢ 비정부 기구 활동

수능 자료

2020 ● 수능 16번

자료 ❶ 군집의 특성과 종 다양성

그림은 서로 다른 지역 (가)~(다)에 서식하는 식물 종 A ~C를 나타낸 것이고, 표는 종 다양성에 대한 자료이다. (가)~(다)의 면적은 모두 같다.

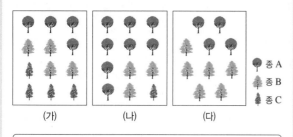

> 어떤 지역의 종 다양성은 종 수가 많을수록, 전체 개체 수에서 각 종이 차지하는 비율이 균등할수록 높아진다.

1. 식물의 종 다양성은 (가)에서가 (나)에서보다 높다. (○, ×)
2. A의 개체군 밀도는 (가)에서가 (다)에서보다 낮다. (○, ×)
3. A의 상대 밀도는 (가)에서와 (다)에서가 같다. (○, ×)
4. 식물 개체군의 수는 (나)에서가 (다)에서보다 많다. (○, ×)
5. (다)에서 A는 B와 한 개체군을 이룬다. (○, ×)
6. 종 다양성은 종 풍부도와 종 균등도를 모두 고려한다. (○, ×)
7. 같은 종 내에서 대립유전자 구성이 다른 것은 생물 다양성 중 종 다양성에 해당한다. (○, ×)

2019 ● 수능 18번

자료 ❷ 종 다양성의 변화

그림은 영양염류가 유입된 호수의 식물성 플랑크톤 군집에서 전체 개체 수, 종 수, 종 다양성과 영양염류 농도를 시간에 따라 나타낸 것이며, 표는 종 다양성에 대한 자료이다.

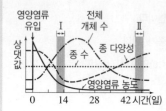

> • 종 다양성은 종 수가 많을수록 높아진다.
> • 종 다양성은 전체 개체 수에서 각 종이 차지하는 비율이 균등할수록 높아진다.

1. 구간 Ⅰ에서 개체 수가 증가하는 종이 있다. (○, ×)
2. 전체 개체 수에서 각 종이 차지하는 비율은 구간 Ⅰ에서가 구간 Ⅱ에서보다 균등하다. (○, ×)
3. 구간 Ⅱ에서 종 다양성이 높아진 까닭은 군집을 구성하는 종 수가 증가하였기 때문이다. (○, ×)
4. 같은 종의 달팽이에서 껍데기의 무늬와 색깔이 다양하게 나타나는 것은 종 다양성에 해당한다. (○, ×)

수능  1점

Ⓐ 생물 다양성

1 생물 다양성에 대한 설명으로 옳은 것만을 [보기]에서 있는 대로 고르시오.

> ── 보기 ──
> ㄱ. 사막, 초원, 삼림, 습지 등이 다양하게 형성되는 것은 생태계 다양성이다.
> ㄴ. 종의 수가 많고, 각 종의 분포 비율이 유사한 군집일수록 종 다양성이 높다.
> ㄷ. 유전적 다양성은 서로 다른 종의 개체 사이에서 나타나는 대립유전자의 다양함이다.

2 표는 군집 (가)와 (나)에서 식물 종 A~D의 개체 수를 나타낸 것이다. (가)와 (나) 중 종 다양성이 더 높은 군집을 쓰시오. (단, 종 A~D 이외의 생물은 고려하지 않는다.)

구분	(가)	(나)
A	10	24
B	8	8
C	12	6
D	10	2

Ⓑ 생물 다양성의 중요성

3 다음은 의약품 원료로 이용되는 생물에 대한 설명이다.

> 주목, 버드나무, 푸른곰팡이 중 ㉠( )은(는) 항생제의 원료로 이용되고, ㉡( )은(는) 항암제의 원료로 이용된다.

( ) 안에 알맞은 생물을 쓰시오.

Ⓒ 생물 다양성 보전

4 생물 다양성의 보전 대책과 노력에 대한 설명으로 옳은 것만을 [보기]에서 있는 대로 고르시오.

> ── 보기 ──
> ㄱ. 생태 통로를 설치하면 서식지 단편화의 영향을 줄일 수 있다.
> ㄴ. 천적이 없는 외래종을 도입하면 생물 다양성을 급격하게 증가시킬 수 있다.
> ㄷ. 국립 공원을 지정하여 관리하는 것은 생물 다양성 보전을 위한 국가적 노력이다.

1 표는 생물 다양성을 구성하는 요소 (가)~(다)의 예를 나타낸 것이다.

구분	예
(가)	우리나라에는 숲, 강, 초원 등이 존재한다.
(나)	같은 종의 무당벌레라도 날개의 색과 반점 무늬가 개체마다 다르다.
(다)	숲에 무당벌레, 고슴도치, 개구리, 참나무 등이 서식한다.

이에 대한 설명으로 옳은 것만을 [보기]에서 있는 대로 고른 것은?

┤ 보기 ├
ㄱ. (가)는 생태계 다양성이다.
ㄴ. 대립유전자가 다양한 종일수록 (나)가 높다.
ㄷ. (다)가 높은 생태계일수록 단순한 먹이 사슬이 형성된다.

① ㄱ   ② ㄴ   ③ ㄱ, ㄴ
④ ㄱ, ㄷ   ⑤ ㄱ, ㄴ, ㄷ

2 그림 (가)~(다)는 생물 다양성의 세 가지 의미를 나타낸 것이고, 표는 생물 다양성과 개체군의 생존에 대한 내용이다.

(가)   (나)   (다)

다양한 감자 품종을 재배하는 경작지 A와 개량된 단일 품종만을 선택적으로 재배하는 경작지 B에서 모두 감자마름병이 유행하였다. 그 결과 경작지 A에서는 일부 감자 품종이 생존하였지만, 경작지 B에서는 모든 감자가 죽었다.

이에 대한 설명으로 옳은 것만을 [보기]에서 있는 대로 고른 것은?

┤ 보기 ├
ㄱ. 경작지 B의 개체군은 (가)가 낮았다.
ㄴ. 사람마다 눈동자 색이 다른 것은 (나)에 해당한다.
ㄷ. (다)는 비생물적 요인을 포함한다.

① ㄱ   ② ㄱ, ㄴ   ③ ㄱ, ㄷ
④ ㄴ, ㄷ   ⑤ ㄱ, ㄴ, ㄷ

3 그림 (가)는 생물 다양성의 세 가지 의미를, (나)는 A의 예를 나타낸 것이다.

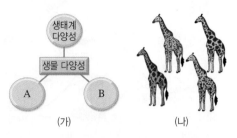

(가)   (나)

이에 대한 설명으로 옳은 것만을 [보기]에서 있는 대로 고른 것은?

┤ 보기 ├
ㄱ. A는 한 생물종 내에서 나타난다.
ㄴ. A가 높은 종은 환경이 급격하게 변할 때 멸종할 확률이 높다.
ㄷ. B가 높은 생태계일수록 생태계 평형이 깨지기 쉽다.

① ㄱ   ② ㄴ   ③ ㄱ, ㄴ
④ ㄱ, ㄷ   ⑤ ㄴ, ㄷ

자료 ❶   **2020 수능 16번**

4 그림은 서로 다른 지역 (가)~(다)에 서식하는 식물 종 A~C를 나타낸 것이고, 표는 종 다양성에 대한 자료이다. (가)~(다)의 면적은 모두 같다.

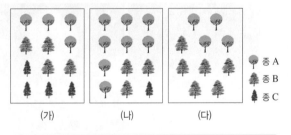

(가)   (나)   (다)

🔵 종 A
🌳 종 B
🌲 종 C

어떤 지역의 종 다양성은 종 수가 많을수록, 전체 개체 수에서 각 종이 차지하는 비율이 균등할수록 높아진다.

이 자료에 대한 설명으로 옳은 것만을 [보기]에서 있는 대로 고른 것은? (단, A~C 이외의 종은 고려하지 않는다.)

┤ 보기 ├
ㄱ. 식물의 종 다양성은 (가)에서가 (나)에서보다 높다.
ㄴ. A의 개체군 밀도는 (가)에서가 (다)에서보다 낮다.
ㄷ. (다)에서 A는 B와 한 개체군을 이룬다.

① ㄱ   ② ㄷ   ③ ㄱ, ㄴ
④ ㄴ, ㄷ   ⑤ ㄱ, ㄴ, ㄷ

5 그림은 두 생태계 (가)와 (나)에서의 먹이 사슬을 나타낸 것이다.

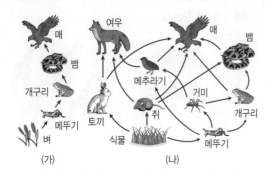

이에 대한 설명으로 옳은 것만을 [보기]에서 있는 대로 고른 것은?

┤ 보기 ├
ㄱ. (가)에서 뱀이 사라지면 매도 사라질 가능성이 높다.
ㄴ. (나)는 (가)보다 종 다양성이 높은 생태계이다.
ㄷ. 생물 다양성과 생태계 평형의 유지는 서로 관련이 없다.

① ㄱ ② ㄱ, ㄴ ③ ㄱ, ㄷ
④ ㄴ, ㄷ ⑤ ㄱ, ㄴ, ㄷ

6 그림은 인간의 생활과 관련된 생물을 나타낸 것이다.

이에 대한 설명으로 옳은 것만을 [보기]에서 있는 대로 고른 것은?

┤ 보기 ├
ㄱ. 모두 생물 자원에 해당한다.
ㄴ. 목화를 이용하여 면섬유를 만든다.
ㄷ. 푸른곰팡이와 주목으로부터 의약품의 원료를 얻는다.

① ㄴ ② ㄷ ③ ㄱ, ㄴ
④ ㄱ, ㄷ ⑤ ㄱ, ㄴ, ㄷ

7 다음은 생물 다양성을 감소시키는 요인이다.

• ⑤
• 불법 포획과 남획
• 무분별한 개발과 환경 오염
• 천적이 없는 외래종의 도입

이에 대한 설명으로 옳은 것만을 [보기]에서 있는 대로 고른 것은?

┤ 보기 ├
ㄱ. '서식지 파괴와 단편화'는 ⑤에 해당한다.
ㄴ. 단기간에 일어나는 생물의 멸종은 대부분 인간의 활동과 관련이 있다.
ㄷ. 담수로 유입된 중금속은 수중 식물에게는 피해를 주지만 인간에게는 영향을 미치지 않는다.

① ㄱ ② ㄷ ③ ㄱ, ㄴ
④ ㄴ, ㄷ ⑤ ㄱ, ㄴ, ㄷ

8 표는 생물 다양성 보전을 위한 노력을 세 가지 수준으로 나누어 그 예를 나타낸 것이다. (가)와 (나)는 각각 국가적 노력과 개인적 노력 중 하나이다.

구분	예
(가)	자원 절약, 쓰레기 분류 배출
(나)	야생 생물 보호 관련 법 제정
국제적 노력	다양한 ⑤국제 협약 체결

이에 대한 설명으로 옳은 것만을 [보기]에서 있는 대로 고른 것은?

┤ 보기 ├
ㄱ. (가)는 국가적 노력이다.
ㄴ. 국립 공원 지정은 (나)의 예에 해당한다.
ㄷ. 생물 다양성 협약은 ⑤에 해당한다.

① ㄱ ② ㄴ ③ ㄱ, ㄷ
④ ㄴ, ㄷ ⑤ ㄱ, ㄴ, ㄷ

1 표는 생물 다양성의 의미 (가)~(다)의 예를 나타낸 것이다. (가)~(다)는 각각 종 다양성, 유전적 다양성, 생태계 다양성 중 하나이다.

구분	예
(가)	?
(나)	심해저에는 해령, 해산, 해구가 있다.
(다)	같은 종의 토끼라도 개체에 따라 털색이 다양하게 나타난다.

이에 대한 설명으로 옳은 것만을 [보기]에서 있는 대로 고른 것은?

┤ 보기 ├
ㄱ. 종 균등도와 가장 관련이 깊은 것은 (가)이다.
ㄴ. (나)가 높으면 생물과 환경의 상호 작용이 다양하게 나타난다.
ㄷ. 대립유전자의 종류가 적을수록 (다)가 높다.

① ㄱ   ② ㄴ   ③ ㄱ, ㄴ
④ ㄱ, ㄷ   ⑤ ㄴ, ㄷ

자료②   **2019 수능 18번**

2 그림은 영양염류가 유입된 호수의 식물성 플랑크톤 군집에서 전체 개체 수, 종 수, 종 다양성과 영양염류 농도를 시간에 따라 나타낸 것이며, 표는 종 다양성에 대한 자료이다.

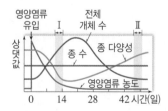

• 종 다양성은 종 수가 많을수록 높아진다.
• 종 다양성은 전체 개체 수에서 각 종이 차지하는 비율이 균등할수록 높아진다.

이에 대한 설명으로 옳은 것만을 [보기]에서 있는 대로 고른 것은? (단, 식물성 플랑크톤 군집은 여러 종의 식물성 플랑크톤으로만 구성되며, 제시된 조건 이외는 고려하지 않는다.)

┤ 보기 ├
ㄱ. 구간 Ⅰ에서 개체 수가 증가하는 종이 있다.
ㄴ. 전체 개체 수에서 각 종이 차지하는 비율은 구간 Ⅰ에서가 구간 Ⅱ에서보다 균등하다.
ㄷ. 종 다양성은 동일한 생물종이라도 형질이 각 개체 간에 다르게 나타나는 것을 의미한다.

① ㄱ   ② ㄴ   ③ ㄷ
④ ㄱ, ㄴ   ⑤ ㄱ, ㄷ

---

3 그림은 생물 다양성의 구성 요소 A~C를 분류하는 과정을 나타낸 것이다. ⊙과 ⓒ은 각각 '한 종에서 나타나는가?'와 '서식지의 다양한 정도인가?' 중 하나이고, 사람의 눈동자 색 차이는 B와 C 중 하나의 예이다.

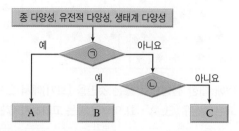

이에 대한 설명으로 옳은 것만을 [보기]에서 있는 대로 고른 것은?

┤ 보기 ├
ㄱ. ⊙은 '한 종에서 나타나는가?'이다.
ㄴ. B는 유전적 다양성이다.
ㄷ. C가 높으면 생태계가 안정적으로 유지된다.

① ㄱ   ② ㄴ   ③ ㄱ, ㄷ
④ ㄴ, ㄷ   ⑤ ㄱ, ㄴ, ㄷ

---

4 다음은 식물 군집 ⊙과 ⓒ에 대한 자료이다.

• ⊙과 ⓒ에 서식하는 식물 종 A~D의 개체 수는 표와 같다.

구분	A	B	C	D
⊙	8	8	12	?
ⓒ	15	?	14	15

• 서식지의 면적은 ⓒ이 ⊙의 2배이다.
• B의 밀도는 ⊙과 ⓒ에서 같다.
• ⊙에서 C의 상대 밀도는 40 %이다.

이에 대한 설명으로 옳은 것만을 [보기]에서 있는 대로 고른 것은? (단, A~D 이외의 종은 고려하지 않는다.)

┤ 보기 ├
ㄱ. 서식하는 식물의 종 수는 ⊙과 ⓒ에서 같다.
ㄴ. B의 상대 밀도는 ⊙과 ⓒ에서 같다.
ㄷ. 식물의 종 다양성은 ⊙에서가 ⓒ에서보다 높다.

① ㄱ   ② ㄷ   ③ ㄱ, ㄴ
④ ㄴ, ㄷ   ⑤ ㄱ, ㄴ, ㄷ

5 그림은 면적이 같은 지역 (가)와 (나)에서 식물 군집을 조사한 결과를 순서 없이 나타낸 것이다. 식물 군집의 종 다양성은 (가)보다 (나)에서 높다.

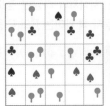

♣: 종 A
♠: 종 B
🍃: 종 C
🍄: 종 D

이에 대한 설명으로 옳은 것만을 [보기]에서 있는 대로 고른 것은? (단, A~D 이외의 종은 고려하지 않는다.)

| 보기 |
ㄱ. 종 A의 상대 밀도는 (가)와 (나)에서 같다.
ㄴ. (가)에서 종 C의 개체 수가 많아지면 종 다양성이 높아진다.
ㄷ. (나)에서 개체군 밀도는 종 D가 종 B보다 작다.

① ㄱ   ② ㄱ, ㄴ   ③ ㄱ, ㄷ
④ ㄴ, ㄷ   ⑤ ㄱ, ㄴ, ㄷ

6 다음은 생물 다양성의 중요성에 대한 설명이다. (가)는 유전적 다양성, 종 다양성, 생태계 다양성 중 하나이다.

• (가)가 높은 생태계일수록 먹이 그물이 복잡하게 형성되어 생태계 평형이 쉽게 깨지지 않는다.
• ㉠팔각회향, 주목, 버드나무는 인류에게 유용한 물질을 제공해 준다.

이에 대한 설명으로 옳은 것만을 [보기]에서 있는 대로 고른 것은?

| 보기 |
ㄱ. (가)는 종 다양성이다.
ㄴ. (가)가 낮은 생태계일수록 한 종의 멸종으로 다른 종이 함께 멸종할 확률이 낮다.
ㄷ. ㉠은 의약품의 원료를 제공하는 생물 자원이다.

① ㄱ   ② ㄷ   ③ ㄱ, ㄴ
④ ㄱ, ㄷ   ⑤ ㄴ, ㄷ

7 표는 생물 다양성에 영향을 미치는 요인을 나타낸 것이다. ㉠과 ㉡은 각각 외래종의 도입과 남획 중 하나이다.

요인	영향
서식지 단편화	ⓐ
㉠	특정 생물의 개체 수를 감소시키며, 심한 경우 멸종에 이르게 한다.
㉡	천적이 없는 경우 크게 번성해 고유종의 생존을 위협한다.

이에 대한 설명으로 옳은 것만을 [보기]에서 있는 대로 고른 것은?

| 보기 |
ㄱ. '로드킬이 발생한다.'는 ⓐ에 해당한다.
ㄴ. ㉠은 먹이 그물을 복잡하게 만든다.
ㄷ. '외래종의 도입'은 ㉡에 해당한다.

① ㄱ   ② ㄴ   ③ ㄱ, ㄴ
④ ㄱ, ㄷ   ⑤ ㄴ, ㄷ

8 그림은 바위에 덮인 이끼층을 나누기 전과 서로 다른 형태로 나눈 모습을 나타낸 것이다. 일정 시간 후 소형 동물의 종 수 변화를 조사한 결과 (가)에서는 100 % 생존했지만, (나)에서는 86 % 생존했고, (다)에서는 59 % 생존했다.

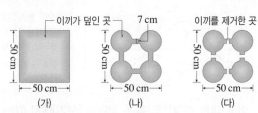

이 자료에 대한 설명으로 옳은 것만을 [보기]에서 있는 대로 고른 것은?

| 보기 |
ㄱ. 서식지 단편화에 대한 대책으로 생태 통로를 건설할 수 있다.
ㄴ. 도로 건설이나 택지 개발로 인해 종 다양성이 감소할 수 있다.
ㄷ. 서식지 단편화는 생태계의 평형 유지 능력에 영향을 미치지 않는다.

① ㄴ   ② ㄱ, ㄴ   ③ ㄱ, ㄷ
④ ㄴ, ㄷ   ⑤ ㄱ, ㄴ, ㄷ

Memo

Memo

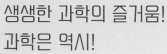

생생한 과학의 즐거움!
과학은 역시!

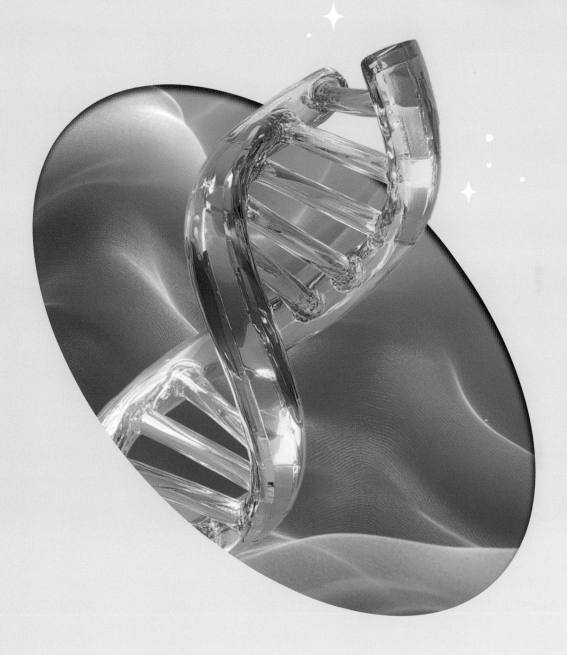

대수능 대비 특별자료
+ 정답과 해설

ABOVE IMAGINATION

우리는 남다른 상상과 혁신으로
교육 문화의 새로운 전형을 만들어
모든 이의 행복한 경험과 성장에 기여한다

오투

과학탐구

생명과학 I
대수능 대비 특별자료

최근 ④개년
수능 출제 경향

수능을 효과적으로 대비하는 방법은 과거의 수능 문제를 분석하여 유형에 익숙해지는 것입니다. 오투 과학 탐구에서는 최근 4개년 간 평가원 모의고사와 수능에 출제된 문제들을 정리하여 수능 문제의 유형과 개념에 대한 빈출 정도를 파악할 수 있도록 하였습니다.

Ⅰ 생명 과학의 이해

| 01 생물의 특성과 생명 과학의 탐구 | 생물의 특성 | 22 평가원 \| 22 수능 \| 23 평가원 \| 23 수능 \| 24 평가원 \| 24 수능 \| 25 평가원 \| 25 수능 |
| | 생명 과학의 탐구 방법 | 22 평가원 \| 22 수능 \| 23 평가원 \| 23 수능 \| 24 평가원 \| 24 수능 \| 25 평가원 \| 25 수능 |

Ⅱ 사람의 물질대사

02 생명 활동과 에너지	생명 활동과 물질대사	22 수능 | 23 평가원 | 24 평가원 | 24 수능 | 25 평가원 | 25 수능
	에너지의 전환과 이용	22 평가원 | 23 평가원 | 23 수능
03 에너지를 얻기 위한 기관계의 통합적 작용	기관계의 통합적 작용	22 평가원 | 22 수능 | 23 평가원 | 23 수능 | 24 평가원 | 25 평가원
	물질대사와 건강	22 평가원 | 24 수능 | 25 평가원 | 25 수능

Ⅲ 항상성과 몸의 조절

04 자극의 전달	흥분의 전도와 전달	22 평가원 | 22 수능 | 23 평가원 | 23 수능 | 24 평가원 | 24 수능 | 25 평가원 | 25 수능
	근수축 운동	22 평가원 | 22 수능 | 23 평가원 | 23 수능 | 24 평가원 | 24 수능 | 25 평가원 | 25 수능
05 신경계	신경계	22 평가원 | 22 수능 | 23 평가원 | 24 평가원 | 24 수능 | 25 평가원 | 25 수능
	무조건 반사의 경로	22 평가원 | 23 수능
06 항상성 유지	호르몬	22 평가원 | 23 평가원 | 24 평가원 | 24 수능 | 25 평가원
	혈당량 조절	22 평가원 | 22 수능 | 23 평가원 | 23 수능 | 24 평가원 | 25 평가원 | 25 수능
	체온 조절	22 평가원 | 22 수능 | 23 평가원
	삼투압 조절	22 평가원 | 23 평가원 | 23 수능 | 24 평가원 | 24 수능 | 25 수능
07 인체의 방어 작용	질병과 병원체	22 평가원 | 22 수능 | 23 평가원 | 23 수능 | 24 평가원 | 25 평가원 | 25 수능
	인체의 방어 작용	22 평가원 | 22 수능 | 23 평가원 | 23 수능 | 24 평가원 | 24 수능 | 25 평가원 | 25 수능

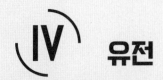

유전

생태계와 상호 작용

2025 대학수학능력시험 완벽 분석

2025 수능 과학탐구 영역 생명과학Ⅰ은 2024 수능, 6월 모의평가, 9월 모의평가보다 어렵게 출제되었다.
기존 기출 문제와 문제 유형이 거의 유사했고, 대립유전자의 DNA 상대량 분석과 염색체 이상에서 고난도 문제가 출제되었다.
이번 수능 문항 중에는 오투에서 중요하게 다루고 있는 개념 및 원리, 그림 등의 자료가 유사한 것들이 다수 포함되어 있었다.

오투 연계 수능 문항 예시

2025 대학수학능력시험 [3번]

3. 표는 사람의 중추 신경계에 속하는 구조 A~C에서 특징의 유무를 나타낸 것이다. A~C는 간뇌, 소뇌, 연수를 순서 없이 나타낸 것이다.

특징＼구조	A	B	C
시상 하부가 있다.	×	○	×
뇌줄기를 구성한다.	○	?	ⓐ
(가)	○	×	×

(○: 있음, ×: 없음)

이에 대한 설명으로 옳은 것만을 〈보기〉에서 있는 대로 고른 것은?

〈보 기〉
ㄱ. ⓐ는 'ㅇ'이다.
ㄴ. B는 간뇌이다.
ㄷ. '심장 박동을 조절하는 부교감 신경의 신경절 이전 뉴런의 신경 세포체가 있다.'는 (가)에 해당한다.

① ㄱ   ② ㄴ   ③ ㄱ, ㄷ   ④ ㄴ, ㄷ   ⑤ ㄱ, ㄴ, ㄷ

오투 [62쪽 2번]

2 표 (가)는 신경계를 구성하는 구조의 특징 3가지를, (나)는 (가) 중에서 A~C가 가지는 특징의 개수를 나타낸 것이다. A~C는 연수, 소뇌, 중간뇌를 순서 없이 나타낸 것이다.

특징
• 뇌줄기를 구성한다.
• 동공 반사의 중추이다.
• 중추 신경계에 속한다.

(가)

구조	특징의 개수
A	1
B	2
C	⊙

(나)

이에 대한 설명으로 옳은 것만을 [보기]에서 있는 대로 고른 것은?

보기
ㄱ. ⊙은 3이다.
ㄴ. A는 몸의 평형 유지에 관여한다.
ㄷ. B는 중간뇌이다.

① ㄱ   ② ㄷ   ③ ㄱ, ㄴ
④ ㄴ, ㄷ   ⑤ ㄱ, ㄴ, ㄷ

○ 자료와 개념이 유사해요

대수능 3번은 중추 신경계의 특징을 묻는 문제이다. 오투에서는 주어진 자료 및 구조를 묻는 보기가 비슷하다.

2025 대학수학능력시험 [8번]

8. 그림은 사람의 체세포 세포 주기를, 표는 이 사람의 체세포 세포 주기의 ⊙~ⓒ에서 나타나는 특징을 나타낸 것이다. ⊙~ⓒ은 G_2기, M기(분열기), S기를 순서 없이 나타낸 것이다.

구분	특징
⊙	?
ⓒ	핵에서 DNA 복제가 일어난다.
ⓒ	핵막이 관찰된다.

이에 대한 설명으로 옳은 것만을 〈보기〉에서 있는 대로 고른 것은?

〈보 기〉
ㄱ. 세포 주기는 Ⅰ 방향으로 진행된다.
ㄴ. ⊙ 시기에 상동 염색체의 접합이 일어난다.
ㄷ. ⓒ과 ⓒ은 모두 간기에 속한다.

① ㄱ   ② ㄷ   ③ ㄱ, ㄴ   ④ ㄴ, ㄷ   ⑤ ㄱ, ㄴ, ㄷ

오투 [105쪽 7번]

7 그림은 사람 체세포의 세포 주기를 나타낸 것이다. ⊙~ⓒ은 각각 G_2기, M기, S기 중 하나이다.

이에 대한 설명으로 옳은 것만을 [보기]에서 있는 대로 고른 것은?

보기
ㄱ. ⊙ 시기에 염색체가 응축된다.
ㄴ. 세포 1개당 $\dfrac{ⓒ\ 시기의\ DNA양}{G_1기의\ DNA양}$ 의 값은 2이다.
ㄷ. ⓒ 시기에 핵막의 소실과 생성이 관찰된다.

① ㄱ   ② ㄴ   ③ ㄷ
④ ㄱ, ㄴ   ⑤ ㄴ, ㄷ

○ 자료와 개념이 유사해요

대수능 8번은 세포 주기별 특징을 묻는 문제이다. 오투에서는 주어진 자료 및 각 시기의 특징을 묻는 보기가 비슷하다.

6. 그림은 생태계를 구성하는 요소 사이의 상호 관계를, 표는 상호 작용의 예를 나타낸 것이다. (가)와 (나)는 순위제의 예와 텃세의 예를 순서 없이 나타낸 것이다.

(가) 갈색벌새는 꿀을 확보하기 위해 다른 갈색 벌새가 서식 공간에 접근하는 것을 막는다.
(나) 유럽산비둘기 무리에서는 서열이 높은 개체 일수록 무리의 가운데 위치를 차지한다.

이에 대한 설명으로 옳은 것만을 <보기>에서 있는 대로 고른 것은?

<보 기>
ㄱ. (가)는 텃세의 예이다.
ㄴ. (나)의 상호 작용은 ㉠에 해당한다.
ㄷ. 거북이의 성별이 발생 시기 알의 주변 온도에 의해 결정되는 것은 ㉣의 예에 해당한다.

① ㄱ   ② ㄷ   ③ ㄱ, ㄴ   ④ ㄴ, ㄷ   ⑤ ㄱ, ㄴ, ㄷ

20. 표 (가)는 질소 순환 과정에서 나타나는 두 가지 특징을, (나)는 (가)의 특징 중 A와 B가 갖는 특징의 개수를 나타낸 것이다. A와 B는 질소 고정 작용과 탈질산화 작용을 순서 없이 나타낸 것이다.

특징
• 세균이 관여한다.
• 대기 중의 질소 기체가 ㉠암모늄 이온(NH_4^+)으로 전환된다.

(가)

구분	특징의 개수
A	2
B	1

(나)

이에 대한 설명으로 옳은 것만을 <보기>에서 있는 대로 고른 것은?

<보 기>
ㄱ. B는 탈질산화 작용이다.
ㄴ. 뿌리혹박테리아는 A에 관여한다.
ㄷ. 질산화 세균은 ㉠이 질산 이온(NO_3^-)으로 전환되는 과정에 관여한다.

① ㄱ   ② ㄷ   ③ ㄱ, ㄴ   ④ ㄴ, ㄷ   ⑤ ㄱ, ㄴ, ㄷ

3 그림은 생태계 구성 요소 간의 일부 관계와 생물 군집 내에서의 유기물 이동을, 표는 물질대사 ⓐ와 ⓑ에서의 물질 전환을 나타낸 것이다. (가)~(다)는 각각 분해자, 생산자, 소비자 중 하나이다.

구분	반응
ⓐ	무기물 → 유기물
ⓑ	유기물 → 무기물

--→ 구성 요소 간의 관계
—→ 유기물의 이동

이에 대한 설명으로 옳은 것만을 [보기]에서 있는 대로 고른 것은?

보기
ㄱ. (가)에서 ⓐ가, (나)에서 ⓑ가 일어난다.
ㄴ. (나)와 (다)는 서로 다른 개체군을 이룬다.
ㄷ. 노루가 일조 시간이 짧아지는 가을에 번식하는 것은 ㉡에 해당한다.

① ㄱ   ② ㄴ   ③ ㄱ, ㄴ
④ ㄱ, ㄷ   ⑤ ㄴ, ㄷ

13 그림은 생태계에서 일어나는 질소 순환 과정을 나타낸 것이다. (가)와 (나)는 각각 생산자와 소비자 중 하나이다.

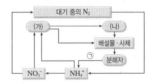

이에 대한 설명으로 옳은 것만을 [보기]에서 있는 대로 고른 것은?

보기
ㄱ. (가)에서 (나)로 물질과 에너지가 이동한다.
ㄴ. (가)는 NO_3^-을 흡수해 핵산 합성에 이용할 수 있다.
ㄷ. ㉠은 질소 고정 작용이다.

① ㄴ   ② ㄷ   ③ ㄱ, ㄴ
④ ㄱ, ㄷ   ⑤ ㄱ, ㄴ, ㄷ

🔵 **자료와 개념이 유사해요**

대수능 6번은 생태계 구성 요소 간의 관계를 묻는 문제이다. 오투에서는 주어진 자료 및 상호 관계의 예시를 묻는 보기가 비슷하다.

🔵 **자료와 개념이 유사해요**

대수능 20번은 질소의 순환을 묻는 문제이다. 오투에서는 주어진 자료 및 작용의 종류를 구분하는 보기가 비슷하다.

2026 수능 대비 전략

개념을 정확하게 이해한다.
과학탐구 영역은 개념을 확실하게 이해하고 있다면 어떤 형태의 문제가 출제되어도 해결할 수 있다.

핵심 자료를 꼼꼼히 분석한다.
자료가 동일하더라도 물어보는 방향과 방식은 다를 수 있으므로 단순 암기보다는 핵심을 이해하고 이를 문제에 적용하는 방법을 익혀야 한다.

2023 수능 2번

1. 표는 사람의 5가지 질병을 병원체의 특징에 따라 구분하여 나타낸 것이다.

병원체의 특징	질병
세포 구조로 되어 있다.	결핵, 무좀, 말라리아
(가)	독감, 후천성 면역 결핍증(AIDS)

이에 대한 설명으로 옳은 것만을 〈보기〉에서 있는 대로 고른 것은?

〈 보기 〉
ㄱ. '스스로 물질대사를 하지 못한다.'는 (가)에 해당한다.
ㄴ. 무좀과 말라리아의 병원체는 모두 곰팡이다.
ㄷ. 결핵과 독감은 모두 감염성 질병이다.

① ㄱ　　　　② ㄴ　　　　③ ㄱ, ㄷ
④ ㄴ, ㄷ　　　⑤ ㄱ, ㄴ, ㄷ

2023.6 평가원 2번

2. 그림은 사람에서 세포 호흡을 통해 포도당으로부터 생성된 에너지가 생명 활동에 사용되는 과정을 나타낸 것이다. @와 ⓑ는 H_2O와 O_2를 순서 없이 나타낸 것이고, ㉠과 ㉡은 각각 ADP와 ATP 중 하나이다.

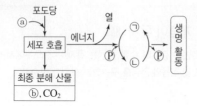

이에 대한 설명으로 옳은 것만을 〈보기〉에서 있는 대로 고른 것은?

〈 보기 〉
ㄱ. 세포 호흡에서 이화 작용이 일어난다.
ㄴ. 호흡계를 통해 ⓑ가 몸 밖으로 배출된다.
ㄷ. 근육 수축 과정에는 ㉡에 저장된 에너지가 사용된다.

① ㄱ　　　　② ㄴ　　　　③ ㄱ, ㄷ
④ ㄴ, ㄷ　　　⑤ ㄱ, ㄴ, ㄷ

2025.9 평가원 2번

3. 표는 사람에서 영양소 (가)와 (나)가 세포 호흡에 사용된 결과 생성되는 노폐물을 나타낸 것이다. (가)와 (나)는 단백질과 탄수화물을 순서 없이 나타낸 것이고, ㉠과 ㉡은 암모니아와 이산화 탄소를 순서 없이 나타낸 것이다.

영양소	노폐물
(가)	물, ㉠
(나)	물, ㉠, ㉡

이에 대한 설명으로 옳은 것만을 〈보기〉에서 있는 대로 고른 것은?

〈 보기 〉
ㄱ. (가)는 단백질이다.
ㄴ. 호흡계를 통해 ㉠이 몸 밖으로 배출된다.
ㄷ. 사람에서 지방이 세포 호흡에 사용된 결과 생성되는 노폐물에는 ㉡이 있다.

① ㄱ　　　　② ㄴ　　　　③ ㄷ
④ ㄱ, ㄴ　　　⑤ ㄱ, ㄷ

2024 수능 14번

4. 사람 A~C는 모두 혈중 티록신 농도가 정상적이지 않다. 표 (가)는 A~C의 혈중 티록신 농도가 정상적이지 않은 원인을, (나)는 사람 ㉠~㉢의 혈중 티록신과 TSH의 농도를 나타낸 것이다. ㉠~㉢은 A~C를 순서 없이 나타낸 것이고, @는 '+'와 '−' 중 하나이다.

사람	원인
A	뇌하수체 전엽에 이상이 생겨 TSH 분비량이 정상보다 적음
B	갑상샘에 이상이 생겨 티록신 분비량이 정상보다 많음
C	갑상샘에 이상이 생겨 티록신 분비량이 정상보다 적음

(가)

사람	혈중 농도	
	티록신	TSH
㉠	−	+
㉡	+	@
㉢	−	−

(+: 정상보다 높음,
−: 정상보다 낮음)

(나)

이에 대한 설명으로 옳은 것만을 〈보기〉에서 있는 대로 고른 것은? (단, 제시된 조건 이외는 고려하지 않는다.) [3점]

〈 보기 〉
ㄱ. @는 '−'이다.
ㄴ. ㉠에게 티록신을 투여하면 투여 전보다 TSH의 분비가 촉진된다.
ㄷ. 정상인에서 뇌하수체 전엽에 TRH의 표적 세포가 있다.

① ㄱ　　　　② ㄴ　　　　③ ㄷ
④ ㄱ, ㄴ　　　⑤ ㄴ, ㄷ

2025 수능 10번

5. 그림은 어떤 동물에게 호르몬 X를 투여한 후 시간에 따른 ⓐ와 ⓑ를 나타낸 것이다. X는 글루카곤과 인슐린 중 하나이고, ⓐ와 ⓑ는 '간에서 단위 시간당 글리코젠으로부터 생성되는 포도당의 양'과 '혈중 포도당 농도'를 순서 없이 나타낸 것이다.

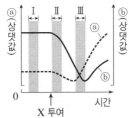

이 자료에 대한 설명으로 옳은 것만을 〈보기〉에서 있는 대로 고른 것은? (단, 제시된 조건 이외는 고려하지 않는다.) [3점]

〈보기〉
ㄱ. 혈중 포도당 농도는 구간 Ⅰ에서가 구간 Ⅲ에서보다 낮다.
ㄴ. 혈중 인슐린 농도는 구간 Ⅰ에서가 구간 Ⅱ에서보다 낮다.
ㄷ. 혈중 글루카곤 농도는 구간 Ⅱ에서가 구간 Ⅲ에서보다 높다.

① ㄱ ② ㄴ ③ ㄷ
④ ㄱ, ㄴ ⑤ ㄴ, ㄷ

2023.9 평가원 6번

6. 다음은 세포 주기에 대한 실험이다.

| 실험 과정 및 결과 |
(가) 어떤 동물의 체세포를 배양하여 집단 A와 B로 나눈다.
(나) A와 B 중 B에만 G₁기에서 S기로의 전환을 억제하는 물질을 처리하고, 두 집단을 동일한 조건에서 일정 시간 동안 배양한다.
(다) 두 집단에서 같은 수의 세포를 동시에 고정한 후, 각 집단의 세포당 DNA양에 따른 세포 수를 나타낸 결과는 그림과 같다.

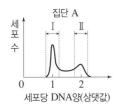 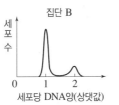

이에 대한 설명으로 옳은 것만을 〈보기〉에서 있는 대로 고른 것은?

〈보기〉
ㄱ. (다)에서 $\dfrac{\text{S기 세포 수}}{\text{G}_1\text{기 세포 수}}$ 는 A에서가 B에서보다 작다.
ㄴ. 구간 Ⅰ에는 뉴클레오솜을 갖는 세포가 있다.
ㄷ. 구간 Ⅱ에는 핵막을 갖는 세포가 있다.

① ㄱ ② ㄷ ③ ㄱ, ㄴ
④ ㄴ, ㄷ ⑤ ㄱ, ㄴ, ㄷ

2024.6 평가원 11번

7. 그림 (가)는 정상인의 혈중 항이뇨 호르몬(ADH) 농도에 따른 ㉠을, (나)는 정상인 A와 B 중 한 사람에게만 수분 공급을 중단하고 측정한 시간에 따른 ㉠을 나타낸 것이다. ㉠은 오줌 삼투압과 단위 시간당 오줌 생성량 중 하나이다.

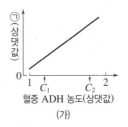 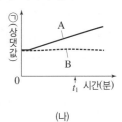

(가)   (나)

이에 대한 설명으로 옳은 것만을 〈보기〉에서 있는 대로 고른 것은? (단, 제시된 조건 이외는 고려하지 않는다.) [3점]

〈보기〉
ㄱ. 단위 시간당 오줌 생성량은 C_2일 때가 C_1일 때보다 많다.
ㄴ. t_1일 때 $\dfrac{\text{B의 혈중 ADH 농도}}{\text{A의 혈중 ADH 농도}}$ 는 1보다 크다.
ㄷ. 콩팥은 ADH의 표적 기관이다.

① ㄱ ② ㄷ ③ ㄱ, ㄴ
④ ㄴ, ㄷ ⑤ ㄱ, ㄴ, ㄷ

2024.6 평가원 19번

8. 다음은 사람의 유전 형질 (가)와 (나)에 대한 자료이다.

• (가)는 서로 다른 3개의 상염색체에 있는 3쌍의 대립유전자 A와 a, B와 b, D와 d에 의해 결정된다.
• (가)의 표현형은 유전자형에서 대문자로 표시되는 대립유전자의 수에 의해서만 결정되며, 이 대립유전자의 수가 다르면 표현형이 다르다.
• (나)는 대립유전자 E와 e에 의해 결정되며, 유전자형이 다르면 표현형이 다르다. (나)의 유전자는 (가)의 유전자와 서로 다른 상염색체에 있다.
• P의 유전자형은 AaBbDdEe이고, P와 Q는 (가)의 표현형이 서로 같다.
• P와 Q 사이에서 ⓐ가 태어날 때, ⓐ에게서 나타날 수 있는 (가)와 (나)의 표현형은 최대 15가지이다.

ⓐ가 유전자형이 AabbDdEe인 사람과 (가)와 (나)의 표현형이 모두 같을 확률은? (단, 돌연변이는 고려하지 않는다.)

① $\dfrac{1}{16}$ ② $\dfrac{1}{8}$ ③ $\dfrac{3}{16}$ ④ $\dfrac{1}{4}$ ⑤ $\dfrac{5}{16}$

2025.6 평가원 7번

9. 그림은 중추 신경계로부터 자율 신경 A와 B가 방광에 연결된 경로를, 표는 A와 B가 각각 방광에 작용할 때의 반응을 나타낸 것이다.

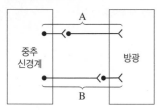

자율 신경	반응
A	방광 확장(이완)
B	방광 수축

이에 대한 설명으로 옳은 것만을 〈보기〉에서 있는 대로 고른 것은? [3점]

〈 보기 〉
ㄱ. A의 신경절 이후 뉴런의 축삭 돌기 말단에서 노르에피네프린이 분비된다.
ㄴ. B의 신경절 이전 뉴런의 신경 세포체는 척수에 있다.
ㄷ. A와 B는 모두 말초 신경계에 속한다.

① ㄱ   ② ㄴ   ③ ㄱ, ㄷ
④ ㄴ, ㄷ   ⑤ ㄱ, ㄴ, ㄷ

2025.9 평가원 1번

10. 다음은 생물의 특성에 대한 자료이다.

○ ㉠발생 과정에서 포식자를 감지한 물벼룩 A는 머리와 꼬리에 뾰족한 구조를 형성하여 방어에 적합한 몸의 형태를 갖는다.
○ ㉡메뚜기 B는 주변 환경과 유사하게 몸의 색을 변화시켜 포식자의 눈에 띄지 않는다.

이에 대한 설명으로 옳은 것만을 〈보기〉에서 있는 대로 고른 것은? [3점]

〈 보기 〉
ㄱ. ㉠ 과정에서 세포 분열이 일어난다.
ㄴ. ㉡은 생물적 요인이 비생물적 요인에 영향을 미치는 예에 해당한다.
ㄷ. '펭귄은 물속에서 빠른 속도로 움직이는 데 적합한 몸의 형태를 갖는다.'는 적응과 진화의 예에 해당한다.

① ㄱ   ② ㄴ   ③ ㄷ
④ ㄱ, ㄷ   ⑤ ㄴ, ㄷ

2025 수능 12번

11. 다음은 민말이집 신경 A~C의 흥분 전도와 전달에 대한 자료이다.

○ 그림은 A~C의 지점 d_1~d_5의 위치를, 표는 ㉮A와 B의 P에, C의 Q에 역치 이상의 자극을 동시에 1회 주고 경과된 시간이 4 ms일 때 d_1, d_3, d_5에서의 막전위를 나타낸 것이다. P와 Q는 각각 d_2, d_3, d_4 중 하나이고, ㉠~㉫ 중 세 곳에만 시냅스가 있다.

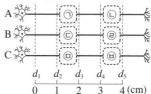

신경	4 ms일 때 막전위(mV)		
	d_1	d_3	d_5
A	+30	−70	−60
B	ⓐ	?	+30
C	−70	−80	−80

○ A를 구성하는 모든 뉴런의 흥분 전도 속도는 1 cm/ms로 같다. B를 구성하는 모든 뉴런의 흥분 전도 속도는 x로 같고, C를 구성하는 모든 뉴런의 흥분 전도 속도는 y로 같다. x와 y는 1 cm/ms와 2 cm/ms를 순서 없이 나타낸 것이다.

○ A~C 각각에서 활동 전위가 발생하였을 때, 각 지점에서의 막전위 변화는 그림과 같다.

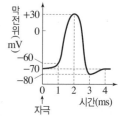

이에 대한 설명으로 옳은 것만을 〈보기〉에서 있는 대로 고른 것은? (단, A~C에서 흥분의 전도는 각각 1회 일어났고, 휴지 전위는 −70 mV이다.) [3점]

〈 보기 〉
ㄱ. ⓐ는 +30이다.
ㄴ. ㉫에 시냅스가 있다.
ㄷ. ㉮가 3 ms일 때, B의 d_5에서 탈분극이 일어나고 있다.

① ㄱ   ② ㄴ   ③ ㄱ, ㄷ   ④ ㄴ, ㄷ   ⑤ ㄱ, ㄴ, ㄷ

2025 수능 8번

12. 그림은 사람의 체세포 세포 주기를, 표는 이 사람의 체세포 세포 주기의 ㉠~㉢에서 나타나는 특징을 나타낸 것이다. ㉠~㉢은 G_2기, M기(분열기), S기를 순서 없이 나타낸 것이다.

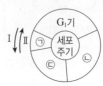

구분	특징
㉠	?
㉡	핵에서 DNA 복제가 일어난다.
㉢	핵막이 관찰된다.

이에 대한 설명으로 옳은 것만을 〈보기〉에서 있는 대로 고른 것은?

〈 보기 〉
ㄱ. 세포 주기는 Ⅰ 방향으로 진행된다.
ㄴ. ㉠ 시기에 상동 염색체의 접합이 일어난다.
ㄷ. ㉡과 ㉢은 모두 간기에 속한다.

① ㄱ   ② ㄷ   ③ ㄱ, ㄴ   ④ ㄴ, ㄷ   ⑤ ㄱ, ㄴ, ㄷ

2023.6 평가원 8번

13. 표는 사람의 중추 신경계에 속하는 A~C의 특징을 나타낸 것이다. A~C는 간뇌, 연수, 척수를 순서 없이 나타낸 것이다.

구분	특징
A	뇌줄기를 구성한다.
B	㉠체온 조절 중추가 있다.
C	교감 신경의 신경절 이전 뉴런의 신경 세포체가 있다.

이에 대한 설명으로 옳은 것만을 〈보기〉에서 있는 대로 고른 것은? [3점]

〈 보기 〉
ㄱ. A는 호흡 운동을 조절한다.
ㄴ. ㉠은 시상 하부이다.
ㄷ. C는 척수이다.

① ㄱ   ② ㄴ   ③ ㄱ, ㄷ
④ ㄴ, ㄷ   ⑤ ㄱ, ㄴ, ㄷ

2024 수능 18번

14. 다음은 바이러스 X에 대한 생쥐의 방어 작용 실험이다.

| 실험 과정 및 결과 |
(가) 유전적으로 동일하고 X에 노출된 적이 없는 생쥐 A~D를 준비한다. A와 B는 ㉠이고, C와 D는 ㉡이다. ㉠과 ㉡은 '정상 생쥐'와 '가슴샘이 없는 생쥐'를 순서 없이 나타낸 것이다.
(나) A~D 중 B와 D에 X를 각각 주사한 후 A~D에서 ⓐ X에 감염된 세포의 유무를 확인한 결과, B와 D에서만 ⓐ가 있었다.
(다) 일정 시간이 지난 후, 각 생쥐에 대해 조사한 결과는 표와 같다.

구분	㉠		㉡	
	A	B	C	D
X에 대한 세포성 면역 반응 여부	일어나지 않음	일어남	일어나지 않음	일어나지 않음
생존 여부	산다	산다	산다	죽는다

이에 대한 설명으로 옳은 것만을 〈보기〉에서 있는 대로 고른 것은? (단, 제시된 조건 이외는 고려하지 않는다.) [3점]

〈 보기 〉
ㄱ. X는 유전 물질을 갖는다.
ㄴ. ㉡은 '가슴샘이 없는 생쥐'이다.
ㄷ. (다)의 B에서 세포독성 T 림프구가 ⓐ를 파괴하는 면역 반응이 일어났다.

① ㄱ   ② ㄷ   ③ ㄱ, ㄴ
④ ㄴ, ㄷ   ⑤ ㄱ, ㄴ, ㄷ

2025.6 평가원 9번

15. 그림은 핵상이 $2n$인 동물 A~C의 세포 (가)~(라) 각각에 들어 있는 모든 상염색체와 ㉠을 나타낸 것이다. A~C는 2가지 종으로 구분되고, ㉠은 X 염색체와 Y 염색체 중 하나이다. (가)~(라) 중 2개는 A의 세포이고, A와 C의 성은 같다. A~C의 성염색체는 암컷이 XX, 수컷이 XY이다.

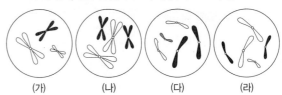

(가)   (나)   (다)   (라)

이에 대한 설명으로 옳은 것만을 〈보기〉에서 있는 대로 고른 것은? (단, 돌연변이는 고려하지 않는다.)

〈 보기 〉
ㄱ. ㉠은 X 염색체이다.
ㄴ. (가)는 A의 세포이다.
ㄷ. 체세포 분열 중기의 세포 1개당 $\dfrac{\text{X 염색체 수}}{\text{상염색체 수}}$는 B가 C보다 작다.

① ㄱ   ② ㄴ   ③ ㄷ
④ ㄱ, ㄴ   ⑤ ㄴ, ㄷ

2024.9 평가원 18번

16. 다음은 어떤 지역의 식물 군집에서 우점종을 알아보기 위한 탐구이다.

(가) 이 지역에 방형구를 설치하여 식물 종 A~E의 분포를 조사했다. 표는 조사한 자료 중 A~E의 개체 수와 A~E가 출현한 방형구 수를 나타낸 것이다.

구분	A	B	C	D	E
개체 수	96	48	18	48	30
출현한 방형구 수	22	20	10	16	12

(나) 표는 A~E의 분포를 조사한 자료를 바탕으로 각 식물 종의 ㉠~㉢을 구한 결과를 나타낸 것이다. ㉠~㉢은 상대 밀도, 상대 빈도, 상대 피도를 순서 없이 나타낸 것이다.

구분	A	B	C	D	E
㉠(%)	27.5	?	ⓐ	20	15
㉡(%)	40	?	7.5	20	12.5
㉢(%)	36	17	13	?	10

이 자료에 대한 설명으로 옳은 것만을 〈보기〉에서 있는 대로 고른 것은? (단, A~E 이외의 종은 고려하지 않는다.) [3점]

〈 보기 〉
ㄱ. ⓐ는 12.5이다.
ㄴ. 지표를 덮고 있는 면적이 가장 작은 종은 E이다.
ㄷ. 우점종은 A이다.

① ㄱ   ② ㄴ   ③ ㄱ, ㄷ
④ ㄴ, ㄷ   ⑤ ㄱ, ㄴ, ㄷ

2024 수능 8번

17. 그림 (가)는 천이 A와 B의 과정 일부를, (나)는 식물 군집 K의 시간에 따른 총생산량과 호흡량을 나타낸 것이다. A와 B는 1차 천이와 2차 천이를 순서 없이 나타낸 것이고, ⊙과 ⓒ은 양수림과 지의류를 순서 없이 나타낸 것이다.

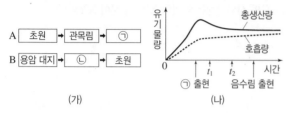

A 초원 → 관목림 → ⊙

B 용암 대지 → ⓒ → 초원

(가)

(나)

이에 대한 설명으로 옳은 것만을 〈보기〉에서 있는 대로 고른 것은?

〈 보기 〉
ㄱ. B는 2차 천이이다.
ㄴ. ⊙은 양수림이다.
ㄷ. K의 $\frac{순생산량}{호흡량}$ 은 t_2일 때가 t_1일 때보다 크다.

① ㄱ   ② ㄴ   ③ ㄱ, ㄷ
④ ㄴ, ㄷ   ⑤ ㄱ, ㄴ, ㄷ

2025.9 평가원 14번

18. 다음은 종 사이의 상호 작용에 대한 자료이다. (가)와 (나)는 분서와 상리 공생의 예를 순서 없이 나타낸 것이다.

(가) 꿀잡이새는 꿀잡이오소리를 벌집으로 유도해 꿀을 얻도록 돕고, 자신은 벌의 공격에서 벗어나 먹이인 벌집을 얻는다.
(나) 붉은뺨솔새와 밤색가슴솔새는 서로 ⊙ 경쟁을 피하기 위해 한 나무에서 서식 공간을 달리하여 산다.

이에 대한 설명으로 옳은 것만을 〈보기〉에서 있는 대로 고른 것은?

〈 보기 〉
ㄱ. (가)는 상리 공생의 예이다.
ㄴ. (나)의 결과 붉은뺨솔새에 환경 저항이 작용하지 않는다.
ㄷ. '서로 다른 종의 새가 번식 장소를 차지하기 위해 서로 다툰다.'는 ⊙의 예에 해당한다.

① ㄱ   ② ㄴ   ③ ㄱ, ㄷ
④ ㄴ, ㄷ   ⑤ ㄱ, ㄴ, ㄷ

2025.6 평가원 12번

19. 사람의 유전 형질 (가)는 같은 염색체에 있는 3쌍의 대립 유전자 A와 a, B와 b, D와 d에 의해 결정된다. 표는 어떤 가족 구성원의 세포 I~IV가 갖는 A, a, B, b, D, d의 DNA 상대량을 나타낸 것이다. I은 G_1기 세포이고, II~IV는 감수 1분열 중기 세포, 감수 2분열 중기 세포, 생식세포를 순서 없이 나타낸 것이다.

세포	DNA 상대량					
	A	a	B	b	D	d
아버지의 세포 I	1	0	1	?	?	1
어머니의 세포 II	2	2	ⓐ	0	?	2
아들의 세포 III	?	1	1	0	0	?
⊙ 딸의 세포 IV	ⓑ	0	2	?	?	0

이에 대한 설명으로 옳은 것만을 〈보기〉에서 있는 대로 고른 것은? (단, 돌연변이와 교차는 고려하지 않으며, A, a, B, b, D, d 각각의 1개당 DNA 상대량은 1이다.) [3점]

〈 보기 〉
ㄱ. ⓐ+ⓑ=4이다.
ㄴ. $\frac{\text{II의 염색 분체 수}}{\text{IV의 염색 분체 수}}$=2이다.
ㄷ. ⊙의 (가)의 유전자형은 AABBDd이다.

① ㄱ   ② ㄴ   ③ ㄷ
④ ㄱ, ㄴ   ⑤ ㄴ, ㄷ

2024.9 평가원 16번

20. 표는 생태계의 질소 순환 과정에서 일어나는 물질의 전환을 나타낸 것이다. I과 II는 탈질산화 작용과 질소 고정 작용을 순서 없이 나타낸 것이고, ⊙과 ⓒ은 질산 이온(NO_3^-)과 암모늄 이온(NH_4^+)을 순서 없이 나타낸 것이다.

구분	물질의 전환
질산화 작용	⊙ → ⓒ
I	대기 중의 질소(N_2) → ⊙
II	ⓒ → 대기 중의 질소(N_2)

이에 대한 설명으로 옳은 것만을 〈보기〉에서 있는 대로 고른 것은?

〈 보기 〉
ㄱ. ⊙은 질산 이온(NO_3^-)이다.
ㄴ. I은 질소 고정 작용이다.
ㄷ. 탈질산화 세균은 II에 관여한다.

① ㄱ   ② ㄴ   ③ ㄱ, ㄷ
④ ㄴ, ㄷ   ⑤ ㄱ, ㄴ, ㄷ

최근 3개년
수능, 평가원 문제로 구성된

실전 (기출) 모의고사 2회

2025.6 평가원 2번

1. 그림은 사람에서 일어나는 물질대사 과정 Ⅰ과 Ⅱ를 나타낸 것이다. ㉠과 ㉡은 암모니아와 이산화 탄소를 순서 없이 나타낸 것이다.

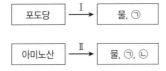

이에 대한 설명으로 옳은 것만을 〈보기〉에서 있는 대로 고른 것은?

〈 보기 〉
ㄱ. ㉠은 이산화 탄소이다.
ㄴ. 간에서 ㉡이 요소로 전환된다.
ㄷ. Ⅰ과 Ⅱ에서 모두 이화 작용이 일어난다.

① ㄱ ② ㄷ ③ ㄱ, ㄴ
④ ㄴ, ㄷ ⑤ ㄱ, ㄴ, ㄷ

2025 수능 4번

2. 다음은 숲 F에서 새와 박쥐가 곤충 개체 수 감소에 미치는 영향을 알아보기 위한 탐구이다.

(가) F를 동일한 조건의 구역 ⓐ~ⓒ로 나눈 후, ⓐ에는 새와 박쥐의 접근을 차단하지 않았고, ⓑ에는 새의 접근만 차단하였으며, ⓒ에는 박쥐의 접근만 차단하였다.
(나) 일정 시간이 지난 후, ⓐ~ⓒ에서 곤충 개체 수를 조사한 결과는 그림과 같다.

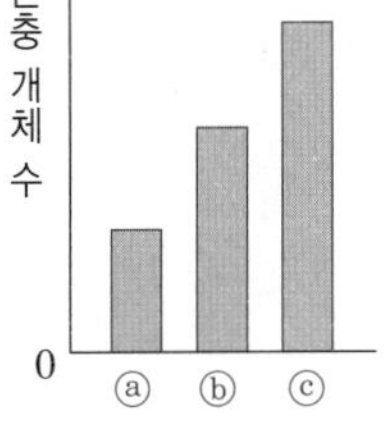

이 자료에 대한 설명으로 옳은 것만을 〈보기〉에서 있는 대로 고른 것은? (단, 제시된 조건 이외는 고려하지 않는다.) [3점]

〈 보기 〉
ㄱ. 조작 변인은 곤충 개체 수이다.
ㄴ. ⓒ에서 곤충에 환경 저항이 작용하였다.
ㄷ. 곤충 개체 수 감소에 미치는 영향은 새가 박쥐보다 크다.

① ㄱ ② ㄴ ③ ㄷ
④ ㄱ, ㄷ ⑤ ㄴ, ㄷ

2023 수능 5번

3. 그림은 자극에 의한 반사가 일어날 때 흥분 전달 경로를 나타낸 것이다.

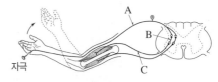

이에 대한 설명으로 옳은 것만을 〈보기〉에서 있는 대로 고른 것은?

〈 보기 〉
ㄱ. A는 운동 뉴런이다.
ㄴ. C의 신경 세포체는 척수에 있다.
ㄷ. 이 반사 과정에서 A에서 B로 흥분의 전달이 일어난다.

① ㄱ ② ㄴ ③ ㄱ, ㄷ
④ ㄴ, ㄷ ⑤ ㄱ, ㄴ, ㄷ

2024 수능 4번

4. 그림 (가)는 사람 P의 체세포 세포 주기를, (나)는 P의 핵형 분석 결과의 일부를 나타낸 것이다. ㉠~㉢은 G_1기, G_2기, M기(분열기)를 순서 없이 나타낸 것이다.

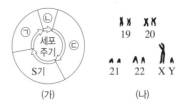

(가) (나)

이에 대한 설명으로 옳은 것만을 〈보기〉에서 있는 대로 고른 것은?

〈 보기 〉
ㄱ. ㉠은 G_2기이다.
ㄴ. ㉡ 시기에 상동 염색체의 접합이 일어난다.
ㄷ. ㉢ 시기에 (나)의 염색체가 관찰된다.

① ㄱ ② ㄷ ③ ㄱ, ㄴ
④ ㄴ, ㄷ ⑤ ㄱ, ㄴ, ㄷ

2023.6 평가원 5번

5. 그림은 사람의 혈액 순환 경로를 나타낸 것이다. ㉠~㉢은 각각 간, 콩팥, 폐 중 하나이다.

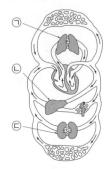

이에 대한 설명으로 옳은 것만을 〈보기〉에서 있는 대로 고른 것은? [3점]

〈 보기 〉
ㄱ. ㉠으로 들어온 산소 중 일부는 순환계를 통해 운반된다.
ㄴ. ㉡에서 암모니아가 요소로 전환된다.
ㄷ. ㉢은 소화계에 속한다.

① ㄱ   ② ㄷ   ③ ㄱ, ㄴ
④ ㄴ, ㄷ   ⑤ ㄱ, ㄴ, ㄷ

2023.6 평가원 14번

6. 그림은 생태계를 구성하는 요소 사이의 상호 관계를 나타낸 것이다.

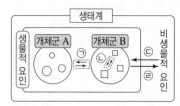

이에 대한 설명으로 옳은 것만을 〈보기〉에서 있는 대로 고른 것은?

〈 보기 〉
ㄱ. 같은 종의 기러기가 무리를 지어 이동할 때 리더를 따라 이동하는 것은 ㉠에 해당한다.
ㄴ. 빛의 세기가 소나무의 생장에 영향을 미치는 것은 ㉢에 해당한다.
ㄷ. 군집에는 비생물적 요인이 포함된다.

① ㄱ   ② ㄴ   ③ ㄷ
④ ㄱ, ㄴ   ⑤ ㄱ, ㄷ

2025 수능 14번

7. 사람의 유전 형질 ㉮는 서로 다른 3개의 상염색체에 있는 3쌍의 대립유전자 A와 a, B와 b, D와 d에 의해 결정된다. 표는 사람 P의 세포 (가)~(라)에서 대립유전자 ㉠~㉣의 유무와 a, B, D의 DNA 상대량을 더한 값($a+B+D$)을 나타낸 것이고, 그림은 정자가 형성되는 과정을 나타낸 것이다. (가)~(라)는 생식세포 형성 과정에서 나타나는 세포이고, (가)~(라) 중 2개는 G_1기 세포 I로부터 형성되었으며, 나머지 2개는 각각 G_1기 세포 II와 III으로부터 형성되었다. ㉠~㉣은 A, a, b, D를 순서 없이 나타낸 것이고, ⓐ와 ⓑ는 II로부터 형성된 중기의 세포이며, ⓐ는 (가)~(라) 중 하나이다.

세포	대립유전자				$a+B+D$
	㉠	㉡	㉢	㉣	
(가)	×	○	×	×	4
(나)	×	?	○	×	3
(다)	○	×	○	×	2
(라)	×	?	?	○	1

(○: 있음, ×: 없음)

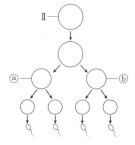

이에 대한 설명으로 옳은 것만을 〈보기〉에서 있는 대로 고른 것은? (단, 돌연변이와 교차는 고려하지 않으며, A, a, B, b, D, d 각각의 1개당 DNA 상대량은 1이다.) [3점]

〈 보기 〉
ㄱ. ㉣은 A이다.
ㄴ. I로부터 (다)가 형성되었다.
ㄷ. ⓑ에서 a, b, D의 DNA 상대량을 더한 값은 4이다.

① ㄱ   ② ㄴ   ③ ㄷ
④ ㄱ, ㄴ   ⑤ ㄴ, ㄷ

2023 수능 12번

8. 그림은 어떤 생태계를 구성하는 생물 군집의 단위 면적당 생물량(생체량)의 변화를 나타낸 것이다. t_1일 때 이 군집에 산불에 의한 교란이 일어났고, t_2일 때 이 생태계의 평형이 회복되었다. ㉠은 1차 천이와 2차 천이 중 하나이다.

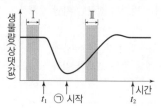

이 자료에 대한 설명으로 옳은 것만을 〈보기〉에서 있는 대로 고른 것은? [3점]

〈 보기 〉
ㄱ. ㉠은 1차 천이다.
ㄴ. I 시기에 이 생물 군집의 호흡량은 0이다.
ㄷ. II 시기에 생산자의 총생산량은 순생산량보다 크다.

① ㄱ   ② ㄷ   ③ ㄱ, ㄴ
④ ㄴ, ㄷ   ⑤ ㄱ, ㄴ, ㄷ

2025.9 평가원 11번

9. 다음은 골격근의 수축 과정에 대한 자료이다.

○ 그림은 근육 원섬유 마디 X의
구조를 나타낸 것이다. X는
좌우 대칭이고, Z_1과 Z_2는 X
의 Z선이다.

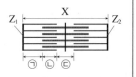

○ 구간 ㉠은 액틴 필라멘트만 있는 부분이고, ㉡은 액틴 필
라멘트와 마이오신 필라멘트가 겹치는 부분이며, ㉢은 마
이오신 필라멘트만 있는 부분이다.

○ 표는 골격근 수축 과정의
두 시점 t_1과 t_2일 때 ⓐ의
길이를 ⓑ의 길이로 나눈
값($\frac{ⓐ}{ⓑ}$), H대의 길이, X의
길이를 나타낸 것이다. ⓐ와 ⓑ는 ㉠과 ㉡을 순서 없이
나타낸 것이고, d는 0보다 크다.

시점	$\frac{ⓐ}{ⓑ}$	H대의 길이	X의 길이
t_1	2	$2d$	$8d$
t_2	1	d	?

이에 대한 설명으로 옳은 것만을 〈보기〉에서 있는 대로 고른
것은?

〈 보기 〉
ㄱ. ⓐ는 ㉠이다.
ㄴ. t_1일 때, ㉠의 길이와 ㉢의 길이는 서로 같다.
ㄷ. t_2일 때, Z_1로부터 Z_2 방향으로 거리가 $2d$인 지점은 ㉡에
해당한다.

① ㄱ   ② ㄷ   ③ ㄱ, ㄴ
④ ㄴ, ㄷ   ⑤ ㄱ, ㄴ, ㄷ

2025.6 평가원 5번

10. 그림은 핵상이 $2n$인 식물 P의 체세포 분열 과정에서 관
찰되는 세포 Ⅰ~Ⅲ을 나타낸 것이다. Ⅰ~Ⅲ은 분열기의 전기,
중기, 후기의 세포를 순서 없이 나타낸 것이다.

Ⅰ   Ⅱ   Ⅲ

이에 대한 설명으로 옳은 것만을 〈보기〉에서 있는 대로 고른
것은?

〈 보기 〉
ㄱ. Ⅰ은 전기의 세포이다.
ㄴ. Ⅲ에서 상동 염색체의 접합이 일어났다.
ㄷ. Ⅰ~Ⅲ에는 모두 히스톤 단백질이 있다.

① ㄱ   ② ㄴ   ③ ㄱ, ㄷ
④ ㄴ, ㄷ   ⑤ ㄱ, ㄴ, ㄷ

2025.9 평가원 10번

11. 다음은 민말이집 신경 A~C의 흥분 전도와 전달에 대한
자료이다.

○ 그림은 A~C의 지점 d_1~d_5의 위치를, 표는 ㉠A와 B
의 P에, C의 Q에 역치 이상의 자극을 동시에 1회 주고 경
과된 시간이 t_1일 때 d_1~d_5에서의 막전위를 나타낸 것이
다. P와 Q는 각각 d_1~d_5 중 하나이고, ㉮와 ㉯ 중 한 곳
에만 시냅스가 있다.

○ Ⅰ~Ⅲ은 A~C를 순서 없이 나타낸 것이고, ⓐ~ⓒ는
-80, -70, +30을 순서 없이 나타낸 것이다.

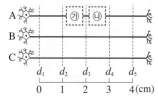

신경	t_1일 때 막전위(mV)				
	d_1	d_2	d_3	d_4	d_5
Ⅰ	?	ⓑ	ⓒ	ⓑ	?
Ⅱ	ⓐ	?	ⓑ	?	ⓒ
Ⅲ	?	ⓒ	ⓐ	ⓑ	ⓒ

○ A를 구성하는 두 뉴런의 흥분 전도 속도는 1 cm/ms로 같
고, B와 C의 흥분 전도 속도는
각각 1 cm/ms와 2 cm/ms
중 하나이다.

○ A~C 각각에서 활동 전위가
발생하였을 때, 각 지점에서의
막전위 변화는 그림과 같다.

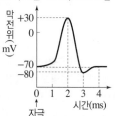

이에 대한 설명으로 옳은 것만을 〈보기〉에서 있는 대로 고른 것
은? (단, A~C에서 흥분의 전도는 각각 1회 일어났고, 휴지
전위는 -70 mV이다.) [3점]

〈 보기 〉
ㄱ. ⓐ는 -70이다.
ㄴ. ㉮에 시냅스가 있다.
ㄷ. ㉠이 3 ms일 때, B의 d_2에서 재분극이 일어나고 있다.

① ㄱ   ② ㄴ   ③ ㄱ, ㄷ   ④ ㄴ, ㄷ   ⑤ ㄱ, ㄴ, ㄷ

2025 수능 5번

12. 그림은 동물 종 X에서 ㉠ 섭취
량에 따른 혈장 삼투압을 나타낸 것이
다. ㉠은 물과 소금 중 하나이고,
Ⅰ과 Ⅱ는 '항이뇨 호르몬(ADH)이
정상적으로 분비되는 개체'와 '항이
뇨 호르몬(ADH)이 정상보다 적게
분비되는 개체'를 순서 없이 나타낸 것이다.

이에 대한 설명으로 옳은 것만을 〈보기〉에서 있는 대로 고른 것
은? (단, 제시된 조건 이외는 고려하지 않는다.) [3점]

〈 보기 〉
ㄱ. 콩팥은 ADH의 표적 기관이다.
ㄴ. Ⅰ은 'ADH가 정상적으로 분비되는 개체'이다.
ㄷ. Ⅱ에서 단위 시간당 오줌 생성량은 C_1일 때가 C_2일 때보다
적다.

① ㄱ   ② ㄴ   ③ ㄱ, ㄷ   ④ ㄴ, ㄷ   ⑤ ㄱ, ㄴ, ㄷ

2023.6 평가원 15번

13. 다음은 사람의 유전 형질 (가)~(다)에 대한 자료이다.

- (가)~(다)의 유전자는 서로 다른 3개의 상염색체에 있다.
- (가)는 대립유전자 A와 a에 의해, (나)는 대립유전자 B와 b에 의해, (다)는 대립유전자 D와 d에 의해 결정된다. A, B, D는 a, b, d에 대해 각각 완전 우성이며, (가)~(다)는 모두 열성 형질이다.
- 표는 남자 P와 여자 Q의 유전자형에서 B, D, d의 유무를 나타낸 것이고, 그림은 P와 Q 사이에서 태어난 자녀 I~III에서 체세포 1개당 A, B, D의 DNA 상대량을 더한 값 (A+B+D)을 나타낸 것이다.

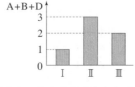

사람	대립유전자		
	B	D	d
P	×	×	○
Q	?	○	×

(○: 있음, ×: 없음)

- (가)와 (나) 중 한 형질에 대해서만 P와 Q의 유전자형이 서로 같다.
- 자녀 II와 III은 (가)~(다)의 표현형이 모두 같다.

이에 대한 설명으로 옳은 것만을 〈보기〉에서 있는 대로 고른 것은? (단, 돌연변이는 고려하지 않으며, A, a, B, b, D, d 각각의 1개당 DNA 상대량은 1이다.) [3점]

〈보기〉
ㄱ. P와 Q는 (나)의 유전자형이 서로 같다.
ㄴ. II의 (가)~(다)에 대한 유전자형은 AAbbDd이다.
ㄷ. III의 동생이 태어날 때, 이 아이의 (가)~(다)의 표현형이 모두 III과 같을 확률은 $\frac{3}{8}$이다.

① ㄱ　　　　② ㄴ　　　　③ ㄱ, ㄷ
④ ㄴ, ㄷ　　　⑤ ㄱ, ㄴ, ㄷ

2025.6 평가원 20번

14. 다음은 생물 다양성에 대한 자료이다. A와 B는 유전적 다양성과 종 다양성을 순서 없이 나타낸 것이다.

○ A는 한 생태계 내에 존재하는 생물종의 다양한 정도를 의미한다.
○ 같은 종의 개체들이 서로 다른 대립유전자를 가져 형질이 다양하게 나타나는 것은 B에 해당한다.

이에 대한 설명으로 옳은 것만을 〈보기〉에서 있는 대로 고른 것은?

〈보기〉
ㄱ. A는 종 다양성이다.
ㄴ. A가 감소하는 원인 중에는 서식지 파괴가 있다.
ㄷ. B가 높은 종은 환경이 급격히 변했을 때 멸종될 확률이 높다.

① ㄱ　　　　② ㄷ　　　　③ ㄱ, ㄴ
④ ㄴ, ㄷ　　　⑤ ㄱ, ㄴ, ㄷ

2025 수능 16번

15. 그림은 어떤 식물 군집의 천이 과정 일부를, 표는 이 과정 중 ㉠에서 방형구법을 이용하여 식물 군집을 조사한 결과를 나타낸 것이다. ㉠은 A와 B 중 하나이고, A와 B는 양수림과 음수림을 순서 없이 나타낸 것이다. 종 I과 II는 침엽수(양수)에 속하고, 종 III과 IV는 활엽수(음수)에 속한다. ㉠에서 IV의 상대 밀도는 5 %이다.

구분	I	II	III	IV
빈도	0.39	0.32	0.22	0.07
개체 수	ⓐ	36	18	6
상대 피도(%)	37	53	ⓑ	5

이 자료에 대한 설명으로 옳은 것만을 〈보기〉에서 있는 대로 고른 것은? (단, I~IV 이외의 종은 고려하지 않는다.) [3점]

〈보기〉
ㄱ. ㉠은 B이다.
ㄴ. ⓐ+ⓑ=65이다.
ㄷ. ㉠에서 중요치(중요도)가 가장 큰 종은 I이다.

① ㄱ　　　　② ㄴ　　　　③ ㄱ, ㄷ
④ ㄴ, ㄷ　　　⑤ ㄱ, ㄴ, ㄷ

2023.6 평가원 13번

16. 그림은 동물 세포 (가)~(라) 각각에 들어 있는 모든 염색체를 나타낸 것이다. (가)~(라)는 각각 서로 다른 개체 A, B, C의 세포 중 하나이다. A와 B는 같은 종이고, A와 C의 성은 같다. A~C의 핵상은 모두 2n이며, A~C의 성염색체는 암컷이 XX, 수컷이 XY이다.

(가)　　(나)　　(다)　　(라)

이에 대한 설명으로 옳은 것만을 〈보기〉에서 있는 대로 고른 것은? (단, 돌연변이는 고려하지 않는다.) [3점]

〈보기〉
ㄱ. (가)는 B의 세포이다.
ㄴ. (다)를 갖는 개체와 (라)를 갖는 개체의 핵형은 같다.
ㄷ. C의 감수 1분열 중기 세포 1개당 염색 분체 수는 6이다.

① ㄱ　　　　② ㄴ　　　　③ ㄷ
④ ㄱ, ㄴ　　　⑤ ㄴ, ㄷ

2024.9 평가원 19번

17. 다음은 어떤 집안의 유전 형질 (가)와 (나)에 대한 자료이다.

- (가)는 대립유전자 A와 a에 의해, (나)는 대립유전자 B와 b에 의해 결정된다. A는 a에 대해, B는 b에 대해 각각 완전 우성이다.
- (가)의 유전자와 (나)의 유전자는 서로 다른 염색체에 있다.
- 가계도는 구성원 1~7에게서 (가)와 (나)의 발현 여부를, 표는 구성원 1, 3, 6에서 체세포 1개당 ⊙과 B의 DNA 상대량을 더한 값(⊙+B)을 나타낸 것이다. ⊙은 A와 a 중 하나이다.

구성원	⊙+B
1	2
3	1
6	2

- ▨ (가) 발현 남자
- ⊞ (나) 발현 남자
- ■ (가), (나) 발현 남자
- ● (가), (나) 발현 여자

이에 대한 설명으로 옳은 것만을 〈보기〉에서 있는 대로 고른 것은? (단, 돌연변이와 교차는 고려하지 않으며, A, a, B, b 각각의 1개당 DNA 상대량은 1이다.)

〈 보기 〉
ㄱ. ⊙은 A이다.
ㄴ. (나)의 유전자는 상염색체에 있다.
ㄷ. 7의 동생이 태어날 때, 이 아이에게서 (가)와 (나)가 모두 발현될 확률은 $\frac{3}{8}$이다.

① ㄱ   ② ㄴ   ③ ㄱ, ㄷ
④ ㄴ, ㄷ   ⑤ ㄱ, ㄴ, ㄷ

2024.9 평가원 5번

18. 그림은 동공의 크기 조절에 관여하는 자율 신경 X가 중추 신경계에 연결된 경로를 나타낸 것이다. A~C는 대뇌, 연수, 중간뇌를 순서 없이 나타낸 것이고, ⊙에 하나의 신경절이 있다.

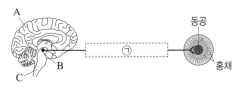

이에 대한 설명으로 옳은 것만을 〈보기〉에서 있는 대로 고른 것은?

〈 보기 〉
ㄱ. X는 신경절 이전 뉴런이 신경절 이후 뉴런보다 짧다.
ㄴ. A의 겉질은 회색질이다.
ㄷ. B와 C는 모두 뇌줄기에 속한다.

① ㄱ   ② ㄷ   ③ ㄱ, ㄴ
④ ㄴ, ㄷ   ⑤ ㄱ, ㄴ, ㄷ

2024.6 평가원 4번

19. 사람의 질병에 대한 설명으로 옳은 것만을 〈보기〉에서 있는 대로 고른 것은?

〈 보기 〉
ㄱ. 독감의 병원체는 바이러스이다.
ㄴ. 결핵의 병원체는 독립적으로 물질대사를 한다.
ㄷ. 낫 모양 적혈구 빈혈증은 비감염성 질병에 해당한다.

① ㄱ   ② ㄴ   ③ ㄱ, ㄷ
④ ㄴ, ㄷ   ⑤ ㄱ, ㄴ, ㄷ

2024.6 평가원 17번

20. 다음은 어떤 가족의 유전 형질 (가)~(다)에 대한 자료이다.

- (가)는 대립유전자 A와 a에 의해, (나)는 대립유전자 B와 b에 의해, (다)는 대립유전자 D와 d에 의해 결정된다.
- (가)와 (나)의 유전자는 7번 염색체에, (다)의 유전자는 13번 염색체에 있다.
- 그림은 어머니와 아버지의 체세포 각각에 들어 있는 7번 염색체, 13번 염색체와 유전자를 나타낸 것이다.

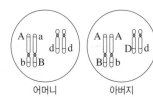

- 표는 이 가족 구성원 중 자녀 1~3에서 체세포 1개당 A, b, D의 DNA 상대량을 더한 값(A+b+D)과 체세포 1개당 a, b, d의 DNA 상대량을 더한 값(a+b+d)을 나타낸 것이다.

구성원		자녀 1	자녀 2	자녀 3
DNA 상대량을 더한 값	A+b+D	5	3	4
	a+b+d	3	3	1

- 자녀 1~3은 (가)의 유전자형이 모두 같다.
- 어머니의 생식세포 형성 과정에서 ⊙이 1회 일어나 형성된 난자 P와 아버지의 생식세포 형성 과정에서 ⓒ이 1회 일어나 형성된 정자 Q가 수정되어 자녀 3이 태어났다. ⊙과 ⓒ은 7번 염색체 결실과 13번 염색체 비분리를 순서 없이 나타낸 것이다.
- 자녀 3의 체세포 1개당 염색체 수는 47이고, 자녀 3을 제외한 이 가족 구성원의 핵형은 모두 정상이다.

이에 대한 설명으로 옳은 것만을 〈보기〉에서 있는 대로 고른 것은? (단, 제시된 돌연변이 이외의 돌연변이와 교차는 고려하지 않으며, A, a, B, b, D, d 각각의 1개당 DNA 상대량은 1이다.) [3점]

〈 보기 〉
ㄱ. 자녀 2에게서 A, B, D를 모두 갖는 생식세포가 형성될 수 있다.
ㄴ. ⊙은 7번 염색체 결실이다.
ㄷ. 염색체 비분리는 감수 2분열에서 일어났다.

① ㄱ   ② ㄴ   ③ ㄱ, ㄷ
④ ㄴ, ㄷ   ⑤ ㄱ, ㄴ, ㄷ

1. 그림은 운동을 하기 전후의 체온 변화를 나타낸 것이다. 이 자료에 나타난 생물의 특성과 가장 관련이 깊은 것은?

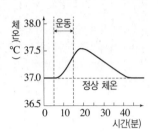

① 식물이 빛을 향해 굽어 자란다.

② 심해 어류의 시각이 퇴화되었다.

③ 위에서 펩신에 의해 단백질이 분해된다.

④ 나비 애벌레가 번데기를 거쳐 성충이 된다.

⑤ 식사 후 혈당량이 높아지면 인슐린의 작용으로 혈당량이 낮아진다.

2. 다음은 철수가 수행한 탐구 과정이다.

| 실험 과정 |

병 A와 B에 표와 같은 조건으로 같은 양의 물질을 첨가한 후 병의 입구를 막고 25 °C에 2시간 동안 두었다.

구분	A	B
넣은 물질	증류수＋효모	포도당 수용액＋효모

| 실험 결과 |

병 속의 용액 온도는 A보다 B에서 더 높아졌으며, 두 병의 기체를 각각 석회수에 통과시켰을 때 B의 경우에만 석회수가 뿌옇게 변하였다.

이에 대한 설명으로 옳은 것만을 〈보기〉에서 있는 대로 고른 것은? [3점]

〈 보기 〉

ㄱ. 이 실험은 생물의 특성 중 '물질대사를 한다.'를 전제로 한 것이다.

ㄴ. 이 실험의 가설은 '효모는 에너지원으로 포도당만 사용할 것이다.'이다.

ㄷ. 병 속에 효모를 넣는 것은 조작 변인이고, 병을 처리하는 온도는 통제 변인이다.

① ㄱ   ② ㄷ   ③ ㄱ, ㄴ

④ ㄴ, ㄷ   ⑤ ㄱ, ㄴ, ㄷ

3. 그림 (가)는 사람에서 세포 호흡을 통해 포도당으로부터 최종 분해 산물과 에너지가 생성되는 과정을, (나)는 ATP와 ADP 사이의 전환을 나타낸 것이다. ㉠과 ㉡은 각각 O_2와 CO_2 중 하나이다.

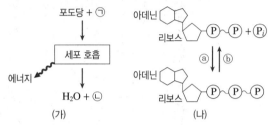

이에 대한 설명으로 옳은 것만을 〈보기〉에서 있는 대로 고른 것은?

〈 보기 〉

ㄱ. ㉠은 CO_2이다.

ㄴ. (가)와 (나)에서 모두 효소가 사용된다.

ㄷ. 미토콘드리아에서 (나)의 ⓐ 과정이 일어난다.

① ㄱ   ② ㄴ   ③ ㄱ, ㄷ

④ ㄴ, ㄷ   ⑤ ㄱ, ㄴ, ㄷ

4. 그림은 우리 몸에 있는 각 기관계의 통합적 작용을 나타낸 것이다. (가)~(라)는 각각 배설계, 호흡계, 순환계, 소화계 중 하나이다.

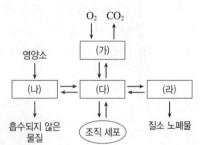

이에 대한 설명으로 옳은 것만을 〈보기〉에서 있는 대로 고른 것은?

〈 보기 〉

ㄱ. (가)는 호흡계, (라)는 배설계이다.

ㄴ. (나)에서 동화 작용만 일어난다.

ㄷ. (다)를 통해 세포 호흡에 필요한 물질이 조직 세포로 운반된다.

① ㄱ   ② ㄷ   ③ ㄱ, ㄴ

④ ㄱ, ㄷ   ⑤ ㄴ, ㄷ

5. 다음은 대사성 질환에 대한 선생님과 세 학생의 SNS 대화 내용이다.

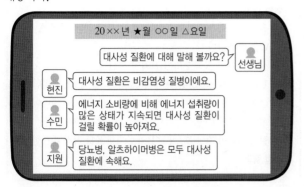

20××년 ★월 ○○일 △요일

선생님: 대사성 질환에 대해 말해 볼까요?

현진: 대사성 질환은 비감염성 질병이에요.

수민: 에너지 소비량에 비해 에너지 섭취량이 많은 상태가 지속되면 대사성 질환이 걸릴 확률이 높아져요.

지원: 당뇨병, 알츠하이머병은 모두 대사성 질환에 속해요.

대사성 질환에 대해 옳게 말한 학생만을 있는 대로 고른 것은?

① 현진   ② 지원   ③ 현진, 수민
④ 수민, 지원   ⑤ 현진, 수민, 지원

6. 그림 (가)는 어떤 뉴런의 축삭 돌기 한 지점에서 분극 상태일 때 이온 분포를, (나)는 이 지점에 활동 전위가 발생하였을 때 시간에 따른 막전위를 나타낸 것이다. 활동 전위 발생 시 ㉡이 ㉠보다 먼저 열린다.

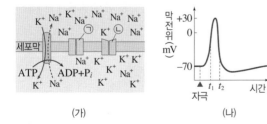

(가)   (나)

이에 대한 설명으로 옳은 것만을 〈보기〉에서 있는 대로 고른 것은?

〈 보기 〉
ㄱ. (가)일 때 휴지 전위가 나타난다.
ㄴ. t_1일 때 Na^+의 유입에 ATP가 사용된다.
ㄷ. t_2일 때 K^+은 ㉠을 통해 세포 밖으로 확산된다.

① ㄱ   ② ㄴ   ③ ㄷ
④ ㄱ, ㄷ   ⑤ ㄱ, ㄴ, ㄷ

7. 그림은 시냅스로 연결된 두 뉴런을, 표는 이 뉴런의 지점 P와 Q에 역치 이상의 자극을 각각 1회씩 준 후 지점 ㉠~㉢에서의 활동 전위 발생 여부를 나타낸 것이다. ㉠~㉢은 지점 A~C를 순서 없이 나타낸 것이다.

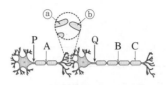

자극 위치	활동 전위 발생 여부		
	㉠	㉡	㉢
P	○	○	×
Q	○	×	?

(○: 발생함, ×: 발생 안 함)

이에 대한 설명으로 옳은 것만을 〈보기〉에서 있는 대로 고른 것은? [3점]

〈 보기 〉
ㄱ. ㉠은 A이다.
ㄴ. ⓐ에서 방출된 신경 전달 물질은 ⓑ의 막전위를 변화시킨다.
ㄷ. 그림의 시냅스 이전 뉴런에는 슈반 세포가 존재한다.

① ㄱ   ② ㄷ   ③ ㄱ, ㄴ
④ ㄴ, ㄷ   ⑤ ㄱ, ㄴ, ㄷ

8. 다음은 골격근의 수축 과정에 대한 자료이다.

- 그림은 근육 원섬유 마디 X의 구조를 나타낸 것이다. X는 좌우 대칭이고, 구간 ㉠은 액틴 필라멘트와 마이오신 필라멘트가 겹치는 부분이다.

- 그림은 구간 ㉠ 중 한 지점의 단면을, 표는 골격근의 수축 과정에서 두 시점 t_1과 t_2일 때 X의 길이와 A대의 길이를 나타낸 것이다.

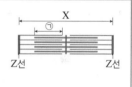

시점	X의 길이	A대의 길이
t_1	2.2 µm	1.4 µm
t_2	2.4 µm	?

이에 대한 설명으로 옳은 것만을 〈보기〉에서 있는 대로 고른 것은? [3점]

〈 보기 〉
ㄱ. H대에 ⓐ가 존재한다.
ㄴ. ⓐ의 길이와 ⓑ의 길이를 더한 값은 t_1일 때와 t_2일 때가 같다.
ㄷ. $\dfrac{㉠의 \ 길이}{A대의 \ 길이}$는 t_1일 때보다 t_2일 때가 작다.

① ㄱ   ② ㄴ   ③ ㄱ, ㄷ
④ ㄴ, ㄷ   ⑤ ㄱ, ㄴ, ㄷ

9. 그림은 빛 자극에 의해 동공의 크기가 조절되는 경로를 나타낸 것이다.

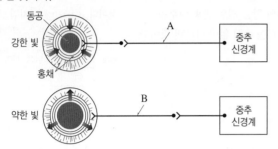

이에 대한 설명으로 옳은 것만을 〈보기〉에서 있는 대로 고른 것은?

───〈 보기 〉───
ㄱ. A는 중간뇌에서 뻗어나온다.
ㄴ. B의 축삭 돌기 말단에서 아세틸콜린이 분비된다.
ㄷ. 동공의 크기를 조절하는 중추는 뇌줄기에 속한다.

① ㄱ   ② ㄴ   ③ ㄱ, ㄷ
④ ㄴ, ㄷ   ⑤ ㄱ, ㄴ, ㄷ

10. 그림은 체온이 38 °C인 어떤 동물에서 시간에 따른 간뇌의 시상 하부 온도와 체온을 나타낸 것이다.

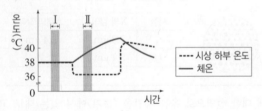

이에 대한 설명으로 옳은 것만을 〈보기〉에서 있는 대로 고른 것은? [3점]

───〈 보기 〉───
ㄱ. 시상 하부는 뇌줄기에 속한다.
ㄴ. 피부 근처 혈관은 구간 Ⅰ에서보다 구간 Ⅱ에서 더 확장된다.
ㄷ. 구간 Ⅱ에서 $\dfrac{열 발산량}{열 발생량}$의 값은 시간이 지날수록 감소한다.

① ㄱ   ② ㄷ   ③ ㄱ, ㄴ
④ ㄱ, ㄷ   ⑤ ㄴ, ㄷ

11. 다음은 병원체 X에 대한 생쥐의 방어 작용 실험이다.

| 실험 과정 |
(가) 유전적으로 동일하고 X에 노출된 적이 없는 생쥐 A, B, C를 준비한다.
(나) 생쥐 A에게 X를 2회에 걸쳐 주사한다.
(다) 1주 후, (나)의 생쥐 A에서 ㉠과 ㉡을 각각 분리한다. ㉠과 ㉡은 각각 혈청과 X에 대한 기억 세포 중 하나이다.
(라) 생쥐 B에게 ㉠을, 생쥐 C에게 ㉡을 각각 주사한다.
(마) 일정 시간이 지난 후, 생쥐 B와 C에게 X를 각각 주사한다.

| 실험 결과 |
생쥐 B와 C에서 측정한 X에 대한 혈중 항체 농도 변화는 그림과 같다.

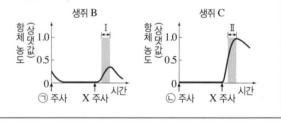

이에 대한 설명으로 옳은 것만을 〈보기〉에서 있는 대로 고른 것은? [3점]

───〈 보기 〉───
ㄱ. ㉠은 혈청이다.
ㄴ. 구간 Ⅰ에서 X에 대한 체액성 면역 반응이 일어났다.
ㄷ. 구간 Ⅱ에서 X에 대한 기억 세포가 형질 세포로 분화하였다.

① ㄱ   ② ㄴ   ③ ㄱ, ㄷ
④ ㄴ, ㄷ   ⑤ ㄱ, ㄴ, ㄷ

12. 그림은 특정 형질의 유전자형이 Aa인 어떤 사람의 체세포에 있는 한 쌍의 상염색체와 이 중 한 염색체의 구조를 나타낸 것이다.

이에 대한 설명으로 옳은 것만을 〈보기〉에서 있는 대로 고른 것은?

───〈 보기 〉───
ㄱ. ㉠에는 A, ㉡에는 a가 있다.
ㄴ. ㉢은 분열이 일어나는 세포에서만 형성된다.
ㄷ. ㉣에는 유전 정보가 저장되어 있다.

① ㄱ   ② ㄷ   ③ ㄱ, ㄴ
④ ㄴ, ㄷ   ⑤ ㄱ, ㄴ, ㄷ

13. 그림은 어떤 동물(2n=4)에서 체세포의 세포 주기를 나타낸 것이다. ㉠~㉢은 각각 G₁기, S기, M기 중 하나이다.

이에 대한 설명으로 옳은 것만을 〈보기〉에서 있는 대로 고른 것은?

〈보기〉
ㄱ. ㉠ 시기에 염색체가 응축하여 나타난다.
ㄴ. 핵 1개당 DNA양은 ㉡이 ㉢의 2배이다.
ㄷ. ㉡ 시기에 방추사를 형성하는 단백질이 활발하게 합성된다.

① ㄱ   ② ㄷ   ③ ㄱ, ㄴ
④ ㄴ, ㄷ   ⑤ ㄱ, ㄴ, ㄷ

14. 그림은 동물 A와 B의 세포 (가)~(다) 각각에 들어 있는 모든 염색체를 나타낸 것이다. A와 B는 같은 종이고 성별이 다르며, (가)는 A의 세포이고, (다)는 B의 세포이다. 이 동물의 성염색체는 수컷이 XY, 암컷이 XX이다.

(가)   (나)   (다)

이에 대한 설명으로 옳은 것만을 〈보기〉에서 있는 대로 고른 것은? [3점]

〈보기〉
ㄱ. (가)와 (다)는 핵상이 같다.
ㄴ. B의 체세포 분열 중기의 세포 1개당 X 염색체의 염색 분체 수는 (가)와 같다.
ㄷ. (가)로부터 형성된 생식세포와 (나)가 수정되어 자손이 태어날 때, 이 자손은 항상 수컷이다.

① ㄱ   ② ㄷ   ③ ㄱ, ㄴ
④ ㄴ, ㄷ   ⑤ ㄱ, ㄴ, ㄷ

15. 그림은 어떤 집안의 유전병 유전 가계도를 나타낸 것이다.

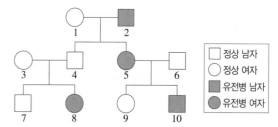

정상 남자
정상 여자
유전병 남자
유전병 여자

이에 대한 설명으로 옳은 것만을 〈보기〉에서 있는 대로 고른 것은?

〈보기〉
ㄱ. 1과 4는 유전병에 대한 유전자형이 같다.
ㄴ. 5의 유전병 대립유전자는 9에게는 전달되지 않았다.
ㄷ. 8의 동생이 태어날 때, 이 아이가 유전병을 나타낼 확률은 50 %이다.

① ㄱ   ② ㄷ   ③ ㄱ, ㄴ
④ ㄱ, ㄷ   ⑤ ㄴ, ㄷ

16. 그림 (가)는 유전병 ㉠에 대한 어떤 집안의 가계도를, (나)는 가계도의 3~5에서 유전병 ㉠의 발현에 관여하는 대립유전자 A와 A*의 DNA 상대량을 나타낸 것이다.

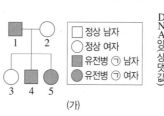 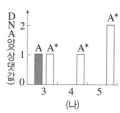
(가)   (나)

정상 남자
정상 여자
유전병 ㉠ 남자
유전병 ㉠ 여자

이에 대한 설명으로 옳은 것만을 〈보기〉에서 있는 대로 고른 것은? (단, 돌연변이는 고려하지 않는다.) [3점]

〈보기〉
ㄱ. 1과 2는 A*를 가지고 있다.
ㄴ. 유전병 ㉠은 여자보다 남자에서 더 많이 나타난다.
ㄷ. 5가 정상 남자와 결혼하였을 때, 이들 사이에서 태어난 아이가 유전병인 딸일 확률은 25 %이다.

① ㄱ   ② ㄴ   ③ ㄷ
④ ㄱ, ㄴ   ⑤ ㄴ, ㄷ

17. 그림 (가)와 (나)는 각각 핵형이 정상인 여자와 남자의 생식세포 형성 과정을 나타낸 것이다. (가)에서는 21번 염색체가, (나)에서는 성염색체가 각각 1회 비분리되었다.

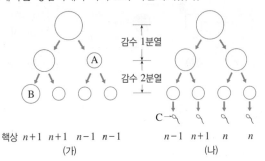

이에 대한 설명으로 옳은 것만을 〈보기〉에서 있는 대로 고른 것은? [3점]

〈 보기 〉
ㄱ. A에는 21번 염색체가 없다.
ㄴ. B와 C가 수정하여 만들어진 수정란의 핵형은 정상인과 같다.
ㄷ. (나)의 정자 중에는 X 염색체와 Y 염색체를 모두 가진 것이 있다.

① ㄱ ② ㄷ ③ ㄱ, ㄴ
④ ㄱ, ㄷ ⑤ ㄴ, ㄷ

18. 표는 비생물적 요인 ㉠~㉢이 생물에 영향을 준 사례를, 그림은 수심에 따른 해조류의 분포를 나타낸 것이다.

구분	사례
㉠	조류의 알은 단단한 껍데기에 싸여 있다.
㉡	같은 나무에 있는 잎이라도 위치에 따라 잎의 두께가 서로 다르다.
㉢	여우 A는 사막여우보다 귀가 작고, 꼬리가 짧다.

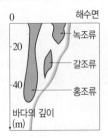

이에 대한 설명으로 옳은 것만을 〈보기〉에서 있는 대로 고른 것은? [3점]

〈 보기 〉
ㄱ. ㉠은 물이다.
ㄴ. 그림의 해조류 분포는 ㉡의 영향으로 나타난다.
ㄷ. 여우 A는 사막여우보다 온도가 높은 지역에 산다.

① ㄱ ② ㄷ ③ ㄱ, ㄴ
④ ㄴ, ㄷ ⑤ ㄱ, ㄴ, ㄷ

19. 그림 (가)와 (나)는 서로 다른 생태계에서 생산자, 1차 소비자, 2차 소비자의 에너지양을 상댓값으로 각각 나타낸 생태 피라미드이다. 에너지 효율은 (나)의 2차 소비자가 (가)의 1차 소비자의 20배이다.

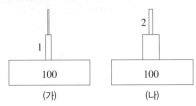

이에 대한 설명으로 옳은 것만을 〈보기〉에서 있는 대로 고른 것은?

〈 보기 〉
ㄱ. (가)에서 광합성을 하는 영양 단계의 에너지양이 가장 적다.
ㄴ. (나)에서 에너지는 영양 단계를 거치면서 순환한다.
ㄷ. (나)에서 1차 소비자의 에너지양(상댓값)은 10이다.

① ㄴ ② ㄷ ③ ㄱ, ㄴ
④ ㄱ, ㄷ ⑤ ㄴ, ㄷ

20. 그림은 어떤 숲에서 시간에 따른 식물의 유기물 생산량과 소비량을 나타낸 것이다.

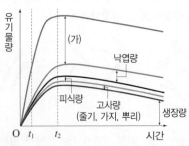

이에 대한 설명으로 옳은 것만을 〈보기〉에서 있는 대로 고른 것은? [3점]

〈 보기 〉
ㄱ. (가)는 호흡량이다.
ㄴ. t_2일 때가 t_1일 때보다 순생산량이 많다.
ㄷ. t_1~t_2에서 1차 소비자로 이동하는 유기물의 양은 감소한다.

① ㄱ ② ㄴ ③ ㄷ
④ ㄱ, ㄴ ⑤ ㄴ, ㄷ

1. 다음은 식충 식물인 파리지옥에 대한 설명이다.

- 파리지옥이 냄새를 풍기면 ㉠곤충이 파리지옥으로 날아온다.
- 파리지옥의 잎에는 긴 털과 감각모가 있는데, ㉡곤충이 감각모에 닿으면 잎이 닫힌다.
- 닫힌 잎의 안쪽에 있는 분비샘에서 산과 소화액을 분비하여 ㉢곤충을 소화시킨 후 파리지옥에게 필요한 ㉣단백질을 합성한다.

이에 대한 설명으로 옳은 것만을 〈보기〉에서 있는 대로 고른 것은?

〈 보기 〉
ㄱ. ㉠과 ㉡은 모두 자극에 대한 반응의 예이다.
ㄴ. ㉢은 물질대사의 동화 작용에 해당한다.
ㄷ. ㉣이 일어날 때 빛에너지가 직접 이용된다.

① ㄱ   ② ㄴ   ③ ㄱ, ㄷ
④ ㄴ, ㄷ   ⑤ ㄱ, ㄴ, ㄷ

2. 다음은 어떤 탐구 과정의 일부를 나타낸 것이다.

(가) 결핵에 걸린 사람의 혈액에서 세균 X를 발견하였다.
(나) 건강한 토끼를 집단 A와 집단 B로 나누어 집단 A의 토끼에게는 세균 X를 주사하였고, 집단 B의 토끼에게는 세균 X를 주사하지 않았다.
(다) 집단 A의 토끼만 결핵에 걸렸고, 집단 B의 토끼는 결핵에 걸리지 않았다.
(라) 세균 X가 결핵을 유발한다고 결론을 내렸다.

이에 대한 설명으로 옳은 것만을 〈보기〉에서 있는 대로 고른 것은? [3점]

〈 보기 〉
ㄱ. (가)는 가설 설정 단계이다.
ㄴ. (나)에서 집단 A가 실험군이다.
ㄷ. (나)에서 집단 A와 B의 서식 환경을 같게 한다.
ㄹ. 결론의 타당성을 높이려면 (다)에서 결핵에 걸린 토끼의 혈액에 세균 X가 있는지를 확인한다.

① ㄱ, ㄴ   ② ㄱ, ㄷ   ③ ㄴ, ㄹ
④ ㄷ, ㄹ   ⑤ ㄴ, ㄷ, ㄹ

3. 그림 (가)는 사람에서 포도당이 이산화 탄소와 물로 분해되는 과정을, (나)는 ATP와 ADP 사이의 전환을 나타낸 것이다.

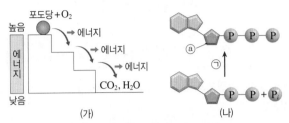

(가)   (나)

이에 대한 설명으로 옳은 것만을 〈보기〉에서 있는 대로 고른 것은? [3점]

〈 보기 〉
ㄱ. (가)는 리보솜에서 일어난다.
ㄴ. (가)에서 방출된 에너지 중 일부가 ㉠에 사용된다.
ㄷ. ⓐ는 RNA를 구성하는 성분 중 하나이다.

① ㄱ   ② ㄴ   ③ ㄱ, ㄷ
④ ㄴ, ㄷ   ⑤ ㄱ, ㄴ, ㄷ

4. 그림은 사람의 혈액 순환 경로를 나타낸 것이다. ㉠과 ㉡은 혈관이고, A와 B는 각각 소장과 콩팥 중 하나이다.

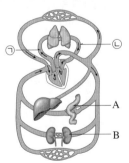

이에 대한 설명으로 옳은 것만을 〈보기〉에서 있는 대로 고른 것은?

〈 보기 〉
ㄱ. 단위 부피당 산소량은 ㉠의 혈액보다 ㉡의 혈액이 적다.
ㄴ. A는 소화계에 속한다.
ㄷ. B는 항이뇨 호르몬(ADH)의 표적 기관이다.

① ㄱ   ② ㄴ   ③ ㄱ, ㄷ
④ ㄴ, ㄷ   ⑤ ㄱ, ㄴ, ㄷ

5. 그림은 사람 몸에 있는 기관계의 통합적 작용과 기관계 (가)~(라)의 특징 중 일부를 나타낸 것이다. (가)~(라)는 각각 배설계, 소화계, 호흡계, 순환계 중 하나이다.

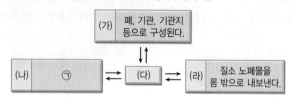

이에 대한 설명으로 옳은 것만을 〈보기〉에서 있는 대로 고른 것은?

〈 보기 〉
ㄱ. '영양소를 분해하여 몸속으로 흡수한다.'는 ⊙에 해당한다.
ㄴ. (다)는 순환계이다.
ㄷ. 방광은 (라)에 속한다.

① ㄱ   ② ㄴ   ③ ㄱ, ㄷ
④ ㄴ, ㄷ   ⑤ ㄱ, ㄴ, ㄷ

6. 그림 (가)는 시냅스로 연결된 두 개의 뉴런을, (나)는 (가)의 Q에 역치 이상의 자극을 1회 주었을 때 A~C 중 한 지점에서의 막전위 변화를 나타낸 것이다.

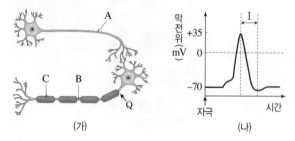

이에 대한 설명으로 옳은 것만을 〈보기〉에서 있는 대로 고른 것은?

〈 보기 〉
ㄱ. (가)에서 시냅스 이전 뉴런은 말이집 신경이다.
ㄴ. (나)는 B에서의 막전위 변화이다.
ㄷ. 구간 I에서 K^+의 농도는 세포 안쪽이 바깥쪽보다 높다.

① ㄱ   ② ㄴ   ③ ㄷ
④ ㄱ, ㄴ   ⑤ ㄴ, ㄷ

7. 그림은 근육 원섬유 마디 X의 구조를, 표는 골격근이 수축하는 과정의 두 시점 ⓐ와 ⓑ에서 X의 길이와 ⊙의 길이를 나타낸 것이다. ⊙은 액틴 필라멘트와 마이오신 필라멘트가 겹치는 두 구간 중 한 구간, ⓒ은 액틴 필라멘트만 있는 두 구간 중 한 구간이다.

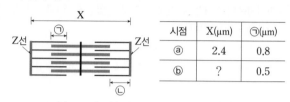

시점	X(μm)	⊙(μm)
ⓐ	2.4	0.8
ⓑ	?	0.5

이에 대한 설명으로 옳은 것만을 〈보기〉에서 있는 대로 고른 것은? (단, X는 좌우 대칭이다.) [3점]

〈 보기 〉
ㄱ. ⓒ의 길이는 ⓐ일 때보다 ⓑ일 때 길다.
ㄴ. 마이오신 필라멘트의 길이는 ⓑ일 때가 ⓐ일 때보다 길다.
ㄷ. $\dfrac{\text{ⓑ일 때 H대의 길이} - \text{ⓐ일 때 H대의 길이}}{\text{ⓑ일 때 X의 길이}} = \dfrac{1}{5}$이다.

① ㄱ   ② ㄷ   ③ ㄱ, ㄴ
④ ㄱ, ㄷ   ⑤ ㄴ, ㄷ

8. 표 (가)는 소화관에 연결된 신경 A와 B의 흥분 시 소화관에서의 소화액 분비 변화를, (나)는 A와 B에서 특징 ⊙과 ⓒ의 유무를 나타낸 것이다. A와 B는 각각 소화액 분비를 조절하는 교감 신경과 부교감 신경 중 하나이다.

구분	소화액 분비
A 흥분 시	억제
B 흥분 시	?

구분	⊙	ⓒ
A	○	×
B	○	○

(○: 있음, ×: 없음)

(가)   (나)

이에 대한 설명으로 옳은 것만을 〈보기〉에서 있는 대로 고른 것은? [3점]

〈 보기 〉
ㄱ. '대뇌의 직접적인 지배를 받지 않는다.'는 ⊙에 해당한다.
ㄴ. '신경절 이전 뉴런이 신경절 이후 뉴런보다 길다.'는 ⓒ에 해당한다.
ㄷ. B의 신경절 이전 뉴런의 신경 세포체는 척수에 있다.

① ㄱ   ② ㄷ   ③ ㄱ, ㄴ
④ ㄴ, ㄷ   ⑤ ㄱ, ㄴ, ㄷ

9. 그림 (가)는 혈당량에 따른 혈액 속 호르몬 A와 B의 농도를, (나)는 정상인과 어떤 당뇨병 환자의 식사 후 시간에 따른 혈중 ㉠의 농도 변화를 나타낸 것이다. A와 B는 각각 이자섬에서 분비되는 호르몬이며, ㉠은 A와 B 중 하나이다.

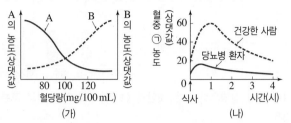

(가)   (나)

이에 대한 설명으로 옳은 것만을 〈보기〉에서 있는 대로 고른 것은? [3점]

〈보기〉
ㄱ. A는 이자섬의 α세포에서 분비된다.
ㄴ. 간에서 A와 B는 길항 작용을 한다.
ㄷ. (나)의 당뇨병 환자를 치료할 때 B를 사용할 수 있다.

① ㄱ   ② ㄷ   ③ ㄱ, ㄴ
④ ㄴ, ㄷ   ⑤ ㄱ, ㄴ, ㄷ

10. 표는 사람의 몸을 구성하는 기관의 특징을, 그림은 정상인의 혈장 삼투압에 따른 혈중 ㉠의 농도를 나타낸 것이다. A~C는 각각 이자, 콩팥, 부신 중 하나이다.

기관	특징
A	ⓐ
B	㉠항이뇨 호르몬(ADH)의 표적 기관이다.
C	에피네프린을 분비한다.

이에 대한 설명으로 옳은 것만을 〈보기〉에서 있는 대로 고른 것은? [3점]

〈보기〉
ㄱ. '글루카곤을 분비한다.'는 ⓐ에 해당한다.
ㄴ. C는 심장 박동 촉진에 관여한다.
ㄷ. 단위 시간당 오줌 생성량은 p_1일 때보다 p_2일 때가 많다.

① ㄱ   ② ㄷ   ③ ㄱ, ㄴ
④ ㄴ, ㄷ   ⑤ ㄱ, ㄴ, ㄷ

11. 그림 (가)~(다)는 사람의 체내에 세균 X가 침입하였을 때 일어나는 방어 작용의 일부를 나타낸 것이다. ㉠과 ㉡은 모두 림프구의 일종이다.

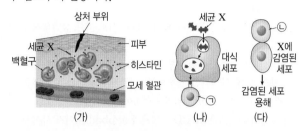

(가)   (나)   (다)

이에 대한 설명으로 옳은 것만을 〈보기〉에서 있는 대로 고른 것은?

〈보기〉
ㄱ. (가)와 (나)에서 모두 식균 작용이 일어난다.
ㄴ. (다)는 세포성 면역 반응이다.
ㄷ. ㉠은 체액성 면역 반응이 일어나는 데 관여한다.

① ㄱ   ② ㄷ   ③ ㄱ, ㄴ
④ ㄴ, ㄷ   ⑤ ㄱ, ㄴ, ㄷ

12. 그림은 유전자형이 AaBb인 어떤 생물에서 생식세포가 형성되는 과정을 나타낸 것이다.

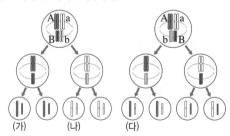

(가)   (나)   (다)

이에 대한 설명으로 옳은 것만을 〈보기〉에서 있는 대로 고른 것은? (단, 돌연변이는 고려하지 않는다.)

〈보기〉
ㄱ. 생식세포의 유전자 구성은 (가)는 AB이고, (나)는 ab 이다.
ㄴ. 감수 1분열에서 각 상동 염색체의 배열에 따라 생식세포의 유전자 구성이 달라진다.
ㄷ. 모세포 하나에서 유전자 구성이 (나)와 (다)인 생식세포가 동시에 형성될 확률은 $\frac{1}{4}$이다.

① ㄱ   ② ㄴ   ③ ㄷ
④ ㄱ, ㄴ   ⑤ ㄴ, ㄷ

13. 다음은 사람의 유전 형질 (가)에 대한 자료이다.

- (가)는 3쌍의 대립유전자 A와 a, B와 b, D와 d에 의해 결정된다.
- (가)를 결정하는 유전자 A, B, D는 서로 다른 상염색체에 있다.
- (가)의 표현형은 유전자형에서 대문자로 표시되는 대립유전자의 수에 의해서만 결정되며, 대문자로 표시되는 대립유전자의 수가 다르면 (가)의 표현형이 다르다.
- 유전자형이 AABBDD인 남자와 aabbdd인 여자 사이에서 남자 ㉠이 태어났다.

이에 대한 설명으로 옳은 것만을 〈보기〉에서 있는 대로 고른 것은? (단, 돌연변이는 고려하지 않는다.) [3점]

〈 보기 〉
ㄱ. (가)는 다인자 유전 형질이다.
ㄴ. ㉠은 최대 (가)에 대한 유전자형이 다른 4가지의 생식세포를 형성할 수 있다.
ㄷ. ㉠이 어머니와 유전자형이 같은 여자와 결혼하여 아이를 낳을 때, 이 아이에게서 나타날 수 있는 (가)의 표현형은 최대 4가지이다.

① ㄴ
② ㄷ
③ ㄱ, ㄴ
④ ㄱ, ㄷ
⑤ ㄱ, ㄴ, ㄷ

14. 그림은 세포 (가)~(마) 각각에 들어 있는 모든 염색체를 나타낸 것이다. 서로 다른 개체 A~C 중 A와 B는 같은 종이며, 핵상과 염색체 수는 모두 $2n=8$이다. B와 C는 수컷이며, A~C의 성염색체는 암컷이 XX, 수컷이 XY이다.

(가) (나) (다) (라) (마)

이에 대한 설명으로 옳은 것만을 〈보기〉에서 있는 대로 고른 것은? [3점]

〈 보기 〉
ㄱ. (가)와 (다)는 C의 세포이다.
ㄴ. (나)와 (라)는 같은 개체의 세포이다.
ㄷ. (마)의 $\dfrac{\text{상염색체 수}}{\text{X 염색체 수}}=6$이다.

① ㄱ
② ㄷ
③ ㄱ, ㄴ
④ ㄱ, ㄷ
⑤ ㄴ, ㄷ

15. 표는 철수네 가족의 유전병 ㉠의 발현 여부를, 그림은 가족에서 유전병 ㉠의 발현에 관여하는 대립유전자 A와 A*의 DNA 상대량을 나타낸 것이다.

가족	표현형
아버지	정상
어머니	정상
철수	유전병 ㉠
여동생	정상

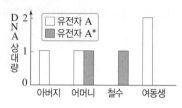

이에 대한 설명으로 옳은 것만을 〈보기〉에서 있는 대로 고른 것은?

〈 보기 〉
ㄱ. 유전병 ㉠은 우성 형질이다.
ㄴ. 유전병 ㉠은 다인자 유전 형질이다.
ㄷ. 유전병 ㉠은 여자보다 남자에서 더 많이 나타난다.

① ㄱ
② ㄷ
③ ㄱ, ㄴ
④ ㄱ, ㄷ
⑤ ㄴ, ㄷ

16. 다음은 어떤 집안의 ABO식 혈액형과 유전 형질 ㉠에 대한 자료이다.

- ㉠은 대립유전자 H와 H*에 의해 결정된다. H는 H*에 대해 완전 우성이다.
- ㉠의 유전자는 성염색체에 있다.

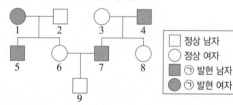

정상 남자 / 정상 여자 / ㉠ 발현 남자 / ㉠ 발현 여자

- 구성원 1, 2, 5, 6의 ABO식 혈액형은 모두 다르다.
- 표는 구성원 3, 5, 8, 9의 혈액 응집 반응 결과이다.

구분	3의 적혈구	5의 적혈구	8의 적혈구	9의 적혈구
항 A 혈청	−	?	−	+
항 B 혈청	−	+	−	+

(+: 응집됨, −: 응집 안 됨)

이에 대한 설명으로 옳은 것만을 〈보기〉에서 있는 대로 고른 것은? (단, 돌연변이는 고려하지 않는다.) [3점]

〈 보기 〉
ㄱ. 3의 ㉠에 대한 유전자형은 HH*이다.
ㄴ. 4의 ABO식 혈액형은 B형이다.
ㄷ. 9의 동생이 태어날 때, 이 아이의 ABO식 혈액형이 A형이고 ㉠이 발현될 확률은 $\dfrac{1}{16}$이다.

① ㄱ
② ㄷ
③ ㄱ, ㄴ
④ ㄴ, ㄷ
⑤ ㄱ, ㄴ, ㄷ

17. 그림 (가)는 정상인의 체세포, (나)와 (다)는 유전병을 나타내는 두 사람의 체세포에 들어 있는 1번, 11번, 18번 염색체를 나타낸 것이다.

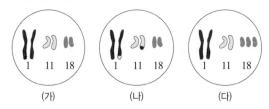

이에 대한 설명으로 옳은 것만을 〈보기〉에서 있는 대로 고른 것은? (단, 제시된 것 이외의 다른 염색체는 모두 정상이다.)

〈 보기 〉
ㄱ. (가)와 (나)의 염색체 수는 같다.
ㄴ. (나)에서 상염색체 사이에 전좌가 일어난 염색체가 있다.
ㄷ. (다)와 같은 돌연변이는 남성에서만 나타난다.

① ㄱ   ② ㄷ   ③ ㄱ, ㄴ
④ ㄱ, ㄷ   ⑤ ㄴ, ㄷ

18. 표는 생물 사이의 상호 작용 (가)~(다)의 예를 나타낸 것이다.

구분	예
(가)	닭은 모이를 주면 ⓐ가장 덩치가 크고 힘이 센 개체부터 모이를 먹는다.
(나)	기러기는 ⓑ가장 앞에서 비행하는 개체가 다른 개체들에게 길을 안내한다.
(다)	곰은 앞발의 발톱으로 나무나 기둥을 긁어 자신의 발에서 나는 독특한 냄새와 함께 자국을 남긴다.

이에 대한 설명으로 옳은 것만을 〈보기〉에서 있는 대로 고른 것은?

〈 보기 〉
ㄱ. (가)~(다)는 모두 개체군 내에서 일어난다.
ㄴ. 닭 개체군과 기러기 개체군에서는 각각 ⓐ과 ⓑ을 제외한 나머지 개체들 사이에 엄격한 서열이 존재한다.
ㄷ. 여러 종의 솔새가 한 나무의 서로 다른 부위에서 서식하는 것은 (다)의 사례에 해당한다.

① ㄱ   ② ㄴ   ③ ㄱ, ㄴ
④ ㄱ, ㄷ   ⑤ ㄴ, ㄷ

19. 그림은 생태계 구성 요소 사이의 일부 관계와 생물적 요인 Ⅰ~Ⅲ 사이에서 유기물의 이동을, 표는 질소 순환 과정에서 일어나는 작용 ⓐ와 ⓑ에서의 물질 전환을 나타낸 것이다. ㉠은 빛과 생물 군집 간의 관계 중 하나이며, Ⅰ~Ⅲ은 각각 분해자, 생산자, 소비자 중 하나이다.

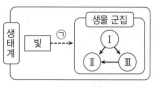

구분	물질 전환
ⓐ	단백질 ⟶ NH_4^+
ⓑ	NO_3^- ⟶ 핵산

---- 구성 요소 간의 관계
⟶ 유기물의 이동

이에 대한 설명으로 옳은 것만을 〈보기〉에서 있는 대로 고른 것은? [3점]

〈 보기 〉
ㄱ. Ⅰ에서 ⓑ, Ⅱ에서 ⓐ가 각각 일어난다.
ㄴ. Ⅰ과 Ⅲ은 생태적 지위가 동일하다.
ㄷ. 가을에 활엽수가 단풍이 드는 것은 ㉠의 사례이다.

① ㄱ   ② ㄴ   ③ ㄱ, ㄴ
④ ㄱ, ㄷ   ⑤ ㄴ, ㄷ

20. 그림 (가)는 어느 하천에 서식하는 은어와 피라미의 서식 장소를, (나)는 다른 하천에 서식하는 은어의 활동 범위를 나타낸 것이다.

은어의 활동 범위
(가)   (나)

이에 대한 설명으로 옳은 것만을 〈보기〉에서 있는 대로 고른 것은?

〈 보기 〉
ㄱ. (가)와 (나)는 모두 분서에 해당한다.
ㄴ. (가)에서 은어와 피라미의 생태적 지위가 많이 겹칠수록 두 종이 경쟁할 확률이 높아진다.
ㄷ. (나)와 같이 활동 범위를 나눔으로써 불필요한 경쟁을 줄일 수 있다.

① ㄱ   ② ㄷ   ③ ㄱ, ㄴ
④ ㄴ, ㄷ   ⑤ ㄱ, ㄴ, ㄷ

1. 박테리오파지(A), 백혈구(B), 결핵균(C)에 대한 설명으로 옳은 것만을 〈보기〉에서 있는 대로 고른 것은?

〈 보기 〉
ㄱ. A와 B는 모두 핵을 가지고 있다.
ㄴ. B와 C는 모두 물질대사를 한다.
ㄷ. C는 분열을 통해 증식한다.

① ㄱ　　　　② ㄴ　　　　③ ㄱ, ㄷ
④ ㄴ, ㄷ　　　⑤ ㄱ, ㄴ, ㄷ

3. 표는 사람에서 일어나는 물질의 변화 A와 B를, 그림은 A와 B의 공통점과 차이점을 나타낸 것이다.

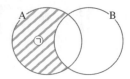

구분	물질의 변화
A	암모니아 ⟶ 요소
B	글리코젠 ⟶ 포도당

이에 대한 설명으로 옳은 것만을 〈보기〉에서 있는 대로 고른 것은?

〈 보기 〉
ㄱ. A에는 효소가 필요하다.
ㄴ. '간에서 일어난다.'는 ㉠에 해당한다.
ㄷ. 에피네프린은 B를 촉진한다.

① ㄱ　　　　② ㄴ　　　　③ ㄱ, ㄷ
④ ㄴ, ㄷ　　　⑤ ㄱ, ㄴ, ㄷ

2. 다음은 어떤 과학자가 수행한 탐구 과정의 일부이다.

(가) 닭의 먹이를 현미에서 백미로 바꾼 후 닭이 각기병에 걸리는 것을 발견하였다.
(나) ㉠닭을 두 집단으로 나누어 한 집단에는 백미를 먹이고, 다른 집단에는 현미를 먹여 길렀다.
(다) ㉡백미를 먹인 집단과 ㉢현미를 먹인 집단에서의 각기병의 발병 여부를 관찰하였다.
(라) 실험 결과를 바탕으로 '현미에는 각기병을 예방하는 물질이 들어 있다.'라는 결론을 내렸다.

이에 대한 설명으로 옳은 것만을 〈보기〉에서 있는 대로 고른 것은?

〈 보기 〉
ㄱ. (가)와 (나) 사이에 가설 설정 단계가 있다.
ㄴ. ㉠의 닭은 각기병에 걸린 상태여야 한다.
ㄷ. ㉡의 닭에서는 각기병이 발병하지 않았고, ㉢의 닭에서는 각기병이 발병하였다.

① ㄱ　　　　② ㄴ　　　　③ ㄱ, ㄷ
④ ㄴ, ㄷ　　　⑤ ㄱ, ㄴ, ㄷ

4. 그림은 미토콘드리아에서 일어나는 세포 호흡을 나타낸 것이다. ㉠~㉣은 각각 O_2, CO_2, ADP, ATP 중 하나이다.

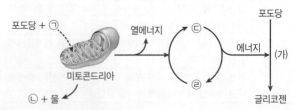

이에 대한 설명으로 옳은 것만을 〈보기〉에서 있는 대로 고른 것은? [3점]

〈 보기 〉
ㄱ. (가) 과정은 이화 작용이다.
ㄴ. 1분자당 고에너지 인산 결합 수는 ㉢이 ㉣보다 많다.
ㄷ. 동일한 부피의 혈액에서 $\dfrac{㉡의 양}{㉠의 양}$은 폐동맥에서가 폐정맥에서보다 크다.

① ㄱ　　　　② ㄴ　　　　③ ㄷ
④ ㄱ, ㄴ　　　⑤ ㄴ, ㄷ

5. 표는 중추 신경계를 구성하는 부위 A~C의 특징을, 그림은 Ⅰ~Ⅲ을 구분하는 과정을 나타낸 것이다. Ⅰ~Ⅲ은 각각 A~C 중 하나이다.

구분	특징
A	눈물 분비의 중추이다.
B	무릎 반사의 중추이다.
C	연합령이 있다.

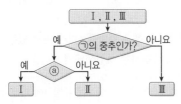

이에 대한 설명으로 옳은 것만을 〈보기〉에서 있는 대로 고른 것은?

〈보기〉
ㄱ. A가 Ⅰ이면 '뇌줄기에 속하는가?'는 ⓐ에 해당한다.
ㄴ. '수의 운동'은 ㉠에 해당한다.
ㄷ. C의 겉질에는 신경 세포체가 있다.

① ㄱ　　② ㄷ　　③ ㄱ, ㄴ
④ ㄱ, ㄷ　　⑤ ㄴ, ㄷ

6. 그림은 사람의 심장에 연결된 서로 다른 자율 신경 X와 Y를, 표는 X와 Y의 신경절 이전 뉴런의 신경 세포체 위치를 나타낸 것이다. ㉠은 Y의 신경절 이후 뉴런의 축삭 돌기 말단에서 분비되는 신경 전달 물질이다.

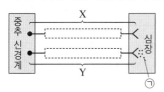

구분	신경절 이전 뉴런의 신경 세포체 위치
X	연수
Y	ⓐ

이에 대한 설명으로 옳은 것만을 〈보기〉에서 있는 대로 고른 것은? [3점]

〈보기〉
ㄱ. X가 흥분하면 심장 박동이 느려진다.
ㄴ. ㉠은 체성 신경의 말단에서 분비되는 신경 전달 물질과 동일하다.
ㄷ. ⓐ는 배뇨 반사의 중추로 작용한다.

① ㄱ　　② ㄴ　　③ ㄱ, ㄷ
④ ㄴ, ㄷ　　⑤ ㄱ, ㄴ, ㄷ

7. 다음은 신경 A와 B의 흥분 전도에 대한 자료이다.

- 그림은 민말이집 신경 A와 B의 지점 d_1~d_4의 위치를, 표는 A와 B의 동일한 지점에 역치 이상의 자극을 동시에 1회 주고 경과된 시간이 3 ms일 때 d_1~d_4에서 측정한 막전위를 나타낸 것이다. Ⅰ~Ⅳ는 d_1~d_4를 순서 없이 나타낸 것이다.
- 자극을 준 지점은 d_1~d_4 중 하나이고, A와 B의 흥분 전도 속도는 각각 2 cm/ms와 3 cm/ms 중 하나이다.

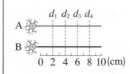

신경	3 ms일 때 측정한 막전위(mV)			
	Ⅰ	Ⅱ	Ⅲ	Ⅳ
A	?	−80	−40	+30
B	+10	?	+10	?

- A와 B 각각에서 활동 전위가 발생하였을 때, 각 지점에서의 막전위 변화는 그림과 같다.

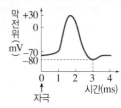

이에 대한 설명으로 옳은 것만을 〈보기〉에서 있는 대로 고른 것은? (단, A와 B에서 흥분 전도는 각각 1회 일어났고, 휴지 전위는 −70 mV이다.) [3점]

〈보기〉
ㄱ. Ⅱ는 d_4이다.
ㄴ. 흥분 전도 속도는 A가 B보다 빠르다.
ㄷ. 3 ms일 때, d_2에서 A의 막전위는 B의 막전위보다 크다.

① ㄱ　　② ㄴ　　③ ㄱ, ㄷ
④ ㄴ, ㄷ　　⑤ ㄱ, ㄴ, ㄷ

8. 그림은 혈당량 조절에 관여하는 호르몬 ㉠의 작용을 나타낸 것이다. (가)와 (나)는 각각 간과 이자 중 하나이고, ㉠은 인슐린과 글루카곤 중 하나이다.

이에 대한 설명으로 옳은 것만을 〈보기〉에서 있는 대로 고른 것은?

〈보기〉
ㄱ. (가)에서는 소화 효소가 분비된다.
ㄴ. 부교감 신경의 흥분에 의해 ㉠의 분비가 촉진된다.
ㄷ. (나)에서 암모니아가 요소로 전환된다.

① ㄱ　　② ㄴ　　③ ㄱ, ㄷ
④ ㄴ, ㄷ　　⑤ ㄱ, ㄴ, ㄷ

9. 그림은 서로 다른 병원체 A~C의 공통점과 차이점을, 표는 A~C의 특징을 나타낸 것이다. A~C는 각각 세균, 곰팡이, 원생생물 중 하나이다.

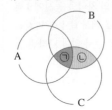

A~C의 특징
• 파상풍의 병원체는 A에 속한다.
• B가 유발하는 질병 중에 말라리아가 있다.
• C는 균사로 이루어져 있다.

이에 대한 설명으로 옳은 것만을 〈보기〉에서 있는 대로 고른 것은?

〈보기〉
ㄱ. '세포 구조를 갖추고 있다.'는 ㉠에 해당한다.
ㄴ. '핵막이 있다.'는 ㉡에 해당한다.
ㄷ. 무좀을 일으키는 병원체는 C에 속한다.

① ㄱ   ② ㄷ   ③ ㄱ, ㄴ
④ ㄴ, ㄷ   ⑤ ㄱ, ㄴ, ㄷ

11. 그림은 영국 왕실의 혈우병 가계도 일부를 나타낸 것이다.

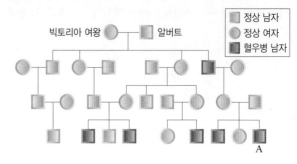

이에 대한 설명으로 옳은 것만을 〈보기〉에서 있는 대로 고른 것은? (단, 혈우병 유전자는 성염색체에 있다.)

〈보기〉
ㄱ. 혈우병 대립유전자는 정상 대립유전자에 대해 우성이다.
ㄴ. A는 혈우병 대립유전자를 외할머니에게서 물려받았다.
ㄷ. 정상이면서 혈우병 대립유전자를 확실히 가지고 있는 사람은 총 5명이다.

① ㄱ   ② ㄷ   ③ ㄱ, ㄴ
④ ㄱ, ㄷ   ⑤ ㄴ, ㄷ

10. 그림은 철수의 혈액 응집 반응 결과를, 표는 철수네 가족 구성원의 ABO식 혈액형에 대한 응집원 ㉠과 응집소 ㉡의 유무를 나타낸 것이다.

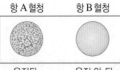

구분	아버지	어머니	누나	철수
응집원 ㉠	있음	?	없음	있음
응집소 ㉡	있음	있음	있음	있음

이에 대한 설명으로 옳은 것만을 〈보기〉에서 있는 대로 고른 것은? (단, ABO식 혈액형만 고려하며, 돌연변이는 고려하지 않는다.) [3점]

〈보기〉
ㄱ. 어머니는 B형이다.
ㄴ. 철수의 적혈구 막에는 응집원 A가 존재한다.
ㄷ. 아버지의 혈장과 누나의 적혈구를 섞으면 응집 반응이 일어난다.

① ㄱ   ② ㄴ   ③ ㄷ
④ ㄱ, ㄴ   ⑤ ㄴ, ㄷ

12. 그림은 핵상이 2n인 어떤 동물 세포의 분열 과정에서 핵 1개당 DNA 상대량을 나타낸 것이다. Ⅰ~Ⅲ은 각각 G₁기, G₂기, M기 중 하나이다.

G_1기, G_2기, M기 중 하나이다.

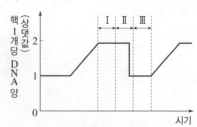

이에 대한 설명으로 옳은 것만을 〈보기〉에서 있는 대로 고른 것은? [3점]

〈보기〉
ㄱ. Ⅰ의 세포에서 핵막이 관찰된다.
ㄴ. Ⅱ에서 상동 염색체의 접합과 분리가 일어난다.
ㄷ. Ⅲ의 세포에는 2개의 염색 분체로 이루어진 염색체가 있다.

① ㄱ   ② ㄷ   ③ ㄱ, ㄴ
④ ㄴ, ㄷ   ⑤ ㄱ, ㄴ, ㄷ

13. 그림은 핵상이 $2n$인 어떤 동물에서 G_1기의 세포 ㉠으로부터 정자가 형성되는 과정을, 표는 세포 ㉠~㉣에 들어 있는 세포 1개당 대립유전자 H와 t의 DNA 상대량을 나타낸 것이다. H는 h와 대립유전자이며, T는 t와 대립유전자이다.

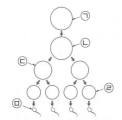

세포	DNA 상대량	
	H	t
㉠	1	1
㉡	2	2
㉢	ⓐ	ⓑ
㉣	0	1

이에 대한 설명으로 옳은 것만을 〈보기〉에서 있는 대로 고른 것은? (단, 돌연변이는 고려하지 않으며, H, h, T, t 각각의 1개당 DNA 상대량은 같다.) [3점]

〈보기〉
ㄱ. ⓐ는 ⓑ의 2배이다.
ㄴ. 세포의 핵상은 ㉢과 ㉣이 같다.
ㄷ. 세포 1개당 $\dfrac{\text{T의 DNA 상대량}}{\text{H의 DNA 상대량}}$ 은 ㉠과 ㉤에서 같다.

① ㄱ ② ㄴ ③ ㄱ, ㄷ ④ ㄴ, ㄷ ⑤ ㄱ, ㄴ, ㄷ

14. 다음은 어떤 집안의 유전병 ㉠과 적록 색맹에 대한 자료이다.

- 유전병 ㉠은 대립유전자 H와 H^*에 의해 결정되며, H와 H^*의 우열 관계는 분명하다.
- H는 정상 대립유전자이고, H^*는 유전병 대립유전자이다.

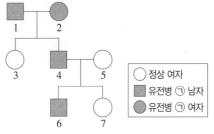

○ 정상 여자
■ 유전병 ㉠ 남자
● 유전병 ㉠ 여자

- 구성원 4와 7은 적록 색맹이고, 나머지 구성원은 모두 적록 색맹이 아니다.
- 유전병 ㉠ 유전자와 적록 색맹 유전자는 서로 다른 염색체에 있다.

이에 대한 설명으로 옳은 것만을 〈보기〉에서 있는 대로 고른 것은? (단, 돌연변이는 고려하지 않는다.)

〈보기〉
ㄱ. 2와 5는 적록 색맹 대립유전자를 가지고 있다.
ㄴ. 4는 정상 대립유전자 H를 가지고 있다.
ㄷ. 7의 동생이 태어날 때, 이 아이에게서 유전병 ㉠과 적록 색맹이 모두 나타날 확률은 $\dfrac{1}{4}$이다.

① ㄱ ② ㄷ ③ ㄱ, ㄴ ④ ㄴ, ㄷ ⑤ ㄱ, ㄴ, ㄷ

15. 그림은 어떤 버킷림프종 환자의 세 가지 세포에 들어 있는 8번과 14번 염색체의 모양을 나타낸 것이다. 난원 세포는 분열하여 난자를 형성하는 세포이다.

난원 세포   상피 세포   버킷림프종 세포

이에 대한 설명으로 옳은 것만을 〈보기〉에서 있는 대로 고른 것은?

〈보기〉
ㄱ. 버킷림프종 세포에는 전좌가 일어난 염색체가 있다.
ㄴ. 이 환자의 버킷림프종은 부모로부터 유전되었다.
ㄷ. 버킷림프종 세포는 생식세포 분열 과정에서 일어난 돌연변이의 결과로 형성된다.

① ㄱ ② ㄷ ③ ㄱ, ㄴ
④ ㄴ, ㄷ ⑤ ㄱ, ㄴ, ㄷ

16. 표는 어떤 유전 형질 ㉠~㉣에 대한 자료이다.

- ㉠은 대립유전자 H와 H^*에 의해 결정되며, H는 H^*에 대해 완전 우성이다.
- ㉡은 대립유전자 A, B, O에 의해 결정되며, 한 쌍의 대립유전자에 의해 형질이 결정된다.
- ㉢은 대립유전자 D와 d, E와 e, F와 f에 의해 결정되며, 3쌍의 대립유전자에 의해 형질이 결정된다. D, E, F는 모두 같은 형질을 나타내고, 이들 사이에 우열 관계가 없어 표현형은 D, E, F를 합한 수에 의해 결정된다.
- ㉣은 대립유전자 R와 R^*에 의해 결정되며, R는 R^*에 대해 완전 우성이다.
- 형질 ㉠, ㉡, ㉢을 결정하는 유전자는 서로 다른 상염색체에 존재하고, ㉣을 결정하는 유전자는 X 염색체에 존재한다.

이에 대한 설명으로 옳은 것만을 〈보기〉에서 있는 대로 고른 것은? (단, 돌연변이는 고려하지 않는다.) [3점]

〈보기〉
ㄱ. ㉠과 ㉡은 단일 인자 유전 형질이다.
ㄴ. 대립유전자 A는 B와 O에 대해 완전 우성이고, B는 O에 대해 완전 우성이라면 ㉡의 표현형은 4가지가 나타난다.
ㄷ. ㉢의 경우 DdEeff와 표현형이 같은 유전자형의 종류는 DdEeff를 제외하고 5가지이다.
ㄹ. ㉣이 대립유전자 R에 의해 나타난다면, 어머니에게서 ㉣이 나타나면 아들에게서도 반드시 ㉣이 나타난다.

① ㄱ, ㄷ ② ㄱ, ㄹ ③ ㄴ, ㄹ
④ ㄱ, ㄴ, ㄹ ⑤ ㄴ, ㄷ, ㄹ

17. 그림 (가)는 생태계 구성 요소 사이의 상호 관계를, (나)는 한 수컷 개구리가 자신의 영역에 들어온 다른 수컷 개구리와 싸우는 모습을 나타낸 것이다. ㉠~㉣은 생태계 구성 요소 간에 영향을 주고받는 것이다.

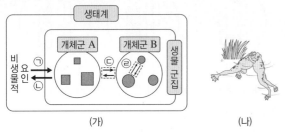

(가)　　　　　　　　　　(나)

이에 대한 설명으로 옳은 것만을 〈보기〉에서 있는 대로 고른 것은?

〈 보기 〉
ㄱ. 물과 온도는 모두 ㉠을 일으키는 비생물적 요인이다.
ㄴ. (나)는 ㉠~㉣ 중 ㉢의 예이다.
ㄷ. 고산 지대에 사는 사람이 저지대에 사는 사람보다 적혈구 수가 많은 것은 ㉡의 예이다.

① ㄱ　　　　② ㄴ　　　　③ ㄱ, ㄴ
④ ㄱ, ㄷ　　　⑤ ㄴ, ㄷ

18. 그림은 어떤 숲에서 높이에 따른 빛의 세기, O_2의 농도, CO_2의 농도를 나타낸 것이다. A~C는 각각 빛의 세기, O_2의 농도, CO_2의 농도 중 하나이며, (가)~(다)는 각각 관목층, 교목층, 아교목층 중 하나이다.

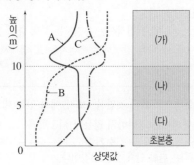

이에 대한 설명으로 옳은 것만을 〈보기〉에서 있는 대로 고른 것은? [3점]

〈 보기 〉
ㄱ. A는 빛의 세기이고, C는 CO_2의 농도이다.
ㄴ. (나)는 관목층이다.
ㄷ. (가)에서 (다)로 갈수록 약한 빛을 이용하여 광합성을 한다.

① ㄱ　　　　② ㄴ　　　　③ ㄷ
④ ㄱ, ㄴ　　　⑤ ㄴ, ㄷ

19. 그림은 종 A와 B, 종 A와 C를 각각 혼합 배양하였을 때 시간에 따른 개체 수를, 표는 군집 내 상호 작용 ㉠~㉢에서 종 사이의 상호 작용을 나타낸 것이다. 혼합 배양 시 종 A와 B, 종 A와 C 사이에서는 각각 ㉠~㉢ 중 하나의 상호 작용이 일어난다.

상호 작용	종 I	종 II
㉠	이익	이익
㉡	ⓐ	ⓑ
㉢	ⓒ	이익

이에 대한 설명으로 옳은 것만을 〈보기〉에서 있는 대로 고른 것은? [3점]

〈 보기 〉
ㄱ. ⓐ~ⓒ는 모두 '손해'이다.
ㄴ. t일 때의 $\dfrac{\text{사망률}}{\text{출생률}}$ 은 A와 B에서 같다.
ㄷ. A의 생태적 지위는 B보다 C와 더 비슷하다.

① ㄱ　　　　② ㄷ　　　　③ ㄱ, ㄴ
④ ㄱ, ㄷ　　　⑤ ㄴ, ㄷ

20. 그림 (가)는 어떤 생태계의 시간에 따른 유기물량 ㉠과 ㉡을, (나)는 이 생태계에서 일어나는 질소 순환 과정의 일부를 나타낸 것이다. ㉠과 ㉡은 각각 생장량과 총생산량 중 하나이고, I과 II는 각각 생산자와 분해자 중 하나이다.

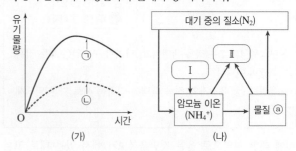

(가)　　　　　　　　　　(나)

이에 대한 설명으로 옳은 것만을 〈보기〉에서 있는 대로 고른 것은? [3점]

〈 보기 〉
ㄱ. ㉠은 I이 생산한 유기물의 총량이다.
ㄴ. 질산 이온(NO_3^-)은 ⓐ에 해당한다.
ㄷ. ㉠과 ㉡의 차이는 II에서 방출되는 열에너지의 양과 같다.

① ㄴ　　　　② ㄷ　　　　③ ㄱ, ㄴ
④ ㄱ, ㄷ　　　⑤ ㄴ, ㄷ

1. ③	2. ⑤	3. ②	4. ④	5. ②
6. ④	7. ②	8. ②	9. ⑤	10. ④
11. ④	12. ②	13. ②	14. ⑤	15. ②
16. ⑤	17. ②	18. ③	19. ⑤	20. ④

1. 질병과 병원체

ㄱ. 독감과 후천성 면역 결핍증(AIDS)의 병원체는 모두 바이러스이다. 바이러스는 스스로 물질대사를 하지 못한다.

ㄷ. 결핵과 독감은 모두 병원체의 감염으로 발병하는 감염성 질병에 해당한다.

바로알기 ㄴ. 무좀의 병원체인 무좀균은 곰팡이고, 말라리아의 병원체인 말라리아 원충은 원생생물이다.

2. 세포 호흡과 에너지의 전환

ㄱ. 세포 호흡은 이화 작용의 일종이다.

ㄴ. H₂O(ⓑ) 중 일부는 수증기 상태로 호흡계를 통해 날숨으로 배출되고, 일부는 오줌 속의 물로 몸 밖으로 배출된다.

ㄷ. ATP(ⓒ)가 ADP(㉠)와 무기 인산(ⓟ)으로 분해되는 과정에서 방출되는 에너지를 이용하여 근육 수축이 일어난다.

3. 물질대사와 노폐물의 생성

ㄴ. 이산화 탄소(㉠)는 순환계를 통해 호흡계로 운반된 후 폐포로 확산되어 날숨을 통해 배출된다. 따라서 호흡계를 통해 ㉠이 몸 밖으로 배출된다.

바로알기 ㄱ. 세포 호흡의 결과 생성되는 노폐물이 물과 이산화 탄소(㉠)인 (가)는 탄수화물이고, 여기에 암모니아(㉡)가 생성되는 (나)는 단백질이다.

ㄷ. 지방을 구성하는 원소는 탄소(C), 수소(H), 산소(O)이므로 세포 호흡에 사용된 결과 생성되는 노폐물에는 물과 이산화 탄소는 있지만 암모니아(㉡)는 없다.

4. 음성 피드백에 의한 티록신 분비 조절

A는 ㉢, B는 ㉡, C는 ㉠이다.

ㄱ. ㉡(B)은 갑상샘에 이상이 생겨 티록신 분비량이 정상보다 많으므로 음성 피드백에 의해 뇌하수체 전엽에서 TSH 분비가 억제된다. 따라서 혈중 TSH 농도는 정상보다 낮으므로 ⓐ는 '-'이다.

ㄷ. 시상 하부에서 분비되는 TRH는 뇌하수체 전엽을 자극하여 TSH 분비를 촉진한다. 따라서 정상인에서 뇌하수체 전엽에 TRH의 표적 세포가 있다.

바로알기 ㄴ. ㉠은 C이다. 갑상샘에 이상이 생겨 티록신 분비량이 정상보다 적은 C(㉠)에게 티록신을 투여하여 혈중 티록신 농도가 높아지면 음성 피드백에 의해 뇌하수체 전엽에서 TSH 분비가 억제된다.

5. 혈당량 조절

ㄴ. 혈중 인슐린 농도는 ⓑ(혈중 포도당 농도)가 상대적으로 높은 구간 Ⅰ에서가 ⓑ가 감소하고 있는 구간 Ⅱ에서보다 낮다.

바로알기 ㄱ. 혈중 포도당 농도(ⓑ)는 상대적으로 구간 Ⅰ에서가 구간 Ⅲ에서보다 높다.

ㄷ. 혈중 글루카곤 농도는 ⓐ(간에서 단위 시간당 글리코젠으로부터 생성되는 포도당의 양)가 낮아지는 구간 Ⅱ에서가 ⓐ가 상대적으로 높고 증가하는 구간 Ⅲ에서보다 낮다.

6. 세포 주기와 DNA 상대량 변화

ㄴ. 구간 Ⅰ의 세포는 간기의 세포로, 뉴클레오솜을 갖는 세포가 있다.

ㄷ. 간기(G₁기, S기, G₂기)의 세포에는 핵막이 있으며, 분열기(M기)에서는 전기에 핵막이 사라졌다가 말기에 다시 나타난다. 따라서 구간 Ⅱ에는 핵막을 갖는 세포가 있다.

바로알기 ㄱ. (다)에서 S기 세포 수는 A에서가 B에서보다 많고, G₁기 세포 수는 A에서가 B에서보다 적다. 따라서 $\dfrac{\text{S기 세포 수}}{\text{G}_1\text{기 세포 수}}$ 는 A에서가 B에서보다 크다.

7. 삼투압 조절

ㄷ. ADH는 뇌하수체 후엽에서 분비되어 콩팥에서 물의 재흡수를 촉진한다. 따라서 콩팥은 ADH의 표적 기관이다.

바로알기 ㄱ. 혈중 ADH 농도가 높은 C_2일 때가 C_1일 때보다 단위 시간당 오줌 생성량이 적다.

ㄴ. A와 B 중 A가 수분 공급을 중단한 사람이고, t_1일 때 A의 혈중 ADH 농도는 B의 혈중 ADH 농도보다 높으므로 $\dfrac{\text{B의 혈중 ADH 농도}}{\text{A의 혈중 ADH 농도}}$ 는 1보다 작다.

8. 사람의 유전

ⓐ에게서 나타날 수 있는 (나)의 표현형이 최대 3가지(EE, Ee, ee)이므로, P와 Q는 (나)의 유전자형이 모두 Ee이다.

P와 Q는 (가)의 표현형이 같으므로 Q의 (가)의 유전자형에서 대문자로 표시되는 대립유전자의 수는 3인데 ⓐ에게서 나타날 수 있는 (가)의 표현형이 최대 5가지이다. Q의 (가)의 유전자형이 AABbdd, AAbbDd, AaBBdd, AabbDD, aaBBDd, aaBbDD 중 하나일 때 ⓐ에게서 나타날 수 있는 (가)의 표현형이 최대 5가지가 된다. ⓐ의 유전자형에서 대문자로 표시되는 (가)의 대립유전자의 수가 2일 확률은 $\dfrac{1}{4}\left(=\dfrac{1}{16}+\dfrac{3}{16}\right)$이고, P와 Q의 (나)의 유전자형이 모두 Ee이므로 ⓐ의 (나)의 유전자형이 Ee일 확률은 $\dfrac{1}{2}$이다. 따라서 ⓐ가 유전자형이 AabbDdEe인 사람과 (가)와 (나)의 표현형이 모두 같을 확률은 $\dfrac{1}{8}\left(=\dfrac{1}{4}\times\dfrac{1}{2}\right)$이다.

9. 자율 신경계의 구조와 기능

ㄱ. 교감 신경(A)의 신경절 이후 뉴런의 축삭 돌기 말단에서는 노르에피네프린이 분비되고, 부교감 신경(B)의 신경절 이후 뉴런의 축삭 돌기 말단에서는 아세틸콜린이 분비된다.

ㄴ. 방광에 분포하는 교감 신경과 부교감 신경의 신경절 이전 뉴런의 신경 세포체는 모두 척수에 있다.

ㄷ. A와 B는 자율 신경으로 모두 말초 신경계에 속한다.

10. 생물의 특성

ㄱ. 발생(㉠) 과정에서 세포 분열이 일어난다.

ㄷ. 펭귄이 물속에서 빠른 속도로 움직이는 데 적합한 몸의 형태를 갖는 것은 생물이 자신이 살아가는 환경에 적합한 몸의 형태와 기능, 생활 습성 등을 갖게 되는 것으로 생물의 특성 중 적응과 진화에 해당한다.

바로알기 ㄴ. 주변 환경과 유사하게 메뚜기가 몸의 색을 변화시켜 포식자의 눈에 띄지 않는 것은 비생물적 요인이 생물적 요인에 영향을 미치는 예에 해당한다.

11. 막전위 변화와 흥분 전도 속도

ⓒ, ⓔ, ⓜ에 시냅스가 있고, ㉠~㉺ 중 세 곳에만 시냅스가 있다고 하였으므로 ⓒ에는 시냅스가 없다. 따라서 B에서 d_3로부터 2 cm 떨어진 d_1까지 흥분이 도달하는 데 걸린 시간이 1 ms이고, 흥분이 도달한 후 3 ms일 때의 막전위 ⓐ는 -80 mV이다.

ㄴ. 시냅스는 ⓒ, ⓔ, ⓜ에 있다.

ㄷ. ㉮가 4 ms일 때 B의 d_5의 막전위가 흥분 도착 후 2 ms일 때의 $+30$ mV이므로 ㉮가 3 ms일 때의 막전위는 흥분 도착 후 1 ms일 때의 -60 mV로 탈분극이 일어나고 있는 상태이다.

바로알기 ㄱ. ⓐ는 -80이다.

12. 세포 주기와 체세포 분열

ㄷ. S기인 ⓒ과 G_2기인 ⓒ은 모두 간기에 속한다.

바로알기 ㄱ. 세포 주기는 Ⅱ 방향으로 진행된다.

ㄴ. 체세포 세포 주기 중 M기(분열기)에 상동 염색체의 접합이 일어나지 않는다.

13. 중추 신경계의 기능

ㄱ. A는 연수이다. 연수는 심장 박동 조절, 호흡 운동 조절, 소화 운동 조절의 중추이다.

ㄴ. B는 체온 조절 중추가 있는 간뇌이며, 간뇌는 시상과 시상 하부로 구분된다.

ㄷ. 교감 신경의 신경절 이전 뉴런의 신경 세포체가 있는 C는 척수이다.

14. 방어 작용

ㄱ. 바이러스는 단백질과 유전 물질인 핵산을 갖는다.

ㄴ. X를 주사한 B와 D 중에서 B에서만 세포성 면역이 일어났으므로 ㉠이 '정상 생쥐'이고, ㉡이 '가슴샘이 없는 생쥐'이다.

ㄷ. (다)의 B에서 X에 대한 세포성 면역이 일어났다.

15. 핵형과 핵상

(가)에서 크기가 제일 작은 흰색 염색체가 ㉠이며, 만약 ㉠이 X 염색체라면 (나)의 성염색체는 YY가 되어야 한다. 따라서 ㉠은 Y 염색체이며, (가)의 체세포의 핵상과 염색체 수는 $2n=4+XY$, (나)의 체세포의 핵상과 염색체 수는 $2n=4+XX$이다. (다)의 핵상과 염색체 수는 $2n=5$이다. 따라서 염색체가 쌍을 이루지 않는 크기가 제일 작은 회색 염색체가 ㉠(Y 염색체)이며, (다)의 체세포의 핵상과 염색체 수는 $2n=4+XY$이다. (라)의 핵상과 염색체 수는 $2n=5$이다. 따라서 염색체가 쌍을 이루지 않는 크기가 제일 작은 흰색 염색체가 ㉠(Y 염색체)이며, (라)의 체세포의 핵상과 염색체 수는 $2n=4+XY$이다.

ㄴ. (가)와 (라)는 A의 세포이고, (나)는 B의 세포이며, (다)는 A와 성이 같은 C의 세포이다.

바로알기 ㄱ. ㉠은 Y 염색체이다.

ㄷ. B의 $\dfrac{\text{X 염색체 수}}{\text{상염색체 수}}=\dfrac{2}{4}$이고, C의 $\dfrac{\text{X 염색체 수}}{\text{상염색체 수}}=\dfrac{1}{4}$이다.

16. 식물 군집 조사

A의 상대 밀도는 40(%)이므로 ㉡은 상대 밀도이다. A의 상대 빈도는 27.5(%)이므로 ㉠은 상대 빈도이다. 따라서 ㉢은 상대 피도이다.

ㄱ. C의 상대 빈도(㉠)값 ⓐ는 $\dfrac{10}{22+20+10+16+12}\times100=12.5(\%)$이다.

ㄴ. 군집을 구성하는 생물 종의 상대 피도를 더한 값은 100이므로 D의 상대 피도(㉢)는 $100-(36+17+13+10)=24(\%)$이다. 따라서 지표를 덮고 있는 면적이 가장 작은 종은 상대 피도(㉢)가 가장 작은 E이다.

ㄷ. 군집을 구성하는 각 생물 종의 중요치는 A는 103.5, B는 62, C는 33, D는 64, E는 37.5이므로 이 군집의 우점종은 A이다.

17. 식물 군집의 천이 및 물질 생산과 소비

ㄴ. A는 2차 천이이다. 2차 천이는 '초원 → 관목림 → 양수림 → 혼합림 → 음수림'으로 진행되므로 ㉠은 양수림이다.

바로알기 ㄱ. B는 토양이 없는 용암 대지부터 시작하는 1차 천이이다. 1차 천이의 개척자 ㉡은 지의류이다.

ㄷ. K의 순생산량은 t_2일 때가 t_1일 때보다 작고, 호흡량은 t_2일 때가 t_1일 때보다 크다. 따라서 $\dfrac{\text{순생산량}}{\text{호흡량}}$은 t_2일 때가 t_1일 때보다 작다.

18. 군집 내 개체군 간의 상호 작용

ㄱ. 꿀잡이새는 꿀잡이오소리가 꿀을 얻을 수 있도록 돕고, 꿀잡이오소리의 도움으로 먹이인 벌집을 얻으므로 두 종의 상호 작용은 서로 이익이 되는 상리 공생의 예에 해당한다.

ㄷ. 서로 다른 종의 새가 번식 장소를 차지하기 위해 다투는 것은 경쟁의 예이다.

바로알기 ㄴ. 서식 공간을 달리하여 두 종 간의 경쟁을 피한다고 해도 먹이 부족, 천적, 개체 간 경쟁 등 다양한 환경 저항이 존재한다. 생물이 자연에서 서식하면 생활하는 동안 환경 저항은 항상 작용한다.

19. 생식세포 분열과 대립유전자

세포 Ⅰ은 G_1기 세포이므로 핵상이 $2n$이고, 만약 대립유전자 A와 a가 상염색체에 있다면 (A+a)의 DNA 상대량은 2가 되어야 한다. 하지만 (A+a)의 DNA 상대량이 1이므로 대립유전자 A와 a, B와 b, D와 d는 성염색체에 있다. 세포 Ⅱ에서 여자인 어머니도 A와 a를 가지고 있으므로, 대립유전자 A와 a, B와 b, D와 d는 X 염색체에 있다. 아버지의 유전자형은 $X^{ABd}Y$, 아들의 유전자형은 $X^{aBd}Y$, 어머니의 유전자형은 $X^{ABD}X^{ABd}$, 딸의 유전자형은 $X^{ABD}X^{ABd}$이다.

ㄴ. $\dfrac{\text{Ⅱ의 염색 분체 수}}{\text{Ⅳ의 염색 분체 수}}=\dfrac{92}{46}=2$이다.

ㄷ. ㉠은 (가)의 유전자형이 AABBDd이다.

바로알기 ㄱ. ⓐ는 4이고 ⓑ는 2이므로, ⓐ+ⓑ=6이다.

20. 질소 순환

ㄴ. Ⅰ에서 대기 중의 질소(N_2)가 암모늄 이온(NH_4^+)으로 전환되므로 Ⅰ은 질소 고정 작용이다.

ㄷ. Ⅱ는 질산 이온(NO_3^-)이 대기 중의 질소(N_2)로 전환되는 과정으로 탈질소화 작용이며, 이 과정에는 탈질소화 세균이 관여한다.

바로알기 ㄱ. ㉠은 암모늄 이온(NH_4^+)이고, ㉡은 질산 이온(NO_3^-)이다.

1. ⑤	2. ②	3. ④	4. ①	5. ③
6. ②	7. ⑤	8. ②	9. ⑤	10. ③
11. ①	12. ①	13. ④	14. ③	15. ④
16. ①	17. ④	18. ④	19. ⑤	20. ④

1. 물질대사와 노폐물의 생성

ㄱ. 포도당이 분해되면 이산화 탄소와 물이 생성된다. 따라서 ㉠은 이산화 탄소이다.

ㄴ. 아미노산이 분해되면 이산화 탄소(㉠), 물과 함께 암모니아(㉡)가 생성된다. 암모니아(㉡)는 간에서 요소로 전환된 후 배설계를 통해 몸 밖으로 배출된다.

ㄷ. 포도당의 분해(Ⅰ)와 아미노산의 분해(Ⅱ)는 모두 더 작고 간단한 물질로 분해하는 작용이므로 이화 작용에 해당한다.

2. 생명 과학의 탐구 방법

ㄴ. 포식자인 새의 접근이 가능한 ⓒ에서 곤충에 대한 환경 저항이 작용하였다.

바로알기 ㄱ. 이 탐구에서 조작 변인은 새와 박쥐의 차단 여부이고, 종속변인은 곤충 개체 수이다.

ㄷ. 곤충 개체 수는 ⓑ에서가 ⓒ에서보다 적으므로, 곤충 개체 수 감소에 미치는 영향은 박쥐가 새보다 크다.

3. 척수 반사와 말초 신경계의 구분

ㄴ. C는 운동 뉴런이다. 이 뉴런의 신경 세포체는 척수의 속질(회색질)에 있으며, 연합 뉴런(B)과 시냅스를 이루고 있다.

ㄷ. 이 반사 과정에서 흥분의 전달은 A → B → C로 일어난다.

바로알기 ㄱ. A는 감각 뉴런이다.

4. 세포 주기

ㄱ. ㉠은 G_2기, ㉡은 M기(분열기), ㉢은 G_1기이다.

바로알기 ㄴ. 상동 염색체의 접합은 감수 1분열 중 전기 때 일어난다.

ㄷ. ㉢(G_1기) 시기는 간기이다. 간기에 염색체는 응축되지 않은 상태이므로 (나)와 같은 X자 모양의 응축된 염색체는 관찰되지 않는다.

5. 각 기관과 순환계의 역할

ㄱ. ㉠은 폐이며, 폐로 들어온 공기 중의 산소 중 일부는 폐포에서 모세 혈관으로 확산되어 순환계를 통해 온몸의 조직 세포로 운반된다.

ㄴ. 간(㉡)에서는 암모니아를 요소로 전환하는 작용이 일어난다.

바로알기 ㄷ. ㉢은 혈액 속의 요소를 걸러 오줌을 생성하는 콩팥이며, 콩팥은 배설계에 속한다.

6. 생태계 구성 요소 간의 상호 관계

ㄴ. 빛은 비생물적 요인이고, 소나무는 생물적 요인이다. 따라서 빛의 세기가 소나무의 생장에 영향을 미치는 것은 ㉢에 해당한다.

바로알기 ㄱ. 같은 종의 기러기가 무리를 지어 이동할 때 리더를 따라 이동하는 것은 개체군 내의 상호 작용이므로 ㉡에 해당한다.

ㄷ. 군집에는 비생물적 요인이 포함되지 않는다.

7. 감수 분열 시 대립유전자의 DNA 상대량 변화

세포 (가)~(라)의 핵상은 모두 n이고, 사람 P의 ㉮의 유전자형은 AaBbDd이다. 세포 (가)에서 대립유전자 ㉡만 있으므로, ㉡은 A

와 a 중 하나이고, b와 D는 없다. (a+B+D)의 값이 4이므로, a, B, D 중 2개만 있으며 DNA가 복제되어 있음을 알 수 있다. 따라서 세포 (가)의 대립유전자 구성은 $(aBd)_2$이고, ㉡은 a이다. 세포 (나)에서 (a+B+D)의 값이 3이므로, 세포 (나)의 대립유전자 구성은 aBD이고, ㉢은 D이다. 세포 (다)에서 대립유전자 ㉠과 ㉣(D)만 있으므로, ㉠은 A이고, b는 없다.

ㄴ. Ⅰ로부터 (다)와 (라)가 형성되었다.

ㄷ. ⓑ의 대립유전자 구성은 AbD이고, DNA가 복제되어 있는 상태이므로 (a+b+D)의 값은 4이다.

바로알기 ㄱ. ㉠은 A, ㉡은 a, ㉢은 D, ㉣은 b이다.

8. 식물 군집의 천이와 물질 생산과 소비

ㄷ. Ⅱ 시기에 생산자의 호흡량은 0보다 큰 값이므로 총생산량은 순생산량보다 크다.

바로알기 ㄱ. 기존의 식물 군집이 있던 상태에서 산불이 나서 진행되는 천이는 2차 천이다.

ㄴ. Ⅰ 시기에 이 생물 군집의 단위 면적당 생물량이 일정하게 유지되고 있고, 이는 생물 군집을 이루는 생물들이 일정 수준으로 유지되고 있다는 것을 의미하므로 호흡량은 0이 아니다.

9. 근수축과 근육 원섬유 마디의 길이 변화

t_1일 때 X의 길이가 $2 \times (㉠+㉡)+㉢$이므로 $8d = 2 \times (㉠+㉡)+2d$이고, '㉠+㉡'의 길이는 $3d$이다.

t_2일 때 $\dfrac{ⓐ}{ⓑ}=1$이므로 ⓐ는 수축 시 길이가 감소하는 ㉠이고 ⓑ는 수축 시 길이가 증가하는 ㉡이며, 이때 ㉠과 ㉡의 길이는 $1.5d$로 같다.

ㄱ. t_1에서 t_2로 될 때 ㉠은 길이가 감소하고 ㉡은 길이가 증가하는데, $\dfrac{ⓐ}{ⓑ}$의 값이 감소하였으므로 ⓐ는 ㉠이고, ⓑ는 ㉡이다.

ㄴ. t_1일 때 ㉠(ⓐ)의 길이는 $2d$이고, ㉢(H대)의 길이도 $2d$이므로 ㉠의 길이와 ㉢의 길이는 서로 같다.

ㄷ. t_2일 때 ㉠과 ㉡의 길이가 각각 $1.5d$이므로 Z_1로부터 Z_2 방향으로 거리가 $2d$인 지점은 ㉡에 해당한다.

10. 체세포 분열 과정

ㄱ. Ⅰ은 전기, Ⅱ는 후기, Ⅲ은 중기의 세포이다.

ㄷ. 체세포 분열의 모든 과정에 뉴클레오솜이 존재하며, 뉴클레오솜은 DNA가 히스톤 단백질을 감고 있는 구조이다. 따라서 Ⅰ~Ⅲ에는 모두 히스톤 단백질이 있다.

바로알기 ㄴ. 체세포 분열 중기에서 상동 염색체의 접합이 일어나지 않는다.

11. 막전위 변화와 흥분 전도 속도

ㄴ. A(Ⅲ)에서 d_4에서 d_3으로의 흥분 이동 속도보다 d_3에서 d_2로의 흥분 이동 속도가 느리므로 시냅스는 ㉮에 있다.

바로알기 ㄱ. ⓐ는 +30이고, ⓑ가 −80, ⓒ가 −70이다.

ㄷ. B(Ⅱ)에서 t_1일 때 P(d_5)에서 2 cm 떨어진 d_3의 막전위가 ⓑ(−80)인데, C(Ⅰ)에서 t_1일 때 Q(d_3)에서 1 cm 떨어진 d_2와 d_4의 막전위가 ⓑ(−80)이므로 흥분 전도 속도는 B가 C보다 2배 빠르다. 따라서 B의 흥분 전도 속도는 2 cm/ms이다. P(d_5)에 역치 이상의 자극을 주었을 때 3 cm 떨어진 d_2에 흥분이 도달하는 데 걸리는 시간은 1.5 ms이므로 ㉠ 3 ms일 때 d_2에 흥분이 도달하고 1.5 ms가 경과되어 탈분극이 일어나고 있다.

12. 삼투압 조절

ㄱ. ADH는 뇌하수체 후엽에서 분비되어 콩팥에서 물의 재흡수를 촉진하는 작용을 한다.

바로알기 ㄴ. 소금(⊙) 섭취량이 같을 때 I은 II보다 혈장 삼투압이 높다. 이것은 I은 'ADH가 정상보다 적게 분비되는 개체'로, 콩팥에서 물의 재흡수가 정상보다 적게 일어나기 때문이다.

ㄷ. II에서 단위 시간당 오줌 생성량은 혈중 ADH 농도가 낮은 C_1일 때가 C_2일 때보다 많다.

13. 유전 형질 분석

자녀 I에서 체세포 1개당 A+B+D=1이므로, 자녀 I의 (가)~(다)에 대한 유전자형은 aabbDd이다. 자녀 III의 체세포에는 A는 있고 B는 없으며 체세포 1개당 A+B+D=2이므로 자녀 III의 (가)~(다)에 대한 유전자형은 AabbDd이고, 자녀 II와 III의 (가)~(다)의 표현형이 모두 같으므로 자녀 II의 (가)~(다)에 대한 유전자형은 AAbbDd이다. 종합하면, P의 (가)~(다)에 대한 유전자형은 Aabbdd이고, Q의 (가)~(다)에 대한 유전자형은 AaBbDD이다.

ㄴ. 자녀 II의 (가)~(다)에 대한 유전자형은 AAbbDd이다.

ㄷ. III의 동생이 (가)의 표현형이 자녀 III과 같을 확률은 $\frac{3}{4}$이고, (나)의 표현형이 자녀 III과 같을 확률은 $\frac{1}{2}$이며, (다)의 표현형이 자녀 III과 같을 확률은 1이다. 종합하면 III의 동생이 태어날 때, 이 아이의 (가)~(다)의 표현형이 모두 자녀 III과 같을 확률은 $\frac{3}{4} \times \frac{1}{2} \times 1 = \frac{3}{8}$이다.

바로알기 ㄱ. P는 (나)의 유전자형이 bb, Q는 (나)의 유전자형이 Bb이다.

14. 생물 다양성

ㄱ. A는 종 다양성이다.

ㄴ. A(종 다양성)가 감소하는 원인에는 서식지 파괴와 단편화, 불법 포획과 남획, 외래종 유입, 환경 오염 등이 있다.

바로알기 ㄷ. B(유전적 다양성)가 높은 종은 환경이 급격히 변했을 때 살아남아 환경 변화에 적응하는 개체가 있을 확률이 높아 멸종될 확률이 낮다.

15. 식물 군집의 천이와 조사 방법

⊙에서 IV의 상대 밀도는 5 %라고 하였으므로 $\frac{6}{ⓐ+36+18+6} \times 100 = 5$로 ⓐ는 60이다. 상대 피도의 합은 100(%)이므로 ⓑ $=100-(37+53+5)=5$(%)이다.

ㄴ. ⓐ는 60이고, ⓑ는 5이므로 ⓐ+ⓑ=65이다.

ㄷ. ⊙에서 I의 중요치가 126으로 가장 크다.

바로알기 ㄱ. 식물 군집의 천이 과정에서 A는 양수림, B는 음수림이다. ⊙은 우점종이 양수인 A(양수림)이다.

16. 핵형과 핵상

ㄱ. (가)는 B의 세포, (나)와 (라)는 C의 세포, (다)는 A의 세포이다.

바로알기 ㄴ. (다)를 갖는 개체(A)와 (라)를 갖는 개체(C)의 핵형은 다르다.

ㄷ. C의 감수 1분열 중기 세포 1개당 염색 분체 수는 염색체 수×2 =6×2=12이다.

17. 가계도 분석

(나) 발현인 5와 6 사이에서 (나) 미발현인 7이 태어났으므로 (나)는 우성 형질이다. 6의 (나)의 유전자형은 Bb이다. 6에서 (⊙+B)가 2이므로 6의 (가)의 유전자형은 Aa이고, 6은 (가) 발현이므로 (가)는 우성 형질이다. (가), (나) 발현인 3은 유전자 A와 B를 모두 가지고 있는데 (⊙+B)가 1이다. 따라서 ⊙은 a이다. 만약 (가)의 유전자가 상염색체에 있다면 1의 (가)의 유전자형은 aa이어서 1에서 체세포 1개당 ⊙의 상대량은 2가 되어야 하는데, 1이다. 따라서 (가)의 유전자는 X 염색체에 있어 1의 (가)의 유전자형은 X^aY이다.

ㄴ. (가)의 유전자는 X 염색체에, (나)의 유전자는 상염색체에 있다.

ㄷ. 5의 (가)의 유전자형은 X^aY, 6의 (가)의 유전자형은 X^AX^a이므로 7의 동생에게서 (가)가 발현(X^AX^a, X^AY)될 확률은 $\frac{1}{2}$이다. 5와 6의 (나)의 유전자형은 모두 Bb이므로, 7의 동생에게서 (나)가 발현(BB, Bb)될 확률은 $\frac{3}{4}$이다. 결론적으로 7의 동생에게서 (가)와 (나)가 모두 발현될 확률은 $\frac{1}{2} \times \frac{3}{4} = \frac{3}{8}$이다.

바로알기 ㄱ. ⊙은 a이다.

18. 뇌의 구조와 자율 신경계

A는 대뇌, B는 중간뇌, C는 연수이다.

ㄴ. 대뇌의 겉질은 신경 세포체가 모인 회색질이다.

ㄷ. 뇌줄기는 생명 유지에 중요한 역할을 하는 뇌 부분으로, 중간뇌, 뇌교, 연수를 합쳐서 부르는 명칭이다.

바로알기 ㄱ. X는 신경절 이전 뉴런의 신경 세포체가 중간뇌에 있으므로 부교감 신경이다. 부교감 신경은 신경절 이전 뉴런이 신경절 이후 뉴런보다 길다.

19. 질병의 구분과 병원체의 특성

ㄱ. 독감은 인플루엔자 바이러스의 감염으로 발병한다.

ㄴ. 결핵의 병원체는 세균이다. 세균은 단세포 생물로 세포막으로 싸여 있고, 효소를 합성하여 독립적으로 물질대사를 할 수 있다.

ㄷ. 낫 모양 적혈구 빈혈증은 병원체의 감염 없이 나타나는 비감염성 질병이다.

20. 사람의 유전 및 돌연변이 분석

자녀 3의 체세포 1개당 염색체 수는 47이므로 자녀 3의 체세포에는 13번 염색체가 3개 있다. 따라서 자녀 3은 어머니로부터 받은 (다)의 유전자 d가 있고 (가)의 유전자형은 AA인데, (a+b+d)가 1이므로 어머니로부터 유전자 A와 함께 있는 유전자 b를 물려받지 않았다. 즉, 어머니의 생식세포 형성 과정 중 7번 염색체에서 유전자 b가 결실되었다(⊙). 아버지로부터는 A와 B가 함께 있는 7번 염색체를 물려받으며 (A+b+D)가 4이므로 유전자 D가 있는 13번 염색체가 2개 있어야 한다.

ㄴ. ⊙은 어머니의 생식세포 형성 과정에서 일어난 7번 염색체 결실이다.

ㄷ. 아버지의 생식세포 형성 과정 중 감수 2분열에서 D를 갖는 13번 염색체의 비분리가 일어나 DD를 갖는 정자 Q가 형성되었다.

바로알기 ㄱ. 자녀 2의 대립유전자 구성은 AB/Ab, dd이므로 자녀 2에게서 A, B, D를 모두 갖는 생식세포는 형성될 수 없다.

1. 생물의 특성

⑤ 운동 전후에 체온을 일정하게 유지하는 것과 식사 후에 인슐린이 분비되어 혈당량을 일정하게 유지하는 것은 항상성의 예이다.

바로알기 ② 심해 어류는 어두운 환경에 적응하여 시각이 퇴화된 것이다.

2. 생명 과학의 탐구 방법

ㄱ. 효모가 포도당을 분해하여 에너지를 얻는 세포 호흡을 하는지를 열 발생과 이산화 탄소 생성으로 알아보는 실험이다. 세포 호흡은 물질대사 중 이화 작용에 해당한다.

바로알기 ㄴ. 효모가 포도당만 에너지원으로 사용하는지를 알아보려면 효모에 포도당을 공급한 것과 포도당 이외의 다른 영양소를 공급한 것을 두고 효모의 개체 수를 측정하는 실험을 실시한다.

ㄷ. 포도당 수용액의 유무와 같이 가설을 검증하기 위해 실험에서 의도적으로 변화시키는 요인이 조작 변인이다. 병을 처리하는 온도와 같이 실험에서 일정하게 유지시키는 요인은 통제 변인이다.

3. 세포 호흡과 에너지

ㄴ. (가)와 (나)는 모두 물질대사이므로 효소가 사용된다.

ㄷ. 미토콘드리아에서 (나)의 ATP를 합성하는 과정(ⓐ)이 일어난다.

바로알기 ㄱ. ⑤은 O_2, ⑥은 CO_2이다.

4. 기관계의 통합적 작용

ㄱ. (가)는 세포 호흡에 필요한 O_2를 흡수하고, 세포 호흡 결과 발생한 CO_2를 몸 밖으로 내보내는 호흡계이고, (라)는 우리 몸에서 생성된 노폐물을 몸 밖으로 내보내는 배설계이다.

ㄷ. (다)는 순환계로, 혈액을 통해 세포 호흡에 필요한 산소와 영양소를 조직 세포로 운반한다.

바로알기 ㄴ. (가)는 호흡계, (나)는 소화계, (다)는 순환계, (라)는 배설계이다. 소화계를 이루는 세포에서는 물질을 분해하는 이화 작용과 물질을 합성하는 동화 작용이 모두 일어난다.

5. 대사성 질환

• 현진: 대사성 질환은 우리 몸의 물질대사에 이상이 생겨 발생하는 질병으로, 병원체의 감염에 의한 것이 아니므로 비감염성 질병이다.

• 수민: 에너지 소비량에 비해 에너지 섭취량이 많은 상태가 지속되면 비만이 되고, 비만이 되면 대사성 질환에 걸릴 확률이 높아진다.

바로알기 • 지원: 당뇨병은 대사성 질환이지만, 알츠하이머병은 중추 신경계 이상에 의한 질병이다.

6. 뉴런의 이온 분포와 흥분 발생

ㄱ. 휴지 전위는 뉴런이 자극을 받지 않은 분극 상태일 때의 막전위이다. (가)는 Na^+-K^+ 펌프에 의해 Na^+과 K^+이 이동되며, 대부분의 Na^+ 통로와 K^+ 통로는 닫혀 있으므로 분극 상태이다. 따라서 (가)일 때는 약 $-70 mV$의 휴지 전위가 나타난다.

ㄷ. 활동 전위가 형성되는 과정에서 Na^+ 통로는 K^+ 통로보다 먼저 열린다. 따라서 ⑤은 K^+ 통로, ⑥은 Na^+ 통로이다. t_2일 때 재분극이 일어나고 있으며, 재분극일 때는 K^+ 통로(⑤)가 열려 K^+이 K^+ 통로를 통해 세포 밖으로 확산된다.

바로알기 ㄴ. t_1일 때는 탈분극이 일어나고 있으며, Na^+ 통로(⑥)가 열려 Na^+이 Na^+ 통로를 통해 세포 안으로 확산되는데, 확산에는 ATP가 사용되지 않는다.

7. 흥분의 전도와 전달

ㄴ. ⓐ는 축삭 돌기 말단, ⓑ는 신경 세포체 또는 가지 돌기 말단이다. ⓐ에서 방출된 신경 전달 물질은 ⓑ의 막에 있는 수용체에 결합하여 Na^+ 통로를 열리게 함으로써 막전위를 변화시킨다.

ㄷ. 시냅스 이전 뉴런은 말이집 신경이므로, 슈반 세포가 존재한다.

바로알기 ㄱ. P에 역치 이상의 자극을 주면 A와 B에서만, Q에 역치 이상의 자극을 주면 B에서만 활동 전위가 발생한다. 따라서 ⑤은 B, ⑥은 A, ⑥은 C이다.

8. 골격근의 구조와 근수축 과정

ⓐ는 마이오신 필라멘트, ⓑ는 액틴 필라멘트이다.

ㄱ. H대는 마이오신 필라멘트(ⓐ)만 존재하는 부위이다.

ㄴ. 근수축 과정에서 필라멘트의 길이는 변하지 않으므로 마이오신 필라멘트(ⓐ)의 길이와 액틴 필라멘트(ⓑ)의 길이를 더한 값이 t_1일 때와 t_2일 때가 같다.

ㄷ. 근수축 과정에서 마이오신 필라멘트(ⓐ)가 있는 부분인 A대의 길이는 변하지 않으며, ⑤의 길이는 X의 길이가 짧아지면 길어진다. 따라서 $\dfrac{⑤의\ 길이}{A대의\ 길이}$는 t_1일 때보다 t_2일 때가 작다.

9. 자율 신경과 동공의 크기 조절

ㄱ. A는 동공의 크기를 조절하므로 중간뇌에서 뻗어나온다.

ㄷ. 중간뇌는 뇌줄기(중간뇌, 뇌교, 연수)에 속한다.

바로알기 ㄴ. B는 교감 신경의 신경절 이후 뉴런이므로 B의 축삭 돌기 말단에서는 노르에피네프린이 분비된다.

10. 체온 조절

ㄷ. 구간 Ⅱ에서 체온이 상승하는 것은 열 발생량은 증가하고, 열 발산량은 감소하기 때문이다. 따라서 구간 Ⅱ에서 $\dfrac{열\ 발산량}{열\ 발생량}$의 값은 시간이 지날수록 감소한다.

바로알기 ㄱ. 시상 하부는 뇌줄기(중간뇌, 뇌교, 연수)에 속하지 않는다.

ㄴ. 구간 Ⅰ에서보다 구간 Ⅱ에서 시상 하부의 온도가 낮으므로, 구간 Ⅱ에서는 피부 근처 혈관을 수축하여 열 발산량을 감소시킨다.

11. 방어 작용

ㄱ. ⑤을 주사하였을 때 X에 대한 항체 농도가 높았다가 점점 낮아지고 이후 X를 주사하였을 때 1차 면역 반응이 일어났으므로 ⑤은 X에 대한 항체가 포함된 혈청이다.

ㄴ. 구간 Ⅰ에서 X에 대한 항체 농도가 높아진 것은 X에 대한 체액성 면역 반응이 일어났기 때문이다.

ㄷ. ⑥은 X에 대한 기억 세포이다. 생쥐 C에 X를 주사한 후 X에 대한 항체가 급격히 증가한 것은 X에 대한 기억 세포가 형질 세포로 분화하여 항체를 형성하는 2차 면역 반응이 일어났기 때문이다.

12. 염색체의 구조
ㄷ. DNA의 염기 서열에 유전 정보가 저장되어 있다.

바로알기 ㄱ. ㉠에는 a의 대립유전자인 A가 있다. 염색 분체는 세포 분열이 일어나기 전에 하나의 DNA가 복제되어 만들어지므로 동일한 위치에는 같은 유전자가 있다. 따라서 ㉡에도 A가 있다.

ㄴ. 뉴클레오솜(㉢)은 세포 분열 중에 응축된 염색체와 핵 속에 실처럼 풀어져 있을 때의 염색체에 항상 존재한다.

13. 세포 주기
㉠은 M기(분열기), ㉡은 G_1기, ㉢은 S기이다.

ㄱ. M기(분열기)의 전기에 염색체가 응축하여 막대 모양으로 나타난다.

바로알기 ㄴ. S기(㉢)에 DNA가 복제되므로 G_2기 세포의 핵 1개당 DNA양이 G_1기(㉡) 세포의 2배이다.

ㄷ. G_1기(㉡)에는 세포를 구성하는 물질을 합성하고 세포 소기관의 수가 증가하여 세포의 생장이 빠르게 일어나고, G_2기에는 방추사를 형성하는 단백질과 세포막을 구성하는 물질이 합성되는 등 세포 분열을 준비한다.

14. 핵상과 핵형
ㄴ. (다)는 성염색체의 크기와 모양이 다르므로 수컷이다. (가)는 A의 세포이며 (가)에 있는 성염색체가 X 염색체이다. (나)는 Y 염색체가 있으므로 B의 세포이다. B의 체세포 분열 중기의 세포 1개당 X 염색체는 1개이고 2개의 염색 분체로 이루어져 있으며, (가)의 X 염색체도 2개의 염색 분체로 이루어져 있다.

ㄷ. (나)에는 Y 염색체가 있으므로 (가)로부터 형성된 생식세포와 수정하면 성염색체 구성이 XY가 되어 자손은 반드시 수컷이다.

바로알기 ㄱ. (가)는 상동 염색체 중 하나만 있으므로 핵상이 n이고, (다)는 상동 염색체가 쌍으로 있으므로 핵상이 $2n$이다.

15. 유전병 유전 가계도 분석
ㄱ. 정상인 3과 4 사이에서 유전병인 8이 태어났으므로 정상이 우성 형질이고, 유전병이 열성 형질이며, 유전병 유전자는 상염색체에 있다. 정상 대립유전자를 A, 유전병 대립유전자를 A*라고 표시하면, 5가 유전병(A*A*)이므로 1은 유전병 대립유전자를 가진다(AA*). 4는 2에게서 A*를 물려받으므로 유전자형이 AA*이다. 따라서 1과 4는 유전병에 대한 유전자형이 같다.

바로알기 ㄴ. 5의 유전자형은 A*A*이므로 A*가 9에게 전달되지만, 9는 6에서 정상 대립유전자 A를 물려받아 정상이다.

ㄷ. AA*×AA* → AA, AA*, AA*, A*A*이므로 8의 동생이 태어날 때, 이 아이가 유전병일 확률은 $\frac{1}{4}×100=25(\%)$이다.

16. 대립유전자의 DNA 상대량과 유전 가계도 분석
5는 대립유전자 A*의 DNA 상대량이 2이고 유전병 ㉠을 나타내므로 A는 정상 대립유전자, A*는 유전병 ㉠ 대립유전자이다. 4는 대립유전자 A*의 DNA 상대량이 5의 반인데도 유전병이 나타나므로 유전병 유전자는 X 염색체에 있다.

ㄱ. 1은 유전병이 나타나므로 유전병 ㉠ 대립유전자 A*를 가지며, 2는 아들인 4와 딸인 5가 유전병을 나타내므로 A*를 가진다.

ㄴ. 2는 대립유전자 A와 A*를 모두 가지는데 정상이므로, 정상은 우성 형질, 유전병 ㉠은 열성 형질이다. 따라서 여자는 유전병 ㉠ 대립유전자를 2개 가져야 유전병이 나타나지만, 남자는 유전병 ㉠ 대

립유전자를 1개만 가져도 유전병이 나타나므로 유전병 ㉠은 여자보다 남자에서 더 많이 나타난다.

바로알기 ㄷ. X^{A*}X^{A*}×X^{A}Y → X^{A}X^{A*}, X^{A}X^{A*}, X^{A*}Y, X^{A*}Y이므로 이들 사이에서 태어난 아이가 유전병인 딸일 확률은 0 %이다.

17. 생식세포 분열에서 염색체 비분리
ㄱ. 생식세포의 핵상이 모두 비정상이므로 감수 1분열에서 상동 염색체가 비분리되었다. 따라서 A에는 21번 염색체가 없다.

바로알기 ㄴ. B에는 21번 염색체가 2개(23+X)이고, C에는 성염색체가 없다(22). 따라서 B와 C가 수정하면 45+X로 전체 염색체 수는 정상인과 동일하지만 21번 염색체가 3개이고, 성염색체는 X 염색체 1개뿐이므로 핵형은 정상인과 다르다.

ㄷ. (나)에서는 감수 2분열에서 성염색체가 비분리되었다. (나)에서는 감수 2분열에 X 염색체의 염색 분체가 비분리된다면 염색체 구성이 22, 22+XX, 22+Y인 정자가 형성된다. 또 감수 2분열에 Y 염색체의 염색 분체가 비분리된다면 염색체 구성이 22, 22+YY, 22+X인 정자가 형성된다.

18. 환경과 생물의 관계
ㄱ. 조류의 단단한 알 껍데기는 물의 손실을 막기 위해 적응한 결과이므로, 이것은 물이 생물에게 영향을 준 예이다.

ㄴ. 바다의 깊이에 따른 해조류의 분포 차이는 바다의 깊이에 따라 도달하는 빛의 파장이 다르기 때문에 나타난 현상이다. 같은 나무의 잎이라도 잎의 두께가 서로 다른 것은 잎의 위치에 따라 받는 빛의 세기가 다르기 때문에 나타난 현상이다.

바로알기 ㄷ. 여우 A는 사막여우보다 귀가 작고 꼬리가 짧으므로 피부를 통한 열의 방출이 억제된다. 따라서 A는 사막여우보다 온도가 낮은 지역에 산다.

19. 생태 피라미드
ㄷ. (가)의 1차 소비자의 에너지 효율은 1 %이므로 (나)의 2차 소비자의 에너지 효율은 20 %이다. 따라서 (나)의 1차 소비자의 에너지양(상댓값)은 10이다.

바로알기 ㄱ. 광합성을 하는 영양 단계는 가장 하위에 있는 생산자이며, (가)에서 생산자의 에너지양이 가장 많다.

ㄴ. 생태계에서 에너지는 순환하지 않는다.

20. 식물 군집의 물질 생산과 소비
총생산량은 호흡량과 순생산량의 합이며, 순생산량은 피식량, 고사량과 낙엽량, 생장량의 합이다.

ㄱ. (가)는 총생산량에서 순생산량에 해당하는 고사량, 낙엽량, 피식량, 생장량을 뺀 값이므로 호흡량이다.

ㄴ. 순생산량은 총생산량에서 호흡량(가)을 뺀 것이므로 t_2일 때가 t_1일 때보다 많다.

바로알기 ㄷ. 생산자인 식물에서 1차 소비자로 이동하는 유기물의 양은 피식량에 해당한다. t_1~t_2에서 피식량은 증가한다.

1. ①	2. ⑤	3. ④	4. ④	5. ⑤
6. ⑤	7. ④	8. ③	9. ⑤	10. ③
11. ⑤	12. ④	13. ④	14. ④	15. ②
16. ③	17. ④	18. ①	19. ①	20. ④

1. 생물의 특성

ㄱ. ㉠은 냄새 자극, ㉡은 접촉 자극에 대한 반응을 나타낸 것이다.

[바로알기] ㄴ. 물질대사는 동화 작용과 이화 작용으로 구분한다. 생물에서 영양소의 소화, 세포 호흡 등과 같이 복잡한 물질을 간단한 물질로 분해하는 작용은 물질대사 중 이화 작용이다.

ㄷ. 생물체 내에서 물질 합성, 물질 수송, 근육 운동 등과 같은 생명 활동에 직접 사용되는 에너지는 ATP에 저장된 화학 에너지이다.

2. 대조 실험과 변인 통제

ㄴ. (가)에서 관찰한 문제에 대한 가설에는 '세균 X가 결핵을 유발할 것이다.'가 해당된다. 따라서 세균 X를 주사한 집단 A가 실험군이고, 세균 X를 주사하지 않은 집단 B는 대조군이다.

ㄷ. 대조 실험을 할 때에는 조작 변인인 세균 X의 주사 여부를 제외한 나머지 독립변인은 실험군과 대조군에서 같게 처리해야 한다. 따라서 집단 A와 B의 토끼는 서식 환경을 같게 해야 한다.

ㄹ. 결핵에 걸린 토끼의 혈액에서 세균 X가 검출되어야 세균 X에 의해 결핵이 발생한다고 확실하게 결론지을 수 있다.

[바로알기] ㄱ. (가)는 관찰 및 문제 인식 단계이다.

3. 에너지의 전환과 이용

ㄴ. 포도당이 산소와 반응하여 이산화 탄소와 물로 분해되는 세포 호흡이 일어나면서 에너지가 방출된다. ADP는 세포 호흡으로 방출된 에너지를 흡수하여 ATP로 합성된다.

ㄷ. ⓐ는 리보스이며, RNA를 구성한다.

[바로알기] ㄱ. (가)는 세포 호흡으로, 미토콘드리아에서 일어난다.

4. 혈액의 순환 경로와 기관계의 통합적 작용

ㄴ. A는 소장이며, 소장은 소화계에 속한다.

ㄷ. B는 콩팥이며, 항이뇨 호르몬(ADH)의 표적 기관이다.

[바로알기] ㄱ. ㉠은 폐동맥, ㉡은 폐정맥이다. 폐동맥(㉠)에는 산소의 농도가 낮고 이산화 탄소의 농도가 높은 정맥혈이 흐르고, 폐정맥(㉡)에는 산소의 농도가 높고 이산화 탄소의 농도가 낮은 동맥혈이 흐른다. 따라서 단위 부피당 산소량은 폐동맥(㉠)의 혈액보다 폐정맥(㉡)의 혈액이 많다.

5. 기관계의 통합적 작용

ㄱ. 소화계에서는 영양소를 분해(이화 작용)하여 체내에서 흡수 가능한 상태로 만든다.

ㄴ. (가)는 호흡계, (나)는 소화계, (다)는 순환계, (라)는 배설계이다.

ㄷ. 방광은 배설계(라)에 속하는 기관이다.

6. 흥분 전도와 전달

ㄴ. 흥분은 시냅스 이전 뉴런의 축삭 돌기 말단에서 시냅스 이후 뉴런의 가지 돌기나 신경 세포체 쪽으로만 전달된다. 따라서 Q에 자극을 주었을 때 A로는 자극이 전달되지 않으며, 말이집 신경에서는 랑비에 결절(B)에서만 활동 전위가 발생하므로 (나)는 랑비에 결절(B)에서의 막전위 변화이다.

ㄷ. K^+의 농도는 항상 세포 안쪽이 바깥쪽보다 높다.

[바로알기] ㄱ. (가)에서 시냅스 이전 뉴런은 민말이집 신경이다.

7. 골격근의 수축 과정

ㄱ. 근수축 시 마이오신 필라멘트와 액틴 필라멘트의 겹치는 구간(㉠)의 길이는 증가하고, 그 만큼 액틴 필라멘트만 있는 구간(㉡)의 길이는 감소한다. 따라서 ⓐ일 때보다 ⓑ일 때 ㉠의 길이가 짧으므로 ㉡의 길이는 ⓐ일 때보다 ⓑ일 때 길다.

ㄷ. 근수축 시 좌우 ㉠의 길이가 길어진 만큼 X의 길이와 H대의 길이는 짧아진다. ⓐ일 때는 ⓑ일 때보다 ㉠이 0.3 μm 길므로, X의 길이와 H대의 길이는 0.3×2=0.6 μm가 짧다. ⓐ일 때 X의 길이가 2.4 μm이므로 ⓑ는 2.4+0.6=3.0 μm이고, 'ⓑ일 때 H대의 길이−ⓐ일 때 H대의 길이'는 0.6 μm이다. 따라서

$$\frac{\text{ⓑ일 때 H대의 길이}-\text{ⓐ일 때 H대의 길이}}{\text{ⓑ일 때 X의 길이}}=\frac{0.6}{3.0}=\frac{1}{5}\text{이다.}$$

[바로알기] ㄴ. 마이오신 필라멘트의 길이는 근수축 과정에서 변하지 않으므로 ⓐ일 때와 ⓑ일 때 같다.

8. 자율 신경계의 구조와 기능

ㄱ. 교감 신경과 부교감 신경의 조절 중추는 간뇌의 시상 하부이므로, '대뇌의 직접적인 지배를 받지 않는다.'는 ㉠에 해당한다.

ㄴ. 신경절 이전 뉴런이 신경절 이후 뉴런보다 긴 뉴런은 부교감 신경이므로, '신경절 이전 뉴런이 신경절 이후 뉴런보다 길다.'는 ㉡에 해당한다.

[바로알기] ㄷ. 소화액 분비를 조절하는 부교감 신경(B)의 신경절 이전 뉴런의 신경 세포체는 연수에 있다.

9. 혈당량 조절

ㄱ. A는 혈당량이 낮을 때 이자섬의 α세포에서 분비되는 글루카곤이고, B는 혈당량이 높을 때 이자섬의 β세포에서 분비되는 인슐린이다.

ㄴ. 간에서는 인슐린과 글루카곤의 길항 작용으로 포도당과 글리코젠의 전환이 일어남으로써 혈당량이 조절된다.

ㄷ. (나)에서 식사 후 혈당량이 높아지면 혈중 ㉠의 농도가 높아지므로 ㉠은 인슐린(B)이다. (나)의 당뇨병 환자는 인슐린(B)의 분비량이 부족하여 나타나는 제1형 당뇨병 환자이므로 인슐린(B)을 투여하여 치료할 수 있다.

10. 삼투압 조절

ㄱ. A는 이자, B는 콩팥, C는 부신이다. 이자(A)의 α세포에서는 글루카곤이 분비되고, 이자의 β세포에서는 인슐린이 분비된다.

ㄴ. 부신(C) 속질에서 분비되는 에피네프린은 혈당량을 증가시키고 심장 박동을 촉진한다.

[바로알기] ㄷ. 항이뇨 호르몬(ADH)은 콩팥에서 수분의 재흡수를 촉진한다. p_1일 때가 p_2일 때보다 항이뇨 호르몬(ADH)의 농도가 낮으므로 콩팥에서의 수분 재흡수량이 적다. 따라서 p_1일 때가 p_2일 때보다 단위 시간당 오줌 생성량이 많다.

11. 방어 작용

ㄱ. (가)는 염증 반응으로 백혈구에 의한 식균 작용이 일어나고, (나)에서는 대식 세포의 식균 작용에 의한 항원 제시가 일어난다.

ㄴ. 세포성 면역은 세포독성 T림프구(㉡)가 병원체에 감염된 세포를 직접 제거하는 과정이다.

ㄷ. 체액성 면역은 B 림프구로부터 분화된 형질 세포에서 생성·분비된 항체에 의해 항원을 제거하는 과정으로, 보조 T 림프구(㉠)는 B 림프구의 증식·분화를 촉진하므로 체액성 면역 반응이 일어나는 데 관여한다.

12. 생식세포의 유전적 다양성
ㄱ, ㄴ. 한 개체에서 형성되는 생식세포는 감수 1분열에서 상동 염색체의 배열과 분리에 따라 유전자 구성이 달라질 수 있다. (가)의 유전자 구성은 AB이고, (나)의 유전자 구성은 ab이다.

바로알기 ㄷ. (나)의 유전자 구성은 ab이고, (다)의 유전자 구성은 Ab이다. 감수 1분열에서 상동 염색체가 무작위로 배열되었다가 독립적으로 분리된다. 모세포에서 상동 염색체 쌍이 분리되면 (나), (다)와 같이 같은 유전자를 가진 생식세포는 동시에 형성될 수 없다.

13. 다인자 유전
ㄱ. (가)는 3쌍의 대립유전자에 의해 결정되고 대립 형질의 우열이 뚜렷하지 않으므로 두 쌍 이상의 대립유전자에 의해 형질이 결정되는 다인자 유전 형질이다.

ㄷ. 유전자형이 AABBDD인 남자와 aabbdd인 여자 사이에서 태어난 남자 ㉠의 유전자형은 AaBbDd이다. ㉠의 어머니의 유전자형이 열성 동형 접합성이므로 ㉠과 유전자형이 aabbdd인 여자 사이에서 태어나는 자손의 표현형은 ㉠에서 형성하는 생식세포에 포함된 대문자로 표시되는 대립유전자의 수에 의해서 결정된다. 따라서 자손의 유전자형은 AaBbDd, AaBbdd, AabbDd, Aabbdd, aaBbDd, aaBbdd, aabbDd, aabbdd이므로 표현형은 대문자가 3개, 2개, 1개, 0개일 때의 최대 4가지이다.

바로알기 ㄴ. ㉠의 유전자형은 AaBbDd이므로 형성되는 생식세포의 유전자형은 ABD, ABd, AbD, Abd, aBD, aBd, abD, abd의 8가지이다.

14. 핵상과 핵형
(나)와 (마)는 상염색체가 3쌍이고, 1쌍의 성염색체가 있다. 따라서 성염색체 구성이 XX인 (나)는 암컷인 A의 세포이고, 성염색체 구성이 XY인 (마)는 수컷인 B의 세포이다. (라)는 3개의 염색체가 (나), (마)에 있는 것과 같고 Y 염색체가 있으므로 B의 세포이다.

ㄱ. (나)는 성염색체가 XX이므로 암컷인 A의 세포이다. (가)와 (다)는 (나)와 염색체 모양과 크기가 다르므로 C의 세포이다.

ㄷ. (마)의 상염색체 수는 6개이고, 성염색체 구성이 XY로 X 염색체는 1개이다. 따라서 $\dfrac{\text{상염색체 수}}{\text{X 염색체 수}}=6$이다.

바로알기 ㄴ. (나)는 암컷인 A의 세포이고, (라)는 Y 염색체가 있으므로 수컷인 B의 세포이다.

15. 성염색체 유전과 유전자의 DNA 상대량
ㄷ. 대립유전자 A와 A*의 DNA 상대량의 합은 여자가 남자의 2배이므로 유전병 ㉠의 발현에 관여하는 유전자는 X 염색체에 있고, 유전병 ㉠ 대립유전자 A*는 열성이다. 여자는 A*A*일 때만 유전병 ㉠을 나타내지만, 남자는 A*가 하나만 있어도 유전병 ㉠을 나타낸다. 따라서 유전병 ㉠은 여자보다 남자에서 더 많이 나타난다.

바로알기 ㄱ. 정상인 부모 사이에서 유전병 ㉠인 철수가 태어났으므로 유전병 ㉠은 열성 형질이다.

ㄴ. 유전병 ㉠은 A와 A* 한 쌍의 대립유전자에 의해 형질이 결정되므로 단일 인자 유전 형질이다.

16. 가계도 분석
ㄱ. ㉠은 남녀에서 모두 나타나므로 유전자는 X 염색체에 있고, 아들의 ㉠ 형질 여부는 어머니에게서 물려받은 유전자에 의해 결정된다. 어머니 3이 정상인데 아들 7이 ㉠을 나타냈으므로 ㉠은 열성 형질이고, 3의 유전자형은 HH*이다.

ㄴ. 5는 응집원 B를 가지며 AB형은 아니므로 B형이다. 따라서 6은 A형, 9가 AB형이므로 7은 B형 또는 AB형이다. 그런데 3이 O형이므로 7은 B형이다. 또한 8은 O형이므로 4는 B형이다.

바로알기 ㄷ. 6과 7의 ABO식 혈액형 유전자형은 $I^A i$와 $I^B i$이므로 이들 사이에 태어난 아이가 A형일 확률은 $I^A i \times I^B i \rightarrow I^A i$, $I^B i$, $I^A I^B$, ii이므로 $\dfrac{1}{4}$이다. 6은 1에게서 H*를 물려받아 보인자이다. 따라서 6과 7 사이에서 태어난 아이가 ㉠을 나타낼 확률은 $X^H X^{H^*} \times X^{H^*} Y \rightarrow X^H X^{H^*}$, $\underline{X^{H^*} X^{H^*}}$, $X^H Y$, $\underline{X^{H^*} Y}$이므로 $\dfrac{1}{2}$이다. 따라서 아이의 ABO식 혈액형이 A형이고 ㉠이 발현될 확률은 $\dfrac{1}{4} \times \dfrac{1}{2} = \dfrac{1}{8}$이다.

17. 염색체 이상에 의한 유전병
ㄱ. (나)는 염색체 구조에만 이상이 있으므로 염색체 수는 정상과 같다.

ㄴ. (나)에는 상염색체인 1번과 11번 염색체 사이에 전좌가 일어난 염색체가 있다.

바로알기 ㄷ. (다)는 상염색체인 18번 염색체가 3개이므로 에드워드 증후군이다. 상염색체 수 이상은 남녀 모두에게 나타날 수 있다.

18. 개체군 내의 상호 작용
ㄱ. (가)~(다)는 모두 한 종으로 이루어진 개체군 내에서 일어나는 상호 작용이다.

바로알기 ㄴ. (가)는 순위제이고, (나)는 리더제이다. 순위제의 개체군에서는 모든 개체들 사이에 서열이 있지만, 리더제의 개체군에서는 리더를 제외한 나머지 개체들 사이에는 서열이 없다.

ㄷ. (다)는 텃세이다. 여러 종의 솔새가 한 나무의 서로 다른 부위에서 서식하는 것은 분서의 예이다.

19. 질소 순환 과정
ㄱ. 생산자(I)는 뿌리를 통해 암모늄 이온(NH_4^+)이나 질산 이온(NO_3^-)을 흡수한 후 이를 이용해 핵산과 단백질을 합성(ⓑ)하며, 분해자(II)는 생물의 사체와 배설물에 포함된 핵산과 단백질을 암모늄 이온(NH_4^+)으로 분해(ⓐ)한다.

바로알기 ㄴ. I(생산자)과 III(소비자)은 먹이가 서로 다르므로 먹이 지위가 포함된 생태적 지위가 서로 다르다.

ㄷ. ㉠은 빛이 생물에 영향을 주는 것이다. 가을에 활엽수가 단풍이 드는 것은 온도가 생물에게 영향을 준 사례이다.

20. 군집 내 개체군 간의 상호 작용
ㄴ. 같은 하천에 사는 은어와 피라미는 먹이, 서식 공간 등과 같은 생태적 지위가 많이 겹칠수록 한정된 자원을 두고 두 종이 경쟁할 확률이 높아진다.

ㄷ. 분서와 텃세는 모두 불필요한 경쟁을 줄이기 위한 상호 작용이다.

바로알기 ㄱ. (가)는 군집 내 개체군 간의 상호 작용인 분서에 해당하고, (나)는 개체군 내의 상호 작용인 텃세에 해당한다.

1. ④	2. ①	3. ③	4. ⑤	5. ④
6. ③	7. ②	8. ③	9. ⑤	10. ②
11. ②	12. ①	13. ④	14. ⑤	15. ①
16. ①	17. ①	18. ③	19. ④	20. ①

1. 바이러스, 세균, 진핵세포의 비교

ㄴ. 백혈구(B)와 결핵균(C)은 세포로 되어 있고, 자체 효소를 합성하여 물질대사를 한다.

ㄷ. 결핵균(C)은 단세포 생물이며 분열하여 개체 수를 늘린다.

바로알기 ㄱ. 세균을 숙주로 하는 바이러스인 박테리오파지(A)는 세포 구조를 갖지 않으며, 유전 물질은 있지만 핵막으로 구분된 핵은 없다.

2. 생명 과학의 탐구 방법

ㄱ. 연역적 탐구 방법에서는 발견한 문제에 대한 가설을 세운 후 탐구를 설계하고 수행한다. 따라서 가설은 (가)와 (나) 사이에 설정한다.

바로알기 ㄴ. 현미의 각기병 예방 효과를 알아보기 위한 탐구이므로 실험에 사용하는 닭 ㉠은 건강한 상태여야 한다.

ㄷ. 현미에는 각기병을 예방하는 물질이 들어 있다고 결론을 내렸으므로 백미를 먹인 ㉡에서만 각기병이 발생하였다는 것을 알 수 있다.

3. 물질대사

ㄱ. A와 B는 생명체에서 일어나는 화학 반응인 물질대사이므로, A와 B에는 모두 효소가 필요하다.

ㄷ. 에피네프린은 B를 촉진하여 혈당량을 증가시킨다.

바로알기 ㄴ. A와 B는 모두 간에서 일어나는 물질의 변화이다. 따라서 '간에서 일어난다.'는 A와 B의 공통점이므로 ㉠에 해당하지 않는다.

4. 세포 호흡

ㄴ. ㉢은 ATP, ㉣은 ADP이다. 1분자당 고에너지 인산 결합 수는 ATP가 2개이고, ADP가 1개이다.

ㄷ. ㉠은 O_2, ㉡은 CO_2이다. 폐동맥에는 폐정맥에 비해 O_2의 양이 적고 CO_2의 양이 많다. 따라서 $\dfrac{CO_2의\ 양}{O_2의\ 양}$은 폐동맥에서가 폐정맥에서보다 크다.

바로알기 ㄱ. 포도당을 글리코젠으로 합성하는 과정(가)은 동화 작용이다.

5. 중추 신경계

ㄱ. A는 연수, B는 척수, C는 대뇌이며, 연수와 척수는 무조건 반사의 중추, 대뇌는 의식적인 반응 및 수의 운동의 중추이다. 따라서 A(연수)가 Ⅰ이면 '무조건 반사'는 ㉠에 해당하며, 연수는 뇌줄기에 속하므로 '뇌줄기에 속하는가?'는 ⓐ에 해당한다.

ㄷ. C(대뇌)의 겉질은 신경 세포체가 모인 회색질이다.

바로알기 ㄴ. 연수, 척수, 대뇌 중 수의 운동을 조절하는 중추는 대뇌뿐이다. 따라서 ㉠이 '수의 운동'이라면 '예'에 해당하는 것이 Ⅰ과 Ⅱ 두 가지가 될 수 없다.

6. 자율 신경

교감 신경의 신경절 이전 뉴런의 신경 세포체는 척수에 있으며, 부교감 신경의 신경절 이전 뉴런의 신경 세포체는 척수, 연수, 중간뇌에 있다. 심장 박동 조절의 중추는 연수이므로 심장에 연결된 부교감 신경의 신경절 이전 뉴런의 신경 세포체는 연수에 있다. 따라서 X는 부교감 신경, Y는 교감 신경이다.

ㄱ. 부교감 신경(X)이 흥분하면 심장 박동이 느려진다.

ㄷ. ⓐ는 척수이며, 척수는 배뇨 반사의 중추이다.

바로알기 ㄴ. 교감 신경의 신경절 이후 뉴런의 축삭 돌기 말단에서 분비되는 신경 전달 물질(㉠)은 노르에피네프린이며, 체성 신경의 말단에서 분비되는 신경 전달 물질은 아세틸콜린이다.

7. 흥분 전도

ㄴ. 자극을 준 지점은 Ⅱ이며, 흥분 전도는 축삭 돌기의 양 방향으로 일어난다. 각 지점의 거리 간격이 2 cm이므로 자극을 준 지점의 양옆 지점에서는 3 ms일 때 재분극이 일어나고 있으며 막전위가 같다. 흥분 전도 속도가 2 cm/ms일 때 이 지점의 막전위는 −80 mV가 되기 1초 전이므로 +10 mV이다. 따라서 A의 흥분 전도 속도는 3 cm/ms, B의 흥분 전도 속도는 2 cm/ms이다.

바로알기 ㄱ. 자극을 준 지점은 d_2 또는 d_3 중 하나이므로, Ⅱ는 d_2 또는 d_3 중 하나이다.

ㄷ. 자극을 준 지점이 d_2이면 3 ms일 때 d_2에서 A와 B의 막전위는 −80 mV이고, d_3이면 3 ms일 때 d_2에서 A의 막전위는 −40 mV, B의 막전위는 +10 mV이다.

8. 혈당량 조절

ㄱ. (가)는 이자이며, 이자에서는 단백질, 지방, 탄수화물을 분해하는 각각의 소화 효소가 분비된다.

ㄷ. (나)는 간이며, 간에서는 암모니아가 요소로 전환된다.

바로알기 ㄴ. 교감 신경이 흥분하면 글루카곤(㉠)의 분비가 촉진된다.

9. 병원체의 종류와 특성

ㄱ. 파상풍의 병원체는 세균이므로 A는 세균, 말라리아의 병원체는 원생생물이므로 B는 원생생물, 몸이 균사로 이루어진 것은 곰팡이이므로 C는 곰팡이이다. 세균, 원생생물, 곰팡이는 모두 세포 구조를 갖춘 생물이므로, '세포 구조를 갖추고 있다.'는 ㉠에 해당한다.

ㄴ. 세균은 핵막과 막으로 둘러싸인 세포 소기관이 없는 원핵생물이고, 원생생물과 곰팡이는 핵막과 막으로 둘러싸인 세포 소기관이 있는 진핵생물이다. 따라서 '핵막이 있다.'는 ㉡에 해당한다.

ㄷ. 무좀을 일으키는 병원체는 곰팡이(C)이다.

10. ABO식 혈액형

ㄴ. 철수의 혈액은 항 A 혈청에만 응집 반응이 일어났으므로 A형이다. 따라서 철수의 적혈구 막에는 응집원 A가 존재한다.

바로알기 ㄱ. 어머니는 응집소 β가 있으므로 A형 또는 O형이다.

ㄷ. 아버지의 혈장에는 응집소 β가 있지만 누나의 적혈구에는 응집원이 없으므로 응집 반응이 일어나지 않는다.

11. 성염색체 유전 가계도 분석

ㄷ. 가계도에서 혈우병 보인자임이 확실한 사람의 수는 5명이다.

바로알기 ㄱ. 정상인 부부 사이에서 혈우병인 아들이 태어났으므로 정상 대립유전자는 우성, 혈우병 대립유전자는 열성이다.

ㄴ. A는 혈우병 대립유전자를 어머니에게서, 어머니는 혈우병인 A의 외할아버지에게서 혈우병 대립유전자를 물려받았다.

12. 체세포 분열에서의 DNA양과 염색체 수 변화

I은 G_2기, II는 M기, III은 G_1기이다.

ㄱ. G_2기(I)는 간기에 속하며, 간기에는 세포에서 핵막이 관찰된다.

바로알기 ㄴ. DNA를 복제한 후 1회의 분열만 일어났으므로 체세포 분열이다. 체세포 분열에서는 상동 염색체의 접합과 분리가 일어나지 않는다.

ㄷ. G_1기(III) 세포는 DNA 복제가 일어나기 전이므로 복제된 염색 분체가 없어 2개의 염색 분체로 이루어진 염색체가 없다.

13. 생식세포 분열 과정의 유전자 DNA 상대량 변화

ㄴ. 세포의 핵상은 ㉠과 ㉡은 $2n$이고, ㉢~㉤은 n이다.

ㄷ. ㉤은 ㉢이 감수 2분열을 하여 만들어지며 H와 T의 DNA 상대량은 각각 1이다. 세포 1개당 $\dfrac{\text{T의 DNA 상대량}}{\text{H의 DNA 상대량}}$의 값은 ㉠과 ㉤에서 $\dfrac{1}{1}=1$로 같다.

바로알기 ㄱ. ⓐ는 2이고, ⓑ는 0이다.

14. 두 가지 형질 유전 가계도 분석

부모 1, 2는 유전병 ㉠이지만, 딸 3은 정상이므로 유전병 ㉠은 우성 형질, 정상은 열성 형질이며, 유전병 ㉠ 유전자는 상염색체에 있다.

ㄱ. 4의 적록 색맹 대립유전자는 2에게서 물려받은 것이고, 7의 적록 색맹 대립유전자는 4와 5에게서 하나씩 물려받은 것이다. 따라서 2와 5는 정상이지만 적록 색맹 대립유전자를 갖는 보인자($X^R X^r$)이다.

ㄴ. 정상 대립유전자 H는 열성이고, 유전병 ㉠ 대립유전자 H*는 우성이다. 7의 유전자형은 HH이고, 부모 4와 5에서 H를 하나씩 물려받았다. 따라서 4의 유전자형은 HH*이다.

ㄷ. 유전병 ㉠일 확률은 HH*×HH → HH, HH, $\underline{HH^*, HH^*}$이므로 $\dfrac{1}{2}$, 적록 색맹일 확률은 $X^rY×X^RX^r → X^RX^r, \underline{X^rX^r}, X^RY,$ $\underline{X^rY}$이므로 $\dfrac{1}{2}$이다. 따라서 7의 동생이 태어날 때, 이 아이에게서 유전병 ㉠과 적록 색맹이 모두 나타날 확률은 $\dfrac{1}{2} × \dfrac{1}{2} = \dfrac{1}{4}$이다.

15. 염색체 구조 이상

ㄱ. 버킷림프종 세포에는 8번과 14번 염색체의 일부가 바뀌어 연결되는 전좌가 일어난 염색체가 있다.

바로알기 ㄴ. 난원 세포가 정상이므로 부모로부터 유전된 것이 아니다.

ㄷ. 난원세포와 상피 세포의 염색체는 정상이므로 버킷림프종 세포는 후천적으로 체세포 분열 과정에서 돌연변이가 일어난 것이다.

16. 여러 가지 형질의 유전

ㄱ. ㉠은 대립유전자 H, H*의 한 쌍, ㉡은 대립유전자 A, B, O 중 한 쌍에 의해 형질이 결정되므로 단일 인자 유전 형질이다.

ㄷ. ㉢에서 DdEeff와 같이 대문자가 2개인 경우는 DDeeff, ddEEff, ddeeFF, DdeeFf, ddEeFf의 5가지이다.

바로알기 ㄴ. ㉡은 대립유전자가 A, B, O의 3가지이므로 복대립 유전 형질이다. ㉡에 대해 가능한 유전자형은 AA, AO, AB, BB, BO, OO의 6가지이고, 우열 관계는 A는 B와 O에 대해, B는 O에 대해 완전 우성이므로 표현형은 A에 의해 나타나는 것(AA, AO, AB), B에 의해 나타나는 것(BB, BO), O에 의해 나타나는 것(OO)의 3가지이다.

ㄹ. ㉣을 결정하는 대립유전자 R는 R*에 대해 완전 우성이므로 어머니는 R를 하나만 가져도 ㉣을 나타낸다. 따라서 ㉣에 대한 어머니의 유전자형이 $X^R X^{R^*}$일 경우 아들은 어머니에게서 X^R를 물려받으면 ㉣을 나타내고, X^{R^*}를 물려받으면 ㉣을 나타내지 않는다.

17. 생태계 구성 요소 간의 상호 관계

㉠은 비생물적 요인이 생물에게 주는 영향, ㉡은 생물이 비생물적 요인에게 주는 영향, ㉢은 군집 내 개체군의 상호 작용, ㉣은 개체군 내의 상호 작용이다.

ㄱ. 물과 온도는 모두 생물에게 영향을 주는(㉠) 비생물적 요인이다.

바로알기 ㄴ. (나)는 텃세이므로 개체군 내 상호 작용인 ㉣의 예이다.

ㄷ. 고산 지대에 사는 사람이 저지대에 사는 사람보다 적혈구 수가 많은 것은 비생물적 요인인 공기가 생물에게 영향을 준 ㉠의 예이다.

18. 삼림의 층상 구조

삼림의 층상 구조의 발달로 높이에 따라 통과하여 도달하는 빛의 양에 차이가 있다.

ㄷ. 삼림의 층상 구조에서 아래로 갈수록 빛의 세기가 약해지므로 B가 빛의 세기이고, 아래쪽에 있는 식물일수록 약한 빛을 이용하여 광합성을 한다.

바로알기 ㄱ. 교목층(가)에서 광합성이 가장 활발하게 일어나므로 CO_2의 농도가 가장 낮고 O_2의 농도가 가장 높다. 따라서 A는 CO_2의 농도이고, C는 O_2의 농도이다.

ㄴ. (나)는 아교목층이다.

19. 군집 내 개체군 간의 상호 작용

혼합 배양 시 종 A와 B 사이에서는 주기적으로 개체 수가 변동하므로 포식과 피식이 일어나고, 종 A와 C 사이에서는 C가 사라지므로 종간 경쟁이 일어난다.

ㄱ. 종간 경쟁(㉡)에서는 두 종 모두 손해를 보므로 ⓐ와 ⓑ는 모두 '손해'이며, 포식과 피식(㉢)에서는 한 종은 이익을 얻고 다른 한 종은 손해를 보므로 ⓒ는 '손해'이다.

ㄷ. 두 종의 생태적 지위가 비슷할수록 경쟁이 심하게 일어나므로 A의 생태적 지위는 B보다 C와 비슷하다.

바로알기 ㄴ. t일 때 A는 개체 수가 감소하는 중이고, B는 개체 수가 증가하는 중이므로 $\dfrac{\text{사망률}}{\text{출생률}}$은 A가 B보다 크다.

20. 물질의 생산과 소비 및 질소 순환 과정

ㄴ. 질소 순환 과정에서 암모늄 이온(NH_4^+)은 질산화 작용을 통해 질산 이온(NO_3^-)으로 전환되었다가 탈질산화 작용을 통해 질소 기체(N_2)가 되어 대기로 돌아가므로 질산 이온(NO_3^-)이 물질 ⓐ이다.

바로알기 ㄱ. 생산자의 총생산량 중 일부가 생산자의 생장량이 되므로 ㉠은 총생산량, ㉡은 생장량이다. I은 사체나 배설물의 유기물을 분해해 암모늄 이온(NH_4^+)을 생성하는 분해자이고, II는 암모늄 이온(NH_4^+)을 흡수해 질소 동화 작용에 이용하는 생산자이다. 따라서 ㉠은 II가 생산한 유기물의 총량(총생산량)이다.

ㄷ. 총생산량(㉠)과 생장량(㉡)의 차이는 호흡량, 피식량, 고사량, 낙엽량을 합한 것과 같다. 따라서 ㉠과 ㉡의 차이(㉠-㉡)는 생산자(II)에서 호흡에 의해 방출되는 열에너지의 양보다 많다.

생생한 과학의 즐거움!
과학은 역시!

15개정 교육과정

오투

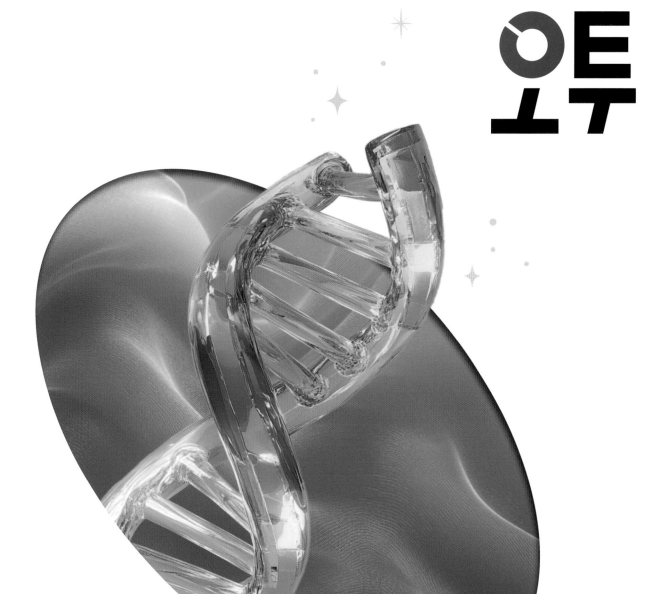

📖 책 속의 가접 별책 (특허 제 0557442호)
'정답과 해설'은 본책에서 쉽게 분리할 수 있도록 제작되었으므로
유통 과정에서 분리될 수 있으나 파본이 아닌 정상제품입니다.

생명과학 I

정답과 해설

ABOVE IMAGINATION

우리는 남다른 상상과 혁신으로
교육 문화의 새로운 전형을 만들어
모든 이의 행복한 경험과 성장에 기여한다

야
과학탐구

생명과학 I

정답과 해설

III 생명 과학의 이해

01. 생물의 특성과 생명 과학의 탐구

개념 확인   본책 9쪽, 11쪽

(1) 세포   (2) ①-㉠-ⓑ, ②-㉡-ⓐ   (3) ①-ⓒ, ②-㉠,
③-ⓛ   (4) 작고, 있다, 있지 않으며, 없다   (5) ①-㉡-ⓑ,
②-㉠-ⓐ   (6) 연역적, 가설   (7) 대조군   (8) 조작 변인,
통제 변인   (9) 종속변인

수능 자료   본책 12쪽

자료❶	1○	2○	3○	4○	5○	6×	7×
	8○						
자료❷	1○	2×	3×	4○	5×	6×	7○
자료❸	1○	2×	3×	4×	5×	6○	7×
	8×						

자료 ❶

2 발생과 생장은 모두 세포 분열을 통해 일어난다.

6 광합성(ⓐ)은 동화 작용의 일종으로 빛에너지를 흡수하여 일어난다. 이화 작용이 일어날 때 에너지를 방출한다.

7 강낭콩의 어린 싹이 빛을 향해 굽어 자라는 것은 자극에 대한 반응이다.

자료 ❷

2 짚신벌레에는 단백질이 있고, 바이러스도 핵산과 단백질로 이루어져 있다. 따라서 단백질을 가지고 있는 것은 짚신벌레와 독감 바이러스의 공통점인 ㉡에 해당한다.

3 핵이 있는 것은 짚신벌레만의 특징이므로 ㉠에 해당한다. 바이러스는 세포의 구조를 갖추고 있지 않아 핵을 비롯한 세포 소기관이 없다.

5, 6 독립적으로 물질대사를 하고, 분열하여 증식하는 것은 짚신벌레만의 특징이므로 ㉠에 해당한다.

자료 ❸

2 통제 변인은 A와 B 두 집단에서 같게 유지하는 개체들의 유전적 차이, 개체 수, 서식 공간, 배양 온도 등이다.

3, 4 먹이 섭취량에 따른 ⓐ의 생존 개체 수를 측정하고 있으므로 먹이 섭취량이 조작 변인이고, ⓐ의 생존 개체 수는 종속변인이다.

5 유전적으로 동일한 수컷 개체들을 선택하였으므로 유전적 차이와 성별이 실험 결과에 영향을 주지 않도록 통제하였다.

7 ⓐ의 생존 개체 수가 50마리가 되는 데 걸린 시간은 A에서가 B에서보다 짧다.

8 ⓐ는 먹이 섭취량을 제한한 집단 B에서 더 오래 생존하였다.

         본책 13쪽

1 ㉠ 조직, ㉡ 기관   **2** ㄱ, ㄴ, ㄷ   **3** (1) ㄱ (2) ㅅ (3) ㄷ
(4) ㅁ (5) ㄴ (6) ㄹ (7) ㅂ   **4** ㄷ   **5** ㉠ 있다. ㉡ 없다. ㉢
못한다. ㉣ 있다. ㉤ 있다. ㉥ 있다.   **6** (1) (가) 연역적 탐구
방법 (나) 귀납적 탐구 방법 (2) 가설 설정   **7** (1) ㉠ A, ㉡ B
(2) ㉠ 조작, ㉡ 통제 (3) 종속 (4) 27 °C (5) (가) 있음 (다) 없음

1 다세포 생물은 모양과 기능이 비슷한 세포들이 모여 조직을 이루고, 여러 조직이 모여 특정한 기능을 하는 기관을 이루며, 여러 기관이 모여 개체를 이룬다.

2 ㄱ, ㄴ. 물질대사는 생명체에서 일어나는 화학 반응으로 효소가 관여하며, 에너지 출입이 함께 일어난다.
ㄷ. 동화 작용은 간단한 물질(아미노산)을 복잡한 물질(단백질)로 합성하는 반응이다.

3 (5) 적록 색맹 대립유전자는 X 염색체에 있으며 정상 대립유전자에 대해 열성이다. 따라서 어머니가 적록 색맹이면 어머니의 X 염색체를 물려받는 아들은 항상 적록 색맹이 된다.
(6) 인슐린은 혈당량을 낮추는 호르몬이다. 식사 후 혈당량이 증가하면 인슐린이 분비되어 혈당량을 낮추는 조절 작용이 일어난다.

4 ㄷ. 바이러스는 숙주 세포의 효소를 이용하여 유전 물질을 복제하고 증식하는데, 증식 과정에서 돌연변이가 일어남으로써 환경에 적응하며 진화한다.
바로알기 ㄱ, ㄴ. 바이러스는 세포로 이루어져 있지 않으며, 생명체 밖에서 스스로 물질대사를 할 수 없다. 이는 바이러스의 비생물적 특성이다.

5 (가)는 바이러스, (나)는 동물 세포이다. 바이러스(가)는 핵산이 있고(㉠) 단백질도 있지만, 세포의 구조를 갖추지 못하여 세포막은 없고(㉡), 독립적인 물질대사를 하지 못한다(㉢). 동물 세포(나)는 핵산과 단백질이 있으며(㉣, ㉤), 세포막으로 둘러싸여 있고(㉥), 자신의 효소를 이용해 독립적으로 물질대사를 할 수 있다.

6 (1) (가)는 인식한 문제에 대한 가설을 설정하여 탐구를 통해 가설을 검증하고 결론을 도출하는 연역적 탐구 방법이고, (나)는 관찰, 측정 등으로 수집한 자료를 분석하여 규칙성을 찾고 결론을 도출하는 귀납적 탐구 방법이다.
(2) ㉠은 인식한 문제에 대한 잠정적인 결론인 가설을 설정하는 단계이다.

7 (1) 실험군은 배즙을 넣은 시험관 A(㉠)이고, 대조군은 배즙을 넣지 않은 시험관 B(㉡)이다.
(2) 배즙의 유무는 실험군과 대조군에서 다르게 처리하는 조작 변인(㉠)이고, 온도는 실험군과 대조군에서 같게 처리하는 통제 변인(㉡)이다.
(3) 달걀흰자의 단백질이 분해되어 만들어진 아미노산의 검출 여부는 실험 결과인 종속변인이다.

(4) 대조군의 온도는 실험군과 같은 27 °C로 처리한다.

(5) 배즙에 단백질 분해 효소가 있다면 배즙을 넣은 시험관 A에서는 아미노산 검출 반응이 있고(가), 배즙을 넣지 않은 시험관 B에서는 아미노산 검출 반응이 없을(다) 것이다.

수능 2점

1 ①	2 ⑤	3 ④	4 ⑤	5 ③	6 ⑤
7 ④	8 ③	9 ⑤	10 ③	11 ②	12 ④

1 생물과 비생물의 특성 비교

선택지 분석

ㄱ (가)는 세포 분열을 하여 생장한다.

✕ (나)는 자극에 대해 반응하지 못한다. 반응한다

✕ (가)와 (나)는 모두 물질대사를 하여 에너지를 얻는다. (가)는

ㄱ. 생물인 강아지(가)는 세포로 이루어져 있으며, 세포 분열을 하여 세포 수를 늘리면서 생장한다.

바로알기 ㄴ. 강아지 로봇(나)은 센서가 있어 말소리에 따라 꼬리를 흔드는 등의 반응을 할 수 있다.

ㄷ. 물질대사는 생명체에서 일어나는 화학 반응이므로 생물인 강아지(가)는 물질대사를 하지만 생물이 아닌 강아지 로봇(나)은 물질대사를 하지 못한다.

2 생물의 특성 – 적응과 진화

선택지 분석

✕ 짚신벌레는 분열법으로 개체 수를 늘린다. 생식

✕ 효모는 포도당을 분해하여 에너지를 얻는다. 물질대사

✕ 밝은 곳에서 어두운 곳으로 가면 동공이 커진다. 자극에 대한 반응

✕ 소나무는 빛에너지를 흡수하여 양분을 합성한다. 물질대사

⑤ 사막여우는 귀가 크고 몸집이 작으며, 북극여우는 귀가 작고 몸집이 크다. 적응과 진화

⑤ 주머니생쥐의 털색이 서식 환경에 따라 다른 것과 사막여우와 북극여우에서 귀와 몸집의 크기가 다른 것은 서식 환경에 대한 적응과 진화의 예이다.

3 생물의 특성 – 자극에 대한 반응

선택지 분석

✕ 효모는 출아법으로 번식한다. 생식

✕ 심해어류의 시각이 퇴화되었다. 적응과 진화

✕ 나비의 애벌레가 번데기를 거쳐 성충이 된다. 발생과 생장

④ 거미는 거미줄의 진동이 감지되는 곳으로 다가간다.
자극에 대한 반응

✕ 선인장은 잎이 가시로 변해 건조한 환경에 살기에 적합하다.
적응과 진화

④ ㉠은 생물의 특성 중 거미가 거미줄의 진동이 감지되는 곳으로 다가가는 것과 같은 자극에 대한 반응이다.

4 생물의 특성 – 발생과 생장, 물질대사, 적응과 진화

자료 분석

생물의 특성	예
(가) 발생과 생장	개구리 알은 올챙이를 거쳐 개구리가 된다.
(나) 물질대사	ⓐ 식물은 빛에너지를 이용하여 포도당을 합성한다. 광합성(동화 작용)
적응과 진화	㉠ 선인장의 가시, 갈라파고스 군도의 핀치 등

선택지 분석

ㄱ (가)는 발생과 생장이다.

ㄴ ⓐ에서 효소가 이용된다.

ㄷ '가랑잎벌레의 몸의 형태가 주변의 잎과 비슷하여 포식자의 눈에 띄지 않는다.'는 ㉠에 해당한다.

ㄱ. 수정란이 세포 분열을 통해 세포 수를 늘리고 조직과 기관을 형성하여 '개구리 알 → 올챙이 → 개구리' 과정을 거쳐 성체가 되는 것은 발생과 생장(가)이다.

ㄴ. 광합성(ⓐ)과 같은 물질대사(나)에는 효소가 관여한다.

ㄷ. 가랑잎벌레의 몸의 형태가 주변 환경에 적합하도록 변한 것은 적응과 진화의 예(㉠)이다.

5 생물의 특성 – 유전

선택지 분석

✕ 식물은 광합성을 통해 양분을 합성한다. 물질대사

✕ 장구벌레는 번데기를 거쳐 모기가 된다. 발생과 생장

③ 아버지가 가진 특정 형질이 딸에게도 나타난다. 유전

✕ 지렁이에 빛을 비추면 어두운 곳으로 이동한다. 자극에 대한 반응

✕ 살충제를 지속적으로 살포하면 살충제 저항성 바퀴벌레가 증가한다. 적응과 진화

㉠은 빅토리아 여왕의 딸들이 가진 혈우병 유전자가 자손에게 전해져 나타난 현상이며, 생물의 특성 중 유전에 해당한다.

③ 아버지의 특정 형질 유전자가 딸에게 전달되어 딸에서도 특정 형질이 나타난 것이므로 유전의 예에 해당한다.

바로알기 ⑤ 살충제를 지속적으로 살포하면 살충제 저항성 바퀴벌레가 더 많이 살아남는 과정이 반복되어 살충제 저항성 바퀴벌레가 증가한다. 이는 적응과 진화의 예이다.

6 생물의 특성 – 물질대사, 항상성

선택지 분석

✕ ㉠은 동화 작용에 해당한다. 이화 작용

ㄴ ㉠ 과정에는 효소가 관여한다.

ㄷ ㉡은 생물의 특성 중 항상성에 해당한다.

ㄴ. 체내에 저장된 지방을 분해하여 에너지를 얻는 과정(㉠)은 생물의 특성 중 물질대사에 해당한다. 물질대사에는 효소가 관여한다.

ㄷ. 민물고기는 필요한 염분을 흡수하고 손실되는 염분을 줄임으로써 체액의 삼투압을 일정하게 유지한다. 이것은 생물의 특성 중 항상성에 해당한다.

바로알기 ㄱ. ㉠은 복잡한 물질을 간단한 물질로 분해하는 작용이므로 물질대사 중 이화 작용에 해당한다.

7 바이러스의 특성

선택지 분석

✗ (가)는 세포 구조이다. 세포 구조가 아니다

◯ (나)는 독립적으로 물질대사를 할 수 없다.

◯ (가)와 (나)는 모두 유전 물질을 가진다.

(가)와 (나)는 모두 바이러스이다.

ㄴ. 바이러스는 독립적으로 물질대사를 할 수 없어 살아 있는 다른 세포에 기생한다.

ㄷ. 바이러스는 단백질과 유전 물질인 핵산으로 이루어져 있다.

바로알기 ㄱ. 바이러스는 세포의 구조를 갖추지 못하여 세포막과 세포 소기관이 없다.

8 바이러스와 생물의 특성 비교

자료 분석

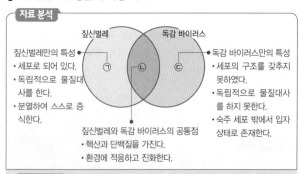

선택지 분석

◯ '세포로 되어 있다.'는 ㉠에 해당한다.

◯ '핵산을 가지고 있다.'는 ㉡에 해당한다.

✗ '독립적으로 물질대사를 한다.'는 ㉢에 해당한다. ㉠

ㄱ. 생물인 짚신벌레는 세포로 되어 있고, 독감 바이러스는 세포로 되어 있지 않다. 따라서 '세포로 되어 있다.'는 짚신벌레만의 특성인 ㉠에 해당한다.

ㄴ. 짚신벌레와 독감 바이러스는 모두 유전 물질인 핵산을 가지므로 '핵산을 가지고 있다.'는 짚신벌레와 독감 바이러스의 공통점인 ㉡에 해당한다.

바로알기 ㄷ. 독감 바이러스는 숙주 세포 밖에서는 스스로 물질대사를 하지 못한다. 따라서 '독립적으로 물질대사를 한다.'는 짚신벌레만의 특성인 ㉠에 해당한다.

9 바이러스와 생물의 특성 비교

선택지 분석

◯ ㉠으로부터 페니실린이 발견되었다.

◯ ㉡은 스스로 물질대사를 하지 못한다.

◯ ㉠과 ㉡은 모두 유전 물질을 가진다.

ㄱ. 푸른곰팡이(㉠)는 세균의 증식을 억제하는 페니실린을 분비하며, 플레밍이 이를 발견하였다.

ㄴ. 인플루엔자 바이러스(㉡)는 스스로 물질대사를 하지 못한다. 바이러스는 숙주 세포에 있는 효소를 이용하여 물질대사를 하고, 자신의 유전 물질을 복제하여 증식한다.

ㄷ. 푸른곰팡이(㉠)와 인플루엔자 바이러스(㉡)는 공통적으로 단백질과 유전 물질인 핵산을 가진다.

10 연역적 탐구 방법

선택지 분석

✗ (나) → (가) → (마) → (다) → (라)

✗ (나) → (마) → (다) → (라) → (가)

③ (나) → (마) → (라) → (다) → (가)

✗ (마) → (나) → (라) → (다) → (가)

✗ (마) → (라) → (다) → (가) → (나)

연역적 탐구 방법에 따라 (나) 관찰 및 문제 인식을 한 후 (마) 가설을 설정한다. 이후 (라) 변인을 고려하여 대조 실험을 하고, (다) 실험을 통해 얻은 자료를 해석하여 (가) 결론을 도출한다.

11 대조 실험과 변인 통제

선택지 분석

✗ (가)는 실험군이다. 대조군

✗ 종속변인은 세균 처리 조건이고, 조작 변인은 냉해 발생 여부이다. 조작 변인   종속변인

◯ (나)와 (라)를 비교하면 세균 Y가 세균 X에 의한 냉해 발생을 억제한다는 것을 알 수 있다.

ㄷ. (나)와 (라)에서 세균 X만 처리하면 냉해가 발생하지만, 세균 X와 Y를 함께 처리하면 냉해가 발생하지 않았다. 따라서 세균 Y가 세균 X에 의한 냉해 발생을 억제한다는 것을 알 수 있다.

바로알기 ㄱ. (가)는 세균을 처리하지 않은 대조군이다.

ㄴ. 세균 처리 조건이 조작 변인이고, 실험 결과인 냉해 발생 여부는 종속변인이다.

12 연역적 탐구 방법

자료 분석

(가) 화분 A, B에 같은 종류의 토양을 같은 양씩 담는다.
➡ 토양의 종류와 양을 일정하게 통제하였다.

(나) 화분 A의 토양에는 솔잎 추출물을 뿌리고, 화분 B의 토양에는 솔잎 추출물을 뿌리지 않는다.
➡ 실험군(A)과 대조군(B)을 설정하여 대조 실험을 하였다.

(다) 화분 A, B에 식물 I의 종자를 10개씩 심는다.

(라) 일정 시간 후 각 화분에서 종자의 발아율을 조사한다.
➡ 솔잎 추출물 유무에 따른 종자의 발아율을 조사한다.

선택지 분석

✗ A는 대조군이고, B는 실험군이다. A는 실험군, B는 대조군

◯ (다)에서 종자를 심을 때 화분 A와 B에서 종자 사이의 거리는 같게 한다.

◯ '솔잎 추출물은 식물 I의 종자 발아를 억제할 것이다.'는 이 실험의 가설이 될 수 있다.

ㄴ. 화분 A와 B에서 솔잎 추출물 처리 유무를 제외한 모든 조건은 동일하게 해야 하므로 (다)에서 종자 사이의 거리는 같게 한다.

ㄷ. 이 실험은 솔잎 추출물이 종자의 발아에 어떤 영향을 주는지 알아보기 위한 것이다.

바로알기 ㄱ. 솔잎 추출물을 뿌린 A가 실험군이고, 솔잎 추출물을 뿌리지 않은 B가 대조군이다.

1 ⑤	2 ①	3 ③	4 ④	5 ②	6 ⑤
7 ①	8 ②	9 ④	10 ②	11 ④	12 ④

1 생물의 특성 – 적응과 진화, 물질대사

자료 분석

특성	(가) 적응과 진화	(나) 물질대사
예	 나무가 많은 환경에 사는 어떤 ⓐ도마뱀은 외형이 나뭇잎과 비슷해 포식자의 눈에 잘 띄지 않는다.	빛이 있을 때 ⓑ검정말의 ⓒ엽록체에서 광합성이 일어나 기포가 발생한다.

- 도마뱀(ⓐ)은 동물, 검정말(ⓑ)은 식물이고, 생물은 모두 세포로 구성된다.
- 엽록체(ⓒ)는 물과 이산화 탄소를 원료로 빛에너지를 이용하여 포도당을 합성하는 광합성이 일어나는 장소이다.

선택지 분석

○ ⓐ와 ⓑ는 모두 세포로 구성된다.
○ ⓒ에서 동화 작용이 일어난다.
○ 사막에 서식하는 선인장이 가시 형태의 잎을 갖는 것은 (가)의 예이다.

ㄱ. 동물(ⓐ)과 식물(ⓑ)은 모두 세포로 구성되어 있다.
ㄴ. 엽록체(ⓒ)에서 일어나는 광합성은 물질대사 중 동화 작용에 해당하며, 광합성 결과 산소 기포가 발생한다.
ㄷ. 건조한 사막에 서식하는 선인장은 잎이 가시로 변하여 물의 손실을 최소화한다. 이것은 적응과 진화(가)에 해당한다.

2 생물의 특성과 상호 작용

자료 분석

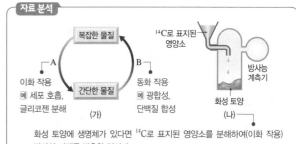

어두운 곳에서 해캄에 빛을 비추면 엽록체가 있는 부위에서 광합성이 일어나 산소가 방출되므로 호기성 세균이 엽록체가 있는 부위로 모인다(㉠).

→ 산소를 이용하여 호흡하는 세균으로, 산소 농도가 높은 곳으로 모인다.

선택지 분석

○ ㉠은 자극에 대한 반응의 예이다.
✕ 호기성 세균은 스스로 물질대사를 하지 못한다. 한다
✕ 해캄과 호기성 세균의 상호 작용은 기생에 해당한다. 해당하지 않는다

ㄱ. ㉠은 산소 농도가 높은 곳으로 호기성 세균이 모여 든 것이므로 자극에 대한 반응의 예이다.
바로알기 ㄴ. 세균은 세포 구조를 갖추고 스스로 물질대사를 할 수 있는 생물이다.
ㄷ. 기생은 두 종의 생물이 함께 생활하는 것이 한 종에게는 이익이지만 다른 한 종에게는 손해인 상호 작용이다. 해캄이 광합성으로 산소를 방출하여 산소 농도가 높은 곳으로 호기성 세균이 이동하는 것은 해캄과 호기성 세균 어느 쪽도 손해를 보는 관계가 아니다.

3 생물의 특성 – 물질대사

자료 분석

복잡한 물질
이화 작용 ← A
예 세포 호흡, 글리코젠 분해
간단한 물질 (가)
B → 동화 작용
예 광합성, 단백질 합성

¹⁴C로 표지된 영양소
방사능 계측기
화성 토양 (나)

화성 토양에 생명체가 있다면 ¹⁴C로 표지된 영양소를 분해하여(이화 작용) 방사성 기체를 방출할 것이다.

선택지 분석

○ A와 B에는 모두 효소가 관여한다.
○ (나)는 화성 토양에 A와 같은 물질대사를 하는 생명체가 있는지 알아보는 실험이다.
✕ (나)에서 방사능 계측기는 ¹⁴C로 표지된 영양소가 합성되는 양을 측정하기 위한 것이다. 방사성 기체(¹⁴CO₂)가 생성되는지 알아보기 위한 것

ㄱ. 이화 작용(A)과 동화 작용(B) 같은 물질대사에는 모두 효소가 관여한다.
ㄴ. (나)는 화성 토양에 이화 작용(세포 호흡)을 하는 생명체가 있는지 알아보는 실험이다.
바로알기 ㄷ. 방사능 계측기는 생명체가 ¹⁴C로 표지된 영양소를 세포 호흡에 사용할 경우 발생하는 ¹⁴CO₂를 측정하기 위한 것이다.

4 생물의 특성 – 적응과 진화

선택지 분석

✕ ㉠에서 핀치는 종이 달라도 유전적으로 같다. 다르다
○ 이 현상은 생물의 특성 중 적응과 진화로 설명할 수 있다.
○ 먹이를 먹기에 유리한 부리 모양을 가진 핀치가 더 많이 살아남는 과정이 반복되었다.

ㄴ, ㄷ. 적응은 여러 세대에 걸쳐 환경에 적합한 유전 형질을 가진 개체가 살아남아 유전 형질을 자손에게 전달해 온 결과이며, 이러한 적응 과정이 누적되고 집단의 유전자 구성이 변화하여 새로운 종이 나타나는 과정을 진화라고 한다.
바로알기 ㄱ. 서로 다른 종의 핀치는 유전적으로 다르다.

5 바이러스의 특성

자료 분석

| 실험 과정 |
(가) 담배 모자이크병에 걸린 담뱃잎의 즙을 짜내어 세균 여과기에 거른다. ➡ 세균보다 크기가 작은 것이 세균 여과기를 통과한다.
(나) ㉠여과액을 건강한 담뱃잎에 발라준다.

| 실험 결과 |
㉡여과액을 발라준 담뱃잎에서 담배 모자이크병이 나타났으며, 주변의 담뱃잎에서도 이 병이 나타났다.

➡ 바이러스 X는 세균보다 크기가 작아 세균 여과기를 통과하여 여과액(㉠)에 들어 있으며, 담뱃잎 세포 내에서 증식하여 담배 모자이크병을 일으켰다.

선택지 분석

○ ㉠에는 X가 있다.
○ ㉡ 과정에서 X는 담뱃잎 세포의 효소를 이용한다.
✕ ㉡ 과정에서 X는 담뱃잎 세포의 유전 물질을 복제하여 증식한다. 자신의

ㄱ. 여과액(㉠)을 담뱃잎에 발라주었을 때 담배 모자이크병이 나타났으므로, 여과액(㉠)에는 담배 모자이크병을 일으키는 바이러스 X가 있다.

ㄴ. 여과액(㉠)의 바이러스 X가 담뱃잎에서 병을 일으킨 것은 담뱃잎 세포의 효소를 이용하여 증식하였기 때문이다.

바로알기 ㄷ. 바이러스 X는 담뱃잎 세포의 물질대사 체계를 이용하지만 자신의 유전 물질을 복제하여 증식한다.

6 바이러스와 동물 세포의 특성 비교

자료 분석

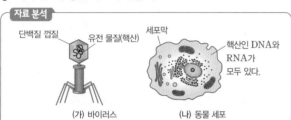

(가) 바이러스   (나) 동물 세포

• (가)는 세포 구조가 아니므로 세포막이 없고, (나)는 세포막으로 둘러싸인 세포 구조이다.
• (가)는 독립적으로 물질대사를 할 수 없고, (나)는 자신의 효소를 이용하여 독립적으로 물질대사를 할 수 있다.
• (가)와 (나)에는 모두 핵산이 있다.

선택지 분석

✗ (가)는 세포막을 갖는다. <u>가지지 않는다</u>
◯ (나)는 자신의 효소를 이용하여 물질대사를 한다.
◯ (가)와 (나)는 모두 핵산을 가지고 있다.

ㄴ. 동물 세포(나)는 여러 가지 효소가 있고, 이를 이용하여 물질대사를 한다.

ㄷ. 바이러스(가)와 동물 세포(나)는 모두 핵산과 단백질을 가진다.

바로알기 ㄱ. 바이러스(가)는 세포의 구조를 갖추지 않았으므로 세포막과 세포 소기관이 없다.

7 바이러스와 아메바의 특성 비교

자료 분석

구분	특징 ㉠	특징 ㉡
아메바 A	◯	◯
B	✕	◯

└ 박테리오파지 (◯: 있음, ✕: 없음)
(가)

특징 (㉠, ㉡)
• 세포막이 있다. 아메바—㉠
• 유전 물질이 있다. 아메바, 박테리오파지—㉡

(나)

• 아메바는 세포로 이루어져 있는 생물이므로 세포막과 유전 물질이 모두 있다.
➡ 특징 ㉠과 ㉡이 모두 있는 A가 아메바이다.
• 박테리오파지는 세포 구조를 갖추지 않은 바이러스로, 세포막이 없고 유전 물질이 있다. ➡ 특징 ㉡만 있는 B가 박테리오파지이다.

선택지 분석

◯ A는 세포 분열로 개체 수를 늘린다.
✗ B는 세포 소기관을 <u>가진다. 가지지 않는다</u>
✗ 세균에서 특징 ㉠과 ㉡은 <u>B</u>와 같다. A

ㄱ. 단세포 생물인 아메바(A)는 체세포 분열이 곧 개체 수를 늘리는 생식이 된다.

바로알기 ㄴ. 박테리오파지(B)는 세포 구조를 갖추지 않은 바이러스로, 세포막과 세포 소기관을 가지지 않는다.

ㄷ. 세균은 세포막(㉠)과 유전 물질(㉡)을 모두 가진다. 즉, 세균에서 특징 ㉠과 ㉡은 아메바(A)와 같다.

8 연역적 탐구 방법

자료 분석

(가) 유전적으로 동일하고 같은 시기에 태어난 ⓐ의 수컷 개체 200마리를 준비하여, 100마리씩 집단 A와 B로 나눈다.
➡ 변인 통제: 유전적 차이, 연령, 성별, 개체 수를 같게 한다.

(나) A에는 충분한 양의 먹이를 제공하고 B에는 먹이 섭취량을 제한하면서 배양한다. 한 개체당 먹이 섭취량은 A의 개체가 B의 개체보다 많다.
➡ 조작 변인: 한 개체당 먹이 섭취량을 의도적으로 변화시켰다.

(다) A와 B에서 시간에 따른 ⓐ의 생존 개체 수를 조사한다.
➡ 종속변인: ⓐ의 생존 개체 수

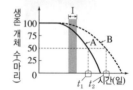

ⓐ의 생존 개체 수가 50마리가 되는 데 걸린 시간은 A는 t_1, B는 t_2로 먹이 섭취량을 제한한 집단이 평균적으로 더 오래 생존하였다.

선택지 분석

✗ 이 실험에서의 조작 변인은 ⓐ의 생존 개체 수이다. <u>한 개체당 먹이 섭취량</u>
◯ 구간 Ⅰ에서 사망한 ⓐ의 개체 수는 A에서가 B에서보다 많다.
✗ 각 집단에서 ⓐ의 생존 개체 수가 50마리가 되는 데 걸린 시간은 A에서가 B에서보다 <u>길다. 짧다</u>

ㄴ. 그래프에서 기울기의 크기는 일정 시간 동안 사망한 ⓐ의 개체 수이므로 사망률을 나타낸다. 구간 Ⅰ에서 기울기의 크기는 A가 B보다 크므로 사망한 ⓐ의 개체 수는 A에서가 B에서보다 많다.

바로알기 ㄱ. 조작 변인은 A와 B 두 집단에서 다르게 처리한 한 개체당 먹이 섭취량이다. ⓐ의 생존 개체 수는 실험 결과로 종속 변인이다.

ㄷ. 각 집단에서 ⓐ의 생존 개체 수가 50마리가 되는 데 걸린 시간은 A와 B에서 각각 t_1과 t_2이므로 A에서가 B에서보다 짧다.

9 대조 실험과 변인 통제

자료 분석

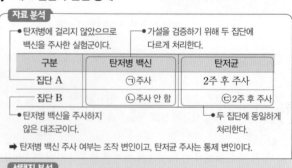

구분	탄저병 백신	탄저균
집단 A	㉠주사	2주 후 주사
집단 B	㉡주사 안 함	㉢2주 후 주사

• 탄저병에 걸리지 않았으므로 백신을 주사한 실험군이다.
• 탄저병 백신을 주사하지 않은 대조군이다.
• 가설을 검증하기 위해 두 집단에 다르게 처리한다.
• 두 집단에 동일하게 처리한다.

➡ 탄저병 백신 주사 여부는 조작 변인이고, 탄저균 주사는 통제 변인이다.

선택지 분석

◯ ㉠은 '주사', ㉡은 '주사 안 함'이다.
✗ ㉢은 '2주 후 주사 안 함'이다. 2주 후 주사
◯ 집단 B는 대조군이다.

탄저병 백신이 탄저병을 예방하는 데 효과가 있다는 결론을 얻었으므로 탄저병에 걸리지 않은 집단 A에는 탄저병 백신을 주사하였을 것이다. 집단 B는 모두 탄저병에 걸렸으므로 탄저병 백신을 주사하지 않은 대조군이다.

ㄱ. 실험군(집단 A)에는 탄저병 백신을 '주사(㉠)', 대조군(집단 B)에는 탄저병 백신을 '주사 안 함(㉡)'으로 처리한다.

ㄷ. 대조군은 실험군과 비교하기 위해 실험 조건을 변화시키지 않은 집단으로, 이를 통해 실험 결과의 타당성을 높인다.

바로알기 ㄴ. 탄저균 주사는 실험군과 대조군에서 같게 유지해야 하는 통제 변인이다. 따라서 ㉢은 '2주 후 주사'이다.

10 연역적 탐구 방법

자료 분석

(가) 콩에는 오줌 속의 요소를 분해하는 물질 A가 있을 것이라고 생각하였다. → 가설 설정

(나) 증류수에 콩을 넣고 갈아서 생콩즙을 만든 후, 비커 두 개에 표와 같이 물질을 넣고 ㉠BTB 용액을 첨가한다. ➡ BTB 용액은 산성일 때 노란색, 중성일 때 초록색, 염기성일 때 파란색을 나타낸다.

비커	넣은 물질
Ⅰ 대조군	㉡ 오줌 20 mL+증류수 3 mL
Ⅱ 실험군	오줌 20 mL+생콩즙 3 mL

(다) 일정 시간 간격으로 비커에 들어 있는 용액의 색깔 변화를 관찰한다. ➡ 요소가 암모니아로 분해되면 BTB 용액의 색깔이 파란색으로 변한다.

선택지 분석

✗ ㉠은 A의 작용을 촉진하기 위한 것이다.
A의 작용으로 요소가 분해되었는지 확인하기 위한 것

◯ ㉡은 '오줌 20 mL+증류수 3 mL'이다.

✗ 콩에 A가 있다면 (다)에서 Ⅰ의 용액 색깔은 변하고, Ⅱ의 용액 색깔은 변하지 않을 것이다.
변하지 않고   변할 것이다

ㄴ. 이 실험의 조작 변인은 생콩즙의 유무이다. Ⅱ는 생콩즙을 넣은 실험군이므로 Ⅰ은 생콩즙을 넣지 않은 대조군이다. 따라서 ㉡은 '오줌 20 mL+증류수 3 mL'이다.

바로알기 ㄱ. BTB 용액은 산성도에 따라 색깔이 변하는 지시약이다. 따라서 BTB 용액의 색깔이 변하는 것을 통해 콩 속의 A에 의해 오줌 속의 요소가 암모니아로 분해되어 염기성이 되는지를 확인할 수 있다.

ㄷ. 생콩즙 속에 A가 들어 있다면 생콩즙을 넣지 않은 대조군 Ⅰ은 용액의 색깔이 변하지 않고, 생콩즙을 넣은 실험군 Ⅱ는 용액의 색깔이 파란색으로 변할 것이다. 콩에는 요소를 암모니아와 이산화 탄소로 분해하는 작용을 촉진하는 효소인 유레이스(A)가 있다.

11 귀납적 탐구 방법과 연역적 탐구 방법

자료 분석

(가) 가젤 영양의 뜀뛰기 행동을 다양한 상황에서 오랫동안 관찰하고, 이를 종합하여 ㉠가젤 영양은 포식자가 주변에 나타나면 엉덩이를 치켜드는 뜀뛰기 행동을 한다고 설명하였다.
└ 관찰하여 얻은 자료를 분석하여 내린 결론   ➡ 귀납적 탐구 방법

(나) 모든 조건을 동일하게 하여 세균을 배양한 접시들을 A와 B 두 집단으로 나누어 A에는 푸른곰팡이를 접종하고, B에는 푸른곰팡이를 접종하지 않은 채 배양하였다. ㉡실험 결과를 분석하여 푸른곰팡이는 세균의 증식을 억제하는 물질을 만든다고 설명하였다. ➡ 연역적 탐구 방법
실험군 ┘   대조군 ┘
A에서는 세균이 증식하지 못하고, B에서는 세균이 증식한다.

선택지 분석

✗ ㉠은 실험을 통해 검증된 가설이다.
관찰 자료를 분석하여 도출된 결론

◯ (나)에는 변인을 의도적으로 변화시켜 탐구를 수행하는 과정이 있다.

◯ ㉡은 'A에서는 세균이 증식하지 못하고, B에서는 세균이 증식한다.'이다.

ㄴ. (나)에서는 검증하려는 요인, 즉 조작 변인을 의도적으로 변화시킨 실험군과 변화시키지 않은 대조군을 두어 대조 실험을 수행하고 있다.

ㄷ. (나)에서 도출된 결론이 '푸른곰팡이는 세균의 증식을 억제하는 물질을 만든다.'이므로 실험 결과(㉡)가 푸른곰팡이를 접종한 A에서는 세균이 증식하지 못하고 푸른곰팡이를 접종하지 않은 B에서는 세균이 증식했다는 것을 알 수 있다.

바로알기 ㄱ. ㉠은 관찰을 통해 얻은 자료를 종합하고 분석하여 내린 결론이다.

12 생물의 특성과 연역적 탐구 방법

자료 분석

(가) 서식 환경과 비슷한 털색을 갖는 생쥐가 포식자의 눈에 잘 띄지 않아 생존에 유리할 것이라고 생각했다. 가설 설정

(나) ㉠갈색 생쥐 모형과 ㉡흰색 생쥐 모형을 준비해서 지역 A와 B 각각에 두 모형을 설치했다. A와 B는 각각 갈색 모래 지역과 흰색 모래 지역 중 하나이다. 탐구 설계 및 수행

(다) A에서는 ㉠이 ㉡보다, B에서는 ㉡이 ㉠보다 포식자로부터 더 많은 공격을 받았다. 자료 해석
➡ 갈색 생쥐 모형(㉠)이 흰색 생쥐 모형(㉡)보다 더 많은 공격을 받은 A는 흰색 모래 지역이고, 흰색 생쥐 모형(㉡)이 갈색 생쥐 모형(㉠)보다 더 많은 공격을 받은 B는 갈색 모래 지역이다.

(라) ⓐ서식 환경과 비슷한 털색을 갖는 생쥐가 생존에 유리하다는 결론을 내렸다. 결론 도출

선택지 분석

✗ A는 갈색 모래 지역이다. 흰색 모래 지역

◯ 연역적 탐구 방법이 이용되었다.

◯ ⓐ는 생물의 특성 중 적응과 진화의 예에 해당한다.

ㄴ. 가설을 설정하고 이를 검증하기 위한 탐구를 수행하여 결론을 내렸으므로 연역적 탐구 방법이 이용되었다.

ㄷ. 자신이 살아가는 환경에 적합한 몸의 형태와 기능, 생활 습성 등을 가지도록 변화하는 현상을 적응이라고 한다. 환경에 잘 적응한 생물은 그렇지 못한 생물보다 살아남아 자손을 남길 확률이 높다.

바로알기 ㄱ. 서식 환경과 비슷한 털색을 갖는 생쥐가 생존에 유리하다는 결론을 내렸는데, A에서 갈색 생쥐 모형(㉠)이 흰색 생쥐 모형(㉡)보다 포식자로부터 더 많은 공격을 받았으므로 A는 흰색 모래 지역이다.

사람의 물질대사

02. 생명 활동과 에너지

본책 23쪽

개념 확인

(1) 물질대사 (2) ①-ⓒ-ⓐ, ②-⊙-ⓑ (3) 미토콘드리아, 산소, 이산화 탄소 (4) ATP, 열 (5) ADP, 생명 활동
(6) 이산화 탄소, 많다

수능 자료

본책 24쪽

| 자료❶ | 1 × | 2 ○ | 3 ○ | 4 × | 5 × | 6 ○ | 7 ○ |
| 자료❷ | 1 × | 2 ○ | 3 × | 4 ○ | 5 ○ | 6 ○ | 7 × |

자료❶

1, 2 (가)는 빛에너지를 이용하여 포도당이 합성되는 과정이므로 광합성(동화 작용)이다. (나)는 포도당이 산소와 반응하여 이산화 탄소와 물로 분해되며 에너지가 방출되므로 세포 호흡(이화 작용)이다.

3 광합성(가)과 세포 호흡(나)은 모두 물질대사로, 반드시 효소가 관여한다.

4 광합성(가)은 엽록체에서 일어나고, 세포 호흡(나)은 주로 미토콘드리아에서 일어난다.

5 동물 세포에는 엽록체가 없으므로 광합성(가)은 일어나지 않는다.

6 광합성(가)에서는 빛에너지가 포도당의 화학 에너지로 전환되어 저장된다.

7 세포 호흡(나)에서 포도당은 산소와 반응하여 이산화 탄소와 물로 최종 분해되며, 이 과정에서 방출된 에너지의 일부는 ATP에 저장된다. 따라서 세포 호흡(나)에서는 ADP가 무기 인산(P_i) 1분자와 결합하여 ATP가 합성되는 반응이 일어난다.

자료❷

1 ⊙은 아데노신에 2개의 인산기가 결합되어 있으므로 ADP이다.

2 과정 I은 ADP가 무기 인산(P_i) 1분자와 결합하여 ATP로 합성되는 과정으로, ATP는 미토콘드리아에서 일어나는 세포 호흡 과정에서 주로 합성된다.

3 ADP가 무기 인산(P_i) 1분자와 결합하여 ATP로 합성되는 과정(I)은 작은 분자가 큰 분자로 합성되는 동화 작용이다.

4 과정 II는 ATP가 ADP로 분해되는 과정으로, ATP는 인산기와 인산기 사이의 결합이 끊어지면서 ADP와 무기 인산(P_i)으로 분해된다.

5 ATP의 분해로 방출된 에너지는 물질 합성, 근육 운동, 체온 유지, 발성, 정신 활동, 생장 등 다양한 생명 활동에 사용된다.

6 ADP는 아데노신에 인산기가 2개 결합한 물질이고, ATP는 아데노신에 인산기가 3개 결합한 물질이다. 따라서 한 분자에 저장된 에너지의 크기는 ATP가 ADP보다 크다.

7 폐포 모세 혈관에서 폐포로의 이산화 탄소 이동은 확산에 의해 일어나므로, ATP의 화학 에너지가 이용되지 않는다.

수능 1점

본책 24쪽

1 (1) (가) (2) 효소 **2** ㄱ, ㄴ
3 (1) 미토콘드리아 (2) ⓐ 산소, ⓑ 이산화 탄소 **4** ①
5 ㄱ, ㄴ, ㄷ, ㄹ

1 (1) (가)는 에너지를 흡수하여 작고 간단한 물질인 아미노산이 크고 복잡한 물질인 단백질로 합성되는 동화 작용이다. (나)는 크고 복잡한 물질인 포도당이 산소와 반응하여 작고 간단한 물질인 이산화 탄소와 물로 분해되고 에너지가 방출되는 이화 작용이다. 따라서 생성물의 에너지가 반응물의 에너지보다 큰 반응은 (가)이다.
(2) (가)와 (나)는 모두 물질대사이며, 물질대사에는 생체 촉매인 효소가 관여한다.

2 ㄱ. 물질대사가 일어날 때에는 반드시 에너지의 출입(발열 또는 흡열)이 함께 일어난다.
ㄴ. 물질대사는 생명체 내에서 생명을 유지하기 위해 일어나는 모든 화학 반응이다.
바로알기 ㄷ. 광합성에서는 작은 분자인 물과 이산화 탄소가 큰 분자인 포도당으로 합성되며, 에너지가 흡수된다. 따라서 광합성은 물질대사 중 동화 작용에 해당한다.

3 (1) 세포 호흡은 주로 미토콘드리아에서 일어나므로, (가)는 미토콘드리아이다.
(2) 세포 호흡에서는 포도당이 산소와 반응하여 이산화 탄소와 물로 분해되며, 이 과정에서 방출된 에너지의 일부는 ATP에 저장되고 나머지는 열로 방출된다. 따라서 기체 ⓐ는 산소, ⓑ는 이산화 탄소이다.

4 ② 세포 호흡에서 포도당의 분해는 단계적으로 천천히 일어나며, 여러 종류의 효소가 관여한다.
③, ⑤ 세포 호흡은 세포 내에서 영양소를 분해하여 생명 활동에 필요한 에너지를 얻는 과정으로, 물질대사 중 이화 작용에 해당한다.
④ 세포 호흡 과정에서 방출된 에너지의 일부는 ATP에 저장되고, 나머지는 열에너지로 방출된다.
바로알기 ① 세포 호흡은 이화 작용으로, 에너지가 방출되는 발열 반응이다.

5 ATP의 분해로 방출된 에너지는 화학 에너지, 기계적 에너지, 열에너지, 소리 에너지 등으로 전환되어 물질 합성, 근육 운동(근육 수축), 체온 유지, 정신 활동, 생장 등 다양한 생명 활동에 사용된다.
바로알기 ㅁ. 폐포에서 폐포 모세 혈관으로의 산소 이동은 확산에 의해 일어나므로, ATP의 화학 에너지가 이용되지 않는다.

1 ③	2 ④	3 ④	4 ③	5 ②	6 ④
7 ④	8 ④	9 ③	10 ①	11 ④	12 ④

1 물질대사

자료 분석

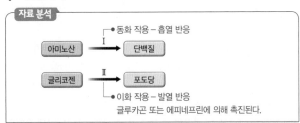

- 동화 작용 – 흡열 반응
- 이화 작용 – 발열 반응
- 글루카곤 또는 에피네프린에 의해 촉진된다.

선택지 분석

㉠ Ⅰ은 동화 작용이다.

㉡ Ⅰ은 반응이 일어나는 과정에서 에너지가 흡수된다.

✕ 인슐린은 간에서 Ⅱ를 촉진한다. 글루카곤

ㄱ. Ⅰ은 저분자 물질인 아미노산이 고분자 물질인 단백질로 합성되는 과정이므로 동화 작용이다.

ㄴ. Ⅰ은 동화 작용이다. 동화 작용은 에너지가 흡수되는 흡열 반응으로, 생성물의 에너지양이 반응물의 에너지양보다 많다.

바로알기 ㄷ. 인슐린은 이자에서 분비되는 혈당량 조절 호르몬으로, 간에서 포도당을 글리코젠으로 합성하는 반응을 촉진하여 혈당량을 낮추는 역할을 한다. 글리코젠이 포도당으로 분해되는 반응(Ⅱ)은 이자에서 분비되는 글루카곤과 부신 속질에서 분비되는 에피네프린에 의해 촉진된다.

2 광합성과 세포 호흡

자료 분석

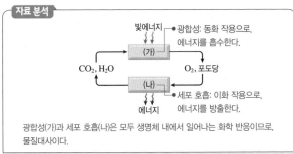

- 빛에너지 → 광합성: 동화 작용으로, 에너지를 흡수한다.
- CO_2, H_2O / O_2, 포도당
- 세포 호흡: 이화 작용으로, 에너지를 방출한다.
- 에너지

광합성(가)과 세포 호흡(나)은 모두 생명체 내에서 일어나는 화학 반응이므로, 물질대사이다.

선택지 분석

✕ (가)는 미토콘드리아에서 일어난다. 엽록체

㉡ (나)에서 ATP가 합성된다.

㉢ (가)와 (나)에서 모두 효소가 이용된다.

(가)는 저분자 물질인 이산화 탄소와 물이 고분자 물질인 포도당으로 합성되는 광합성이다. (나)는 고분자 물질인 포도당이 산소와 반응하여 저분자 물질인 이산화 탄소와 물로 분해되는 세포 호흡이다.

ㄴ. (나)는 포도당이 산소와 반응하여 물과 이산화 탄소로 분해되는 세포 호흡이다. 세포 호흡에서는 포도당의 분해 과정에서 에너지가 방출되며, 방출된 에너지의 일부를 이용해 ATP를 합성한다.

ㄷ. 광합성(가)과 세포 호흡(나)은 모두 물질대사로, 생체 촉매인 효소가 관여한다.

바로알기 ㄱ. (가)는 빛에너지를 이용하여 물과 이산화 탄소로부터 포도당을 합성하는 과정인 광합성이며, 광합성은 엽록체에서 일어난다.

3 물질대사와 에너지

자료 분석

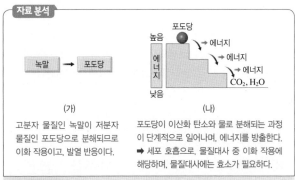

(가)	(나)
고분자 물질인 녹말이 저분자 물질인 포도당으로 분해되므로 이화 작용이고, 발열 반응이다.	포도당이 이산화 탄소와 물로 분해되는 과정이 단계적으로 일어나며, 에너지를 방출한다. ➡ 세포 호흡으로, 물질대사 중 이화 작용에 해당하며, 물질대사에는 효소가 필요하다.

선택지 분석

✕ (가)는 흡열 반응이다. 발열

㉡ (나)는 이화 작용이다.

㉢ (나)에서 각 단계마다 효소가 작용한다.

ㄴ. (나)는 세포에서 포도당이 여러 단계에 걸쳐 이산화 탄소와 물로 분해되는 과정으로 세포 호흡이다. 세포 호흡은 이화 작용이다.

ㄷ. 세포 호흡은 물질대사이며, 물질대사의 각 단계마다 효소가 작용한다.

바로알기 ㄱ. (가)는 고분자 물질인 녹말이 저분자 물질인 포도당으로 분해되므로 이화 작용이며, 에너지가 방출되는 발열 반응이다.

4 물질대사의 특성

선택지 분석

✕A ✕C ③A, B ✕B, C ✕A, B, C

· 학생 A: 물질대사는 생명체에서 생명을 유지하기 위해 일어나는 화학 반응이므로, 생물의 특성이다.

· 학생 B: 물질대사 중 동화 작용은 에너지가 흡수되는 흡열 반응이고, 이화 작용은 에너지가 방출되는 발열 반응이다. 이와 같이 물질대사가 일어날 때는 에너지 출입이 함께 일어난다.

바로알기 · 학생 C: 식물에서 일어나는 광합성은 저분자 물질인 물과 이산화 탄소가 고분자 물질인 포도당으로 합성되는 과정으로, 동화 작용의 대표적인 예이다.

5 물질대사와 에너지 변화

자료 분석

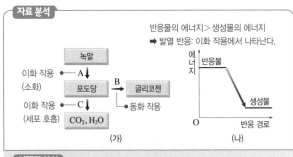

- 반응물의 에너지 > 생성물의 에너지
- ➡ 발열 반응: 이화 작용에서 나타난다.
- 녹말
- 이화 작용 (소화) ← A↓
- 포도당 —B→ 글리코젠
- 이화 작용 (세포 호흡) ← C↓
- CO_2, H_2O
- 동화 작용
- (가)
- (나)

선택지 분석

✕ A와 B에서 모두 (나)와 같은 변화가 나타난다. A와 C

✕ B는 미토콘드리아에서 일어난다. C 과정의 일부

㉢ B와 C에서 모두 효소가 이용된다.

ㄷ. A, B, C는 모두 물질대사이므로 반드시 효소가 관여한다.

바로알기 ㄱ. A는 녹말이 포도당으로 분해되는 과정으로 이화 작용이며, B는 포도당이 글리코젠으로 합성되는 과정으로 동화 작용이다. C는 포도당이 산화되어 이산화 탄소와 물로 분해되는 세포 호흡 과정으로 이화 작용이다. (나)는 반응물의 에너지양이 생성물의 에너지양보다 많으므로 발열 반응이며, 발열 반응은 A, C와 같은 이화 작용에서 일어난다.

ㄴ. B는 포도당이 글리코젠으로 합성되는 과정으로, 세포질에서 일어난다. 미토콘드리아에서는 C 과정의 일부가 일어난다.

6 세포 호흡

선택지 분석

◯ ⓐ는 O_2이다.

✕ 폐포 모세 혈관에서 폐포로의 ⓑ 이동에는 ATP가 ~~사용된다~~. 사용되지 않는다

◯ 세포 호흡에는 효소가 필요하다.

ㄱ. 세포 호흡에서는 포도당의 산화에 O_2가 이용되고, 세포 호흡 결과 CO_2가 발생한다. 따라서 ⓐ는 O_2, ⓑ는 CO_2이다.

ㄷ. 세포 호흡은 물질대사이므로 효소가 필요하다.

바로알기 ㄴ. 폐포 모세 혈관에서 폐포로 $CO_2(ⓑ)$가 이동하는 원리는 확산이므로 에너지(ATP)를 필요로 하지 않는다.

7 세포 호흡

자료 분석

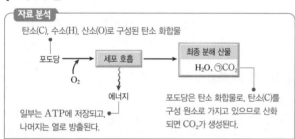

탄소(C), 수소(H), 산소(O)로 구성된 탄소 화합물

포도당 → 세포 호흡 → 최종 분해 산물 H_2O, ㉠CO_2

O_2

에너지

일부는 ATP에 저장되고, 나머지는 열로 방출된다.

포도당은 탄소 화합물로, 탄소(C)를 구성 원소로 가지고 있으므로 산화되면 CO_2가 생성된다.

선택지 분석

✕ ㉠은 암모니아(NH_3)이다. 이산화 탄소(CO_2)

◯ 세포 호흡에는 효소가 필요하다.

◯ 포도당이 분해되어 생성된 에너지의 일부는 ATP에 저장된다.

ㄴ. 세포 호흡은 생명체 내에서 일어나는 물질대사이며, 물질대사에는 각 화학 반응을 촉매하는 효소가 필요하다.

ㄷ. 세포 호흡에서는 포도당이 산소와 반응하여 이산화 탄소와 물로 최종 분해되고, 이 과정에서 에너지가 방출된다. 방출된 에너지의 일부는 ATP에 저장되고, 나머지는 열에너지로 방출된다.

바로알기 ㄱ. 포도당은 탄소(C), 수소(H), 산소(O)로 구성된 탄소 화합물이므로, 포도당의 분해로 질소가 포함된 암모니아(NH_3)가 생성되지 않는다. 세포 호흡에서 포도당은 물과 이산화 탄소로 최종 분해되므로 ㉠은 이산화 탄소이다.

8 ATP와 ADP 사이의 전환

자료 분석

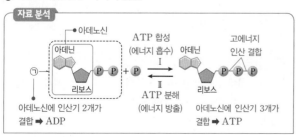

아데노신

아데닌

㉠

리보스

P P + P

ATP 합성 (에너지 흡수)
Ⅰ
Ⅱ
ATP 분해 (에너지 방출)

아데닌

리보스

P P P

고에너지 인산 결합

아데노신에 인산기 2개가 결합 ➡ ADP

아데노신에 인산기 3개가 결합 ➡ ATP

선택지 분석

✕ ㉠은 ~~ATP~~이다. ADP

◯ 미토콘드리아에서 과정 Ⅰ이 일어난다.

◯ 과정 Ⅱ에서 인산 결합이 끊어진다.

ㄴ. 미토콘드리아에서 세포 호흡이 일어날 때 방출된 에너지를 이용하여 ADP(㉠)와 무기 인산(P_i)이 결합하여 ATP가 합성되는 과정 Ⅰ이 일어난다.

ㄷ. 인산기와 인산기 사이의 결합을 인산 결합이라고 하며, 과정 Ⅱ에서 인산기 하나가 분리되었으므로 인산 결합이 끊어진 것을 알 수 있다. 즉, ATP에서 인산 결합 하나가 끊어지면 에너지가 방출되면서 ADP와 무기 인산으로 분해된다.

바로알기 ㄱ. ㉠은 아데닌과 리보스가 결합한 아데노신에 2개의 인산기가 결합한 화합물이므로, ADP이다. ADP와 무기 인산(P_i) 1분자가 결합하는 과정 Ⅰ이 일어나면 ATP가 합성된다.

9 에너지의 전환과 이용

선택지 분석

◯ ㉠과 ㉡ 과정이 모두 일어나는 기관 중에는 간이 있다.

✕ 글루카곤의 작용으로 ㉡ 과정이 촉진된다. 인슐린

◯ ㉢ 과정에서 방출된 에너지의 일부는 ㉡ 과정에 이용된다.

ㄱ. 간에서는 글리코젠이 포도당으로 분해되는 과정(㉠)과 포도당이 글리코젠으로 합성되는 과정(㉡)이 모두 일어난다.

ㄷ. ㉡ 과정은 동화 작용이므로 흡열 반응이다. 따라서 ATP의 분해(㉢ 과정)로 발생한 에너지가 이용된다.

바로알기 ㄴ. ㉡ 과정은 인슐린의 작용으로 촉진되며, 글루카곤은 ㉠ 과정을 촉진한다.

10 세포 호흡과 에너지의 전환

자료 분석

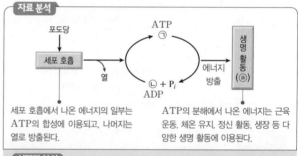

포도당 → 세포 호흡 → 열

ATP
㉠
㉡ + P_i
ADP

에너지 방출 → 생명 활동(ⓐ)

세포 호흡에서 나온 에너지의 일부는 ATP의 합성에 이용되고, 나머지는 열로 방출된다.

ATP의 분해에서 나온 에너지는 근육 운동, 체온 유지, 정신 활동, 생장 등 다양한 생명 활동에 이용된다.

선택지 분석

◯ 저장된 에너지양은 ㉠이 ㉡보다 많다.

✕ 세포 호흡 시 포도당에서 방출된 ~~에너지는 모두~~ ATP에 저장된다. 에너지의 일부가

✕ ⓐ의 예로는 모세 혈관에서 조직 세포로의 산소 이동이 있다.

ㄱ. 세포 호흡에서 방출된 에너지가 ADP와 무기 인산(P_i)의 결합에 사용되어 ATP의 화학 에너지로 저장된다. 따라서 ㉠은 ATP, ㉡은 ADP이며, 저장된 에너지양은 ㉠이 ㉡보다 많다.

바로알기 ㄴ. 세포 호흡 과정에서 포도당으로부터 방출된 에너지 중 일부만 ATP에 저장되고 나머지는 열로 방출된다.

ㄷ. ⓐ는 ATP의 에너지가 사용되는 생명 활동이다. 모세 혈관에서 조직 세포로의 산소 이동은 확산에 의해 일어난다. 따라서 ATP의 에너지가 사용되지 않는다.

11 세포 호흡과 ATP와 ADP 사이의 전환

자료 분석

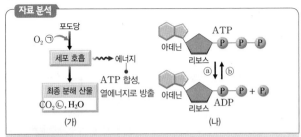

선택지 분석

✗ ㉠은 CO_2이다. O_2

㉡ 미토콘드리아에서 (나)의 ⓑ 과정이 일어난다.

㉢ (가)에서 생성된 에너지의 일부는 체온 유지에 이용된다.

ㄴ. 미토콘드리아는 세포 호흡이 일어나는 장소이며, 세포 호흡에서 방출된 에너지의 일부는 ⓑ 과정에 사용되어 ATP가 합성된다.

ㄷ. (가)에서 생성된 에너지의 일부는 ATP에 저장되며, ATP의 분해로 방출된 에너지는 체온 유지, 물질 합성 등 다양한 생명 활동에 이용된다.

바로알기 ㄱ. 포도당의 분해에 사용되는 ㉠은 O_2이고, 최종 분해 산물인 ㉡은 CO_2이다.

12 효모의 세포 호흡

선택지 분석

✗ B에서 ㉠은 산소이다. 이산화 탄소

㉡ 효모액에는 이화 작용에 관여하는 효소가 있다.

㉢ (나)에서 ㉠의 부피는 B에서가 A에서보다 크다.

ㄴ. 효모는 세포 호흡으로 포도당을 분해하여 이산화 탄소를 발생시키는 이화 작용을 한다. 따라서 효모액에는 이화 작용에 관여하는 효소가 있다.

ㄷ. 발효관 A에는 포도당이 없으므로, 이산화 탄소가 발생하지 않는다. 반면, 발효관 B에서는 효모가 포도당을 분해하는 물질대사를 하여 이산화 탄소가 발생한다. 따라서 (나)에서 이산화 탄소(㉠)의 부피는 B에서가 A에서보다 크다.

바로알기 ㄱ. 효모는 포도당을 분해하여 이산화 탄소를 발생시키는 세포 호흡을 한다. 따라서 발효관 B에서 발생한 기체(㉠)는 이산화 탄소이다.

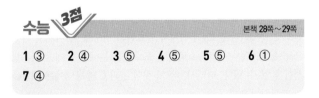

본책 28쪽~29쪽

| 1 ③ | 2 ④ | 3 ⑤ | 4 ⑤ | 5 ⑤ | 6 ① |
| 7 ④ |

1 ATP의 구조

자료 분석

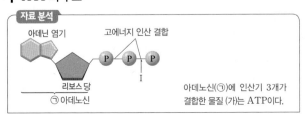

선택지 분석

㉠ 근육 운동에 결합 Ⅰ에 저장된 에너지가 사용된다.

㉡ 미토콘드리아에서 (가)가 합성되는 반응이 일어난다.

✗ ㉠은 DNA를 이루는 뉴클레오타이드 구조의 일부이다. RNA

ㄱ. (가)는 아데노신(아데닌＋리보스)에 3개의 인산기가 결합한 화합물이므로, ATP이다. Ⅰ은 고에너지 인산 결합이며, Ⅰ이 끊어지면서 방출된 에너지는 근육 운동과 같은 생명 활동에 이용된다.

ㄴ. 미토콘드리아에서 세포 호흡이 일어나며, 세포 호흡 과정에서 방출된 에너지를 이용해 ATP(가)가 합성되는 반응이 일어난다.

바로알기 ㄷ. ㉠은 염기인 아데닌과 당인 리보스가 결합된 아데노신이다. DNA와 RNA를 이루는 뉴클레오타이드는 당 인산, 염기가 1 : 1 : 1로 결합된 화합물이며, DNA의 당은 디옥시리보스이고, RNA의 당은 리보스이다. 따라서 ㉠은 DNA가 아니라 RNA를 이루는 뉴클레오타이드 구조의 일부이다.

2 물질대사

자료 분석

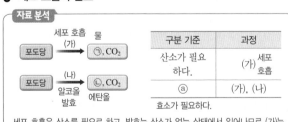

• ㉠~㉣은 각각 물, O_2, CO_2, 포도당 중 하나이므로, (가)와 (나)는 각각 물질대사 중 세포 호흡과 광합성 중 하나라는 것을 알 수 있다. 세포 호흡은 이화 작용이므로 에너지를 방출한다. 따라서 (가)는 세포 호흡, (나)는 광합성이다.

• ㉠과 ㉢의 흡수와 배출에는 호흡계가 관여하며, O_2는 세포 호흡(가)에서 반응물, 광합성(나)에서 생성물이고, CO_2는 세포 호흡(가)에서 생성물, 광합성(나)에서 반응물이다. 따라서 ㉠은 O_2, ㉢은 CO_2이다. 세포 호흡(가)에서 포도당은 반응물이고, 물은 생성물이다. 따라서 ㉡은 포도당, ㉣은 물이다.

선택지 분석

✗ ㉡은 물, ㉢은 CO_2이다. 포도당

㉡ (가)에서 생성된 에너지의 일부는 ATP에 저장된다.

㉢ (나)에서는 빛에너지가 화학 에너지로 전환된다.

ㄴ. 세포 호흡(가)에서 포도당의 분해로 생성된 에너지의 일부는 ATP에 저장되고, 나머지는 열에너지 형태로 방출된다.

ㄷ. (나)는 광합성이며, 광합성은 빛에너지를 포도당의 화학 에너지로 전환하는 과정이다.

바로알기 ㄱ. ㉡은 포도당, ㉢은 CO_2이다.

3 세포 호흡과 발효

자료 분석

구분 기준	과정
산소가 필요하다.	(가) 세포 호흡
ⓐ	(가), (나)
효소가 필요하다.	

세포 호흡은 산소를 필요로 하고, 발효는 산소가 없는 상태에서 일어나므로 (가)는 세포 호흡, (나)는 알코올 발효이다.

선택지 분석

㉠ ㉠은 우리 몸에서 가장 많은 양을 차지하는 물질이다.

㉡ '효소가 필요하다.'는 ⓐ에 해당한다.

㉢ 같은 양의 포도당이 분해될 때 방출되는 에너지의 양은 (가)에서가 (나)에서보다 많다.

ㄱ. ㉠은 물로, 우리 몸에서 가장 많은 양을 차지하는 물질이다.

ㄴ. 세포 호흡(가)과 알코올 발효(나)는 모두 물질대사이므로, 생체 촉매인 효소가 필요하다.

ㄷ. (가)는 포도당이 완전 분해되어 이산화 탄소와 물이 되고, (나)는 포도당이 불완전 분해되어 이산화 탄소와 중간 산물인 에탄올이 된다. 따라서 같은 양의 포도당으로부터 방출되는 에너지의 양은 (가)에서가 (나)에서보다 많다.

4 녹말의 소화와 세포 호흡

선택지 분석

㉠ 엿당은 이당류에 속한다.
㉡ 호흡계를 통해 ⓑ가 몸 밖으로 배출된다.
㉢ (가)와 (나)에서 모두 이화 작용이 일어난다.

ㄱ. 녹말은 많은 수의 포도당이 결합된 다당류, 엿당은 포도당 2분자가 결합된 이당류, 포도당은 단당류이다. 녹말은 입과 소장에서 엿당으로, 엿당은 소장에서 포도당으로 분해된다.

ㄴ. 세포 호흡에서 포도당을 분해하는 데 필요한 기체 ⓐ는 산소이고, 세포 호흡 결과 발생한 기체 ⓑ는 이산화 탄소이다. 이산화 탄소(ⓑ)는 호흡계의 폐를 통해 몸 밖으로 배출된다.

ㄷ. 녹말의 소화(가)와 세포 호흡(나)은 모두 크고 복잡한 물질을 작고 간단한 물질로 분해하는 물질대사로, 이화 작용에 해당한다.

5 세포 호흡과 ATP와 ADP 사이의 전환

자료 분석

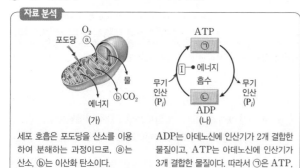

세포 호흡은 포도당을 산소를 이용하여 분해하는 과정이므로, ⓐ는 산소, ⓑ는 이산화 탄소이다.

ADP는 아데노신에 인산기가 2개 결합한 물질이고, ATP는 아데노신에 인산기가 3개 결합한 물질이다. 따라서 ㉠은 ATP, ㉡은 ADP이다.

선택지 분석

㉠ (가)에서 과정 Ⅰ이 일어난다.

㉡ 단위 부피당 $\dfrac{ⓐ의 \ 양}{ⓑ의 \ 양}$ 은 폐포 모세 혈관에서가 폐포에서보다 작다.

㉢ ㉡의 구성 원소에는 인(P)이 포함된다.

ㄱ. (가)의 물질대사는 세포 호흡이며, 세포 호흡 과정에서 방출된 에너지의 일부는 ATP에 저장된다. (나)에서 과정 Ⅰ은 ADP(㉡)가 무기 인산(Pᵢ)과 결합하여 ATP(㉠)가 되는 과정이다. 따라서 세포 호흡(가)에서 과정 Ⅰ이 일어나 ATP가 합성된다.

ㄴ. 세포 호흡에서 포도당을 분해하는 데 필요한 기체 ⓐ는 산소이고, 세포 호흡 결과 발생한 기체 ⓑ는 이산화 탄소이다. O_2(ⓐ)의 양은 폐포>폐포 모세 혈관이고, CO_2(ⓑ)의 양은 폐포<폐포 모세 혈관이다. 따라서 단위 부피당 $\dfrac{산소(ⓐ)의 \ 양}{이산화 \ 탄소(ⓑ)의 \ 양}$ 은 폐포 모세 혈관에서가 폐포에서보다 작다.

ㄷ. ㉡(ADP)은 아데닌과 리보스가 결합한 아데노신에 2개의 인산기가 결합한 화합물이며, 인산기의 구성 원소에는 인(P)이 있다.

6 세포 호흡과 에너지의 전환

자료 분석

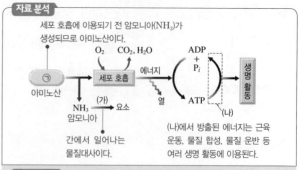

(나)에서 방출된 에너지는 근육 운동, 물질 합성, 물질 운반 등 여러 생명 활동에 이용된다.

선택지 분석

㉠ (가)는 물질대사이다.
✗ 글리코젠의 분해로 ㉠이 생성된다. 단백질
✗ 세포막을 통한 물의 이동에는 (나) 과정에서 방출된 에너지가 이용된다. 이용되지 않는다

ㄱ. (가)는 세포 내에서 일어나는 물질의 변화이므로 물질대사이다.

바로알기 ㄴ. ㉠이 세포 호흡에 이용되기 전에 암모니아(NH_3)가 생성되므로 ㉠은 아미노산이고, 아미노산은 단백질의 분해로 생성된다. 글리코젠은 수많은 포도당이 결합한 다당류로, 글리코젠이 분해되면 포도당이 생성된다.

ㄷ. 세포막을 통한 물의 이동은 확산의 일종인 삼투에 의해 일어나므로 ATP가 ADP와 무기 인산(Pᵢ)으로 분해되는 과정(나)에서 방출된 에너지가 이용되지 않는다.

7 효모의 발효

자료 분석

증류수에는 에너지원이 없으므로 이산화 탄소가 발생하지 않고, 포도당이 많을수록 이산화 탄소 발생량이 많아진다. ➡ ⓑ는 A, ⓒ는 B, ⓐ는 C이다.

구분 \ 발효관	ⓐ C	ⓑ A	ⓒ B
(나)의 결과	+++	없음	+
(다)의 결과	높아짐	변화 없음	?

(+가 많을수록 기체 발생량이 많음)
└ 용액 ㉠이 기체를 흡수하기 때문 ➡ ㉠은 KOH

선택지 분석

✗ B는 ⓐ이다. ⓒ
㉡ (나)의 실험 결과 C의 용액에는 에탄올이 포함되어 있다.
㉢ KOH는 ㉠에 해당한다.

ㄴ. 효모는 산소가 있을 때는 포도당을 이산화 탄소와 물로 완전 분해하고(세포 호흡), 산소가 없을 때는 포도당을 에탄올과 이산화 탄소로 분해한다(발효). (가)에서 발효관의 입구를 솜 마개로 막았으므로, 효모는 산소가 소모되면 포도당을 분해하여 에탄올을 생성함을 알 수 있다. 따라서 (나)의 실험 결과 C의 용액에는 에탄올이 포함되어 있다.

ㄷ. (다)의 결과 ⓐ에서 ㉠ 수용액을 발효관에 넣었을 때 맹관부 수면이 높아진다. 이는 ㉠ 수용액이 이산화 탄소를 흡수하는 성질이 있기 때문이다. 따라서 KOH는 ㉠에 해당한다.

바로알기 ㄱ. A에서 증류수에는 에너지원이 없으므로 이산화 탄소가 발생하지 않는다. 호흡 기질인 포도당이 많을수록 효모에서 포도당의 분해는 더 많이 일어나 기체(이산화 탄소) 발생량이 많아진다. 따라서 A는 ⓑ, B는 ⓒ, C는 ⓐ이다.

03 에너지를 얻기 위한 기관계의 통합적 작용

개념 확인

본책 31쪽, 33쪽

(1) 포도당, 아미노산, 지방산　(2) 모세 혈관, 암죽관　(3) 산소, 이산화 탄소　(4) 혈장, 적혈구　(5) 물　(6) 단백질, 요소, 콩팥　(7) 소화, 배설　(8) 순환, 호흡　(9) 증가, 비만　(10) ① – ⓒ, ② – ⓒ, ③ – ⓐ　(11) 물질대사　(12) ① – ⓒ, ② – ⓐ, ③ – ⓑ, ④ – ⓔ

본책 34쪽

자료❶　1 ○　2 ○　3 ○　4 ○　5 ×　6 ×　7 ×
　　　　8 ○
자료❷　1 ○　2 ○　3 ○　4 ○　5 ×　6 ○　7 ×
자료❸　1 ×　2 ○　3 ○　4 ○　5 ○　6 ○　7 ○
　　　　8 ○　9 ×　10 ○　11 ×　12 ○　13 ×　14 ○
　　　　15 ○　16 ○　17 ○　18 ×　19 ×

자료 ❶

2, 3 우리 몸을 이루는 모든 살아 있는 세포에서는 동화 작용과 이화 작용이 일어난다.

5 항이뇨 호르몬은 콩팥에서 물의 재흡수를 촉진하는 호르몬이므로 항이뇨 호르몬의 표적 기관은 콩팥이다. B는 폐이다.

6 대장은 소화계(가)에 속한다.

7 호흡계(나)를 통해 들어온 O_2는 순환계를 통해 온몸으로 운반된다.

8 소화계에서 흡수된 영양소는 온몸으로 운반되어 조직 세포의 생명 활동에 사용된다.

자료 ❷

1 ⓒ은 대정맥, ⓒ은 폐정맥이다.

3 인슐린과 글루카곤은 혈당량을 조절하는 호르몬으로, 간은 이들의 표적 기관이다.

4 A(간)에서 암모니아가 요소로 전환되므로 요소의 농도는 A로 들어가는 혈액에서보다 A에서 나오는 혈액에서 더 높다.

5 B는 콩팥으로, 배설계에 속한다.

7 조직 세포에서 세포 호흡의 결과 생성된 노폐물 중 CO_2는 폐에서 몸 밖으로 나간다. 따라서 혈액의 단위 부피당 CO_2의 양은 폐정맥(ⓒ)에서가 대정맥(ⓒ)에서보다 적다.

자료 ❸

1 A는 호흡계이고, B는 소화계이다.

5 심한 운동을 하면 세포 호흡이 활발해지므로 더 많은 O_2를 조직 세포에 공급하기 위해 호흡 운동이 활발해진다. 따라서 폐에서 순환계로 단위 시간당 이동하는 O_2의 양이 증가한다.

8 포도당은 소장에 분포되어 있는 융털의 모세 혈관으로 흡수된다.

9 심장은 순환계에 속한다.

11 세포 호흡 결과 생성된 노폐물은 호흡계와 배설계를 통해 체외로 배출되며, 소화계(B)에서는 소화, 흡수되지 않은 물질을 몸 밖으로 내보낸다.

12 인슐린은 이자에서 분비되며, 이자는 소화계에 속한다.

13 기관지는 폐와 함께 호흡계(A)를 구성하는 기관이다.

17 글루카곤, 티록신과 같은 호르몬은 내분비샘에서 혈관으로 분비되어 혈액을 통해 온몸으로 이동한다.

18 배설계는 콩팥, 오줌관, 방광, 요도 등 여러 기관으로 이루어져 있다.

19 땀을 많이 흘리면 혈장 삼투압이 정상 범위보다 높아지므로 항이뇨 호르몬의 작용에 의해 콩팥에서 수분의 재흡수량이 증가하게 된다. 그 결과 오줌 내 물의 양은 감소하므로 오줌의 삼투압은 증가한다.

수능 1점

본책 35쪽

1 ㄱ, ㄷ　**2** (1) ⓒ 호흡, ⓒ 폐, ⓒ 소화, ⓔ 간 (2) O_2 (3) 요소 (4) ⓒ 폐동맥, ⓒ 대동맥, ⓒ 많다　**3** (1) ⓐ 녹말, ⓑ 단백질 (2) 소화계 (3) CO_2, 호흡계　**4** ㄱ, ㄴ, ㄷ　**5** (1) ⓒ B, ⓒ A (2) A (3) D　**6** ③　**7** 고혈압, 당뇨병, 고지혈증, 지방간, 구루병 등

1 ㄱ. 음식물이 소화 기관을 지나면서 소화 효소에 의해 녹말은 포도당으로, 단백질은 아미노산으로, 지방은 지방산과 모노글리세리드로 분해된다.

ㄷ. 소장의 융털로 흡수된 영양소는 순환계를 통해 온몸의 조직 세포로 이동한다.

[바로알기] ㄴ. 아미노산과 같은 수용성 영양소는 소장 내벽에 있는 융털의 모세 혈관으로 흡수되며, 지방산과 같은 지용성 영양소는 융털의 암죽관으로 흡수된다.

ㄹ. 소화계에서 흡수하지 못한 영양소는 소화계(항문)를 통해 몸 밖으로 배출된다.

2 (2) 폐(A)의 폐포에서 모세 혈관으로 확산되는 기체는 O_2이고, 폐의 모세 혈관에서 폐포로 확산되는 기체는 CO_2이다.

(3) 간(B)에서 독성이 강한 암모니아는 독성이 약한 요소로 전환된다.

(4) ⓐ는 폐동맥이고, ⓑ는 대동맥이다. 조직 세포에서 세포 호흡결과 발생한 CO_2는 폐동맥(ⓐ)을 통해 폐로 가서 몸 밖으로 나간다. 따라서 혈액의 단위 부피당 CO_2의 양은 폐동맥(ⓐ)에서가 대동맥(ⓑ)에서보다 많다.

3 (1) 포도당은 녹말(ⓐ)을 구성하는 기본 단위이고, 아미노산은 단백질(ⓑ)을 구성하는 기본 단위이다.

(2) (가)는 녹말이 분해되는 과정으로 소화관에서 일어나고, (나)는 암모니아가 요소로 전환되는 과정으로 간에서 일어난다.

(3) 녹말과 단백질이 세포 호흡으로 분해되면 공통적으로 CO_2와 H_2O이 생성된다. 따라서 ⓒ은 CO_2이며, CO_2는 호흡계를 통해 몸 밖으로 배출된다.

4 ㄴ. A는 콩팥이며, 콩팥에서는 세포 호흡 결과 생성된 요소와 같은 노폐물이 혈액으로부터 걸러져 오줌이 생성된다.

ㄷ. 배설계에 속한 콩팥(A)은 항이뇨 호르몬의 표적 기관으로, 항이뇨 호르몬에 의해 콩팥에서 수분의 재흡수가 촉진됨으로써 체내 수분량이 적절하게 조절된다.

5 A는 순환계, B는 소화계, C는 호흡계, D는 배설계이다.
(1) 음식물로 섭취한 포도당은 소화계(B)에서 흡수되어 순환계(A)를 통해 온몸의 조직 세포로 이동한다.
(2) 소화계, 배설계, 호흡계를 연결하여 물질 운반을 담당하는 기관계는 순환계(A)이다.
(3) 항이뇨 호르몬은 콩팥에서 수분의 재흡수를 촉진하므로 항이뇨 호르몬의 표적 기관은 콩팥이다. 콩팥은 배설계(D)에 속하는 기관이다.

6 (바로알기) ③ 생명 유지에 필요한 최소한의 에너지양은 기초 대사량이며, 활동 대사량은 공부하기, 운동하기 등 다양한 생명 활동을 하면서 소모되는 에너지양이다.

7 대사성 질환의 예로는 고혈압, 당뇨병, 고지혈증, 지방간, 구루병 등이 있다.

수능 2점

본책 36쪽~37쪽

| 1 ③ | 2 ③ | 3 ③ | 4 ③ | 5 ⑤ | 6 ⑤ |
| 7 ③ | 8 ④ |

1 영양소의 소화와 흡수

자료 분석

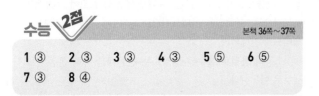

선택지 분석
㉠ ㉠으로 흡수된 영양소는 심장을 거쳐 온몸의 세포로 운반된다.
✕ A는 ㉡을 통해 흡수된다. ㉠
㉢ 모노글리세리드는 B에 해당한다.

ㄱ. (나)의 ㉠은 소장 융털의 모세 혈관이며, ㉡은 암죽관이다. 소장 융털로 흡수된 영양소는 심장을 거쳐 온몸의 조직 세포로 운반된다.

ㄷ. 지방은 소장에서 라이페이스에 의해 지방산과 모노글리세리드로 분해된다. 따라서 모노글리세리드는 B에 해당한다.

(바로알기) ㄴ. A는 단백질의 최종 분해 산물인 아미노산으로, 수용성 영양소이므로 소장 융털의 모세 혈관(㉠)으로 흡수된다. 암죽관(㉡)으로는 지용성 영양소가 흡수된다.

2 영양소와 산소의 흡수와 이동

선택지 분석
㉠ (가)에서 물질대사가 일어난다.
㉡ ㉠과 ㉡은 모두 순환계를 통해 조직 세포로 운반된다.
✕ 폐는 (나)에 속한다. (가)

ㄱ. 조직 세포에서 세포 호흡 결과 발생한 CO_2가 (가)로 이동하므로 (가)는 호흡계, (나)는 소화계이다. 호흡계와 소화계뿐 아니라 모든 기관계를 구성하는 살아 있는 세포에서는 생명 활동을 유지하기 위해 물질대사가 일어난다.

ㄴ. ㉠은 호흡계(가)를 통해 흡수된 O_2이고, ㉡은 소화계(나)에서 흡수된 포도당이다. O_2와 포도당은 모두 순환계를 통해 조직 세포로 운반된다.

(바로알기) ㄷ. 폐는 기체 교환이 일어나는 기관으로 호흡계(가)에 속한다.

3 영양소와 산소의 흡수와 이동

자료 분석

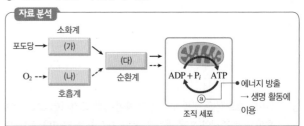

선택지 분석
㉠ (가)에서 동화 작용이 일어난다.
㉡ 심장은 (다)에 속한다. **필요하지 않다**
✕ O_2가 (나)를 거쳐 (다)로 이동하는 데 ⓐ 과정이 필요하다.

(가)는 소화계, (나)는 호흡계, (다)는 순환계이고, ⓐ는 ATP가 ADP와 무기 인산으로 분해되는 과정이다.

ㄱ. 동화 작용과 이화 작용은 물질대사이며, 물질대사는 모든 기관계에서 일어난다. 소화계(가)에서는 소화와 같은 이화 작용이 일어날 뿐 아니라 소화 효소 합성과 같은 동화 작용도 일어난다.

ㄴ. (다)는 순환계이며, 심장은 순환계에 속한다.

(바로알기) ㄷ. 폐포와 모세 혈관 사이에서 O_2의 이동은 확산에 의해 일어나므로 ATP가 소모되지 않는다. 따라서 ATP의 분해로 에너지가 방출되는 ⓐ 과정은 O_2가 (나)를 거쳐 (다)로 이동하는 데 필요하지 않다.

4 노폐물의 생성과 배설

자료 분석

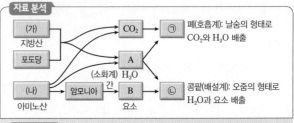

선택지 분석
㉠ (가)와 (나)의 구성 원소에는 모두 수소(H)가 포함된다.
㉡ 소화계에는 B가 생성되는 기관이 있다.
✕ ㉡은 호흡계에 속한다. 배설계

ㄱ. 지방산은 지방, 포도당은 녹말과 같은 다당류, 아미노산은 단백질의 소화 산물로, 지방산, 포도당, 아미노산은 공통적으로 탄소(C), 수소(H), 산소(O)를 구성 원소로 갖는다. 따라서 지방산, 포도당, 아미노산이 최종적으로 분해되면 CO_2와 H_2O이 생성된다. 반면, 아미노산은 탄소(C), 수소(H), 산소(O) 외에 질소(N)를 구성 원소로 가지고 있어 분해되면 질소 노폐물인 암모니아가 생성된다. 따라서 (가)는 지방산, (나)는 아미노산이며, (가)와 (나)의 구성 원소에는 모두 수소(H)가 포함된다.

ㄴ. 독성이 강한 암모니아는 독성이 약한 요소로 전환되어 콩팥에서 걸러져 몸 밖으로 배설된다. 따라서 A는 H_2O, B는 요소이며, 소화계에 속하는 간에서 암모니아가 요소로 전환된다.

바로알기 ㄷ. CO_2와 H_2O의 일부는 폐를 통해 날숨의 형태로 몸 밖으로 내보내지며, 요소와 H_2O의 일부는 콩팥에서 걸러져 몸 밖으로 배출된다. 따라서 ㉠은 호흡계에 속하는 폐, ㉡은 배설계에 속하는 콩팥이다.

5 기관계의 통합적 작용

선택지 분석
㉠ A는 호흡계이다.
㉡ B에는 포도당을 흡수하는 기관이 있다.
㉢ 글루카곤은 순환계를 통해 표적 기관으로 운반된다.

ㄱ. A에서 O_2가 흡수되고, CO_2가 몸 밖으로 배출되므로, A는 기체 교환을 담당하는 호흡계이고, B는 음식물 속의 영양소를 분해하고 흡수하는 소화계이다.

ㄴ. 소화계(B)는 간, 위, 소장, 대장 등의 소화 기관으로 이루어지며, 소장의 내벽에 있는 융털에서 포도당, 아미노산 등의 영양소가 흡수된다.

ㄷ. 글루카곤은 혈당량을 조절하는 호르몬이며, 호르몬은 내분비샘에서 혈액으로 분비되어 순환계에 속한 혈관을 따라 표적 기관으로 운반된다.

6 기관계의 통합적 작용

선택지 분석
㉠ A에서 영양소의 흡수가 일어난다.
㉡ 세포 호흡 결과 생성된 물질 중 일부는 B를 통해 C로 운반된다.
㉢ D를 통해 몸 밖으로 나간 노폐물에는 요소가 포함된다.

ㄱ. A는 음식물이 들어오고 흡수되지 않은 물질이 몸 밖으로 나가므로, 음식물 속 영양소의 분해와 흡수가 일어나는 소화계이다. 소화계(A)에서는 최종 소화된 영양소가 소장 내벽의 융털을 통해 흡수된다.

ㄴ. B는 심장과 연결된 혈관이 다른 기관계와 연결되어 있으므로 순환계이다. C에서 O_2가 흡수되고, CO_2가 몸 밖으로 배출되므로, C는 기체 교환을 담당하는 호흡계이다. D는 혈액으로부터 걸러진 노폐물을 몸 밖으로 배출하는 역할을 하므로 배설계이다. 세포 호흡 결과 생성된 물질 중 CO_2와 H_2O은 순환계(B)를 통해 호흡계(C)로 운반되어 날숨의 형태로 배출된다.

ㄷ. 체내에서 만들어진 요소는 배설계(D)에 속하는 콩팥으로 운반되어 오줌으로 배출된다. 따라서 배설계(D)를 통해 몸 밖으로 나간 오줌 속 노폐물에는 요소가 포함된다.

7 대사성 질환

자료 분석
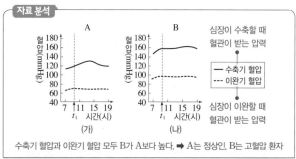
수축기 혈압과 이완기 혈압 모두 B가 A보다 높다. ➡ A는 정상인, B는 고혈압 환자

선택지 분석
㉠ 대사성 질환 중에는 고혈압이 있다.
✕ t_1일 때 수축기 혈압은 A가 B보다 높다. 낮다
㉢ B는 고혈압 환자이다.

ㄱ. 고혈압은 혈압이 정상 범위보다 높은 만성 질환으로, 대사성 질환에 속한다.

ㄷ. 수축기 혈압과 이완기 혈압 모두 B가 A보다 높으므로 B는 고혈압 환자이다.

바로알기 ㄴ. t_1일 때 수축기 혈압은 A가 약 $120\ mmHg$, B가 약 $160\ mmHg$로, B가 A보다 높다.

8 대사성 질환

자료 분석

특징\질병	ⓐ	오줌에 당이 섞여 나온다.	감염성 질병이다. →홍역
A 고혈압	○	✕	✕
B 당뇨병	○	㉠ ○	✕
C 홍역	✕	✕	㉡ ○

•대사성 질환이다.: 고혈압, 당뇨병
•당뇨병

선택지 분석
㉠ ㉠과 ㉡은 모두 '○'이다.
㉡ '대사성 질환이다.'는 ⓐ에 해당한다.
✕ C는 동맥 경화의 원인이다. 원인이 아니다

ㄱ. 고혈압과 당뇨병은 모두 감염성 질병이 아니고, 홍역은 감염성 질병이며, 오줌에 당이 섞여 나오는 질병은 당뇨병이다. 따라서 A는 고혈압, B는 당뇨병, C는 홍역이며, ㉠과 ㉡은 모두 '○'이다.

ㄴ. 고혈압과 당뇨병은 모두 대사성 질환이고, 홍역은 바이러스가 원인이 되어 발생하는 감염성 질병이다. 따라서 '대사성 질환이다.'는 ⓐ에 해당한다.

바로알기 ㄷ. 동맥 경화는 혈관벽에 콜레스테롤 등이 쌓여 혈관이 좁아지고 탄력을 잃는 증상이므로, 혈액 속에 콜레스테롤 등이 과다하게 들어 있는 상태인 고지혈증 등이 동맥 경화의 원인이 된다.

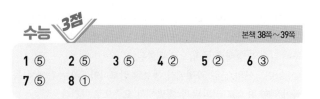

본책 38쪽~39쪽

1 ⑤   2 ⑤   3 ⑤   4 ②   5 ②   6 ③
7 ⑤   8 ①

1 영양소와 산소의 흡수와 이동

자료 분석

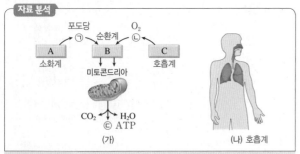

(가)   (나) 호흡계

선택지 분석

ㄱ ⓐ의 에너지 일부가 ⓒ에 저장된다.

ㄴ 심장은 B에 속한다.

ㄷ 혈액의 단위 부피당 ⓑ의 양은 대정맥에서보다 대동맥에서 많다.

(나)는 코, 기관, 폐로 구성된 호흡계이므로 C는 호흡계, ⓑ은 O_2 이다. 세포 호흡에 필요한 포도당은 소화계로 흡수되므로 A는 소화계이고, ⓐ은 포도당이다. 포도당과 산소를 세포로 운반하는 B는 순환계이며, 세포 호흡 결과 생성된 ⓒ은 ATP이다.

ㄱ. 세포 호흡에 의해 포도당(ⓐ)에서 방출된 에너지의 일부가 ATP(ⓒ)에 저장된다.

ㄴ. 심장은 순환계(B)에 속한다.

ㄷ. 호흡계를 통해 들어온 O_2는 대동맥을 거쳐 조직 세포로 이동하므로, 혈액의 단위 부피당 ⓑ(O_2)의 양은 대정맥에서보다 대동맥에서 많다.

2 소화계와 호흡계

선택지 분석

ㄱ A에서 동화 작용이 일어난다.

ㄴ B에서 기체 교환이 일어난다.

ㄷ (가)에서 흡수된 영양소 중 일부는 (나)에서 사용된다.

ㄱ. A는 간으로, 간에서는 작은 분자인 포도당이 큰 분자인 글리코젠으로 합성되는 반응과 같은 동화 작용이 일어난다.

ㄴ. B는 폐로, 폐에서는 폐포와 폐포의 모세 혈관 사이에서 산소와 이산화 탄소가 이동하는 기체 교환이 일어난다.

ㄷ. 소화계(가)에서 흡수된 영양소는 순환계를 통해 온몸의 기관계를 이루는 조직 세포로 운반되어 세포 호흡에 이용된다.

3 노폐물의 생성과 배설

선택지 분석

ㄱ 과정 (가)에서 이화 작용이 일어난다.

ㄴ 호흡계를 통해 ⓐ이 몸 밖으로 배출된다.

ㄷ 간에서 ⓑ이 요소로 전환된다.

ㄱ. 과정 (가)에서 다당류가 단당류인 포도당으로 분해되므로, 큰 분자가 작은 분자로 분해되는 이화 작용이 일어난다.

ㄴ. 포도당이 세포 호흡으로 분해되면 노폐물로 물과 이산화 탄소(ⓐ)가 생성되고, 아미노산이 세포 호흡으로 분해되면 물과 이산화 탄소 외에 암모니아(ⓑ)가 생성된다. 이산화 탄소는 호흡계를 통해 날숨의 형태로 몸 밖으로 배출된다.

ㄷ. 아미노산의 분해 과정에서 생성된 암모니아(ⓑ)는 간에서 독성이 약한 요소로 전환된 후 콩팥에서 오줌으로 나간다.

4 기관계의 작용

자료 분석

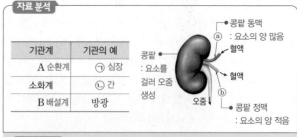

기관계	기관의 예
A 순환계	ⓐ 심장
소화계	ⓑ 간
B 배설계	방광

선택지 분석

ㄱ ⓐ에 연결된 자율 신경의 조절 중추는 ~~간뇌~~이다. 연수

ㄴ 단위 부피당 요소의 양은 ⓐ의 혈액이 ⓑ의 혈액보다 ~~적다.~~ 많다

ㄷ ⓑ에서 질소 노폐물의 전환이 일어난다.

방광은 배설계에 속하므로 A는 순환계, B는 배설계이다. 심장은 순환계에, 간은 소화계에 속하므로 ⓐ은 심장, ⓑ은 간이다.

ㄷ. ⓑ은 간이며, 간에서 암모니아가 요소로 전환된다.

바로알기 ㄱ. ⓐ은 심장이며, 심장 박동의 조절 중추는 연수이다.

ㄴ. 콩팥에서 요소가 걸러져 오줌이 생성되므로, 단위 부피당 요소의 양은 콩팥 동맥(ⓐ)의 혈액이 콩팥 정맥(ⓑ)의 혈액보다 많다.

5 기관계의 작용

자료 분석

특징 기관	ⓐ	ⓑ	ⓒ	특징 (ⓐ~ⓒ)
A 위	?○	○	×	• 소화계에 속한다. 간, 위 − ⓑ
B 간	○	?○	○	• 물질대사가 일어난다. 간, 위, 폐 − ⓐ
C 폐	○	×	?×	• 암모니아가 요소로 전환된다. 간 − ⓒ

(○: 있음, ×: 없음)

(가)   (나)

선택지 분석

ㄱ ~~ⓐ은 '소화계에 속한다.'이다.~~ ⓑ

ㄴ ~~A에서 단백질의 소화와 흡수가 일어난다.~~ 소화

ㄷ C에서 기체의 교환이 확산에 의해 일어난다.

간, 위, 폐에서는 모두 물질대사가 일어나며, 간과 위는 소화계에 속한다. 암모니아가 요소로 전환되는 기관은 간이다. 따라서 ⓐ은 '물질대사가 일어난다.', ⓑ은 '소화계에 속한다.', ⓒ은 '암모니아가 요소로 전환된다.'이고, A는 위, B는 간, C는 폐이다.

ㄷ. C(폐)의 폐포와 폐포를 둘러싼 모세 혈관 사이에서 O_2와 CO_2의 교환은 확산에 의해 일어난다.

바로알기 ㄱ. ⓐ은 '물질대사가 일어난다.'이다.

ㄴ. 위(A)에서 단백질의 소화는 일어나지만, 흡수는 일어나지 않는다. 단백질은 소장에서 최종 소화 산물인 아미노산으로 분해된 후 융털의 모세 혈관으로 흡수된다.

6 기관계의 통합적 작용

자료 분석

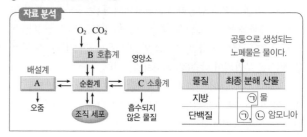

선택지 분석
- ⊙ B를 통해 ⊙의 일부가 몸 밖으로 나간다.
- ✕ ⓛ의 구성 원소에는 산소(O)가 ~~포함된다.~~ 포함되지 않는다
- ⓒ C에서는 모세 혈관으로의 물질 흡수가 일어난다.

A는 배설계이고, B는 호흡계, C는 소화계이다.

ㄱ. 물은 지방과 단백질의 분해 과정에서, 암모니아는 단백질의 분해 과정에서 생성된다. 따라서 ⊙은 물, ⓛ은 암모니아이다. 물은 몸속에서 다시 이용되거나 배설계(A)나 호흡계(B)로 운반되어 오줌이나 날숨을 통해 배출된다.

ㄷ. 소화계(C)를 이루는 소장의 내벽에 있는 융털의 모세 혈관으로 아미노산, 포도당 등의 수용성 영양소가 흡수된다.

바로알기 ㄴ. 암모니아(ⓛ)는 질소(N)와 수소(H)로 이루어져 있는 화합물(NH₃)로, 구성 원소에 산소(O)가 포함되지 않는다.

7 기관계의 통합적 작용

선택지 분석
- ⊙ ⊙에는 요소의 이동이 포함된다.
- ⓛ B는 호흡계이다.
- ⓒ C에서 흡수된 물질은 순환계를 통해 운반된다.

A는 배설계, B는 호흡계, C는 소화계이다.

ㄱ. 단백질의 분해로 생성된 암모니아는 간에서 독성이 약한 요소로 전환된 후 순환계를 통해 배설계(A)로 이동하여 몸 밖으로 배설된다. 따라서 ⊙에는 요소의 이동이 포함된다.

ㄴ. 산소를 흡수하고, 이산화 탄소를 배출하는 B는 호흡계이다.

ㄷ. 소화계에서 흡수된 영양소는 순환계를 통해 온몸으로 운반된다.

8 대사성 질환

자료 분석

혈당량이 높게 유지된다.

질병	특징
A 당뇨병	인슐린의 분비 부족이나 작용 이상으로 혈당량이 조절되지 못한다.
B 고지혈증	혈액에 콜레스테롤과 중성 지방이 정상 범위 이상으로 많이 들어 있다.

기타 / 활동 대사량 / ⓐ / 기초 대사량 / 1일 대사량

선택지 분석
- ⊙ ⓐ는 생명을 유지하는 데 필요한 최소한의 에너지양이다.
- ✕ ~~B로 인해 이 사람의 오줌에서 포도당이 검출된다.~~ A
- ✕ 이 사람은 A와 B의 치료를 위해 1일 대사량보다 많은 양의 에너지를 지속적으로 섭취해야 한다.

ㄱ. 하루 동안 소비하는 총에너지양은 1일 대사량이며, 1일 대사량은 기초 대사량과 활동 대사량, 음식물의 소화·흡수에 필요한 에너지양을 더한 값이다. 따라서 가장 많은 양을 차지하는 ⓐ는 기초 대사량으로, 심장 박동, 혈액 순환, 체온 유지, 호흡 운동과 같은 생명 현상을 유지하는 데 필요한 최소한의 에너지양이다.

바로알기 ㄴ. A는 당뇨병, B는 고지혈증이다. 당뇨병은 혈당량이 정상보다 높게 유지되는 질병으로, 오줌에서 포도당이 검출된다.

ㄷ. 당뇨병(A)과 고지혈증(B)은 모두 물질대사에 이상이 생겨 발생하는 대사성 질환이다. 이 사람이 1일 대사량보다 많은 에너지를 지속적으로 섭취하면 사용하고 남은 에너지가 체내에 축적되어 비만이 될 수 있으며, 비만은 대사성 질환을 유발할 수 있다.

---

04. 자극의 전달

개념 확인 본책 43쪽, 45쪽

(1) ①-⊙, ②-ⓒ, ③-ⓛ (2) 랑비에 결절 (3) 구심성, 원심성 (4) 연합 (5) 휴지, 활동 (6) Na^+, Na^+, 밖, 안, 탈분극 (7) K^+, K^+, 안, 밖, 재분극 (8) 활동, 활동, 전도 (9) 도약, 빠르다 (10) 전달 (11) 시냅스, 시냅스, 신경 전달 물질 (12) 근육 섬유, 근육 섬유, 근육 원섬유 (13) ①-ⓛ, ②-⊙, ③-ⓒ (14) 변하지 않는다, 늘어나, 짧아진다 (15) ATP

여기서 잠깐!

Q1 ⊙ Na^+, ⓛ Na^+, ⓒ 유입, ⓔ 상승
Q2 ⊙ K^+, ⓛ K^+, ⓒ 유출, ⓔ 하강

Q1 뉴런이 역치 이상의 자극을 받으면 Na^+ 통로가 열려 Na^+이 세포 밖에서 안으로 확산되어 막전위가 상승하는 탈분극이 일어난다.

Q2 뉴런의 세포막에서 탈분극이 일어나 막전위의 상승이 끝나는 시점에 이르면 K^+ 통로가 열려 K^+이 세포 안에서 밖으로 확산되어 막전위가 하강하는 재분극이 일어난다.

수능 자료 본책 47쪽

자료❶	1 ✕	2 ✕	3 ✕	4 ◯	5 ◯
자료❷	1 ◯	2 ✕	3 ✕	4 ◯	5 ◯
자료❸	1 ◯	2 ✕	3 ✕	4 ◯	5 ◯
자료❹	1 ✕	2 ◯	3 ✕	4 ◯	5 ✕	6 ◯

자료 ❶

d_2에서 Ⅱ일 때 A의 막전위는 $-60\,mV$이므로 A에서는 탈분극 또는 재분극이 일어나고 있으며, B의 막전위는 $-80\,mV$이므로 B에서는 과분극이 일어나고 있다. 따라서 A의 흥분 전도 속도보다 B의 흥분 전도 속도가 더 빠르므로, A의 흥분 전도 속도는 $1\,cm/ms$, B의 흥분 전도 속도는 $2\,cm/ms$이다.

만약 X가 d_1이라면 B의 d_2까지 흥분이 전도되는 데 걸리는 시간은 $1\,ms$이므로 ⊙이 2 ms, 3 ms, 5 ms, 7 ms일 때 B의 d_2에서의 막전위는 흥분이 도달한 지 1 ms, 2 ms, 4 ms, 6 ms일 때로 각각 $-60\,mV$, $+10\,mV$, $-70\,mV$, $-70\,mV$이다. 그런데 표에는 Ⅱ일 때 B의 막전위가 $-80\,mV$로 맞지 않음을 알 수 있다. 만약 X가 d_4라면 B의 d_2까지 흥분이 전도되는 데 걸리는 시간은 $2\,ms$이므로 ⊙이 2 ms, 3 ms, 5 ms, 7 ms일 때 B의 d_2에서의 막전위는 흥분이 도달한 지 0 ms, 1 ms, 3 ms, 5 ms일 때로 각각 $-70\,mV$, $-60\,mV$, $-80\,mV$, $-70\,mV$이다. 따라서 자극을 준 지점 X는 d_4이다.

X가 d_4이므로 A의 d_2까지 흥분이 전도되는 데 걸리는 시간은 4 ms이고, 같은 원리로 ㉠이 2 ms, 3 ms, 5 ms, 7 ms일 때 A의 d_2에서 측정한 막전위는 각각 -70 mV, -70 mV, -60 mV, -80 mV이다. 따라서 I은 3 ms, II는 5 ms, III은 2 ms, IV는 7 ms이다.

1 I은 3 ms, II는 5 ms, III은 2 ms, IV는 7 ms이다.

2 자극을 준 지점 X는 d_4이다.

3 A의 흥분 전도 속도는 1 cm/ms이다.

4 A에서 d_4로부터 d_3까지 이 흥분이 도달하는 데 3 ms 걸린다. 따라서 ㉠이 4 ms일 때는 A의 d_3에 흥분이 도달한 지 1 ms가 경과했을 때이므로 막전위는 -60 mV이다.

5 B에서 d_4로부터 d_3까지 이 흥분이 도달하는 데 $\frac{3}{2}$ ms 걸리므로 ㉠이 4 ms일 때는 B의 d_3에 흥분이 도달한 지 $\frac{5}{2}$ ms가 경과했을 때이다. 따라서 재분극 시기로, K^+이 K^+ 통로를 통해 세포 밖으로 유출된다.

자료❷

2 X는 시냅스 이전 뉴런인 B의 축삭 돌기 말단이고, Y는 시냅스 이후 뉴런인 A의 가지 돌기 말단이다.

3 뉴런 A와 B는 모두 축삭 돌기에 말이집이 있으므로 말이집 뉴런이다.

4 d_1과 d_2는 모두 말이집으로 싸여 있지 않은 랑비에 결절이므로 시냅스 이전 뉴런인 B의 d_2에 역치 이상의 자극을 주면 시냅스 이후 뉴런인 A의 d_1에서 활동 전위가 발생한다.

자료❸

1, 2 P에서 발생한 흥분은 I에서보다 II에서 짧은 시간 동안 긴 거리를 이동한다. 따라서 I은 말이집으로 싸여 있지 않은 부분이고, II는 말이집으로 싸여 있어 도약전도가 일어나는 부분이다.

3 II는 말이집으로 싸여 있는 부분이므로 활동 전위가 발생하지 않는다.

5 이온의 농도는 Na^+은 세포 밖의 농도가 항상 세포 안의 농도보다 높고, K^+은 세포 안의 농도가 항상 세포 밖의 농도보다 높다. 따라서 $\frac{세포\ 안의\ 농도}{세포\ 밖의\ 농도}$는 K^+이 Na^+보다 항상 크다.

자료❹

1 근수축 과정에서 액틴 필라멘트와 마이오신 필라멘트의 길이는 변하지 않는다.

2 ㉠은 A대, ㉡은 H대, ㉢은 I대의 일부이다.

3 표에서 ㉠−㉡은 A대에서 마이오신 필라멘트와 액틴 필라멘트가 겹친 부분의 길이이다. 근수축 시 ㉠−㉡은 늘어나고, X의 길이는 늘어난 ㉠−㉡만큼 줄어든다. t_2일 때 ㉠−㉡은 t_1일 때보다 0.6 µm 길다. 따라서 X의 길이는 t_2일 때가 t_1일 때보다 0.6 µm 짧으므로, t_2일 때 X의 길이는 2.6 µm이다.

4 X의 길이에서 ㉡의 길이를 뺀 값은 액틴 필라멘트의 길이이며, 액틴 필라멘트의 길이는 근수축 시 변하지 않는다. 따라서 X의 길이에서 ㉡의 길이를 뺀 값은 t_1일 때와 t_2일 때가 같다.

5 ㉠의 길이는 A대의 길이로 'X의 길이−2㉢의 길이'로 구할 수 있으며, 시점에 관계없이 동일하다. t_2일 때 ㉠의 길이는 $2.6−2×0.5=1.6$ µm이고, ㉠−㉡$=1.0$ µm이므로, ㉡의 길이는 0.6 µm이다. ㉢의 길이는 t_2일 때보다 t_3일 때 0.2 µm 줄어들었으므로 ㉠−㉡의 길이는 0.4 µm 늘어났다. 따라서 t_3일 때 ㉠−㉡$=1.4$ µm이므로, ㉡의 길이는 $1.6−1.4=0.2$ µm이다. $\frac{㉢의\ 길이}{㉡의\ 길이}$는 t_2일 때는 $\frac{0.5}{0.6}=\frac{5}{6}$, t_3일 때는 $\frac{0.3}{0.2}=\frac{3}{2}$이다. 따라서 $\frac{㉢의\ 길이}{㉡의\ 길이}$는 t_2일 때가 t_3일 때보다 작다.

수능 1점

1 (1) ㄴ (2) ㉠ 말이집, ㉡ 랑비에 결절 (3) (가)>(나)
2 (1) ㉠ Na^+-K^+ 펌프, ㉡ 밖, ㉢ 안 (2) ㉠ 양(+), ㉡ 음(−)
(3) ATP　**3** (1) t_1 (2) t_2 (3) t_3 (4) t_3　**4** ㄷ
5 (1) (가) 시냅스 소포 (나) 시냅스 틈 (2) ㉠ X, ㉡ Y
6 A: 근육 섬유 다발, B: 근육 섬유, C: 근육 원섬유
7 (1) ⓐ 액틴 필라멘트, ⓑ 마이오신 필라멘트 (2) ㉠ A, ㉡ I
(3) ㉠ 변함없고, ㉡ 짧아진다

1 (1) ㄴ. (나)는 구심성 뉴런(가)과 원심성 뉴런(다)을 연결하는 연합 뉴런으로, 뇌와 척수에 존재한다.
바로알기 ㄱ. (가)는 구심성 뉴런인 감각 뉴런, (나)는 연합 뉴런, (다)는 원심성 뉴런인 운동 뉴런이다.
ㄷ. 자극은 구심성 뉴런(가) → 연합 뉴런(나) → 원심성 뉴런(다) 순으로 전달된다.
(3) (가)는 말이집 뉴런이므로 도약전도가 일어나지만, (나)는 민말이집 뉴런이므로 도약전도가 일어나지 않는다. 따라서 흥분 전도 속도는 (가)에서가 (나)에서보다 빠르다.

2 (1) A는 Na^+과 K^+의 능동 수송을 담당하는 Na^+-K^+ 펌프이며, Na^+-K^+ 펌프는 Na^+을 세포 밖(I)으로, K^+을 세포 안(II)으로 이동시킨다.
(2) 분극 상태일 때 I은 세포 밖이므로 상대적으로 양(+)전하를, II는 세포 안이므로 상대적으로 음(−)전하를 띤다.

3 (1) t_1은 자극을 받지 않아 분극 상태인 시점으로, 휴지 전위가 측정된다.
(2) t_2는 막전위가 상승하는 시점이므로 탈분극 시기이다. 탈분극은 Na^+이 세포 안으로 빠르게 확산되면서 일어난다.
(3), (4) t_3는 막전위가 하강하는 시점이므로 재분극 시기이다. 재분극은 K^+이 K^+ 통로를 통해 세포 밖으로 확산되면서 일어난다. 따라서 t_1~t_3 중 열린 K^+ 통로의 수가 가장 많은 시점은 t_3이다.

4 ㄷ. (가)에서 구간 I은 막전위가 상승하는 탈분극, 구간 II는 막전위가 하강하는 재분극 시기이다. Na^+ 통로가 열리면 Na^+의 막 투과도가 증가하며 막전위가 상승한다. 따라서 Na^+의 막 투과도는 구간 I에서가 구간 II에서보다 높다.
바로알기 ㄱ. t에서 뉴런은 분극 상태이므로, Na^+-K^+ 펌프에 의해 Na^+과 K^+이 세포막을 통해 이동한다.

ㄴ. (나)에서는 K^+ 통로를 통한 K^+의 유출이 일어나며, 이 과정이 진행되면 막전위가 하강하는 재분극이 일어난다. 따라서 구간 Ⅱ에서 (나)와 같은 이온의 이동이 일어난다.

5 (2) 뉴런 X에는 시냅스 소포가 존재하므로 X는 시냅스 이전 뉴런이고, 뉴런 Y는 시냅스 이후 뉴런이다. 흥분이 시냅스 이전 뉴런(X)의 축삭 돌기 말단에 전달되면 시냅스 소포가 세포막과 융합하면서 신경 전달 물질이 시냅스 틈으로 분비된다. 신경 전달 물질이 확산되면 시냅스 이후 뉴런(Y)의 이온 통로가 열리면서 탈분극이 일어난다. 따라서 흥분은 뉴런 X에서 뉴런 Y 방향으로 전달된다.

6 골격근은 여러 개의 근육 섬유 다발(A)로 구성되어 있고, 근육 섬유 다발은 여러 개의 근육 섬유(B)로 구성되어 있다. 근육 섬유는 미세한 근육 원섬유(C)로 구성되어 있다.

7 (2) (가)는 굵은 마이오신 필라멘트가 존재하여 어둡게 관찰되는 A대이고, (나)는 가는 액틴 필라멘트만 존재하여 밝게 관찰되는 I대이다.
(3) 액틴 필라멘트가 마이오신 필라멘트 사이로 미끄러져 들어가 근육 원섬유 마디의 길이가 짧아지면서 근수축이 일어난다. 이때 A대(가)의 길이는 변하지 않고, I대(나)의 길이는 짧아진다.

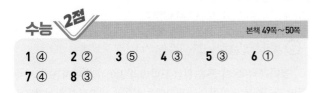

본책 49쪽~50쪽

1 ④	**2** ②	**3** ⑤	**4** ③	**5** ③	**6** ①
7 ④	**8** ③				

1 뉴런의 종류와 흥분 전달 방향

자료 분석

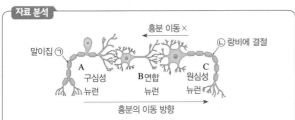

선택지 분석

◯ ㉠을 형성하는 세포는 슈반 세포이다.
✕ ㉡ 지점에 역치 이상의 자극을 주면 A와 B에서 모두 활동 전위가 ~~발생한다.~~ 발생하지 않는다
◯ C는 원심성 뉴런이다.

ㄱ. ㉠은 절연체 역할을 하는 말이집으로, 슈반 세포가 축삭 돌기를 반복적으로 감아 형성된 구조이다.
ㄷ. A는 감각기의 자극을 연합 뉴런으로 전달하는 구심성 뉴런, B는 연합 뉴런, C는 연합 뉴런의 명령을 반응기로 전달하는 원심성 뉴런이다.
바로알기 ㄴ. ㉡ 지점은 말이집으로 싸여 있지 않은 랑비에 결절이므로 자극을 받으면 활동 전위가 발생하지만, 흥분의 전달은 시냅스 이전 뉴런의 축삭 돌기 말단에서 시냅스 이후 뉴런의 가지 돌기나 신경 세포체 방향으로만 일어난다. 따라서 ㉡ 지점에 역치 이상의 자극을 주어도 A와 B로 흥분이 전달되지 않는다.

2 활동 전위 발생 과정에서의 막전위 변화와 이온의 이동

자료 분석

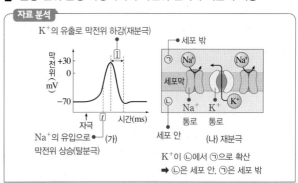

선택지 분석

✕ ㉠은 세포 안이다. 밖
✕ t 시점에서 Na^+은 ATP의 에너지를 사용하여 ㉠에서 ㉡으로 이동한다. ㉠에서 ㉡으로 확산한다.
◯ 구간 Ⅰ에서 (나)와 같은 이온의 이동이 일어난다.

ㄷ. (가)에서 구간 Ⅰ은 재분극이 일어나고 있으며, Ⅰ에서 막전위가 하강하는 것은 (나)에서와 같이 K^+이 K^+ 통로를 통해 세포 밖으로 확산하기 때문이다.
바로알기 ㄱ. (나)에서 K^+은 K^+ 통로를 통해 ㉡에서 ㉠으로 이동하므로 ㉠은 세포 밖, ㉡은 세포 안이다.
ㄴ. t 시점에서는 막전위가 상승하므로 탈분극이 일어나고 있다. 이때 Na^+은 Na^+ 통로를 통해 세포 밖(㉠)에서 세포 안(㉡)으로 확산되므로 ATP의 에너지를 사용하지 않는다.

3 흥분 발생 시 이온의 막 투과도 변화

자료 분석

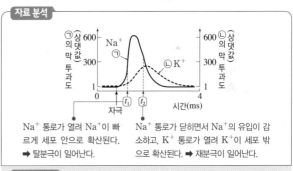

Na^+ 통로가 열려 Na^+이 빠르게 세포 안으로 확산된다.
➡ 탈분극이 일어난다.

Na^+ 통로가 닫히면서 Na^+의 유입이 감소하고, K^+ 통로가 열려 K^+이 세포 밖으로 확산된다. ➡ 재분극이 일어난다.

선택지 분석

◯ t_1일 때, P에서 탈분극이 일어나고 있다.
◯ t_2일 때, ㉡의 농도는 세포 안에서가 세포 밖에서보다 높다.
◯ 뉴런 세포막의 이온 통로를 통한 ㉠의 이동을 차단하고 역치 이상의 자극을 주었을 때, 활동 전위가 생성되지 않는다.

역치 이상의 자극을 받은 뉴런에서 활동 전위가 형성될 때 Na^+과 K^+ 중 먼저 막 투과도가 상승하는 이온은 Na^+이므로, ㉠은 Na^+이고, ㉡은 K^+이다.
ㄱ. t_1은 Na^+의 막 투과도가 상승하고 있는 시점으로, Na^+ 통로를 통해 Na^+이 세포 안으로 빠르게 확산되면서 막전위가 상승하는 탈분극이 일어나고 있다.
ㄴ. K^+(㉡)의 농도는 막 투과도 변화와 상관없이 항상 세포 안에서가 세포 밖에서보다 높다.
ㄷ. 뉴런 세포막의 이온 통로를 통한 Na^+(㉠)의 이동을 차단하면, 역치 이상의 자극을 받아도 Na^+이 세포 내로 유입되지 않아 탈분극이 일어나지 않으며, 활동 전위도 생성되지 않는다.

4 흥분의 발생과 전도

선택지 분석

㉠ 자극을 준 지점은 X이다.

㉡ d_2에서 K^+ 농도는 세포 밖보다 세포 안이 높다.

✗ d_3에서 Na^+은 Na^+ 통로를 통해 세포 밖으로 ~~유출된다.~~ 유출되지 않는다

ㄱ. d_2에서 과분극($-80\,mV$)이 일어났고, d_3는 과분극이 일어나기 전($+30\,mV$)이므로 흥분의 전도는 $d_2 \rightarrow d_3(X \rightarrow Y)$ 방향으로 일어났다. 따라서 자극을 준 지점은 X이다. 만약 자극을 준 지점이 Y라면 d_2가 과분극일 때 d_3는 과분극이 일어난 후이므로 막전위가 $-80\,mV \sim -70\,mV$이어야 한다.

ㄴ. K^+ 농도는 흥분의 발생과 관계없이 항상 세포 안이 세포 밖보다 높다.

바로알기 ㄷ. d_3가 탈분극 상태라면 d_3에서 Na^+은 Na^+ 통로를 통하여 세포 안으로 유입되고, 재분극 상태라면 Na^+ 통로가 닫히므로 Na^+ 통로를 통한 Na^+ 이동이 일어나지 않는다.

5 흥분의 전도와 전달

자료 분석

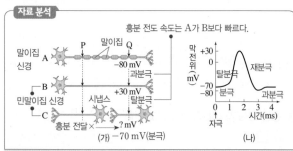

선택지 분석

㉠ A에서 도약전도가 일어난다.

✗ 흥분 전도 속도는 ~~B가 A보다~~ 빠르다. A가 B보다

㉢ t일 때 C의 Q 지점에서 막전위는 $-70\,mV$이다.

ㄱ. A는 축삭 돌기가 말이집으로 싸여 있는 말이집 신경이므로, 도약전도가 일어난다.

ㄷ. 흥분의 전달은 시냅스 이전 뉴런의 축삭 돌기 말단에서 시냅스 이후 뉴런의 가지 돌기나 신경 세포체 방향으로만 일어난다. 따라서 C의 P 지점에 자극을 주어도 Q 지점으로는 흥분이 전달되지 않으므로, t일 때 C의 Q 지점은 휴지 전위인 $-70\,mV$를 나타낸다.

바로알기 ㄴ. t일 때 A의 Q 지점에서 측정한 막전위는 $-80\,mV$로 과분극 상태이다. B의 Q 지점에서 측정한 막전위는 $+30\,mV$이므로 탈분극 상태이고 재분극에 도달하지 못했다. 따라서 흥분 전도 속도는 A가 B보다 빠르다.

6 흥분의 전도와 전달

선택지 분석

㉠ t_1일 때 B의 세포막 안쪽은 양($+$)전하를 띤다.

✗ t_2일 때 A에서 세포막을 통한 K^+의 이동이 ~~일어나지 않는다.~~ 일어난다

✗ t_2 이후 C에서 활동 전위가 ~~발생한다.~~ 발생하지 않는다.

ㄱ. B에서는 막전위가 상승하여 t_1일 때 막전위가 양($+$)의 값을 나타낸다. 이는 B의 세포막에서 Na^+ 통로가 열려 Na^+이 세포 밖에서 안으로 유입되어 세포 안은 양($+$)전하, 세포 밖은 음($-$)전하로 바뀌었기 때문이다.

바로알기 ㄴ. 가지 돌기에는 시냅스 소포가 없어 B에서 A 방향으로는 흥분이 전달되지 않는다. 따라서 A에서는 활동 전위가 발생하지 않고 분극 상태가 유지된다. 분극 상태일 때는 세포막에 있는 $Na^+ - K^+$ 펌프를 통해 K^+이 세포 밖에서 안으로 이동된다. 따라서 t_2일 때 A에서 세포막을 통한 K^+의 이동이 일어난다.

ㄷ. C는 흥분 전도 과정에서 절연체 역할을 하는 말이집이며, 말이집에서는 활동 전위가 발생하지 않는다.

7 골격근의 구조와 수축 과정

자료 분석

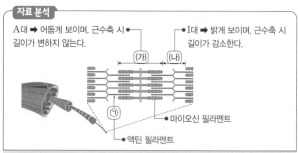

선택지 분석

✗ ㉠은 ~~마이오신 필라멘트이다.~~ 액틴 필라멘트

㉡ 골격근이 수축하면 $\dfrac{(가)의 길이}{(나)의 길이}$ 는 증가한다.

㉢ 전자 현미경으로 관찰하면 (나)가 (가)보다 밝게 보인다.

ㄴ. 골격근 수축 시 근육 원섬유 마디의 길이가 짧아지는데, 이때 액틴 필라멘트가 마이오신 필라멘트 사이로 미끄러져 들어가므로 A대(가)의 길이는 변하지 않고, I대(나)의 길이는 짧아진다. 따라서 골격근이 수축할 때 $\dfrac{(가)의 길이}{(나)의 길이}$ 는 증가한다.

ㄷ. 전자 현미경으로 관찰하면 A대(가)는 어둡게 보이고, I대(나)는 밝게 보인다.

바로알기 ㄱ. ㉠은 가는 액틴 필라멘트이다.

8 골격근의 구성과 수축 과정

선택지 분석

㉠ @는 여러 개의 핵을 가진 세포이다.

㉡ 이 골격근에는 축삭 돌기 말단에서 아세틸콜린을 분비하는 원심성 뉴런이 연결되어 있다.

✗ $\dfrac{㉢의 길이}{㉠의 길이 + ㉡의 길이}$ 는 t_1일 때가 t_2일 때보다 ~~작다.~~ 크다

ㄱ. 근육 섬유(@)는 여러 개의 핵을 가지고 있는 다핵성 세포이다.

ㄴ. 골격근에는 원심성 뉴런인 운동 뉴런이 연결되어 있다. 운동 뉴런의 축삭 돌기 말단에서는 아세틸콜린이 분비된다.

바로알기 ㄷ. '㉠의 길이 + ㉡의 길이'는 액틴 필라멘트 길이로 근수축 시 변하지 않는다. ㉢은 H대로, 근수축 시 길이가 짧아진다. t_1일 때보다 t_2일 때 X의 길이가 짧은 것으로 보아 근육이 더 수축된 상태이므로, H대(㉢)의 길이도 t_1일 때보다 t_2일 때가 짧다. 따라서 $\dfrac{㉢의 길이}{㉠의 길이 + ㉡의 길이}$ 는 t_1일 때가 t_2일 때보다 크다.

1 ②	2 ③	3 ①	4 ②	5 ②	6 ②
7 ③	8 ⑤	9 ⑤	10 ②	11 ②	12 ④
13 ①	14 ②	15 ④	16 ⑤	17 ②	

1 활동 전위 발생 과정에서 막전위 변화와 이온의 이동

자료 분석

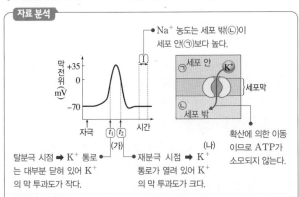

• Na^+ 농도는 세포 밖(ⓛ)이 세포 안(⊙)보다 높다.

탈분극 시점 ➡ K^+ 통로는 대부분 닫혀 있어 K^+의 막 투과도가 작다.

재분극 시점 ➡ K^+ 통로가 열려 있어 K^+의 막 투과도가 크다.

확산에 의한 이동이므로 ATP가 소모되지 않는다.

선택지 분석

✗ (나)에서 K^+의 이동에 ATP가 소모된다. 소모되지 않는다

◯ K^+의 막 투과도는 t_1일 때보다 t_2일 때 크다.

✗ 구간 I에서 Na^+의 $\dfrac{⊙에서의 농도}{ⓛ에서의 농도}$는 1보다 크다. 작다

ㄴ. t_1은 Na^+ 통로가 열려 막전위가 상승하는 시점으로, 이때 K^+ 통로는 대부분 닫혀 있어 K^+의 막 투과도는 작다. t_2는 Na^+ 통로는 닫히고 K^+ 통로는 열려 막전위가 하강하는 시점이므로 K^+의 막 투과도가 크다.

바로알기 ㄱ. (나)에서 K^+ 통로를 통한 K^+의 이동은 K^+의 농도 차에 의한 확산이다. 확산에는 ATP가 소모되지 않는다.

ㄷ. t_2일 때 K^+은 K^+ 통로를 통해 세포 안에서 밖으로 이동한다. 따라서 ⊙은 세포 안, ⓛ은 세포 밖이다. 구간 I은 분극 상태로, Na^+ 농도는 세포 안(⊙)보다 세포 밖(ⓛ)이 더 높다. 따라서 구간 I에서 Na^+의 $\dfrac{⊙에서의 농도}{ⓛ에서의 농도}$는 1보다 작다.

2 흥분의 발생과 도약전도

자료 분석

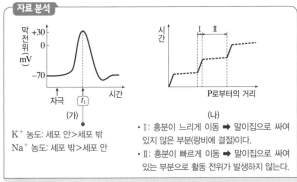

K^+ 농도: 세포 안>세포 밖
Na^+ 농도: 세포 밖>세포 안

• I: 흥분이 느리게 이동 ➡ 말이집으로 싸여 있지 않은 부분(랑비에 결절)이다.
• II: 흥분이 빠르게 이동 ➡ 말이집으로 싸여 있는 부분으로 활동 전위가 발생하지 않는다.

선택지 분석

◯ t_1일 때 이온의 $\dfrac{세포 안의 농도}{세포 밖의 농도}$는 K^+이 Na^+보다 크다.

◯ I에서 활동 전위가 발생했다.

✗ II에는 슈반 세포가 존재하지 않는다. 존재한다

ㄱ. Na^+ 농도는 항상 세포 밖이 안보다 높고, K^+ 농도는 항상 세포 안이 밖보다 높다. 따라서 Na^+의 $\dfrac{세포 안의 농도}{세포 밖의 농도}$는 1보다 작고, K^+의 $\dfrac{세포 안의 농도}{세포 밖의 농도}$는 1보다 크다.

ㄴ. (나)에서 I에서는 흥분이 짧은 거리를 가는 데 시간이 많이 소요된다. 이는 I에서 활동 전위가 발생하여 흥분이 전도되기 때문으로, I은 말이집으로 싸여 있지 않은 랑비에 결절이다. II에서는 긴 거리를 가는 데 시간이 거의 소요되지 않는다. 이는 II에서 활동 전위가 발생하지 않아 흥분의 전도가 빠르게 일어나기 때문으로, II는 말이집으로 싸여 있는 부분이다.

바로알기 ㄷ. II는 말이집으로 싸여 있는 부분이다. 말이집은 슈반 세포의 세포막이 길게 늘어나 축삭을 여러 겹으로 싸고 있는 구조이므로, II에는 슈반 세포가 존재한다.

3 흥분의 발생

선택지 분석

◯ (가)에서 $\dfrac{K^+의 막 투과도}{Na^+의 막 투과도}$는 t_2일 때가 t_1일 때보다 크다.

✗ X는 K^+의 이동을 억제한다. Na^+

✗ (나)에서 t_3일 때 Na^+의 농도는 세포 안이 세포 밖보다 높다. 낮다

ㄱ. (가)에서 t_1일 때는 탈분극이 일어나고 있으므로 Na^+의 막 투과도는 높고, K^+의 막 투과도는 낮다. t_2일 때는 재분극이 일어나고 있으므로 Na^+의 막 투과도는 낮고, K^+의 막 투과도는 높다. 따라서 $\dfrac{K^+의 막 투과도}{Na^+의 막 투과도}$는 t_2일 때가 t_1일 때보다 크다.

바로알기 ㄴ. (나)에서 뉴런에 물질 X를 처리하고 역치 이상의 자극을 주었을 때 막전위가 조금 상승하지만 활동 전위는 발생하지 않는다. 역치 이상의 자극을 주었을 때 막전위가 급격히 상승하여 활동 전위가 발생하는 것은 Na^+ 통로를 통해 Na^+이 세포 안으로 빠르게 유입되기 때문이다. 따라서 X는 Na^+의 이동을 억제한다고 볼 수 있다. 한편, 상승했던 막전위가 하강하는 재분극은 일어나므로 X는 K^+의 이동을 억제한다고 볼 수 없다.

ㄷ. Na^+의 농도는 항상 세포 밖이 세포 안보다 높다.

4 흥분 발생 시 이온의 막 투과도 변화

자료 분석

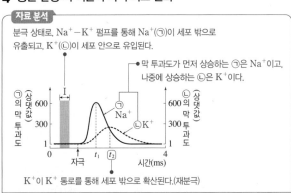

분극 상태로, Na^+-K^+ 펌프를 통해 Na^+(⊙)이 세포 밖으로 유출되고, K^+(ⓛ)이 세포 안으로 유입된다.

막 투과도가 먼저 상승하는 ⊙은 Na^+이고, 나중에 상승하는 ⓛ은 K^+이다.

K^+이 K^+ 통로를 통해 세포 밖으로 확산된다.(재분극)

선택지 분석

◯ Na^+의 막 투과도는 t_1일 때가 t_2일 때보다 크다.

◯ t_2일 때 K^+은 K^+ 통로를 통해 세포 밖으로 확산된다.

✗ 구간 I에서 Na^+-K^+ 펌프를 통해 ⊙이 세포 안으로 유입된다. 세포 밖으로 유출된다

ㄱ. 역치 이상의 자극을 받은 뉴런에서 활동 전위가 형성될 때 Na^+ 통로가 열리면서 Na^+의 막 투과도가 증가하고, 이후 K^+ 통로가 열리면서 K^+의 막 투과도가 증가한다. 따라서 ㉠은 Na^+, ㉡은 K^+이고, Na^+(㉠)의 막 투과도는 t_1일 때가 t_2일 때보다 크다.

ㄴ. K^+의 농도는 세포 안이 세포 밖보다 높고, t_2일 때 K^+(㉡)의 막 투과도가 높으므로 K^+은 K^+ 통로를 통해 세포 안에서 세포 밖으로 확산된다.

(바로알기) ㄷ. Na^+-K^+ 펌프는 ATP 에너지를 이용하여 세포 안의 Na^+(㉠)을 세포 밖으로 내보내고, 세포 밖의 K^+(㉡)을 세포 안으로 들여온다. 따라서 분극 상태인 구간 I에서 Na^+-K^+ 펌프를 통해 Na^+(㉠)이 세포 밖으로 유출되고, K^+(㉡)이 세포 안으로 유입된다.

5 흥분의 발생과 전도

자료 분석

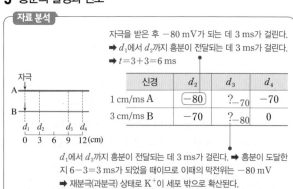

자극을 받은 후 -80 mV가 되는 데 3 ms가 걸린다.
➡ d_1에서 d_2까지 흥분이 전달되는 데 3 ms가 걸린다.
➡ $t=3+3=6$ ms

신경	d_2	d_3	d_4
1 cm/ms A	-80	?$_{-70}$	-70
3 cm/ms B	-70	?$_{-80}$	0

d_1에서 d_3까지 흥분이 전달되는 데 3 ms가 걸린다. ➡ 흥분이 도달한 지 $6-3=3$ ms가 되었을 때이므로 이때의 막전위는 -80 mV ➡ 재분극(과분극) 상태로 K^+이 세포 밖으로 확산된다.

선택지 분석

✗ t는 5 ms이다. 6 ms
✗ A의 흥분 전도 속도는 3 cm/ms이다. 1 cm/ms
◯ t일 때 B의 d_3에서 K^+이 세포 밖으로 확산된다.

그래프를 보면 자극을 받고 3 ms가 되었을 때 막전위는 -80 mV가 되며, 흥분 전도 속도가 1 cm/ms인 경우 d_1에서 d_2까지의 거리가 3 cm이므로 d_1에서 발생한 흥분이 d_2에 도달하는 데 3 ms가 걸린다. 따라서 d_1에 역치 이상의 자극을 1회 주고 경과한 시간이 6 ms일 때 d_2에서의 막전위는 -80 mV이다. 또, 그래프에서 자극을 받고 2 ms가 되었을 때 막전위는 0 mV가 되며, 흥분 전도 속도가 3 cm/ms인 경우 d_1에서 d_4까지의 거리가 12 cm이므로 d_1에서 발생한 흥분이 d_4에 도달하는 데 4 ms가 걸린다. 따라서 d_1에 역치 이상의 자극을 1회 주고 경과한 시간이 6 ms일 때 d_4에서의 막전위는 0 mV이다.
이를 표와 비교해 보면 A의 흥분 전도 속도는 1 cm/ms이고, B의 흥분 전도 속도는 3 cm/ms이며, t는 6 ms임을 알 수 있다.

ㄷ. B의 흥분 전도 속도는 3 cm/ms이고, $d_1 \sim d_3$ 사이의 거리는 9 cm이므로 d_1에서 발생한 흥분이 d_3에 도달하는 데 3 ms가 걸린다. 따라서 t(6 ms)일 때 B의 d_3는 흥분이 도달한 지 3 ms가 지난 시점이므로 그래프를 보면 막전위는 -80 mV로 재분극(과분극) 상태이다. 재분극 상태일 때는 K^+ 통로를 통해 K^+이 세포 밖으로 확산된다.

(바로알기) ㄱ. t는 6 ms이다.
ㄴ. A의 흥분 전도 속도는 1 cm/ms이고, B의 흥분 전도 속도는 3 cm/ms이다.

6 흥분의 전도와 전달

자료 분석

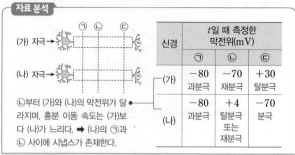

신경	t일 때 측정한 막전위(mV)		
	㉠	㉡	㉢
(가)	-80 과분극	-70 재분극	$+30$ 탈분극
(나)	-80 과분극	$+4$ 탈분극 또는 재분극	-70 분극

㉡부터 (가)와 (나)의 막전위가 달라지며, 흥분 이동 속도는 (가)보다 (나)가 느리다 ➡ (나)의 ㉠과 ㉡ 사이에 시냅스가 존재한다.

선택지 분석

✗ (가)의 ㉠과 ㉡ 사이에 시냅스가 있다. (나)
◯ t일 때 (가)의 ㉡에서 대부분의 Na^+ 통로는 닫혀 있다.
✗ t일 때 (나)의 ㉢에서 세포막을 통한 Na^+의 이동에 ATP가 소모되지 않는다. 소모된다

ㄴ. t일 때 (가)와 (나)의 ㉠에서 모두 과분극이 일어나고 있다. (가)의 ㉡(-70 mV)은 ㉢($+30$ mV)보다 탈분극이 먼저 진행된 부위이므로 재분극 상태이다. 재분극이 일어날 때 대부분의 Na^+ 통로는 닫혀 있다.

(바로알기) ㄱ. ㉡부터 (가)와 (나)의 막전위가 달라지는데, (가)의 ㉡(-70 mV)은 재분극 상태이고, (나)의 ㉡($+4$ mV)은 탈분극 또는 재분극 상태이므로, (나)의 ㉡은 막전위 변화가 (가)의 ㉡보다 늦게 진행된다. 즉, (나)의 ㉠과 ㉡ 사이에서 흥분의 이동 속도가 느려진 것이다. 시냅스에서는 신경 전달 물질이 분비, 확산되어 흥분이 전달되기 때문에 흥분의 이동 속도가 느려진다. 따라서 시냅스는 (나)의 ㉠과 ㉡ 사이에 존재한다.

ㄷ. t일 때 (나)의 ㉢은 흥분이 전달되기 전으로, 분극 상태이다. 분극 상태일 때는 Na^+-K^+ 펌프에 의해 Na^+이 이동되며, 이때 ATP가 소모된다.

7 흥분의 전달

선택지 분석

◯ ⓐ에 신경 전달 물질이 들어 있다.
◯ X는 B의 축삭 돌기 말단이다.
✗ 지점 d_1에 역치 이상의 자극을 주면 지점 d_2에서 활동 전위가 발생한다. 발생하지 않는다

ㄱ. ⓐ(시냅스 소포)에는 아세틸콜린과 같은 신경 전달 물질이 들어 있으며, 시냅스 소포가 세포막과 융합되면 신경 전달 물질이 시냅스 틈으로 분비된다.

ㄴ. ⓐ(시냅스 소포)는 뉴런의 축삭 돌기 말단에 있으므로, X는 시냅스 이전 뉴런인 B의 축삭 돌기 말단이고, Y는 시냅스 이후 뉴런인 A의 가지 돌기 말단이다.

(바로알기) ㄷ. 시냅스 이전 뉴런(B)의 흥분이 축삭 돌기 말단까지 전도되면 축삭 돌기 말단에 존재하는 시냅스 소포가 세포막과 융합되면서 신경 전달 물질이 시냅스 틈으로 분비된다. 이 신경 전달 물질이 확산되어 시냅스 이후 뉴런(A)의 신경 전달 물질 수용체에 결합하면 이온 통로가 열리면서 Na^+이 세포 안으로 유입되어 탈분극이 일어난다. 따라서 흥분의 전달은 B에서 A 방향으로만 일어나므로 지점 d_1에 역치 이상의 자극을 주어도 지점 d_2에서는 활동 전위가 발생하지 않는다.

8 흥분의 전도와 전달

자료 분석

자극을 받은 후 −80 mV가 되는 데 3 ms가 걸린다. ➡ A의 d_1에서 B의 d_2까지 흥분이 전달되는 데 5−3=2 ms가 걸렸다. ➡ B의 흥분 전도 속도는 2 cm/ms이므로 B의 d_2에서 d_3까지 흥분이 전도되는 데 걸리는 시간은 1 ms이다. ➡ d_3에 흥분이 도달한 지 5−3=2 ms가 되었을 때의 막전위는 +30 mV이다.

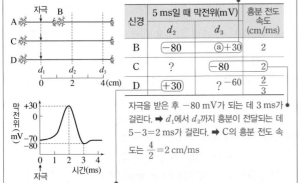

신경	5 ms일 때 막전위(mV)		흥분 전도 속도 (cm/ms)
	d_2	d_3	
B	−80	ⓐ+30	2
C	?	−80	2
D	+30	? −60	$\frac{2}{3}$

자극을 받은 후 −80 mV가 되는 데 3 ms가 걸린다. ➡ d_1에서 d_3까지 흥분이 전달되는 데 5−3=2 ms가 걸린다. ➡ C의 흥분 전도 속도는 $\frac{4}{2}$=2 cm/ms

자극을 받은 후 +30 mV가 되는 데 2 ms가 걸린다. ➡ d_1에서 d_2까지 흥분이 전도되는 데 5−2=3 ms가 걸렸다. ➡ D의 흥분 전도 속도는 $\frac{2}{3}$ cm/ms이다.

선택지 분석

ㄱ 흥분의 전도 속도는 C에서가 D에서보다 빠르다.

ㄴ ⓐ는 +30이다.

ㄷ ⊙이 3 ms일 때 C의 d_3에서 탈분극이 일어나고 있다.

C의 d_1에 역치 이상의 자극을 주고 경과된 시간이 5 ms일 때 d_3에서의 막전위는 −80 mV이다. 그래프를 보면 역치 이상의 자극을 받은 후 3 ms가 되었을 때의 막전위가 −80 mV이므로, d_1의 흥분이 d_3에 전도되는 데 걸린 시간은 5−3=2 ms라는 것을 알 수 있다. 따라서 C의 흥분 전도 속도는 $\frac{4 \text{ cm}}{5 \text{ ms}−3 \text{ ms}}$= 2 cm/ms이다.

D의 d_1에 역치 이상의 자극을 주고 경과된 시간이 5 ms일 때 d_2에서의 막전위는 +30 mV이다. 그래프를 보면 역치 이상의 자극을 받은 후 2 ms가 되었을 때의 막전위가 +30 mV이므로, d_1의 흥분이 d_2에 전도되는 데 걸린 시간은 5−2=3 ms라는 것을 알 수 있다. 따라서 D의 흥분 전도 속도는 $\frac{2}{3}$ cm/ms이다.

ㄱ. 흥분의 전도 속도는 C에서 2 cm/ms, D에서 $\frac{2}{3}$ cm/ms이므로, C에서가 D에서보다 빠르다.

ㄴ. A의 d_1에 역치 이상의 자극을 주고 5 ms가 지났을 때 B의 d_2에서의 막전위가 −80 mV이다. 자극을 받은 후 −80 mV가 되는 데 3 ms가 걸리므로 A의 d_1에서 B의 d_2까지 흥분이 전달되는 데 5−3=2 ms가 걸림을 알 수 있다. B의 흥분 전도 속도는 C의 흥분 전도 속도와 같으므로 2 cm/ms이고, B의 d_2에서 d_3까지 흥분이 전도되는 데 걸리는 시간은 $\frac{2 \text{ cm}}{2 \text{ cm/ms}}$=1 ms이다. 따라서 ⊙이 5 ms일 때는 d_3에 흥분이 도달한 지 5−3=2 ms가 되었을 때이므로 그래프를 보면 이때의 막전위는 +30 mV임을 알 수 있다.

ㄷ. C의 d_1에서 d_3까지 흥분이 전도되는 데 걸리는 시간은 $\frac{4 \text{ cm}}{2 \text{ cm/ms}}$=2 ms이다. 따라서 ⊙이 3 ms일 때는 d_3에 자극이 도달한 지 1 ms가 되었을 때이고, 이를 그래프에서 찾으면 막전위가 상승하는 시점이므로 탈분극이 일어나고 있음을 알 수 있다.

9 흥분의 발생과 전도

자료 분석

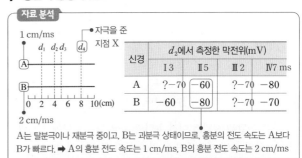

신경	d_2에서 측정한 막전위(mV)			
	Ⅰ 3	Ⅱ 5	Ⅲ 2	Ⅳ 7 ms
A	?−70	−60	?−70 −80	
B	−60	−80	?−70 −70	

A는 탈분극이나 재분극 중이고, B는 과분극 상태이므로, 흥분의 전도 속도는 A보다 B가 빠르다. ➡ A의 흥분 전도 속도는 1 cm/ms, B의 흥분 전도 속도는 2 cm/ms

선택지 분석

✗ Ⅱ는 3 ms이다. 5 ms

ㄴ B의 흥분 전도 속도는 2 cm/ms이다.

ㄷ ⊙이 4 ms일 때 A의 d_3에서의 막전위는 −60 mV이다.

d_2에서 Ⅱ일 때 A의 막전위는 −60 mV이므로 A에서는 탈분극 또는 재분극이 일어나고 있으며, B의 막전위는 −80 mV이므로 B에서는 과분극이 일어나고 있다. 따라서 A의 흥분 전도 속도보다 B의 흥분 전도 속도가 더 빠르므로, A의 흥분 전도 속도는 1 cm/ms, B의 흥분 전도 속도는 2 cm/ms이다.

만약 X가 d_1이라면 B의 d_2까지 흥분이 전도되는 데 걸리는 시간은 1 ms이므로 ⊙이 2 ms, 3 ms, 5 ms, 7 ms일 때 B의 d_2에서의 막전위는 흥분이 도달한 지 1 ms, 2 ms, 4 ms, 6 ms일 때로 각각 −60 mV, +10 mV, −70 mV, −70 mV이다. 그런데 표에는 Ⅱ일 때 B의 막전위가 −80 mV로 맞지 않음을 알 수 있다. 만약 X가 d_4라면 B의 d_2까지 흥분이 전도되는 데 걸리는 시간은 2 ms이므로 ⊙이 2 ms, 3 ms, 5 ms, 7 ms일 때 B의 d_2에서의 막전위는 흥분이 도달한 지 0 ms, 1 ms, 3 ms, 5 ms일 때로 각각 −70 mV, −60 mV, −80 mV, −70 mV이다. 따라서 자극을 준 지점 X는 d_4이다.

X가 d_4이므로 A의 d_2까지 흥분이 전도되는 데 걸리는 시간은 4 ms이고, 같은 원리로 ⊙이 2 ms, 3 ms, 5 ms, 7 ms일 때 A의 d_2에서 측정한 막전위는 각각 −70 mV, −70 mV, −60 mV, −80 mV이다. 따라서 Ⅰ은 3 ms, Ⅱ는 5 ms, Ⅲ은 2 ms, Ⅳ는 7 ms이다.

ㄴ. B의 흥분 전도 속도는 2 cm/ms이다.

ㄷ. A의 흥분 전도 속도는 1 cm/ms이므로 d_4에서 d_3까지 흥분이 전도되는 데 걸리는 시간이 3 ms이다. 따라서 ⊙이 4 ms일 때는 A의 d_3에 흥분이 도달한 지 1 ms가 지났을 때이므로 막전위는 −60 mV이다.

바로알기
ㄱ. Ⅱ는 5 ms이다.

10 흥분의 전도와 전달

자료 분석

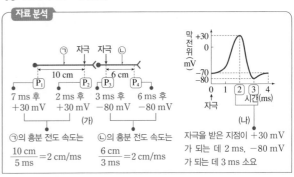

⊙의 흥분 전도 속도는 $\frac{10 \text{ cm}}{5 \text{ ms}}$= 2 cm/ms

ⓛ의 흥분 전도 속도는 $\frac{6 \text{ cm}}{3 \text{ ms}}$= 2 cm/ms

자극을 받은 지점이 +30 mV가 되는 데 2 ms, −80 mV가 되는 데 3 ms 소요

선택지 분석

✗ 흥분의 전도 속도는 ㉠에서가 ㉡에서보다 빠르다.
 ㉠과 ㉡에서 같다.

㉡ P_3에 역치 이상의 자극을 주고 경과된 시간이 8 ms일 때 P_1에서의 막전위는 −70 mV이다.

✗ P_2에 역치 이상의 자극을 주고 경과된 시간이 9 ms일 때 P_4에서 재분극이 일어난다. 탈분극

ㄴ. 흥분 전달은 시냅스 이전 뉴런의 축삭 돌기 말단에서 시냅스 이후 뉴런의 신경 세포체 또는 가지 돌기 쪽으로 일어나고 그 반대 방향으로는 일어나지 않는다. 따라서 P_3에 역치 이상의 자극을 주어도 P_3에서 P_1으로 흥분 전달이 일어나지 않으므로 P_1은 분극 상태이며, 막전위는 휴지 전위인 −70 mV이다.

(바로알기) ㄱ. P_2는 자극을 받고 2 ms가 지났을 때 +30 mV가 되며, P_2가 자극을 받고 7 ms가 지났을 때 P_1이 +30 mV가 된다. P_1과 P_2 사이의 거리는 10 cm이며, P_2가 +30 mV가 된 후 P_1이 +30 mV가 되기까지 5(=7−2) ms가 걸리므로, ㉠의 흥분 전도 속도는 $\dfrac{10\ cm}{5\ ms}$=2 cm/ms이다.

P_3는 자극을 받고 3 ms가 지났을 때 −80 mV가 되며, P_3가 자극을 받고 6 ms가 지났을 때 P_4는 −80 mV가 된다. P_3와 P_4 사이의 거리는 6 cm이며, P_3가 −80 mV가 된 후 P_4가 −80 mV가 되기까지 3(=6−3) ms가 걸리므로, ㉡의 흥분 전도 속도는 $\dfrac{6\ cm}{3\ ms}$=2 cm/ms이다. 따라서 흥분의 전도 속도는 ㉠과 ㉡에서 같다.

ㄷ. P_2에 역치 이상의 자극을 주고 7 ms 후에 P_3가 +30 mV가 되고, 흥분이 도달한 지점이 +30 mV가 되는 데 2 ms가 걸린다. 따라서 P_2의 흥분이 P_3에 전달되는 데 7−2=5 ms가 걸렸다. ㉡의 흥분 전도 속도는 2 cm/ms로, P_3의 흥분이 6 cm 떨어진 P_4에 전달되는 데 3 ms가 걸리므로 P_2에 자극을 주고 9 ms가 지났을 때는 P_4에 흥분이 도달한 지 1(=9−5−3) ms가 경과했을 때이다. 따라서 탈분극이 일어나고 있다.

11 흥분의 전도와 전달

자료 분석

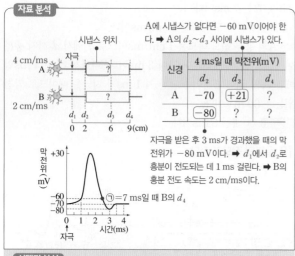

A에 시냅스가 없다면 −60 mV이어야 한다. ➡ A의 d_2~d_3 사이에 시냅스가 있다.

신경	4 ms일 때 막전위(mV)		
	d_2	d_3	d_4
A	−70	+21	?
B	−80	?	?

자극을 받은 후 3 ms가 경과했을 때의 막전위가 −80 mV이다. ➡ d_1에서 d_2로 흥분이 전도되는 데 1 ms 걸린다. ➡ B의 흥분 전도 속도는 2 cm/ms이다.

㉠=7 ms일 때 B의 d_4

선택지 분석

✗ B를 구성하는 뉴런의 흥분 전도 속도는 3 cm/ms이다.

✗ 시냅스는 A의 d_3~d_4 사이에 있다. d_2~d_3 2 cm/ms

㉢ ㉠이 7 ms일 때 B의 d_4에서 재분극이 일어나고 있다.

㉠이 4 ms일 때 B의 d_2에서의 막전위가 −80 mV이다. 그래프를 보면 자극을 받고 3 ms가 지났을 때의 막전위가 −80 mV이므로, d_1에서 받은 자극이 d_2에 도달하는 데 1 ms가 걸렸음을 알 수 있다. d_1~d_2 사이의 거리가 2 cm이므로, B의 흥분 전도 속도는 2 cm/ms이다.

A에 시냅스가 없다면 A를 구성하는 뉴런의 흥분 전도 속도가 4 cm/ms이므로, A의 d_1에서 d_3까지 흥분이 이동하는 데 $\dfrac{6}{4}$=1.5 ms가 걸린다. 따라서 ㉠이 4 ms일 때는 A의 d_1에 준 자극이 d_3에 도달한 후 2.5 ms가 되었을 때이며, 이때의 막전위를 그래프에서 찾으면 −60 mV이다. 그러나 4 ms일 때 A의 d_3에서 측정한 막전위는 +21 mV이므로 흥분의 전달이 늦어졌음을 알 수 있다. 흥분의 전달 속도는 흥분의 전도 속도보다 느리므로, A의 d_2와 d_3 사이에 시냅스가 있음을 알 수 있다.

ㄷ. B의 흥분 전도 속도는 2 cm/ms이므로 d_1에서 d_4까지 흥분이 이동하는 데 걸리는 시간은 4.5 ms이며, ㉠이 7 ms일 때는 d_1에서 받은 자극이 d_4에 도달한 후 2.5 ms가 지났을 때로, 이때의 막전위를 그래프에서 찾으면 −60 mV이다. 따라서 ㉠이 7 ms일 때 B의 d_4에서는 재분극이 일어나고 있다.

(바로알기) ㄱ. B를 구성하는 뉴런의 흥분 전도 속도는 2 cm/ms이다.

ㄴ. 시냅스는 A의 d_2~d_3 사이에 있다.

12 흥분의 발생과 전도

자료 분석

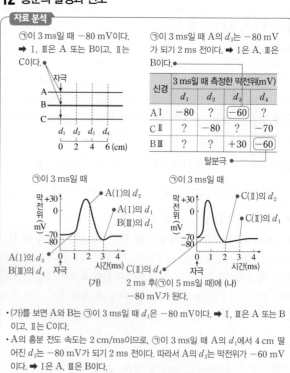

㉠이 3 ms일 때 −80 mV이다.
➡ Ⅰ, Ⅲ은 A 또는 B이고, Ⅱ는 C이다.

㉠이 3 ms일 때 A의 d_3가 −80 mV가 되기 2 ms 전이다. ➡ Ⅰ은 A, Ⅲ은 B이다.

신경	3 ms일 때 측정한 막전위(mV)			
	d_1	d_2	d_3	d_4
A Ⅰ	−80	?	−60	?
C Ⅱ	?	−80	?	−70
B Ⅲ	?	?	+30	−60

탈분극

㉠이 3 ms일 때 (가)

㉠이 3 ms일 때 (나)

2 ms 후(㉠이 5 ms일 때)에 (나) −80 mV가 된다.

• (가)를 보면 A와 B는 ㉠이 3 ms일 때 d_1은 −80 mV이다. ➡ Ⅰ, Ⅲ은 A 또는 B이고, Ⅱ는 C이다.

• A의 흥분 전도 속도는 2 cm/ms이므로, ㉠이 3 ms일 때 A의 d_1에서 4 cm 떨어진 d_3는 −80 mV가 되기 2 ms 전이다. 따라서 A의 d_3는 막전위가 −60 mV이다. ➡ Ⅰ은 A, Ⅲ은 B이다.

• (나)를 보면 C의 d_1은 ㉠이 2 ms일 때 −80 mV이고, 표를 보면 ㉠이 3 ms일 때 d_2가 −80 mV이다. ➡ C의 흥분 전도 속도는 2 cm/ms이다.

선택지 분석

C에서와 A에서가 같다
✗ 흥분의 전도 속도는 C에서가 A에서보다 빠르다.

㉡ ㉠이 3 ms일 때 Ⅰ의 d_2에서 K^+은 K^+ 통로를 통해 세포 밖으로 확산된다.

㉢ ㉠이 5 ms일 때 B의 d_4와 C의 d_4에서 측정한 막전위는 같다.

(가)에서 ㉠이 3 ms일 때 A와 B의 d_1은 막전위가 각각 -80 mV가 되므로 신경 I과 III은 A와 B 중 하나이고, 신경 II는 C이다. A의 흥분 전도 속도는 2 cm/ms이므로 흥분이 2 cm 이동하는 데 1 ms가 걸린다. 따라서 A의 d_1이 -80 mV일 때 A의 d_3는 -80 mV가 되기 2 ms 전이므로 막전위가 -60 mV이다. 신경 I과 III 중에서 d_3가 -60 mV인 것은 I이므로, 신경 I이 A이고, III은 B이다.

ㄴ. ㉠이 3 ms일 때 I(A)에서 d_1의 막전위는 -80 mV이고, A의 흥분 전도 속도는 2 cm/ms이므로 (가)를 보면 d_1에서 2 cm 떨어진 d_2는 -80 mV가 되기 1 ms 전이므로 재분극 상태이다. 따라서 ㉠이 3 ms일 때 I(A)의 d_2에서 K^+이 K^+ 통로를 통해 세포 밖으로 확산된다.

ㄷ. ㉠이 3 ms일 때 B(III)의 d_3는 막전위가 최고점($+30$ mV)이므로 막전위가 -60 mV인 d_4는 탈분극 상태이다. (가)에서 d_4와 같이 막전위가 -60 mV인 탈분극 시점은 -80 mV가 되기 2 ms 전이다. 따라서 ㉠이 3 ms일 때에서 2 ms 후인 ㉠이 5 ms일 때 B(III)의 d_4는 -80 mV가 된다. 한편, (나)를 보면 C의 d_1은 ㉠이 2 ms일 때 -80 mV가 되는데 표에서 ㉠이 3 ms일 때 C(II)의 d_2가 -80 mV이므로, 흥분이 d_1에서 d_2까지 2 cm 전도되는 데 1 ms 걸린 것이다. 따라서 C의 흥분 전도 속도는 2 cm/ms이며, d_1의 흥분이 d_4에 전도되는 데 3 ms가 걸린다. 따라서 ㉠이 5 ms일 때는 d_4에 흥분이 전도된 지 $5-3=2$ ms일 때로, 막전위는 -80 mV이며, B의 d_4와 같다.

[바로알기] ㄱ. C와 A에서의 흥분 전도 속도는 2 cm/ms로 같다.

13 골격근의 구조와 수축 과정

자료 분석

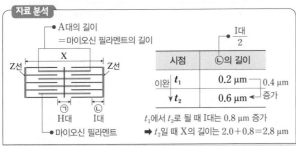

시점		㉡의 길이
이완	t_1	0.2 μm ┐0.4 μm
↓	t_2	0.6 μm ┘증가

t_1에서 t_2가 될 때 I대는 0.8 μm 증가
➡ t_2일 때 X의 길이는 $2.0 + 0.8 = 2.8$ μm

선택지 분석

㉠ ㉠의 길이는 t_1일 때가 t_2일 때보다 짧다.

✗ t_1일 때 $\dfrac{\text{A대의 길이}}{\text{마이오신 필라멘트의 길이}}$ 는 1보다 작다. 1이다

✗ t_2일 때 X의 길이는 2.4 μm이다. 2.8 μm

㉡은 I대의 절반이므로 t_1에서 t_2로 될 때 ㉡의 길이가 0.4 μm 증가하면 X의 길이는 0.8 μm 증가한다. 따라서 t_2일 때 X의 길이는 2.8 μm이다.

ㄱ. 근수축 시 액틴 필라멘트와 마이오신 필라멘트의 겹치는 부분이 증가하므로 H대의 길이와 I대의 길이는 모두 짧아진다. ㉠은 마이오신 필라멘트만 있는 H대이다. t_1일 때 X의 길이는 t_2일 때보다 0.8 μm 짧으므로, H대의 길이도 0.8 μm 짧다.

[바로알기] ㄴ. 마이오신 필라멘트가 존재하는 부분이 A대이므로, 마이오신 필라멘트의 길이와 A대의 길이는 같다. 따라서 t에 관계 없이 $\dfrac{\text{A대의 길이}}{\text{마이오신 필라멘트의 길이}}$ 는 항상 1이다.

ㄷ. t_2일 때 X의 길이는 2.8 μm이다.

14 골격근의 수축 과정

자료 분석

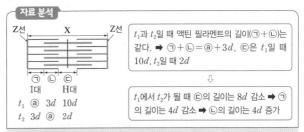

t_1	ⓐ	$3d$	$10d$
t_2	$3d$	ⓐ	$2d$

t_1과 t_2일 때 액틴 필라멘트의 길이(㉠+㉡)는 같다. ➡ ㉠+㉡ = ⓐ+$3d$, ㉢은 t_1일 때 $10d$, t_2일 때 $2d$

⇩

t_1에서 t_2가 될 때 ㉢의 길이는 $8d$ 감소 ➡ ㉠의 길이는 $4d$ 감소 ➡ ㉡의 길이는 $4d$ 증가

선택지 분석

✗ 근육 원섬유는 <u>근육 섬유</u>로 구성되어 있다. 근육 섬유 / 근육 원섬유

㉡ H대의 길이는 t_1일 때가 t_2일 때보다 길다.

✗ t_2일 때 ㉠의 길이는 <u>$2d$</u>이다. $3d$

ㄴ. 근수축 과정에서 액틴 필라멘트와 마이오신 필라멘트의 길이는 변하지 않는다. 따라서 t_1과 t_2일 때 액틴 필라멘트의 길이(㉠의 길이+㉡의 길이)는 같으므로, ㉠의 길이+㉡의 길이는 모두 ⓐ+$3d$이고, ㉢의 길이는 t_1일 때 $10d$, t_2일 때 $2d$이다. H대의 길이는 ㉢의 길이이므로, t_1일 때가 t_2일 때보다 길다.

[바로알기] ㄱ. 골격근은 근육 섬유 다발로 구성되어 있고, 근육 섬유는 근육 원섬유로 구성되어 있다.

ㄷ. 근수축이 일어나면 H대의 길이는 짧아지고, ㉢의 길이는 t_1일 때 $10d$, t_2일 때 $2d$이므로, t_1에서 t_2로 될 때 근수축이 일어났다. 근수축이 일어나면 액틴 필라멘트와 마이오신 필라멘트가 겹치는 부분의 길이(㉡의 길이)는 증가하며, ㉠의 길이는 '증가한 ㉡의 길이'만큼 감소하고, ㉢의 길이는 '증가한 ㉡의 길이×2'만큼 감소한다. ㉢의 길이는 t_1일 때 $10d$, t_2일 때 $2d$이므로, t_1에서 t_2로 될 때 ㉡의 증가한 길이는 $(10d-2d)÷2 = 4d$이다. t_1과 t_2일 때 ㉠의 길이+㉡의 길이는 모두 ⓐ+$3d$이고, t_2일 때 ㉡의 길이는 $4d$보다 길어야 한다. 따라서 t_2일 때 ㉠의 길이는 $3d$, ㉡의 길이는 ⓐ이다.

15 골격근의 수축 과정

자료 분석

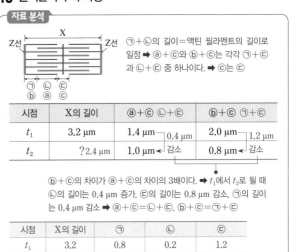

㉠+㉡의 길이=액틴 필라멘트의 길이로 일정 ➡ ⓐ+ⓒ와 ⓑ+ⓒ는 각각 ㉠+㉢과 ㉡+㉢ 중 하나이다. ➡ ⓒ는 ㉢

시점	X의 길이	ⓐ+ⓒ ㉡+㉢	ⓑ+ⓒ ㉠+㉢
t_1	3.2 μm	1.4 μm ┐0.4 μm	2.0 μm ┐1.2 μm
t_2	?2.4 μm	1.0 μm ┘감소	0.8 μm ┘감소

ⓑ+ⓒ의 차이가 ⓐ+ⓒ의 차이의 3배이다. ➡ t_1로 t_2로 될 때 ㉡의 길이는 0.4 μm 증가, ㉢의 길이는 0.8 μm 감소, ㉠의 길이는 0.4 μm 감소 ➡ ⓐ+ⓒ=㉡+㉢, ⓑ+ⓒ=㉠+㉢

시점	X의 길이	㉠	㉡	㉢
t_1	3.2	0.8	0.2	1.2
t_2	2.4	0.4	0.6	0.4

선택지 분석

✗ ⓑ는 ㉢이다. ㉠

㉡ t_1일 때 H대의 길이는 1.2 μm이다.

㉢ t_2일 때 $\dfrac{\text{X의 길이}}{\text{㉠의 길이+㉡의 길이}}$ 는 2.4 μm이다.

골격근의 수축, 이완 시 액틴 필라멘트의 길이(㉠+㉢의 길이)는 변하지 않는다. 따라서 ⓐ+ⓒ와 ⓑ+ⓒ는 각각 ㉠+㉢과 ㉡+㉢ 중 하나이므로, ⓒ는 ㉢이다. t_1일 때와 t_2일 때 ⓐ+ⓒ의 차이는 0.4 μm, ⓑ+ⓒ의 차이는 1.2 μm이다. ㉢의 길이 변화량=㉡의 길이 변화량×2=㉠의 길이 변화량×2이고, ⓑ+ⓒ의 차이가 ⓐ+ⓒ의 차이의 3배이므로, t_1에서 t_2로 될 때 ㉡의 길이가 0.4 μm 늘어났고, ㉢의 길이는 0.8 μm 줄어들었으며, ㉠의 길이는 0.4 μm 줄어들었다. 따라서 ⓐ+ⓒ=㉡+㉢, ⓑ+ⓒ=㉠+㉢이므로, ⓐ는 ㉡, ⓑ는 ㉠이다.

ㄴ. t_1일 때 X의 길이는 2㉠+2㉡+㉢=3.2 μm이므로, $2(2-㉢)+2(1.4-㉢)+㉢=6.8-3㉢=3.2$이다. 따라서 ㉢의 길이는 1.2 μm이다. ㉢의 길이는 H대의 길이이므로, t_1일 때 H대의 길이는 1.2 μm이다.

ㄷ. t_1에서 t_2로 될 때 ㉢의 길이는 0.8 μm 줄어들었으므로, t_2일 때 X의 길이는 3.2−0.8=2.4 μm이고, ㉢의 길이(H대의 길이)는 1.2−0.8=0.4 μm이다. ㉡+㉢의 길이가 1.0 μm이므로 ㉡의 길이는 1.0−0.4=0.6 μm이고, ㉠+㉢의 길이가 0.8 μm이므로 ㉠의 길이는 0.8−0.4=0.4 μm이다. 따라서 t_2일 때

$$\dfrac{\text{X의 길이}}{\text{㉠의 길이}+\text{㉡의 길이}}=\dfrac{2.4}{0.4+0.6}=2.4 \text{ μm이다.}$$

바로알기 ㄱ. ⓐ는 ㉡, ⓑ는 ㉠, ⓒ는 ㉢이다.

16 골격근의 수축 과정

자료 분석

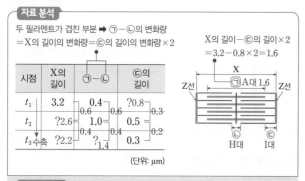

두 필라멘트가 겹친 부분 ➡ ㉠−㉡의 변화량
=X의 길이의 변화량=㉢의 길이의 변화량×2

X의 길이−㉢의 길이×2
=3.2−0.8×2=1.6

시점	X의 길이	㉠−㉡	㉢의 길이
t_1	3.2	0.4	?0.8
t_2	?2.6	1.0	0.5
t_3수축	?2.2	?1.4	0.3

(단위: μm)

선택지 분석

✗ t_1에서 t_2로 될 때 액틴 필라멘트의 길이는 ~~짧아진다.~~

ⓛ X의 길이는 t_2일 때가 t_3일 때보다 0.4 μm 길다. (변하지 않는다.)

ⓒ t_1일 때 $\dfrac{\text{㉠의 길이}+\text{㉢의 길이}}{\text{㉠의 길이}+\text{㉡의 길이}}$는 $\dfrac{6}{7}$이다.

ㄴ. ㉠−㉡의 길이는 액틴 필라멘트와 마이오신 필라멘트가 겹친 부분으로 근수축이 일어나면 ㉠−㉡의 길이는 늘어난다. ㉠−㉡의 길이는 t_1일 때 0.4 μm이고, t_2일 때 1.0 μm이다. 이를 통해 t_1에서 t_2로 될 때 근육 원섬유의 마디 X의 길이가 0.6 μm 줄어들었음을 알 수 있다. 따라서 t_2일 때 X의 길이는 3.2−0.6=2.6 μm이다. 근수축이 일어나면 액틴 필라멘트가 마이오신 필라멘트 사이로 미끄러져 들어간 길이만큼 H대의 길이는 줄어든다. ㉢의 길이는 $\dfrac{\text{I대의 길이}}{2}$이며, t_2에서 t_3로 될 때 ㉢의 길이는 0.2 μm 감소했으므로, H대의 길이는 0.4 μm 감소했다. 따라서 t_2에서 t_3로 될 때 X의 길이는 0.4 μm 감소했으므로 t_3일 때 X의 길이는 2.6−0.4=2.2 μm이다.

결론적으로 X의 길이는 t_2일 때는 2.6 μm, t_3일 때는 2.2 μm이므로, t_2일 때가 t_3일 때보다 0.4 μm 길다.

ㄷ. t_1에서 t_2로 될 때 ㉠−㉡의 길이는 0.6 μm 증가했으므로, H대의 길이와 I대의 길이는 0.6 μm 감소했다. 따라서 t_2일 때 ㉢$\left(\dfrac{\text{I대}}{2}\right)$의 길이는 0.5 μm이므로 t_1일 때 ㉢$\left(\dfrac{\text{I대}}{2}\right)$의 길이는 0.8 μm이다. t_1일 때 ㉠의 길이는 X의 길이−2㉢=3.2−2×0.8=1.6 μm이며, ㉠−㉡=0.4이므로 ㉡의 길이는 ㉠의 길이−0.4=1.6−0.4=1.2 μm이다. 결론적으로 t_1일 때 $\dfrac{\text{㉠의 길이}+\text{㉢의 길이}}{\text{㉠의 길이}+\text{㉡의 길이}}=\dfrac{1.6+0.8}{1.6+1.2}=\dfrac{2.4}{2.8}=\dfrac{6}{7}$이다.

바로알기 ㄱ. 근육의 수축 이완에 관계없이 액틴 필라멘트와 마이오신 필라멘트의 길이는 변하지 않는다.

17 골격근의 수축 과정

자료 분석

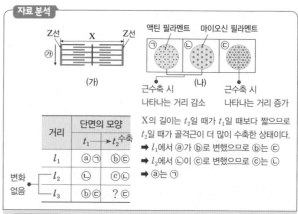

X의 길이는 t_2일 때가 t_1일 때보다 짧으므로 t_2일 때가 골격근이 더 많이 수축한 상태이다.
➡ l_1에서 ⓐ가 ⓑ로 변했으므로 ⓑ는 ㉢
➡ l_2에서 ㉡이 ⓒ로 변했으므로 ⓒ는 ㉡
➡ ⓐ는 ㉠

거리	단면의 모양	
	t_1	→t_2수축
l_1	ⓐ㉠	ⓑ㉢
l_2	ⓒㅁ	ⓒㅁ
l_3	ⓑㅁ	?ㅁ

변화없음 — l_2, l_3

선택지 분석

✗ 마이오신 필라멘트의 길이는 t_1일 때가 t_2일 때보다 길다. (t_1일 때와 t_2일 때가 같다.)

ⓛ ⓐ는 ㉠이다.

✗ $l_3<l_1$이다. ($l_3>l_1$)

ㄴ. X의 길이는 t_2일 때가 t_1일 때보다 짧으므로 t_2일 때가 골격근이 더 많이 수축한 상태이다. 골격근 수축이 일어날 때 액틴 필라멘트가 마이오신 필라멘트 사이로 미끄러져 들어가므로, 액틴 필라멘트만 관찰되는 단면(㉠)을 가진 부위의 일부와 마이오신 필라멘트만 관찰되는 단면(㉡)을 가진 부위의 일부가 액틴 필라멘트와 마이오신 필라멘트가 겹쳐진 단면(㉢)이 나타나는 부위로 바뀐다. 거리가 l_1일 때 t_1에서의 단면은 ⓐ이고, t_2에서 ⓑ로 바뀌었으므로 ⓑ는 ㉢이다. l_2일 때 t_1에서의 단면은 마이오신 필라멘트만 관찰되는 ㉡인데 t_2에서의 단면은 ⓑ(㉢)가 아니라 ⓒ이다. 이는 거리 l_2는 t_1에서 t_2로 될 때 액틴 필라멘트와 마이오신 필라멘트가 겹쳐지는 지점이 아니라는 것을 의미한다. 따라서 ⓒ는 ㉡, ⓐ는 ㉠이다.

바로알기 ㄱ. 근수축 과정에서 마이오신 필라멘트의 길이와 액틴 필라멘트의 길이는 변하지 않으므로, t_1일 때와 t_2일 때 마이오신 필라멘트의 길이는 같다.

ㄷ. l_1~l_3는 모두 $\dfrac{t_2\text{일 때 X의 길이}}{2}$보다 작으며, 제시된 표에서의 단면의 모양을 고려하여 Z선으로부터 l_1~l_3의 거리를 표시하면 그림과 같다. 따라서 한 쪽 Z선으로부터의 거리는 $l_1<l_3<l_2$이다.

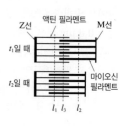

05 신경계

(1) ①-ⓒ, ②-⊙, ③-ⓔ, ④-ⓓ, ⑤-ⓒ   (2) 겉질, 연합령
(3) 뇌줄기   (4) 시상 하부, 항상성   (5) ①-ⓒ, ②-ⓒ,
③-⊙, ④-ⓒ   (6) 척수, 무릎   (7) 빠르다   (8) 척수, 연수
(9) 척수, 뇌   (10) 구심성, 원심성   (11) 체성, 골격근, 아세틸콜린
(12) 받지 않으며, 신경절   (13) 자율   (14) 부교감, 교감   (15) 노
르에피네프린, 아세틸콜린   (16) 길항, 긴장   (17) ① 부, ② 교,
③ 교, ④ 교, ⑤ 부, ⑥ 교

수능 자료

본책 60쪽

	1	2	3	4	5	6	7
자료❶	○	○	×	×	○	×	○
	8 ○						
자료❷	○	○	×	×	×	○	○
자료❸	×	○	○	×	○	○	○
자료❹	○	×	○	○	×	○	○
	8 ○						

자료❶

A는 간뇌, B는 중간뇌, C는 연수, D는 척수 , E는 대뇌이다.

2 뇌줄기는 생명 유지와 직결된 기능을 담당하는 중간뇌, 뇌교, 연수를 말한다.

3 D(척수)의 겉질은 주로 축삭 돌기로 이루어진 백색질이고, 속질은 운동 뉴런의 신경 세포체와 연합 뉴런으로 이루어진 회색질이다.

4 D(척수)에서 나온 운동 신경 다발은 전근을 이루고, 감각 신경 다발이 후근을 이룬다.

5 E(대뇌)의 겉질은 신경 세포체가 모인 회색질이고, 속질은 주로 축삭 돌기가 모인 백색질이다.

6 배뇨 반사의 중추는 D(척수)이다.

자료❷

1 ⊙은 척수와 같은 중추 신경계를 구성하는 연합 뉴런으로, 척수의 속질(회색질)에 있다.

2,3 ⓒ은 척수에서 나와 골격근에 연결된 체성(운동) 신경으로, 신경 세포체는 척수의 회색질에 존재한다. 운동 신경의 축삭 돌기 말단에서는 아세틸콜린이 분비된다.

4 ⓒ은 원심성 신경에 속하는 운동 신경이므로 척수의 전근을 이루며, 구심성 신경이 척수의 후근을 이룬다.

5 근육이 수축, 이완하는 과정에서 근육 원섬유를 이루는 액틴 필라멘트와 마이오신 필라멘트의 길이는 변하지 않는다.

6 근수축이 일어나는 과정에서 A대의 길이는 변하지 않으며, I대와 H대의 길이는 모두 짧아진다. 따라서 근육 ⓐ가 수축할 때 $\frac{\text{I대의 길이}+\text{H대의 길이}}{\text{A대의 길이}}$ 는 작아진다.

7 ⓒ은 골격근에 분포하여 골격근의 반응을 조절하는 운동 신경으로, 체성 신경계에 속한다.

자료❸

⊙은 부교감 신경의 신경절 이전 뉴런, ⓒ은 부교감 신경의 신경절 이후 뉴런이고, ⓒ은 교감 신경의 신경절 이전 뉴런, ⓒ은 교감 신경의 신경절 이후 뉴런이다. ⓒ은 체성 신경이다.

1 심장에 연결된 부교감 신경의 신경절 이전 뉴런(⊙)의 신경 세포체는 연수에 있다.

2 ⓒ(부교감 신경의 신경절 이후 뉴런)과 ⓒ(교감 신경의 신경절 이전 뉴런)의 말단에서는 모두 아세틸콜린이 분비된다.

3 ⓒ(교감 신경의 신경절 이후 뉴런)의 축삭 돌기 말단에서는 노르에피네프린이 분비된다.

4 ⓒ은 골격근에 연결된 체성 신경이지만, ⓒ은 자율 신경인 교감 신경의 신경절 이후 뉴런이다.

5 ⓒ은 다리 골격근에 연결된 체성 신경(운동 신경)으로 척수의 전근을 이룬다.

6 부교감 신경은 심장 박동을 억제하고, 교감 신경은 심장 박동을 촉진한다. 따라서 ⓒ(부교감 신경의 신경절 이후 뉴런)에서 활동 전위의 발생 빈도가 증가하면 심장 박동은 억제된다.

7 ⓒ(부교감 신경의 신경절 이후 뉴런)의 말단과 ⓒ(체성 신경)의 말단에서는 모두 아세틸콜린이 분비된다.

자료❹

⊙과 ⓒ의 말단에서 분비되는 신경 전달 물질은 같다고 하였으므로, ⊙과 ⓒ은 교감 신경이고, ⓒ과 ⓒ은 부교감 신경이다.

1 자율 신경을 이루는 뉴런은 중추의 명령을 반응기에 전달하는 원심성 뉴런에 해당한다.

2 ⊙은 교감 신경의 신경절 이전 뉴런이다.

3 홍채에 분포하는 교감 신경은 척수에서 뻗어 나오므로 ⊙(교감 신경의 신경절 이전 뉴런)의 신경 세포체는 척수에 있다.

5 ⓒ(교감 신경의 신경절 이후 뉴런)이 흥분하면 동공이 확대된다.

7 홍채에 분포하는 부교감 신경은 중간뇌에서 뻗어 나오므로 ⓒ(부교감 신경의 신경절 이전 뉴런)의 신경 세포체는 중간뇌에 있다.

8 ⓒ은 부교감 신경의 신경절 이후 뉴런이며, 부교감 신경의 흥분으로 동공은 축소된다. 빛의 세기가 P_1에서 P_2로 갈수록 동공의 크기가 작아지므로 ⓒ의 말단에서 분비되는 신경 전달 물질(아세틸콜린)의 양은 증가한다. 따라서 ⓒ의 말단에서 분비되는 신경 전달 물질의 양은 P_2일 때가 P_1일 때보다 많다.

수능 1점

본책 61쪽

1 (1) E, 연수 (2) B, 간뇌 (3) E, 연수 (4) C, 중간뇌 (5) D, 소뇌
2 ⑤   **3** (1) 말초 → 중추 (2) 원심성 → 구심성, 구심성 → 원심성 (3) 겉질 → 속질   **4** (1) B, (나) (2) A, (나) (3) B, (다)   **5** ⊙ 말초 신경계, ⓒ 척수, ⓒ 자율 신경
6 ㄴ, ㄷ   **7** (1) ⊙ 아세틸콜린, ⓒ 노르에피네프린 (2) 척수
(3) (가) 수축 (나) 이완

1 A는 겉질이 회색질인 대뇌, B는 시상과 시상 하부로 구분되는 간뇌, C는 동공 반사의 중추인 중간뇌, D는 몸의 자세와 균형 유지를 담당하는 몸의 평형 유지 중추인 소뇌, E는 대부분의 신경이 교차되는 장소인 연수이다. 뇌줄기에는 중간뇌(C), 뇌교, 연수(E)가 속한다.

2 ①, ② ㉠은 겉질로 백색질이고, ㉡은 속질로 회색질이다.
④ 척추의 마디마다 등 쪽으로 감각 신경(B)이 뻗어 나와 후근을 이루고, 배 쪽으로 운동 신경(C)이 뻗어 나와 전근을 이룬다.
바로알기 ⑤ 자극은 B(감각 신경) → A(연합 신경) → C(운동 신경) 순으로 전달된다.

3 (1) (가)는 무릎 반사의 중추이므로 척수이다. 척수는 중추 신경계에 속한다.
(2) ㉠은 신경 세포체가 축삭 돌기의 한쪽 옆에 붙어 있으므로 구심성 뉴런(감각 뉴런)이며, 후근을 이룬다. ㉡은 원심성 뉴런(운동 뉴런)이며, 전근을 이룬다.
(3) ㉡(운동 뉴런)의 신경 세포체는 척수(가)의 속질에 있다.

4 (1) 손을 얼음물에 넣으니 차갑다고 느껴져 얼음물에서 손을 빼는 반응은 의식적인 반응이므로, 반응 중추는 대뇌이다. 손의 피부에서 받아들인 자극은 감각 신경 → 척수를 거쳐 대뇌로 전달되며, 대뇌의 명령이 척수 → 운동 신경을 거쳐 손의 근육으로 전달된다. 따라서 이 반응의 경로는 B → 대뇌 → (나)이다.
(2) 날아오는 공을 보고 손으로 잡는 반응은 의식적인 반응이므로, 반응 중추는 대뇌이다. 눈으로 받아들인 자극은 감각 신경을 거쳐 대뇌로 전달되고, 대뇌의 명령이 척수 → 운동 신경을 거쳐 손의 근육으로 전달된다. 따라서 이 반응의 경로는 A → 대뇌 → (나)이다.
(3) 회피 반사는 척수가 중추인 무조건 반사(척수 반사)로, 회피 반사의 경로는 B → 척수 → (다)이다.

5 사람의 신경계는 중추 신경계와 말초 신경계로 구분한다. 중추 신경계는 뇌와 척수로 구분되며, 말초 신경계는 기능적으로 구심성 신경과 원심성 신경으로 구분된다. 원심성 신경은 다시 체성 신경과 자율 신경으로 구분된다.

6 ㄴ. 체성 신경은 주로 대뇌의 지배를 받는 말초 신경이다.
ㄷ. 체성 신경은 골격근에 연결되어 있으며, 축삭 돌기 말단에서 아세틸콜린을 분비하여 골격근에 명령을 전달한다.
바로알기 ㄱ. 체성 신경은 중추 신경계의 명령을 반응기인 골격근으로 전달하는 원심성 신경이다.

7 (1) X는 신경절 이전 뉴런이 신경절 이후 뉴런보다 길고, Y는 신경절 이전 뉴런이 신경절 이후 뉴런보다 짧다. 따라서 X는 부교감 신경, Y는 교감 신경이다. 부교감 신경(X)의 신경절 이전 뉴런(㉠)의 말단에서는 아세틸콜린이, 교감 신경(Y)의 신경절 이후 뉴런(㉡)의 말단에서는 노르에피네프린이 분비된다.
(2) 방광에 연결된 부교감 신경(X)의 신경절 이전 뉴런(㉠)의 신경 세포체는 척수에 있다.
(3) 방광에 연결된 부교감 신경이 흥분하면 방광은 수축하고, 교감 신경이 흥분하면 방광이 이완한다.

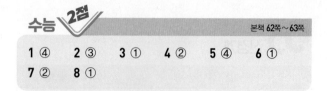

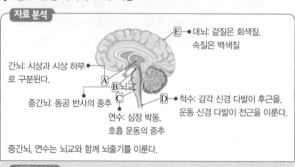

수능 2점

본책 62쪽~63쪽

| 1 ④ | 2 ③ | 3 ① | 4 ② | 5 ④ | 6 ① |
| 7 ② | 8 ① | | | | |

1 중추 신경계의 구조와 기능

자료 분석

대뇌: 겉질은 회색질, 속질은 백색질
간뇌: 시상과 시상 하부로 구분된다.
중간뇌: 동공 반사의 중추
연수: 심장 박동, 호흡 운동의 중추
척수: 감각 신경 다발이 후근을, 운동 신경 다발이 전근을 이룬다.
중간뇌, 연수는 뇌교와 함께 뇌줄기를 이룬다.

선택지 분석
① A에는 시상이 존재한다.
② B는 동공 반사의 중추이다.
③ C는 뇌줄기에 속한다.
✗ D에서 나온 운동 신경 다발이 ~~후근~~을 이룬다. 전근
⑤ E의 겉질에 신경 세포체가 존재한다.

① A(간뇌)는 시상과 시상 하부로 구분되며, 시상 하부는 자율 신경과 내분비계의 중추이다.
② B(중간뇌)는 동공 반사의 중추로, 주변의 밝기에 따라 동공의 크기를 조절한다.
③ C(연수)는 중간뇌, 뇌교와 함께 생명 유지와 직결된 기능을 담당하는 뇌줄기를 이룬다.
⑤ E(대뇌)의 겉질은 신경 세포체가 모여 있는 회색질이고, 속질은 축삭 돌기가 모여 있는 백색질이다.
바로알기 ④ D(척수)에서는 총 31쌍의 신경이 나오는데, 배 쪽으로 나온 운동 신경 다발은 전근을 이루고, 등 쪽으로 나온 감각 신경 다발이 후근을 이룬다.

2 뇌의 특징과 기능

자료 분석

특징	구조	특징의 개수
• 뇌줄기를 구성한다. – 연수, 중간뇌	A 소뇌	1
• 동공 반사의 중추이다. – 중간뇌	B 연수	2
• 중추 신경계에 속한다. – 연수, 소뇌, 중간뇌	C 중간뇌	㉠ 3

선택지 분석
㉠ ㉠은 3이다.
㉡ A는 몸의 평형 유지에 관여한다.
✗ B는 ~~중간뇌~~이다. 연수

연수, 소뇌, 중간뇌는 모두 중추 신경계를 구성하고, 연수와 중간뇌는 뇌줄기를 구성하며, 동공 반사의 중추는 중간뇌이다. 따라서 A는 소뇌, B는 연수, C는 중간뇌이다.
ㄱ. C는 중간뇌이며, 중간뇌는 3가지 특징을 모두 가지고 있다. 따라서 ㉠은 3이다.
ㄴ. A(소뇌)는 평형 감각 기관으로부터 오는 정보에 따라 몸의 자세와 균형 유지를 담당한다.
바로알기 ㄷ. B는 연수이고, 중간뇌는 C이다.

3 회피 반사의 흥분 전달 경로

자료 분석

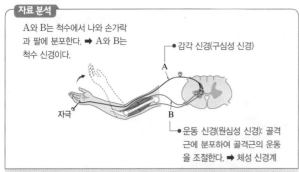

A와 B는 척수에서 나와 손가락과 팔에 분포한다. ➡ A와 B는 척수 신경이다.

감각 신경(구심성 신경)

자극

운동 신경(원심성 신경): 골격근에 분포하여 골격근의 운동을 조절한다. ➡ 체성 신경계

선택지 분석

○ㄱ A는 척수 신경이다.

✕ B는 자율 신경계에 속한다. 체성 신경계

✕ 이 반사의 조절 중추는 뇌줄기를 구성한다. 구성하지 않는다

ㄱ. 척수 신경은 척수에서 나와 온몸에 분포하는 말초 신경이다. A는 척수와 연결된 말초 신경인 감각 신경이므로 척수 신경에 해당한다.

바로알기 ㄴ. B는 골격근에 연결되어 있는 운동 신경이므로 체성 신경계에 속한다. 자율 신경계는 주로 내장 기관, 혈관, 분비샘에 분포한다.

ㄷ. 날카로운 핀에 손이 찔렸을 때 무의식적으로 손을 들어 올리는 반사는 회피 반사이며, 회피 반사의 중추는 척수이다. 뇌줄기는 중간뇌, 뇌교, 연수로 구성되며, 척수는 뇌줄기에 포함되지 않는다.

4 척수 반사의 흥분 전달 경로

자료 분석

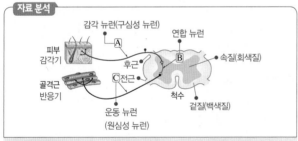

감각 뉴런(구심성 뉴런)

피부 감각기

[A]

후근

골격근 반응기

C 전근

[B]

속질(회색질)

척수

겉질(백색질)

운동 뉴런 (원심성 뉴런)

연합 뉴런

선택지 분석

✕ A는 원심성 뉴런이다. 구심성

✕ B는 백색질 부위에 존재한다. 회색질

○ㄷ C는 전근을 구성한다.

A는 감각기인 피부와 연결되어 있으므로 감각 뉴런이고, C는 반응기인 골격근과 연결되어 있으므로 운동 뉴런이며, B는 감각 뉴런과 운동 뉴런을 연결하므로 연합 뉴런이다.

ㄷ. 운동 뉴런(C)은 척수의 배 쪽에서 나와 전근을 이루고, 감각 뉴런(A)은 등 쪽에서 나와 후근을 이룬다.

바로알기 ㄱ. A(감각 뉴런)는 감각기로부터 받은 흥분을 중추 신경(척수)으로 전달하는 구심성 뉴런이다. 원심성 뉴런은 중추 신경의 명령을 반응기로 전달하므로 운동 뉴런과 자율 신경을 구성하는 뉴런이 원심성 뉴런에 속한다.

ㄴ. B(연합 뉴런)와 운동 뉴런의 신경 세포체는 척수의 속질(회색질)에 존재한다. 척수의 겉질(백색질)에는 운동 뉴런의 축삭 돌기가 존재한다.

5 자율 신경과 운동 신경의 구조

자료 분석

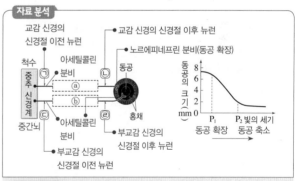

연수 / 척수 / 척수

중추 신경계

㉠ 부교감 신경 ㉡

㉢ 교감 신경 ㉣

㉤ 운동 신경

심장

골격근

• 부교감 신경은 신경절 이전 뉴런이 신경절 이후 뉴런보다 길다. ➡ ㉠은 부교감 신경의 신경절 이전 뉴런, ㉡은 부교감 신경의 신경절 이후 뉴런이다.
• 교감 신경은 신경절 이전 뉴런이 신경절 이후 뉴런보다 짧다. ➡ ㉢은 교감 신경의 신경절 이전 뉴런, ㉣은 교감 신경의 신경절 이후 뉴런이다.
• 골격근에 연결된 ㉤은 운동 신경이다.

선택지 분석

○ㄱ ㉠의 신경 세포체는 연수에 있다.

○ㄴ ㉡과 ㉣의 말단에서 분비되는 신경 전달 물질은 같다.

✕ ㉤은 후근을 통해 나온다. 전근

자율 신경은 중추에서 나와 반응기에 이르기까지 2개의 뉴런이 시냅스를 이루며, 체성 신경인 운동 신경은 중추에서 나와 반응기(골격근)에 이르기까지 1개의 뉴런으로 이루어져 있다. 따라서 ㉠과 ㉡, ㉢과 ㉣은 자율 신경이고, ㉤은 체성 신경인 운동 신경이다.

ㄱ. 심장과 연결된 부교감 신경은 연수에서 나온다. 따라서 ㉠(부교감 신경의 신경절 이전 뉴런)의 신경 세포체는 연수에 있다.

ㄴ. ㉡은 부교감 신경의 신경절 이후 뉴런, ㉣은 교감 신경의 신경절 이후 뉴런이며, 두 뉴런의 말단에서는 모두 아세틸콜린이 분비된다.

바로알기 ㄷ. ㉤은 운동 신경이다. 다리 골격근에 분포한 운동 신경은 척수에서 전근을 통해 나온다.

6 자율 신경과 동공 크기 조절

자료 분석

교감 신경의 신경절 이전 뉴런

교감 신경의 신경절 이후 뉴런

노르에피네프린 분비(동공 확장)

척수

중추 신경계

중간뇌

아세틸콜린 분비

㉠

ⓐ

ⓑ

㉢

㉡

ⓒ

동공

홍채

㉣

아세틸콜린 분비

부교감 신경의 신경절 이후 뉴런

부교감 신경의 신경절 이전 뉴런

동공의 크기 (mm)

P_1 동공 확장 P_2 빛의 세기 동공 축소

선택지 분석

○ㄱ ㉠의 신경 세포체는 척수의 회색질에 있다.

✕ ㉡의 말단에서 분비되는 신경 전달 물질의 양은 P_2일 때가 P_1일 때보다 많다. 적다

✕ ㉣의 말단에서 분비되는 신경 전달 물질은 노르에피네프린이다. 아세틸콜린

ㄱ. ㉠과 ㉣의 말단에서 분비되는 신경 전달 물질은 같다. 교감 신경의 신경절 이전 뉴런, 부교감 신경의 신경절 이전 뉴런과 이후 뉴런에서 분비되는 신경 전달 물질은 아세틸콜린으로 같으므로, ㉠은 교감 신경의 신경절 이전 뉴런, ㉣은 부교감 신경의 신경절 이후 뉴런이다. 교감 신경은 모두 척수에서 나오므로 ㉠(교감 신경의 신경절 이전 뉴런)의 신경 세포체는 척수의 회색질에 있다.

바로알기 ㄴ. ⓒ은 교감 신경의 신경절 이후 뉴런이며, 교감 신경의 흥분으로 동공은 확장된다. 빛의 세기가 P₁에서 P₂로 갈수록 동공의 크기가 작아지므로 ⓒ의 말단에서 분비되는 신경 전달 물질(노르에피네프린)의 양도 감소한다. 따라서 ⓒ의 말단에서 분비되는 신경 전달 물질의 양은 P₂일 때가 P₁일 때보다 적다.

ㄷ. ⓓ은 부교감 신경의 신경절 이후 뉴런이므로, ⓓ의 말단에서 분비되는 신경 전달 물질은 아세틸콜린이다.

7 뇌의 기능과 자율 신경의 구조

자료 분석

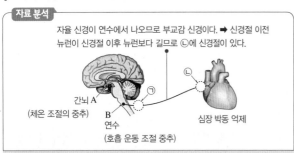

자율 신경이 연수에서 나오므로 부교감 신경이다. ➡ 신경절 이전 뉴런이 신경절 이후 뉴런보다 길므로 ⓒ에 신경절이 있다.

간뇌 A (체온 조절의 중추)
연수 (호흡 운동 조절 중추)
심장 박동 억제

선택지 분석

✕ A의 기능이 상실되면 이 사람은 자발적인 호흡이 불가능하다. B

✕ B는 체온 조절의 중추이다. A

◯ 신경절은 ⓒ에 있다.

A는 간뇌, B는 연수이다.

ㄷ. 심장에 연결된 자율 신경 중 신경절 이전 뉴런의 신경 세포체가 연수(B)에 있는 것은 부교감 신경이다. 부교감 신경은 신경절 이전 뉴런이 신경절 이후 뉴런보다 길다. 따라서 ⓒ에 신경절이 있다.

바로알기 ㄱ. A는 간뇌이며, 호흡 운동의 조절 중추는 연수(B)이다. 따라서 연수(B)의 기능이 상실되면 이 사람은 자발적인 호흡이 불가능하다.

ㄴ. 체온 조절의 중추는 간뇌(A)의 시상 하부이다.

8 중추 신경계와 말초 신경계

자료 분석

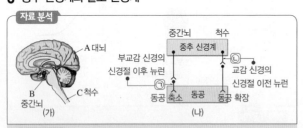

A 대뇌
B 중간뇌
C 척수
(가)
부교감 신경의 신경절 이후 뉴런
교감 신경의 신경절 이전 뉴런
동공 축소 동공 동공 확장
(나)

선택지 분석

◯ A의 겉질은 회색질이다.

✕ ⓒ에서 흥분 발생 빈도가 증가하면 동공이 확장된다. 축소

✕ ⓒ의 신경 세포체는 B에 존재한다. C

A는 대뇌, B는 중간뇌, C는 척수이다. ⓒ은 부교감 신경의 신경절 이후 뉴런, ⓒ은 교감 신경의 신경절 이전 뉴런이다.

ㄱ. A(대뇌)의 겉질은 주로 신경 세포체가 모인 회색질이다.

바로알기 ㄴ. ⓒ은 부교감 신경의 신경절 이후 뉴런이므로, ⓒ에서 흥분 발생 빈도가 증가하면 동공이 축소된다.

ㄷ. 교감 신경은 척수의 가운데 부분에서 뻗어 나온다. 따라서 ⓒ (교감 신경의 신경절 이전 뉴런)의 신경 세포체는 C(척수)에 존재한다.

1	③	2	②	3	①	4	③	5	③	6	④
7	②	8	⑤	9	①	10	④	11	①	12	③
13	①	14	③	15	③	16	②				

1 대뇌 겉질의 기능 영역

자료 분석

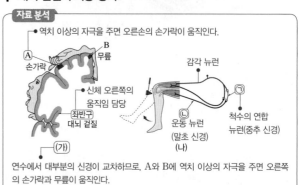

역치 이상의 자극을 주면 오른손의 손가락이 움직인다.

A 손가락
B 무릎
좌반구 대뇌 겉질
신체 오른쪽의 움직임 담당
(가)

감각 뉴런
ⓒ 운동 뉴런 (말초 신경) (나)
척수의 연합 뉴런(중추 신경)

연수에서 대부분의 신경이 교차하므로, A와 B에 역치 이상의 자극을 주면 오른쪽의 손가락과 무릎이 움직인다.

선택지 분석

◯ A에 역치 이상의 자극을 주면 오른손의 손가락이 움직인다.

◯ B가 손상되어도 오른쪽 다리에서 무릎 반사가 일어난다.

✕ ⓒ과 ⓒ은 모두 말초 신경계에 속한다. ⓒ은

ㄱ. 연수에서 좌우 신경이 교차되므로 좌반구의 운동령은 신체 오른쪽의 움직임을 담당한다. 따라서 손가락의 움직임을 담당하는 A에 역치 이상의 자극을 주면 오른손의 손가락이 움직인다.

ㄴ. 무릎 반사의 중추는 척수이므로, 무릎의 움직임을 담당하는 B가 손상되어도 오른쪽 다리에서 무릎 반사가 일어난다.

바로알기 ㄷ. (나)는 무릎 반사의 흥분 전달 경로이므로, ⓒ은 척수의 속질(회색질)에 있는 연합 뉴런이고, 중추 신경계에 속한다. 반면 ⓒ은 척수에서 나온 운동 뉴런이므로, 감각 뉴런과 함께 말초 신경계에 속한다.

2 대뇌의 영역별 기능

자료 분석

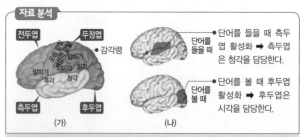

전두엽
두정엽
감각령
측두엽
후두엽
(가)

단어를 들을 때
단어를 볼 때
(나)

단어를 들을 때 측두엽 활성화 ➡ 측두엽은 청각을 담당한다.

단어를 볼 때 후두엽 활성화 ➡ 후두엽은 시각을 담당한다.

선택지 분석

✕ 전두엽에 감각령이 있다. 두정엽

◯ 후두엽이 손상되면 시각 장애가 나타날 수 있다.

✕ 소리를 느끼는 기능은 주로 측두엽의 백색질에서 담당한다.
회색질(겉질)

대뇌의 기능은 주로 대뇌 겉질에서 일어나며, 대뇌 겉질은 영역별로 기능이 분업화되어 있다.

ㄴ. 단어를 볼 때 주로 후두엽이 활성화되므로 후두엽에는 시각에 관여하는 부위가 있다. 따라서 후두엽이 손상되면 시각 장애가 나타날 수 있다.

바로알기 ㄱ. 두정엽에 있는 체감각 겉질이 감각 정보를 처리하는 부위이므로, 두정엽에 감각령이 있다.

ㄷ. 소리를 느끼는 청각 기능을 담당하는 부위는 측두엽에 있는데, 대뇌의 기능은 속질인 백색질이 아니라 주로 겉질인 회색질에서 담당한다.

3 중추 신경계의 특징과 기능

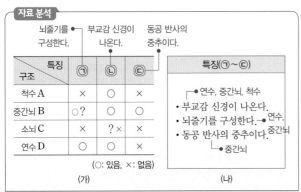

자료 분석

특징 구조	㉠	㉡	㉢
척수 A	×	○	×
중간뇌 B	○?	○	○
소뇌 C	×	?×	×
연수 D	○	○	×

(○: 있음, ×: 없음)

- 뇌줄기를 구성한다.
- 부교감 신경이 나온다.
- 동공 반사의 중추이다.

특징(㉠~㉢)
- 연수, 중간뇌, 척수 → 연수
- 부교감 신경이 나온다. → 연수
- 뇌줄기를 구성한다. → 중간뇌
- 동공 반사의 중추이다. → 중간뇌

(가)   (나)

선택지 분석

㉠ ㉠은 '뇌줄기를 구성한다.'이다.

✗ A는 연수이다. 척수

✗ C는 배뇨 반사의 중추이다. A

부교감 신경은 연수, 중간뇌, 척수에서 나오고, 연수와 중간뇌는 뇌줄기를 구성하며, 동공 반사의 중추는 중간뇌이다. 따라서 A는 척수, B는 중간뇌, C는 소뇌, D는 연수이며, ㉠은 '뇌줄기를 구성한다.', ㉡은 '부교감 신경이 나온다.', ㉢은 '동공 반사의 중추이다.'이다.

ㄱ. 소뇌, 연수, 중간뇌, 척수 중 뇌줄기를 구성하는 것은 연수와 중간뇌이므로, (가)에서 '○'가 2개 있는 것을 찾으면 ㉠이 '뇌줄기를 구성한다.'임을 알 수 있다.

바로알기 ㄴ. 연수는 D이고, A는 척수이다.

ㄷ. 배뇨 반사의 중추는 척수(A)이며, C는 소뇌이다.

4 척수의 구조와 기능

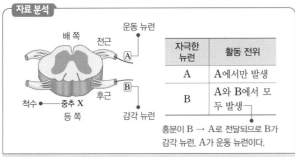

자료 분석

자극한 뉴런	활동 전위
A	A에서만 발생
B	A와 B에서 모두 발생

흥분이 B → A로 전달되므로 B가 감각 뉴런, A가 운동 뉴런이다.

선택지 분석

✗ A는 척수의 등 쪽에서 나온다. 배 쪽

✗ B의 신경 세포체는 척수의 속질에 존재한다. 후근의 신경절

㉢ X는 뜨거운 물체에 손이 닿자마자 손을 떼는 반응의 중추이다.

X(척수)에 연결된 A와 B는 각각 감각 뉴런과 운동 뉴런 중 하나이며, 무조건 반사에서 흥분은 감각 뉴런 → 척수 → 운동 뉴런으로 전달된다. A를 자극하면 A에서만 활동 전위가 발생하고, B를 자극하면 A와 B에서 모두 활동 전위가 발생하므로 흥분이 B → A 방향으로 전달되며, A는 운동 뉴런, B는 감각 뉴런이다.

ㄷ. X는 척수이며, 뜨거운 물체에 손이 닿자마자 손을 떼는 회피 반사의 중추이다.

바로알기 ㄱ. 척수의 등 쪽에 연결된 후근은 감각 뉴런(B) 다발이고, 척수의 배 쪽에 연결된 전근은 운동 뉴런(A) 다발이다.

ㄴ. 척수의 속질에는 운동 뉴런(A)의 신경 세포체가 있다.

5 회피 반사의 흥분 전달 경로

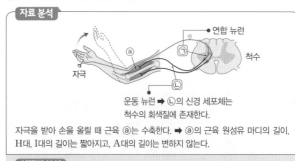

자료 분석

운동 뉴런 → ㉡의 신경 세포체는 척수의 회색질에 존재한다.

자극을 받아 손을 올릴 때 근육 ⓐ는 수축한다. ➡ ⓐ의 근육 원섬유 마디의 길이, H대, I대의 길이는 짧아지고, A대의 길이는 변하지 않는다.

선택지 분석

㉠ ㉠은 연합 뉴런이다.

㉡ ㉡의 신경 세포체는 척수의 회색질에 존재한다.

✗ ⓐ의 근육 원섬유 마디에서 $\dfrac{A대의 길이}{I대의 길이+H대의 길이}$가 작아진다. 커진다

ㄱ. 날카로운 물체에 손이 닿았을 때 손을 재빨리 올리는 회피 반사의 중추는 척수이다. ㉠은 감각 뉴런과 운동 뉴런을 연결하며 척수의 속질에 분포하므로 연합 뉴런이다.

ㄴ. ㉡은 골격근에 연결되어 있는 운동 뉴런이다. 운동 뉴런의 신경 세포체는 척수의 회색질에 있다.

바로알기 ㄷ. 회피 반사에서 손을 올릴 때 근육 ⓐ는 수축한다. 근수축 시 A대의 길이는 변하지 않고, I대와 H대의 길이는 짧아진다. 따라서 $\dfrac{A대의 길이}{I대의 길이+H대의 길이}$는 커진다.

6 무릎 반사의 흥분 전달 경로와 근수축

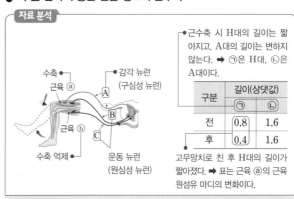

자료 분석

근수축 시 H대의 길이는 짧아지고, A대의 길이는 변하지 않는다. ➡ ㉠은 H대, ㉡은 A대이다.

구분	길이(상댓값)	
	㉠	㉡
전	0.8	1.6
후	0.4	1.6

고무망치로 친 후 H대의 길이가 짧아졌다. ➡ 표는 근육 ⓐ의 근육 원섬유 마디의 변화이다.

선택지 분석

㉠ ㉠에는 액틴 필라멘트와 마이오신 필라멘트 중 마이오신 필라멘트만 존재한다.

✗ A는 원심성 뉴런이다. 구심성

㉢ 표는 근육 ⓐ를 구성하는 근육 원섬유 마디에서 일어난 길이 변화이다.

ㄱ. 근수축 시 길이가 짧아지는 ㉠은 H대이고, 길이가 변하지 않는 ㉡은 A대이다. H대는 마이오신 필라멘트만 존재하는 구간이다.

ㄷ. 무릎 반사가 일어날 때 근육 ⓐ는 수축하고, ⓑ는 수축이 억제되어 다리가 들린다. 따라서 표에서 고무망치로 무릎을 친 후 H 대의 길이가 짧아졌으므로 ⓐ를 구성하는 근육 원섬유 마디에서 일어난 길이 변화이다.

바로알기 ㄴ. A는 감각 뉴런, B와 C는 운동 뉴런이다. 감각 뉴런은 구심성 뉴런이고, 운동 뉴런은 원심성 뉴런이다.

7 의식적인 반응과 무조건 반사의 경로

자료 분석

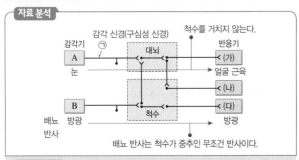

선택지 분석

✗ ㉠은 원심성 신경이다. 구심성

✗ 정지선을 위반한 차량을 보고 눈살을 찌푸리는 과정은 A → (나)이다. A → (가)

Ⓒ 배뇨 반사는 B → (다) 경로에 의해 일어난다.

ㄷ. 배뇨 반사의 중추는 척수이며, 반사가 일어나는 경로는 감각기 B(방광) → 감각 신경 → 척수 → 운동 신경 → 반응기 (다)(방광)이다.

바로알기 ㄱ. ㉠은 대뇌와 감각기 A를 연결하고 있는 감각 신경이므로, 구심성 신경이다.

ㄴ. 정지선을 위반한 차량을 보고 눈살을 찌푸리는 반응은 의식적인 반응이며, 이 반응이 일어나는 경로는 감각기 A(눈) → 감각 신경 → 대뇌 → 운동 신경 → 반응기 (가)(얼굴 근육)로, 척수를 거치지 않는다.

8 말초 신경계

자료 분석

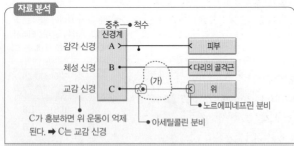

선택지 분석

✗ A는 전근을 구성한다. 후근

Ⓛ B는 체성 신경이다.

Ⓒ C의 (가) 부분에는 아세틸콜린이 분비되는 곳이 있다.

ㄴ. A는 감각기(피부)로부터 받아들인 자극을 중추 신경계에 전달하므로 구심성 뉴런인 감각 신경이다. B는 중추 신경의 흥분을 반응기(다리의 골격근)로 전달하는 체성 신경이다. C의 흥분으로 위 운동이 억제되므로 C는 교감 신경이다.

ㄷ. C(교감 신경)는 신경절 이전 뉴런과 신경절 이후 뉴런으로 구성되며, 신경절 이전 뉴런의 말단에서 아세틸콜린이 분비된다.

바로알기 ㄱ. A(감각 신경)는 척수의 등 쪽에서 후근을 이룬다.

9 중추 신경계와 말초 신경계의 구조

자료 분석

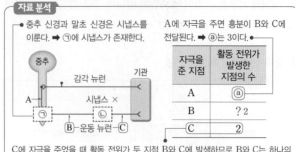

C에 자극을 주었을 때 활동 전위가 두 지점 B와 C에 발생하므로 B와 C는 하나의 뉴런에 존재한다. ➡ ㉡에는 시냅스가 없으며, 이 뉴런은 체성 신경계에 속한다.

선택지 분석

Ⓙ ⓐ는 '3'이다.

✗ ㉠과 ㉡에서 모두 신경 전달 물질이 분비된다. ㉠에서

✗ B를 포함하는 뉴런은 자율 신경계에 속한다. 체성 신경계

ㄱ. C에 자극을 주었을 때 두 지점, 즉 B와 C에 활동 전위가 발생하였으므로 B와 C는 한 뉴런에 있으며, ㉡에는 시냅스가 없다. ㉡에 시냅스가 있다면 B로는 자극이 전달되지 않기 때문이다. 또한, C에 자극을 주었을 때 A에 활동 전위가 발생하지 않았으므로 ㉠에는 시냅스가 있다. 따라서 A에 자극을 주면 A, B, C에 활동 전위가 발생하므로 ⓐ는 3이다.

바로알기 ㄴ. ㉡에는 시냅스가 없으므로 신경 전달 물질이 분비되지 않는다.

ㄷ. B를 포함하는 뉴런은 중추 신경부터 반응기까지 하나로 연결되어 있으므로 체성 신경계에 속한 운동 뉴런이다.

10 중추 신경계와 말초 신경계

자료 분석

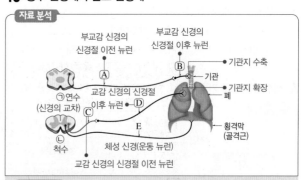

선택지 분석

✗ ㉡은 연수이다. ㉠

Ⓛ A와 E는 모두 원심성 뉴런이다.

Ⓒ D가 흥분하면 기관지가 확장된다.

A는 부교감 신경의 신경절 이전 뉴런, B는 부교감 신경의 신경절 이후 뉴런, C는 교감 신경의 신경절 이전 뉴런, D는 교감 신경의 신경절 이후 뉴런, E는 체성 신경(운동 뉴런)이다. 기관지에 연결된 부교감 신경은 연수에서 나오고, 기관지에 연결된 교감 신경은 척수에서 나온다. 따라서 ㉠은 연수, ㉡은 척수이다.

ㄴ. A~E는 모두 중추 신경의 흥분을 반응기로 전달하는 원심성 뉴런이다.

ㄷ. D(교감 신경의 신경절 이후 뉴런)가 흥분하면 기관지는 확장되고, B(부교감 신경의 신경절 이후 뉴런)가 흥분하면 기관지는 수축된다.

바로알기 ㄱ. ㉠은 연수이고, ㉡은 척수이다.

11 중추 신경계와 말초 신경계

자료 분석

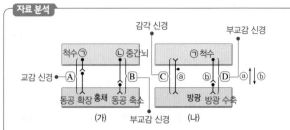

• A, B, D는 중추 신경계와 기관이 두 개의 뉴런으로 연결되어 있으므로 자율 신경이고, C는 신경 세포체의 위치로 보아 감각 신경이다.
• A는 신경절 이전 뉴런이 신경절 이후 뉴런보다 짧으므로 교감 신경, B와 D는 신경절 이전 뉴런이 신경절 이후 뉴런보다 길므로 부교감 신경이다.

선택지 분석

◯ ㈀에는 회색질이 있다.
✕ B가 흥분하면 동공이 확장된다. 축소
✕ C와 D에서 흥분의 이동 방향은 모두 ⓑ이다. C에서는 ⓐ

ㄱ. ㈀은 방광에 연결된 자율 신경을 통해 방광의 수축, 이완을 조절하므로, 척수이다. 척수(㈀)의 속질은 회색질이다.

바로알기 ㄴ. A는 신경절 이전 뉴런이 신경절 이후 뉴런보다 짧으므로 교감 신경이고, B는 신경절 이전 뉴런이 신경절 이후 뉴런보다 길므로 부교감 신경이다. 부교감 신경이 흥분하면 동공은 축소된다.

ㄷ. C는 신경 세포체의 위치로 보아 감각 신경이다. 감각 신경은 방광이 받은 자극을 중추 신경(척수)으로 전달하는 구심성 신경이다. 따라서 C에서 흥분의 이동 방향은 ⓐ이다. D는 신경절 이전 뉴런이 신경절 이후 뉴런보다 길므로 부교감 신경이며, 부교감 신경은 중추 신경(척수)의 명령을 방광에 전달하는 원심성 신경이다. 따라서 D에서 흥분의 이동 방향은 ⓑ이다.

12 말초 신경의 종류와 기능

자료 분석

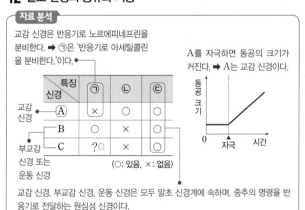

교감 신경, 부교감 신경, 운동 신경은 모두 말초 신경계에 속하며, 중추의 명령을 반응기로 전달하는 원심성 신경이다.

선택지 분석

◯ '반응기로 아세틸콜린을 분비한다.'는 ㈀이다.
◯ '원심성 신경이다.'는 ㈂에 해당한다.
✕ B는 신경절 이전 뉴런이 신경절 이후 뉴런보다 짧다. A

ㄱ. 그림에서 A를 자극하였을 때 동공의 크기가 커지므로, A는 교감 신경이고, B와 C는 각각 부교감 신경과 운동 신경 중 하나이다. 교감 신경은 반응기에 연결된 신경절 이후 뉴런의 축삭 돌기 말단에서 노르에피네프린을 분비하고, 부교감 신경은 신경절 이후 뉴런의 축삭 돌기 말단에서 아세틸콜린을 분비한다.

한편, 반응기에 연결된 운동 신경 말단에서는 아세틸콜린을 분비한다. 따라서 '반응기로 아세틸콜린을 분비한다.'는 ㈀이다.

ㄴ. 교감 신경, 부교감 신경, 운동 신경은 모두 말초 신경계에 속하며, 중추의 명령을 반응기로 전달하는 원심성 신경이다. 따라서 '원심성 신경이다.'는 ㈂에 해당한다.

바로알기 ㄷ. 신경절 이전 뉴런이 신경절 이후 뉴런보다 짧은 자율 신경은 교감 신경(A)이다.

13 자율 신경계의 특징과 기능

선택지 분석

◯ ㈀은 신경절 이전 뉴런이 신경절 이후 뉴런보다 짧다.
✕ ㈁은 감각 신경이다. 원심성 신경
✕ ⓐ는 '억제됨'이다. 촉진됨

ㄱ. ㈀(교감 신경)은 신경절 이전 뉴런이 신경절 이후 뉴런보다 짧고, ㈁(부교감 신경)은 신경절 이전 뉴런이 신경절 이후 뉴런보다 길다.

바로알기 ㄴ. ㈁(부교감 신경)은 중추 신경의 명령을 위에 전달하는 신경이므로 구심성 신경(감각 신경)이 아니라 원심성 신경(자율 신경)이다.

ㄷ. ㈁(부교감 신경)이 위에 작용하면 위의 소화 운동과 소화액 분비가 촉진된다.

14 교감 신경과 부교감 신경의 구조와 기능

자료 분석

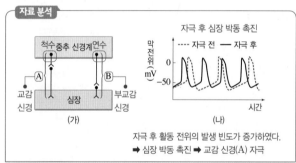

자극 후 활동 전위의 발생 빈도가 증가하였다.
➡ 심장 박동 촉진 ➡ 교감 신경(A) 자극

선택지 분석

◯ A는 말초 신경계에 속한다.
✕ B의 신경절 이전 뉴런의 신경 세포체는 척수에 존재한다. 연수
◯ (나)는 A를 자극했을 때의 변화를 나타낸 것이다.

ㄱ. A는 신경절 이전 뉴런이 신경절 이후 뉴런보다 짧으므로 교감 신경이고, B는 신경절 이전 뉴런이 신경절 이후 뉴런보다 길므로 부교감 신경이다. 교감 신경과 부교감 신경은 모두 자율 신경으로 말초 신경계에 속한다.

ㄷ. 교감 신경(A)을 자극하면 심장 세포에서 활동 전위의 발생 빈도가 증가하여 심장 박동이 촉진되고, 부교감 신경(B)을 자극하면 심장 세포에서 활동 전위의 발생 빈도가 감소하여 심장 박동이 억제된다. (나)에서 A와 B 중 하나를 자극한 후 심장 세포에서 활동 전위의 발생 빈도가 증가했으므로, (나)는 교감 신경(A)을 자극했을 때의 변화를 나타낸 것이다.

바로알기 ㄴ. 심장에 연결된 부교감 신경(B)의 신경절 이전 뉴런의 신경 세포체는 연수에 존재하고, 교감 신경(A)의 신경절 이전 뉴런의 신경 세포체는 척수에 존재한다.

15 방광에 연결된 뉴런의 종류와 기능

자료 분석

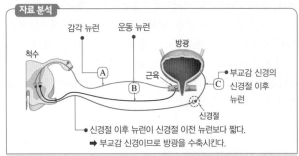

• 신경절 이후 뉴런이 신경절 이전 뉴런보다 짧다.
➡ 부교감 신경이므로 방광을 수축시킨다.

선택지 분석

◯ ㄱ A의 흥분은 대뇌로 전달된다.
◯ ㄴ B는 척수의 전근을 이룬다.
✗ ㄷ C에 역치 이상의 자극을 주면 방광이 <u>이완</u>한다. 수축

ㄱ. A는 신경 세포체가 축삭 돌기의 한쪽 옆에 붙어 있으므로 감각 뉴런이다. 방광에 연결된 감각 뉴런의 흥분은 척수로 전달되고, 척수를 거쳐 대뇌로도 전달된다.

ㄴ. B는 축삭 돌기가 길게 발달되어 있으며, 중추 신경계에서 나온 하나의 뉴런이 근육에 분포하므로 운동 뉴런이다. 척수에서 나온 운동 뉴런은 전근을 이룬다.

[바로알기] ㄷ. C와 연결된 신경절 이전 뉴런이 척수에서 나오며 C(신경절 이후 뉴런)보다 길다. 따라서 C는 부교감 신경의 신경절 이후 뉴런이므로 C에 역치 이상의 자극을 주면 방광이 수축한다.

16 심장에 연결된 자율 신경의 특징

자료 분석

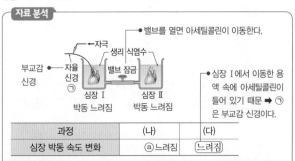

과정	(나)	(다)
심장 박동 속도 변화	ⓐ느려짐	느려짐

선택지 분석

✗ ⓐ는 '빨라짐'이다. 느려짐
◯ ㉠의 신경절 이전 뉴런의 신경 세포체는 연수에 있다.
✗ ㉠의 신경절 이후 뉴런의 축삭 돌기 말단에서 분비되는 신경 전달 물질은 혈압을 상승시킨다. 하강

ㄴ. (다)의 결과에서 심장 Ⅱ의 박동 속도가 느려진 것은 심장 Ⅰ에서 심장 Ⅱ로 이동한 용액 속에 아세틸콜린이 들어 있기 때문이며, 이 아세틸콜린은 자율 신경 ㉠의 신경절 이후 뉴런의 축삭 돌기 말단에서 분비된 것이다. 따라서 자율 신경 ㉠은 부교감 신경이다. 심장과 연결된 부교감 신경은 연수에서 나오므로 자율 신경 ㉠(부교감 신경)의 신경절 이전 뉴런의 신경 세포체는 연수에 있다.

[바로알기] ㄱ. 부교감 신경(㉠)은 심장 박동을 억제하므로 ⓐ는 '느려짐'이다.

ㄷ. 부교감 신경(㉠)의 신경절 이후 뉴런의 축삭 돌기 말단에서 분비되는 물질은 아세틸콜린이며, 아세틸콜린은 심장 박동 속도를 늦추고 혈압을 하강시킨다.

---

06 항상성 유지

개념 확인

본책 69쪽, 71쪽

(1) 내분비샘, 혈관 (2) 적은, 결핍증 (3) 혈액, 표적 (4) 느리며, 오래 지속된다, 넓다 (5) ①-ⓒ-ⓐ, ②-㉠-ⓑ, ③-ⓒ-ⓒ, ④-ⓜ-ⓓ, ⑤-ⓔ-ⓔ (6) 당뇨병, 인슐린 (7) 거인증, 말단 비대증 (8) 음성 피드백, 길항 작용 (9) TRH, TSH, 억제 (10) α, 글루카곤 (11) 증가, 감소 (12) 간, 길항, 분해, 높이는 (13) 교감, 부교감 (14) 수축, 감소, 감소 (15) 촉진, 증가 (16) 뇌하수체 후엽, 콩팥 (17) 증가, 감소 (18) 높아, 낮아, 증가

수능 자료

본책 72쪽

	1	2	3	4	5	6	7
자료 ❶	✗	◯	✗	✗	✗	◯	◯
자료 ❷	◯	◯	◯	✗	✗	✗	◯
자료 ❸	◯	✗	✗	✗	◯	◯	
자료 ❹	◯	◯	◯	✗	◯	✗	✗

자료 ❶

부신에서 분비되는 호르몬은 에피네프린이고, 혈당량을 증가시키는 호르몬은 글루카곤과 에피네프린이다. 또 모든 호르몬이 순환계를 통해 표적 기관으로 운반된다. 따라서 A는 인슐린, B는 글루카곤, C는 에피네프린이며, ㉠은 '혈당량을 증가시킨다.', ㉡은 '부신에서 분비된다.', ㉢은 '순환계를 통해 표적 기관으로 운반된다.'이다.

1 A는 인슐린으로, 이자의 β세포에서 분비된다.

3 '순환계를 통해 표적 기관으로 운반된다.'는 ㉢이다.

4 B는 글루카곤이며, 이자에 연결된 부교감 신경의 흥분 발생 빈도가 증가하면 A(인슐린) 분비가 촉진된다.

5 글루카곤(B)과 에피네프린(C)은 모두 혈당량을 증가시키므로 길항적으로 작용하지 않는다.

자료 ❷

1 (가)에서 A는 탄수화물 섭취 후 혈당량이 매우 높게 유지되며 정상 범위로 낮아지지 않으므로 당뇨병 환자이다.

2,3 (나)에서 탄수화물 섭취 후 정상인(B)의 혈당량이 증가함에 따라 혈중 X 농도도 증가하는 것을 통해 X는 혈당량을 감소시키는 인슐린이라는 것을 알 수 있으며, 이자의 β세포에서 분비된다.

4 이자에 연결된 부교감 신경이 흥분하면 인슐린의 분비가 촉진된다.

5 인슐린(X)의 분비는 주로 이자에서 체내 혈당량을 감지하여 조절되며, 간뇌의 시상 하부에서 자율 신경을 통해 이자를 자극하여 조절되기도 한다.

6 혈당량이 증가하면 글루카곤의 농도는 감소하므로, 정상인에서 혈중 글루카곤의 농도는 탄수화물 섭취 시점에서가 t_1에서보다 높다.

7 인슐린(X)은 간에서 포도당이 글리코젠으로 합성되는 반응을 촉진한다.

자료 ③

2 시상 하부 온도가 높아지면 정상 체온으로 낮추기 위해 피부에서 열 발산량이 증가한다. (가)에서 시상 하부 온도가 37 °C보다 높아지면 ㉠이 증가하므로, ㉠은 피부에서의 열 발산량이다.

3 저온 자극을 받으면 교감 신경(A)의 작용이 강화되어 피부 근처 혈관을 수축시킨다. 교감 신경의 신경절 이후 뉴런의 축삭 돌기 말단에서 분비되는 신경 전달 물질은 노르에피네프린이다.

4 T_1일 때보다 T_2일 때 피부에서의 열 발산량(㉠)이 많은 것은 피부 근처 모세 혈관이 확장되어 피부 근처 모세 혈관을 흐르는 단위 시간당 혈액량이 증가하기 때문이다.

5 교감 신경(A)의 흥분 발생 빈도가 높아지면 피부 근처 혈관이 수축하여 피부에서의 열 발산량은 감소한다.

6 T_2일 때가 T_1일 때보다 시상 하부 온도가 높으므로 근육에서의 열 발생량은 적다.

자료 ④

항이뇨 호르몬은 콩팥에서 수분 재흡수를 촉진하므로, 혈장 삼투압이 높을수록, 전체 혈액량이 적을수록 많이 분비된다. 따라서 ㉠은 전체 혈액량, ㉡은 혈장 삼투압이다.

3 시상 하부에서 뇌하수체 후엽을 자극하면 ADH의 분비량이 증가한다.

4 ㉠은 전체 혈액량이다.

5 혈중 항이뇨 호르몬(ADH)의 농도가 높아지면 콩팥에서의 수분 재흡수가 촉진되어 오줌의 생성량이 감소한다. 따라서 단위 시간당 오줌 생성량은 t_1에서가 t_2에서보다 적다.

6 ㉡(혈장 삼투압)이 안정 상태보다 높아지면 혈중 항이뇨 호르몬(ADH)의 농도가 높아지므로 콩팥에서의 수분 재흡수가 촉진되어 오줌 내 물의 양이 감소한다. 따라서 오줌의 삼투압은 증가한다.

7 t_1일 때가 t_2일 때보다 혈중 항이뇨 호르몬(ADH)의 농도가 높으므로 콩팥의 단위 시간당 수분 재흡수량이 많다.

본책 73쪽

1 ④　**2** (1) A: 갑상샘, B: 뇌하수체, C: 부신, D: 이자
(2) ㄷ　**3** (1) (가) 뇌하수체 전엽 (나) 갑상샘 (2) ㉠ TRH (갑상샘 자극 호르몬 방출 호르몬), ㉡ TSH(갑상샘 자극 호르몬) (3) ㉠과 ㉡ 모두 감소한다. **4** (1) ㉠ 글리코젠, ㉡ 포도당 (2) A: 글루카곤, B: 인슐린 (3) A (4) B　**5** (1) 연수 → 시상 하부 (2) 감소 → 증가, 증가 → 감소 (3) 빠르다 → 느리다
6 ㄱ, ㄷ

1 ① 호르몬 ㉠을 분비하는 세포 A는 내분비샘을 구성하는 세포이다.
② 세포 B에는 호르몬 ㉠과 결합하는 수용체가 있으므로, B는 ㉠의 표적 세포이다.

③ 호르몬은 혈액을 따라 온몸을 이동하다가 특정 호르몬의 수용체가 있는 표적 세포에 작용한다.
⑤ 호르몬의 분비량이 너무 적으면 결핍증이, 분비량이 너무 많으면 과다증이 나타난다.
바로알기 ④ 신경은 뉴런을 통해 특정 세포로 신호를 전달하고, 호르몬은 혈액을 따라 이동하면서 표적 세포에 신호를 전달한다. 따라서 신호 전달 속도는 호르몬이 신경보다 느리고, 항상성 조절 효과는 호르몬이 신경보다 오래 지속된다.

2 (2) ㄷ. C(부신)의 속질에서 분비되는 에피네프린은 간에서 글리코젠이 포도당으로 분해되는 과정을 촉진하므로, 에피네프린의 분비량이 증가하면 혈당량이 높아진다.
바로알기 ㄱ. A(갑상샘)에서는 물질대사를 촉진하는 호르몬인 티록신이 분비되고, 혈당량을 증가시키는 호르몬은 C(부신)과 D(이자)에서 분비된다.
ㄴ. D(이자)는 혈당량의 변화를 직접 감지하여 혈당량 조절 호르몬을 분비하며, 자율 신경의 작용에 의해 혈당량 조절 호르몬을 분비하기도 한다.

3 (1), (2) 시상 하부에서 분비되는 호르몬 ㉠은 뇌하수체 전엽(가)에서 TSH(갑상샘 자극 호르몬)의 분비를 촉진하는 TRH(갑상샘 자극 호르몬 방출 호르몬)이고, 호르몬 ㉡은 갑상샘(나)에서의 티록신 분비를 촉진하는 TSH(갑상샘 자극 호르몬)이다.
(3) 티록신이 정상보다 과다 분비되면 음성 피드백에 의해 ㉠(TRH)과 ㉡(TSH)의 분비량이 모두 감소한다.

4 (1), (2) A는 이자의 α세포에서 분비되므로 글루카곤이고, B는 β세포에서 분비되므로 인슐린이다. 글루카곤은 간에서 글리코젠이 포도당으로 전환되는 과정을 촉진하고, 인슐린은 간에서 포도당이 글리코젠으로 전환되는 과정을 촉진한다. 따라서 ㉠은 글리코젠, ㉡은 포도당이다.
(3) 이자에 연결된 교감 신경이 흥분하면 글루카곤(A)의 분비량이 증가하여 혈당량이 높아진다.
(4) 혈당량이 정상 범위보다 높아지면 혈당량을 낮추는 인슐린(B)의 분비가 증가한다.

5 (1) 체온 조절, 혈당량 조절, 혈장 삼투압 조절 등 항상성 유지의 중추는 간뇌의 시상 하부이다.
(2) 저온 자극이 주어지면 뇌하수체 전엽에서 TSH의 분비가 증가(A)하여 갑상샘을 자극하고, 갑상샘에서 티록신의 분비량이 증가하여 간과 근육에서 물질대사가 촉진됨으로써 열 발생량이 증가한다. 또한 골격근이 떨려(B) 열 발생량이 증가하고, 신경계의 조절(C)에 의해 피부 근처 혈관이 수축하여 열 발산량이 감소한다.
(3) 호르몬(A)에 의한 자극 전달 속도는 신경(C)을 통한 자극 전달 속도보다 느리다.

6 ㄱ. 항이뇨 호르몬은 콩팥에서 수분의 재흡수를 촉진한다.
ㄷ. 항이뇨 호르몬의 분비가 증가하면 콩팥에서 물의 재흡수량이 증가하므로 오줌 내 물의 양이 감소하여 오줌의 양은 감소하고, 삼투압은 증가한다.
바로알기 ㄴ. 항이뇨 호르몬은 뇌하수체 후엽(A)에서 분비된다.

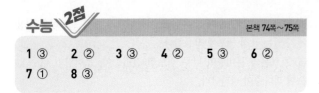

1 ③	2 ②	3 ③	4 ②	5 ③	6 ②
7 ①	8 ③				

1 호르몬과 신경 비교

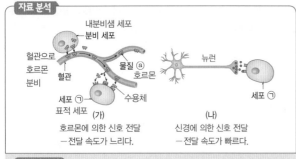

자료 분석

내분비샘 세포
분비 세포
혈관으로 호르몬 분비
혈관
물질 ⓐ 호르몬
세포 ㉠
표적 세포 (가)
수용체
호르몬에 의한 신호 전달
―전달 속도가 느리다.

뉴런
세포 ㉠
(나)
신경에 의한 신호 전달
―전달 속도가 빠르다.

선택지 분석

㉠ ㉠은 ⓐ의 표적 세포이다.

㉡ ⓐ의 예로는 에피네프린이 있다.

✗ 신호가 ㉠에 도달하기까지의 속도는 (가)가 (나)보다 ~~빠르다.~~ 느리다

(가)는 호르몬에 의한 신호 전달, (나)는 신경에 의한 신호 전달을 나타낸 것이다.

ㄱ. 물질 ⓐ는 내분비샘의 분비 세포에서 혈관으로 분비되는 호르몬이고, 호르몬은 혈액을 따라 이동하다가 그 호르몬의 수용체를 가진 표적 세포에 작용한다. 따라서 세포 ㉠은 ⓐ의 표적 세포이다.

ㄴ. 에피네프린은 부신 속질에서 분비되는 호르몬이므로, ⓐ(호르몬)의 예에 해당한다.

바로알기 ㄷ. 호르몬에 의한 신호 전달(가)은 호르몬이 혈액을 통해 이동하면서 표적 세포에 신호를 전달하고, 신경에 의한 신호 전달(나)은 뉴런을 통해 특정 세포로 신호를 전달한다. 따라서 신호가 세포 ㉠에 도달하기까지의 속도는 (나)가 (가)보다 빠르다.

2 뇌하수체 호르몬의 종류와 기능

선택지 분석

✗ 당질 코르티코이드는 B가 될 수 있다. C

㉡ C가 티록신이라면, ㉠은 갑상샘이다.

✗ C의 분비량은 뇌하수체 ~~후엽~~에서 분비되는 호르몬의 조절을 받는다. 전엽

호르몬 B는 뇌하수체에서 직접 분비되고, 호르몬 C는 뇌하수체에서 분비되는 호르몬의 자극을 받아 내분비샘 ㉠에서 분비된다.

ㄴ. 티록신은 뇌하수체 전엽에서 분비되는 TSH의 자극을 받아 갑상샘에서 분비되는 호르몬이다. 따라서 C가 티록신이라면, ㉠은 갑상샘이다.

바로알기 ㄱ. 당질 코르티코이드는 부신 겉질에서 분비되는 호르몬이며, 뇌하수체 전엽에서 분비되는 부신 겉질 자극 호르몬에 의해 분비가 조절된다. 따라서 당질 코르티코이드는 B가 아니라 C가 될 수 있다. 뇌하수체에서 분비되는 호르몬 B에는 전엽에서 분비되는 생장 호르몬, 후엽에서 분비되는 항이뇨 호르몬이 있다.

ㄷ. C의 분비량은 뇌하수체 전엽에서 분비되는 내분비샘 자극 호르몬(A)의 조절을 받는다.

3 티록신 분비 조절

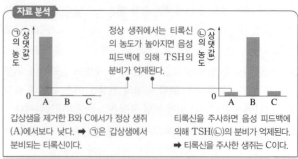

자료 분석

㉠ (상댓값) 의 농도

A B C

정상 생쥐에서는 티록신의 농도가 높아지면 음성 피드백에 의해 TSH의 분비가 억제된다.

㉡ (상댓값) 의 농도

A B C

갑상샘을 제거한 B와 C에서 정상 생쥐(A)에서보다 낮다. ➡ ㉠은 갑상샘에서 분비되는 티록신이다.

티록신을 주사하면 음성 피드백에 의해 TSH(㉡)의 분비가 억제된다.
➡ 티록신을 주사한 생쥐는 C이다.

선택지 분석

㉠ 갑상샘은 ㉡의 표적 기관이다.

✗ (다)에서 ㉠을 주사한 생쥐는 ~~B~~이다. C

㉢ 티록신의 분비는 음성 피드백에 의해 조절된다.

티록신은 뇌하수체 전엽에서 분비되는 TSH의 자극을 받아 갑상샘에서 분비되며, 음성 피드백에 의해 조절된다. 따라서 갑상샘을 제거한 생쥐 B와 C의 경우 티록신 농도는 생쥐 A보다 낮고, TSH 농도는 생쥐 A보다 높을 것이다. 따라서 ㉠은 티록신, ㉡은 TSH이다.

ㄱ. TSH(㉡)는 갑상샘을 자극하여 티록신의 분비를 촉진하는 갑상샘 자극 호르몬이므로, 갑상샘은 TSH(㉡)의 표적 기관이다.

ㄷ. TSH의 자극으로 갑상샘에서 분비된 티록신의 혈중 농도가 증가하면 티록신에 의해 뇌하수체 전엽에서의 TSH 분비가 억제됨으로써 혈중 티록신의 농도가 일정하게 유지된다(음성 피드백).

바로알기 ㄴ. (라)에서 TSH(㉡) 농도는 생쥐 B가 갑상샘을 제거하지 않은 생쥐 A에 비해 높고, C는 생쥐 A와 거의 같다. 따라서 (다)에서 티록신(㉠)을 주사한 생쥐는 C이다.

4 항상성 유지

선택지 분석

✗ A ② B ✗ A, C ✗ B, C ✗ A, B, C

바로알기 • 학생 A: 체온이 떨어지면, 교감 신경이 작용하여 피부의 모세 혈관이 수축(축소)함으로써 피부 근처를 흐르는 혈액의 양이 감소하여 열 발산량이 감소한다.

• 학생 C: 혈중 티록신의 농도는 음성 피드백에 의해 조절되므로, 혈중 티록신의 농도가 증가하면 티록신에 의해 뇌하수체 전엽에서 TSH의 분비가 억제된다.

5 혈당량 조절

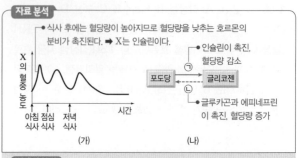

자료 분석

식사 후에는 혈당량이 높아지므로 혈당량을 낮추는 호르몬의 분비가 촉진된다. ➡ X는 인슐린이다.

X의 혈중 농도

아침 식사 점심 식사 저녁 식사 시간

(가)

포도당 ⇄ 글리코겐
㉠ ↑ 인슐린이 촉진, 혈당량 감소
㉡ ↓ 글루카곤과 에피네프린이 촉진, 혈당량 증가

(나)

선택지 분석

✗ X는 간에서 ㉡ 과정을 촉진한다. ㉠

✗ X의 분비를 조절하는 중추는 ~~연수~~이다. 간뇌 시상 하부

㉢ X는 이자의 β세포에서 분비된다.

식사를 하면 혈당량이 증가하므로 혈당량을 감소시키는 인슐린의 분비량이 증가한다. (가)에서 식사 직후 X의 혈중 농도가 높아지는 것을 통해 X가 인슐린이라는 것을 알 수 있다.

ㄷ. 인슐린은 이자의 β세포에서 분비된다.

바로알기 ㄱ. 인슐린(X)은 간에서 포도당을 글리코젠으로 전환하는 과정(⊙)을 촉진하여 혈당량을 감소시킨다.

ㄴ. 연수는 인슐린(X)의 분비를 조절하는 중추가 아니다. 이자와 간뇌의 시상 하부에서 혈당량의 변화를 감지하여 인슐린(X)의 분비를 조절한다.

6 체온 조절

자료 분석

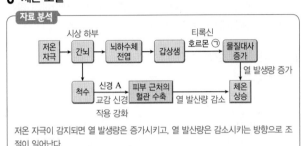

저온 자극이 감지되면 열 발생량은 증가시키고, 열 발산량은 감소시키는 방향으로 조절이 일어난다.

선택지 분석

✗ ⊙은 에피네프린이다. 티록신

✗ A는 구심성 신경이다. 원심성

Ⓒ 피부의 혈관 수축으로 열 발산량이 감소한다.

ㄷ. 저온 자극이 주어졌을 때 척수에서 나온 교감 신경(신경 A)의 작용 강화에 의해 피부 근처 혈관이 수축하여 피부 근처로 흐르는 혈액량이 감소함으로써 열 발산량이 감소한다.

바로알기 ㄱ. 갑상샘에서 분비되어 물질대사를 촉진하는 호르몬 ⊙은 티록신이다.

ㄴ. 신경 A는 자율 신경인 교감 신경이며, 자율 신경은 중추의 명령을 반응기에 전달하는 원심성 신경이다.

7 항상성 유지

자료 분석

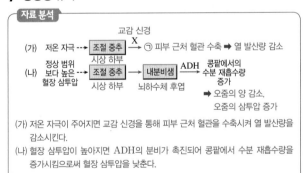

(가) 저온 자극이 주어지면 교감 신경을 통해 피부 근처 혈관을 수축시켜 열 발산량을 감소시킨다.
(나) 혈장 삼투압이 높아지면 ADH의 분비가 촉진되어 콩팥에서 수분 재흡수량을 증가시킴으로써 혈장 삼투압을 낮춘다.

선택지 분석

Ⓐ ⊙은 '피부 근처 혈관 수축'이다.

✗ 혈중 ADH의 농도가 증가하면, 생성되는 오줌의 삼투압이 감소한다. 증가

✗ (가)와 (나)에서 조절 중추는 모두 연수이다. 시상 하부

ㄱ. 저온 자극이 주어지면 자율 신경 X(교감 신경)의 작용 강화로 피부 근처 혈관이 수축하여 피부 근처를 흐르는 혈액의 양이 감소함으로써 열 발산량이 감소한다. 따라서 ⊙은 '피부 근처 혈관 수축'이다.

바로알기 ㄴ. 혈중 ADH 농도가 증가하면 콩팥에서의 수분 재흡수가 촉진되어 오줌의 양은 감소하고, 오줌의 삼투압은 증가한다.

ㄷ. 체온과 혈장 삼투압의 조절 중추는 모두 간뇌의 시상 하부이다.

8 ADH에 의한 삼투압 조절

자료 분석

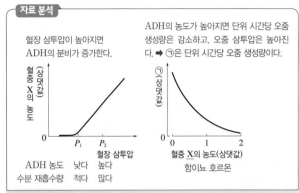

선택지 분석

Ⓐ X는 항이뇨 호르몬(ADH)이다.

Ⓑ ⊙은 단위 시간당 오줌 생성량이다.

✗ 콩팥에서 단위 시간당 수분 재흡수량은 P_1에서가 P_2에서보다 많다. 적다

ㄱ. 뇌하수체 후엽에서 분비되며 혈장 삼투압 조절에 관여하는 호르몬(X)은 항이뇨 호르몬(ADH)이다.

ㄴ. 혈중 항이뇨 호르몬(ADH)의 농도가 증가하면 콩팥에서 수분 재흡수량이 증가하여 단위 시간당 오줌 생성량은 감소하며, 오줌 삼투압은 증가한다. 따라서 ⊙은 단위 시간당 오줌 생성량이다.

바로알기 ㄷ. P_1에서가 P_2에서보다 혈중 항이뇨 호르몬(X)의 농도가 낮으므로, 콩팥에서 단위 시간당 수분 재흡수량이 적다.

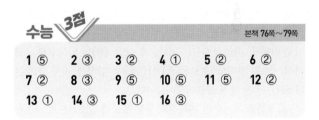

본책 76쪽~79쪽

1 ⑤	2 ③	3 ②	4 ①	5 ②	6 ②
7 ②	8 ③	9 ⑤	10 ⑤	11 ⑤	12 ②
13 ①	14 ③	15 ①	16 ③		

1 호르몬의 종류와 기능

자료 분석

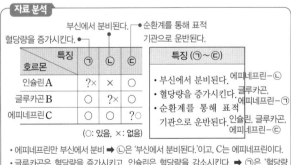

선택지 분석

Ⓐ ⊙은 '혈당량을 증가시킨다.'이다.

Ⓑ B는 간에서 글리코젠 분해를 촉진한다.

Ⓒ C는 에피네프린이다.

부신에서 분비되는 호르몬은 에피네프린이고, 혈당량을 증가시키는 호르몬은 글루카곤과 에피네프린이다. 호르몬은 모두 순환계를 통해 표적 기관으로 운반된다. 따라서 에피네프린은 ㉠~㉢ 중 세 가지, 글루카곤은 두 가지, 인슐린은 한 가지 특징을 가지므로 A는 인슐린이고, ㉢은 '순환계를 통해 표적 기관으로 운반된다.'이다. 그리고 세 가지 특징을 가진 C가 에피네프린, B는 글루카곤이다.

ㄱ. 에피네프린과 글루카곤은 혈당량을 증가시키므로, ㉠은 '혈당량을 증가시킨다.'이고, ㉡은 '부신에서 분비된다.'이다.

ㄴ. 글루카곤(B)은 간에서 글리코젠을 포도당으로 분해하는 반응을 촉진하고, 그 결과 혈당량이 증가한다.

ㄷ. 에피네프린은 특징 ㉠~㉢을 모두 가지므로 C이다.

2 내분비샘과 호르몬 분비

자료 분석

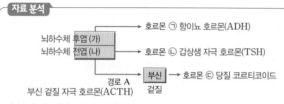

뇌하수체 전엽에서는 부신 겉질을 자극하여 당질 코르티코이드의 분비를 촉진하는 부신 겉질 자극 호르몬(ACTH)이 분비된다. 따라서 (나)는 뇌하수체 전엽, (가)는 뇌하수체 후엽이다.

선택지 분석

✗ (가)는 뇌하수체 전엽이다. 후엽

✗ 경로 A는 자율 신경에 의한 자극 전달 경로이다. 호르몬

◯ 갑상샘을 제거하면 ㉡의 단위 시간당 분비량은 제거하기 전보다 증가한다.

당질 코르티코이드는 부신 겉질에서, 항이뇨 호르몬(ADH)은 뇌하수체 후엽에서, 갑상샘 자극 호르몬(TSH)은 뇌하수체 전엽에서 분비된다. 뇌하수체 전엽에서는 부신 겉질을 자극하여 당질 코르티코이드의 분비를 촉진하는 부신 겉질 자극 호르몬(ACTH)이 분비된다. 따라서 (나)는 뇌하수체 전엽, (가)는 뇌하수체 후엽이며, ㉠은 항이뇨 호르몬(ADH), ㉡은 갑상샘 자극 호르몬(TSH), ㉢은 당질 코르티코이드이다.

ㄷ. 갑상샘을 제거하면 티록신의 혈중 농도가 감소하므로, ㉡(갑상샘 자극 호르몬)의 단위 시간당 분비량은 갑상샘을 제거하기 전보다 증가한다.

바로알기 ㄱ. (가)는 뇌하수체 후엽이다.

ㄴ. 경로 A는 부신 겉질 자극 호르몬(ACTH)에 의한 자극 전달 경로이다. ACTH는 부신 겉질에서 당질 코르티코이드의 분비를 촉진하며, 당질 코르티코이드는 혈당량을 증가시킨다.

3 호르몬의 분비 조절

자료 분석

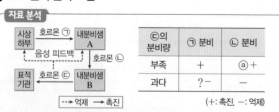

㉢의 분비량이 부족하면 호르몬 ㉠과 ㉡의 분비는 촉진되고, ㉢의 분비량이 과다하면 ㉠과 ㉡의 분비는 억제된다. ➡ 어떤 원인으로 인해 나타난 결과가 원인을 억제하는 음성 피드백에 의해 조절된다.

선택지 분석

✗ ⓐ는 '－'이다. ＋

✗ 이자의 이자섬은 내분비샘 B에 해당한다. 갑상샘

◯ ㉢의 분비량은 음성 피드백에 의해 조절된다.

ㄷ. 호르몬 ㉢의 분비량이 증가하면 ㉢의 분비를 촉진하는 호르몬 ㉠과 ㉡의 분비가 각각 억제되어 혈중 ㉢의 농도가 감소한다. 이는 음성 피드백에 의해 조절되는 과정이다.

바로알기 ㄱ. ㉢의 분비량이 부족하면 ㉠과 ㉡의 분비는 각각 촉진된다. 따라서 ⓐ는 '＋'이다.

ㄴ. 이자의 이자섬은 체내 혈당량을 직접 감지하거나 자율 신경을 통해 호르몬의 분비를 조절하므로 내분비샘 B에 해당하지 않는다. 내분비샘 B에 해당하는 내분비샘으로는 갑상샘이 있다.

4 티록신 분비 조절

자료 분석

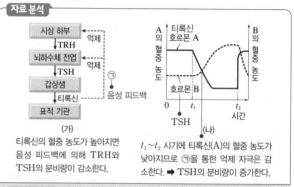

티록신의 혈중 농도가 높아지면 음성 피드백에 의해 TRH와 TSH의 분비량이 감소한다.

t_1~t_2 시기에 티록신(A)의 혈중 농도가 낮아지므로 ㉠을 통한 억제 자극은 감소한다. ➡ TSH의 분비량이 증가한다.

선택지 분석

◯ A의 혈중 농도가 높아지면 TRH의 분비량은 감소한다.

✗ B의 표적 기관은 뇌하수체 전엽이다. 갑상샘

✗ t_1~t_2 시기에 시간이 지날수록 ㉠을 통한 억제 자극은 증가한다. 감소

갑상샘의 기능이 저하되면 티록신의 분비량이 감소하므로 티록신에 의한 음성 피드백 작용이 약해져 TRH와 TSH의 분비량이 증가한다. 따라서 (나)에서 A는 티록신이고, B는 TSH이다.

ㄱ. A(티록신)의 혈중 농도가 높아지면 음성 피드백에 의한 억제가 강해져 간뇌의 시상 하부에서 TRH의 분비량이 감소한다.

바로알기 ㄴ. B(TSH)의 표적 기관은 갑상샘이다.

ㄷ. A(티록신)의 혈중 농도가 높으면 ㉠(음성 피드백)을 통한 억제가 강해져 TRH와 TSH의 분비량이 감소한다. t_1~t_2 시기에는 시간이 지날수록 A(티록신)의 혈중 농도가 낮아지므로 ㉠을 통한 억제 자극은 감소한다.

5 이자 호르몬과 혈당량 조절

선택지 분석

✗ X는 이자의 β세포에서 분비된다. a세포

◯ 혈중 Y의 농도는 t_1일 때가 t_2일 때보다 높다.

✗ 구간 Ⅰ에서는 간에서 글리코젠이 포도당으로 전환되는 작용이 촉진된다. 포도당이 글리코젠으로

호르몬 X는 글루카곤이고, 호르몬 Y는 인슐린이다.

ㄴ. 혈당량이 높아지면 인슐린의 분비가 촉진되므로 혈중 인슐린의 농도가 높아진다. t_1일 때가 t_2일 때보다 혈당량이 높으므로 혈중 인슐린(Y)의 농도는 t_1일 때가 t_2일 때보다 높다.

바로알기 ㄱ. 글루카곤(X)은 이자의 α세포에서 분비된다.

ㄷ. 구간 Ⅰ에서 시간이 지날수록 혈당량이 감소하므로 간에서 포도당이 글리코젠으로 전환되는 작용이 일어난다.

6 혈당량 조절

자료 분석

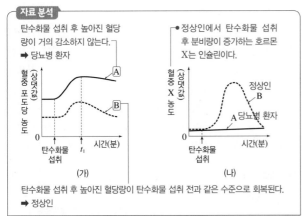

탄수화물 섭취 후 높아진 혈당량이 거의 감소하지 않는다. ➡ 당뇨병 환자

정상인에서 탄수화물 섭취 후 분비량이 증가하는 호르몬 X는 인슐린이다.

탄수화물 섭취 후 높아진 혈당량이 탄수화물 섭취 전과 같은 수준으로 회복된다. ➡ 정상인

선택지 분석

✗ B는 당뇨병 환자이다. 정상인

Ⓛ X는 이자의 β세포에서 분비된다.

✗ 정상인에서 혈중 글루카곤의 농도는 탄수화물 섭취 시점에서가 t_1에서보다 낮다. 높다

ㄴ. 탄수화물 섭취 후 혈당량이 증가하면 혈중 농도가 높아지는 호르몬 X는 인슐린이다. 인슐린은 이자의 β세포에서 분비된다.

바로알기 ㄱ. B는 탄수화물 섭취 후 높아진 혈당량이 인슐린(X) 분비량 증가로 탄수화물 섭취 전과 같은 수준으로 회복되므로 정상인이다. A는 탄수화물 섭취 후 높아진 혈당량이 거의 감소하지 않으며, 인슐린의 분비량이 증가하지 않으므로 당뇨병 환자이다.

ㄷ. 글루카곤은 혈당량을 증가시키므로 탄수화물 섭취 시점에서부터 t_1까지 혈중 글루카곤의 농도는 감소한다. 따라서 혈중 글루카곤의 농도는 탄수화물 섭취 시점에서가 t_1에서보다 높다.

7 혈당량 조절

자료 분석

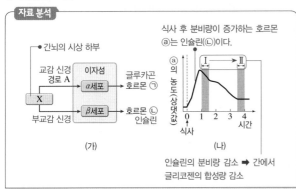

식사 후 분비량이 증가하는 호르몬 ⓐ는 인슐린(Ⓛ)이다.

인슐린의 분비량 감소 ➡ 간에서 글리코젠의 합성량 감소

선택지 분석

✗ X는 뇌하수체 전엽이다. 간뇌의 시상 하부

Ⓛ 경로 A는 교감 신경에 의한 자극 전달 경로이다.

✗ 간에서 글리코젠 합성량은 구간 Ⅱ에서가 구간 Ⅰ에서보다 많다. 적다

ㄴ. 이자섬의 α세포에서 분비되는 호르몬 ㉠은 글루카곤, β세포에서 분비되는 호르몬 ㉡은 인슐린이다. 혈당량이 낮을 때에는 교감 신경의 자극에 의해 이자에서 글루카곤이 분비된다. 따라서 경로 A는 교감 신경에 의한 자극 전달 경로이다.

바로알기 ㄱ. 혈당량 변화를 감지하고, 자율 신경을 통해 이자를 자극하여 혈당량 조절 호르몬의 분비를 조절하는 중추 X는 간뇌의 시상 하부이다.

ㄷ. (나)에서 식사 후 혈당량이 증가함에 따라 호르몬 ⓐ의 혈중 농도가 증가하므로, ⓐ는 인슐린(Ⓛ)이다. 인슐린(ⓐ, Ⓛ)은 간에서 포도당이 글리코젠으로 전환되는 과정을 촉진하므로, 글리코젠 합성량은 혈중 인슐린의 농도가 높은 구간 Ⅰ에서가 구간 Ⅱ에서보다 많다.

8 혈당량 조절

자료 분석

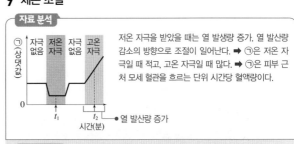

탄수화물 섭취 후에도 혈중 인슐린 농도가 거의 증가하지 않는다. ➡ A의 당뇨병은 (가)형

정상인이 A보다 혈중 인슐린 농도가 높다. ➡ 혈중 포도당 농도는 A가 높다.

당뇨병	원인
(가) 제1형	이자의 β세포가 파괴되어 인슐린이 정상적으로 생성되지 못함
(나) 제2형	인슐린은 정상적으로 분비나 표적 세포가 인슐린에 반응하지 못함

선택지 분석

㉠ A의 당뇨병은 (가)에 해당한다.

Ⓛ 인슐린은 세포로의 포도당 흡수를 촉진한다.

✗ t_1일 때 혈중 포도당 농도는 A가 정상인보다 낮다. 높다

(가)는 이자의 β세포가 파괴되어 인슐린이 정상적으로 생성되지 못하는 제1형 당뇨병이다. (나)는 인슐린은 정상적으로 분비되나, 여러 원인으로 인슐린의 표적 세포가 인슐린에 반응하지 못하는 제2형 당뇨병이다.

ㄱ. A는 탄수화물을 섭취한 후에도 혈중 인슐린 농도가 거의 증가하지 않으므로, A에서는 인슐린이 생성되지 못함을 알 수 있다. 따라서 A의 당뇨병은 (가)에 해당한다.

ㄴ. 인슐린은 혈액에서 세포로의 포도당 흡수를 촉진하고, 간에서 포도당이 글리코젠으로 전환되는 과정을 촉진함으로써 혈당량을 감소시킨다.

바로알기 ㄷ. 인슐린은 혈당량을 낮추는 역할을 한다. 따라서 t_1일 때 혈중 인슐린의 농도는 정상인이 A보다 높으므로 혈중 포도당 농도는 A가 정상인보다 높다.

9 체온 조절

자료 분석

저온 자극을 받았을 때는 열 발생량 증가. 열 발산량 감소의 방향으로 조절이 일어난다. ➡ ㉠은 저온 자극일 때 적고, 고온 자극일 때 많다. ➡ ㉠은 피부 근처 모세 혈관을 흐르는 단위 시간당 혈액량이다.

선택지 분석

✗ ㉠은 근육에서의 열 발생량이다. 피부 근처 모세 혈관을 흐르는 단위 시간당 혈액량

Ⓛ 피부 근처 모세 혈관을 흐르는 단위 시간당 혈액량은 t_2일 때가 t_1일 때보다 많다.

Ⓒ 체온 조절 중추는 시상 하부이다.

ㄴ. 피부 근처 모세 혈관을 흐르는 단위 시간당 혈액량이 증가하면 열 발산량이 증가하므로 저온 자극을 받을 때는 혈액량이 감소하고, 고온 자극을 받을 때는 혈액량이 증가한다. 따라서 피부 근처 모세 혈관을 흐르는 단위 시간당 혈액량은 t_2일 때가 t_1일 때보다 많다.

ㄷ. 체온 변화를 감지하고 조절하는 중추는 간뇌의 시상 하부이다.

[바로알기] ㄱ. 근육에서의 열 발생량은 저온 자극일 때가 고온 자극일 때보다 많은 반면, 피부 근처 모세 혈관을 흐르는 단위 시간당 혈액량은 저온 자극일 때보다 고온 자극일 때 많다. 따라서 ㉠은 피부 근처 모세 혈관을 흐르는 단위 시간당 혈액량이다.

10 저온 자극을 받을 때의 체온 조절

자료 분석

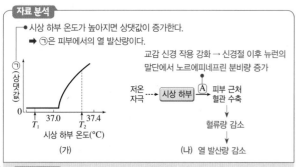

- 시상 하부 온도가 높아지면 상댓값이 증가한다.
  ➡ ㉠은 피부에서의 열 발산량이다.

교감 신경 작용 강화 → 신경절 이후 뉴런의 말단에서 노르에피네프린 분비량 증가

저온 자극 → 시상 하부 → Ⓐ 피부 근처 혈관 수축 → 혈류량 감소 → (나) 열 발산량 감소

선택지 분석

(ㄱ) ㉠은 피부에서의 열 발산량이다.

(✗) A의 신경절 이후 뉴런의 축삭 돌기 말단에서 분비되는 신경 전달 물질은 아세틸콜린이다. 노르에피네프린

(ㄷ) 피부 근처 모세 혈관으로 흐르는 단위 시간당 혈액량은 T_2일 때가 T_1일 때보다 많다.

ㄱ. 체온이 정상 범위보다 낮아졌을 때는 열 발생량이 증가하고 열 발산량이 감소하며, 체온이 정상 범위보다 높아졌을 때는 열 발생량이 감소하고 열 발산량이 증가한다. (가)에서 시상 하부 온도가 T_1에서 T_2로 높아지면 ㉠이 증가하므로, ㉠은 피부에서의 열 발산량이다.

ㄷ. 시상 하부 온도가 높은 T_2일 때가 T_1일 때보다 피부에서의 열 발산량(㉠)이 많은 것은 피부 근처 모세 혈관으로 흐르는 단위 시간당 혈액량이 많기 때문이다.

[바로알기] ㄴ. 저온 자극이 주어지면 교감 신경 A의 작용 강화에 의해 피부 근처 혈관이 수축한다. 교감 신경 A의 신경절 이후 뉴런의 축삭 돌기 말단에서는 노르에피네프린이 분비된다.

11 추울 때 체온 조절 경로

자료 분석

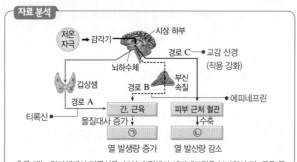

- 추울 때는 갑상샘에서 티록신을, 부신 속질에서 에피네프린을 분비하여 간, 근육 등에서 물질대사를 촉진한다. ➡ 열 발생량 증가
- 추울 때는 교감 신경 작용이 강화되어 피부 근처 혈관을 수축시킨다. ➡ 열 발산량 감소

선택지 분석

(ㄱ) ㉠은 '열 발생량 증가'이다.

(ㄴ) 신호 전달 속도는 A에서보다 C에서가 빠르다.

(ㄷ) 간세포에는 에피네프린에 대한 수용체가 있다.

ㄱ. 추울 때는 갑상샘에서 티록신이(A), 부신 속질에서 에피네프린이(B) 분비되어 간과 근육 세포 등에서 물질대사를 촉진하여 체내 열 발생량을 증가(㉠)시킨다. 또, 피부 근처 혈관에 분포한 교감 신경의 작용이 강화(C)되어 피부 근처 혈관을 수축시킴으로써 혈류량이 감소하여 몸 표면을 통한 열 발산량이 감소(㉡)한다.

ㄴ. A에서는 호르몬(티록신), C에서는 신경(교감 신경)에 의해 신호가 전달되므로 신호 전달 속도는 A에서보다 C에서가 빠르다.

ㄷ. 에피네프린은 간세포에 작용하여 글리코젠 분해를 촉진한다.

12 체온 조절

자료 분석

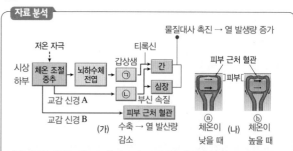

저온 자극을 받았을 때는 호르몬의 조절로 티록신의 분비량이 증가하여 열 발생량을 늘린다. 또한 교감 신경의 작용 강화로 에피네프린의 분비량이 증가하고, 피부 근처 혈관이 수축하여 열 발산량이 감소한다.

선택지 분석

(✗) ㉠은 부신 속질이다. 갑상샘

(✗) A는 호르몬에 의한 자극 전달 경로이다. 신경

(ㄷ) B를 통한 자극 전달로 피부 근처 혈관의 상태는 (나)의 ⓐ와 같이 된다.

ㄷ. (나)에서 ⓑ보다 ⓐ가 피부 근처 혈관이 수축된 상태이므로, ⓐ는 체온이 정상 범위보다 낮을 때, ⓑ는 체온이 정상 범위보다 높을 때이다. B(교감 신경의 작용 강화)를 통한 자극 전달로 피부 근처 혈관은 수축되므로 (나)의 ⓐ와 같이 된다.

[바로알기] ㄱ. ㉠은 뇌하수체 전엽에서 분비되는 갑상샘 자극 호르몬(TSH)에 의해 자극을 받아 티록신을 분비하는 갑상샘이고, ㉡은 교감 신경에 의해 자극을 전달받아 간과 심장에 영향을 주므로 에피네프린을 분비하는 부신 속질이다.

ㄴ. A는 부신 속질(㉡)에 연결된 교감 신경의 작용 강화로 에피네프린의 분비가 촉진되는 과정이다.

13 ADH에 의한 삼투압 조절

자료 분석

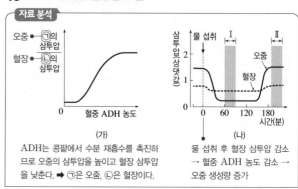

ADH는 콩팥에서 수분 재흡수를 촉진하므로 오줌의 삼투압을 높이고 혈장 삼투압을 낮춘다. ➡ ㉠은 오줌, ㉡은 혈장이다.

물 섭취 후 혈장 삼투압 감소 → 혈중 ADH 농도 감소 → 오줌 생성량 증가

선택지 분석

◯ 시상 하부는 ADH의 분비를 조절한다.

✕ ⓛ은 <u>오줌</u>이다. 혈장

✕ $\dfrac{혈중\ ADH\ 농도}{오줌\ 생성량}$ 는 구간 Ⅰ에서가 구간 Ⅱ에서보다 <u>크다</u>.작다

혈중 ADH 농도가 높아지면 콩팥에서 수분 재흡수가 촉진되어 오줌 생성량이 감소하고 오줌의 삼투압은 높아지며, 혈장 삼투압은 낮아진다. (가)에서 혈중 ADH 농도가 높아질수록 $\dfrac{⊙의\ 삼투압}{ⓛ의\ 삼투압}$ 이 증가하므로 ⊙은 오줌, ⓛ은 혈장이다.

ㄱ. 간뇌의 시상 하부는 혈장 삼투압 변화에 대한 정보를 받아들여 뇌하수체 후엽의 ADH 분비량을 조절한다.

바로알기 ㄴ. ⓛ은 혈장이다.

ㄷ. 정상인이 1 L의 물을 섭취하여 혈장 삼투압이 낮아지면 혈중 ADH 농도가 낮아져 오줌 생성량이 증가한다. 시간이 지나 혈장 삼투압이 물 섭취 전으로 회복되면 ADH 농도가 높아지고 오줌 생성량이 감소한다. 따라서 오줌 생성량은 구간 Ⅰ에서보다 구간 Ⅱ에서가 적고, 혈중 ADH 농도는 구간 Ⅰ에서보다 구간 Ⅱ에서가 높다. 그러므로 $\dfrac{혈중\ ADH\ 농도}{오줌\ 생성량}$ 는 구간 Ⅰ에서가 구간 Ⅱ에서보다 작다.

14 TSH와 ADH의 기능

자료 분석

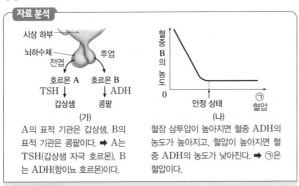

A의 표적 기관은 갑상샘, B의 표적 기관은 콩팥이다. ➡ A는 TSH(갑상샘 자극 호르몬), B는 ADH(항이뇨 호르몬)이다.

혈장 삼투압이 높아지면 혈중 ADH의 농도가 높아지고, 혈압이 높아지면 혈중 ADH의 농도가 낮아진다. ➡ ⊙은 혈압이다.

선택지 분석

◯ 갑상샘이 제거되면 혈중 A의 농도는 갑상샘 제거 전보다 증가한다.

◯ B의 분비량이 증가하면 오줌의 삼투압은 높아진다.

✕ 건강한 사람이 ⊙이 안정 상태일 때 땀을 많이 흘리면 ⊙이 <u>높아진다</u>. 낮아진다

ㄱ. 호르몬 A의 표적 기관은 갑상샘이므로 A는 TSH(갑상샘 자극 호르몬)이다. 갑상샘이 제거되면 혈중 티록신의 농도가 낮아지므로 티록신에 의한 음성 피드백 억제가 약해진다. 그 결과 뇌하수체 전엽에서 TSH의 분비량이 증가한다.

ㄴ. 호르몬 B의 표적 기관은 콩팥이므로, B는 ADH(항이뇨 호르몬)이다. ADH는 콩팥에서 수분의 재흡수를 촉진하므로, ADH의 분비량이 증가하면 생성되는 오줌의 양은 감소하고 오줌의 삼투압은 높아진다.

바로알기 ㄷ. ⊙이 안정 상태보다 높으면 혈중 ADH의 농도가 낮으므로, ⊙은 혈압이다. 건강한 사람이 혈압이 안정 상태일 때 땀을 많이 흘리면 전체 혈액량이 줄어들므로 혈압은 낮아진다.

15 삼투압 조절

자료 분석

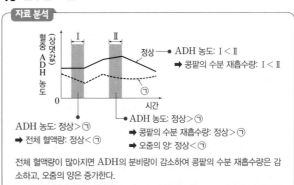

ADH 농도: Ⅰ < Ⅱ
➡ 콩팥의 수분 재흡수량: Ⅰ < Ⅱ

ADH 농도: 정상 > ⊙
➡ 전체 혈액량: 정상 < ⊙

ADH 농도: 정상 > ⊙
➡ 콩팥의 수분 재흡수량: 정상 > ⊙
➡ 오줌의 양: 정상 < ⊙

전체 혈액량이 많아지면 ADH의 분비량이 감소하여 콩팥의 수분 재흡수량은 감소하고, 오줌의 양은 증가한다.

선택지 분석

◯ 구간 Ⅰ에서 ⊙일 때가 정상일 때보다 전체 혈액량이 증가한 상태이다.

✕ 정상일 때 수분 재흡수량은 구간 Ⅱ에서가 구간 Ⅰ에서보다 <u>적다</u>. 많다

✕ 구간 Ⅱ에서 생성되는 오줌의 양은 정상일 때가 ⊙일 때보다 <u>많다</u>. 적다

ㄱ. 뇌하수체 후엽에서 분비되는 항이뇨 호르몬(ADH)은 콩팥에서 물의 재흡수를 촉진하므로, 혈액량이 많으면 분비량이 감소한다. 구간 Ⅰ에서 ⊙일 때가 정상일 때보다 ADH의 농도가 낮으므로, 전체 혈액량이 증가한 상태이다.

바로알기 ㄴ. 정상일 때 구간 Ⅱ에서가 구간 Ⅰ에서보다 ADH의 농도가 높으므로 콩팥에서의 수분 재흡수량이 많다.

ㄷ. 구간 Ⅱ에서 정상일 때가 ⊙일 때보다 ADH의 농도가 높으므로 생성되는 오줌의 양은 적다.

16 삼투압 조절

자료 분석

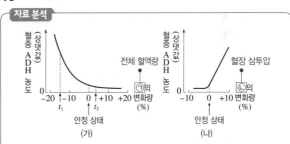

혈장 삼투압이 높을수록 혈중 ADH의 농도가 높아지고, 전체 혈액량이 많을수록 혈중 ADH의 농도는 낮아진다. ➡ ⊙은 전체 혈액량, ⓛ은 혈장 삼투압이다.

선택지 분석

◯ ⓛ은 혈장 삼투압이다.

◯ 콩팥은 ADH의 표적 기관이다.

✕ (가)에서 단위 시간당 오줌 생성량은 t_1에서가 t_2에서보다 <u>많다</u>. 적다

ㄱ. 혈장 삼투압이 높을수록 항이뇨 호르몬(ADH)의 혈중 농도가 높아지고, 전체 혈액량이 많을수록 항이뇨 호르몬의 혈중 농도는 낮아진다. 따라서 ⊙은 전체 혈액량, ⓛ은 혈장 삼투압이다.

ㄴ. 항이뇨 호르몬(ADH)은 콩팥에서 수분 재흡수를 촉진한다.

바로알기 ㄷ. 혈중 항이뇨 호르몬의 농도가 증가하면 콩팥에서 물의 재흡수량이 증가하므로 단위 시간당 오줌 생성량은 감소한다. (가)에서 t_1에서가 t_2에서보다 혈중 항이뇨 호르몬의 농도가 높으므로, 단위 시간당 오줌 생성량은 적다.

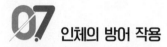

07 인체의 방어 작용

개념 확인 본책 81쪽, 83쪽

(1) 감염성 (2) ① 비, ② 감, ③ 감, ④ 비, ⑤ 감, ⑥ 감, ⑦ 비, ⑧ 감 (3) ①-ⓒ-ⓒ, ②-ⓛ-ⓑ, ③-⊙-ⓐ (4) 바이러 스, 없다 (5) 항생제, 항바이러스제 (6) 비특이적, 특이적 (7) 라이소자임 (8) 백혈구, 식균 작용 (9) 염증, 비특이적 (10) 항원 항체 반응의 특이성 (11) 세포성, 체액성 (12) 보조 T, B, 기억, 형질 (13) 골수, 골수, 가슴샘 (14) 2차, 기억, 형질 (15) 백신, 기억, 2 (16) 적혈구, A, β (17) β, AB, O

수능 자료 본책 84쪽

자료❶	1○	2○	3○	4○	5×	6○	7×
자료❷	1○	2×	3○	4○	5×	6×	7○
자료❸	1○	2×	3○	4×	5×	6×	7○
	8○						
자료❹	1○	2×	3×	4×			

자료 ❶

A는 감염성 질병이고, B는 비감염성 질병이다.

1 비특이적 방어 작용은 병원체의 종류나 감염 경험의 유무와 관계없이 일어난다.

4 ⊙(AIDS)과 ⓛ(독감)의 병원체는 모두 바이러스이며, 바이러스는 단백질과 유전 물질인 핵산으로 이루어져 있다.

5 ⊙(AIDS)의 병원체는 바이러스인 HIV로, 세포 구조로 되어 있지 않다.

6 ⓛ(독감)의 병원체는 바이러스이므로, 유전 물질로 핵산을 가지고 있다.

7 ⓛ(독감)의 병원체는 바이러스로 세포 구조를 가지고 있지 않으므로 세포 분열로 증식하지 않는다. 바이러스는 살아 있는 숙주 세포 내에서 증식하며, 방출될 때 숙주 세포를 파괴한다.

자료 ❷

생쥐 ⓛ에 @를 주사하였을 때 항체 농도는 0이지만 이후에 X를 주사하였을 때 항체 농도가 급격히 증가하였다. 이를 통해 @는 X에 대한 2차 면역 반응을 일으키는 기억 세포라는 것을 알 수 있다. 생쥐 ⊙의 혈청에는 X에 대한 항체가 포함되어 있는데, ⓒ에 ⓑ를 주사하였을 때 항체 농도가 증가하였고, 이후 X를 주사하였을 때 항체 농도가 급격하게 증가하지 않았으므로 1차 면역 반응이 일어났다. 따라서 ⓑ는 혈청이다.

1,2 @는 X에 대한 기억 세포이고, ⓑ는 X에 대한 항체가 포함된 혈청이다.

5 구간 Ⅰ에서는 2차 면역 반응이 일어나 X에 대한 기억 세포가 형질 세포로 분화하며, 형질 세포에서 X에 대한 항체가 생성된다.

6,7 ⓑ(혈청)에는 X에 대한 항체는 들어 있지만 기억 세포는 없다. 따라서 구간 Ⅱ에서는 X에 대한 1차 면역 반응이 일어나 B 림프구가 형질 세포로 분화한다.

자료 ❸

1~3 (가)에서는 비만 세포에서 화학 신호 물질(히스타민)이 분비되며, 모세 혈관 벽을 통과한 백혈구에 의해 식균 작용이 일어난다. 이는 비특이적 방어 작용인 염증 반응이다.

4 염증 반응(가)에서 화학 신호 물질은 손상된 부위에 있던 비만 세포에서 분비된다.

5 (나)에서 ⊙은 대식 세포가 제시한 항원을 인식하는 보조 T 림프구이며, T 림프구는 골수에서 만들어져 가슴샘에서 성숙(분화)한다.

6 (나)는 세균 X에 처음 감염된 후 나타나는 면역 반응이므로, 1차 면역 반응이다.

7 (나)에서 ⓛ은 활성화된 보조 T 림프구의 도움을 받아 형질 세포와 기억 세포로 분화되는 B 림프구이다.

자료 ❹

응집원 ⓛ과 응집소 ⓡ을 모두 가진 학생이 있으므로 ⓛ이 응집원 A라면 ⓡ은 응집소 β이고, ⓛ이 응집원 B라면 ⓡ은 응집소 α이다. ⓛ이 응집원 A라고 가정하면, ⓡ은 응집소 β, ⊙은 응집원 B, ⓒ은 응집소 α이다. 응집원 ⓛ(A)과 응집소 ⓡ(β)을 모두 가진 학생 수가 70이므로 A형인 학생 수는 70이다. 응집원 ⊙ (B)을 가진 학생 수가 74이므로 B형+AB형=74이다. 따라서 O형인 학생 수는 200−(70+74)=56이다. 응집소 ⓒ(α)을 가진 학생 수가 110이므로 B형+O형=110이다. 따라서 B형인 학생 수는 110−56=54이고, AB형인 학생 수는 74−54=20이다. A형인 학생 수(70)가 O형인 학생 수(56)보다 많다는 조건을 만족하므로 ⓛ은 응집원 A이다.

1 O형인 학생 수는 56, B형인 학생 수는 54이다.

2 항 A 혈청과 항 B 혈청 모두에 응집되는 혈액을 가진 학생은 AB형으로, 학생 수는 20이다.

3 Rh 응집원을 가진 Rh^+형 학생 수가 198이므로 Rh 응집원을 가지지 않는 Rh^-형 학생 수는 2이다. A형인 학생 수가 70이고, Rh^-형인 학생들 중 A형인 학생 수가 1이다. 따라서 Rh^+, A형인 학생 수는 69이다.

4 항 B 혈청에 응집되는 혈액을 가진 학생은 B형과 AB형이고, 이들 학생 수는 54+20=74이다. 항 B 혈청에 응집되지 않는 혈액을 가진 학생은 A형과 O형이고, 이들 학생 수는 70+56 =126이다.

 1점 본책 85쪽

1 (1) AB (2) B (3) A **2** (1) ⓛ (2) ⊙ **3** (1) ⊙ 비특이적, ⓛ 염증 (2) 비만 세포 (3) 모세 혈관이 확장되어 혈관벽의 투과성이 증가한다. **4** (1) ⊙, ⓛ (2) 형질 세포 (3) 1가지 **5** (1) (가) 세포성 면역 (나) 체액성 면역 (2) 보조 T 림프구 (3) ⓒ, 기억 세포 **6** ㄱ, ㄴ, ㄷ **7** (1) B형 (2) ⊙ 응집소 α, ⓛ 응집소 β (3) ⓒ

1 A는 세균에 의해 나타나는 감염성 질병이고, B는 바이러스에 의해 나타나는 감염성 질병이다. A와 같은 세균에 의한 질병은 항생제를 이용하여 치료한다.

2 감기를 일으키는 병원체는 바이러스로, 세포로 이루어져 있지 않으며, 세균성 폐렴을 일으키는 병원체는 세균으로, 단세포 생물이다. 따라서 A는 세균성 폐렴을 일으키는 병원체, B는 감기를 일으키는 병원체이다.
(1) 감기를 일으키는 병원체(B)인 바이러스는 스스로 물질대사를 할 수 없고, 세균성 폐렴을 일으키는 병원체(A)인 세균은 스스로 물질대사를 할 수 있다.
(2) 감기를 일으키는 병원체인 바이러스와 세균성 폐렴을 일으키는 병원체인 세균은 모두 유전 물질인 핵산을 가지고 있다.

3 (1) 가시에 찔린 피부를 통해 병원체가 체내로 침입하였을 때 부어오름, 붉어짐, 통증이 나타나면서 백혈구의 식균 작용에 의해 병원체를 제거하는 반응은 염증 반응이며, 염증 반응은 비특이적 방어 작용이다.
(2) 손상된 부위에 있는 비만 세포에서 화학 신호 물질인 히스타민이 분비된다.
(3) (가) 과정에서 화학 신호 물질(히스타민)이 모세 혈관을 확장시켜 모세 혈관 벽의 투과성이 증가한다.

4 (1) 항체에서 항원이 결합하는 부위는 ㉠과 ㉡의 두 부분이 있다.
(2) 항체는 B 림프구의 분화로 형성된 형질 세포에서 생성된다.
(3) 이 항체에서 항원이 결합하는 부위인 ㉠과 ㉡은 구조가 동일하며, 항체는 구조에 맞는 항원하고만 결합한다. 따라서 이 항체와 결합할 수 있는 항원의 종류는 1가지이다.

5 (1) ㉠은 활성화된 세포독성 T림프구이며, (가)는 세포독성 T림프구가 병원체에 감염된 세포를 제거하는 면역 반응이므로 세포성 면역이다. ㉡은 B 림프구, ㉢은 기억 세포이며, (나)는 형질 세포가 생산한 항체가 항원과 결합하는 항원 항체 반응으로 항원을 제거하는 면역 반응이므로 체액성 면역이다.
(2) B 림프구(㉡)는 활성화된 보조 T 림프구의 도움을 받아 형질 세포와 기억 세포(㉢)로 분화된다.
(3) 동일 항원이 재침입하면 그 항원에 대한 기억 세포(㉢)가 빠르게 분화하여 형질 세포와 기억 세포를 만들며, 형질 세포에서 항체를 생성하는 2차 면역 반응이 일어난다.

6 ㄱ. 구간 Ⅰ에서 항원 A에 대한 항체(항체 a)의 농도가 증가했으므로, A에 대한 체액성 면역이 일어났음을 알 수 있다.
ㄴ. 구간 Ⅱ에서 항원 A가 침입했으므로 식균 작용 등과 같은 비특이적 방어 작용이 일어나며, 항체 a의 농도가 구간 Ⅰ에서보다 급격하게 증가했으므로 항체 a에 대한 기억 세포의 빠른 분화로 형성된 형질 세포에서 항체 a가 생성되는 2차 면역 반응이 일어났다.
ㄷ. 구간 Ⅱ에서는 항원 B에 대한 1차 면역 반응이 일어나 B 림프구로부터 형질 세포와 기억 세포가 형성된다. 따라서 구간 Ⅱ에는 B에 대한 기억 세포가 존재한다.

7 (1) 항 A 혈청(응집소 α)에서는 응집 반응이 일어나지 않았으므로 응집원 A가 없고, 항 B 혈청(응집소 β)에서는 응집 반응이 일어났으므로 응집원 B가 있다. 따라서 이 사람의 ABO식 혈액형은 B형이다.
(2) 응집소 ㉠은 항 A 혈청과 B형 혈액에 존재하는 응집소 α이고, 응집소 ㉡은 항 B 혈청에 존재하는 응집소 β이다.
(3) B형인 이 사람의 적혈구에는 응집원 B가, 혈장에는 응집소 α가 존재한다. 따라서 항 B 혈청에서 이 사람의 적혈구와 응집하지 않은 ㉢이 이 사람의 혈액에 존재하는 응집소 α이다.

수능 2점

| 1 ④ | 2 ③ | 3 ④ | 4 ① | 5 ⑤ | 6 ③ |
| 7 ④ | 8 ② | | | | |

1 질병의 구분

자료 분석

구분	질병
감염성 질병 A	㉠후천성 면역 결핍증(AIDS), ㉡독감, 결핵
비감염성 질병 B	낫 모양 적혈구 빈혈증

• 병원체는 바이러스 (㉠)
• 병원체는 바이러스 (㉡)

선택지 분석

✗ ㉠의 병원체는 세포 구조로 되어 있다. 비세포 구조
○ ㉡의 병원체는 스스로 물질대사를 하지 못한다.
○ 혈우병은 B의 예에 해당한다.

ㄴ. ㉡(독감)의 병원체는 바이러스이므로, 스스로 물질대사를 하지 못하고 살아 있는 숙주 세포 내에서 숙주의 효소를 이용해 물질대사를 한다.
ㄷ. B(낫 모양 적혈구 빈혈증)는 병원체에 의해 나타나는 질병이 아니라 유전자 돌연변이에 의한 비감염성 질병이다. 혈우병도 유전자 돌연변이에 의한 비감염성 질병이므로 B의 예에 해당한다.
바로알기 ㄱ. ㉠(후천성 면역 결핍증)의 병원체는 바이러스(HIV)이므로 세포 구조로 되어 있지 않고 유전 물질과 단백질 껍질로 구성되어 있다.

2 질병과 병원체

선택지 분석

✗ A   ✗ C   ③ A, B   ✗ B, C   ✗ A, B, C

• 학생 A: 무좀의 병원체인 무좀균은 균류에 속하는 곰팡이이다.
• 학생 B: 말라리아는 말라리아 원충을 가진 모기와 같은 매개 곤충을 통해 전염된다.
바로알기 • 학생 C: 독감의 병원체는 바이러스이며, 바이러스는 세포의 구조를 갖추고 있지 않다. 따라서 독감의 병원체는 세포 분열을 통해 스스로 증식하지 못하고, 살아 있는 숙주 세포 내에서 증식한다.

3 질병의 구분

자료 분석

구분	질병	병원체
감염성 질병 ┌A	천연두, 홍역	바이러스 ──→ 항바이러스제로 치료
└B	결핵, 콜레라	세균 ──→ 항생제로 치료

선택지 분석

✗ A의 병원체는 ~~원생생물~~이다. 바이러스

◯ ㉡ 결핵의 치료에는 항생제가 사용된다.

◯ ㉢ A와 B는 모두 감염성 질병이다.

A는 바이러스에 감염되어 발병하는 감염성 질병이고, B는 세균에 감염되어 발병하는 감염성 질병이다.

ㄴ. 결핵의 병원체인 결핵균은 세균이며, 세균에 의한 질병의 치료에는 항생제가 사용된다. 바이러스에 의한 질병의 치료에는 항바이러스제가 사용된다.

ㄷ. A와 B는 모두 병원체에 의해 나타나 다른 사람에게 전염되는 감염성 질병이다.

바로알기 ㄱ. A의 병원체는 바이러스이다.

4 1차 면역 반응과 2차 면역 반응

자료 분석

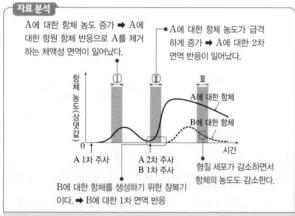

A에 대한 항체 농도 증가 ➡ A에 대한 항원 항체 반응으로 A를 제거하는 체액성 면역이 일어났다.

A에 대한 항체 농도가 급격하게 증가 ➡ A에 대한 2차 면역 반응이 일어났다.

A 1차 주사 / A 2차 주사 B 1차 주사 / 형질 세포가 감소하면서 항체의 농도도 감소한다.

B에 대한 항체를 생성하기 위한 잠복기이다. ➡ B에 대한 1차 면역 반응

선택지 분석

◯ ㉠ 구간 Ⅰ에서 A에 대한 체액성 면역 반응이 일어났다.

✗ 구간 Ⅱ에서 B에 대한 ~~2차~~ 면역 반응이 일어났다. 1차

✗ 구간 Ⅲ에서 B에 대한 항체 농도가 감소하는 것은 B에 대한 ~~기억 세포~~의 수가 감소하기 때문이다. 형질 세포

ㄱ. 체액성 면역은 형질 세포에서 생성, 분비된 항체로 항원을 제거하는 면역 반응이다. 구간 Ⅰ에서 A에 대한 항체 농도가 증가했으므로 A에 대한 항원 항체 반응이 일어나 A를 제거하는 체액성 면역이 일어났음을 알 수 있다.

바로알기 ㄴ. 2차 면역 반응은 동일 항원의 재침입이 일어났을 때, 그 항원에 대한 기억 세포가 형질 세포로 빠르게 분화하여 항체를 생성하는 반응이다. 구간 Ⅱ에서 A가 2차 침입했을 때 A에 대한 항체 농도가 급격하게 증가했으므로 A에 대한 2차 면역 반응이 일어났음을 알 수 있다. 반면, B의 경우 구간 Ⅱ는 1차 침입으로 B에 대한 항체를 생성하기 위한 잠복기임을 알 수 있다(1차 면역 반응).

ㄷ. 항체는 형질 세포에서 생성된다. 따라서 구간 Ⅲ에서 B에 대한 항체 농도가 감소하는 것은 B에 대한 기억 세포의 수가 감소하기 때문이 아니라 형질 세포의 수가 감소하기 때문이다.

5 특이적 방어 작용

자료 분석

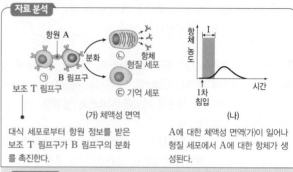

(가) 체액성 면역

대식 세포로부터 항원 정보를 받은 보조 T 림프구가 B 림프구의 분화를 촉진한다.

(나)

A에 대한 체액성 면역(가)이 일어나 형질 세포에서 A에 대한 항체가 생성된다.

선택지 분석

◯ ㉠ ㉠은 골수에서 생성되고 가슴샘에서 성숙한다.

◯ ㉡ 구간 Ⅰ에서 ㉡이 형성된다.

◯ ㉢ ㉢은 A에 대한 기억 세포이다.

ㄱ. ㉠은 B 림프구의 분화를 촉진하는 보조 T 림프구이며, T 림프구는 골수에서 만들어지고, 가슴샘에서 성숙한다.

ㄴ. 구간 Ⅰ에서 A에 대한 항체 농도가 증가하기 시작한 것은 체액성 면역(가)이 일어나 형질 세포(㉡)가 형성되었기 때문이다.

ㄷ. (가)에서 B 림프구는 기억 세포와 형질 세포로 분화한다. ㉡은 항체를 생성하므로 형질 세포이고, ㉢은 기억 세포이다.

6 후천성 면역 결핍증(AIDS)

선택지 분석

◯ ㉠ ㉠은 T 림프구이다.

◯ ㉡ 구간 Ⅰ에서 HIV에 대한 체액성 면역 반응이 일어난다.

✗ B 림프구는 t_1에서보다 t_2에서 형질 세포로 ~~활발하게 분화~~한다. t_2에서보다 t_1에서

HIV는 보조 T 림프구 내에 증식하면서 보조 T 림프구를 파괴한다. 그 결과 체액성 면역 반응이 억제되어 면역 결핍이 나타나는 후천성 면역 결핍증이 발병한다. 따라서 HIV 감염 후 시간이 지날수록 HIV 수는 증가하고, T 림프구 수는 감소한다.

ㄱ. HIV에 감염된 후 시간이 흐를수록 그 수가 감소하는 ㉠은 T 림프구이고, 증가하는 ㉡은 HIV이다.

ㄴ. 구간 Ⅰ에서는 HIV 항체 농도가 증가하고, HIV 수가 감소하므로 체액성 면역 반응에 의해 HIV 항체가 생성되어 HIV를 일부 제거한다는 것을 알 수 있다.

바로알기 ㄷ. 보조 T 림프구는 대식 세포로부터 항원에 대한 정보를 전달받아 B 림프구를 활성화시키는 역할을 한다. t_1에서보다 t_2에서 ㉠(T 림프구) 수가 적으므로, t_2에서는 t_1에서보다 보조 T 림프구에 의해 촉진되는 B 림프구의 분화가 잘 일어나지 않는다.

7 ABO식 혈액형 구분

자료 분석

구분	아버지의 혈장응집소 있음	철수의 혈장	남동생의 혈장
어머니의 혈구 응집원 있음	응집됨	응집 안 됨	㉠ 응집됨

부모는 각각 A형 또는 B형 / ●AB형 / ●O형

철수와 남동생은 각각 O형 또는 AB형인데, 어머니의 혈구와 철수의 혈장을 섞었을 때 응집 반응이 일어나지 않았으므로, 철수의 혈장에는 응집소가 없다. ➡ 철수는 AB형, 남동생은 O형이다.

선택지 분석

✗ 아버지의 ABO식 혈액형은 AB형이다. A형 또는 B형
ⓛ ㉠은 '응집됨'이다.
ⓒ 어머니와 철수의 혈구에는 동일한 종류의 응집원이 있다.

철수 가족의 ABO식 혈액형은 서로 다르다. 어머니의 혈구와 아버지의 혈장을 섞었을 때 응집 반응이 일어났다. 이는 어머니의 혈구에는 응집원이 있고, 아버지의 혈장에는 응집소가 있기 때문이다. 이를 통해 응집원이 없는 O형과 응집소가 없는 AB형은 어머니와 아버지의 혈액형이 아니며, 아버지와 어머니는 각각 A형 또는 B형임을 알 수 있다.

또한 철수와 남동생은 각각 O형 또는 AB형인데, 어머니의 혈구와 철수의 혈장을 섞었을 때 응집 반응이 일어나지 않았으므로, 철수의 혈장에는 응집소가 없다. 따라서 철수는 AB형이고, 남동생은 O형이다.

ㄴ. 남동생은 O형이므로 남동생의 혈장에는 응집소 α와 β가 있고, 어머니는 A형 또는 B형으로 적혈구에 응집원이 있으므로, ㉠은 '응집됨'이다.

ㄷ. 철수는 AB형이고, 어머니는 A형이거나 B형이다. 철수는 응집원 A와 B를 모두 가지고 있으므로, 어머니와 철수의 혈구에는 동일한 종류의 응집원이 있다.

바로알기 ㄱ. 아버지와 어머니의 ABO식 혈액형은 각각 A형이거나 B형이다.

8 ABO식 혈액형 구분

자료 분석

항 A 혈청	항 B 혈청
응집함	응집함

• 항 A 혈청(응집소 α)과 항 B 혈청(응집소 β)에 모두 응집
➡ 영희는 AB형이다.

• AB형은 응집원만 있고, O형은 응집소만 있다. 따라서 A형 또는 B형이다.

구분	학생 수
응집원 ㉠이 있는 사람	79 AB형 포함
응집소 ㉡이 있는 사람	118 O형 포함
응집원 ㉠과 응집소 ㉡이 모두 있는 사람	55 A형 또는 B형

응집원 ㉠은 응집원 A 또는 B이고, 응집소 ㉡은 응집소 α 또는 β이다.
• 응집원 ㉠이 A이고 응집소 ㉡이 β인 경우: A형+AB형=79, A형+O형=118, A형=55 ➡ A형은 55, AB형은 24, O형은 63, B형은 58
• 응집원 ㉠이 B이고 응집소 ㉡이 α인 경우: B형+AB형=79, B형+O형=118, B형=55 ➡ A형은 58, AB형은 24, O형은 63, B형은 55

선택지 분석

✗ B형인 학생 수가 가장 적다. AB형
ⓛ ABO식 혈액형이 영희와 같은 학생 수는 24이다.
✗ 항 A 혈청과 항 B 혈청 모두에 응집하지 않는 혈액을 가진 학생 수는 58이다. 63

ㄴ. 영희는 항 A 혈청과 항 B 혈청에 모두 응집하므로 AB형이다. 응집원 A와 B를 모두 가진 AB형은 응집원 ㉠을 가진 학생 수에 포함되므로 응집원 ㉠이 무엇인지에 관계없이 AB형인 학생 수는 79-55=24이다.

바로알기 ㄱ. 응집원 ㉠이 무엇이냐에 따라 학생 수가 A형과 B형은 각각 55 또는 58이고, AB형은 24, O형은 63이다. 따라서 AB형인 학생 수가 가장 적다.

ㄷ. 항 A 혈청과 항 B 혈청 모두에 응집하지 않는 혈액은 O형으로, O형인 학생 수는 63이다.

---

1 ③	2 ③	3 ③	4 ①	5 ④	6 ④
7 ④	8 ④	9 ③	10 ⑤	11 ③	12 ①
13 ①	14 ①				

1. 질병과 병원체의 구분

선택지 분석

✗ A는 매개 곤충에 의해 감염된다. 세균
✗ 수면병을 일으키는 병원체는 ㉠이다. 원생생물
ⓒ B의 병원체는 ㉢이다.

A는 세균성 질병, B는 바이러스성 질병, C는 비감염성 질병이고, ㉠은 곰팡이, ㉡은 세균, ㉢은 바이러스이다.

ㄷ. B(홍역, 감기)의 병원체는 바이러스(㉢)이며, 바이러스는 숙주 세포 내에서 자신의 핵산을 복제해 증식한다.

바로알기 ㄱ. A(파상풍, 결핵)는 세균성 질병이다. 파상풍은 파상풍균이 피부의 상처를 통해 체내로 침투하여 발병하고, 결핵은 결핵균이 호흡기를 통해 체내로 들어가 발병한다. 매개 곤충에 의해 감염되는 감염성 질병에는 말라리아가 있다.

ㄴ. 수면병을 일으키는 병원체는 핵을 가지고 있는 원생생물이다.

2 질병의 구분

자료 분석

질병 \ 특징	㉠	㉡	㉢
후천성 면역 결핍증 A	○	×	ⓐ○
탄저병 B	×	?○	○
류머티즘 관절염 C	ⓑ○	×	×

(○: 있음, ×: 없음)

(가)

• 류머티즘 관절염, 후천성 면역 결핍증-㉠

특징 (㉠~㉢)
• 면역 관련 질환이다.
• 타인에게 전염될 수 있다.
• 병원체가 세포 구조를 갖추고 있다. 탄저병-㉡

• 탄저병, 후천성 면역 결핍증-㉢

(나)

탄저병은 세균에 의한 감염성 질병이고, 류머티즘 관절염은 자가 면역 질환이며, 후천성 면역 결핍증은 바이러스에 의한 감염성 질병이면서 면역 관련 질환이다.

선택지 분석

ⓛ ⓐ와 ⓑ는 모두 '○'이다.
ⓛ A의 병원체는 사람 면역 결핍 바이러스(HIV)이다.
✗ C의 병원체는 단백질을 가지고 있다. A와 B

ㄱ. 면역 관련 질환은 면역 체계 이상으로 나타나는 질환으로, 류머티즘 관절염과 후천성 면역 결핍증이 해당된다. 타인에게 전염될 수 있는 감염성 질병에는 탄저병과 후천성 면역 결핍증이, 병원체가 세포 구조를 갖추고 있는 것은 세균에 의해 발병하는 탄저병이 해당된다. 따라서 C는 세 가지 특징 중 한 가지만 있는 류머티즘 관절염이고, ㉠은 '면역 관련 질환이다.'이며, ⓑ는 '○'이다. ㉠이 '면역 관련 질환이다.'이므로 A는 후천성 면역 결핍증이고, ㉢은 '타인에게 전염될 수 있다.'이며, ⓐ는 '○'이다. 따라서 B는 탄저병이고, ㉡은 '병원체가 세포 구조를 갖추고 있다.'이다.

ㄴ. 후천성 면역 결핍증(A)은 사람 면역 결핍 바이러스(HIV)에 감염되어 면역 기능이 현저히 저하되는 질병이다.

바로알기 ㄷ. 류머티즘 관절염(C)은 면역계가 자기 몸의 조직을 항원으로 인식하여 공격함으로써 발생하는 자가 면역 질환으로, 병원체가 없는 비감염성 질병이다.

3 질병과 병원체의 구분

자료 분석

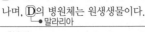

- A, B, D의 병원체는 모두 유전 물질을 가진다. 무좀, 독감, 말라리아
- A와 D의 병원체는 모두 세포 구조로 되어 있다. 무좀, 말라리아
- C는 유전자 돌연변이에 의해 나타나며, D의 병원체는 원생생물이다. 말라리아
- 혈우병

올바른 손 씻기와 기침 예절로 감염병을 예방하고 개인 위생을 지킨다.

손이나 호흡기를 통한 병원체 감염을 예방한다.

- 유전 물질이 있는 병원체에 의해 나타나는 감염성 질병은 무좀, 독감, 말라리아이고, 혈우병은 유전자 돌연변이에 의한 질병이다. ➡ C는 혈우병이다.
- 병원체가 세포 구조로 되어 있는 것은 무좀, 말라리아이며, 무좀의 병원체는 곰팡이, 말라리아의 병원체는 원생생물이다. ➡ A는 무좀, B는 독감, D는 말라리아이다.

선택지 분석

ㄱ 그림은 A~D 중 B를 예방하기 위한 것이다.

✗ C는 백신을 이용하여 예방할 수 있다. 없다

ㄷ D는 매개 곤충에 의해 감염된다.

ㄱ. 올바른 손 씻기로는 손을 통해 감염되는 질병을 예방하고, 기침 예절로는 호흡기를 통한 병원체 감염을 예방할 수 있다. B(독감)는 오염된 손으로 눈, 코 등 얼굴을 만지거나 호흡기를 통해 감염되므로, 그림에 제시된 방법으로 예방할 수 있다.

ㄷ. D(말라리아)는 말라리아 원충이 있는 모기와 같은 매개 곤충에 의해 감염된다.

바로알기 ㄴ. 백신의 원리는 항원을 주입하여 1차 면역 반응을 일으킴으로써 감염성 질병을 예방하는 것이다. C(혈우병)는 비감염성 질병이므로, 백신을 이용해 예방할 수 없다.

4 염증 반응과 체액성 면역

자료 분석

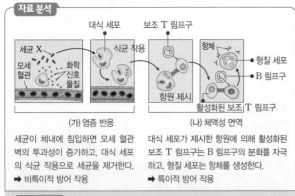

(가) 염증 반응   (나) 체액성 면역

세균이 체내에 침입하면 모세 혈관 벽의 투과성이 증가하고, 대식 세포의 식균 작용으로 세균을 제거한다. ➡ 비특이적 방어 작용

대식 세포가 제시한 항원에 의해 활성화된 보조 T 림프구는 B 림프구의 분화를 자극하고, 형질 세포는 항체를 생성한다. ➡ 특이적 방어 작용

선택지 분석

ㄱ (가)에서 X에 대한 비특이적 면역 반응이 일어났다.

✗ ㉡은 가슴샘(흉선)에서 성숙되었다. 골수

✗ (나)에서 X에 대한 2차 면역 반응이 일어났다. 1차

ㄱ. (가)는 세균 X가 체내에 침입했을 때 백혈구의 식균 작용으로 세균 X를 제거하는 염증 반응을 나타낸 것이다. 염증 반응은 병원체의 종류나 감염 경험의 유무와 관계없이 일어나는 비특이적 방어 작용이다.

바로알기 ㄴ. (나)에서는 대식 세포의 식균 작용으로 제시된 항원을 보조 T 림프구(㉠)가 인식하여 활성화되고, 활성화된 보조 T 림프구의 자극에 의해 B 림프구(㉡)가 형질 세포로 분화하여 항체를 생성한다. B 림프구(㉡)는 골수에서 만들어지고 성숙하며, 가슴샘에서 성숙하는 것은 T 림프구이다.

ㄷ. (나)는 세균 X에 처음 감염된 후 나타나는 체액성 면역으로, 처음 감염되었을 때는 B 림프구가 형질 세포로 분화하여 항체를 생성하는 1차 면역 반응이 일어난다. 2차 면역 반응은 X에 재감염되었을 때 기억 세포가 형질 세포로 분화하여 항체를 생성한다.

5 면역 세포의 특징

자료 분석

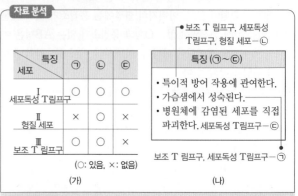

특징 세포	㉠	㉡	㉢
Ⅰ 세포독성 T 림프구	○	○	○
Ⅱ 형질 세포	×	○	×
Ⅲ 보조 T 림프구	○	○	×

(○: 있음, ×: 없음)

(가)

- 보조 T 림프구, 세포독성 T 림프구, 형질 세포 — ㉡

특징 (㉠~㉢)
• 특이적 방어 작용에 관여한다.
• 가슴샘에서 성숙된다.
• 병원체에 감염된 세포를 직접 파괴한다. 세포독성 T 림프구 — ㉢

보조 T 림프구, 세포독성 T 림프구 — ㉠

(나)

선택지 분석

✗ Ⅰ은 보조 T 림프구이다. 세포독성 T 림프구

ㄴ Ⅱ에서 항체가 분비된다.

ㄷ ㉢은 '병원체에 감염된 세포를 직접 파괴한다.'이다.

보조 T 림프구, 세포독성 T 림프구, 형질 세포는 모두 특이적 방어 작용에 관여하고, T 림프구는 가슴샘에서 성숙된다. 또, 병원체에 감염된 세포를 직접 파괴하는 것은 세포독성 T 림프구이다. 따라서 3가지 특징을 모두 갖는 Ⅰ은 세포독성 T 림프구, 1가지 특징을 갖는 Ⅱ는 형질 세포, 2가지 특징을 갖는 Ⅲ은 보조 T 림프구이며, ㉠은 '가슴샘에서 성숙된다.', ㉡은 '특이적 방어 작용에 관여한다.', ㉢은 '병원체에 감염된 세포를 직접 파괴한다.'이다.

ㄴ. Ⅱ는 형질 세포이며, 형질 세포에서 항체가 분비된다.

ㄷ. 병원체에 감염된 세포를 직접 파괴하는 세포는 세포독성 T 림프구뿐이므로, ㉢은 '병원체에 감염된 세포를 직접 파괴한다.'이다.

바로알기 ㄱ. Ⅰ은 3가지 특징을 모두 갖는 세포독성 T 림프구이다.

6 특이적 방어 작용

선택지 분석

✗ (가)는 체액성 면역이다. 세포성 면역

ㄴ 보조 T 림프구는 ㉡에서 ㉢으로의 분화를 촉진한다.

ㄷ 2차 면역 반응에서 과정 ⓐ가 일어난다.

(가)는 활성화된 세포독성 T 림프구가 병원체에 감염된 세포를 파괴하여 제거하는 세포성 면역이고, (나)는 항원 항체 반응으로 항원을 제거하는 체액성 면역이다.

ㄴ. 대식 세포로부터 병원체에 대한 정보를 전달받은 보조 T 림프구는 B 림프구(㉡)가 형질 세포와 기억 세포(㉢)로 분화되는 과정을 촉진한다.

ㄷ. 2차 면역 반응은 병원체의 1차 침입으로 형성된 기억 세포(㉢)가 병원체의 재침입 시 빠르게 분화하여 형질 세포와 기억 세포를 만들고, 형질 세포에서 항체를 생성하여 병원체를 제거하는 면역 반응이다. 따라서 기억 세포가 형질 세포로 분화하는 과정 ⓐ는 2차 면역 반응에서 일어난다.

바로알기 ㄱ. (가)는 세포성 면역, (나)는 체액성 면역이다.

7 1차 면역 반응과 2차 면역 반응

자료 분석

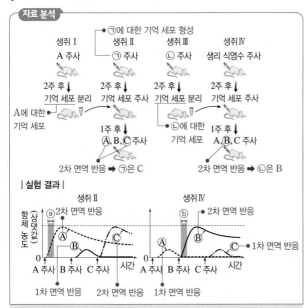

선택지 분석

ㄱ ㉠은 C이다.

ㄴ 구간 ⓐ에서 A에 대한 체액성 면역 반응이 일어났다.

✗ 구간 ⓑ에서 B에 대한 형질 세포가 기억 세포로 분화되었다.
　　　　　　　　　　　　　　　기억 세포가 형질 세포로

ㄱ. (나)에서 생쥐 Ⅰ에 A를 주사하면 1차 면역 반응이 일어나 A에 대한 항체와 기억 세포가 생성되고, 생쥐 Ⅱ에 ㉠을, 생쥐 Ⅲ에 ㉡을 주사하면 각각 그 항원에 대한 항체와 기억 세포가 생성된다. 실험 결과 A, B, C에 대한 혈중 항체 농도 변화 그래프를 보면 생쥐 Ⅱ에 A, B, C를 주사했을 때 A, C에 대해서는 2차 면역 반응이, B에 대해서는 1차 면역 반응이 일어났다. 이는 생쥐 Ⅱ에 A, B, C를 주사하기 전 A와 C에 대한 기억 세포가 존재함을 의미한다. 이를 통해 ㉠은 항원 C여서, 생쥐 Ⅱ는 항원 C에 대한 1차 면역 반응이 일어나 C에 대한 기억 세포가 형성된 후, A, B, C를 주사받았음을 알 수 있다.

또한 생쥐 Ⅳ에서 B에 대한 2차 면역 반응이 일어났음을 통해 ㉡은 항원 B여서, Ⅳ는 항원 B에 대한 기억 세포가 형성된 후 A, B, C를 주사받았음을 알 수 있다.

ㄴ. 구간 ⓐ에서 A에 대한 항체 농도가 높아지고 있으므로, A에 대한 체액성 면역 반응이 일어났음을 알 수 있다.

바로알기 ㄷ. 구간 ⓑ에서는 B에 대한 2차 면역 반응이 일어나 기억 세포가 형질 세포로 분화되고, 형질 세포에서 항체가 생성되었다.

8 방어 작용 실험

자료 분석

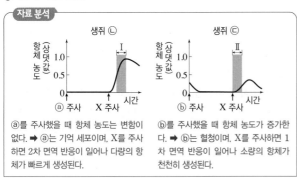

ⓐ를 주사했을 때 항체 농도는 변함이 없다. ➡ ⓐ는 기억 세포이며, X를 주사하면 2차 면역 반응이 일어나 다량의 항체가 빠르게 생성된다.

ⓑ를 주사했을 때 항체 농도가 증가한다. ➡ ⓑ는 혈청이며, X를 주사하면 1차 면역 반응이 일어나 소량의 항체가 천천히 생성된다.

선택지 분석

✗ ⓐ는 혈청이다. 기억 세포

ㄴ 구간 Ⅰ에서 X에 대한 체액성 면역 반응이 일어났다.

ㄷ 구간 Ⅱ에서 X에 대한 B 림프구가 형질 세포로 분화한다.

(다)에서 얻은 혈청에는 X에 대한 항체가 들어 있으므로, 혈청을 주사받은 직후의 생쥐에서는 혈중 항체 농도가 0 이상으로 나타나며, 이 생쥐에 X를 주사했을 때 1차 면역 반응이 일어나 잠복기를 거친 후 X에 대한 항체 농도가 서서히 증가한다.

X에 대한 기억 세포를 주사받은 직후의 생쥐에서는 혈중 항체 농도가 0이지만, 이 생쥐에 X를 주사했을 때 기억 세포로 인해 2차 면역 반응이 일어나 혈중 항체 농도가 빠르게 증가한다.

따라서 실험 결과를 통해 생쥐 ㉡에는 X에 대한 기억 세포인 ⓐ를, 생쥐 ㉢에는 혈청인 ⓑ를 주사하였음을 알 수 있다.

ㄴ. 생쥐 ㉡에 X를 주사하기 전 X에 대한 기억 세포(ⓐ)를 주사했으므로, X를 주사하면 기억 세포의 빠른 증식, 분화로 형성된 형질 세포에서 항체가 신속하게 생성되는 2차 면역 반응이 일어난다. 항원 항체 반응으로 X를 제거하는 면역 반응은 체액성 면역 반응이므로, 구간 Ⅰ에서 X에 대한 체액성 면역 반응이 일어났다.

ㄷ. 구간 Ⅱ에서 X에 대한 혈중 항체 농도가 서서히 증가한 것은 1차 면역 반응이 일어나 B 림프구가 기억 세포와 형질 세포로 분화하고, 형질 세포에서 X에 대한 항체가 생성되었기 때문이다.

바로알기 ㄱ. ⓐ는 X에 대한 기억 세포, ⓑ는 혈청이다.

9 1차 면역 반응과 2차 면역 반응

자료 분석

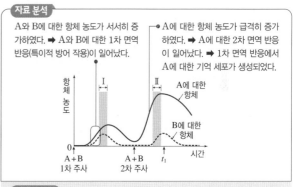

선택지 분석

ㄱ 구간 Ⅰ에서 A에 대한 기억 세포가 형성되었다.

ㄴ 구간 Ⅱ에서 B에 대한 특이적 방어 작용이 일어났다.

✗ t₁일 때 ㉠으로부터 얻은 혈청에는 B에 대한 항체를 생성하는 형질 세포가 들어 있다. 들어 있지 않다

ㄱ. A를 2차 주사하였을 때 A에 대한 항체 농도가 급격히 증가한 것을 통해 구간 Ⅰ에서 A에 대한 1차 면역 반응이 일어나 형질 세포와 기억 세포가 형성되었음을 알 수 있다.

ㄴ. 구간 Ⅱ에서 A와 B에 대한 항체 농도가 증가한 것을 통해 A와 B에 대한 특이적 방어 작용인 체액성 면역 반응이 일어났음을 알 수 있다.

바로알기 ㄷ. t_1일 때 생쥐 ㉠의 혈액에는 A에 대한 항체를 생성하는 형질 세포와 B에 대한 항체를 생성하는 형질 세포가 모두 들어 있다. 하지만 혈청은 혈액에서 세포와 혈액 응고 관련 성분을 제거한 것이므로 항체는 들어 있지만 형질 세포는 없다.

10 백신의 원리

자료 분석

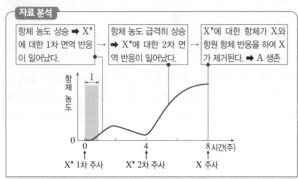

| 항체 농도 상승 ➡ X*에 대한 1차 면역 반응이 일어났다. | 항체 농도 급격히 상승 ➡ X*에 대한 2차 면역 반응이 일어났다. | X*에 대한 항체가 X와 항원 항체 반응을 하여 X가 제거된다. ➡ A 생존 |

선택지 분석

ㄱ X*는 X에 대한 백신 역할을 하였다.
ㄴ 구간 Ⅰ에서 X*에 대한 특이적 방어 작용이 일어났다.
ㄷ (다)에서 A에게 X를 주사한 후 A에서 X*에 대한 형질 세포가 항체를 생성하였다.

ㄱ. X*는 X의 병원성을 약화시켜 만든 것이고, 생쥐 A에 X*를 주사한 후에 X를 주사하였을 때 A가 생존하였으므로 X*는 X로 인한 질병을 예방하는 백신으로 작용하였음을 알 수 있다. 백신은 1차 면역 반응을 일으켜 기억 세포를 형성하게 하여 병원체가 침입하였을 때 2차 면역 반응을 일으키도록 함으로써 질병을 예방한다.
ㄴ. 구간 Ⅰ에서 X*에 대한 항체 농도가 증가하였으므로 X*에 대한 특이적 방어 작용인 체액성 면역 반응이 일어났다.
ㄷ. X*는 X의 병원성을 약화시켜 만든 것이므로 X*를 주사한 A에게 X를 주사하면 X*에 대한 기억 세포가 형질 세포로 분화하여 항체를 생성한다.

11 특이적 방어 작용

자료 분석

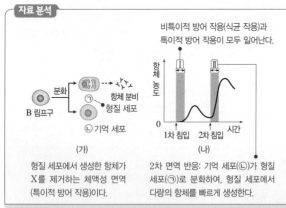

형질 세포에서 생성한 항체가 X를 제거하는 체액성 면역(특이적 방어 작용)이다.

2차 면역 반응: 기억 세포(ⓒ)가 형질 세포(㉠)로 분화하여, 형질 세포에서 다량의 항체를 빠르게 생성한다.

선택지 분석

㉠ (가)는 특이적 방어 작용에 해당한다.
ⓒ 구간 Ⅰ에서 X에 대한 식균 작용이 일어난다.
✗ 구간 Ⅱ에서 ㉠이 ⓒ으로 분화한다. ⓒ이 ㉠으로

ㄱ. (가)는 생성된 항체가 병원체 X에 결합하는 항원 항체 반응을 통해 X를 제거하는 체액성 면역이며, 특정 병원체 X를 인식하여 제거하므로 특이적 방어 작용에 해당한다.
ㄴ. 병원체가 체내로 침입하면 식균 작용, 염증 반응과 같은 비특이적 방어 작용이 신속하게 일어난다. 또한 대식 세포가 식균 작용으로 삼킨 병원체를 분해한 후 항원을 세포 표면에 제시함으로써 특이적 방어 작용이 시작된다. 따라서 구간 Ⅰ에서 X에 대한 식균 작용이 일어난다.

바로알기 ㄷ. 항체를 분비하는 세포는 형질 세포이므로, ㉠은 형질 세포, ⓒ은 기억 세포이다. 구간 Ⅱ에서는 X의 2차 침입으로 인해 2차 면역 반응이 일어났으며, 2차 면역 반응에서는 X에 대한 기억 세포(ⓒ)가 형질 세포(㉠)로 분화한다.

12 체액성 면역 반응

선택지 분석

㉠ (나)의 Ⅱ에서 ㉠에 대한 특이적 방어 작용이 일어났다.
✗ (다)의 Ⅴ에서 ㉠에 대한 2차 면역 반응이 일어났다. 1차
✗ ⓐ에는 ⓒ에 대한 형질 세포가 있다. 항체

(나)에서 생쥐 Ⅰ에는 생리식염수를 주사했으므로 항체가 생성되지 않는다. 생쥐 Ⅱ에는 죽은 ㉠을 주사하였으므로 ㉠에 대한 기억 세포와 항체가 생성되고, 생쥐 Ⅲ에는 죽은 ⓒ을 주사하였으므로 ⓒ에 대한 기억 세포와 항체가 생성된다.
ㄱ. (나)의 생쥐 Ⅱ에서 ㉠에 대한 항체가 생성된 것은 주사한 죽은 ㉠이 항원으로 작용하여 특이적 방어 작용인 체액성 면역 반응이 일어났기 때문이다.

바로알기 ㄴ. 2차 면역 반응이 일어나려면 항원에 대한 기억 세포가 있어야 한다. 혈장은 혈액에서 세포 성분을 제외한 액체로, 생쥐 Ⅱ의 혈장에는 ㉠에 대한 항체는 있지만 기억 세포는 없다. 따라서 (다)의 생쥐 Ⅴ에서는 ㉠에 대한 1차 면역 반응이 일어난다.
ㄷ. ⓐ(생쥐 Ⅲ의 혈장)에는 ⓒ에 대한 항체는 있으나 형질 세포는 없다.

13 ABO식 혈액형과 Rh식 혈액형

자료 분석

ⓒ이 응집원 A, ⓔ이 응집소 β라면 학생 수는 다음과 같다.

구분	학생 수
응집원 ㉠을 가진 학생 B형+AB형	74
응집소 ⓒ을 가진 학생 B형+O형	110
응집원 ⓒ과 응집소 ⓔ을 모두 가진 학생 A형	70
Rh 응집원을 가진 학생 Rh⁺형	198

• A형이 70이면 O형은 200−(70+74)=56
• B형=110−56=54, AB형=74−54=20
➡ 'A형인 학생 수가 O형인 학생 수보다 많다.'는 문제의 조건 충족

선택지 분석

㉠ O형인 학생 수가 B형인 학생 수보다 많다.
✗ Rh⁺형인 학생들 중 AB형인 학생 수는 20이다. 19
✗ 항 A 혈청에 응집되는 혈액을 가진 학생 수가 항 A 혈청에 응집되지 않는 혈액을 가진 학생 수보다 많다. 적다

응집원 ⓒ과 응집소 ⓔ을 모두 가진 학생이 있으므로 ⓒ이 응집원 A라면 ⓔ은 응집소 β이고, ⓒ이 응집원 B라면 ⓔ은 응집소 α이다. ⓒ이 응집원 A라고 가정하면, ⓔ은 응집소 β, ㉠은 응집원 B, ⓒ은 응집소 α이다. 응집원 ⓒ(A)과 응집소 ⓔ(β)을 모두 가진 학생 수가 70이므로 A형인 학생 수는 70이다. 응집원 ㉠(B)을 가진 학생 수가 74이므로 B형+AB형=74이다. 따라서 O형인 학생 수는 200−(70+74)=56이다. 응집소 ⓒ(α)을 가진 학생 수가 110이므로 B형+O형=110이다. 따라서 B형인 학생 수는 110−56=54이고, AB형인 학생 수는 74−54=20이다. A형인 학생 수(70)가 O형인 학생 수(56)보다 많다는 조건을 만족하므로 ⓒ은 응집원 A이다.

ㄱ. O형인 학생 수는 56이고, B형인 학생 수는 54이므로 O형인 학생 수가 B형인 학생 수보다 많다.

바로알기 ㄴ. AB형인 학생 20명 중 1명은 Rh^-형이므로 Rh^+형인 학생들 중 AB형인 학생 수는 19이다.

ㄷ. 항 A 혈청에 응집되는 혈액은 A형과 AB형이고, 항 A 혈청에 응집되지 않는 혈액은 B형과 O형이다. A형+AB형=90이고 B형+O형=110이므로, 항 A 혈청에 응집되는 혈액을 가진 학생 수가 응집되지 않는 혈액을 가진 학생 수보다 적다.

14 ABO식 혈액형과 응집 반응

자료 분석

• (가)~(라) 모두가 응집하지 않는 경우가 없다. ➡ ⓐ~ⓒ 중에는 AB형의 혈장이 없다.

• O형은 응집원이 없으므로 ⓐ~ⓒ 모두에서 응집하지 않는다.

구분	(가)	(나) O형	(다)	(라) AB형
ⓐ	+	? -	−	? +
ⓑ	? +	−	+	+
ⓒ	−	−	? +	+

(+: 응집함. −: 응집 안 함)

• AB형은 응집원 A와 B가 모두 있으므로 ⓐ~ⓒ 모두에서 응집한다.

ⓐ~ⓒ 중에 AB형의 혈장이 없으므로 부모 중에는 혈액형이 AB형인 사람이 없다. ➡ 부모의 혈액형은 A형과 B형이고, 자녀의 혈액형은 AB형과 O형이므로, (가)와 (다)는 부모, (나)와 (라)는 자녀이다.

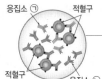

응집소 ⓐ 적혈구

• 적혈구에 서로 다른 응집원이 있다.
➡ 아버지와 어머니의 혈액을 섞었을 때의 응집 반응 결과이다.

적혈구 응집소 ⓑ 응집소 ⓐ과 ⓑ은 각각 응집소 α 또는 β이다.

선택지 분석

ㄱ (나)는 ⓐ과 ⓑ을 모두 가지고 있다.

✕ (라)는 ⓐ을 가진 사람에게 소량 수혈할 수 있다. 없다

✕ 그림은 어머니와 철수의 혈액을 섞었을 때의 응집 반응 결과이다. 아버지

(가)~(라)의 ABO식 혈액형은 모두 다르므로 철수 부모의 혈액형은 AB형과 O형(자녀가 A형과 B형)이거나, A형과 B형(자녀가 AB형과 O형)이다.

AB형의 혈액에는 응집소가 없으므로 ⓐ~ⓒ 중 AB형의 혈장이 있다면 (가)~(라)의 혈액과 각각 섞었을 때 모두 응집되지 않는 혈장이 있어야 하는데 없다. 따라서 ⓐ~ⓒ에는 AB형의 혈장이 없으므로 철수 부모의 혈액형은 A형과 B형이다. 또한 O형의 혈액에는 응집원이 없으므로 ⓐ~ⓒ와 각각 섞었을 때 모두 응집되지 않고, AB형의 혈액에는 응집원 A와 B가 모두 있으므로 ⓐ~ⓒ와 각각 섞었을 때 모두 응집된다. 따라서 (나)의 혈액형은 O형, (라)의 혈액형은 AB형이고, (가)와 (다)는 부모이며 혈액형은 A형 또는 B형이다.

ㄱ. (나)는 O형이므로 응집소 α와 β(ⓐ과 ⓑ)를 모두 가지고 있다.

바로알기 ㄴ. AB형 혈액은 응집소는 없고 응집원 A와 B가 모두 있다. 소량 수혈은 혈액을 주는 사람의 응집원과 받는 사람의 응집소가 응집 반응이 일어나지 않으면 가능하다. 따라서 AB형인 (라)는 응집소 ⓐ(α 또는 β)을 가진 사람에게 수혈할 수 없다.

ㄷ. 그림은 서로 다른 응집원을 가진 두 가지 적혈구가 있으므로 A형과 B형의 혈액을 섞었을 때의 응집 반응 결과를 나타낸 것이다. 따라서 어머니와 아버지의 혈액을 섞었을 때의 결과이다.

---

08 염색체와 DNA

개념 확인
본책 97쪽, 99쪽

(1) ①-ⓒ, ②-ⓔ, ③-ⓛ (2) DNA, 수많은 (3) 염색 분체, 같다 (4) 상동 염색체, 같을 수도 있고 다를 수도 있다 (5) 44, 2 (6) XY, XX (7) $2n$, n (8) 간기, 분열기 (9) S (10) G_2 (11) 20 (12) ①-ⓒ, ②-ⓒ, ③-ⓜ, ④-ⓔ, ⑤-ⓛ (13) 동물, 식물 (14) 같고, 같다

수능 자료
본책 100쪽

자료❶	1 ✕	2 ✕	3 ✕	4 ✕	5 ○	6 ○	7 ○
	8 ✕	9 ✕					
자료❷	1 ○	2 ○	3 ✕	4 ○	5 ✕	6 ○	7 ✕
자료❸	1 ✕	2 ○	3 ○	4 ○	5 ○	6 ✕	7 ✕
	8 ○						
자료❹	1 ✕	2 ○	3 ○	4 ○	5 ○	6 ✕	7 ✕

자료 ❶

1 ⓐ은 2개의 염색 분체로 이루어진 한 개의 염색체이다.

2 하나의 염색체(ⓐ)를 구성하는 2개의 염색 분체는 한 가닥이 복제되어 만들어진 것이다.

3 막대 모양의 염색체(ⓐ)는 분열기(M기)에 관찰된다.

4 세포 주기의 S기에는 DNA가 복제된다. ⓛ이 ⓐ으로 응축되는 것은 분열기(M기)의 전기에 일어난다.

8 DNA(ⓒ)를 구성하는 당은 디옥시리보스이다.

9 DNA(ⓒ)를 구성하는 뉴클레오타이드는 당, 인산, 염기가 1 : 1 : 1로 구성되어 있다.

자료 ❷

3 (가)는 상동 염색체가 쌍으로 있으므로 핵상이 $2n$이고, (나)는 상동 염색체 중 한 개만 있으므로 핵상이 n이다.

5 (가)와 (나)에는 각각 6개의 염색체가 있고, 각 염색체는 2개의 염색 분체로 이루어져 있으므로 염색 분체 수는 12로 같다.

6, 7 (나)의 핵상과 염색체 수는 $n=6$이며, B의 세포이다. 따라서 B의 체세포의 핵상과 염색체 수는 $2n=12$이며, 체세포 분열 중기 세포에는 각 염색체가 2개의 염색 분체로 이루어져 있다. 따라서 염색 분체의 총 수는 $12 \times 2 = 24$이다.

자료 ❸

1 ⓐ은 DNA가 복제되는 S기이며, 간기의 일부로 핵막으로 싸인 핵이 있다.

4 S기(ⓐ)에 DNA가 복제되므로 G_2기(ⓛ)의 DNA양은 G_1기의 DNA양의 2배이다.

6, 7 ⓒ은 분열기(M기)이다. 체세포 분열 과정에서는 상동 염색체가 접합한 2가 염색체가 관찰되지 않는다.

자료 ④

1 DNA 상대량이 1인 세포는 G_1기 세포이고, DNA 상대량이 2인 세포는 G_2기와 M기의 세포이다. DNA 상대량이 1인 세포의 수가 DNA 상대량이 2인 세포의 수보다 많으므로

$\dfrac{G_1기\ 세포\ 수}{G_2기\ 세포\ 수}$의 값은 1보다 크다.

2 구간 I에는 간기인 S기의 세포가 있다.

4 구간 II에는 G_2기의 세포와 M기의 세포가 있다. ㉠ 시기는 M기 중 후기에 해당한다.

6 (나)는 체세포 분열 중인 세포이므로 R가 있는 염색체와 ⓐ는 상동 염색체이다. 따라서 ⓐ에는 R의 대립유전자인 r가 있다.

7 (나)는 체세포 분열 후기의 세포이므로 염색 분체가 분리되어 양극으로 이동한다.

본책 101쪽

1 A: DNA, B: 히스톤 단백질, C: 뉴클레오솜, D: 염색체, E: 염색 분체 **2** ③ **3** ㄴ, ㄷ **4** ② **5** 22 **6** (1) ⓒ (2) M기 (3) ㉠, ⓒ, ⓒ **7** ㄴ **8** (나)-(다)-(라)-(가)-(마) **9** ① **10** S기

1 A는 DNA, B는 히스톤 단백질이고, C는 DNA(A)와 히스톤 단백질(B)로 구성된 뉴클레오솜이다. D는 응축된 막대 모양의 염색체이고, E는 하나의 염색체를 이루는 두 염색 분체이다.

2 ③ 뉴클레오솜(C)은 히스톤 단백질(B)을 DNA(A)가 감싼 구조이다.
바로알기 ① 하나의 DNA(A)에는 많은 수의 유전자가 있다.
② 단백질(B)의 단위체는 아미노산이다.
④ 염색체(D)는 전기에 응축되어 나타나고, 말기에 풀어진다. 즉, 분열하는 세포에서 관찰된다.
⑤ 염색 분체(E)는 하나의 DNA가 복제되어 형성된 것으로 유전자 구성이 동일하다.

3 ㄴ. 상동 염색체의 같은 위치에 있는 하나의 형질을 결정하는 유전자를 대립유전자라고 한다. ⓒ과 ⓒ은 상동 염색체 관계이다.
ㄷ. ㉠과 ⓒ, ⓒ과 ⓔ은 각각 하나의 염색체를 구성하는 염색 분체이다. 염색 분체는 하나의 DNA가 복제되어 만들어진 것이다.
바로알기 ㄱ. ㉠과 ⓒ은 부모에게서 각각 하나씩 물려받은 상동 염색체의 염색 분체이므로 대립유전자가 같을 수도 있고 다를 수도 있다.

4 ① 성염색체 구성이 XX이므로 이 사람의 성별은 여자이다.
③ 22쌍의 상염색체와 1쌍의 성염색체(XX), 총 23쌍의 상동 염색체가 있다.

④ 상염색체는 22쌍(44개)이고, 각 염색체는 2개의 염색 분체로 이루어져 있다. 따라서 상염색체의 염색 분체 수는 88이다.
⑤ 한 사람의 몸을 구성하는 모든 체세포의 핵형은 동일하다.
바로알기 ② 1개의 염색체에는 수많은 유전자가 있으므로 대립유전자의 수는 23쌍보다 훨씬 많다.

5 사람 체세포의 핵상과 염색체 수는 $2n=46$이고, 그중 상염색체는 44개이다. 생식세포인 정자의 핵상과 염색체 수는 $n=23$인데, 그중 상염색체는 22개이다.

6 ㉠은 G_1기, ⓒ은 S기, ⓒ은 G_2기이다.
(1) DNA를 복제하는 시기는 S기(ⓒ)이다.
(2) 분열기의 전기에 염색체가 응축되고, 말기에 풀어진다. 즉, 응축된 염색체는 M기(분열기)에 관찰된다.
(3) 간기는 G_1기(㉠), S기(ⓒ), G_2기(ⓒ)로 구분된다.

7 ㄴ. S기에 DNA 복제가 일어나므로 핵 1개당 DNA양은 G_2기(ⓒ) 세포가 G_1기(㉠) 세포의 2배이다.
바로알기 ㄱ. 방추사는 M기의 전기에 형성된다.
ㄷ. 동물 세포의 세포질 분열은 세포질 함입에 의해 일어난다. 식물 세포에서 세포질 분열이 일어날 때 세포판이 형성된다.

8 체세포 분열은 간기(나) → 전기(다) → 중기(라) → 후기(가) → 말기(마)의 순서로 일어난다.

9 ① 체세포 분열에서는 후기(가)에 염색 분체가 분리되어 양극으로 이동한다.
바로알기 ② 세포 주기 중 간기(나)에 걸리는 시간이 가장 길다.
③ 전기(다)에는 핵막이 사라지고 염색체가 응축되어 막대 모양으로 나타난다.
④ (라)에서 상동 염색체가 쌍으로 있으므로 핵상은 $2n$이다.
⑤ 말기(마)에는 염색체가 풀어지고 핵막이 형성되어 2개의 핵이 만들어진다.

10 DNA양이 두 배로 증가하는 A 시기는 DNA가 복제되는 S기에 해당한다.

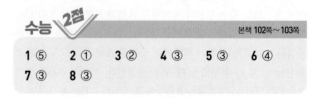

본책 102쪽~103쪽

1 ⑤ **2** ① **3** ② **4** ③ **5** ③ **6** ④ **7** ③ **8** ③

1 염색체의 구조

선택지 분석
㉠ (가)는 DNA와 히스톤 단백질로 구성된다.
ⓒ (나)는 뉴클레오솜이다.
ⓒ (다)의 단위체는 뉴클레오타이드이다.

ㄱ, ㄴ. DNA(다)는 히스톤 단백질을 감아서 뉴클레오솜(나)을 형성하는데, 염색체(가) 하나는 뉴클레오솜(나) 수백만 개가 연결되어 이루어진다.

ㄷ. DNA(다)를 구성하는 단위체는 당, 인산, 염기가 $1:1:1$로 결합한 뉴클레오타이드이다.

2 염색체의 구조

선택지 분석
- ㄱ A의 특정 부분에 유전 정보가 저장된 유전자가 있다.
- ✗ B는 세포 주기의 간기에 관찰된다. 분열기
- ✗ ㉠과 ㉡은 유전자 구성이 다르다. 같다

A는 DNA, B는 염색체이고, ㉠과 ㉡은 염색 분체이다.

ㄱ. DNA(A)의 특정 부분에는 생물의 형질을 결정하는 유전 정보를 담고 있는 유전자가 있다.

바로알기 ㄴ. 간기에는 염색체가 핵 속에 실처럼 풀어져 있으며, 분열기(M기)에 응축되어 막대 모양(B)으로 나타난다.

ㄷ. 염색 분체(㉠과 ㉡)는 하나의 DNA가 복제되어 만들어진 것이므로 ㉠과 ㉡은 유전자 구성이 같다.

3 염색체의 구조

선택지 분석
- ✗ ㉠은 2가 염색체이다. 염색체
- ✗ 세포 주기의 S기에 ㉡이 ㉠으로 응축된다. M기(분열기)
- ㉢ ㉢의 기본 단위는 뉴클레오타이드이다.

㉠은 2개의 염색 분체로 이루어진 염색체이고, ㉡은 DNA가 히스톤 단백질을 휘감은 뉴클레오솜이 연결된 것이며, ㉢은 이중 나선 구조의 DNA이다.

ㄷ. DNA(㉢)의 기본 단위는 당, 인산, 염기가 $1:1:1$로 결합된 뉴클레오타이드이다.

바로알기 ㄱ. 2가 염색체는 상동 염색체가 접합한 것으로, 감수 1분열 전기에 형성된다. 상동 염색체가 접합하지 않은 ㉠은 2가 염색체가 아니다.

ㄴ. 세포 주기 중 M기(분열기)의 전기에 ㉡이 응축되어 막대 모양의 염색체(㉠)로 나타난다.

4 핵형 분석

자료 분석

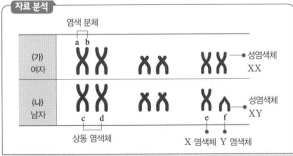

		성염색체
(가) 여자		XX
(나) 남자		XY

선택지 분석
- ✗ a와 b는 상동 염색체이다. 염색 분체
- ✗ c와 d는 유전자 구성이 모두 같다.
  대립유전자가 같을 수도 있고, 다를 수도 있다
- ㉢ e는 X 염색체, f는 Y 염색체이다.

ㄷ. (가)와 (나)에서 남녀에서 공통으로 있는 염색체 2쌍은 상염색체이고, 구성이 다른 염색체 1쌍은 성염색체이다. (가)는 성염색체 2개의 모양과 크기가 같으므로 성염색체 구성이 XX인 여자이고, (나)는 성염색체 2개의 모양과 크기가 다르므로 성염색체 구성이 XY인 남자이다. e는 남자와 여자에 공통으로 있으므로 X 염색체이고, f는 남자에게만 있으므로 Y 염색체이다.

바로알기 ㄱ. a와 b는 하나의 염색체를 이루는 염색 분체이다.

ㄴ. c와 d는 상동 염색체이다. 상동 염색체는 부모에게서 하나씩 물려받은 것이므로 대립유전자가 같을 수도 있고, 다를 수도 있다.

5 핵형 분석

자료 분석

동원체: 방추사가 붙는 자리

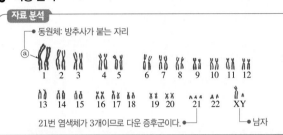

21번 염색체가 3개이므로 다운 증후군이다. 남자

선택지 분석
- ㉠ ⓐ는 동원체이다.
- ㉡ 이 사람은 다운 증후군의 염색체 이상을 보인다.
- ✗ 이 핵형 분석 결과에서 $\dfrac{\text{상염색체의 염색 분체 수}}{\text{성염색체 수}} = \dfrac{45}{2}$이다. 45

ㄱ. 염색체에서 방추사가 부착되는 부분 ⓐ는 동원체이다.

ㄴ. 이 사람은 체세포에서 21번 염색체가 3개이므로 다운 증후군의 염색체 이상을 보인다.

바로알기 ㄷ. 상염색체는 총 45개이고, 각 염색체가 2개의 염색 분체로 이루어져 있으므로 상염색체의 염색 분체 수는 $45 \times 2 = 90$이다. 성염색체는 X 염색체와 Y 염색체가 각각 1개씩 총 2개가 있다. 따라서 $\dfrac{\text{상염색체의 염색 분체 수}}{\text{성염색체 수}} = \dfrac{90}{2} = 45$이다.

6 세포 주기

선택지 분석
- ㉠ ㉠ 시기에 DNA가 복제된다.
- ㉡ ㉡은 간기에 속한다.
- ✗ ㉢ 시기에 상동 염색체의 접합이 일어난다. 일어나지 않는다

G_1기 다음에 오는 ㉠은 S기이고, ㉡은 G_2기, ㉢은 M기이다.

ㄱ. S기(㉠)에 DNA 복제가 일어난다.

ㄴ. ㉡은 DNA 복제가 일어난 후의 간기인 G_2기이다. 간기는 G_1기, S기, G_2기로 구분된다.

바로알기 ㄷ. 체세포 분열이 일어날 때는 상동 염색체의 접합이 일어나지 않는다.

7 체세포 분열

선택지 분석
- ㉠ 핵에는 뉴클레오솜이 있다.
- ✗ A의 염색체는 DNA가 복제되기 전 상태이다. 복제된 후
- ㉢ B에서는 염색 분체가 분리되어 이동하고 있다.

양파 뿌리의 생장점에서는 체세포 분열이 일어난다. A는 전기, B는 후기의 세포이다.

ㄱ. 염색체에서 DNA는 히스톤 단백질과 결합한 상태로 있으므로 염색체가 핵 속에 있을 때나 응축되어 막대 모양으로 나타날 때 항상 뉴클레오솜이 형성되어 있다.

ㄷ. 체세포 분열 후기(B)에는 염색 분체가 분리되어 양극으로 이동한다.

(바로알기) ㄴ. DNA 복제는 간기의 S기에 일어나므로 전기(A)의 염색체는 DNA가 복제된 상태이다.

8 염색체의 변화

자료 분석

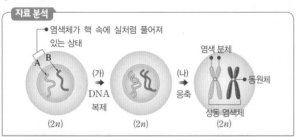
●염색체가 핵 속에 실처럼 풀어져 있는 상태
염색 분체
동원체
상동 염색체
(가) DNA 복제 (나) 응축
$(2n)$ $(2n)$ $(2n)$

선택지 분석

ㄱ A와 B는 핵 속에 있다.

ㄴ (가)에서 DNA가 복제된다.

✕ (나)에서 세포의 핵상이 변한다. 변하지 않는다

ㄱ. A와 B는 DNA가 복제되기 전으로 핵 속에 실처럼 풀어진 상태로 존재한다.

ㄴ. (가) 과정에서 DNA가 복제되어 두 가닥으로 된다.

(바로알기) ㄷ. DNA 복제 전이나 후에 모두 염색체가 쌍을 이루고 있으므로 핵상은 $2n$으로 같고, 염색체가 응축(나)될 때도 핵상은 변하지 않는다.

수능 3점

본책 104쪽~107쪽

1 ⑤	2 ①	3 ④	4 ④	5 ②	6 ④
7 ⑤	8 ⑤	9 ④	10 ④	11 ③	12 ②
13 ④	14 ③	15 ②	16 ②		

1 염색체의 구조

자료 분석

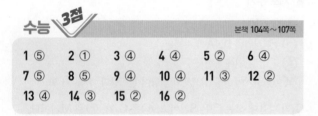
단백질
뉴클레오솜
DNA
DNA가 히스톤 단백질을 감싼 구조   기본 단위는 뉴클레오타이드

선택지 분석

✕ ㉠은 대립유전자 a이다. A

ㄴ ㉡은 간기의 핵 속에 있다.

ㄷ ㉢에는 디옥시리보스가 있다.

ㄴ. 뉴클레오솜(㉡)은 간기의 핵 속이나 분열기의 응축된 염색체에 모두 존재한다.

ㄷ. DNA(㉢)를 구성하는 기본 단위인 뉴클레오타이드는 당, 인산, 염기로 구성되며, DNA를 구성하는 당은 디옥시리보스이다.

(바로알기) ㄱ. 하나의 염색체를 구성하는 두 염색 분체는 복제되어 만들어진 것이므로 ㉠에는 다른 염색 분체와 마찬가지로 유전자 A가 있다.

2 핵형 분석

선택지 분석

ㄱ A와 B는 모두 상염색체이다.

✕ $\dfrac{\text{상염색체의 염색 분체 수}}{\text{성염색체의 수}}=44$이다. $\dfrac{44×2}{1}=88$

✕ ㉠과 ㉡의 같은 위치에 있는 대립유전자는 같을 수도 있고 다를 수도 있다. 같다

ㄱ. 상염색체는 성에 상관없이 남녀가 공통으로 가지는 염색체이므로 A와 B는 모두 상염색체이다.

(바로알기) ㄴ. 1번~22번까지 남녀가 공통으로 가지는 염색체가 상염색체이므로 상염색체 수는 44개이고, 각 염색체는 2개의 염색 분체로 이루어져 있으므로 상염색체의 염색 분체 수는 총 88개이다. 이 사람은 성염색체로 X 염색체 하나만을 가지므로 $\dfrac{\text{상염색체의 염색 분체 수}}{\text{성염색체의 수}}=\dfrac{88}{1}=88$이다.

ㄷ. ㉠과 ㉡은 염색 분체로 하나의 DNA가 복제되어 만들어진 것이다. 따라서 ㉠과 ㉡의 유전자 구성은 같다.

3 핵형과 핵상

자료 분석

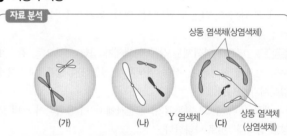
상동 염색체(상염색체)
(가) (나) (다)
Y 염색체   상동 염색체 (상염색체)

(다) 상동 염색체가 쌍으로 있으므로 핵상이 $2n$이고, 쌍을 이루고 있지 않은 크기가 작은 염색체가 Y 염색체이다.
➡ (다)는 $2n=4+XY$인 수컷의 세포이다.
➡ (다)에 있는 염색체가 (가)에도 있으므로 (가)는 (다)와 같은 종의 세포이고, 상동 염색체 쌍이 없으므로 핵상은 $n=2+X$이다.
➡ (가)와 (다)는 A의 세포이고, A는 체세포의 핵상이 $2n=6$인 수컷이다.
(나) B의 세포이고, B는 체세포의 핵상이 $2n=8$인 암컷이다.

선택지 분석

✕ (가)와 (다)의 핵상은 같다. 다르다

ㄴ A는 수컷이다.

ㄷ B의 체세포 분열 중기의 세포 1개당 염색 분체 수는 16이다.

ㄴ. $2n=4+XY$인 (다)가 A의 세포이므로 A는 수컷이다.

ㄷ. A와 B는 성이 다른데 A가 수컷이므로 B는 암컷이다. (나)는 상동 염색체 쌍이 없고 암컷이므로 염색체 구성은 $n=3+X$이다. 따라서 B의 체세포의 염색체 구성은 $2n=6+XX$이며, 체세포 분열 중기에는 각 염색체가 2개의 염색 분체로 이루어져 있으므로 B의 체세포 분열 중기의 세포 1개당 염색 분체 수는 16이다.

(바로알기) ㄱ. (가)의 핵상은 n이고, (다)의 핵상은 $2n$이다.

4 핵형과 핵상

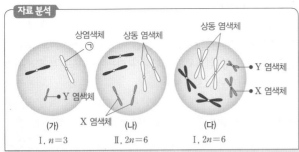

Ⅰ. $n=3$ Ⅱ. $2n=6$ Ⅰ. $2n=6$

선택지 분석

◯ ㉠ Ⅱ는 암컷이다.

◯ ㉡ (나)와 (다)의 핵상은 같다.

✕ ㉢은 성 결정에 관여하는 염색체이다. 관여하지 않는

ㄱ. (나)에는 모양과 크기가 같은 성염색체가 한 쌍 있고, (다)에는 모양과 크기가 다른 성염색체가 한 쌍 있다. 따라서 (나)는 암컷의 세포이고, (다)는 수컷의 세포이다. (다)에 있는 Y 염색체가 (가)에도 있으므로 (가)와 (다)는 수컷의 세포인데, (가)가 Ⅰ의 세포라고 하였으므로 Ⅰ이 수컷이다. 따라서 Ⅱ는 암컷이며, (나)는 Ⅱ의 세포이다.

ㄴ. (나)와 (다)는 핵상이 $2n$으로 같다.

바로알기 ㄷ. ㉠은 암수에 공통으로 존재하는 상염색체이다.

5 핵형과 핵상

선택지 분석

✕ ㉠에는 대립유전자 T가 있다. t

◯ ㉡ A의 핵상은 n이다.

✕ ㉢ G_1기 세포와 B에서 세포 1개당 t의 수는 같다. 다르다

ㄴ. 세포 A와 B가 한 동물의 세포인데 B의 염색체 수는 6개, A의 염색체 수는 3개이므로 B의 핵상은 $2n$, A의 핵상은 n이다.

바로알기 ㄱ. ㉠은 유전자 t가 있는 가닥과 염색 분체 관계이므로 t를 가진다.

ㄷ. (나)는 핵상이 $2n=6$이므로 B의 세포이다. G_1기 세포는 DNA가 복제되기 전이므로 세포 1개당 t의 수가 1이고, B는 DNA가 복제된 후이므로 세포 1개당 t의 수가 2이다.

6 염색체와 유전자

자료 분석

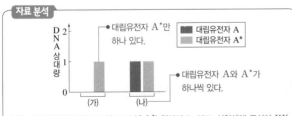

(나)는 대립유전자가 쌍으로 있으므로(AA*) 핵상이 $2n$이고, 성염색체 구성이 XX이다. ➡ (나)는 핵상이 $2n$인 여자의 세포이고, (가)는 핵상이 n인 남자의 세포이다.

선택지 분석

✕ ㉠ (가)의 A*는 아버지에게서 물려받은 것이다. 어머니

◯ ㉡ (나)의 핵상은 $2n$이다.

◯ ㉢ $\dfrac{\text{(나)의 상염색체 수}}{\text{(가)의 상염색체 수}}=2$이다.

ㄴ. (나)에 대립유전자 A와 A*가 모두 있다는 것은 상동 염색체가 쌍으로 있다는 뜻이므로 (나)의 핵상은 $2n$이다.

ㄷ. (나)의 핵상이 $2n$이므로 (가)의 핵상은 n이다. 따라서 (나)의 상염색체 수는 (가)의 상염색체 수의 2배이다.

$$\frac{\text{(나)의 상염색체 수}}{\text{(가)의 상염색체 수}}=\frac{44}{22}=2$$

바로알기 ㄱ. (가)는 핵상이 n인 남자의 세포이며, A*가 있는 X 염색체가 있다. 남자의 X 염색체는 어머니에게서 물려받은 것이다.

7 세포 주기

선택지 분석

✕ ㉠ ㉠ 시기에 염색체가 응축된다. ㉢(M기)

◯ ㉡ 세포 1개당 $\dfrac{\text{㉡ 시기의 DNA양}}{G_1\text{기의 DNA양}}$의 값은 2이다.

◯ ㉢ ㉢ 시기에 핵막의 소실과 생성이 관찰된다.

ㄴ. S기에 DNA가 복제되면 DNA양이 2배로 증가하므로 세포 1개당 DNA양은 G_2기(㉡)가 G_1기의 2배이다. 따라서

$$\frac{G_2\text{기(㉡ 시기)의 DNA양}}{G_1\text{기의 DNA양}}=2\text{이다.}$$

ㄷ. M기(㉢, 분열기)의 전기에는 핵막이 소실되고 염색체가 응축되어 막대 모양으로 나타나며, 말기에는 핵막이 다시 생성되고 염색체가 풀어진다.

바로알기 ㄱ. 염색체의 응축은 M기(㉢)의 전기에 일어난다.

8 세포 주기와 DNA양 변화

자료 분석

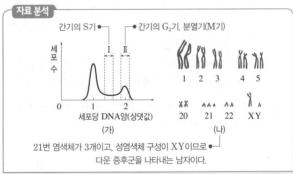

21번 염색체가 3개이고, 성염색체 구성이 XY이므로 다운 증후군을 나타내는 남자이다.

선택지 분석

◯ ㉠ 구간 Ⅰ에는 핵막을 갖는 세포가 있다.

◯ ㉡ (나)에서 다운 증후군의 염색체 이상이 관찰된다.

◯ ㉢ 구간 Ⅱ에는 ㉠ 시기의 세포가 있다.

ㄱ. 세포당 DNA 상대량이 1보다 크고 2보다 작은 구간 Ⅰ에는 DNA 복제 중인 세포가 있다. 세포 주기에서 DNA 복제는 간기의 S기에 일어나며, 간기의 세포에는 핵막으로 둘러싸인 핵이 있다.

ㄴ. (나)에서 21번 염색체가 3개인 다운 증후군의 염색체 이상이 관찰된다. 다운 증후군은 염색체 비분리에 의해 나타나며, 이 사람은 성염색체 구성이 XY이므로 남자이다.

ㄷ. 세포당 DNA 상대량이 2인 구간 Ⅱ에는 DNA 복제가 완료된 간기의 G_2기 세포와 세포 분열이 진행되는 분열기(M기)의 세포가 있다. 염색체의 수, 모양, 크기를 분석하는 핵형 분석에는 염색체가 관찰되는 분열기(M기)의 중기 세포를 이용하므로 ㉠ 시기의 세포는 구간 Ⅱ에 있다.

9 염색체와 세포 주기

선택지 분석

◯ ㉠이 ㉡으로 응축되는 시기는 ⓐ이다.

◯ 세포 1개당 DNA양은 G_2기 세포가 ⓑ 시기 세포의 2배이다.

✕ ⓒ 시기에는 ㉡이 ㉠으로 풀어지고 핵막이 다시 나타난다.
　　　　⟶ ⓐ 시기의 말기

㉠은 염색체가 실처럼 풀어져 있는 상태이고, ㉡은 응축된 염색체이며, ⓐ는 M기(분열기), ⓑ는 G_1기, ⓒ는 S기이다.

ㄱ. M기(ⓐ, 분열기)의 전기에 핵막이 사라지고, 실처럼 풀어져 있던(㉠) 염색체가 응축되어 막대 모양(㉡)으로 나타난다.

ㄴ. DNA는 S기에 복제되므로 세포 1개당 DNA양은 복제가 일어난 G_2기 세포가 복제가 일어나지 않은 G_1기(ⓑ) 세포의 2배이다.

바로알기 ㄷ. 응축된 염색체(㉡)가 실과 같이 풀어지고(㉠), 핵막이 다시 나타나는 시기는 M기(ⓐ, 분열기)의 말기이다.

10 세포 주기와 물질 처리

자료 분석

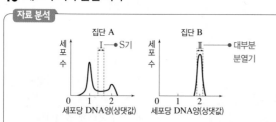

- 집단 A: 정상적인 세포 주기를 거친다.
- 집단 B: 방추사가 형성되지 않으면 염색 분체가 분리되는 분열기가 진행되지 않는다.
　➡ 구간 Ⅱ에는 대부분 분열기의 세포들이 있으며, 염색체는 2개의 염색 분체로 이루어진 상태이다.

선택지 분석

◯ 구간 Ⅰ에는 핵막을 가진 세포가 있다.

✕ 집단 A에서 G_2기의 세포 수가 G_1기의 세포 수보다 <u>많다</u>. 적다

◯ 구간 Ⅱ에는 염색 분체가 분리되지 않은 상태의 세포가 있다.

ㄱ. 구간 Ⅰ에는 S기의 세포들이 있으며, S기는 간기에 속한다. 간기에는 핵막이 있어 핵이 뚜렷하게 관찰된다.

ㄷ. 방추사가 형성되지 않으면 분열기가 진행되지 못하므로 구간 Ⅱ에는 분열기에서 멈춘 세포들이 있으며, 이 세포들은 염색 분체가 분리되지 않은 상태이다.

바로알기 ㄴ. DNA 상대량 1에는 G_1기 세포가 있고, DNA 상대량 2에는 G_2기와 분열기 세포가 있다. 집단 A에서 DNA 상대량이 1인 세포의 수가 DNA 상대량이 2인 세포의 수보다 많으므로 G_1기의 세포 수가 G_2기의 세포 수보다 많다.

11 세포 주기와 물질 처리

선택지 분석

✕ ㉡ 시기에 상동 염색체의 접합과 분리가 일어난다.
　　　　　　　　　　　　　　⟶ 일어나지 않는다

✕ A에 X를 처리하면 ㉠ 시기의 세포는 세포 분열이 <u>진행되지 않는다</u>. 진행된다

◯ A에 X를 처리하면 ㉢ 시기의 세포 수는 처리하기 전보다 증가한다.

ㄷ. A에는 다양한 시기의 세포들이 있는데, 여기에 X를 처리하면 G_1기(㉢)에 있던 세포들은 계속 G_1기(㉢)에 머물고, S기, G_2

기(㉠), 분열기(㉡)에 있던 세포들은 세포 분열이 진행되어 딸세포를 형성한 후 이 딸세포들이 G_1기(㉢)에서 S기로의 진행이 억제되어 계속 G_1기(㉢) 상태로 머무르게 된다. 따라서 A에 X를 처리하면 G_1기(㉢)의 세포 수는 X를 처리하기 전보다 증가한다.

바로알기 ㄱ. 상동 염색체의 접합과 분리는 생식세포 분열의 감수 1분열에서 나타나는 특징이다.

ㄴ. ㉠은 DNA 복제가 끝난 후인 G_2기 상태이므로 X를 처리하더라도 세포 분열이 정상적으로 일어나 딸세포를 형성한다.

12 세포 주기와 체세포 분열 과정

선택지 분석

✕ (나)는 ㉠ 시기에 관찰된다. ㉢ 시기

◯ 핵상은 G_1기의 세포와 ㉡ 시기의 세포가 같다.

✕ ⓐ와 ⓑ는 부모에게서 각각 하나씩 물려받은 것이다.
　　　　　　⟶ 하나의 DNA가 복제되어 만들어진 것이다

(가)의 ㉠은 S기, ㉡은 G_2기, ㉢은 M기(분열기)이고, (나)는 염색 분체가 분리되므로 체세포 분열 후기의 세포이다.

ㄴ. S기에 DNA가 복제되면 DNA양은 2배로 증가하지만, 핵상은 변하지 않는다.

바로알기 ㄱ. (나)는 M기(㉢, 분열기)의 후기 세포이다.

ㄷ. ⓐ와 ⓑ는 하나의 DNA가 복제되어 형성된 염색 분체이다.

13 세포 주기와 염색체의 구조

선택지 분석

◯ 구간 Ⅰ에 ⓐ가 들어 있는 세포가 있다.

◯ 구간 Ⅱ에 ⓑ가 ⓒ로 응축되는 시기의 세포가 있다.

✕ 핵막을 갖는 세포의 수는 구간 Ⅱ에서가 구간 Ⅰ에서보다 <u>많다</u>. 적다

DNA 상대량이 1인 구간 Ⅰ에는 G_1기 세포가 있고, DNA 상대량이 2인 구간 Ⅱ에는 G_2기와 분열기의 세포가 있다. ⓐ는 히스톤 단백질이고, ⓑ는 풀어진 형태의 염색체, ⓒ는 응축된 막대 모양의 염색체이다.

ㄱ. DNA를 응축시키는 데 관여하는 히스톤 단백질(ⓐ)은 항상 세포에 들어 있다.

ㄴ. 분열기의 전기에 풀어져 있던(ⓑ) 염색체가 막대 모양(ⓒ)으로 응축된다.

바로알기 ㄷ. 간기(G_1기, S기, G_2기)의 세포에는 모두 핵막이 있고, 분열기의 전기에 핵막이 사라졌다가 말기에 다시 형성된다. 따라서 G_1기 세포가 있는 구간 Ⅰ에서가 G_2기와 분열기 세포가 있는 구간 Ⅱ에서보다 핵막을 갖는 세포의 수가 많다.

14 세포 주기와 체세포 분열 과정

자료 분석

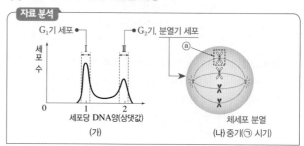

(가)　　　　　　　(나) 중기(㉠ 시기)

선택지 분석

㉠ @에는 히스톤 단백질이 있다.

㉡ 구간 Ⅱ에는 ㉠ 시기의 세포가 있다.

✗ G₁기의 세포 수는 구간 Ⅱ에서가 구간 Ⅰ에서보다 ~~많다.~~ 적다

ㄱ. DNA는 히스톤 단백질을 감아서 뉴클레오솜을 형성하며, 염색체(@) 하나는 뉴클레오솜 수백만 개가 연결되어 이루어진다.

ㄴ. (나)는 체세포 분열 중기(㉠)의 세포이다. 분열기는 DNA 복제 이후에 진행되므로 ㉠ 시기의 세포는 세포당 DNA양이 2인 구간 Ⅱ에 있다.

바로알기 ㄷ. G₁기 세포는 DNA 복제 전이므로 세포당 DNA양이 1인 구간 Ⅰ에 있다.

15 세포 질량과 DNA양의 변화

자료 분석

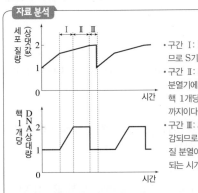

• 구간 Ⅰ: DNA양이 2배로 증가하므로 S기이다.

• 구간 Ⅱ: G₂기와 분열기(M기)이고, 분열기에서는 2개의 핵이 만들어져 핵 1개당 DNA양이 반감되기 전까지이다.

• 구간 Ⅲ: 세포 질량과 DNA양이 반감되므로 핵분열이 완료된 후 세포질 분열이 일어나 세포 분열이 완료되는 시기이다.

선택지 분석

✗ 구간 Ⅰ에서 ~~염색 분체가 분리된다.~~ DNA가 복제된다

✗ 구간 Ⅱ에는 ~~간기가 포함되지 않는다.~~ 포함된다

㉢ 구간 Ⅲ에서 세포질 분열이 일어난다.

ㄷ. 구간 Ⅲ의 끝부분에 세포 질량이 반으로 감소하는 것을 통해 이 시기에 세포질 분열이 일어나는 것을 알 수 있다.

바로알기 ㄱ. 구간 Ⅰ은 DNA 복제가 일어나는 간기의 S기이다. 분열기(M기)에 염색 분체가 분리된다.

ㄴ. 구간 Ⅱ에는 간기의 G₂기가 포함된다.

16 체세포 분열 과정에서의 DNA양 변화

선택지 분석

✗ 세포 1개당 R의 수는 ~~구간 Ⅰ의 세포와 세포 @가 같다.~~
구간 Ⅰ의 세포가 세포 @의 절반이다

㉡ 구간 Ⅱ에서 핵상이 2n인 세포가 관찰된다.

✗ 세포 ⓑ에서 ~~방추사가 형성되기 시작한다.~~ 분열기의 전기에

(가)에서 구간 Ⅰ은 DNA 복제 전이고, 구간 Ⅱ는 DNA 복제 후이다. (나)에서 세포 @는 염색체가 세포 중앙에 배열되었으므로 중기의 세포이고, 세포 ⓑ는 염색 분체가 분리되므로 후기의 세포이다.

ㄴ. 체세포 분열에서는 분열 전후에 세포의 핵상이 변하지 않는다. 따라서 구간 Ⅱ에서 핵상이 2n인 세포가 관찰된다.

바로알기 ㄱ. 세포 1개당 R의 수는 DNA가 복제되기 전인 구간 Ⅰ의 세포가 DNA가 복제된 후인 세포 @의 절반이다.

ㄷ. 방추사는 분열기의 전기에 형성된다.

09 생식세포 형성과 유전적 다양성

개념 확인   본책 109쪽

(1) S, 한   (2) 2, 4   (3) n=23   (4) 감수 1분열, 2가 염색체
(5) 2n, n, n, n   (6) ①-ⓛ-ⓑ, ②-㉠-@   (7) 감수 1분열
(8) 16(=2⁴)

수능 자료   본책 110쪽

자료❶	1○	2×	3○	4○	5×	6○	7○
자료❷	1○	2○	3○	4×	5○	6×	7○
	8×						
자료❸	1○	2○	3○	4○	5×	6×	7○
	8×						
자료❹	1○	2○	3○	4×	5×	6○	7×
	8○						

자료 ❶

2 구간 Ⅰ은 DNA가 복제되는 S기이므로 2가 염색체가 관찰되지 않는다.

4 (나)는 염색 분체가 분리되는 감수 2분열 후기이므로 @에는 R가 있다.

5 구간 Ⅱ는 상동 염색체가 분리되기 전이고, (나)는 상동 염색체가 분리된 후인 감수 2분열 후기의 세포이다.

7 이 동물의 체세포 분열 중기의 세포에는 6개의 염색체가 있고, 각 염색체는 2개의 염색 분체로 이루어져 있다.

자료 ❷

1 (가)는 모양과 크기가 같은 성염색체가 쌍으로 있으므로 암컷의 세포이고, (나)는 모양과 크기가 다른 성염색체가 있으므로 수컷의 세포이다.

2 (가)와 (나)는 상동 염색체가 쌍으로 있으므로 둘 다 핵상이 2n이다.

3 (가)는 각 염색체가 2개의 염색 분체로 이루어져 있는 상태로 유전자 구성이 AAaa이고, (나)는 DNA가 복제되지 않은 상태로 유전자 구성이 AA이다. 따라서 (가)와 (나)에 들어 있는 A의 수는 2로 같다.

4 (나)의 유전자 구성은 AA인데 (다)에는 a가 있다. 따라서 (다)는 (가)와 같이 암컷의 세포이다. (가)~(다) 중 1개가 Ⅰ의 세포이므로 (나)는 Ⅰ(수컷)의 세포이고, 2개가 Ⅱ의 세포이므로 (가)와 (다)는 Ⅱ(암컷)의 세포이다.

5 염색체 구성은 (나)가 6+XY이고, (다)는 3+X이다. 따라서 (나)와 (다)에 들어 있는 X 염색체의 수는 1로 같다.

6 (다)에 a가 있으므로 Ⅱ의 유전자형은 Aa이고, ㉠은 a이다.

7 체세포의 핵상이 2n=8인 Ⅰ의 감수 2분열 중기 세포의 핵상은 n=4인데, 각 염색체가 2개의 염색 분체로 이루어져 있으므로 세포 1개당 염색 분체 수는 8이다.

8 체세포의 핵상이 $2n=8$인 II의 감수 1분열 중기 세포에는 상동 염색체가 4쌍 있다. 따라서 상동 염색체가 접합하여 형성하는 2가 염색체 수는 4이다.

자료 ❸

• I: G_1기 세포인 I의 유전자 구성은 AaBbDD로 A, B, D의 DNA 상대량이 각각 1, 1, 2이다. 따라서 A의 DNA 상대량이 2인 (가)와 (나)가 아니고, B의 DNA 상대량이 0인 (라)도 아니므로 I은 (다)이다.

• II: II는 I에서 DNA 복제가 일어난 세포이므로 유전자 구성이 AAaaBBbbDDDD로 A, B, D의 DNA 상대량이 각각 2, 2, 4이다. II는 B의 DNA 상대량이 2이므로 (라)가 아니고, ㉠+㉡+㉢=4인데 (나)가 II이면 식이 성립하지 않으므로 (가)가 II이다.

• III, IV: IV에는 A가 2개 있을 수 없으므로 (나)가 III이고, (라)가 IV이다. III(나)에서 염색 분체가 분리된 IV(라)에서 B의 DNA 상대량이 0이므로 III(나)에서도 B의 DNA 상대량(㉡)이 0이고, III(나)의 유전자 구성은 AAbbDD, IV(라)의 유전자 구성은 AbD이다.

5 (가)는 II, (나)는 III, (다)는 I, (라)는 IV이다.

6 유전자 구성이 AAaaBBbbDDDD인 II(가)에서 B의 DNA 상대량(㉠)은 2이고, 유전자 구성이 AAbbDD인 III(나)에서 B의 DNA 상대량(㉡)은 0이다.

8 a의 DNA 상대량은 유전자 구성이 AaBbDD인 (다)(I)에서 1이고, 유전자 구성이 AbD인 (라)(IV)에서 0이다.

자료 ❹

1, 2 H와 h, T와 t 각각의 대립유전자의 DNA 상대량을 합한 값은 G_1기 세포에서는 각각 2, DNA가 복제된 감수 1분열 중기 세포에서는 각각 4이다.

3, 4, 5 H의 DNA 상대량이 4인 (가)는 감수 1분열 중기의 세포이고, 유전자 구성은 HHHHTTtt로 h가 없다. DNA가 복제된 상태인 (가)의 유전자 구성으로 볼 때 이 사람의 ⓐ에 대한 유전자형은 HHTt이다.

6 (가)에서 감수 1분열이 일어나 만들어졌으며, t가 없는 (나)의 유전자 구성은 HHTT이다.

7 (가)에 없는 유전자 ㉢은 h, (나)에는 있고 (다)에는 없는 유전자 ㉠은 T, (다)에는 있고 (나)에는 없는 유전자 ㉡은 t이다.

8 감수 2분열 중기의 세포인 (나)와 (다)의 핵상은 n이다.

본책 111쪽

수능 1점

1 (1) 2가 염색체 (2) (다) (3) (다), (라) **2** (1) ㉠ (2) 4
3 ①   **4** ⑤   **5** AB, Ab, aB, ab   **6** 2^8가지
7 ⑤

1 (1) 상동 염색체가 접합한 상태의 A는 2가 염색체이다.
(2), (3) 감수 1분열 과정(다)에서 상동 염색체가 분리되고 감수 2분열 과정(라)에서 염색 분체가 분리된다. 상동 염색체가 분리될 때(다)는 염색체 수와 DNA양이 모두 반감되고, 염색 분체가 분리될 때(라)는 염색체 수는 변하지 않고 DNA양만 반감된다.

2 ㉠은 감수 1분열 중기, ㉡은 감수 1분열 후기, ㉢은 감수 2분열이 완료된 딸세포이다.
(1) 2가 염색체는 감수 1분열 전기와 중기에 관찰된다.
(2) ㉠은 DNA가 복제된 상태이고, ㉢은 DNA양이 두 번 반감된 상태이므로 ㉢의 DNA 상대량이 1이라면 ㉠의 DNA 상대량은 4이다.

3 (가)는 체세포 분열 중기, (나)는 감수 2분열 중기, (다)는 감수 1분열 중기의 세포이다.
① 각 세포의 핵상은 (가) $2n$, (나) n, (다) $2n$이다.
(바로알기) ② 체세포 분열(가)에서는 2가 염색체가 형성되지 않는다.
③ (나)는 상동 염색체 중 하나만 있으므로 감수 2분열 중기의 세포이다.
④ 감수 2분열(나)에서는 염색 분체가 분리된다.
⑤ (다)에는 4개의 염색체가 있고, 각 염색체는 2개의 염색 분체로 이루어져 있으므로 염색 분체 수는 8이다.

4 ① (가)와 (나)에서 공통적으로 존재하는 염색체는 상염색체이고, (가)에는 있지만 (나)에는 없는 ㉠은 X 염색체, (나)에는 있지만 (가)에는 없는 크기가 작은 염색체는 Y 염색체이다.
② (가)와 (나)는 모두 상동 염색체 중 하나만 있으므로 핵상과 염색체 수가 $n=5$로 같다.
③ A의 세포인 (가)의 염색체 수가 $n=5$이므로 상동 염색체가 쌍으로 있는 체세포의 염색체 수는 $2n=10$이다.
④ B의 체세포의 염색체 수는 $2n=10$이고, 그 중 8개는 상염색체, 나머지 2개는 성염색체(XY)이다.
(바로알기) ⑤ 수컷에서 생식세포 분열이 일어날 때 상동 염색체가 분리되기 전인 감수 1분열 중기 세포에는 X 염색체와 Y 염색체가 모두 있다.

5 이 생물의 유전자형은 AaBb이고, 대립유전자 A와 a, B와 b는 서로 다른 염색체에 있다. 따라서 이 생물에서 만들어질 수 있는 생식세포의 염색체 구성은 AB, Ab, aB, ab 4가지이다.

6 $2n=16$인 동물에서 만들어질 수 있는 생식세포의 염색체 조합은 $2^n=2^8$가지이다.

7 (가)는 간기, (나)는 감수 1분열, (다)는 감수 2분열 시기이다.
① 간기(가)에는 핵막이 관찰된다.
② 감수 1분열(나) 전기와 중기에 2가 염색체가 관찰된다.
③ 감수 1분열(나)이 일어날 때 상동 염색체가 분리되므로 딸세포의 염색체 수와 DNA양이 모두 모세포의 반으로 줄어든다.
④ 감수 2분열(다)이 일어날 때는 염색 분체가 분리되므로 딸세포의 핵상과 염색체 수가 변하지 않는다($n \rightarrow n$).

바로알기 ⑤ 상동 염색체의 무작위 배열과 분리는 감수 1분열(나)에서 일어난다.

수능 2점

본책 112쪽~113쪽

1 ④	2 ③	3 ②	4 ②	5 ①	6 ②
7 ④	8 ③				

1 생식세포 분열 과정에서 형성되는 세포

선택지 분석

ㄱ ㉠에서 2가 염색체가 관찰된다.
ㄴ ㉡은 염색 분체가 분리되지 않은 상태이다.
✗ ㉢이 유전자 R를 가질 확률은 $\frac{1}{4}$이다. $\frac{1}{2}$

ㄱ. ㉠은 하나의 세포가 분열 중이고 염색체가 세포 중앙에 배열되어 있으므로 감수 1분열 중기의 세포이다. 감수 1분열 전기에 형성된 2가 염색체는 감수 1분열 중기에 세포 중앙에 배열된다.
ㄴ. ㉡은 감수 1분열 후기의 세포로 상동 염색체가 분리되어 이동하고 있다. 염색 분체는 감수 2분열 후기에 분리된다.
바로알기 ㄷ. 특정 형질의 유전자형이 Rr인 식물에서 형성되는 생식세포는 이 형질에 대한 유전자로 R 또는 r를 가진다. 따라서 ㉢이 R를 가질 확률은 $\frac{1}{2}$이다.

2 생식세포 분열 시 DNA양 변화

자료 분석

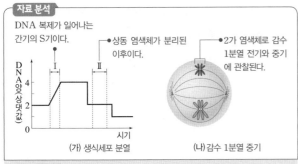

선택지 분석

ㄱ 구간 Ⅰ에서 세포에 핵막이 있다.
ㄴ (나)의 핵상은 $2n$이다.
✗ (나)의 핵 1개당 DNA양은 구간 Ⅱ에서와 같다. 같지 않다

ㄱ. 구간 Ⅰ은 DNA가 복제되는 S기이다. S기는 간기에 속하며, 간기에는 핵막이 있어 뚜렷이 구분되는 핵이 관찰된다.
ㄴ. (나)는 상동 염색체가 접합하여 2가 염색체를 형성하고 있으므로 핵상은 $2n$이고 감수 1분열 중기의 세포이다.
바로알기 ㄷ. 감수 1분열 중기의 세포(나)는 DNA가 복제된 후 상동 염색체가 분리되기 전으로, DNA양이 4인 상태이다. 따라서 DNA양이 2인 구간 Ⅱ에서와 같지 않다.

3 생식세포 분열 시 DNA양 변화

자료 분석

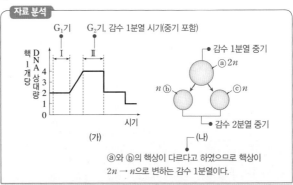

ⓐ와 ⓑ의 핵상이 다르다고 하였으므로 핵상이 $2n \rightarrow n$으로 변하는 감수 1분열이다.

선택지 분석

✗ 구간 Ⅰ에서 세포에 방추사가 나타난다. 나타나지 않는다
ㄴ ⓐ는 구간 Ⅱ에서 관찰된다.
✗ ⓑ와 ⓒ의 유전자 구성은 동일하다. 동일하지 않다

ㄴ. 감수 1분열 중기의 세포인 ⓐ는 DNA가 복제된 후 상동 염색체가 분리되기 전이므로 DNA양이 4인 (가)의 구간 Ⅱ에서 관찰된다.
바로알기 ㄱ. 구간 Ⅰ은 간기의 G_1기이므로 핵막이 있는 상태이고 방추사는 나타나지 않는다.
ㄷ. 상동 염색체는 부모에게서 한 개씩 물려받은 것으로 유전자 구성이 동일하지 않다. 감수 1분열에서는 상동 염색체가 분리되어 서로 다른 딸세포로 들어가므로 감수 2분열 중기의 세포 ⓑ와 ⓒ의 유전자 구성은 동일하지 않다.

4 생식세포 분열 과정에서 형성되는 세포

자료 분석

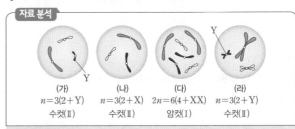

(가)	(나)	(다)	(라)
$n=3(2+Y)$	$n=3(2+X)$	$2n=6(4+XX)$	$n=3(2+Y)$
수컷(Ⅱ)	수컷(Ⅱ)	암컷(Ⅰ)	수컷(Ⅱ)

선택지 분석

✗ (가)는 세포 주기의 S기를 거쳐 (라)가 된다.
　(라)는 감수 2분열을 거쳐 (가)가 된다.
ㄴ (나)와 (라)의 핵상은 같다. n
✗ (다)는 Ⅱ의 세포이다. Ⅰ

(가)와 (나)에서 크기가 다른 하나의 염색체가 성염색체이다. (다)는 모양과 크기가 같은 성염색체를 쌍으로 가지므로 성염색체 구성이 XX인 암컷이다. (가)와 (라)는 (다)와는 모양과 크기가 다른 Y 염색체를 가지고 있으므로 수컷의 세포이다. (가)~(라) 중 1개만 Ⅰ의 세포이고, 나머지 3개는 Ⅱ의 세포이므로 (다)는 Ⅰ, 암컷의 세포이고, (가), (나), (라)는 모두 Ⅱ, 수컷의 세포이다.
ㄴ. (나)와 (라)는 상동 염색체 중 하나만 있으므로 핵상이 n으로 같다.
바로알기 ㄱ. (가)와 (라)는 핵상이 n으로 같고 성염색체도 Y 염색체를 갖지만 (라)의 DNA양이 (가)의 2배이다. 따라서 염색체가 2개의 염색 분체로 이루어진 (라)가 감수 2분열을 완료하면 (가)가 된다.
ㄷ. (다)는 성염색체 구성이 XX이므로 암컷인 Ⅰ의 세포이다.

5 생식세포 분열과 대립유전자 구성

자료 분석

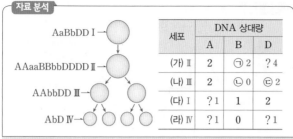

세포	DNA 상대량		
	A	B	D
(가) Ⅱ	2	⊙ 2	? 4
(나) Ⅲ	2	ⓛ 0	ⓒ 2
(다) Ⅰ	? 1	1	2
(라) Ⅳ	? 1	0	? 1

선택지 분석

⊙ (가)는 Ⅱ이다.

✗ ⓛ은 <u>2</u>이다. 0

✗ 세포 1개당 a의 DNA 상대량은 (다)와 (라)가 <u>같다</u>. 다르다

ㄱ. Ⅰ은 G_1기 세포로 유전자 구성이 AaBbDD이므로 A의 DNA 상대량이 2가 아니고 B와 D의 DNA 상대량이 1, 2인 (다)이다. Ⅱ는 DNA가 복제되어 유전자 구성이 AAaaBBbbDDDD이므로, B의 DNA 상대량이 0인 (라)가 아니고 (가)와 (나) 중 하나이다. 만일 (나)가 Ⅱ라면 B와 D의 DNA 상대량이 2, 4로 ⓛ+ⓒ=6이 되므로 ⊙+ⓛ+ⓒ=4라는 조건에 맞지 않는다. 따라서 (가)가 Ⅱ이고, B의 DNA 상대량 ⊙은 2이다.

바로알기 ㄴ. (나)는 A의 DNA 상대량이 2로 감수 2분열을 완료한 Ⅳ가 될 수 없으므로 (나)가 Ⅲ이고, (라)가 Ⅳ이다. Ⅲ(나)은 유전자 DD를 가지므로 (나)에서 D의 DNA 상대량 ⓒ은 2이다. ⊙+ⓛ+ⓒ=4이므로 ⓛ은 0이다.

ㄷ. Ⅲ(나)의 유전자 구성이 AAbbDD이므로 Ⅳ(라)의 유전자 구성은 AbD이다. (다)(Ⅰ)는 유전자 구성이 AaBbDD로 세포 1개당 a의 DNA 상대량이 1이고, (라)(Ⅳ)는 유전자 구성이 AbD로 세포 1개당 a의 DNA 상대량이 0이다.

6 생식세포 분열과 대립유전자 구성

자료 분석

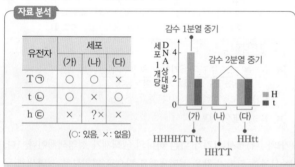

유전자	세포		
	(가)	(나)	(다)
T ⊙	○	○	✗
t ⓛ	○	✗	○
h ⓒ	✗	? ✗	✗

(○: 있음, ✗: 없음)

HHHHTTtt
HHTT
HHtt

선택지 분석

✗ ⓛ은 <u>T</u>이다. t

ⓛ (나)와 (다)의 핵상은 같다. n

✗ 이 사람의 ⓐ에 대한 유전자형은 <u>HhTt</u>이다. HHTt

H와 h, T와 t 각각의 대립유전자의 DNA 상대량을 합한 값은 G_1기 세포에서는 각각 2이고, DNA 복제가 일어난 후인 감수 1분열 중기 세포에서는 각각 4이다. (가)는 H의 DNA 상대량이 4이므로 감수 1분열 중기의 세포이고, 유전자 구성은 HHHHTTtt로 h가 없다.

ㄴ. (나)와 (다)는 (가)가 감수 1분열을 완료하여 형성된 감수 2분열 중기의 세포로 둘 다 핵상이 n이다.

바로알기 ㄱ. (나)의 유전자 구성은 HHTT이고, (다)의 유전자 구성은 HHtt이다. 따라서 (나)에 있고 (다)에 없는 ⊙은 T, (나)에 없고 (다)에 있는 ⓛ은 t, (가)~(다)에 모두 없는 ⓒ은 h이다.

ㄷ. DNA가 복제된 상태인 (가)의 유전자 구성으로 볼 때 이 사람의 ⓐ에 대한 유전자형은 HHTt이다.

7 생식세포의 유전적 다양성

선택지 분석

⊙ A 과정에서 생식세포의 유전적 다양성이 증가한다.

✗ B 과정에서 세포 1개당 염색체 수가 반으로 줄어든다. A 과정

ⓒ 핵 1개당 DNA 상대량은 A와 B 과정에서 각각 반으로 줄어든다.

A는 감수 1분열에서 상동 염색체가 분리되는 과정, B는 감수 2분열에서 염색 분체가 분리되는 과정이다.

ㄱ. A 과정에서 상동 염색체의 독립적인 무작위 배열과 분리가 일어나 유전적으로 다양한 생식세포가 형성된다.

ㄷ. 염색체 수는 감수 1분열에서만 반감되지만, DNA 상대량은 감수 1분열과 감수 2분열에서 각각 반으로 줄어든다.

바로알기 ㄴ. B 과정에서는 염색 분체가 분리되어 DNA 상대량은 반으로 줄어들지만 염색체 수는 줄어들지 않는다.

8 생식세포의 유전적 다양성

선택지 분석

⊙ 구간 Ⅱ의 세포는 구간 Ⅰ의 세포에 비해 염색체 수가 $\frac{1}{2}$이다.

✗ 구간 Ⅱ의 세포 1개에 대립유전자 <u>A와 a가 모두</u> 존재한다. A와 a 중 하나만

ⓒ 이 동물의 생식세포 분열 결과 형성될 수 있는 생식세포의 염색체 조합은 4가지이다.

구간 Ⅰ은 감수 1분열 중기, 구간 Ⅱ는 감수 2분열 중기이다.

ㄱ. 감수 1분열 과정에서 상동 염색체가 분리되어 서로 다른 딸세포로 들어가면 염색체 수가 $\frac{1}{2}$로 줄어든다.

ㄷ. 이 동물의 핵상과 염색체 수는 $2n=4$이므로 생식세포 분열 결과 형성되는 생식세포의 염색체 조합은 $2^2=4$가지이다.

바로알기 ㄴ. 감수 1분열에서 상동 염색체가 분리되므로 구간 Ⅱ(감수 2분열 중기)의 세포에는 대립유전자 A와 a 중 하나만 있게 된다. 핵상이 n인 세포에서는 대립유전자 쌍이 함께 존재하지 않는다.

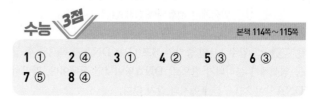

수능 3점

본책 114쪽~115쪽

1 ① 　 2 ④ 　 3 ① 　 4 ② 　 5 ③ 　 6 ③

7 ⑤ 　 8 ④

1 생식세포 분열

자료 분석

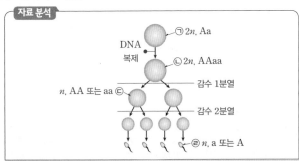

DNA 복제

⊙ $2n$, Aa
ⓛ $2n$, AAaa
n, AA 또는 aa ⓒ
감수 1분열
감수 2분열
ⓔ n, a 또는 A

선택지 분석

◯ 세포 1개당 A의 DNA양은 ⓛ이 ⊙의 2배이다.
✕ 세포 1개당 상염색체의 염색 분체 수는 ⓛ이 ⓒ의 ~~4배~~이다. 2배
✕ 세포 1개당 a의 수는 ⓒ이 ⓔ의 ~~2배~~이다.
　　　　　　　　　　　　　ⓒ과 ⓔ 중 하나는 0이다

ㄱ. ⓛ은 G_1기의 세포 ⊙이 DNA 복제를 거쳐 형성된 것이다. 따라서 A의 DNA 상대량은 ⓛ이 ⊙의 2배이다.

바로알기 ㄴ. 감수 1분열에서 상동 염색체가 분리되므로 염색체 수와 염색 분체 수는 모두 ⓒ이 ⓛ의 반이다.

ㄷ. 감수 1분열에서 상동 염색체가 분리되므로 ⓒ은 대립유전자 A와 a 중 한 가지만 가진다. 유전자 구성이 ⓒ이 AA이면 ⓔ은 a이고, ⓒ이 aa이면 ⓔ은 A이다. 즉, ⓒ과 ⓔ 중 하나는 a의 수가 0이다.

2 생식세포 분열 시 DNA양 변화

선택지 분석

◯ (나)는 t_2에서 관찰된다.
✕ t_2에서 세포의 핵상은 ~~$2n$~~이다. n
◯ 이 동물의 체세포 분열 중기의 세포와 (나)는
$$\frac{\text{핵 1개당 DNA양}}{\text{세포 1개당 염색체 수}}$$ 이 같다.

(가)는 핵 1개당 DNA양이 2회 반감되므로 생식세포 분열 과정에서의 DNA양 변화이다. (가)의 t_1은 DNA양이 한 번도 반감되지 않은 상태이므로 상동 염색체가 분리되기 전 시기이고, t_2는 DNA양이 한 번 반감된 상태이므로 상동 염색체가 분리된 후 시기이다.

ㄱ. (나)는 상동 염색체 중 하나만 있고, 각 염색체는 2개의 염색 분체로 이루어졌으므로 감수 2분열 전기의 세포이고, 이것은 t_2에서 관찰된다.

ㄷ. (나)의 핵상과 염색체 수는 $n=2$이고, 핵 1개당 DNA양은 2이므로 $\frac{\text{핵 1개당 DNA양}}{\text{세포 1개당 염색체 수}}=\frac{2}{2}=1$이다. 이 동물의 체세포 분열 중기의 세포는 핵상이 $2n$이므로 염색체 수는 4이고, DNA가 복제된 상태이므로 핵 1개당 DNA양은 4이다. 따라서 체세포 분열 중기의 세포의 $\frac{\text{핵 1개당 DNA양}}{\text{세포 1개당 염색체 수}}=\frac{4}{4}=1$로, (나)와 그 값이 같다.

바로알기 ㄴ. t_2 시기에는 (나)가 관찰된다. 상동 염색체 중 하나만 있는 (나)의 핵상은 n이다.

3 생식세포 분열 시 DNA양 변화

자료 분석

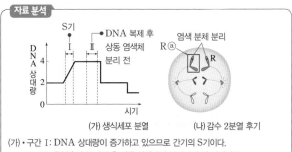

(가) 생식세포 분열　　(나) 감수 2분열 후기

(가) • 구간 Ⅰ: DNA 상대량이 증가하고 있으므로 간기의 S기이다.
　　 • 구간 Ⅱ: DNA가 복제된 후 상동 염색체가 분리되기 전 시기이다.
(나) 감수 2분열 후기로, 염색 분체가 분리되어 양극으로 이동하고 있다.

선택지 분석

◯ ⓐ에는 R가 있다.
✕ 구간 Ⅰ에서 2가 염색체가 ~~관찰된다.~~ 관찰되지 않는다
✕ (나)는 구간 Ⅱ에서 ~~관찰된다.~~ 감수 2분열 후기에

ㄱ. (나)에서는 하나의 염색체를 이루고 있던 염색 분체가 분리되어 양극으로 이동하고 있다. 하나의 염색체를 구성하는 염색 분체는 복제되어 형성된 것이므로 ⓐ에는 다른 염색 분체와 같은 유전자 R가 있다.

바로알기 ㄴ. 구간 Ⅰ은 간기의 S기이다. 2가 염색체는 감수 1분열 전기에서 중기까지 관찰된다.

ㄷ. 구간 Ⅱ는 DNA가 복제된 후 상동 염색체가 분리되기 전의 시기이고, (나)는 상동 염색체가 분리되어 형성된 딸세포에서 염색 분체가 분리되어 이동하고 있으므로 (나)는 구간 Ⅱ에서 관찰되지 않는다.

4 생식세포 분열 과정에서 형성되는 세포

자료 분석

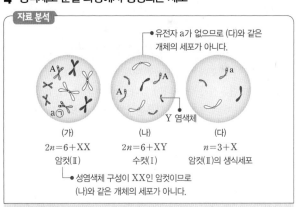

　　　(가)　　　　　　(나)　　　　　　(다)
$2n=6+XX$　　$2n=6+XY$　　$n=3+X$
암컷(Ⅱ)　　　수컷(Ⅰ)　　암컷(Ⅱ)의 생식세포

• 유전자 a가 없으므로 (다)와 같은 개체의 세포가 아니다.
• 성염색체 구성이 XX인 암컷이므로 (나)와 같은 개체의 세포가 아니다.
Y 염색체

선택지 분석

✕ ⓒ은 ~~A~~이다. a
✕ (나)는 ~~Ⅱ~~의 세포이다. Ⅰ
◯ Ⅰ의 감수 2분열 중기 세포 1개당 염색 분체 수는 8이다.

(가)는 성염색체 구성이 XX이므로 암컷의 세포이고, (나)는 성염색체 구성이 XY이므로 수컷의 세포이다. (다)는 핵상이 n이며, 성염색체로 X를 갖는 생식세포이다. (나)의 유전자 구성은 AA인데 (다)에는 a가 있으므로 (다)는 (나)와 같은 개체의 세포가 아니고 (가)와 같은 개체의 세포이며, (가)의 유전자 구성은 Aa이다.

ㄷ. Ⅰ의 체세포의 핵상과 염색체 수는 $2n=8$이다. 감수 2분열 중기 세포의 핵상은 n이고, 각 염색체는 2개의 염색 분체로 구성되므로, Ⅰ의 감수 2분열 중기 세포 1개당 염색 분체 수는 $4\times2=8$이다.

바로알기 ㄱ. (가)의 유전자 구성이 Aa이므로 ⊙에는 a가 있다.

ㄴ. (가)~(다) 중 1개는 I의 세포이고, 2개는 II의 세포라고 하였으므로 (가)와 (다)가 II의 세포이고, (나)가 I의 세포이다.

5 생식세포 분열과 대립유전자 구성

자료 분석

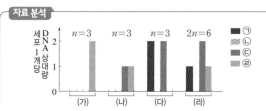

❶ 개체 II의 세포

• (라)는 대립유전자가 쌍으로 있으므로 핵상이 $2n$이며, ⊙과 ㉣의 DNA 상대량이 1인데 ㉢만 DNA 상대량이 2인 것으로 보아 ⊙과 ㉣이 대립유전자 관계이고, ㉡과 ㉢이 대립유전자 관계이다.

• (다)는 (라)에 있는 유전자 ㉣이 없으므로 핵상이 n이고, ⊙과 ㉢이 2개씩 있으므로 염색체가 2개의 염색 분체로 이루어진 상태이다.

• (나)는 유전자 ⊙이 없고 유전자 ㉢과 ㉣을 하나씩 가지므로 핵상이 n이고, 염색체가 한 가닥으로 되어 있는 상태이다.

❷ 개체 I의 세포

• 개체 I에서는 (가)~(다)와 같은 세포가 형성되므로 핵상이 $2n$인 개체 I의 세포에는 유전자 ⊙, ㉢, ㉣이 모두 있어야 하는데 (가)~(다)에는 유전자 ⊙, ㉢, ㉣ 중 일부만 있으므로 (가)~(다)의 핵상은 모두 n이다.

• 유전자 ⊙과 ㉣, ㉡과 ㉢이 대립유전자인데 (가)에는 유전자 ㉡과 ㉢이 모두 없으므로 유전자 ㉡과 ㉢이 X 염색체에 있고, (가)에는 Y 염색체만 있으며, 유전자 ㉣이 2개 있는 것으로 보아 염색체는 2개의 염색 분체로 이루어져 있다.

선택지 분석

◯ ⊙은 ㉣과 대립유전자이다.

◯ (가)와 (다)의 염색 분체 수는 같다. $3 \times 2 = 6$

✕ 세포 1개당 $\dfrac{\text{X 염색체 수}}{\text{상염색체 수}}$ 는 (라)가 (나)의 2배이다.
(라)와 (나)가 같다

핵상이 $2n$인 세포에는 대립유전자가 쌍으로 있고, 핵상이 n인 세포에는 대립유전자 중 하나만 있다. ⊙~㉣, 즉 H, h, T, t 중 세 가지를 가지는 세포는 대립유전자가 쌍으로 있으므로 핵상이 $2n$이다.

ㄱ. 하나의 세포에서는 대립유전자 쌍의 DNA 상대량의 합이 3이 될 수 없으므로 ⊙과 ㉣이 대립유전자 관계이다.

[다른 해설] 핵상이 n인 세포 (나)에서 유전자 ㉢과 ㉣이 함께 있으므로 ㉢과 ㉣은 대립유전자 관계가 아니고, 세포 (다)에서 유전자 ⊙과 ㉢이 함께 있으므로 ⊙과 ㉢도 대립유전자 관계가 아니다. 따라서 ⊙과 ㉣, ㉡과 ㉢이 대립유전자 관계이다.

ㄴ. (가)와 (다)는 각각 핵상이 n이고, 둘 다 염색체가 2개의 염색 분체로 이루어져 있으므로 염색 분체 수는 $3 \times 2 = 6$으로 같다.

[바로알기] ㄷ. (나)는 유전자 ㉢과 ㉣만 있으므로 핵상이 n이고, 염색체 수가 3이며, X 염색체에 있는 유전자 ㉢의 DNA 상대량이 1이므로 상염색체 2개와 유전자 ㉢이 있는 X 염색체 1개가 있다. (라)는 유전자 ⊙, ㉢, ㉣이 있으므로 핵상이 $2n$이고 염색체 수가 6이며, X 염색체에 있는 유전자 ㉢의 DNA 상대량이 2이므로 상염색체 4개와 유전자 ㉢이 있는 X 염색체 2개가 있다.

따라서 세포 1개당 $\dfrac{\text{X 염색체 수}}{\text{상염색체 수}}$ 는 (나)가 $\dfrac{1}{2}$, (라)가 $\dfrac{2}{4} = \dfrac{1}{2}$로 같다.

6 생식세포 분열과 대립유전자 구성

자료 분석

세포	DNA 상대량			
	⊙	㉡	㉢	㉣
I	0	? 0	2	? 0
II	1	1	0	1
III	2	2	2	2

• 3쌍의 대립유전자 중 4가지 유전자 ⊙~㉣에서 최소 한 쌍은 대립유전자 관계이다. 세포 III은 대립유전자가 쌍으로 있고 대립유전자 쌍의 DNA 상대량의 합이 4이므로 핵상이 $2n$인 감수 1분열 중기의 세포이다.

• 세포 I은 ㉢의 DNA 상대량이 2이므로 감수 2분열 중기 세포이며 핵상은 n이다.

• 유전자 구성이 Abd인 그림의 세포는 세포 II이다. ➡ ⊙, ㉡, ㉣은 각각 A, b, d 중 하나이다.

선택지 분석

✕ ⊙과 ㉡은 대립유전자이다. 대립유전자가 아니다

✕ I의 세포 분열이 완료되면 II가 형성된다.
세포 I이 분열하여 세포 II가 되지 않는다

◯ III의 세포 1개당 염색 분체 수는 12이다.

ㄷ. 세포 II가 $n=3$이므로 이 동물의 체세포에는 $2n=6$의 염색체가 있다. III은 DNA가 복제된 후인 감수 1분열 중기의 세포이므로 세포 1개당 염색 분체 수는 $6 \times 2 = 12$이다.

[바로알기] ㄱ. 감수 1분열에서 상동 염색체가 분리되므로, 핵상이 n인 세포 I과 II에는 대립유전자가 함께 있지 않다. 따라서 ⊙과 ㉡은 대립유전자가 아니다. 유전자 ⊙, ㉡, ㉣은 각각 A, b, d 중 하나이다.

ㄴ. 세포 I에는 유전자 ㉢이 있지만 세포 II에는 유전자 ㉢이 없으므로 세포 I이 분열하여 세포 II가 된 것이 아니다.

7 생식세포 분열과 대립유전자 구성

자료 분석

세포	상염색체 수	A와 a의 DNA 상대량을 더한 값
⊙I	$2n$ 8	? 2
㉡III	n 4	2
㉢IV	n ⓐ 4	ⓑ 1
㉣II	$2n$? 8	4

• 유전자 구성은 I이 Aa(2), II가 AAaa(4), III이 AA 또는 aa(2), IV가 a 또는 A(1)이다.

• 이 동물의 체세포에는 8개의 상염색체와 성염색체 XX가 있다. ➡ $2n = 8 + XX$

선택지 분석

◯ ⊙은 I이다.

◯ ⓐ+ⓑ=5이다.

◯ II의 2가 염색체 수는 5이다.

I과 II의 핵상은 $2n$이고, III과 IV의 핵상은 n이므로 상염색체 수는 I, II가 III, IV의 2배이다. I은 G_1기 세포이고, II와 III은 중기의 세포이므로 대립유전자 A와 a의 DNA 상대량을 더한 값이 I은 2, II는 4, III은 2, IV는 1이다. 따라서 A와 a의 DNA 상대량을 더한 값이 4인 ㉣은 II이고, 상염색체 수가 8인 ⊙은 I이며, 상염색체 수가 4이고 A와 a의 DNA 상대량을 더한 값이 2인 ㉡은 III, ㉢이 IV이다.

ㄱ. 핵상이 $2n$이고, A와 a의 DNA 상대량을 더한 값이 2인 Ⅰ은 ㉠이다.

ㄴ. ㉢은 Ⅳ이므로 상염색체 수 ⓐ는 4이고, A와 a의 DNA 상대량을 더한 값 ⓑ는 1이다. 따라서 ⓐ+ⓑ=4+1=5이다.

ㄷ. 이 동물의 체세포에는 상염색체 8개와 X 염색체 2개, 총 10개의 염색체가 있다. 따라서 감수 1분열 중기 세포(Ⅱ)의 2가 염색체 수는 5이다.

8 핵상과 대립유전자 구성

자료 분석

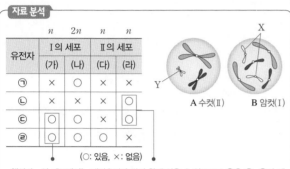

| 유전자 | Ⅰ의 세포 | | Ⅱ의 세포 | |
	n (가)	$2n$ (나)	n (다)	n (라)
㉠	×	○	×	×
㉡	×	×	×	○
㉢	○	○	×	○
㉣	○	○	○	×

(○: 있음, ×: 없음)

A 수컷(Ⅱ)   B 암컷(Ⅰ)

· 핵상이 n인 세포에서는 대립유전자 쌍이 함께 있을 수 없으므로 ㉢은 ㉡, ㉣과 대립유전자가 아니다. ➡ ㉠과 ㉢, ㉡과 ㉣이 각각 대립유전자이다.
· (다)에서 대립유전자 ㉠과 ㉢이 모두 없으므로 (다)는 X 염색체가 없고 Y 염색체가 있다. ➡ (다)에 없는 ㉠과 ㉢은 X 염색체에 있다.

선택지 분석

✗ ㉠은 ㉣과 대립유전자이다. ㉢

○ A는 Ⅱ의 세포이다.

○ (라)에는 X 염색체가 있다.

핵상이 $2n$인 세포에는 이 생물이 가지는 대립유전자가 모두 들어 있고, 핵상이 n인 세포에는 대립유전자 쌍 중 하나만 들어 있다. Ⅰ의 세포 (나)는 유전자 ㉠, ㉢, ㉣이 있으므로 대립유전자가 쌍으로 있어 핵상이 $2n$이고, (가)는 ㉠이 없으므로 핵상이 n이며 ㉢과 ㉣은 대립유전자 관계가 아니다. Ⅱ에서 핵상이 $2n$인 세포에는 유전자 ㉡, ㉢, ㉣이 모두 있어야 하는데 (다)와 (라)에는 유전자 ㉡, ㉢, ㉣ 중 일부만 있으므로 (다)와 (라)의 핵상은 n이고, (라)에 ㉡과 ㉢이 함께 있으므로 이들은 대립유전자 관계가 아니다. 따라서 ㉠과 ㉢, ㉡과 ㉣이 각각 대립유전자 관계이며, (다)에서 대립유전자가 모두 없는 ㉠과 ㉢은 X 염색체에 있고, (다)에는 Y 염색체가, (라)에는 X 염색체가 있다. Y 염색체가 있는 Ⅱ는 수컷이다.

ㄴ. A는 상동 염색체 중 하나만 있으므로 핵상이 n이고, B는 상동 염색체가 쌍으로 있으므로 핵상이 $2n$이다. B는 모양과 크기가 같은 상동 염색체가 3쌍 있으므로 성염색체 구성이 XX인 암컷으로, Ⅰ의 세포이다. A에는 B에는 없는 작은 염색체가 들어 있는데, 이것은 암컷에 없는 성염색체인 Y 염색체이므로 A는 수컷인 Ⅱ의 세포이다.

ㄷ. (라)에는 X 염색체에 있는 대립유전자인 ㉢이 있으므로 X 염색체가 있다.

바로알기 ㄱ. ㉠과 ㉢이 대립유전자이고, ㉡과 ㉣이 대립유전자이다. 또한, 유전자 ㉠과 ㉢은 X 염색체에 있고, 유전자 ㉡과 ㉣은 상염색체에 있다.

10. 사람의 유전

개념 확인   본책 117쪽, 119쪽

(1) 길고, 적으며, 불가능   (2) 쌍둥이 연구   (3) 단일 인자
(4) 같다   (5) 분리형, 부착형   (6) 복대립   (7) 6, 4   (8) 우성, 열성   (9) A형, B형   (10) 여자, 남자   (11) X, 열성
(12) 남자, 반성   (13) ① 100 ② 100 ③ 25   (14) 다인자
(15) 되지 않고, 연속적인

수능 자료   본책 121쪽

자료❶ 1 EF, GG   2 (1) rr, Rr, 6 (2) rr, Rr, 6 (3) X^{R}Y,
X^{r}X^r, X^{r}Y, X^{R}X^r, 4   3 9, X, 우성, 4, 6
4 EF, GG   5 FG, GG   6 EF, GG, FG

자료❷ 1 AA, Aa, aa   2 다인자   3 7   4 Abde,
aBDE   5 ABDe, ABdE, abDe, abdE   6 7

자료❶

1 대립유전자의 우열 관계는 E=F>G이다.

2 (가)의 유전자가 상염색체에 있으며 정상에 대해 우성일 경우와 열성일 경우, (가)의 유전자가 성염색체인 X 염색체에 있으며 정상에 대해 우성일 경우와 열성일 경우를 모두 고려한다.

3 (가)의 유전자의 위치와 우열 관계를 찾아낸다.

4, 5, 6 제시된 조건을 고려하여 가계도 구성원의 (가)와 (나) 형질에 관한 유전자형을 파악한다. 6의 유전자형이 EF일 때 7의 유전자형이 FG이면 9에서 나올 수 있는 유전자형이 EF, EG, FF, FG로 표현형이 2, 6, 7과 같은 자손만 나오므로 7의 유전자형은 GG이다. EF(6)×GG(7) → EG, FG에서 9가 FG일 때 조건이 성립한다.

자료❷

1 ㉠에서 유전자형이 다르면 표현형이 다른 것을 통해 멘델의 우열의 원리가 적용되지 않는 것을 파악한다.

2 형질이 여러 쌍의 대립유전자에 의해 결정되는 것은 다인자 유전 형질이다.

3 6개의 대립유전자에서 대문자로 표시될 수 있는 것의 개수는 0~6, 총 7가지가 있다.

4, 5 하나의 염색체에 함께 있는 유전자를 연관되어 있다고 하며, 생식세포를 형성할 때는 염색체 단위로 행동하므로 연관된 유전자들은 함께 이동한다. n쌍의 염색체가 만들 수 있는 생식세포의 염색체 조합은 최대 2^n가지이므로 2쌍의 염색체가 있을 때 형성되는 생식세포의 유전자형은 최대 $4(=2^2)$가지이다.

6 ㉠의 표현형은 유전자형의 차이로, ㉡의 표현형은 대문자로 표시되는 대립유전자의 수로 계산한다.

수능 1점

본책 122쪽

1 C **2** ㄷ **3** (1) 유전병 A (2) 상염색체 (3) 1: Hh, 2: Hh, 3: hh (4) 50 %(= $\frac{1}{2}$) **4** ㄱ, ㄷ **5** (1) 1, 2, 3, 4 (2) 25 %(= $\frac{1}{4}$) **6** ⑤

1 바로알기 • A: 사람은 자손의 수가 적어 통계의 신뢰성이 낮아 일반화하기 어렵다.
• B: 유전과 환경의 영향을 알아보는 데 가장 적합한 연구 방법은 쌍둥이 연구이다.

2 하나의 수정란이 둘로 나누어져 각각 착상하여 발생하였으므로 A와 B는 유전자 구성이 동일한 1란성 쌍둥이이다.
ㄷ. 1란성 쌍둥이는 유전적으로 동일하므로 성별, 혈액형 등의 유전 형질이 같으며, 형질의 차이는 환경의 영향에 의해 나타난다.
바로알기 ㄱ. 1란성 쌍둥이의 형성 과정을 나타낸 것이다.
ㄴ. 1란성 쌍둥이는 성별이 같다.

3 (1), (2) 부모가 모두 유전병 A를 나타내는데 정상인 딸이 태어났으므로 유전병 A는 정상에 대해 우성 형질이며, 유전자는 상염색체에 있다. 유전자가 X 염색체에 있다면 아버지가 우성 형질을 나타내는데 딸이 열성 형질을 나타낼 수 없다.
(4) 유전병 A 대립유전자가 H, 정상 대립유전자가 h이므로 정상인 3(hh)의 부모의 유전자형은 각각 hh, Hh이다. 따라서 3의 동생이 태어날 때 유전병 A를 나타낼 확률은 hh×Hh → <u>Hh</u>, <u>Hh</u>, hh, hh로 $\frac{1}{2}$, 즉 50 %이다.

4 ㄱ. A형의 유전자형은 $I^A I^A$, $I^A i$가 가능하지만 B형인 자녀가 태어났으므로 (가)의 유전자형은 $I^A i$로 열성 대립유전자를 갖는다. 마찬가지로 B형의 유전자형은 $I^B I^B$, $I^B i$가 가능하지만 A형인 자녀가 태어났으므로 (나)의 유전자형은 $I^B i$로 열성 대립유전자를 갖는다.
ㄷ. (다)의 ABO식 혈액형 유전자형은 $I^A i$이고 배우자의 혈액형은 O형이므로 유전자형이 ii이다. 따라서 (다)와 남편 사이에서 자녀가 태어날 때 A형일 확률은 $I^A i \times ii \rightarrow \underline{I^A i}, \underline{I^A i}, ii, ii$로 $\frac{1}{2}$ 이고, 아들일 확률은 $\frac{1}{2}$ 이므로 A형인 아들일 확률은 $\frac{1}{2} \times \frac{1}{2} \times 100 = 25(\%)$이다.
바로알기 ㄴ. (다)는 (가)로부터 유전자 I^A를, (나)로부터 유전자 i를 물려받아 유전자형은 $I^A i$로 이형 접합성이다.

5 (1) 적록 색맹은 유전자가 X 염색체에 있으며, 열성 형질이다. 1, 2, 4는 모두 적록 색맹인 아들이 있으므로 적록 색맹 대립유전자를 가지는 보인자이다. 3의 아버지는 적록 색맹이므로 3은 아버지에게서 적록 색맹 대립유전자를, 어머니에게서 정상 대립유전자를 물려받은 보인자이다.
(2) $X^r Y \times X^R X^r \rightarrow X^R X^r, \underline{X^r X^r}, X^R Y, X^r Y$이므로 철수의 동생이 태어날 때, 이 아이가 적록 색맹인 여자일 확률은 $\frac{1}{4} \times 100 = 25(\%)$이다.

6 ⑤ (나)는 표현형이 뚜렷이 구분되지 않고 다양하게 나타나므로 여러 쌍의 대립유전자에 의해 형질이 결정되는 다인자 유전 형질이고, (가)는 표현형이 뚜렷하게 구분되어 나타나므로 한 쌍의 대립유전자에 의해 형질이 결정되는 단일 인자 유전 형질이다.
바로알기 ① 대립 형질이 뚜렷하게 구분되지 않고 표현형이 다양하게 나타나는 것은 다인자 유전 형질(나)의 특징이다.
② 단일 인자 유전 형질(가)과 다인자 유전 형질(나) 중 환경의 영향을 많이 받는 것은 다인자 유전 형질(나)이다.
③ 사람의 피부색은 표현형이 다양하게 나타나는 다인자 유전 형질(나)이다.
④ 귓불 모양은 표현형이 뚜렷이 구분되어 나타나는 단일 인자 유전 형질(가)이다.

수능 2점

본책 123쪽~124쪽

1 ⑤ **2** ③ **3** ① **4** ⑤ **5** ⑤ **6** ⑤
7 ⑤ **8** ④

1 상염색체 유전 형질 특성 분석

선택지 분석
✗ 유전병 ⊙은 <u>우성</u> 형질이다. 열성
◯ ㄴ 부모님은 유전병 ⊙ 대립유전자를 가진다.
◯ ㄷ 유전병 ⊙의 대립유전자는 상염색체에 있다.

ㄴ. 부모님은 유전병을 나타내지 않지만 여동생은 유전병 ⊙을 나타내므로 유전병 ⊙은 열성 형질이며, 부모님은 모두 유전병 ⊙ 대립유전자를 가진다.
ㄷ. 유전병 ⊙의 대립유전자가 X 염색체에 있다면, 아버지에게서 정상 대립유전자를 물려받은 딸(여동생)에게 유전병 ⊙이 나타날 수 없다.
바로알기 ㄱ. 유전병 ⊙은 열성 형질이다.

2 유전병 유전 가계도 분석

자료 분석

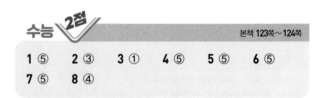

유전병 ⊙을 나타내는 6과 7 사이에서 정상인 딸 9가 태어났으므로 유전병 ⊙은 정상에 대해 우성 형질이며, 유전자는 상염색체에 있다. 유전자가 X 염색체에 있으면 아버지에게서 우성인 ⊙ 대립유전자를 물려받는 딸은 정상이 될 수 없다.

선택지 분석
◯ ㄱ ⊙은 우성 형질이다.
◯ ㄴ 이 가계도의 구성원 모두 T*를 가지고 있다.
✗ ㄷ 9의 동생이 태어날 때, 이 아이가 ⊙을 나타낼 확률은 $\frac{1}{4}$이다. $\frac{3}{4}$

ㄱ. 유전병 ㉠을 나타내는 6과 7 사이에서 정상인 딸 9가 태어났으므로 유전병 ㉠은 정상에 대해 우성 형질이다.

ㄴ. ㉠ 대립유전자는 우성인 T이고, 정상 대립유전자는 열성인 T*이다. 따라서 열성인 정상 형질을 나타내는 2, 3, 5, 8, 9는 모두 유전자형이 T*T*이다. 우성 형질인 ㉠을 나타내는 1, 4, 6, 7은 정상(T*T*)인 자녀가 있으므로 정상 대립유전자 T*를 갖는다. 따라서 이 가계도의 구성원 모두 T*를 갖는다.

바로알기 ㄷ. 6과 7의 유전자형은 각각 TT*이므로 이들 사이에서 태어날 수 있는 자녀의 유전자형은 TT* × TT* → TT, 2TT*, T*T*로, 9의 동생이 태어날 때 이 아이가 ㉠을 나타낼 확률은 $\frac{3}{4}$이다.

3 ABO식 혈액형 유전 가계도 분석

선택지 분석
✗ 1의 혈장에는 응집소 α와 β가 있다. 2
Ⓛ 3은 ABO식 혈액형 열성 대립유전자를 가진다.
✗ 4의 동생이 태어날 때, 이 아이가 O형일 확률은 25 %이다. 0 %

ㄴ. 1~4의 혈액형이 모두 다르므로 1과 2는 각각 AB형과 O형 중 하나인데 2의 ABO식 혈액형 유전자형이 동형 접합성이므로 1은 AB형, 2는 O형이다. 3과 4는 2에게서 열성 대립유전자 i를 물려받아 유전자형이 각각 $I^A i$, $I^B i$이다.

바로알기 ㄱ. AB형인 사람(1)의 혈장에는 응집소가 없고, 적혈구에 응집원 A와 B가 있다. 반면에 O형인 사람(2)의 혈장에는 응집소 α와 β가 있고, 적혈구에 응집원이 없다.

ㄷ. $I^A I^B × ii → I^A i$, $I^A i$, $I^B i$, $I^B i$로 4의 동생이 태어날 때, 이 아이에게서 O형이 나타날 수 없다.

4 ABO식 혈액형과 상염색체 유전 형질 특성 분석

선택지 분석
㉠ 유전병 ㉠은 열성 형질이다.
Ⓛ 어머니는 유전병 ㉠ 대립유전자를 가지고 있다.
Ⓒ 철수의 동생이 태어날 때, 이 아이가 AB형이고 유전병 ㉠인 여자일 확률은 $\frac{1}{32}$이다. $\frac{1}{4} × \frac{1}{4} × \frac{1}{2}$

ㄱ, ㄴ. 정상인 부모 사이에서 유전병 ㉠인 철수가 태어났으므로 유전병 ㉠은 열성이며, 아버지와 어머니 모두 유전병 ㉠ 대립유전자를 가지고 있다.

ㄷ. 누나의 ABO식 혈액형이 O형이므로 아버지와 어머니의 ABO식 혈액형 유전자형은 각각 $I^B i$, $I^A i$이다. $I^B i × I^A i → I^A I^B$, $I^A i$, $I^B i$, ii이므로 철수의 동생이 AB형일 확률은 $\frac{1}{4}$이고, 정상 대립유전자를 R, 유전병 ㉠ 대립유전자를 r라고 표시하면 Rr × Rr → RR, 2Rr, rr이므로 철수의 동생이 유전병 ㉠일 확률은 $\frac{1}{4}$, 여자일 확률은 $\frac{1}{2}$이다. 따라서 철수의 동생이 태어날 때, 이

아이가 AB형이고 유전병 ㉠인 여자일 확률은 $\frac{1}{4} × \frac{1}{4} × \frac{1}{2}$ $= \frac{1}{32}$이다.

5 성염색체 유전 가계도 분석

선택지 분석
㉠ 3은 H*를 가지고 있다.
Ⓛ 5의 정상 대립유전자는 3에게서 물려받은 것이다.
Ⓒ 5의 동생이 태어날 때, 이 아이에게서 유전병이 나타날 확률은 $\frac{1}{2}$이다.

유전병이 여자에서 나타나므로 유전병 유전자는 X 염색체에 있다. 딸 3은 아버지 1에게서 정상 대립유전자를 물려받았는데 유전병을 나타내므로 유전병은 정상에 대해 우성 형질이다.

ㄱ. 유전병 대립유전자는 X 염색체에 있으며, 우성이므로 유전병 대립유전자는 H, 정상 대립유전자는 H*이다. 3은 유전병이지만 아버지에게서 정상 대립유전자를 물려받으므로 H*를 가지고 있다.

ㄴ. 아들의 X 염색체는 어머니에게서 물려받은 것이므로 5의 정상 대립유전자는 3에게서 물려받은 것이다.

ㄷ. 유전자형이 $X^H X^{H^*}$인 3과 $X^{H^*} Y$인 4 사이에서 태어나는 아이가 가질 수 있는 유전병 유전자형은 $X^H X^{H^*} × X^{H^*} Y → X^H X^{H^*}$, $X^{H^*} X^{H^*}$, $X^H Y$, $X^{H^*} Y$이다. 따라서 5의 동생이 태어날 때, 이 아이에게서 유전병이 나타날 확률은 $\frac{1}{2}$이다.

6 ABO식 혈액형과 적록 색맹 유전 가계도 분석

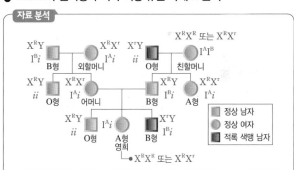

자료 분석

- ABO식 혈액형 유전자는 상염색체에 있고, 적록 색맹 유전자는 X 염색체에 있다. ➡ ABO식 혈액형과 적록 색맹은 독립적으로 유전된다.
- 영희 남동생의 적록 색맹 대립유전자는 외할머니에게서 어머니를 거쳐 유전되었다.

선택지 분석
㉠ 친할머니는 AB형이다.
Ⓛ 외할머니와 어머니는 모두 A형이며, 적록 색맹 보인자이다.
Ⓒ 영희의 여동생이 태어났을 때, 이 아이가 적록 색맹 대립유전자를 가질 확률은 50 %이다.

ㄱ. 친할아버지가 O형, 아버지가 B형, 고모가 A형이므로 친할머니의 ABO식 혈액형은 AB형이다.

ㄴ. 아버지(B형)와 어머니 사이에서 태어난 자손 중 A형과 O형이 있으므로 어머니의 ABO식 혈액형 유전자형은 $I^A i$이다. 어머니의 대립유전자 I^A는 외할머니에게서 물려받은 것이며, 외삼촌이 O형이므로 외할머니도 열성 대립유전자 i를 가져 외할머니의 ABO식 혈액형 유전자형은 $I^A i$이다. 또한, 영희 남동생의 적록 색맹 대립유전자는 외할머니에게서 어머니를 거쳐 물려받은 것이

므로 외할머니와 어머니는 모두 적록 색맹 보인자이다.

ㄷ. $X^R X^r \times X^R Y \rightarrow X^R X^R$, $\underline{X^R X^r}$, $X^R Y$, $X^r Y$이므로 여동생이 적록 색맹 대립유전자를 가질 확률은 $\frac{1}{2} \times 100 = 50(\%)$이다.

7 다인자 유전

선택지 분석

✗ ㉠의 유전은 복대립 유전이다. 다인자

◯ (가)와 (나)의 ㉠의 표현형은 같다.

◯ 자손(F₁)에서 나타날 수 있는 ㉠의 표현형은 최대 5가지이다.

ㄴ. ㉠의 표현형은 유전자형에서 대문자로 표시되는 대립유전자의 수에 의해서만 결정되는데 유전자형이 (가)는 AABbDd, (나)는 AaBBDd로 대문자로 표시되는 대립유전자 수가 4로 같으므로 (가)와 (나)의 ㉠의 표현형은 같다.

ㄷ. (가)에서 만들어지는 생식세포 ABD(3), ABd(2), AbD(2), Abd(1)와 (나)에서 만들어지는 생식세포 ABD(3), ABd(2), aBD(2), aBd(1)의 조합으로 자손(F₁)의 표현형을 구할 수 있다.

생식세포	ABD(3)	ABd(2)	AbD(2)	Abd(1)
ABD(3)	6	5	5	4
ABd(2)	5	4	4	3
aBD(2)	5	4	4	3
aBd(1)	4	3	3	2

바로알기 ㄱ. ㉠은 3쌍의 대립유전자에 의해 결정되므로 다인자 유전 형질이다. 복대립 유전은 한 쌍의 대립유전자에 의해 형질이 결정되지만, 대립유전자가 세 가지 이상인 경우이다.

8 다인자 유전

자료 분석

• 피부색은 서로 다른 상염색체에 존재하는 3쌍의 대립유전자 A와 a, B와 b, D와 d에 의해 결정된다.
  ➡ 피부색은 다인자 유전 형질이며, 유전자 A, B, D는 독립적으로 유전된다.

• 개체 Ⅰ의 유전자형은 aabbDD이다. ➡ 생식세포 abD

• 개체 Ⅰ과 Ⅱ 사이에서 ㉠자손(F₁)이 태어날 때, ㉠의 유전자형이 AaBbDd일 확률은 $\frac{1}{8}$이다. ➡ 개체 Ⅱ의 생식세포가 ABd일 확률 $\frac{1}{8}$

선택지 분석

✗ $\frac{3}{4}$ ✗ $\frac{5}{8}$ ✗ $\frac{1}{2}$ ④ $\frac{3}{8}$ ✗ $\frac{1}{4}$

개체 Ⅰ의 유전자형은 aabbDD이므로 이로부터 형성되는 생식세포의 유전자형은 abD 한 가지이다. 개체 Ⅰ의 생식세포가 abD 한 가지이므로 개체 Ⅰ과 Ⅱ 사이에서 생긴 자손 ㉠의 유전자형이 AaBbDd일 확률이 $\frac{1}{8}$이라는 것은 개체 Ⅱ에서 유전자 구성이 ABd인 생식세포를 형성할 확률이 $\frac{1}{8}$이라는 뜻이다. 이를 위해서는 A일 확률$\left(\frac{1}{2}\right) \times$ B일 확률$\left(\frac{1}{2}\right) \times$ d일 확률$\left(\frac{1}{2}\right)$이 되어야 하므로, 개체 Ⅱ의 유전자형은 AaBbDd이다. 개체 Ⅰ은 유전자형이 aabbDD로 대문자로 표시되는 대립유전자를 2개

가지고 있으며, 개체 Ⅰ의 생식세포에는 대문자로 표시되는 대립유전자가 1개 있다(abD). 따라서 개체 Ⅰ과 Ⅱ를 교배하여 생긴 자손 ㉠의 피부색이 Ⅰ과 같을 확률은 유전자형이 AaBbDd인 개체 Ⅱ에서 대문자로 표시되는 대립유전자가 1개인 생식세포(Abd, aBd, abD)를 형성할 확률과 같으므로 $\frac{3}{8}$이다.

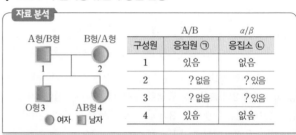

수능 3점

본책 125쪽~129쪽

1 ④	2 ⑤	3 ②	4 ②	5 ④	6 ④
7 ①	8 ②	9 ③	10 ②	11 ⑤	12 ①
13 ⑤	14 ②	15 ③	16 ⑤		

1 ABO식 혈액형 유전과 응집 반응

자료 분석

A형/B형 ☐1 ── ○2 B형/A형

O형 ☐3 AB형 ○4

○ 여자 ☐ 남자

구성원	A/B 응집원 ㉠	α/β 응집소 ㉡
1	있음	없음
2	? 없음	? 있음
3	? 없음	? 있음
4	있음	없음

선택지 분석

✗ 1의 혈구와 4의 혈장을 섞으면 응집 반응이 일어난다. **일어나지 않는다**

◯ 3은 응집소 ㉡을 갖는다.

◯ 4의 동생이 태어날 때, 이 아이가 응집원 ㉠을 가질 확률은 $\frac{1}{2}$이다.

부모와 자녀 두 명 1~4의 혈액형이 모두 다르다. 이런 경우 부모가 A형과 B형이고, 자녀는 AB형과 O형이거나 반대로 부모가 AB형과 O형이고, 자녀는 A형과 B형이다. 부모 중 1은 응집원 ㉠이 있고, 2의 혈액형 유전자형이 이형 접합성이므로 1과 2는 모두 O형이 아니다. 따라서 1과 2는 각각 A형과 B형 중 하나이다. 그러므로 응집원 ㉠이 응집원 A이면 응집소 ㉡은 응집소 α이고, 응집원 ㉠이 응집원 B이면 응집소 ㉡은 응집소 β이다. 또한, 자녀 4는 응집원 ㉠은 있고 응집소 ㉡이 없으므로 AB형이고, 자녀 3은 O형이다.

ㄴ. 3은 O형이므로 응집원 A와 B가 모두 없고 응집소 α와 β를 모두 가지므로 응집소 ㉡을 갖는다.

ㄷ. 부모 1과 2의 유전자형은 각각 $I^A i$와 $I^B i$ 중 하나이므로 자녀의 유전자형은 $I^A i \times I^B i \rightarrow I^A I^B$(AB형), $I^A i$(A형), $I^B i$(B형), ii(O형)이다. 응집원 ㉠이 응집원 A라면 A형과 AB형이 응집원 ㉠을 갖고, 응집원 ㉠이 응집원 B라면 B형과 AB형이 응집원 ㉠을 갖는다. 따라서 4의 동생이 태어날 때, 이 아이가 응집원 ㉠을 가질 확률은 $\frac{1}{2}$이다.

바로알기 ㄱ. 혈액형이 AB형인 4의 혈장에는 응집소 α와 β가 모두 없으므로 4의 혈장을 1~3의 혈구와 섞어도 응집 반응이 일어나지 않는다.

2 대립유전자의 DNA 상대량과 유전 가계도 분석

자료 분석

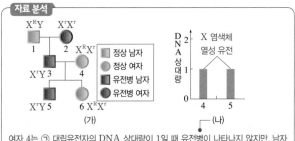

(가)   (나)

여자 4는 ㉠ 대립유전자의 DNA 상대량이 1일 때 유전병이 나타나지 않지만, 남자 5는 ㉠ 대립유전자의 DNA 상대량이 1일 때 유전병이 나타난다. ➡ ㉠ 대립유전자는 X 염색체에 있으며, 정상 대립유전자에 대해 열성이다.

선택지 분석

✗ 5의 유전병 ㉠ 대립유전자는 <u>3</u>으로부터 물려받은 것이다. 4

◯ 6의 유전병 ㉠ 대립유전자의 DNA 상대량은 3과 같다.

◯ 6의 동생이 태어날 때, 이 아이가 유전병 ㉠을 나타내는 여자일 확률은 $\frac{1}{4}$이다.

여자(4)와 남자(5)에서 유전병 ㉠ 대립유전자의 DNA 상대량이 1로 같아도 여자에서는 유전병 ㉠이 발현되지 않지만 남자에서는 유전병 ㉠이 발현된다. 이와 같이 성별에 따라 유전병 발현 양상이 다르게 나타난 것으로 보아 유전병 ㉠ 대립유전자는 성염색체인 X 염색체에 있고 정상 대립유전자에 대해 열성이다.

ㄴ. 여자 6은 정상이지만 아버지 3으로부터 물려받은 유전병 ㉠ 대립유전자가 있어 보인자이다. 따라서 3과 6의 유전병 ㉠ 대립유전자의 DNA 상대량은 1로 같다.

ㄷ. 정상 대립유전자를 R, 유전병 ㉠ 대립유전자를 r라고 할 때 3과 4의 유전자형은 각각 X^rY, X^RX^r이다. $X^rY \times X^RX^r \rightarrow$ X^RX^r, <u>X^rX^r</u>, X^RY, X^rY이므로 6의 동생이 태어날 때 이 아이가 유전병 ㉠을 나타내는 여자(X^rX^r)일 확률은 $\frac{1}{4}$이다.

바로알기 ㄱ. 남자 5의 유전병 ㉠ 대립유전자는 어머니인 4로부터 X 염색체와 함께 물려받은 것이다.

3 ABO식 혈액형과 유전병 유전 가계도 분석

자료 분석

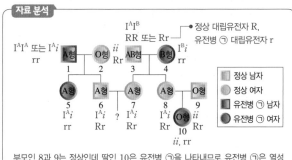

부모인 8과 9는 정상인데 딸인 10은 유전병 ㉠을 나타내므로 유전병 ㉠은 열성 형질이다.

선택지 분석

✗ 3과 4 사이에서 아이가 태어날 때, 이 아이가 A형일 확률이 B형일 확률보다 <s>높다</s>. 낮다

◯ 6과 7 사이에서 아이가 태어날 때, 이 아이가 A형이고 유전병 ㉠을 나타낼 확률은 $\frac{3}{16}$이다.

✗ 8이 유전병 ㉠ 대립유전자를 가질 확률은 <s>$\frac{1}{2}$</s>이다. 1

ㄴ. 6과 7 사이에서 태어나는 아이가 A형일 확률은 $I^Ai \times I^Ai \rightarrow$ I^AI^A, I^Ai, I^Ai, ii이므로 $\frac{3}{4}$이다. 또 6과 7은 각각 1과 4에게서 유전병 ㉠ 대립유전자를 물려받았다. 정상 대립유전자를 R, 유전병 ㉠ 대립유전자를 r라고 표시하면 Rr × Rr → RR, Rr, Rr, rr이므로 6과 7 사이에서 태어나는 아이가 유전병 ㉠일 확률은 $\frac{1}{4}$이다. 따라서 아이가 A형이고 유전병 ㉠을 나타낼 확률은 $\frac{3}{4}$ $\times \frac{1}{4} = \frac{3}{16}$이다.

바로알기 ㄱ. $I^AI^B \times I^Bi \rightarrow I^AI^B$, I^Ai, I^BI^B, I^Bi이므로 3과 4 사이에서 태어나는 아이가 A형일 확률은 $\frac{1}{4}$, B형일 확률은 $\frac{1}{2}$이다. 따라서 3과 4 사이에서 태어나는 아이가 A형일 확률은 B형일 확률보다 낮다.

ㄷ. 유전병 ㉠은 정상에 대해 열성이며 상염색체에 유전자가 있다. 8은 정상이지만 딸인 10이 유전병 ㉠을 나타내므로 8은 유전병 ㉠ 대립유전자를 가진다. 즉, 8이 유전병 ㉠ 대립유전자를 가질 확률은 1이다.

4 여러 가지 형질의 유전

자료 분석

• (가)~(다) 중 2가지 형질은 각 유전자형에서 대문자로 표시되는 대립유전자가 소문자로 표시되는 대립유전자에 대해 완전 우성이다. 나머지 한 형질을 결정하는 대립유전자 사이의 우열 관계는 분명하지 않고, 3가지 유전자형에 따른 표현형이 모두 다르다.
  ➡ (나)를 결정하는 대립유전자 B와 b의 우열 관계가 분명하지 않다.
  (가) 표현형 2가지(AA, Aa/aa), (나) 표현형 3가지(BB/Bb/bb), (다) 표현형 2가지(DD, Dd/dd)

• 유전자형이 ㉠AaBbDd인 아버지와 AaBBdd인 어머니 사이에서 ⓐ가 태어날 때, ⓐ에게서 나타날 수 있는 표현형은 최대 8가지이다. ➡ 2 × 2 × 2 = 8

선택지 분석

✗ $\frac{3}{4}$ ② $\frac{5}{8}$ ✗ $\frac{1}{2}$ ✗ $\frac{3}{8}$ ✗ $\frac{1}{4}$

Aa × Aa → AA, 2Aa, aa이고, Bb × BB → BB, Bb이며, Dd × dd → Dd, dd이므로 ⓐ에게서 나타날 수 있는 표현형은 (가)~(다) 유전자가 모두 다른 상염색체에 있을 때 유전자형에 따른 표현형이 모두 다른 형질이 (가)라면 (AA/Aa/aa) 3가지 × (BB와 Bb) 1가지 × (Dd/dd) 2가지 = 6가지, (나)라면 (AA와 Aa/aa) 2가지 × (BB/Bb) 2가지 × (Dd/dd) 2가지 = 8가지, (다)라면 (AA와 Aa/aa) 2가지 × (BB와 Bb) 1가지 × (Dd/dd) 2가지 = 4가지이다. 따라서 유전자형에 따른 표현형이 모두 다른 형질은 (나)이다. 만일 (가)~(다)를 결정하는 유전자가 같은 염색체에 있다면 표현형의 수는 더 적어지기 때문에 각 유전자는 같은 염색체에 있지 않고 서로 다른 상염색체에 있다.

ⓐ에서 (가)의 표현형이 ㉠과 같을(AA 또는 Aa) 확률은 $\frac{3}{4}$, (나)의 표현형이 ㉠과 같을(Bb) 확률은 $\frac{1}{2}$, (다)의 표현형이 ㉠과 같을(Dd) 확률은 $\frac{1}{2}$이다. ⓐ에서 적어도 2가지 형질에 대한 표현형이 ㉠과 같을 확률은 '2가지가 같을 확률+3가지가 모두 같을 확률'로 구한다.

- (가)와 (나)가 같고 (다)가 다를 확률 : $\frac{3}{4} \times \frac{1}{2} \times \frac{1}{2} = \frac{3}{16}$

- (가)와 (다)가 같고 (나)가 다를 확률 : $\frac{3}{4} \times \frac{1}{2} \times \frac{1}{2} = \frac{3}{16}$

- (나)와 (다)가 같고 (가)가 다를 확률 : $\frac{1}{4} \times \frac{1}{2} \times \frac{1}{2} = \frac{1}{16}$

- (가), (나), (다)가 모두 같을 확률 : $\frac{3}{4} \times \frac{1}{2} \times \frac{1}{2} = \frac{3}{16}$

따라서 $\frac{3}{16} + \frac{3}{16} + \frac{1}{16} + \frac{3}{16} = \frac{10}{16} = \frac{5}{8}$이다.

5 ABO식 혈액형과 반성유전 가계도 분석

자료 분석

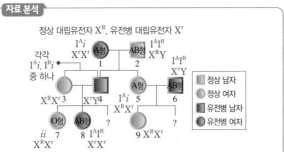

- ABO식 혈액형이 O형인 7의 유전자형은 ii이므로 3과 4는 유전자 i가 있고, 4의 유전자 i는 1에게서 물려받은 것이다. ➡ 1의 유전자형은 $I^A i$이다.
- 유전병은 남녀 모두에서 나타나므로 유전병 유전자는 X 염색체에 있다. 아버지에게서 유전병이 나타나도 딸이 정상인 경우가 있으므로 유전병은 열성 형질이다.

선택지 분석

✗ 1의 ABO식 혈액형 유전자형은 ~~동형 접합성~~이다.
　　　　　　　　　　　　　　이형 접합성($I^A i$)

○ 8의 동생과 9의 동생이 각각 한 명씩 태어날 때, 이 두 아이의 ABO식 혈액형이 모두 A형일 확률은 12.5 %이다.

○ 9의 동생이 태어날 때, 이 아이의 ABO식 혈액형 유전자형과 유전병 유전자형이 모두 1과 같을 확률은 6.25 %이다.

ㄴ. 8이 AB형이고 언니인 7이 O형이므로 8의 부모는 각각 대립유전자 I^A와 I^B 중 하나를 가지고, 열성 대립유전자 i를 가진다. 따라서 $I^A i \times I^B i \rightarrow I^A I^B$, $\underline{I^A i}$, $I^B i$, ii이므로 8의 동생이 A형일 확률은 $\frac{1}{4}$이다. 5의 ABO식 혈액형의 유전자형은 1과 같으므로 $I^A i$이고, $I^A i \times I^A I^B \rightarrow \underline{I^A I^A}$, $\underline{I^A i}$, $I^A I^B$, $I^B i$이므로 9의 동생이 A형일 확률은 $\frac{1}{2}$이다. 따라서 8과 9의 동생이 모두 A형일 확률은 $\frac{1}{4}$ $\times \frac{1}{2} \times 100 = 12.5$(%)이다.

ㄷ. 9의 동생이 태어날 때 ABO식 혈액형 유전자형이 $I^A i$일 확률은 $\frac{1}{4}$이다. 5는 1에게서 유전병 대립유전자를 물려받은 보인자이다. 정상 대립유전자를 X^R, 유전병 대립유전자를 X^r라고 표시하면 $X^R X^r \times X^r Y \rightarrow X^R X^r$, $\underline{X^r X^r}$, $X^R Y$, $X^r Y$이므로 1과 같이 유전병 유전자형이 $X^r X^r$일 확률은 $\frac{1}{4}$이다. 따라서 9의 동생의 ABO식 혈액형 유전자형과 유전병 유전자형이 모두 1과 같을 확률은 $\frac{1}{4} \times \frac{1}{4} \times 100 = 6.25$(%)이다.

바로알기 ㄱ. 1의 아들인 4에게서 태어난 아이 중 O형이 있으므로 1과 1의 아들인 4는 모두 열성 대립유전자 i를 가진다. 즉, 1의 ABO식 혈액형 유전자형은 $I^A i$로 이형 접합성이다.

6 ABO식 혈액형과 유전병 유전 가계도 분석

자료 분석

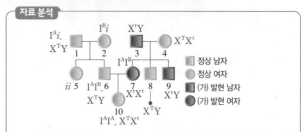

- 7, 8, 9 각각의 체세포 1개당 t의 DNA 상대량을 더한 값은 4의 체세포 1개당 t의 DNA 상대량의 3배이다.
  ➡ (가) 유전자는 X 염색체에 있으며, 우성인 T가 정상 대립유전자이고 열성인 t가 (가) 대립유전자이다.
- 1, 2, 5, 6의 ABO식 혈액형은 서로 다르며, 1의 혈구와 항 A 혈청을 섞으면 응집 반응이 일어난다. ➡ 1은 A형이거나 AB형이다.
- 1과 10의 ABO식 혈액형은 같으며, 6과 7의 ABO식 혈액형은 같다. ➡ 1과 10은 A형이고, 6과 7은 AB형이다.

선택지 분석

○ (가)는 열성 형질이다.

✗ 2의 혈장과 5의 혈구를 섞으면 응집 반응이 ~~일어난다.~~
　　　　　　　　　　　　　　　　일어나지 않는다

○ 10의 동생이 태어날 때, 이 아이에게서 (가)가 발현되고 ABO식 혈액형이 10과 같을 확률은 $\frac{1}{8}$이다.

- 7, 8, 9 각각의 체세포 1개당 t의 DNA 상대량을 더한 값은 4의 체세포 1개당 t의 DNA 상대량의 3배이다.
❶ (가) 대립유전자가 상염색체에 있고 우성(T)이라면 4의 유전자형은 tt이고, 7, 8, 9의 유전자형은 각각 Tt, tt, Tt이므로 성립하지 않는다.
❷ (가) 대립유전자가 상염색체에 있고 열성(t)이라면 4의 유전자형은 Tt이고, 7, 8, 9의 유전자형은 각각 tt, Tt, tt이므로 성립하지 않는다.
❸ (가) 대립유전자가 X 염색체에 있고 우성(T)일 때는 정상인 어머니(4)에게서 정상 대립유전자를 물려받는 아들(9)이 항상 정상이 되므로 성립하지 않는다.
❹ (가) 대립유전자가 X 염색체에 있고 열성(t)이라면 4의 유전자형은 $X^T X^t$이고, 7, 8, 9의 유전자형은 각각 $X^t X^t$, $X^T Y$, $X^T Y$이므로 식이 성립한다.
- 1의 혈구와 항 A 혈청을 섞으면 응집 반응이 일어나므로 1은 응집원 A가 있는 A형이거나 AB형이다. 만일 1이 AB형이라면 10도 AB형이다. 이런 경우 1, 2, 5, 6의 ABO식 혈액형이 서로 다르므로 6과 7은 A형이거나 B형으로 혈액형이 같아야 하는데 부모가 모두 A형일 때나 B형일 때는 자녀 중에 AB형이 태어날 수 없다. 따라서 1과 10은 A형이고, 6과 7은 AB형이며, 2는 B형, 5는 O형이다.

ㄱ. (가)는 대립유전자가 X 염색체에 있으며, 정상에 대해 열성 형질이다.

ㄷ. 6과 7의 (가)에 대한 유전자형은 각각 $X^T Y$, $X^t X^t$이고, ABO식 혈액형 유전자형은 $I^A I^B$로 같다. 6과 7 사이에서 아이가

66　정답과 해설

태어날 때, 이 아이에게서 (가)가 발현될 확률은 $X^TY \times X^tX^t \rightarrow$ X^TX^t(정상 여자), X^tY((가) 발현 남자)로 $\frac{1}{2}$이고, ABO식 혈액형이 10과 같은 A형일 확률은 $I^AI^B \times I^AI^B \rightarrow I^AI^A$(A형), $2I^AI^B$(AB형), I^BI^B(B형)로 $\frac{1}{4}$이므로 두 가지 조건이 동시에 충족될 확률은 $\frac{1}{2} \times \frac{1}{4} = \frac{1}{8}$이다.

[바로알기] ㄴ. B형인 2의 혈장에는 응집소 α가 있다. 5의 혈액형은 O형이므로 적혈구에 응집원 A와 B가 모두 없다. 따라서 2의 혈장과 5의 혈구를 섞으면 응집 반응이 일어나지 않는다.

7 두 가지 형질 유전 가계도 분석

[자료 분석]

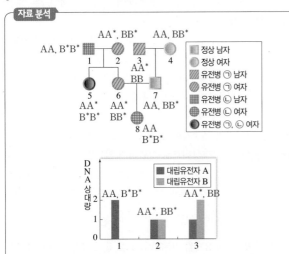

- 1은 유전자형이 AA이고 정상(㉠ 미발현)이며, 2는 유전자형이 AA^*이고 유전병 ㉠을 나타낸다. ➡ A^*는 유전병 ㉠ 대립유전자이고 우성이며, A는 정상 대립유전자이고 열성이다.
- 2는 유전자형이 BB^*이고 정상(㉡ 미발현)이며, 3은 유전자형이 BB이고 정상이다. ➡ B는 정상 대립유전자이고 우성이며, B^*는 유전병 ㉡ 대립유전자이고 열성이다.

[선택지 분석]
㉠ ㉠의 유전자는 상염색체에 있다.
✗ ㉡은 우성 형질이다. 열성
✗ 8의 동생이 태어날 때, 이 아이에게서 유전병 ㉠과 ㉡ 중 ㉡만 나타날 확률은 $\frac{3}{8}$이다. $\frac{1}{2} \times \frac{1}{4} = \frac{1}{8}$

ㄱ. 남자인 1에는 대립유전자 A가 2개, 3에는 대립유전자 B가 2개 존재하므로 ㉠과 ㉡의 유전자는 모두 상염색체에 있다.

[바로알기] ㄴ. 유전자형이 BB^*인 2와 BB인 3이 모두 정상이므로 B^*가 유전병 ㉡ 대립유전자이고, ㉡은 열성 형질이다.

ㄷ. 6은 1에게서 A를 물려받았으므로 유전자형이 AA^*이고, 7은 정상이므로 AA이다. $AA^* \times AA \rightarrow \underline{AA}, AA, AA^*, AA^*$이므로 이들 사이에서 아이가 태어날 때 유전병 ㉠이 나타나지 않을 확률은 $\frac{1}{2}$이다. 유전병 ㉡을 나타내지 않는 6과 7 사이에서 유전병 ㉡을 나타내는 딸인 8이 태어났으므로 6과 7의 유전자형은 모두 BB^*이다. $BB^* \times BB^* \rightarrow BB, BB^*, BB^*, \underline{B^*B^*}$이므로 이들 사이에서 아이가 태어날 때 유전병 ㉡이 나타날 확률은 $\frac{1}{4}$이다. 따라서 8의 동생이 태어날 때, 이 아이에게서 유전병 ㉠

은 나타나지 않고 ㉡만 나타날 확률은 $\frac{1}{2} \times \frac{1}{4} = \frac{1}{8}$이다.

8 세 가지 형질 유전 가계도 분석

[자료 분석]

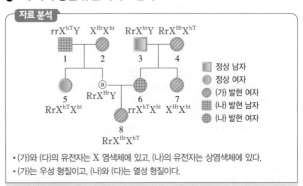

- (가)와 (다)의 유전자는 X 염색체에 있고, (나)의 유전자는 상염색체에 있다.
- (가)는 우성 형질이고, (나)와 (다)는 열성 형질이다.

[선택지 분석]
✗ (나)의 유전자는 X 염색체에 있다. 상염색체
㉡ 4의 (가)~(다)의 유전자형은 모두 이형 접합성이다.
✗ 8의 동생이 태어날 때, 이 아이에게서 (가)~(다) 중 (가)만 발현될 확률은 $\frac{1}{4}$이다. $\frac{1}{8}$

- (나)가 발현되지 않은 3과 4 사이에서 (나)가 발현된 여자 6이 태어났으므로 (나)는 열성 형질이고 (나)의 유전자는 상염색체에 있다. 따라서 (가)와 (다)의 유전자는 모두 X 염색체에 있다.
- 아버지 3이 정상이므로 딸 7은 정상 대립유전자를 가지지만 (가)가 발현되었으므로 (가)는 우성 형질이다. 8은 (가)가 발현되었는데 어머니 6이 (가)가 발현되지 않았으므로 8의 (가) 발현 대립유전자는 아버지 ⓐ로부터 물려받은 것이다. ⓐ의 (가) 발현 대립유전자는 2로부터 X 염색체와 함께 물려받은 것이다.
- 만일 (다) 발현 대립유전자가 우성(T)이라면 2의 유전자형이 $X^{HT}X^{Ht}$여야 (가)와 (다)가 모두 발현되지 않은 5에게 X^{Ht}를 물려줄 수 있는데, 이 경우 ⓐ에게는 (가) 발현 대립유전자가 있는 X^{HT}를 물려주게 된다. ⓐ의 X 염색체는 8에게 전해지므로 X^{HT}를 물려받은 8은 (다)가 발현되어야 하는데 그렇지 않으므로 (다)는 열성 형질이다. 따라서 H는 (가) 발현 대립유전자, h는 정상 대립유전자, R는 정상 대립유전자, r는 (나) 발현 대립유전자, T는 정상 대립유전자, t는 (다) 발현 대립유전자이다.

ㄴ. 4는 (가) 발현(H)이지만 딸 6은 (가) 미발현(h)이므로 (가)의 유전자형은 X^HX^h이다. 4는 (나) 미발현(R)이지만 딸 6이 (나) 발현(r)이므로 (나)의 유전자형은 Rr이다. 4는 (다) 미발현(T)이지만 딸 7이 (다) 발현(t)이므로 (다)의 유전자형은 X^TX^t이다. 따라서 4의 (가)~(다)의 유전자형은 $RrX^{Ht}X^{hT}$로 모두 이형 접합성이다.

[바로알기] ㄱ. (나)의 유전자는 상염색체에 있다.

ㄷ. ⓐ의 유전자형은 $RrX^{HT}Y$이고, 6의 유전자형은 $rrX^{hT}X^{ht}$이므로 8의 동생이 태어날 때 (나)가 발현되지 않을 확률은 $Rr \times rr \rightarrow \underline{Rr}, rr$로 $\frac{1}{2}$이고, (가)는 발현되고 (다)는 발현되지 않을 확률은 $X^{Ht}Y \times X^{hT}X^{ht} \rightarrow \underline{X^{Ht}X^{hT}}, X^{Ht}X^{ht}, X^{hT}Y, X^{ht}Y$로 $\frac{1}{4}$이다. 따라서 이 아이에게서 (가)만 발현될 확률은 $\frac{1}{2} \times \frac{1}{4} = \frac{1}{8}$이다.

9 대립유전자의 DNA 상대량과 사람의 유전

자료 분석

구성원	DNA 상대량			
	A	A*	B	B*
아버지	㉠	㉡	0	1
어머니	1	?1	?1	?1
형	2	㉢0	㉣1	0
철수	?0	2	0	㉤1

(가)

- (가) 상동 염색체 중 하나만 있으므로 핵상은 n이고, 염색체는 2개의 염색 분체로 되어 있으므로 감수 2분열 중인 세포이다.
- 형과 철수에서 A와 A*의 DNA 상대량의 합이 2이므로 A와 A*는 상염색체에 있고, 아버지에서 B와 B*의 DNA 상대량의 합이 1이므로 B와 B*는 X 염색체에 있다.

선택지 분석

㉠ ㉠+㉡+㉢=㉣+㉤이다.
㉡ (가)는 어머니의 세포이다.
✗ A*는 성염색체에 있다. 상염색체

G_1기의 체세포는 핵상이 $2n$이므로 상염색체에 있는 하나의 형질을 결정하는 대립유전자의 DNA 상대량 합이 2이다. 그런데 아버지는 B와 B*의 DNA 상대량 합이 1이므로 B와 B*는 성염색체인 X 염색체에 있다는 것을 알 수 있다. 남자인 아버지, 형, 철수에서 B와 B*의 DNA 상대량 합이 1이므로 ㉣과 ㉤은 각각 1이다. 형의 대립유전자 B와 철수의 대립유전자 B*는 각각 어머니에게서 물려받은 것이므로 어머니에서 B와 B*의 DNA 상대량은 각각 1이다. (가)에서 A*는 B와 다른 염색체에 있으므로 A와 A*는 상염색체에 있다. 따라서 각 구성원의 A와 A*의 DNA 상대량의 합이 2가 되어야 하므로 ㉠+㉡=2이고, ㉢은 0이다.
ㄱ. ㉠+㉡+㉢=2+0=2이고, ㉣+㉤=1+1=2이다.
ㄴ. (가)에는 유전자 A*와 B가 있는데, 아버지와 철수는 B가 없고 형은 A*가 없으므로 (가)는 어머니의 세포이다.

바로알기 ㄷ. A*는 상염색체에 있고, B는 성염색체인 X 염색체에 존재한다.

10 두 가지 형질 유전 가계도 분석

자료 분석

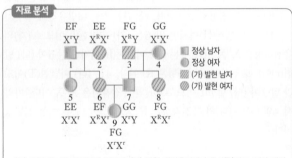

■ 정상 남자
● 정상 여자
▨ (가) 발현 남자
◪ (가) 발현 여자

- (가) 유전자는 X 염색체에 있으며, (가) 발현 대립유전자가 우성(R)이고, 정상 대립유전자가 열성(r)이다.
- (나) 대립유전자의 우열 관계는 E=F>G이다.

선택지 분석

✗ (가)의 유전자는 상염색체에 있다. X 염색체
㉡ 7의 (나)의 유전자형은 동형 접합성이다.
✗ 9의 동생이 태어날 때, 이 아이의 (가)와 (나)의 표현형이 8과 같을 확률은 $\frac{1}{8}$이다.

(나)는 상염색체에 있는 1쌍의 대립유전자에 의해 결정되는 단일 인자 유전 형질이지만 대립유전자가 E, F, G 3개인 복대립 유전 형질이다. (나)에서 유전자형이 EG인 사람과 EE인 사람의 표현형이 같으므로 E는 G에 대해 우성이고, 유전자형이 FG인 사람과 FF인 사람의 표현형이 같으므로 F는 G에 대해 우성이다. (나)의 표현형이 4가지인 것으로 보아 EF와 GG의 표현형이 다르므로 대립유전자 사이의 우열 관계는 E=F>G이다.

3, 4, 7, 8의 체세포 1개당 r의 DNA 상대량을 더한 값을 ㉠이라고 할 때 (가)의 유전을 다음과 같이 생각해 볼 수 있다.
❶ (가) 유전자가 상염색체에 있고, 우성 대립유전자(R)일 경우: 정상인 4와 7은 유전자형이 각각 rr이고, (가) 발현 3과 8은 유전자형이 각각 Rr이므로 ㉠은 6이다.
❷ (가) 유전자가 상염색체에 있고, 열성 대립유전자(r)일 경우: (가) 발현 3과 8은 유전자형이 각각 rr이고, 정상인 4와 7은 유전자형이 각각 Rr이므로 ㉠은 6이다.
❸ (가) 유전자가 X 염색체에 있고, 우성 대립유전자(R)일 경우: (가) 발현 남자 3의 유전자형은 X^RY이고, 정상 여자 4의 유전자형은 X^rX^r, 정상 남자 7의 유전자형은 X^rY, (가) 발현 여자 8의 유전자형은 X^RX^r이므로 ㉠은 4이다.
❹ (가) 유전자가 X 염색체에 있고, 열성 대립유전자(r)일 경우: (가) 발현 여자 6의 유전자형이 X^rX^r이므로 아버지 1이 (가) 발현이어야 하는데 1이 정상이므로 성립하지 않는다.

❶과 ❷의 경우 3, 4, 7, 8의 체세포 1개당 r의 DNA 상대량을 더한 값이 6이면 1, 2, 5, 6의 체세포 1개당 E의 DNA 상대량을 더한 값이 9가 되어야 이들의 비가 $\frac{3}{2}$이 된다. 그런데 (나) 유전자는 체세포 1개당 2개씩 가지므로 1, 2, 5, 6이 모두 E를 2개씩 가진다 하더라도 체세포 1개당 E의 DNA 상대량을 더한 값은 최대 8이다. 따라서 (가)는 유전자가 성염색체인 X 염색체에 있고 정상에 대해 우성 형질이며 1, 2, 5, 6의 체세포 1개당 E의 DNA 상대량을 더한 값은 6이다. 1, 2, 5, 6 중 두 명의 유전자형이 EE이고 나머지 2명은 E를 하나씩 갖는데, 1과 2의 (나)의 표현형이 다르므로 유전자형이 1과 2 중 한 명은 EE 또는 EG이고, 다른 한 명은 EF이다. 1과 2의 유전자형이 각각 EG와 EF 중 하나일 경우 5와 6의 유전자형은 각각 EE가 되고, 1과 2의 유전자형이 각각 EE와 EF 중 하나일 경우 5와 6의 유전자형은 각각 EE와 EF 중 하나가 된다. 또한, 1, 2, 3, 4의 (나)의 표현형이 모두 다르므로 유전자형이 3과 4 중 한 명은 FF 또는 FG이고, 다른 한 명은 GG인데 3의 유전자형이 이형 접합성이므로 3은 FG이고, 4는 GG이다.
ㄴ. 7의 유전자형은 FG 또는 GG이다. 6의 유전자형이 EE이면 2는 EF인데, 이 경우 7의 유전자형이 FG일 때나 GG일 때 모두 2, 6, 7, 9의 표현형이 모두 다른 조건이 성립하지 않는다. 따라서 유전자형은 2가 EE, 6이 EF이고, EF(6)와 FG 사이에서는 표현형이 2, 6, 7과 같은 자손만 나오므로 7의 유전자형은 GG, 9의 유전자형은 FG이다. 즉, 7의 (나)의 유전자형은 GG로 동형 접합성이다.

바로알기 ㄱ. (가)의 유전자는 성염색체인 X 염색체에 있다.

ㄷ. (가)의 경우 6은 아버지 1에게서 정상 대립유전자를 물려받으므로 6의 유전자형은 X^RX^r이고, 7의 유전자형은 X^rY이다. 6과 7 사이에서 아이가 태어날 때 8과 같이 (가)가 발현될 확률은

$X^RX^r \times X^rY \rightarrow \underline{X^RX^r}, \underline{X^RY}, X^rX^r, X^rY$로 $\frac{1}{2}$이다.

(나)의 경우 3과 4의 유전자형이 각각 FG, GG이므로 8의 유전 자형은 FG 또는 GG가 될 수 있는데, 8의 유전자형이 이형 접합 성이라고 하였으므로 FG이다. 6과 7의 (나) 유전자형은 EF와 GG이므로 6과 7 사이에서 아이가 태어날 때 8과 같은 표현형을 나타낼 확률은 EF × GG → EG, $\underline{FG}$로 $\frac{1}{2}$이다.

그러므로 9의 동생이 태어날 때, 이 아이의 (가)와 (나)의 표현형 이 8과 같을 확률은 $\frac{1}{2} \times \frac{1}{2} = \frac{1}{4}$이다.

11 두 가지 형질 유전 가계도 분석

자료 분석

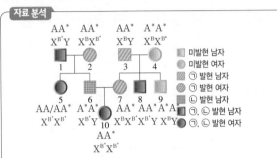

• ㉠은 유전자가 상염색체에 있으며, 우성 형질이다. 우성인 A는 ㉠ 발현 대립유전자 이고, 열성인 A*는 ㉠ 미발현(정상) 대립유전자이다.
• ㉡은 유전자가 X 염색체에 있으며, 열성 형질이다. 우성인 B는 ㉡ 미발현(정상) 대 립유전자이고, 열성인 B*는 ㉡ 발현 대립유전자이다.

선택지 분석

㉠ ㉡의 유전자는 성염색체에 존재한다.

㉡ 체세포 1개당 A*의 수는 $\underset{AA^*}{2}$가 $\underset{A^*A^*}{9}$의 $\frac{1}{2}$ 배다.

㉢ 10의 동생이 태어날 때, 이 아이에게서 ㉠은 발현되고 ㉡은 발현되지 않을 확률은 $\frac{1}{4}$이다.

ㄱ. ㉠과 ㉡을 결정하는 유전자는 서로 다른 염색체에 있으므로 독립적으로 유전된다. 1과 2에서 모두 ㉠이 발현되었는데 아들 6 은 ㉠ 미발현이므로 ㉠ 발현이 우성 형질이다. ㉠의 유전자가 성 염색체인 X 염색체에 있다면 어머니 4가 ㉠ 미발현이므로 아들 은 모두 ㉠ 미발현이어야 하는데 8이 ㉠ 발현이므로 ㉠ 유전자 는 상염색체에 있다. 따라서 ㉡ 유전자는 성염색체에 존재한다.

ㄴ. ㉠ 발현이 우성 형질이므로 ㉠ 발현 대립유전자는 A이고, ㉠ 미발현 대립유전자는 A*이다. 2는 ㉠ 발현인데 아들 6은 ㉠ 미발현(A*A*)이므로 2의 유전자형은 AA*이고, 9는 ㉠ 미발현 이므로 유전자형이 A*A*이다. 따라서 체세포 1개당 A*의 수는 2가 9의 $\frac{1}{2}$배다.

ㄷ. 6은 ㉠ 미발현이므로 유전자형이 A*A*이고, 7은 ㉠ 발현이 지만 어머니인 4가 ㉠ 미발현이므로 유전자형이 AA*이다. 6과 7 사이에서 태어나는 아이가 ㉠ 발현일 확률은 A*A* × AA* → $\underline{AA^*}$, A*A*로 $\frac{1}{2}$이다.

㉡ 유전자는 X 염색체에 있으며 3과 4는 모두 ㉡ 미발현인데 8 이 ㉡ 발현이므로 ㉡ 발현은 ㉡ 미발현에 대해 열성이다. 따라서 ㉡ 미발현 대립유전자는 B이고, ㉡ 발현 대립유전자는 B*이다.

6은 ㉡ 발현 남자이므로 유전자형이 $X^{B^*}Y$이고, 딸인 10이 ㉡ 발현($X^{B^*}X^{B^*}$)이므로 7의 유전자형은 $X^BX^{B^*}$이다. 6과 7 사이에 서 태어나는 아이가 ㉡ 미발현일 확률은 $X^{B^*}Y \times X^BX^{B^*} \rightarrow X^BX^{B^*}, X^{B^*}X^{B^*}, \underline{X^BY}, X^{B^*}Y$로 $\frac{1}{2}$이다. 따라서 10의 동생이 태어날 때, 이 아이에게서 ㉠은 발현되고 ㉡은 발현되지 않을 확 률은 $\frac{1}{2} \times \frac{1}{2} = \frac{1}{4}$이다.

12 상염색체와 성염색체 유전 형질 특성 분석

자료 분석

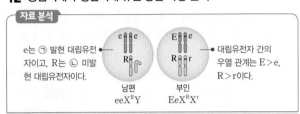

선택지 분석

㉠ 유전병 ㉠이 나타나게 하는 대립유전자는 e이다.

㉽ 이 부부 사이에서 아이가 태어날 때, 이 아이가 유전병 ㉠과 ㉡을 모두 나타낼 확률은 $\frac{1}{4}$이다. $\frac{1}{2} \times \frac{1}{4} = \frac{1}{8}$

㉽ 유전병 ㉠인 자녀는 모두 유전병 ㉡을 나타낸다. 유전병 ㉠과 ㉡은 독립적으로 유전된다.

ㄱ. 유전병 ㉠의 유전자형이 ee인 남편에서 유전병 ㉠이 발현되 고, Ee인 부인은 ㉠이 발현되지 않았으므로 ㉠ 발현 대립유전자 는 e이고 ㉠은 열성 형질이다.

바로알기 ㄴ. ee × Ee → Ee, $\underline{ee}$이므로 이 부부 사이에서 태어나 는 아이에게 유전병 ㉠이 나타날 확률은 $\frac{1}{2}$이고, $X^RY \times X^RX^r$ → $X^RX^R, X^RX^r, X^RY, \underline{X^rY}$이므로 아이가 유전병 ㉡을 나타낼 확률은 $\frac{1}{4}$이다. 따라서 아이가 유전병 ㉠과 ㉡을 모두 나타낼 확 률은 $\frac{1}{2} \times \frac{1}{4} = \frac{1}{8}$이다.

ㄷ. 유전병 ㉠의 유전자는 상염색체에 있고, 유전병 ㉡의 유전자 는 X 염색체에 있으므로 유전병 ㉠과 ㉡의 유전은 독립적으로 일어난다.

13 다인자 유전

자료 분석

• (가)~(마)는 각각 B와 b 중 한 종류만 갖는다.
 ➡ (가)~(마)에는 각각 BB 또는 bb가 있다.
• (가)와 (나)는 e를 갖지 않고, (라)는 e를 갖는다.
 ➡ (가)와 (나)에는 EE가 있고, (라)에는 Ee 또는 ee가 있다.

사람	대문자로 표시되는 대립유전자의 수	동형 접합을 이루는 대립유전자 쌍의 수
(가)	2 aabbddEE	? 4
(나)	4 AabbDdEE	2
(다)	3 AabbDdEe	1
(라)	7 AABBDDEe	? 3
(마)	5	3

선택지 분석

ㄱ (마)의 부모는 (나)와 (다)이다.

ㄴ (가)에서 생성될 수 있는 생식세포의 ㉠에 대한 유전자형은 1가지이다. abdE

ㄷ (마)의 동생이 태어날 때, 이 아이의 ㉠에 대한 표현형이 (나)와 같을 확률은 $\frac{5}{16}$이다.

(가)~(마)는 B와 b 중 한 종류만 가지므로 BB 또는 bb가 있어 동형 접합을 이루는 대립유전자 쌍의 수가 1 이상이다. (가)는 대문자로 표시되는 대립유전자 수가 2인데 e를 가지지 않으므로 유전자형이 aabbddEE이고 동형 접합을 이루는 대립유전자 쌍의 수는 4이다. (나)는 e를 갖지 않으므로 EE를 가지며, 동형 접합을 이루는 대립유전자 쌍의 수가 2이므로 AaDd는 이형 접합이고, 대문자로 표시되는 대립유전자 수가 4이므로 유전자형이 AabbDdEE이다. (다)는 대문자로 표시되는 대립유전자 수가 3인데, 동형 접합을 이루는 대립유전자 쌍의 수가 1이므로 bb를 제외한 나머지는 이형 접합으로 유전자형이 AabbDdEe이다. (라)는 대문자로 표시되는 대립유전자 수가 7인데 e를 가지므로 유전자형이 AABBDDEe이며 동형 접합을 이루는 대립유전자 쌍의 수는 3이다. (마)는 대문자로 표시되는 대립유전자 수가 5이고 동형 접합을 이루는 대립유전자 쌍의 수가 3이다. 그런데 (마)의 부모가 될 수 있는 (가)~(라) 중에서 (가), (나), (다)의 유전자형이 bb이므로 BB를 가지는 (라)는 부모가 될 수 없고, (마)에도 bb가 있게 되어 (마)의 유전자형은 AAbbDDEe, AAbbDdEE, AabbDDEE 중 하나이다.

ㄱ, ㄴ. (마)는 대립유전자 쌍 bb를 가지므로 BB를 갖는 (라)는 (마)의 부모가 될 수 없다. 또, (가)는 유전자형이 aabbddEE로 유전자형이 abdE인 생식세포 1가지만 형성하므로 어떤 유전자형을 가진 생식세포와 수정하더라도 동형 접합을 이루는 대립유전자 쌍의 수가 3이면서 대문자로 표시되는 대립유전자의 수가 5일 수 없다. 따라서 (마)의 부모는 (나)와 (다)이다.

ㄷ. (나)의 유전자형은 AabbDdEE이고, (다)의 유전자형은 AabbDdEe이다. (나)와 (다)에서 형성되는 생식세포의 유전자형(대문자로 표시되는 대립유전자의 수)과 자손의 유전자형에서 대문자로 표시되는 대립유전자의 수는 표와 같다.

(나) (다)	AbDE(3)	AbdE(2)	abDE(2)	abdE(1)
AbDE(3)	(6)	(5)	(5)	(4)
AbDe(2)	(5)	(4)	(4)	(3)
AbdE(2)	(5)	(4)	(4)	(3)
Abde(1)	(4)	(3)	(3)	(2)
abDE(2)	(5)	(4)	(4)	(3)
abDe(1)	(4)	(3)	(3)	(2)
abdE(1)	(4)	(3)	(3)	(2)
abde(0)	(3)	(2)	(2)	(1)

따라서 (마)의 동생이 태어날 때, 이 아이의 ㉠에 대한 표현형이 대문자로 표시되는 대립유전자의 수가 4인 (나)와 같을 확률은 $\frac{10}{32} = \frac{5}{16}$이다.

다른 해설 (나)에서 만들어지는 생식세포에서 대문자로 표시되는 대립유전자의 수가 3개(AbDE)일 확률은 $\frac{1}{4}$, 2개(AbdE, abDE)일 확률은 $\frac{2}{4}$, 1개(abdE)일 확률은 $\frac{1}{4}$이다. (다)에서 만들어지는 생식세포에서 대문자로 표시되는 대립유전자의 수가 3개(AbDE)일 확률은 $\frac{1}{8}$, 2개(AbDe, AbdE, abDE)일 확률은 $\frac{3}{8}$, 1개(Abde, abDe, abdE)일 확률은 $\frac{3}{8}$, 0개(abde)일 확률은 $\frac{1}{8}$이다.

(다) \ (나)	3개($\frac{1}{4}$)	2개($\frac{2}{4}$)	1개($\frac{1}{4}$)
3개($\frac{1}{8}$)	6개($\frac{1}{32}$)	5개($\frac{2}{32}$)	4개($\frac{1}{32}$)
2개($\frac{3}{8}$)	5개($\frac{3}{32}$)	4개($\frac{6}{32}$)	3개($\frac{3}{32}$)
1개($\frac{3}{8}$)	4개($\frac{3}{32}$)	3개($\frac{6}{32}$)	2개($\frac{3}{32}$)
0개($\frac{1}{8}$)	3개($\frac{1}{32}$)	2개($\frac{2}{32}$)	1개($\frac{1}{32}$)

따라서 (마)의 동생이 태어날 때 대문자로 표시되는 대립유전자의 수가 4일 확률은 $\frac{1}{32} + \frac{6}{32} + \frac{3}{32} = \frac{10}{32} = \frac{5}{16}$이다.

14 두 가지 형질의 유전과 복대립 유전

자료 분석

• (가)~(다)의 유전자는 서로 다른 3개의 상염색체에 있다.
➡ (가)~(다)는 독립적으로 유전된다.

• (가)는 대립유전자 A와 A^*에 의해 결정되며, A는 A^*에 대해 완전 우성이다.
➡ (가)의 유전자형은 AA, AA^*, A^*A^* 3가지이며, AA와 AA^*의 표현형이 같으므로 표현형은 2가지($A\_/A^*A^*$)이다.

• (나)는 대립유전자 B와 B^*에 의해 결정되며, 유전자형이 다르면 표현형이 다르다.
➡ (나)의 유전자형은 BB, BB^*, B^*B^* 3가지이며, 표현형도 3가지이다.

• (다)는 1쌍의 대립유전자에 의해 결정되며, 대립유전자에는 D, E, F, G가 있고, 각 대립유전자 사이의 우열 관계는 분명하다. (다)의 표현형은 4가지이다.
➡ 복대립 유전으로, 우열 관계는 D > E > F > G 또는 D > E > G > F이다.

선택지 분석

① $\frac{1}{8}$ ② $\frac{3}{16}$ ③ $\frac{1}{4}$ ④ $\frac{9}{32}$ ⑤ $\frac{5}{16}$

유전자형이 $AABB^*DF$인 아버지와 AA^*BBDE인 어머니 사이에서 아이가 태어날 때, 이 아이의 표현형이 어머니와 같을 확률 $\frac{3}{8}$ = (가)가 같을 확률 × (나)가 같을 확률 × (다)가 같을 확률이다. (가)는 $AA \times AA^* \to AA$, AA^*이므로 표현형이 A_로 같을 확률은 1이고, (나)는 $BB^* \times BB \to BB$, BB^*이므로 표현형이 BB로 같을 확률이 $\frac{1}{2}$이다. (다)는 $DF \times DE \to DD$, DE, DF, EF인데, (다)가 어머니와 표현형이 같을 확률은 $\frac{3}{4}$이어야 하므로 DD, DE, DF는 표현형이 같으며 D는 E와 F에 대해 완전 우성이다.

유전자형이 AA*BB*DE인 아버지와 AA*BB*FG인 어머니 사이에서 아이가 태어날 때, 이 아이는 (가)에 대한 표현형은 2가지(AA, AA*/A*A*), (나)에 대한 표현형은 3가지(BB/BB*/B*B*)가 가능한데, 이 아이에게서 나타날 수 있는 표현형이 최대 12가지이므로 (다)에 대한 표현형은 2가지이다. (다)에 대한 유전자형은 DF, DG, EF, EG인데 D는 E와 F에 대해 완전 우성이므로 표현형이 2가지이려면 DF와 DG, EF와 EG의 표현형이 각각 같아야 한다. 따라서 (다)를 결정하는 대립유전자의 우열 관계는 D>E>F>G 또는 D>E>G>F이다.

유전자형이 AA*BB*DF인 아버지와 AA*BB*EG인 어머니 사이에서 아이가 태어날 때, 이 아이의 (가)~(다)의 표현형이 ㉠(AA*BB*DE)과 같을 확률은 각각 다음과 같다.

- (가)의 표현형이 같을 확률: AA* × AA* → AA, 2AA*, A*A* 이므로 표현형이 A_일 확률은 $\frac{3}{4}$이다.

- (나)의 표현형이 같을 확률: BB* × BB* → BB, 2BB*, B*B* 이므로 표현형이 BB*일 확률은 $\frac{1}{2}$이다.

- (다)의 표현형이 같을 확률: DF × EG → DE, DG, EF, FG 이므로 표현형이 D_일 확률은 $\frac{1}{2}$이다.

따라서 이 아이의 표현형이 ㉠과 같을 확률은 $\frac{3}{4} × \frac{1}{2} × \frac{1}{2} = \frac{3}{16}$이다.

15 두 가지 형질의 유전과 다인자 유전

자료 분석

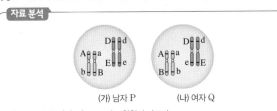

(가) 남자 P   (나) 여자 Q

- ㉠은 유전자형 AA, Aa, aa의 표현형이 다르다.
- ㉡은 대문자로 표시되는 대립유전자 수에 의해 표현형이 결정되는 다인자 유전 형질이다.
- P에서는 유전자형이 AbDE, Abde, aBDE, aBde인 정자가 형성될 수 있다.
- Q에서는 유전자형이 ABDe, ABdE, abDe, abdE인 난자가 형성될 수 있다.

선택지 분석

~~5~~   ~~6~~   ③7   ~~8~~   ~~9~~

㉠의 유전자형은 AA, Aa, aa 3가지이며, 유전자형이 다르면 표현형이 다르므로 표현형도 3가지이다. ㉡은 3쌍의 대립유전자에 의해 형질이 결정되는 다인자 유전 형질이며, 표현형은 대문자로 표시되는 대립유전자의 수에 의해 결정되므로 이론적으로 대문자로 표시되는 대립유전자의 수가 0~6개까지 총 7가지가 가능하다. 하나의 염색체에 함께 있는 유전자는 함께 행동하므로 제시된 자료의 남자 P에서 형성될 수 있는 정자의 유전자형은 AbDE, Abde, aBDE, aBde의 4가지이고, 여자 Q에서 형성될 수 있는 난자의 유전자형은 ABDe, ABdE, abDe, abdE의

4가지이다. P와 Q의 정자와 난자의 수정으로 태어나는 아이가 가질 수 있는 표현형은 표와 같다. ㉠의 표현형은 AA, Aa, aa로 나타내고, ㉡의 표현형은 ( ) 안에 대문자로 표시되는 대립유전자의 수로 나타낸다.

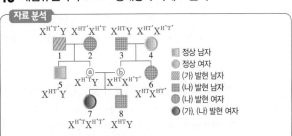

난자＼정자	AbDE(2)	Abde(0)	aBDE(3)	aBde(1)
ABDe(2)	AA(4)	AA(2)	Aa(5)	Aa(3)
ABdE(2)	AA(4)	AA(2)	Aa(5)	Aa(3)
abDe(1)	Aa(3)	Aa(1)	aa(4)	aa(2)
abdE(1)	Aa(3)	Aa(1)	aa(4)	aa(2)

따라서 P와 Q 사이에서 아이가 태어날 때, 이 아이에게서 나타날 수 있는 표현형은 AA(4), AA(2), Aa(5), Aa(3), Aa(1), aa(4), aa(2)로 최대 가짓수는 7이다.

16 대립유전자의 DNA 상대량과 가계도 분석

자료 분석

$X^{HT^*}Y$ $X^{HT^*}X^{H^*T}$ $X^{HT}Y$ $X^{HT}X^{H^*T}$
1   2   3   4

■ 정상 남자
● 정상 여자
▨ (가) 발현 남자
▤ (나) 발현 남자
▥ (나) 발현 여자
◐ (가), (나) 발현 여자

$X^{HT^*}Y$
5
ⓐ ⓑ
$X^{HT}Y$ $X^{HT}X^{H^*T^*}$ 6 $X^{HT}X^{H^*T^*}$

$X^{H^*T^*}X^{H^*T^*}$ $X^{HT}Y$
7   8

구성원	H의 DNA 상대량	구성원	T*의 DNA 상대량
1	㉠ 0	3	㉠ 0
2	㉡ 1	4	㉢ 2
6	㉢ 2	5	㉡ 1

- (가) 미발현 대립유전자(H) > (가) 발현 대립유전자(H*)
- (나) 발현 대립유전자(T) > (나) 미발현 대립유전자(T*)

선택지 분석

㉠ (가)는 열성 형질이다.

㉡ $\frac{7, ⓐ \text{ 각각의 체세포 1개당 T의 DNA 상대량을 더한 값}}{4, ⓑ \text{ 각각의 체세포 1개당 } H^* \text{의 DNA 상대량을 더한 값}} = 1$이다.

㉢ 8의 동생이 태어날 때, 이 아이에게서 (가)와 (나) 중 (나)만 발현될 확률은 $\frac{1}{2}$이다.

(나)의 경우 2는 (나) 발현이지만 아들 5는 (나) 미발현이므로 2는 5에게 (나) 미발현 유전자를 물려주었다. 즉, 2는 (나) 미발현 대립유전자를 가졌는데 (나)가 발현된 것이다. 따라서 (나) 발현이 (나) 미발현에 대해 우성이고, T는 (나) 발현 대립유전자, T*는 (나) 미발현 대립유전자이다. (나) 발현 남자 3은 T*가 없으므로 T* DNA 상대량 ㉠은 0이고, (나) 미발현 여자 4는 유전자형이 $X^{T^*}X^{T^*}$로 T* DNA 상대량 ㉢이 2이며, (나) 미발현 남자 5는 T* DNA 상대량 ㉡이 1이다.

(가)의 경우 남자 1은 H의 DNA 상대량 ㉠이 0인데 (가)가 발현되었으므로 H*가 (가) 발현 대립유전자이다. 즉, (가) 발현이 (가) 미발현에 대해 열성이고, H가 (가) 미발현 대립유전자이다. 2는 H의 DNA 상대량 ㉡이 1이므로 유전자형이 $X^HX^{H^*}$이고, 6은 H의 DNA 상대량 ㉢이 2이므로 유전자형이 X^HX^H이다.

1의 유전자형은 $X^{H^*T}Y$이고, 2의 X 염색체 1개를 물려받은 5의 유전자형이 $X^{HT}Y$이므로 2의 유전자형은 $X^{HT}X^{H^*T}$이다. 8의 유전자형은 $X^{HT}Y$인데 만일 ⓐ가 여자라면 8의 X 염색체는 ⓐ로부터 물려받은 것이므로 1과 2 중 한 명에게라도 X^{HT}가 있어야 하지만 1과 2에게는 H와 T가 함께 있는 X 염색체가 없다. 따라서 ⓐ는 남자, ⓑ는 여자이다. ⓐ와 ⓑ 사이에 태어난 딸 7은 ⓐ로부터 H*가 있는 X 염색체를 물려받아 (가)가 발현되므로($X^{H^*}X^{H^*}$) ⓐ는 2로부터 H*가 있는 X 염색체를 물려받아 유전자형이 $X^{H^*T}Y$이다. ⓑ는 3($X^{HT}Y$)으로부터 물려받은 X^{HT}를 갖는데, 딸 7에게 (가)가 발현되므로 H*를 갖는 X 염색체를 어머니인 4로부터 물려받았다. 4는 (가)와 (나) 모두 발현되지 않으며 H*가 있으므로 유전자형이 $X^{H^*T^*}X^{H^*T^*}$이며, ⓑ는 4로부터 $X^{H^*T^*}$를 물려받아 유전자형이 $X^{HT}X^{H^*T^*}$이다.

ㄱ. (가) 발현은 (가) 미발현에 대해 열성 형질이다.

ㄴ. (가)와 (나)가 모두 발현되는 7은 유전자형이 $X^{H^*T}X^{H^*T^*}$이고 ⓐ의 유전자형은 $X^{H^*T}Y$이므로 7, ⓐ 각각의 체세포 1개당 T의 DNA 상대량을 더한 값은 1+1=2이다. 또, 4의 유전자형은 $X^{H^*T^*}X^{H^*T^*}$이고, ⓑ의 유전자형은 $X^{HT}X^{H^*T^*}$이므로 4, ⓑ 각각의 체세포 1개당 H*의 DNA 상대량을 더한 값은 1+1=2이다. 따라서 이들 값의 비율은 $\frac{2}{2}=1$이다.

ㄷ. ⓐ와 ⓑ의 유전자형이 각각 $X^{H^*T}Y$와 $X^{HT}X^{H^*T^*}$이므로 이들 사이에서 태어나는 아이가 가질 수 있는 유전자형은 $X^{H^*T}Y \times X^{HT}X^{H^*T^*} \rightarrow \underline{X^{H^*T}X^{HT}}$, $X^{H^*T}X^{H^*T^*}$, $\underline{X^{HT}Y}$, $X^{H^*T^*}Y$로, 8의 동생이 태어날 때 이 아이에게 (가)와 (나) 중 (나)만 발현될 확률은 $\frac{1}{2}$이다.

11. 사람의 유전병

개념 확인
본책 131쪽

(1) 생식세포, 염색체 비분리 (2) ① 22개, 24개 ② 22개, 23개, 24개 (3) ①-ⓒ-ⓐ, ②-ⓛ-ⓑ, ③-⊙-ⓒ (4) 결실, 전좌 (5) 유전자

수능 자료
본책 132쪽

자료❶ 1 2, ⊙, ㉣   2 3, 6, 4   3 Ⅱ, Ⅲ   4 2, 2, 2   5 2, 다운 증후군

자료❷ 1 (1) 4, 5 (2) 5, 4 (3) ⊙ 발현   2 X, 열성, 정상, ⊙ 발현   3 X, 열성, 정상, ⓛ 발현   4 2

1 Ⅱ와 Ⅲ은 감수 1분열이 완료되고 감수 2분열이 완료되기 전의 세포이므로 각 염색체는 2개의 염색 분체로 이루어져 있다.

2 Ⅰ에서 DNA가 복제되면 H, R, T의 DNA 상대량을 더한 값이 6이고, 이것은 감수 1분열로 만들어진 Ⅱ와 Ⅲ의 H, R, T의 DNA 상대량을 더한 값의 합, 즉 ⊙과 ㉣의 합과 같다.

3 Ⅱ가 감수 2분열을 완료하여 Ⅳ가 형성되므로 H, R, T의 DNA 상대량을 더한 값은 Ⅱ가 Ⅳ의 3보다 커야 한다. 따라서 Ⅱ가 ㉣, Ⅲ이 ⊙이다.

4 Ⅳ의 H, R, T의 DNA 상대량을 합한 값이 3이므로 Ⅳ가 형성되는 감수 2분열에서 염색체 비분리가 일어나지 않았다면 H, R, T의 DNA 상대량을 더한 값이 Ⅱ는 6이고, Ⅲ은 0이어야 하는데, Ⅱ와 Ⅲ은 각각 4와 2이므로 Ⅳ가 형성되는 감수 2분열에서 염색체 비분리가 일어났다.

자료❷

1, 2 5와 8은 염색체 비분리가 일어난 난자와 정자의 수정으로 태어났을 수 있으므로 1, 2, 6과 3, 4, 7의 표현형을 이용해 ⊙의 특징을 파악한다.

3 ⓛ에 대해 정상인 1과 2 사이에서 ⓛ 발현인 5가, 정상인 3과 4 사이에서 ⓛ 발현인 8이 태어났으므로 ⓛ은 정상에 대해 열성 형질이다.

4 1은 ⊙은 발현되고 ⓛ은 발현되지 않았으므로 유전자형은 $X^{A^*B}Y$이다. 따라서 1의 X 염색체를 물려받는 딸은 우성인 정상 대립유전자 B를 물려받으므로 ⓛ이 발현되지 않아야 하는데, 5는 ⓛ이 발현되었으므로 어머니인 2에게서 B*가 있는 X 염색체를 2개 물려받았다. 2는 A와 A*, B와 B*를 모두 가지는데, 5에서 ⊙은 발현되지 않고 ⓛ만 발현된 것으로 보아 2의 X 염색체에는 A와 B*가 함께 있다. 즉, 2에게는 X^{AB^*}가 있으며, 감수 2분열에서 염색체 비분리가 일어나 $X^{AB^*}X^{AB^*}$를 가진 난자 ⓐ가 만들어졌다.

수능 1점
본책 133쪽

1 (1) ⊙ 감수 1분열, ⓛ 감수 2분열 (2) XY (3) 다운 증후군
2 ②   3 (나) 역위 (다) 전좌   4 ㄱ, ㄷ   5 ③   6 ②

1 (1) (가)에서는 감수 1분열에서 성염색체인 X 염색체와 Y 염색체가 비분리되었다. (나)에서는 감수 2분열에서 상염색체인 21번 염색체가 비분리되었다.
(2) 정자 A는 22개의 상염색체와 2개의 성염색체(X 염색체, Y 염색체)를 가진다.

(3) 정자 B는 정상 정자보다 21번 염색체가 1개 더 많으므로 정자 B와 정상 난자가 수정하여 태어나는 아이는 다운 증후군을 나타낸다.

2 ①, ④, ⑤ 염색체 비분리 현상은 상염색체와 성염색체에서 모두 일어날 수 있으며, 상염색체 비분리에 의한 유전병은 남녀에게서 모두 나타날 수 있다. 18번 염색체가 3개인 에드워드 증후군이나 21번 염색체가 3개인 다운 증후군은 상염색체 비분리에 의한 유전병이다.
③ 감수 1분열에서 염색체 비분리 현상이 일어날 때는 상동 염색체가 비분리되고, 감수 2분열에서 염색체 비분리 현상이 일어날 때는 염색 분체가 비분리된다.
바로알기 ② 감수 1분열에서 염색체 비분리가 일어나면 염색체 수가 정상보다 적거나 많은 생식세포만 만들어진다. 감수 2분열에서 염색체 비분리가 일어날 때는 염색체 수에 이상이 있는 생식세포와 염색체 수 정상인 생식세포가 모두 만들어진다.

3 (나)의 염색체를 (가)와 비교하면 유전자의 순서가 'R-S'에서 'S-R'로 바뀐 역위가 일어난 염색체가 있다. (다)의 염색체를 (가)와 비교하면 염색체 일부가 상동 염색체가 아닌 다른 염색체에 붙어 'R-S-T' 부분과 'Y-Z' 부분의 위치가 서로 바뀐 전좌가 일어났다.

4 ㄱ. (가)는 X 염색체가 정상보다 1개 더 많고, (라)는 21번 염색체가 정상보다 1개 더 많으므로 (가)와 (라)의 체세포 1개당 염색체 수는 47개로 같다.
ㄷ. (다)와 (라)의 유전병은 상염색체 이상에 의해 나타나므로 남녀 모두에서 나타날 수 있다.
바로알기 ㄴ. (나)와 같은 염색체 구성은 염색체 비분리로 인해 성염색체가 없는 난자와 X 염색체를 가지는 정상 정자가 수정되었을 때 또는 정상 난자와 염색체 비분리로 인해 성염색체가 없는 정자가 수정되었을 때 나타난다.

5 ① 헌팅턴 무도병, 연골 발육 부전증 등은 우성 유전병이다.
② 유전자 이상에 의한 유전병의 예로는 알비노증, 낫 모양 적혈구 빈혈증 등이 있다.
④ 유전자 이상에 의한 유전병은 유전자를 구성하는 DNA의 염기 서열에 이상이 생겨 나타난다.
⑤ 유전자에 이상이 생기더라도 염색체 수와 크기 등은 정상인과 같다.
바로알기 ③ DNA의 염기 서열 이상에 의해 나타나는 유전자 이상 유전병은 염색체의 수, 모양, 크기 등을 비교하는 핵형 분석으로는 진단할 수 없다.

6 ② 터너 증후군은 성염색체 구성이 X이므로 체세포의 염색체 수는 정상인보다 1개 적은 45개이다.
바로알기 ①, ③ 다운 증후군은 21번 염색체가 3개이고, 클라인펠터 증후군은 성염색체 구성이 XXY이므로 둘 다 체세포의 염색체 수는 정상인보다 1개 많은 47개이다.

④, ⑤ 유전자 이상 유전병인 고양이 울음 증후군과 낫 모양 적혈구 빈혈증 환자의 체세포의 염색체 수는 정상인과 같은 46개이다.

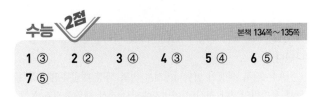

1 ③   2 ②   3 ④   4 ③   5 ④   6 ⑤
7 ⑤

1 염색체 비분리

자료 분석

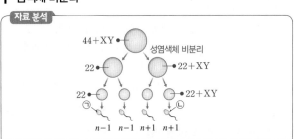

선택지 분석
⊙ ㉠에 22개의 상염색체가 있다.
○ ㉡에 X 염색체가 있다.
✕ ㉠과 정상 난자가 수정되어 아이가 태어날 때, 이 아이가 터너 증후군일 확률은 $\frac{1}{2}$이다. 1

ㄱ, ㄴ. 정자 형성 과정이므로 이 사람은 남자이고 성염색체를 XY로 가지므로 체세포의 염색체 구성은 44+XY이다. 감수 1분열에서 성염색체가 비분리되면 22개의 상염색체를 갖는 정자(㉠)와 22개의 상염색체와 XY 2개의 성염색체를 갖는 정자(㉡)가 형성된다.
바로알기 ㄷ. ㉠은 상염색체 22개만 있는 정자이고, 정상 난자의 염색체 구성은 22+X이다. 따라서 ㉠과 정상 난자가 수정되어 아이가 태어날 때, 이 아이의 염색체 구성은 44+X로 터너 증후군일 확률이 100 %, 즉 1이다.

2 염색체 비분리

선택지 분석
✕ A의 염색체 수는 (가)의 $\frac{1}{2}$이다. $\frac{1}{2}$보다 1개 더 많다
✕ B의 DNA양은 정상 생식세포의 2배이다. 보다 성염색체 1개만큼 많다
㉢ 감수 1분열에서 염색체 비분리가 일어났을 때 형성되는 생식세포는 C와 D이다.

염색체 구성을 보면 A는 22+XX, B는 22+YY, C는 22+XY이며, D는 22로 성염색체를 가지지 않는다.
ㄷ. 정자 형성 과정 중 감수 1분열에서 성염색체 비분리가 일어나면 염색체 구성이 22+XY(C), 22(D)인 정자가 형성된다.
바로알기 ㄱ, ㄴ. A와 B는 정상 생식세포보다 염색체 수가 1개 더 많다. 따라서 A와 B의 염색체 수는 (가)의 $\frac{1}{2}$보다 1개 더 많고, DNA양은 정상 생식세포보다 성염색체 1개만큼 많다.

3 염색체 비분리와 사람의 유전

선택지 분석

㉠ A는 클라인펠터 증후군을 나타낸다.

㉡ A는 적록 색맹 대립유전자를 가진다.

✗ 감수 2분열에서 성염색체가 비분리된 정자가 정상 난자와 수정되어 A가 태어났다. 감수 1분열

ㄱ. A는 성염색체 구성이 XXY이므로 클라인펠터 증후군을 나타낸다.

ㄴ. A는 적록 색맹인 어머니에게서 적록 색맹 대립유전자 X^r를 하나 물려받았지만 정상인 아버지에게서 정상 대립유전자 X^R를 물려받아 적록 색맹을 나타내지 않는다. 따라서 A의 적록 색맹 유전자형은 $X^R X^r Y$이다.

바로알기 ㄷ. A는 아버지에게서 X 염색체와 Y 염색체를 모두 물려받았다. 따라서 아버지의 정자 형성 과정 중 감수 1분열에서 성염색체가 비분리되어 X 염색체와 Y 염색체를 모두 가지는 정자가 형성되고, 이 정자가 정상 난자와 수정되어 A가 태어났다.

4 염색체 수 이상에 의한 유전병

선택지 분석

㉠ ㉠은 성염색체가 없는 정자이다.

㉡ A는 터너 증후군을 나타낸다.

✗ A의 핵형 분석 결과로 페닐케톤뇨증 여부를 알 수 있다. 없다

부모는 정상인데 A는 유전병을 나타내므로 정상은 우성 형질이고, 유전병은 열성 형질이다. 유전병인 A는 X 염색체를 하나만 가지고, 유전병을 결정하는 유전자는 성염색체에 있으므로 유전병 유전자는 X 염색체에 있다.

ㄱ. 유전병 유전자는 X 염색체에 있고 열성이므로 어머니는 유전병 대립유전자를 하나 가진다. A가 유전병을 나타내려면 하나의 X 염색체에 유전병 대립유전자가 있어야 하므로 이것은 어머니에게서 물려받은 것이다. 따라서 ㉠은 성염색체가 없는 정자이다.

ㄴ. A는 염색체 구성이 44+X이므로 터너 증후군을 나타낸다.

바로알기 ㄷ. 페닐케톤뇨증은 유전자 이상에 의한 유전병이므로 핵형 분석으로는 알 수 없다.

5 염색체 비분리와 사람의 유전

선택지 분석

㉠ 난자 B와 정자 E가 수정되어 영희가 태어났다.

✗ 영희의 적록 색맹 대립유전자는 부모에게서 1개씩 물려받은 것이다. 어머니에게서 2개

㉢ 영희의 핵형은 정상 여자와 같다.

ㄱ. 정상인 부모에게서 적록 색맹인 영희가 태어났으므로 어머니가 적록 색맹 대립유전자 X^r를 가지며, 어머니의 난자 형성 과정 중 감수 2분열에서 성염색체 비분리가 일어나 22+$X^r X^r$인 난자 B가 생성되었음을 알 수 있다. 영희의 염색체 수는 정상이므로 아버지에게서 상염색체 22개만 물려받았을 것이다. 따라서 난자 B와 정자 E가 수정되어 영희가 태어났다. 아버지의 정자 형성 과정 중 감수 2분열에서 성염색체 비분리가 일어나 성염색체를 가지지 않는 정자 E가 형성되었다.

ㄷ. 영희는 X 염색체를 어머니에게서 2개 물려받았다는 것만 다를 뿐 핵형은 정상 여자와 같다.

바로알기 ㄴ. 영희의 적록 색맹 대립유전자는 2개 모두 어머니에게서 물려받은 것이다.

6 염색체 구조 이상과 염색체 비분리

자료 분석

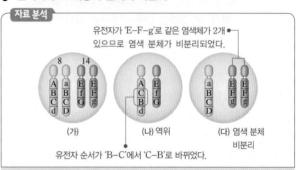

유전자가 'E-F-g'로 같은 염색체가 2개 있으므로 염색 분체가 비분리되었다.

(가) (나) 역위 (다) 염색 분체 비분리

유전자 순서가 'B-C'에서 'C-B'로 바뀌었다.

선택지 분석

✗ (나)와 정상 생식세포의 결합으로 형성된 수정란의 핵상은 $2n+1$이다. $2n$

㉡ (나)가 형성될 때 8번 염색체에서 역위가 일어났다.

㉢ (다)가 형성될 때 감수 2분열에서 14번 염색체의 비분리가 일어났다.

ㄴ. (나)에서 8번 염색체의 유전자 순서가 'B-C'에서 'C-B'로 바뀌어 있으므로 (나)가 형성될 때 8번 염색체에서 역위가 일어났다.

ㄷ. (다)는 유전자 구성이 같은 14번 염색체가 2개 있으므로 감수 2분열에서 염색 분체가 비분리된 것이다.

바로알기 ㄱ. (나)는 핵상이 n이고, 정상 생식세포의 핵상도 n이므로 이들의 결합으로 형성된 수정란의 핵상은 $2n$이다.

7 유전자 이상 유전병

선택지 분석

㉠ 남녀 모두에서 나타날 수 있다.

㉡ 유전병 A 환자의 핵형은 정상인과 같다.

㉢ 유전병 A 환자는 11번 염색체에 있는 유전자를 구성하는 DNA의 염기 서열에 이상이 있다.

ㄱ. 11번 염색체는 상염색체이므로 유전병 A는 남녀 모두에서 나타날 수 있다.

ㄴ, ㄷ. 유전자 이상에 의한 유전병은 염색체 수와 구조에는 이상이 없지만 유전자를 구성하는 DNA의 염기 서열에 이상이 생겨 나타난다. 따라서 유전병 A 환자의 핵형은 정상인과 같다.

수능 3점

본책 136쪽~139쪽

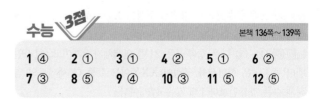

1 염색체 비분리

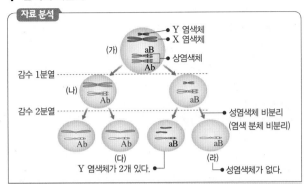

◯ $\dfrac{(나)의\ 상염색체의\ 염색\ 분체\ 수}{(라)의\ 염색체\ 수}=2$이다.

✕ (다)에는 a가 있다. A

◯ (라)가 형성될 때 염색 분체가 비분리되었다.

ㄱ, ㄷ. (라)의 왼쪽에 있는 생식세포에 대립유전자 a가 있는 상염색체 1개와 Y 염색체 2개가 있는 것으로 보아 (라)가 형성되는 감수 2분열이 일어날 때 Y 염색체의 염색 분체가 비분리되었음을 알 수 있다. 따라서 (라)는 성염색체를 가지지 않고 상염색체만 22개 가진다. (나)에는 22개의 상염색체와 1개의 X 염색체가 있고 각 염색체는 2개의 염색 분체로 이루어져 있으므로 (나)에서 상염색체의 염색 분체 수는 $22 \times 2 = 44$이다. 따라서 $\dfrac{(나)의\ 상염색체의\ 염색\ 분체\ 수}{(라)의\ 염색체\ 수}=\dfrac{22 \times 2}{22}=2$이다.

ㄴ. 감수 1분열은 정상적으로 일어났으므로 대립유전자 A와 a는 상동 염색체가 분리되는 감수 1분열에서 서로 다른 세포로 들어갔다. (라)의 왼쪽에 있는 생식세포가 대립유전자 a를 가지므로 (나)와 (다)는 대립유전자 A가 있는 상염색체와 X 염색체를 1개씩 가진다.

2 염색체 비분리와 생식세포 형성

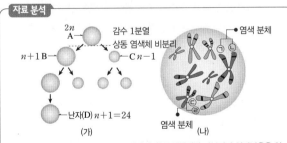

- B의 핵상이 $n+1$이므로 감수 1분열에서 상동 염색체의 비분리가 일어났음을 알 수 있다.
- ㉠과 ㉡, ㉢과 ㉣은 각각 하나의 염색체를 이루는 염색 분체이므로 유전자 구성이 동일하다. 염색 분체는 감수 2분열 시 분리되어 서로 다른 딸세포로 들어간다.

◯ ㉠과 ㉡은 B와 C 중 하나의 세포에 함께 있다.

✕ ㉢과 ㉣을 모두 가진 난자가 만들어질 수 있다. 없다

✕ $\dfrac{A의\ 염색\ 분체\ 수}{D의\ 염색체\ 수}=4$이다. $\dfrac{46 \times 2}{24} ≒ 3.8$

ㄱ. ㉠과 ㉡은 하나의 염색체를 이루는 염색 분체이다. 감수 1분열이 일어날 때에는 상동 염색체가 분리되어 이동하므로 ㉠과 ㉡은 같은 세포로 들어가 B와 C 중 하나의 세포에 함께 있다.

ㄴ. ㉢과 ㉣은 하나의 염색체를 이루는 염색 분체이다. 감수 2분열이 정상적으로 일어났으므로 ㉢과 ㉣은 분리되어 서로 다른 세포로 들어간다. 따라서 ㉢과 ㉣을 모두 가진 난자가 만들어지지 않는다.

ㄷ. B의 핵상이 $n+1$이고, 감수 2분열은 정상적으로 일어났으므로 D의 핵상도 $n+1$이다. 사람의 염색체 수는 46개이므로 A의 염색 분체 수는 46×2이고, D의 염색체 수는 24이다. 따라서 $\dfrac{A의\ 염색\ 분체\ 수}{D의\ 염색체\ 수}=\dfrac{46 \times 2}{24} ≒ 3.8$이다.

3 염색체 비분리와 생식세포 형성

구성원	대문자로 표시되는 대립유전자의 수
아버지	3 AaBbDd
어머니	3 AaBbDd
자녀 1	8 AAABBDDD

└ AABDD+ABD

감수 1분열 비분리

정자	DNA 상대량			
	A	a	B	D
Ⅰ	0	?	1	0
Ⅱ	1	1	1	1
Ⅲ	2	?0	?1	?2

└ AABDD

◯ Ⅰ은 감수 2분열에서 염색체 비분리가 일어나 형성된 정자이다.

✕ 자녀 1의 체세포 1개당 $\dfrac{B의\ DNA\ 상대량}{A의\ DNA\ 상대량}=1$이다. $\dfrac{2}{3}$

✕ 자녀 1의 동생이 태어날 때, 이 아이에게서 나타날 수 있는 ㉠의 표현형은 최대 5가지이다. 7

정자 Ⅱ에 대립유전자인 A와 a가 함께 있으므로 정자 Ⅱ는 세포 P의 감수 1분열에서 대립유전자 A와 a가 있는 상동 염색체의 비분리가 일어나 형성된 정자이다. 따라서 정자 Ⅰ과 Ⅲ은 세포 Q의 감수 2분열에서 염색 분체가 비분리되어 형성된 정자이다. 아버지의 ㉠에 대한 유전자형에서 대문자로 표시되는 대립유전자 수는 3인데, 정자 Ⅱ에 A, B, D가 모두 있으므로 아버지의 ㉠에 대한 유전자형은 AaBbDd이다. 만약 ㉠을 결정하는 유전자가 모두 서로 다른 상염색체에 있다면 어머니의 유전자형에서 대문자로 표시되는 대립유전자의 수가 3이므로 아버지의 정자 형성 과정에서 염색체 비분리가 1회 일어난다고 해도 자녀의 유전자형에서 대문자로 표시되는 대립유전자의 수는 7보다 클 수 없는데 자녀 1은 유전자형에서 대문자로 표시되는 대립유전자의 수가 8이다. 따라서 ㉠을 결정하는 유전자 중에는 같은 염색체에 있는 것이 있다. 정자 Ⅰ과 Ⅲ은 세포 Q의 감수 2분열에서 염색체 비분리가 1회 일어나 형성된 정자이다. 대문자로 표시되는 대립유전자의 수가 5개 이상인 정자가 만들어지려면 감수 1분열 결과 유전자 구성이 AABBDD인 딸세포와 aabbdd인 딸세포가 만들어지고, 이 중 유전자 구성이 AABBDD인 세포에서 감수 2분열이 일어날 때 염색 분체가 비분리되어야 한다. 정자 Ⅰ에는 유전자 A와 D가 없고 B만 있으므로 유전자 A와 D는 한 염색체에 같이 있고, 유전자 B는 다른 염색체에 있다. 유전자 A와 D가 같이 있는 염색체의 염색 분체가 비분리되어 유전자 구성이 AABDD인 정자 Ⅲ이 만들어졌다.

ㄱ. Ⅱ가 감수 1분열에서 상동 염색체의 비분리가 일어나 형성된 정자이므로 Ⅰ과 Ⅲ은 감수 2분열에서 염색 분체의 비분리가 일어나 형성된 정자이다.

바로알기 ㄴ. 정자 Ⅲ(AABDD)과 어머니의 정상 난자(ABD)가 수정되어 자녀 1이 태어났으므로 자녀 1의 ㉠에 대한 유전자형은 AAABBDDD이다. 따라서 자녀 1의 체세포 1개당

$\dfrac{\text{B의 DNA 상대량}}{\text{A의 DNA 상대량}} = \dfrac{2}{3}$이다.

ㄷ. 어머니는 대문자로 표시되는 대립유전자의 수가 3이고, 유전자 구성이 ABD인 난자를 만들었으므로 ㉠에 대한 유전자형이 AaBbDd이며, 아버지와 마찬가지로 A와 D가 같은 염색체에 있다. 어머니와 아버지의 유전자 위치는 그림과 같다. 따라서 아버지와 어머니에게서 형성될 수 있는 생식세포의 종류는 ABD, AbD, aBd, abd 4가지로, 대문자로 표시되는 대립유전자의 수가 각각 0, 1, 2, 3의 4가지이다. 자녀 1의 동생이 태어날 때, 이 아이에게서 나타날 수 있는 ㉠의 표현형은 아버지의 생식세포(0, 1, 2, 3)×어머니의 생식세포(0, 1, 2, 3) → 0, 1, 2, 3, 4, 5, 6으로, 최대 7가지이다.

4 염색체 비분리와 생식세포 형성

자료 분석

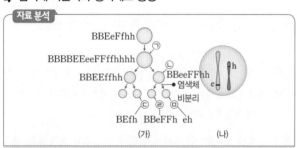

(가) (나)

선택지 분석

✗ 염색체 비분리는 <u>감수 1분열에서 일어났다.</u> 감수 2분열

◯ ㉢에서 B와 f는 같은 염색체에 있다.

✗ $\dfrac{㉣의\ 염색체\ 수}{㉠의\ 염색\ 분체\ 수} = \dfrac{1}{6}$이다. $\dfrac{1}{3}$

G_1기 세포의 유전자형이 BBEeFfhh이므로 DNA를 복제한 상태인 감수 1분열 중기의 세포 ㉠은 유전자 구성이 BBBBEEeeFFffhhhh이다. ㉠과 감수 2분열 중기 세포인 ㉡에서 F의 DNA 상대량이 같다고 하였으므로 ㉡에는 FF가 있으며, ㉡이 감수 2분열을 하여 만들어진 ㉤에는 eh가 있으므로 ㉡의 유전자 구성은 BBeeFFhh라는 것을 알 수 있다. 만일 ㉡이 정상적으로 감수 2분열을 하여 ㉣과 ㉤이 만들어졌다면 ㉤에 B와 F가 있어야 하는데, ㉤(나)에서 유전자 구성이 eh이므로 감수 2분열에서 B와 F가 있는 염색 분체가 비분리되어 모두 ㉣로 들어갔다. 따라서 ㉣의 유전자 구성은 BBeFFh이고, B와 F는 같은 염색체에 있다.

ㄴ. ㉠의 유전자 구성이 BBBBEEeeFFffhhhh이고, ㉡의 유전자 구성이 BBeeFFhh이므로 ㉢이 만들어지는 감수 2분열 중기 세포의 유전자 구성은 BBEEffhh이고, 이 세포가 정상적으로 감수 2분열을 완료하여 만들어진 ㉢의 유전자 구성은 BEfh이다. ㉣에서 B와 F가 같은 염색체에 있으므로 ㉢에서 B와 f도 같은 염색체에 있다.

ㄱ. 염색체 비분리는 ㉡에서 ㉣과 ㉤을 형성하는 감수 2분열에서 일어났다. 이때 B와 F가 있는 염색 분체가 비분리되어 ㉣의 염색체 수는 $n+1=4$, ㉤의 염색체 수는 $n-1=2$이다.

ㄷ. ㉠의 염색체 수는 $2n=6$이다. ㉠은 감수 1분열 중기 세포이므로 각 염색체는 2개의 염색 분체로 이루어져 있어 ㉠의 염색 분체 수는 12이다. ㉣의 염색체 수는 $n+1=4$이다. 따라서

$\dfrac{㉣의\ 염색체\ 수}{㉠의\ 염색\ 분체\ 수} = \dfrac{4}{12} = \dfrac{1}{3}$이다.

5 염색체 비분리와 생식세포 형성

자료 분석

구분	세포	DNA 상대량					
		A	a	B	b	D	d
아버지의 정자	Ⅰ ⓐ	1	0	?1	0	0	?0
	Ⅱ 정상	0	1	0	0	?0	1
어머니의 난자	Ⅲ ⓑ	?0	1	0	?1	㉠2	0
	Ⅳ 정상	0	?1	1	?0	0	?1
딸의 체세포	Ⅴ ⓐ+ⓑ	1	?1	?1	㉡1	?2	0

- Ⅴ는 ⓐ와 ⓑ가 수정되어 태어난 딸의 체세포이며, 이 가족 구성원의 핵형은 모두 정상이다.
➡ 체세포이고 핵형이 정상인 Ⅴ에서는 (가)~(다) 각 대립유전자의 DNA 상대량의 합이 2이다.

선택지 분석

◯ (나)의 유전자는 X 염색체에 있다.

✗ ㉠+㉡=<u>2</u>이다. 3

✗ $\dfrac{\text{아버지의 체세포 1개당 B의 DNA 상대량}}{\text{어머니의 체세포 1개당 D의 DNA 상대량}} = \dfrac{1}{2}$이다. 1

염색체 수가 비정상적인 정자 ⓐ가 수정하여 태어난 딸의 체세포에는 d가 없는데, 아버지의 정자 Ⅱ에는 d가 있으므로 ⓐ는 Ⅰ이다. 따라서 Ⅰ에는 d가 없으며, Ⅱ가 정상 정자이다. 딸 Ⅴ의 핵형이 정상이므로 Ⅴ에서 대립유전자 쌍의 DNA 상대량 합은 각각 2이다. 딸의 체세포에는 d가 없으므로 D의 DNA 상대량은 2이고, 정자 ⓐ(Ⅰ)에 D가 없는데 어머니의 난자 Ⅳ에도 D가 없으므로 ⓑ는 Ⅲ이며, Ⅳ는 정상 난자이다.

ㄱ. 정상 정자 Ⅱ에 (나)의 대립유전자인 B와 b가 모두 없으므로 (나)의 유전자는 X 염색체에 있고 Ⅱ는 Y 염색체를 가진 정자이다.

바로알기 ㄴ. Ⅰ(ⓐ)에는 D가 없으므로 Ⅲ(ⓑ)에서 D의 DNA 상대량 ㉠은 2이다. 이를 통해 Ⅲ(ⓑ)은 감수 2분열에서 염색체 비분리가 일어나 대립유전자 D가 있는 상염색체가 2개 있으며, Ⅰ(ⓐ)에는 (다) 유전자가 있는 상염색체가 없다는 것을 알 수 있다. Ⅲ(ⓑ)의 X 염색체에는 B가 없으므로 b의 DNA 상대량이 1이고, 이에 따라 딸의 b의 DNA 상대량 ㉡은 1이다. 따라서 ㉠+㉡=3이다.

ㄷ. 정자 Ⅰ의 X 염색체에 B가 있으므로 아버지의 체세포 1개당 B의 DNA 상대량은 1이다. 정상 난자 Ⅳ에 D가 없으므로(d가 있음) 어머니의 (다)의 유전자형은 Dd로 체세포 1개당 D의 DNA 상대량이 1이다.

$\dfrac{\text{아버지의 체세포 1개당 B의 DNA 상대량}}{\text{어머니의 체세포 1개당 D의 DNA 상대량}} = 1$

6 염색체 비분리와 사람의 유전

자료 분석

형질 ㉠은 열성, 상염색체 유전

구성원	성별	형질 ㉠	형질 ㉡
아버지	남	×HH*	○X^RY
어머니	여	×HH*	×$X^{R*}X^{R*}$
자녀 1	남	×HH 또는 HH*	×X^{R*}Y
자녀 2	여	○H*H*	○$X^R X^{R*}$
자녀 3 XXY	남	×HH 또는 HH*	○$X^R X^{R*}$Y
자녀 4	남	○H*H*	×X^{R*}Y

(○: 발현됨, ×: 발현 안 됨)

형질 ㉡은 우성, 성염색체(X 염색체) 유전

- 부모는 형질 ㉠이 나타나지 않는데 딸인 자녀 2는 ㉠이 나타났다. ➡ ㉠은 열성 형질이며, 유전자가 상염색체에 있고, ㉡의 유전자는 X 염색체에 있다.
- 어머니의 ㉡의 유전자형이 동형 접합성이므로 딸인 자녀 2는 아버지에게서 ㉡ 발현 대립유전자를, 어머니에게서 ㉡ 미발현 대립유전자를 물려받았는데 ㉡이 발현되었다. ➡ ㉡은 우성 형질이다.
- 아들인 자녀 3은 어머니에게서 ㉡ 미발현 대립유전자를 물려받아 ㉡이 나타나지 않아야 하는데 ㉡이 나타나므로 아버지에게서 ㉡ 발현 대립유전자를 물려받았다.

선택지 분석

✕ ㉡ 발현 대립유전자는 R*이다. R

○ ⓐ는 감수 1분열에서 염색체 비분리가 일어나 형성된 정자이다.

✕ 클라인펠터 증후군을 나타내는 구성원은 자녀 4이다. 자녀 3

ㄴ. ㉡은 유전자가 X 염색체에 있으며, 우성 형질이다. 반성유전에서 아들은 어머니의 열성 형질을 물려받으므로 아들은 어머니와 같이 모두 ㉡이 발현되지 않아야 하는데, 아들인 자녀 3에서 ㉡이 발현되었으므로 자녀 3은 아버지에게서 Y 염색체와 함께 우성 대립유전자 R가 있는 X 염색체를 물려받았다는 것을 알 수 있다. 따라서 생식세포 ⓐ는 감수 1분열에서 성염색체 비분리가 일어나 성염색체 X와 Y를 모두 가지는 정자이다.

바로알기 ㄱ. 우성인 ㉡ 발현 대립유전자는 R이다.

ㄷ. 자녀 3은 아버지에게서 성염색체 X와 Y, 어머니에게서 성염색체 X를 물려받아 ㉡의 유전자형이 $X^R X^{R*}$Y이다.

7 염색체 비분리와 사람의 유전

자료 분석

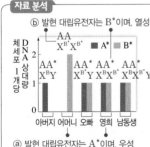

ⓑ 발현 대립유전자는 B*이며, 열성

	DNA 상대량	

ⓐ는 상염색체 유전

구성원	ⓐ	ⓑ
아버지	○	×
어머니	×	○
오빠	○	○
영희	○	×
남동생	○	×

ⓐ 발현 대립유전자는 A*이며, 우성

- 어머니는 A*가 없으므로 A가 있고, 형질 ⓐ가 발현되지 않았으므로 A가 ⓐ 미발현 대립유전자이고, A*가 ⓐ 발현 대립유전자이다.
- 어머니는 B*만 2개 있는데 형질 ⓑ가 발현되었으므로 B*가 ⓑ 발현 대립유전자이고, B가 ⓑ 미발현 대립유전자이다.
- 영희는 A와 A*, B와 B*를 모두 갖는데 ⓐ는 발현되고 ⓑ는 발현되지 않았으므로 A*(ⓐ 발현)가 A에 대해 우성이고, B가 B*(ⓑ 발현)에 대해 우성이다.
- 어머니는 A*가 없는데 오빠는 A*가 있으므로 아버지의 A*가 오빠에게 전해졌다. ➡ 대립유전자 A와 A*는 상염색체에 있다.
- 영희는 B*가 1개 있을 때 형질 ⓑ가 발현되지 않았는데 오빠는 B*가 1개 있을 때 형질 ⓑ가 발현되었다. ➡ 대립유전자 B와 B*는 X 염색체에 있다.

선택지 분석

○ A*는 A에 대해 우성이다.

○ 영희와 남동생의 체세포 1개당 B의 DNA 상대량은 1로 같다.

✕ ⓐ와 ⓑ 중 ⓑ만 발현된 남자와 영희 사이에서 아이가 태어날 때, 이 아이에게서 ⓐ, ⓑ가 모두 발현될 확률은 $\frac{1}{8}$이다. $\frac{1}{4}$

ㄱ. AA*인 영희에게서 형질 ⓐ가 나타났으므로 A*는 우성이다.

ㄴ. 영희의 ⓑ에 대한 유전자형은 $X^B X^{B*}$이다. 남동생은 어머니에게서 X^{B*}를 물려받아 ⓑ가 발현되어야 하는데 ⓑ가 발현되지 않았다. 이것은 아버지에게서 Y 염색체와 함께 X^B를 물려받았기 때문으로, 남동생의 ⓑ에 대한 유전자형은 $X^B X^{B*}$Y이다. 따라서 영희와 남동생은 체세포 1개당 B의 DNA 상대량이 1로 같다.

바로알기 ㄷ. 형질 ⓑ만 발현된 남자의 형질 ⓐ, ⓑ의 유전자형은 AAX^{B*}Y이다. 따라서 이 남자와 영희 사이에서 태어난 아이가 형질 ⓐ를 나타낼 확률은 AA×AA* → AA, AA, AA*, AA* 로 $\frac{1}{2}$이고, 형질 ⓑ를 나타낼 확률은 X^{B*}Y×$X^B X^{B*}$ → $X^B X^{B*}$, $X^{B*}X^{B*}$, X^BY, X^{B*}Y로 $\frac{1}{2}$이다. 따라서 아이에게서 ⓐ, ⓑ가 모두 발현될 확률은 $\frac{1}{2} \times \frac{1}{2} = \frac{1}{4}$이다.

8 염색체 비분리와 생식세포 형성

자료 분석

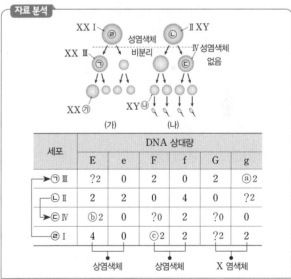

(가)   (나)

세포	DNA 상대량					
	E	e	F	f	G	g
㉠ Ⅲ	?2	0	2	0	2	ⓐ2
㉡ Ⅱ	2	2	0	4	0	?2
㉢ Ⅳ	ⓑ2	0	?0	2	?0	2
㉣ Ⅰ	4	0	ⓒ2	2	?2	2

상염색체 / 상염색체 / X 염색체

선택지 분석

✕ ㉢은 Ⅲ이다. Ⅳ

○ ⓐ+ⓑ+ⓒ=6이다.

○ 성염색체 수는 ㉮ 세포와 ㉯ 세포가 같다.

Ⅰ과 Ⅱ는 핵상이 2n이고, Ⅲ과 Ⅳ는 핵상이 $n+1$ 또는 $n-1$이다. (나)에 정자가 있으므로 (가)가 암컷, (나)가 수컷이다.

핵상이 2n이고 DNA가 복제된 상태인 감수 1분열 중기 세포는 대립유전자가 쌍으로 있고 DNA 상대량의 합이 4이다.

- ㉡은 E와 e의 합과 F와 f의 합이 4이고, ㉠, ㉢, ㉣은 모두 e가 0으로, ㉠, ㉢, ㉣이 분열하여 ㉡이 만들어질 수 없다. ➡ ㉡은 Ⅰ과 Ⅱ 중 하나이다.

- ㉣은 E와 e의 합이 4인데, ㉡은 E가 2, ㉠은 f가 0, ㉢은 g가 0이므로 ㉠, ㉡, ㉢이 분열하여 ㉣이 만들어질 수 없다. ➡ ㉣은 Ⅰ과 Ⅱ 중 하나이다.
- ㉠은 F가 2, G가 2이므로 ㉡이 분열하여 만들어질 수 없다. ➡ ㉠은 ㉣이 분열하여 만들어진 세포이고, ㉢은 ㉡이 분열하여 만들어진 세포이다.

㉡과 ㉢을 비교하면 F와 f는 정상 분리되었고, ㉡과 ㉣은 각각 암수 중 하나인데 둘 다 E와 e의 합이 4이므로 F와 f, E와 e는 상염색체에 있다. ㉡에 G가 없으므로 ㉢에도 G가 없고, ㉢에는 g도 없으므로 G와 g는 성염색체에 있는 유전자이고, 비분리가 일어나 ㉢에는 성염색체가 없는 상태이다. ㉠에 G가 있으므로 ㉣에도 G가 있고, ㉣에서 성염색체에 있는 유전자인 G와 g의 합이 4인 것으로 보아 ㉣과 ㉠은 성염색체 구성이 XX인 암컷의 세포이고, ㉡과 ㉢은 성염색체 구성이 XY인 수컷의 세포이다. 따라서 ㉣은 Ⅰ, ㉠은 Ⅲ이고, ㉡은 Ⅱ, ㉢은 Ⅳ이다. ㉣에서 ㉠이 만들어질 때도 성염색체 비분리가 일어났으므로 ㉠에는 G와 g가 모두 있다.

ㄴ. ㉣에서 형성된 ㉠에는 성염색체가 비분리되어 G와 g가 모두 있게 되므로 ⓐ는 2이고, ㉠에 F가 있으므로 ㉣에도 F가 있어 ⓒ도 2이다. ㉡에서 형성된 ㉢에서 상염색체는 정상적으로 분리되었으므로 ⓑ는 2이다.

ㄷ. 감수 1분열에서의 성염색체 비분리로 Ⅲ은 X 염색체를 2개 가지므로 Ⅲ으로부터 형성된 ㉮ 세포도 X 염색체를 2개 가진다. 또, 감수 1분열에서의 성염색체 비분리로 Ⅳ는 성염색체를 가지지 않으므로, ㉯의 모세포는 X 염색체와 Y 염색체를 모두 가져 ㉯도 X 염색체와 Y 염색체를 모두 가진다. 따라서 ㉮ 세포와 ㉯ 세포에서 성염색체 수는 2로 같다.

[바로알기] ㄱ. ㉢은 ㉡(Ⅱ)으로부터 분열된 세포, 즉 Ⅳ이다.

9 염색체 비분리와 사람의 유전

[자료 분석]

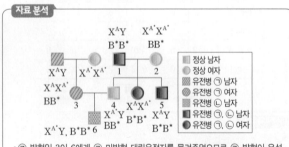

- ㉠ 발현인 3이 6에게 ㉠ 미발현 대립유전자를 물려주었으므로 ㉠ 발현이 우성 형질이며, A가 발현 대립유전자, A*가 미발현 대립유전자이다.
- 3과 4는 ㉡ 미발현인데, 아들 6은 유전병 ㉡을 나타낸다. ➡ 유전병 ㉡은 열성 형질이며, B가 미발현 대립유전자, B*가 발현 대립유전자이고, 3과 4는 대립유전자 B*를 가진다.

[선택지 분석]

㉠ ⓐ가 형성될 때 염색체 비분리는 감수 1분열에서 일어났다.

✗ ⓑ에는 대립유전자 B가 있다. B*

㉢ 6의 동생이 태어날 때, 이 아이에게서 유전병 ㉠과 ㉡이 모두 나타날 확률은 $\frac{1}{8}$이다. $\frac{1}{2} \times \frac{1}{4} = \frac{1}{8}$

ㄱ. ㉠의 유전에서 5는 ㉠ 발현이고 핵형이 정상이므로 유전자형이 X^AY이다. 그런데 2는 유전자 A를 가지고 있지 않으므로 5가 가진 유전자 A는 아버지로부터 물려받은 것이다. 즉, 5는 X^AY를 모두 아버지로부터 물려받았다. 따라서 1의 정자 ⓐ에는 X^AY가 있고, 2의 난자 ⓑ에는 성염색체가 없다. 정자 ⓐ는 감수 1분열에서 성염색체 비분리가 일어나 X 염색체와 Y 염색체를 모두 가진다.

ㄷ. 3은 유전병 ㉠을 나타내지만 어머니가 ㉠ 미발현이므로 유전자형이 X^AX^{A*}이다. 3과 4 사이에서 태어난 아이가 유전병 ㉠을 나타낼 확률은 $X^AX^{A*} \times X^{A*}Y \to \underline{X^AX^{A*}}$, $X^{A*}X^{A*}$, $\underline{X^AY}$, $X^{A*}Y$로 $\frac{1}{2}$이고, 유전병 ㉡을 나타낼 확률은 $BB^* \times BB^* \to$ BB, BB*, BB*, $\underline{B^*B^*}$로 $\frac{1}{4}$이다. 따라서 이 아이에게서 유전병 ㉠과 ㉡이 모두 나타날 확률은 $\frac{1}{2} \times \frac{1}{4} = \frac{1}{8}$이다.

[바로알기] ㄴ. 5는 열성 형질인 유전병 ㉡을 나타내므로 유전자형이 B^*B^*이다. 따라서 정자 ⓐ와 난자 ⓑ의 상염색체에는 각각 대립유전자 B*가 있다.

10 염색체 비분리와 생식세포 형성

[자료 분석]

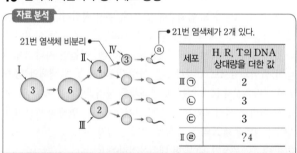

세포	H, R, T의 DNA 상대량을 더한 값
Ⅲ ㉠	2
㉡	3
㉢	3
Ⅱ ㉣	?4

[선택지 분석]

㉠ ㉣은 Ⅱ이다.

✗ 염색체 비분리는 감수 1분열에서 일어났다. 감수 2분열

㉢ 정자 ⓐ와 정상 난자가 수정되어 태어난 아이는 다운 증후군의 염색체 이상을 보인다.

Ⅱ와 Ⅲ은 감수 1분열이 일어난 후의 세포이므로 상동 염색체는 존재하지 않지만 각 염색체는 2개의 염색 분체로 이루어져 있으므로 H, R, T의 DNA 상대량을 더한 값은 짝수이다. 따라서 Ⅱ와 Ⅲ은 각각 ㉠과 ㉣ 중 하나이다. ㉡과 ㉢은 Ⅰ과 Ⅳ 중 하나인데, 둘 다 H, R, T의 DNA 상대량을 더한 값이 3이므로, Ⅰ에서 DNA가 복제되면 H, R, T의 DNA 상대량을 더한 값이 6이 된다. 감수 1분열하여 만들어진 Ⅱ와 Ⅲ의 H, R, T의 DNA 상대량을 더한 값의 합이 6인데 ㉠이 2이므로 ㉣은 4이다. Ⅱ가 감수 2분열을 완료하여 Ⅳ가 형성되므로 H, R, T의 DNA 상대량을 더한 값은 Ⅱ가 Ⅳ(3)보다 커야 한다. 따라서 Ⅱ가 ㉣이고, Ⅲ이 ㉠이다. Ⅱ(㉣)에서 감수 2분열이 일어날 때 염색 분체가 정상적으로 분리되었다면 Ⅳ의 H, R, T의 DNA 상대량을 더한 값은 2가 되어야 하는데 3이므로 Ⅱ에서 Ⅳ가 형성되는 감수 2분열에서 21번 염색체가 비분리되어 Ⅳ에 21번 염색체가 2개 들어 있게 된 것이고 H, R, T 중의 하나는 21번 염색체에 있다는 것을 알 수 있다.

ㄱ. ㄹ은 Ⅱ이고 ㄱ은 Ⅲ이다.

ㄷ. Ⅳ로부터 비롯된 정자 ⓐ는 21번 염색체가 2개 있는 정자이므로 정자 ⓐ와 정상 난자가 수정되어 태어나는 아이는 21번 염색체가 3개인 다운 증후군의 염색체 이상을 보인다.

바로알기 ㄴ. 염색체 비분리는 Ⅱ가 분열하여 Ⅳ를 형성하는 감수 2분열에서 일어났다.

11 염색체 비분리와 사람의 유전

자료 분석

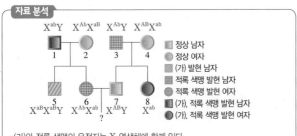

- (가)와 적록 색맹의 유전자는 X 염색체에 함께 있다.
- (가) 미발현 부모 3과 4 사이에서 (가)가 발현된 딸 8이 태어났으므로 (가) 발현 대립유전자는 a(열성)이다.

선택지 분석

ㄱ. 2에서 감수 2분열 시 성염색체가 비분리되어 형성된 난자가 정상 정자와 수정하여 5가 태어났다.

ㄴ. 체세포 1개당 a의 수는 4와 8이 같다.

ㄷ. 6과 7 사이에서 아이가 태어날 때, 이 아이에게서 (가)와 적록 색맹이 모두 발현될 확률은 $\frac{1}{4}$이다.

ㄱ. 5는 클라인펠터 증후군이므로 성염색체 구성이 XXY이고, (가) 발현이므로 체세포에는 a가 있는 X 염색체가 2개 있다. 5에서 체세포 1개당 a와 B의 수는 같다고 하였으므로 B도 2개 있다. 그런데 1은 (가)와 적록 색맹이 모두 발현되므로 유전자형이 $X^{ab}Y$로 B가 없으므로 5의 X 염색체(X^{ab})는 모두 2에게서 물려받은 것이다. 2는 정상이지만 5에게 물려준 a와 B가 함께 있는 X 염색체와, 6에게 물려준 A와 b가 함께 있는 X 염색체를 가지므로 유전자형이 $X^{Ab}X^{aB}$이다. 5는 2에서 감수 2분열 시 유전자 a와 B가 있는 X 염색체의 염색 분체가 비분리되어 형성된 난자가 Y 염색체가 있는 정상 정자와 수정하여 태어났으며, 유전자형은 $X^{aB}X^{aB}Y$이다.

ㄴ. 8은 터너 증후군으로 X 염색체를 1개만 갖는데, (가)와 적록 색맹이 모두 발현되므로 8의 유전자형은 X^{ab}이다. 3의 유전자형은 $X^{Ab}Y$이므로, 8의 X^{ab}는 어머니인 4에게서 물려받은 것이다. 4는 정상이므로 유전자형이 $X^{AB}X^{ab}$이다. 따라서 체세포 1개당 a의 수는 4와 8에서 각각 1로 같다. 8은 3의 생식세포 분열 과정에서 성염색체가 비분리되어 성염색체가 없는 정자가 형성된 후 정상 난자와 수정하여 태어났다.

ㄷ. 6은 아버지 1에게서 X^{ab}를 물려받고, 어머니 2에게서 X^{Ab}를 물려받아 유전자형이 $X^{Ab}X^{ab}$이다. 7은 정상이므로 유전자형이 $X^{AB}Y$이다. 6과 7 사이에서 아이가 태어날 때, 아이가 가질 수 있는 유전자형은 $X^{Ab}X^{ab} \times X^{AB}Y \rightarrow X^{AB}X^{Ab}, X^{AB}X^{ab}, X^{Ab}Y, X^{ab}Y$로 이 아이에게서 (가)와 적록 색맹이 모두 발현될 확률은 $\frac{1}{4}$이다.

12 유전자 돌연변이와 생식세포 형성

자료 분석

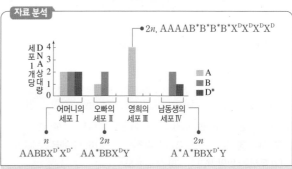

선택지 분석

ㄱ. Ⅰ은 G_1기 세포이다. ~~감수 2분열 중인~~

ㄴ. ㄱ은 A이다.

ㄷ. 아버지에서 A^*, B, D를 모두 갖는 정자가 형성될 수 있다.

오빠의 세포 Ⅱ에서 A의 DNA 상대량은 1이고, B의 DNA 상대량은 2이므로 Ⅱ의 핵상은 2n이고, 오빠의 유전자형은 AA^*BBX^DY이다. 영희의 세포 Ⅲ에서 A의 DNA 상대량이 4이므로 Ⅲ의 핵상은 2n이고, 영희의 유전자형은 $AAB^*B^*X^DX^D$이다. 남동생의 세포 Ⅳ에서 D^*의 DNA 상대량이 1이고, B의 DNA 상대량이 2이므로 Ⅳ의 핵상은 2n이고, 남동생의 유전자형은 $A^*A^*BBX^{D^*}Y$이다.

ㄴ. (가)와 (나)의 유전자는 7번 염색체에 함께 존재하므로 함께 행동한다. 영희는 아버지와 어머니에게서 각각 $A-B^*$를 물려받았고, 오빠는 아버지와 어머니에게서 각각 A^*-B, $A-B$를 물려받았으며, 남동생은 아버지와 어머니에게서 각각 A^*-B를 물려받았다. 정상 생식세포가 수정되어 태어난 오빠와 영희의 염색체 조합으로 볼 때 어머니의 7번 염색체의 유전자 구성은 $A-B$, $A-B^*$이고, 아버지의 7번 염색체의 유전자 구성은 $A-B^*$, A^*-B이다. 그런데 남동생 ⓐ는 A^*-B가 있는 7번 염색체가 2개 있으므로 어머니의 생식세포 형성 과정에서 A가 A^*로 바뀌는 돌연변이가 일어난 후 A^*-B가 있는 7번 염색체를 남동생에게 물려준 것이다. 따라서 ㄱ은 A이고, ㄴ은 A^*이다.

ㄷ. 아버지의 7번 염색체에는 $A-B^*$, A^*-B가 각각 함께 있고, 영희의 (다)의 유전자 구성이 X^DX^D이므로 X 염색체에 D가 있다. 따라서 아버지에게서 A^*, B, D를 모두 갖는 정자가 형성될 수 있다.

▲ 아버지의 염색체 구성

바로알기 ㄱ. 어머니의 유전자형은 $AABB^*X^DX^{D^*}$이다. 그런데 어머니의 세포 Ⅰ에서 A, B, D^*의 DNA 상대량이 모두 2이므로 어머니의 세포 Ⅰ은 핵상이 n이고, 하나의 염색체가 2개의 염색 분체로 이루어진 감수 2분열 중인 세포이다.

V 생태계와 상호 작용

12. 생태계

개념 확인

본책 143쪽

(1) 개체군　(2) 한, 여러　(3) 생산자, 소비자　(4) ①-㉠,
②-㉢, ③-㉡　(5) 비생물적　(6) 비생물적, 생물적
(7) 두꺼운, 빛의 세기　(8) 작은, 온도

수능 자료

본책 144쪽

자료❶　1 ○　2 ○　3 ×　4 ○　5 ×　6 ○　7 ×
　　　8 ○
자료❷　1 ○　2 ×　3 ○　4 ×

자료 ❶

3 A는 하나의 생물종으로 구성되는 개체군이므로 A에 생산
자, 소비자, 분해자가 모두 있을 수 없다.

5 뿌리혹박테리아는 생물이므로 비생물적 환경 요인이 아니다.

7 ㉡은 생물이 비생물적 환경 요인에 영향을 미치는 것이다.
눈신토끼와 스라소니는 모두 생물이다.

자료 ❷

1 ⓑ가 8시간 이상인 I과 Ⅳ가 개화하였으므로 ⓐ는 '빛 있음'
이고, ⓑ는 '빛 없음'이다.

2 Ⅴ에서 ⓑ(빛 없음)가 9시간이므로 ㉠은 '개화함'이다.

4 이 식물이 개화하기 위해서는 '빛 없음'의 합이 아니라 '연속
적인 빛 없음' 기간이 8시간 이상이어야 한다.

수능 1점

본책 144쪽

1 ㄴ　2 버섯, 곰팡이　3 ㉣　4 (1) ㄴ (2) ㄷ (3) ㄱ
5 공기

1 【바로알기】 ㄱ. 빛과 물은 비생물적 요인이고, 세균은 생물적 요
인이다.
ㄷ. 개체군은 한 종으로 구성된다.

2 조류와 식물은 광합성을 하여 유기물을 합성하는 생산자이
고, 육식 동물은 다른 생물을 먹어서 양분을 얻는 소비자이다.

3 ㉠은 개체군 내의 상호 작용, ㉡은 개체군 간의 상호 작용이
고, ㉢은 비생물적 환경 요인이 생물 군집에 영향을 주는 것, ㉣
은 생물 군집이 비생물적 환경 요인에 영향을 주는 것이다. 지의
류는 생물 군집이고, 암석과 토양은 비생물적 환경 요인이다.

4 (1) 국화는 하루 중 밤의 길이가 길어지는 계절에 꽃이 피는
단일 식물이다.
(2) 깊은 바다에는 적색광보다 청색광이 주로 도달하므로 이를 이
용할 수 있는 홍조류가 분포한다.
(3) 북극여우는 사막여우보다 몸집이 크고 몸의 말단부가 작아 열
을 보존하기에 적합하다.

5 산소가 부족한 고산 지대에 사는 사람은 평지에 사는 사람에
비해 적혈구 수가 많은데, 이것은 낮은 산소 분압의 공기에서도
산소를 효과적으로 이용할 수 있도록 적응하였기 때문이다.

수능 2점

본책 145쪽

1 ③　2 ④　3 ④　4 ⑤

1 생태계 구성 요소 간의 관계

자료 분석

선택지 분석

㉠ 온도는 (가)에 속한다.
㉡ A는 유기물을 무기물로 분해하여 비생물 환경으로 돌려보
낸다.
✗ (나)에서 A와 소비자가 모여 하나의 개체군을 이룬다.
　A와 소비자는 하나의 개체군을 이루지 않는다.

ㄱ. 온도는 비생물적 요인(가)이다.
ㄴ. 분해자(A)는 다른 생물의 사체나 배설물 속의 유기물을 무기
물로 분해하여 비생물 환경으로 돌려보낸다.
【바로알기】 ㄷ. 분해자(A)와 소비자는 서로 다른 생물종이므로 하나
의 개체군을 이루지 않는다.

2 생물적 요인의 구분

자료 분석

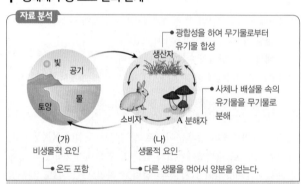

선택지 분석

㉠ (가)에서 사슴 개체군과 토끼 개체군은 하나의 군집 내에 있
　을 수 있다.
✗ (나)는 무기물로부터 유기물을 합성한다. (다)
㉢ 광합성을 하는 조류는 (다)에 속한다.

ㄱ. 여러 종류의 개체군이 모여 군집을 형성한다.

ㄷ. 광합성을 하여 유기물을 합성하는 조류는 생산자(다)에 속한다.

바로알기 ㄴ. 분해자(나)는 다른 생물의 사체나 배설물 속의 유기물을 무기물로 분해하여 비생물 환경으로 돌려보낸다. 무기물로부터 유기물을 합성하는 생물은 생산자(다)이다.

3 생태계 구성 요소 간의 관계

자료 분석

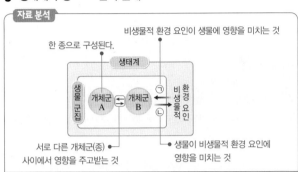

선택지 분석

✕ 뿌리혹박테리아는 비생물적 환경 요인에 해당한다.
  　　　　　　　　　　　생물적 요인(생물 군집)

○ ㄴ 기온이 나뭇잎의 색 변화에 영향을 미치는 것은 ㉠에 해당한다.

○ ㄷ 숲의 나무로 인해 햇빛이 차단되어 토양 수분의 증발량이 감소되는 것은 ㉡에 해당한다.

ㄴ. 기온은 비생물적 환경 요인이고, 나무는 생물 군집이다.

ㄷ. 숲의 나무는 생물 군집이고, 토양의 수분은 비생물적 환경 요인이다.

바로알기 ㄱ. 뿌리혹박테리아는 생물이므로 비생물적 환경 요인에 해당하지 않는다.

4 빛의 세기와 생물

자료 분석

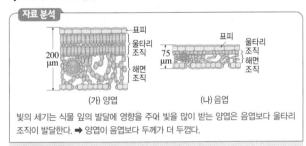

빛의 세기는 식물 잎의 발달에 영향을 주어 빛을 많이 받는 양엽은 음엽보다 울타리 조직이 발달한다. ➡ 양엽이 음엽보다 두께가 더 두껍다.

선택지 분석

✕ (가)는 (나)보다 빛이 약한 곳에 있다. 강한 곳

○ ㄴ (가)는 (나)보다 울타리 조직이 발달하였다.

○ ㄷ 빛의 세기에 따라 식물 잎의 두께가 달라진다.

ㄴ, ㄷ. 빛을 많이 받는 양엽(가)은 빛을 적게 받는 음엽(나)보다 울타리 조직이 발달하여 두께가 더 두껍다. 즉, 빛의 세기에 따라 식물 잎의 두께가 달라진다.

바로알기 ㄱ. 잎의 두께가 두꺼운 (가)는 빛이 강한 곳에 위치한 양엽이고, 잎의 두께가 얇은 (나)는 빛이 약한 곳에 위치한 음엽이다.

1 생태계 구성 요소 간의 관계

자료 분석

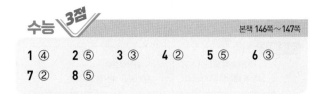

선택지 분석

✕ 스라소니가 눈신토끼를 잡아먹는 것은 ㉠에 해당한다. ㉡

○ ㄴ 분서는 ㉡에 해당한다.

○ ㄷ 질소 고정 세균에 의해 토양의 암모늄 이온(NH_4^+)이 증가하는 것은 ㉣에 해당한다.

ㄴ. 분서는 환경 요구 조건이 비슷한 개체군들이 함께 생활할 때 서식지, 먹이, 활동 시기, 산란 시기 등을 달리하여 경쟁을 피하는 것으로, 군집 내 개체군 간의 상호 작용(㉡)이다.

ㄷ. 질소 고정 세균은 생물 군집에 속하고 토양의 암모늄 이온(NH_4^+)은 비생물적 환경 요인에 속한다. 따라서 질소 고정 세균에 의해 토양의 암모늄 이온(NH_4^+)이 증가하는 것은 ㉣에 해당한다.

바로알기 ㄱ. 스라소니가 눈신토끼를 잡아먹는 것은 서로 다른 종(개체군) 사이에서 일어나는 상호 관계인 ㉡에 해당한다. 군집 내 개체군 간의 상호 작용(㉡) 중 먹고 먹히는 관계를 포식과 피식이라고 한다.

2 생태계의 구성

자료 분석

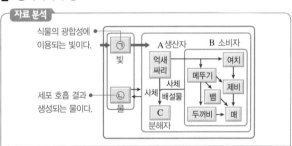

선택지 분석

○ ㄱ A의 광합성에 ㉠이 이용된다.

○ ㄴ A에서 B로 유기물이 이동한다.

○ ㄷ 버섯과 곰팡이는 C에 속한다.

ㄱ, ㄴ. 생산자(A)는 빛(㉠)을 이용하여 무기물로부터 유기물을 합성하고, 이 유기물은 먹이 사슬을 따라 생산자(A)에서 소비자(B)로 이동한다.

ㄷ. 버섯과 곰팡이는 생물의 사체나 배설물 속의 유기물을 무기물로 분해하여 에너지를 얻는 분해자(C)이다.

3 생태계 구성 요소 간의 관계와 물질 전환

자료 분석

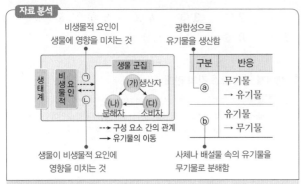

구분	반응
ⓐ	무기물 → 유기물
ⓑ	유기물 → 무기물

선택지 분석

ㄱ (가)에서 ⓐ가, (나)에서 ⓑ가 일어난다.

ㄴ (나)와 (다)는 서로 다른 개체군을 이룬다.

✗ 노루가 일조 시간이 짧아지는 가을에 번식하는 것은 ㉡에 해당한다. ㉠

ㄱ. 생산자(가)는 광합성을 하여 무기물로부터 유기물을 합성하고 (ⓐ), 분해자(나)는 다른 생물의 사체나 배설물 속의 유기물을 무기물로 분해하여(ⓑ) 비생물 환경으로 돌려보낸다.

ㄴ. 분해자(나)와 소비자(다)는 서로 다른 종이므로 서로 다른 개체군을 이룬다.

바로알기 ㄷ. 노루가 일조 시간이 짧아지는 가을에 번식하는 것은 비생물적 요인인 일조 시간이 생물인 노루에 영향을 미치는 ㉠에 해당한다.

4 생태계 구성 요소 간의 관계

자료 분석

구분	관련 요인	예
(가)	A → B	두더지에 의해 토양의 통기성이 증가한다. 두더지(생물) → 토양(비생물)
(나)	B → A	음지 식물은 양지 식물보다 빛이 약한 곳에서도 잘 자란다. 빛의 세기(비생물) → 식물(생물)
(다)	A → A	?

- A는 생물적 요인이고, B는 비생물적 요인이다.
- (다)는 생물적 요인이 생물적 요인에게 영향을 주는 것이다.

선택지 분석

✗ (가)의 예에서 A는 생산자에 속한다. 소비자

✗ (나)의 예에서 B는 온도이다. 빛의 세기

ㄷ 호랑이가 배설물로 자기 영역을 표시하는 것은 (다)의 예에 해당한다.

(가)는 생물(두더지)이 비생물적 요인(토양)에, (나)는 비생물적 요인(빛의 세기)이 생물(식물)에 영향을 준 것이다. 따라서 A는 생물적 요인이고, B는 비생물적 요인이다.

ㄷ. 호랑이가 배설물로 자기 영역을 표시하는 것은 다른 생물의 접근을 막기 위한 행동이므로 생물이 다른 생물에게 영향을 주는 (다)의 예에 해당한다.

바로알기 ㄱ. (가)의 예에서 생물적 요인(A)에 해당하는 두더지는 다른 생물을 먹이로 하여 양분을 얻는 소비자에 속한다.

ㄴ. 빛의 세기에 따라 식물의 광합성량이 달라지므로 빛의 세기가 보상점 이상인 곳에서 식물이 생장한다. 음지 식물은 보상점과 광

포화점이 낮으므로 빛이 약한 곳에서도 서식할 수 있다. 즉, (나)의 예에서 비생물적 요인(B)은 빛의 세기이다.

5 생물과 환경의 상호 작용 _ 공기, 온도, 빛

자료 분석

- ㉠의 영향으로 고산 지대에 사는 사람의 적혈구 수가 평지에 사는 사람의 적혈구 수보다 많다. ➡ ㉠은 공기
- ㉢의 영향으로 위쪽 잎은 두껍고 좁은 반면, 아래쪽 잎은 얇고 넓다. ➡ ㉢은 빛
- ㉠~㉢은 각각 빛, 공기, 온도 중 하나이다.
  ➡ ㉠은 공기, ㉢은 빛이므로, ㉡은 온도이다.

선택지 분석

ㄱ ㉡은 온도이다.

ㄴ ㉠~㉢은 모두 생태계의 비생물적 요인이다.

ㄷ 바다의 깊이에 따라 해조류의 분포가 다르게 나타나는 것은 ㉢의 영향을 받은 것이다.

ㄱ. ㉠은 공기, ㉢은 빛이므로 ㉡은 온도이다.

ㄴ. 공기(㉠), 온도(㉡), 빛(㉢)은 모두 생태계를 구성하는 비생물적 요인이다.

ㄷ. 바다에서는 깊이에 따라 도달하는 빛(㉢)의 파장이 달라서 해조류의 분포가 다르게 나타난다.

6 생물과 환경의 상호 작용 _ 일조 시간

자료 분석

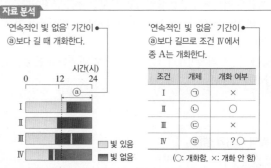

조건	개체	개화 여부
I	㉠	×
II	㉡	○
III	㉢	×
IV	㉣	? ○

(○: 개화함, ×: 개화 안 함)

- 조건 I: '연속적인 빛 없음' 기간이 ⓐ보다 짧다. ➡ 개화 안 함
- 조건 II: '연속적인 빛 없음' 기간이 ⓐ보다 길다. ➡ 개화함
- 조건 III: '빛 없음' 기간의 합은 ⓐ보다 길지만 '연속적인 빛 없음' 기간은 ⓐ보다 짧다. ➡ 개화 안 함
- 조건 IV: '연속적인 빛 없음' 기간이 ⓐ보다 길다. ➡ 개화함

선택지 분석

ㄱ IV에서 ㉣은 개화한다.

ㄴ 일조 시간은 비생물적 환경 요인이다.

✗ 종 A는 '빛 없음' 시간의 합이 ⓐ보다 길 때 항상 개화한다. '연속적인 빛 없음' 기간이 ⓐ보다 길 때

ㄱ. 종 A는 '연속적인 빛 없음' 기간이 ⓐ보다 긴 조건 II에서 개화하였다. 조건 IV에서도 '연속적인 빛 없음' 기간이 ⓐ보다 길므로 종 A는 개화할 것이다.

ㄴ. 일조 시간(빛)은 생태계에서 생물을 둘러싸고 있는 비생물 환경인 비생물적 요인이다.

바로알기 ㄷ. 종 A는 조건 III에서 개화하지 않았으므로 '빛 없음' 시간의 합과는 무관하게 '연속적인 빛 없음' 기간이 ⓐ보다 길 때 개화한다는 것을 알 수 있다.

7 생물과 환경의 상호 작용 _ 온도, 빛의 세기

〔자료 분석〕

몸집이 크고 몸의 말단부가 작아 열을 보존하기에 적합하다.

온대 지방에 서식하는 개구리나 뱀은 겨울이 되어 온도가 낮아지면 겨울잠을 잔다.

(가) 사막여우

(나) 북극여우

요인	사례
㉠ 온도	개구리는 겨울잠을 잔다.
㉡ 빛의 세기	양엽이 음엽보다 두껍다.

빛을 많이 받는 양엽은 음엽보다 울타리 조직이 발달하여 잎이 더 두껍다.

몸집이 작고 몸의 말단부가 커서 열을 빠르게 방출하기에 적합하다.

〔선택지 분석〕

✗ (가)와 (나)는 같은 개체군에 속한다. 속하지 않는다

✗ (나)가 (가)보다 열을 빠르게 방출하기에 적합하다. (가)가 (나)보다

㉢ ㉠과 ㉡ 중 (가)와 (나)의 모습 차이에 영향을 미친 비생물적 요인은 ㉠이다.

ㄷ. 더운 지역에 사는 사막여우(가)와 추운 지역에 사는 북극여우(나)의 모습 차이에 영향을 미친 비생물적 요인은 온도(㉠)이다.

〔바로알기〕 ㄱ. 일정한 지역에서 같은 종의 개체가 무리를 이루어 생활하는 집단을 개체군이라고 하는데, 사막여우(가)와 북극여우(나)는 서로 다른 지역에 서식하므로 같은 개체군에 속하지 않는다.

ㄴ. 추운 지방에 서식하는 포유류는 몸의 말단부가 작고 몸집이 큰 경향이 있는데, 이는 열을 보존하여 체온을 유지하는 데 유리하다.

8 생물과 환경의 상호 작용 _ 물, 빛, 온도

〔자료 분석〕

물을 저장하는 조직

구분	예
(가)물	선인장에는 저수 조직이 발달해 있다.
(나)빛 (일조 시간)	국화는 밤의 길이가 길어지는 계절에 꽃이 핀다.
(다) 온도	온대 지방의 활엽수는 가을이 되면 단풍이 들고 낙엽을 만든다.

온도가 낮아진다.

일조 시간이 짧아진다.

〔선택지 분석〕

㉠ 물에서 자라는 연의 줄기와 뿌리에 통기 조직이 발달한 것은 (가)가 생물에게 영향을 준 예이다.

㉡ (나)의 파장에 따라 해조류의 수직 분포가 달라진다.

㉢ (다)는 온도이다.

ㄱ. 물에서 자라는 연의 줄기와 뿌리에는 공기가 통하는 통기 조직이 발달하며, 연잎은 물에 젖지 않도록 발달한 구조이다.

ㄴ. 빛(나)의 파장에 따라 바닷속에 서식하는 해조류의 분포가 달라진다.

ㄷ. 온대 지방의 활엽수는 온도(다)가 낮아지면 단풍이 들고 낙엽을 만든다.

---

13 개체군과 군집

〔개념 확인〕 본책 149쪽, 151쪽, 153쪽

(1) 증가, 감소 (2) J, S (3) 환경 저항 (4) I, Ⅲ (5) 피식과 포식 (6) ①-ⓒ, ②-㉠, ③-ⓒ (7) 사회생활, 가족생활 (8) 사막 (9) 수직, 기온 (10) 먹이 그물 (11) 생태적 지위 (12) ①-ⓒ, ②-㉠, ③-ⓒ (13) 지표종 (14) 밀도, 빈도 (15) 중요치, 우점종 (16) 1차 (17) 지의류 (18) 양수림, 음수림 (19) 경쟁, 경쟁·배타 원리 (20) ①-ⓒ, ②-ⓒ, ③-㉠ (21) 편리공생

〔수능 자료〕 본책 154쪽

자료❶	1×	2×	3○	4○	5○	6○	7○
자료❷	1×	2×	3○	4×	5○	6○	
자료❸	1○	2○	3×	4×	5○	6○	7○
	8×						
자료❹	1○	2×	3○	4○	5×	6×	7○
	8×	9×					

자료 ❶

1 환경 수용력은 주어진 환경 조건에서 서식할 수 있는 개체군의 최대 크기이다. 따라서 A가 B보다 환경 수용력이 크다.

2 A와 B에서 모두 ⓐ는 S자 모양의 생장 곡선, 즉 실제의 생장 곡선을 나타낸다.

3 t_2일 때 A에서 ⓐ의 개체 수는 일정하게 유지되고 있다.

4 B에서 ⓐ의 개체 수는 t_2일 때가 t_1일 때보다 많다.

6 환경 저항은 실제의 생장 곡선에서 항상 작용한다.

7 개체군의 밀도가 높아지면 환경 저항이 증가한다.

자료 ❷

1 개체군은 한 종으로 이루어진다. 따라서 군집을 이루는 서로 다른 종 A와 B는 한 개체군을 이루지 않는다.

2 A의 개체 수는 t_1에서가 t_2에서보다 적다. 따라서 A의 밀도는 t_1에서가 t_2에서보다 작다.

4 A의 개체 수가 증가하는 정도는 t_1에서가 t_2에서보다 크다. 따라서 A의 $\dfrac{\text{사망률}}{\text{출생률}}$은 t_2에서가 t_1에서보다 크다.

5 t_1에서 t_2가 될 때 모든 종의 개체 수(종 A의 개체 수와 종 B의 개체 수의 합)는 증가했는데 종 B의 개체 수는 감소하였으므로 B의 상대 밀도는 t_1에서가 t_2에서보다 크다.

자료 ❸

1 상대 피도의 합은 100(%)이다. 100-(23+45)=32

3 서로 다른 종은 하나의 개체군을 이루지 않는다.

4, 5 B의 상대 밀도는 $\dfrac{81}{450} \times 100 = 18(\%)$이고, B의 상대 빈도는 $\dfrac{0.16}{0.8} \times 100 = 20(\%)$이다.

6, 7 종 A의 중요치는 44(상대 밀도)+40(상대 빈도)+32(상대 피도)=116, 종 B의 중요치는 18(상대 밀도)+20(상대 빈도)+23(상대 피도)=61, 종 C의 중요치는 38(상대 밀도)+40(상대 빈도)+45(상대 피도)=123이다.

8 특정 환경 조건을 충족하는 군집에서만 볼 수 있는 종은 지표종이다.

자료 ④

1, 2 상리 공생은 두 종이 모두 이익을 얻는 상호 작용이므로 Ⅰ이 상리 공생, Ⅱ가 경쟁이다. 따라서 ⓐ는 이익, ⓑ는 손해이다.

5 서로 다른 두 종은 하나의 개체군을 이루지 않는다.

6 포식과 피식 관계에서 포식자는 이익(ⓐ)을 얻고, 피식자는 손해(ⓑ)를 본다.

8 상리 공생(Ⅰ)이 일어나는 두 종을 혼합 배양하면 두 종 모두에게 이익이므로 환경 수용력이 커진다.

9 생태적 지위가 많이 겹칠수록 경쟁(Ⅱ)이 심해진다.

---

5 개체 수가 각각 A는 10, B는 9, C는 8이므로 A의 상대 밀도는 $\dfrac{10}{27} \times 100$, B의 상대 밀도는 $\dfrac{9}{27} \times 100$, C의 상대 밀도는 $\dfrac{8}{27} \times 100$이다.

6 식물 군집의 1차 천이 과정은 '용암 대지와 같은 척박한 땅 → 지의류(가), 이끼류 → 초원 → 관목림 → 양수림(나) → 혼합림 → 음수림(다)'이다.

7 ㄱ. 벼룩은 숙주인 개의 몸 표면에 살면서 양분을 섭취한다.
ㄷ. 말미잘은 흰동가리가 유인한 먹이를 먹고, 흰동가리는 말미잘의 보호를 받는다.
[바로알기] ㄴ. 치타는 톰슨가젤의 포식자이다.

8 (가)에서는 경쟁·배타 원리가 적용되었고, (나)에서는 A 종과 B 종이 모두 이익을 얻었다.

본책 155쪽

1 ㉠ 이론상의 생장 곡선, ㉡ 실제의 생장 곡선, ㉢ 환경 수용력 **2** ㄱ, ㄴ **3** (가) 순위제 (나) 텃세 (다) 리더제 **4** ㄱ **5** A: 37.04 %, B: 33.33 %, C: 29.63 % **6** (1) (가), (나) (2) (다) **7** ㄱ, ㄷ **8** (가) (종간) 경쟁 (나) 상리 공생

1 이론상의 생장 곡선(㉠)은 J자 모양이고, 실제의 생장 곡선(㉡)은 S자 모양이다. 환경 수용력(㉢)은 주어진 환경 조건에서 서식할 수 있는 개체군의 최대 크기이다.

2 ㄱ. 개체군의 밀도는 일정 공간에 서식하는 개체 수이다.

개체군의 밀도 = $\dfrac{\text{개체군을 구성하는 개체 수}}{\text{개체군이 서식하는 면적 또는 공간}}$

ㄴ. 개체군의 생장을 억제하는 환경 요인을 환경 저항이라고 한다.
[바로알기] ㄷ. 발전형의 연령 피라미드를 나타내는 개체군은 생식 전 연령층의 개체 수가 많아 개체군의 크기가 점점 커진다.

3 (가) 순위제: 개체들 사이에서 힘의 서열에 따라 순위를 정하여 먹이나 배우자를 차지하는 것
(나) 텃세: 생활 공간 확보, 먹이 획득, 배우자 독점 등을 위해 일정한 서식 공간을 차지하고 다른 개체가 침입하는 것을 막는 것
(다) 리더제: 우두머리가 무리 전체를 통솔하는 것

4 ㄱ. 먹이 지위는 개체군이 먹이 사슬에서 차지하는 위치이고, 공간 지위는 개체군이 차지하는 서식 공간이다.
[바로알기] ㄴ. 교목층, 아교목층, 관목층, 초본층이 광합성층이다.
ㄷ. 핵심종은 우점종은 아니지만 군집의 구조에 결정적인 영향을 미치는 종이다.

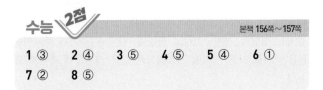

본책 156쪽~157쪽

1 ③ **2** ④ **3** ⑤ **4** ⑤ **5** ④ **6** ①
7 ② **8** ⑤

1 개체군의 생장 곡선

선택지 분석

㉠ A는 생식 활동에 제약이 없을 때의 생장 곡선이다.
✗ B에서의 환경 저항은 구간 Ⅱ보다 구간 Ⅰ에서 더 크다. → Ⅰ, Ⅱ
㉢ (가)는 환경 수용력이다.

ㄱ. 생식 활동에 제약이 없으면 개체 수가 기하급수적으로 증가하여 J자 모양의 생장 곡선(A)을 나타낸다.
ㄷ. (가)는 주어진 환경 조건에서 서식할 수 있는 개체군의 최대 크기인 환경 수용력이다.
[바로알기] ㄴ. 개체군의 밀도가 높아지면 환경 저항이 커져 개체군의 생장이 둔화되다가 개체 수가 점차 일정해진다.

2 개체군의 생존 곡선

선택지 분석

㉠ 초기 사망률은 개체군 (가)가 (나)보다 낮다.
㉡ Ⅲ형에 해당하는 생존 곡선을 나타내는 개체군은 (다)이다.
✗ 많은 수의 자손을 낳는 종일수록 개체군 (다)보다 (가)와 유사한 생존 곡선을 나타낸다. → (가)보다 (다)와

ㄱ. (가)는 (나)보다 초기에 개체 수가 감소되는 비율이 낮으므로 초기 사망률이 낮다.
ㄴ. Ⅲ형은 굴과 같이 많은 수의 자손을 낳지만 초기 사망률이 높은 유형이므로 (다)가 Ⅲ형에 해당한다.
[바로알기] ㄷ. (가)는 적은 수의 자손을 낳지만 초기 사망률이 낮은 사람 등의 생존 곡선(Ⅰ형)이고, (다)는 많은 수의 자손을 낳지만 초기 사망률이 높은 굴 등의 생존 곡선(Ⅲ형)이다.

3 개체군의 생장 곡선

자료 분석

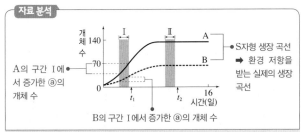

A의 구간 I에서 증가한 ⓐ의 개체 수 → S자형 생장 곡선 → 환경 저항을 받는 실제의 생장 곡선

B의 구간 I에서 증가한 ⓐ의 개체 수

선택지 분석

ㄱ 구간 I에서 증가한 ⓐ의 개체 수는 A에서가 B에서보다 많다. ○

ㄴ A의 구간 II에서 ⓐ에게 환경 저항이 작용한다. ○

ㄷ B의 개체 수는 t_2일 때가 t_1일 때보다 많다. ○

ㄱ. 구간 I에서 ⓐ의 개체 수는 A에서가 B에서보다 많이 증가했다.

ㄴ. A와 B에서 모두 ⓐ에게 환경 저항이 작용해 S자 모양의 실제의 생장 곡선을 나타낸다. 실제의 생장 곡선에서 환경 저항은 항상 작용한다.

ㄷ. B의 개체 수는 t_2일 때가 t_1일 때보다 많다.

4 개체군 내의 상호 작용

자료 분석

(가) 개체들이 분업을 통해 서로 조화를 이루며 살아간다. 사회생활

(나) 먹이를 찾거나 공격·방어 시에 개체군을 이끌어가는 ⊙개체가 존재한다. 리더제 리더

(다) 개체들 사이의 힘의 강약에 따라 먹이나 배우자를 차등적으로 얻는다. 순위제

선택지 분석

ㄱ 꿀벌 개체군에서 (가)가 나타난다. ○

ㄴ (나)에서 ⊙을 제외한 다른 개체들 사이에는 서열이 없다. ○

ㄷ 닭이 모이를 쪼는 순서가 다른 것은 (다)에 해당한다. ○

ㄱ. 꿀벌 개체군에서 여왕벌은 조직 통솔과 산란, 일벌은 꿀의 채취와 벌집 관리, 수벌은 생식을 담당한다.

ㄴ. 순위제에서는 모든 개체에 서열이 정해져 있지만, 리더제에서는 리더를 제외한 다른 개체들 사이에 서열이 없다.

ㄷ. 닭은 싸움을 통해 순위를 결정하고, 순위에 따라 모이를 먹는다.

5 방형구법을 이용한 식물 군집 조사

자료 분석

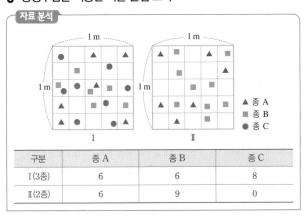

구분	종 A	종 B	종 C
I(3종)	6	6	8
II(2종)	6	9	0

선택지 분석

⊙ 식물의 종 수는 I에서가 II에서보다 많다. ○

✕ II에서 A는 B와 한 개체군을 이룬다. 이루지 않는다

ㄷ A의 개체군 밀도는 I에서와 II에서가 같다. ○

ㄱ. 방형구 I에는 A, B, C의 세 종이, 방형구 II에는 A, B의 두 종이 출현하였다. 따라서 식물의 종 수는 방형구 I에서가 II에서보다 많다.

ㄷ. A의 개체군 밀도는 방형구 I과 II에서 모두 $\frac{6}{1}=6$(개체 수/m^2)으로 같다.

바로알기 ㄴ. 개체군은 같은 종의 생물이 일정한 지역에서 무리를 이루어 생활하는 집단이다. 따라서 A와 B는 서로 다른 개체군을 이룬다.

6 식물 군집의 천이 과정

자료 분석

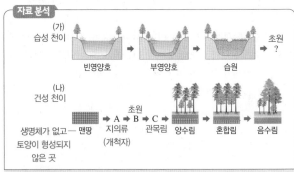

(가) 습성 천이 : 빈영양호 → 부영양호 → 습원 → 초원?

(나) 건성 천이 : 생명체가 없고 토양이 형성되지 않은 곳 — 맨땅 → A 지의류(개척자) → B 초원 → C 관목림 → 양수림 → 혼합림 → 음수림

선택지 분석

⊙ (가)에서 습원 이후에 B가 나타난다. ○

✕ (나)는 2차 천이 과정을 나타낸 것이다. 1차 천이

✕ (나)에서 개척자는 A이고, C에서 극상을 이룬다. 음수림

ㄱ. 습성 천이(가)에서 습원 이후에 초원(B)이 나타나며, 이후 건성 천이와 같은 과정을 거친다.

바로알기 ㄴ. (나)는 생명체가 없고 토양이 형성되지 않은 곳에서 시작되는 1차 천이이다.

ㄷ. 1차 건성 천이(나)에서 개척자는 지의류(A)이고, 음수림에서 극상을 이룬다.

7 군집 내 개체군 간의 상호 작용

자료 분석

	상호 작용	종 1	종 2
두 종 모두 이익을 얻는 상호 작용 • 상리 공생 I		이익	ⓐ 이익
두 종 모두 손해를 보는 상호 작용 • 경쟁 II		ⓑ 손해	손해

선택지 분석

✕ ⓐ와 ⓑ는 모두 '손해'이다. ⓐ는 이익, ⓑ는 손해

ㄴ (나)의 상호 작용은 I의 예에 해당한다. ○

✕ (나)에서 산호는 조류와 한 개체군을 이룬다. 이루지 않는다

ㄴ. 산호와 조류는 함께 서식하는 것이 두 종 모두에게 이익이므로, 산호와 조류 사이의 상호 작용은 상리 공생(I)이다.

바로알기 ㄱ. 상리 공생(I) 관계에서는 두 종 모두 이익(ⓐ)을 얻고, 경쟁(II) 관계에서는 두 종 모두 손해(ⓑ)를 입는다.

ㄷ. 산호와 조류는 서로 다른 종이므로 한 개체군을 이루지 않는다.

8 군집 내 개체군 간의 상호 작용

자료 분석

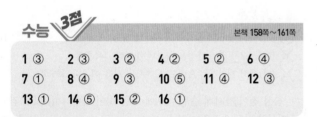

● 자신은 이익을 얻고 다른 식물에게 손해를 입히는 기생 생물
(가) 겨우살이는 다른 식물의 줄기에 뿌리를 박아 물과 양분을 빼앗는다. ● 겨우살이에게 손해를 입는 숙주
(나) 뿌리혹박테리아는 콩과식물에게 질소 화합물을 제공하고, 콩과식물은 뿌리혹박테리아에게 양분을 제공한다. ● 콩과식물이 얻는 이익
뿌리혹박테리아가 얻는 이익 ●

선택지 분석

ㄱ (가)는 기생의 예이다.
ㄴ (가)와 (나) 각각에는 이익을 얻는 종이 있다.
ㄷ 꽃이 벌새에게 꿀을 제공하고, 벌새가 꽃의 수분을 돕는 것은 상리 공생의 예에 해당한다.

ㄱ. (가)는 한 개체군이 다른 개체군에 피해를 주면서 함께 사는 기생의 예이다.

ㄴ. (나)는 두 개체군 모두가 이익을 얻는 상리 공생의 예이다. (가)에서는 겨우살이가, (나)에서는 두 생물이 모두 이익을 얻는다.

ㄷ. 꽃과 벌새가 모두 이익을 얻는 상리 공생의 예이다.

수능 3점

본책 158쪽~161쪽

1 ③	2 ③	3 ②	4 ②	5 ②	6 ④
7 ①	8 ④	9 ③	10 ⑤	11 ④	12 ③
13 ①	14 ⑤	15 ②	16 ①		

1 개체군의 생장 곡선

선택지 분석

✕ 서식 공간이 넓어지면 K가 작아진다. 커진다
✕ (가)에서 t_1일 때 출생률과 사망률이 같다.
   출생률이 사망률보다 높다.
ㄷ (나)에서 t_2일 때보다 t_3일 때 개체 사이의 경쟁이 심하다.

J자 모양의 생장 곡선(가)은 환경 저항이 작용하지 않을 때 나타나는 이론상의 생장 곡선이고, S자 모양의 생장 곡선(나)은 환경 저항이 작용할 때 나타나는 실제의 생장 곡선이다.

ㄷ. (나)에서 t_2일 때보다 t_3일 때 개체 수가 많으므로 t_2일 때보다 t_3일 때 개체군의 밀도가 높다. 개체군의 밀도가 높을수록 개체 사이에 경쟁이 심해지므로 t_2일 때보다 t_3일 때 개체 사이의 경쟁이 심하게 일어난다.

바로알기 ㄱ. K는 주어진 환경 조건에서 서식할 수 있는 개체군의 최대 크기인 환경 수용력이다. 서식 공간이 넓어지면 환경 저항이 감소하므로 K가 커진다.

ㄴ. 이 개체군은 격리되어 있어 이입과 이출이 없다. 따라서 (가)에서 t_1일 때 개체 수가 증가하는 것은 출생률이 사망률보다 높기 때문이다.

2 개체군의 연령 피라미드

자료 분석

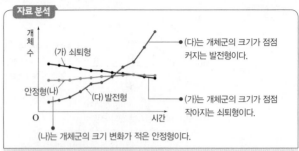

● (다)는 개체군의 크기가 점점 커지는 발전형이다.
● (가)는 개체군의 크기가 점점 작아지는 쇠퇴형이다.
(나)는 개체군의 크기 변화가 적은 안정형이다.

선택지 분석

ㄱ (가)의 연령 피라미드는 쇠퇴형이다.

✕ $\dfrac{\text{생식 후 연령층의 개체 수}}{\text{생식 전 연령층의 개체 수}}$ 는 (가)보다 (다)에서 크다. 작다

ㄷ $\dfrac{\text{생식 연령층의 개체 수}}{\text{생식 전 연령층의 개체 수}}$ 는 (다)보다 (나)에서 크다.

ㄱ. (가)는 개체 수가 점점 줄어들므로 (가)의 연령 피라미드는 개체군의 크기가 점점 작아지는 쇠퇴형이다.

ㄷ. 연령 피라미드 중 안정형(나)에서는 생식 전 연령층과 생식 연령층의 개체 수가 비슷하지만, 발전형(다)에서는 생식 전 연령층의 개체 수가 많다. 따라서 $\dfrac{\text{생식 연령층의 개체 수}}{\text{생식 전 연령층의 개체 수}}$ 는 발전형(다)보다 안정형(나)에서 크다.

바로알기 ㄴ. 생식 후 연령층의 개체 수는 쇠퇴형(가)에서 많고, 생식 전 연령층의 개체 수는 발전형(다)에서 많다. 따라서 $\dfrac{\text{생식 후 연령층의 개체 수}}{\text{생식 전 연령층의 개체 수}}$ 는 쇠퇴형(가)보다 발전형(다)에서 작다.

3 개체군의 주기적 변동

자료 분석

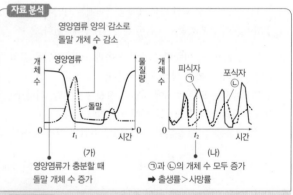

영양염류 양의 감소로 돌말 개체 수 감소
영양염류가 충분할 때 돌말 개체 수 증가 (가)
㉠과 ㉡의 개체 수 모두 증가 ➡ 출생률 > 사망률 (나)

선택지 분석

✕ (가)와 (나)는 생물 사이의 상호 작용 사례이다.
   영양염류(비생물적 요인)와 돌말 개체군(생물) 사이의 상호 작용
ㄴ t_1일 때 돌말 개체군은 환경 저항을 받는다.

✕ t_2일 때 $\dfrac{\text{사망률}}{\text{출생률}}$ 은 ㉠과 ㉡ 모두 1보다 크다. 작다

ㄴ. 실제 환경에서 생물은 항상 환경 저항을 받는다.

바로알기 ㄱ. (가)는 생물(돌말)과 비생물적 요인(영양염류) 사이의 상호 작용 사례이고, (나)는 생물 사이의 상호 작용 사례이다.

ㄷ. t_2일 때 ㉠과 ㉡ 모두 개체 수가 증가하므로 사망률이 출생률보다 낮다. 따라서 $\dfrac{\text{사망률}}{\text{출생률}}$ 은 ㉠과 ㉡ 모두 1보다 작다.

4 개체군 내의 상호 작용과 개체군 간의 상호 작용

자료 분석

사회생활과 순위제의 특징이다.
➡ A~C와 순위제 중 2개에 있는 ㉠이다.

구분	㉠	㉡	㉢	㉠~㉢ 중 두 가지
상리 공생 A	×	○	×	• 같은 종의 개체 사이에서 일어난다. ㉠
사회생활 B	○	×	×	
포식과 피식 C	×	×	×	• 서로 다른 두 개체군 모두 이익을 얻는다. ㉡
순위제	○	×	○	

(○: 있음, ×: 없음)

상리 공생만의 특징이다. ➡ A에 ㉡이 있고, C에는
㉠~㉢이 모두 없으므로 A가 상리 공생이다.

선택지 분석

✗ 개미가 여왕개미, 병정개미, 일개미로 구분되는 것은 <u>A</u>에 해당한다. **B(사회생활)**

✗ 말미잘과 흰동가리 사이에서 <u>C</u>가 일어난다. **A(상리 공생)**

㉢ '개체군 내에서 힘의 세기에 따라 순위가 정해진다.'는 ㉢이 될 수 있다.

ㄷ. '개체군 내에서 힘의 세기에 따라 순위가 정해진다.'는 순위제에만 해당하는 특징이다. ㉢은 순위제에만 있는 특징이다.

바로알기 ㄱ. 역할에 따라 계급과 업무를 분담하여 생활하는 것은 사회생활(B)이다.

ㄴ. 말미잘과 흰동가리는 함께 생활하면서 두 개체군 모두가 이익을 얻는 상리 공생(A) 관계이다.

5 개체군 내의 상호 작용과 개체군 간의 상호 작용

선택지 분석

✗ (가)는 <u>가족생활</u>의 사례이다. **사회생활**

✗ (나)와 그림은 모두 <u>개체군 내의 상호 작용</u> 사례이다.
상리 공생 ➡ 군집 내 개체군 간의 상호 작용

㉢ 그림은 꿀벌의 사회생활을 보여주는 근거가 될 수 있다.

ㄷ. 꿀벌 개체군에서 일벌은 꿀의 채취와 벌집 관리를 담당하고, 여왕벌은 조직 통솔과 산란, 수벌은 생식을 담당한다. 즉, 꿀벌은 업무가 분업화된 사회생활을 한다.

바로알기 ㄱ. (가)는 역할에 따라 계급과 업무를 분담하여 생활하는 사회생활의 사례이다.

ㄴ. (나)는 군집 내 개체군 간의 상호 작용인 상리 공생의 사례이고, 그림은 개체군 내의 상호 작용인 사회생활의 사례이다.

6 식물 군집 조사

자료 분석

시기	서식지 면적	A	B	C	D
t_1	㉠ 80	86	48	55	11
t_2	100	80	60	55	55

t_1일 때와 t_2일 때 B의 밀도가 같으므로 $\frac{48}{㉠} = \frac{60}{100}$에서 t_1의 서식지 면적 ㉠은 80이다.

선택지 분석

✗ B와 D는 <u>서로 다른 군집</u>에 속한다. **같은 군집**

㉡ ㉠은 80이다.

㉢ A와 C의 밀도는 모두 t_2일 때가 t_1일 때보다 작다.

ㄴ. 밀도는 $\frac{특정\ 종의\ 개체\ 수}{서식지\ 면적}$이며 t_1과 t_2에서 B의 밀도가 같으므로 $\frac{60}{100} = \frac{48}{㉠}$이다. 따라서 ㉠은 80이다.

ㄷ. 서식지 면적은 t_1일 때보다 t_2일 때 크고, A의 개체 수는 t_1일 때보다 t_2일 때 작으며, C의 개체 수는 t_1일 때와 t_2일 때가 같으므로 A와 C의 밀도는 모두 t_2일 때가 t_1일 때보다 작다. 실제로 t_1에서 A의 밀도는 $\frac{86}{80} ≒ 1.08$, C의 밀도는 $\frac{55}{80} ≒ 0.69$이고, t_2에서 A의 밀도는 $\frac{80}{100} = 0.8$, C의 밀도는 $\frac{55}{100} = 0.55$이다.

바로알기 ㄱ. B와 D는 서로 다른 개체군에 속하지만 같은 지역에 서식하므로 같은 군집에 속한다.

7 군집 내 개체군 간의 상호 작용

자료 분석

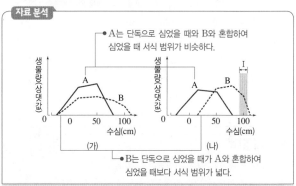

• A는 단독으로 심었을 때와 B와 혼합하여 심었을 때 서식 범위가 비슷하다.

• B는 단독으로 심었을 때가 A와 혼합하여 심었을 때보다 서식 범위가 넓다.

선택지 분석

㉠ B가 서식하는 수심의 범위는 (가)에서가 (나)에서보다 넓다.

✗ I에서 A가 생존하지 못한 것은 <u>경쟁·배타</u>의 결과이다.
B와의 경쟁과 무관하다.

✗ (나)에서 A는 B와 <u>한 개체군</u>을 이룬다. **서로 다른**

ㄱ. B는 (가)에서 수심 0 cm 이하에서도 서식하므로 (나)에서보다 넓은 범위에 서식한다.

바로알기 ㄴ. A는 단독으로 심었을 때(가)와 B와 혼합하여 심었을 때(나) 모두 I의 수심 범위에서 생존하지 못한다. 따라서 I에서 A가 생존하지 못한 것은 B와의 경쟁과 무관하다.

ㄷ. A와 B는 서로 다른 종이므로 서로 다른 개체군을 이룬다.

8 개체군의 생장과 상대 밀도

자료 분석

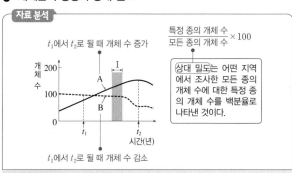

t_1에서 t_2로 될 때 개체 수 증가

$\frac{특정\ 종의\ 개체\ 수}{모든\ 종의\ 개체\ 수} × 100$

상대 밀도는 어떤 지역에서 조사한 모든 종의 개체 수에 대한 특정 종의 개체 수를 백분율로 나타낸 것이다.

t_1에서 t_2로 될 때 개체 수 감소

선택지 분석

✗ A는 B와 <u>한 개체군을 이룬다.</u> **이루지 않는다**

㉡ 구간 I에서 A에 환경 저항이 작용한다.

㉢ B의 상대 밀도는 t_1에서가 t_2에서보다 크다.

ㄴ. 실제 환경에서 환경 저항은 항상 작용한다.

ㄷ. B의 상대 밀도는 $\dfrac{\text{종 B의 개체 수}}{\text{모든 종의 개체 수}} \times 100$인데, t_1에서 t_2로 될 때 모든 종의 개체 수(종 A의 개체 수와 종 B의 개체 수 합)는 증가하고 종 B의 개체 수는 감소하였다. 따라서 B의 상대 밀도는 t_1일 때가 t_2일 때보다 크다.

바로알기 ㄱ. 개체군은 한 종으로 이루어진다. 따라서 군집을 이루는 서로 다른 종 A와 B는 한 개체군을 이루지 않는다.

9 식물 군집 조사

자료 분석

한 지역에 서식하는 모든 식물 종의 상대 밀도의 합, 상대 빈도의 합, 상대 피도의 합은 각각 100 %이다.

지역	종	상대 밀도(%)	상대 빈도(%)	상대 피도(%)	총 개체 수	종별 개체 수	중요치
Ⅰ	A	30	?45	19	100	30	94
	B	?41	24	22		41	87
	C	29	31	?59		29	119
Ⅱ	A	5	?45	13	120	6	63
	B	?25	13	25		30	63
	C	70	42	?62		84	174

선택지 분석

㉠ Ⅰ의 식물 군집에서 우점종은 C이다.
✗ 개체군 밀도는 Ⅰ의 A가 Ⅱ의 B보다 <s>크다</s>. 와 같다
㉢ 종 다양성은 Ⅰ에서가 Ⅱ에서보다 높다.

ㄱ. Ⅰ의 식물 군집에서 우점종은 중요치가 가장 높은 C이다.

ㄷ. Ⅰ과 Ⅱ에 서식하는 종의 수는 같으므로 각 종의 개체 수 비율이 더 균등한 Ⅰ에서가 Ⅱ에서보다 종 다양성이 높다.

바로알기 ㄴ. Ⅰ과 Ⅱ의 면적이 같고, Ⅰ의 A 개체 수와 Ⅱ의 B 개체 수가 각각 30으로 같으므로 두 개체군의 밀도는 같다.

10 생태 분포

자료 분석

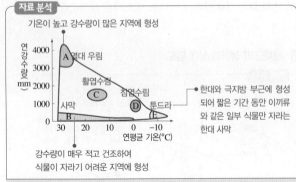

선택지 분석

① A는 열대 우림이다.
② A는 E보다 기온이 높고 강수량이 많다.
③ B에는 건조한 환경에 적응한 생물이 살고 있다.
④ C와 D는 모두 삼림에 속한다.
✗ 수직 분포에서는 주로 C가 D보다 고도가 <s>높은</s> 지역에 나타난다. 낮은

①, ② A는 기온이 높고 강수량이 많은 지역에 발달하므로 열대 우림이고, E는 기온이 낮고 강수량이 적은 지역에 발달하므로 툰드라이다. 즉, 열대 우림(A)은 툰드라(E)보다 기온이 높고 강수량이 많다.

③ B는 강수량이 매우 적은 지역에 발달하므로 사막이다. 사막(B)에는 건조한 환경에 적응한 생물이 살고 있다.

④ D는 C보다 기온이 낮고 강수량이 적은 지역에 발달하므로 침엽수림이고, C는 활엽수림이다. 활엽수림(C)과 침엽수림(D)은 모두 삼림에 속한다.

바로알기 ⑤ 군집의 수직 분포에서 고도가 높아지면 기온이 낮아지므로 주로 침엽수림(D)이 활엽수림(C)보다 고도가 높은 지역에 나타난다.

11 식물 군집의 천이

자료 분석

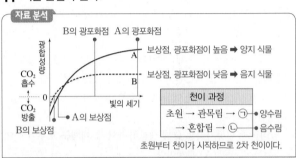

보상점, 광포화점이 높음 ➡ 양지 식물
보상점, 광포화점이 낮음 ➡ 음지 식물

천이 과정
초원 → 관목림 → ㉠ → 양수림 → 혼합림 → ㉡ → 음수림

초원부터 천이가 시작하므로 2차 천이이다.

선택지 분석

✗ B는 ㉠ 단계의 우점종이다. ㉡ 단계(음수림)
㉡ 잎의 평균 두께는 A가 B보다 두껍다.
㉢ 빛이 약한 곳에서는 A보다 B가 더 잘 자란다.

ㄴ. 빛이 강한 곳에 위치한 잎은 그늘진 곳의 잎보다 울타리 조직이 발달하여 두께가 더 두껍다. 따라서 양지 식물(A)이 음지 식물(B)보다 잎의 평균 두께가 두껍다.

ㄷ. 음지 식물(B)은 양지 식물(A)보다 보상점과 광포화점이 모두 낮으므로 약한 빛에서도 비교적 잘 자란다.

바로알기 ㄱ. B는 음지 식물이므로 천이 과정에서 음수림(㉡) 단계의 우점종이다.

12 군집 내 개체군 간의 상호 작용

선택지 분석

㉠ A의 개체 수는 t_2일 때가 t_1일 때보다 많다.
✗ (나)에서 A와 B 사이에 편리공생이 일어났다. 경쟁
㉢ 구간 Ⅰ에서 A와 B 모두에 환경 저항이 작용한다.

(나)에서는 (가)에서보다 종 A의 최대 개체 수가 적고, 종 B는 도태되어 사라지므로 A와 B 사이에서 경쟁이 일어났으며, 경쟁·배타 원리가 적용되었다.

ㄱ. A의 개체 수는 t_2일 때 200이고, t_1일 때 100이다. 따라서 A의 개체 수는 t_2일 때가 t_1일 때보다 많다.

ㄷ. 실제 조건에서는 항상 환경 저항이 작용한다. 따라서 구간 Ⅰ에서 A와 B 모두에 환경 저항이 작용한다.

바로알기 ㄴ. (나)에서 A와 B 사이에는 편리공생이 아니라 경쟁이 일어났다. 편리공생이 일어나면 이익을 보는 종의 개체 수는 늘어나고, 이익도 손해도 보지 않는 종의 개체 수는 변하지 않는다.

13 식물 군집의 천이

자료 분석

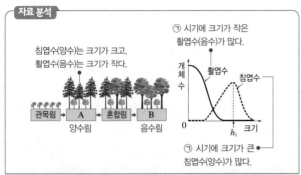

침엽수(양수)는 크기가 크고, 활엽수(음수)는 크기가 작다.

⑤ 시기에 크기가 작은 활엽수(음수)가 많다.

⑤ 시기에 크기가 큰 침엽수(양수)가 많다.

선택지 분석

(ㄱ) ⑦은 양수림이다.

✕ ⑦에서 h_1보다 작은 활엽수는 <u>없다</u>. 있다

✕ 이 식물 군집은 <u>혼합림</u>에서 극상을 이룬다. 음수림(B)

ㄱ. ⑦에서는 대부분의 침엽수(양수)가 활엽수(음수)보다 크기가 크다. 따라서 ⑦은 침엽수(양수)가 삼림의 상층부를 차지하고, 활엽수(음수)는 아직 덜 자란 상태의 양수림(A)이다.

바로알기 ㄴ. ⑦에서 활엽수(음수)는 h_1보다 크기가 작다.

ㄷ. 극상은 천이의 가장 마지막에 나타나는 안정된 상태이다. 이 식물 군집은 음수림(B)에서 극상을 이룬다.

14 군집 내 개체군 간의 상호 작용

자료 분석

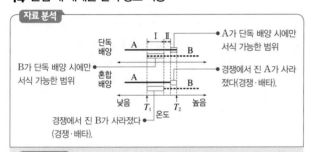

A가 단독 배양 시에만 서식 가능한 범위

경쟁에서 진 A가 사라졌다(경쟁·배타).

B가 단독 배양 시에만 서식 가능한 범위

경쟁에서 진 B가 사라졌다 (경쟁·배타).

선택지 분석

(ㄱ) A가 서식하는 온도의 범위는 단독 배양했을 때가 혼합 배양했을 때보다 넓다.

(ㄴ) 혼합 배양했을 때, 구간 Ⅰ에서 B가 생존하지 못한 것은 경쟁·배타의 결과이다.

(ㄷ) 혼합 배양했을 때, 구간 Ⅱ에서 A는 B와 군집을 이룬다.

ㄱ. A는 단독 배양했을 때는 온도가 T_2까지 서식하지만, 혼합 배양했을 때는 구간 Ⅱ 이후부터 T_2까지의 온도에서 서식하지 못한다. 따라서 A가 서식하는 온도의 범위는 단독 배양했을 때가 혼합 배양했을 때보다 넓다.

ㄴ. 혼합 배양했을 때, 온도가 $T_1 \sim T_2$인 구간에서 A와 B 사이의 경쟁이 일어났으므로 구간 Ⅰ에서 B가 생존하지 못한 것은 경쟁·배타의 결과이다.

ㄷ. 혼합 배양했을 때, 구간 Ⅱ에서 A와 B가 모두 서식하므로 두 개체군은 군집을 이룬다.

15 군집 내 개체군 간의 상호 작용

자료 분석

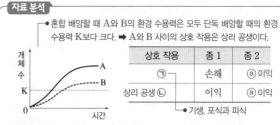

혼합 배양할 때 A와 B의 환경 수용력은 모두 단독 배양할 때의 환경 수용력 K보다 크다. ➡ A와 B 사이의 상호 작용은 상리 공생이다.

상호 작용	종 1	종 2
⑦	손해	ⓐ 이익
상리 공생 ⓛ	이익	ⓐ 이익

기생, 포식과 피식

• 상리 공생은 두 종 모두 이익을 얻는 상호 작용이므로 ⓛ이 상리 공생이고, ⓐ는 이익이다.
• 한 종은 손해를 보고, 한 종은 이익을 얻는 상호 작용에는 기생, 포식과 피식이 있다.

선택지 분석

✕ 경쟁은 ⑦에 해당한다. 기생, 포식과 피식

✕ ⓛ은 생태적 지위가 비슷한 두 종 사이에서 일어난다. 경쟁

(ㄷ) ⓐ는 '이익'이다.

ㄷ. A와 B 사이의 상호 작용은 상리 공생이다. A와 B 사이에서는 ⑦과 ⓛ 중 하나가 일어나는데, 상리 공생은 두 종 모두 이익을 얻는 상호 작용이므로 ⓛ이 상리 공생이고 ⓐ는 '이익'이다.

바로알기 ㄱ, ㄴ. 생태적 지위가 비슷한 개체군 사이에서 일어나는 경쟁은 두 종 모두 손해를 입는 상호 작용이므로 ⑦에 해당하지 않는다.

16 군집 내 개체군 간의 상호 작용

자료 분석

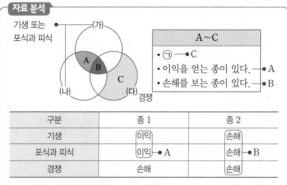

기생 또는 포식과 피식

구분	종 1	종 2
기생	이익	손해
포식과 피식	이익 ● A	손해 ● B
경쟁	손해	손해

• A는 두 상호 작용의 공통점이며, '이익을 얻는 종이 있다.'는 기생, 포식과 피식의 공통점이다. ➡ A는 '이익을 얻는 종이 있다.'이다.
• B는 세 상호 작용의 공통점이므로 '손해를 보는 종이 있다.'이다.

선택지 분석

(ㄱ) A는 '이익을 얻는 종이 있다.'이다.

✕ '두 종의 개체 수가 주기적으로 변동한다.'는 ⑦에 해당한다.
해당하지 않는다

✕ 두 종의 생태적 지위가 많이 겹칠수록 (다)가 일어날 확률이 <u>낮아진다</u>. 높아진다
경쟁

ㄱ. 기생, 포식과 피식에서는 한 종은 이익을 얻고, 다른 종은 손해를 보며, 경쟁에서는 두 종 모두 손해를 본다. 따라서 A는 '이익을 얻는 종이 있다.'이고, B는 '손해를 보는 종이 있다.'이다.

바로알기 ㄴ. (다)는 이익을 얻는 종이 없는 경쟁이다. 따라서 ⑦은 경쟁에만 해당하는 특징(C)인데, '두 종의 개체 수가 주기적으로 변동한다.'는 경쟁만의 특징에 해당하지 않는다. 포식과 피식에 의해 두 종의 개체 수가 주기적으로 변동할 수 있다.

ㄷ. 먹이, 서식 공간 등 두 종의 생태적 지위가 많이 겹칠수록 경쟁(다)이 일어날 확률이 높아진다.

14. 에너지 흐름과 물질 순환

개념 확인
본책 163쪽, 165쪽

(1) 한 방향으로 이동한다 (2) 빛, 화학 (3) 호흡, 열 (4) ㉠ 현, ㉡ 전 (5) 20 (6) ①-㉡, ②-㉠, ③-㉢ (7) 총생산량, 호흡량 (8) 순생산량 (9) 광합성, 이산화 탄소 (10) 호흡, 탄소 (11) 암모늄, 질소 고정 (12) NO_3^- (13) ①-㉢, ②-㉡, ③-㉠ (14) 화학, 열 (15) 에너지, 물질 (16) 감소, 증가

수능 자료
본책 166쪽

자료❶	1 ×	2 ○	3 ○	4 ○	5 ○	6 ×	7 ○
자료❷	1 ○	2 ○	3 ○	4 ×	5 ×	6 ○	7 ×
자료❸	1 ×	2 ○	3 ×	4 ○	5 ○	6 ○	7 ×
	8 ×						
자료❹	1 ×	2 ○	3 ○	4 ○	5 ○	6 ○	7 ×
	8 ○	9 ○					

자료❶

1 2차 소비자의 에너지 효율은 $\frac{15}{100} \times 100 = 15\%$이다.

4 에너지 효율은 각각 1차 소비자가 10 %, 2차 소비자가 15 %, 3차 소비자가 20 %이다.

6 A는 생산자의 호흡량이므로 1차 소비자의 생체량이 포함되지 않는다.

자료❷

1 총생산량이 호흡량보다 많으므로 ㉠이 총생산량이고, ㉡이 호흡량이다.

4 ㉡은 식물 군집의 호흡량이므로 식물 군집에서 분해자로 이동하는 유기물은 ㉡에 포함되지 않는다.

5 A는 식물 군집의 호흡량이므로 초식 동물의 호흡량은 A에 포함되지 않는다.

7 생물량은 구간 Ⅰ에서가 구간 Ⅱ에서보다 적고, 순생산량은 구간 Ⅰ에서가 구간 Ⅱ에서보다 많으므로 $\frac{순생산량}{생물량}$은 구간 Ⅰ에서가 구간 Ⅱ에서보다 크다.

자료❸

1 A는 음수림에서 극상을 이룬다.

2 순생산량(㉡)은 생태계에서 소비자나 분해자가 사용할 수 있는 화학 에너지의 양이다. 순생산량(㉡)은 총생산량(㉠)에 포함되므로 ㉠과 ㉡에는 모두 분해자가 이용할 수 있는 에너지가 포함된다.

3 총생산량이 순생산량보다 많으므로 ㉠이 총생산량이고, ㉡이 순생산량이다.

7 1차 소비자의 섭식량은 식물 군집의 피식량과 같다. 식물 군집의 피식량은 순생산량(㉡) 중 일부이고, 1차 소비자의 호흡량은 섭식량 중 일부이므로, 1차 소비자의 호흡량은 순생산량(㉡)보다 적다.

8 총생산량(㉠)에서 순생산량(㉡)을 뺀 호흡량은 구간 Ⅰ에서보다 구간 Ⅱ에서가 많다.

자료❹

1 A는 생물의 사체나 배설물 속의 질소 화합물을 암모늄 이온으로 분해하는 분해자이고, B는 암모늄 이온과 질산 이온을 흡수하여 질소 화합물을 합성하는 생산자이다.

3 생물(B, 소비자)의 사체나 배설물에 포함된 에너지가 분해자(A)로 이동한다.

6, 8 ㉠은 질산화 세균에 의해 일어나는 질산화 작용이고, ㉡은 탈질산화 세균에 의해 일어나는 탈질산화 작용이다.

7 ㉡은 탈질산화 작용이고, 대기 중의 질소가 암모늄 이온으로 전환되는 과정이 질소 고정 작용이다.

9 뿌리혹박테리아는 질소 고정 세균이다.

수능 1점
본책 167쪽

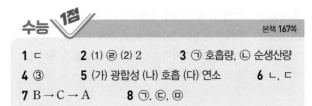

1 ㄷ	**2** (1) ㉣ (2) 2	**3** ㉠ 호흡량, ㉡ 순생산량
4 ③	**5** (가) 광합성 (나) 호흡 (다) 연소	**6** ㄴ, ㄷ
7 B → C → A	**8** ㉠, ㉢, ㉤	

1 ㄷ. 빛에너지는 생산자의 광합성을 통해 유기물 속의 화학 에너지로 전환된다. 이 에너지 중 일부는 생산자의 생명 활동에 쓰이고, 일부는 먹이 사슬을 따라 소비자에게 전달된다.

[바로알기] ㄱ. 에너지는 순환하지 않고 한 방향으로 이동한다.
ㄴ. 호흡으로 방출된 열에너지는 생태계 밖으로 빠져나간다.

2 (1) 생태 피라미드는 하위 영양 단계부터 상위 영양 단계로 쌓아 올린다. 따라서 맨 밑에 있는 ㉣이 생산자이다.

(2) 1차 소비자의 에너지 효율 $= \frac{14}{280} \times 100 = 5\%$

2차 소비자의 에너지 효율 $= \frac{1.4}{14} \times 100 = 10\%$

3 총생산량에서 생산자의 호흡에 사용된 양(호흡량, ㉠)을 제외한 유기물의 양이 순생산량(㉡)이다.

4 ③ 생산자의 피식량은 1차 소비자(초식 동물)의 섭식량과 같다.

[바로알기] ① 순생산량에는 피식량, 낙엽량, 고사량, 생장량이 포함된다.
② 총생산량은 순생산량과 호흡량을 더한 값이다.
④ 현재 그 식물 군집이 보유한 유기물의 총량을 생체량(생물량) 또는 현존량이라고 한다.
⑤ 생산자가 일정 기간 동안 광합성으로 생산한 유기물의 총량은 총생산량이다.

5 (가) 이산화 탄소는 식물과 같은 생산자에 흡수된 후 광합성에 이용되어 유기물로 전환된다.
(나) 유기물은 생산자와 소비자의 호흡으로 분해되어 이산화 탄소 형태로 대기로 돌아간다.
(다) 화석 연료는 연소되어 이산화 탄소 형태로 대기 중으로 돌아간다.

6 ㄴ, ㄷ. 질산화 세균에 의해 질산화 작용($NH_4^+ \rightarrow NO_3^-$)이 일어나고, 탈질산화 세균에 의해 탈질산화 작용($NO_3^- \rightarrow N_2$)이 일어난다.
바로알기 ㄱ. 질소 고정 작용은 질소 고정 세균에 의해 질소(N_2)가 암모늄 이온(NH_4^+)으로 전환되는 과정이다.

7 1차 소비자의 개체 수가 일시적으로 증가하면 1차 소비자의 먹이인 생산자는 감소하고, 1차 소비자를 먹는 2차 소비자는 증가한다(B). 먹이가 줄어들고 포식자가 증가한 1차 소비자가 감소하고(C) 이에 따라 생산자가 증가하고, 2차 소비자가 감소하여 (A) 생태계 평형을 회복한다.

8 2차 소비자의 개체 수가 감소하면 포식자가 줄어든 1차 소비자의 개체 수가 증가(㉠)한다. 1차 소비자가 증가하면 1차 소비자의 먹이인 생산자의 개체 수는 감소(㉡)하고, 1차 소비자를 먹는 2차 소비자의 개체 수는 증가(㉢)한다. 먹이가 감소하고 포식자가 증가한 1차 소비자의 개체 수가 감소(㉣)하고, 이에 따라 생산자의 개체 수가 증가(㉤)한다.

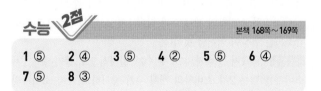

본책 168쪽~169쪽

| 1 ⑤ | 2 ④ | 3 ⑤ | 4 ② | 5 ⑤ | 6 ④ |
| 7 ⑤ | 8 ③ | | | | |

1 에너지 흐름

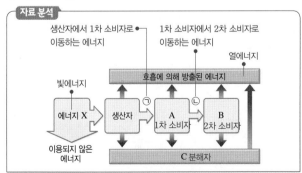

선택지 분석
✕ X는 <s>열에너지</s>이다. 빛에너지
◯ C는 분해자이다.
◯ 이동하는 에너지양은 ㉠이 ㉡보다 많다.

ㄴ. 생산자, 1차 소비자(A), 2차 소비자(B)의 사체와 배설물 속의 에너지를 이용하는 C는 분해자이다.

ㄷ. 각 영양 단계에서 에너지의 일부가 호흡에 사용되거나 사체와 배설물 형태로 방출되고 남은 에너지만 다음 영양 단계로 전달되므로 먹이 사슬을 따라 전달되는 에너지양은 상위 영양 단계로 가면서 점점 감소한다.
바로알기 ㄱ. X는 생산자의 광합성에 이용되는 태양의 빛에너지이다. 생태계를 유지하는 에너지의 근원은 태양으로부터 오는 빛에너지이다.

2 에너지 피라미드

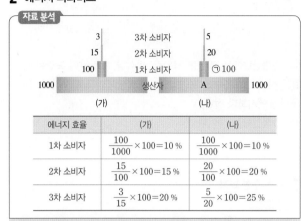

에너지 효율	(가)	(나)
1차 소비자	$\frac{100}{1000} \times 100 = 10\%$	$\frac{100}{1000} \times 100 = 10\%$
2차 소비자	$\frac{15}{100} \times 100 = 15\%$	$\frac{20}{100} \times 100 = 20\%$
3차 소비자	$\frac{3}{15} \times 100 = 20\%$	$\frac{5}{20} \times 100 = 25\%$

선택지 분석
✕ A는 <s>3차 소비자</s>이다. 생산자
◯ ㉠은 100이다.
◯ (가)에서 에너지 효율은 상위 영양 단계로 갈수록 증가한다.

ㄴ. (나)에서 1차 소비자의 에너지 효율이 10 %라고 하였으므로 ㉠은 100이다.

ㄷ. (가)에서 에너지 효율은 각각 1차 소비자가 10 %, 2차 소비자가 15 %, 3차 소비자가 20 %이다.
바로알기 ㄱ. 생태 피라미드는 하위 영양 단계부터 상위 영양 단계로 쌓아 올린다. 따라서 맨 밑에 있는 A는 생산자이다.

3 에너지 흐름과 에너지 효율

선택지 분석
✕ 육식 동물은 <s>A</s>에 해당한다. C, D
◯ 가장 상위 영양 단계는 C이다.
◯ 에너지 효율은 3차 소비자가 1차 소비자의 2배이다.

ㄴ. 먹이 사슬을 따라 전달되는 에너지양은 상위 영양 단계로 갈수록 점점 줄어들므로 A~D 중 생산자는 B, 1차 소비자는 A, 2차 소비자는 D, 3차 소비자는 C이다. 따라서 이 생태계에서 가장 상위 영양 단계는 3차 소비자인 C이다.

ㄷ. 에너지 효율은 1차 소비자(A)가 $\frac{100}{1000} \times 100 = 10(\%)$이고, 3차 소비자(C)가 $\frac{3}{15} \times 100 = 20(\%)$이므로 3차 소비자(C)가 1차 소비자(A)의 2배이다.
바로알기 ㄱ. A는 생산자를 먹이로 하는 1차 소비자이므로 초식 동물에 해당한다. 육식 동물은 다른 동물을 먹이로 하므로 2차 소비자(D)나 3차 소비자(C)에 해당한다.

4 식물 군집의 물질 생산량

자료 분석

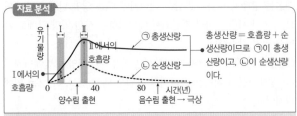

총생산량 = 호흡량 + 순생산량이므로 ㉠이 총생산량이고, ㉡이 순생산량이다.

선택지 분석

✗ A의 호흡량은 구간 Ⅰ에서가 구간 Ⅱ에서보다 ~~많다.~~ 적다

⊙ 구간 Ⅱ에서 A의 고사량은 순생산량에 포함된다.

✗ ㉡은 생산자가 광합성을 통해 생산한 유기물의 ~~총량~~이다.
　㉠　　　　　　　　　　　　　　　　　총생산량

ㄴ. 순생산량에는 고사량, 낙엽량, 피식량, 생장량이 포함된다.

바로알기 ㄱ. 호흡량은 '총생산량 – 순생산량'이므로 구간 Ⅰ에서가 구간 Ⅱ에서보다 적다.

ㄷ. 총생산량은 ㉠이다.

5 탄소 순환 과정

자료 분석

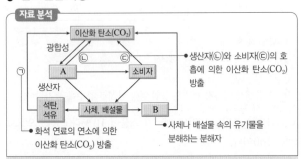

선택지 분석

⊙ A는 광합성을 하는 생물이다.

⊙ ㉠ 과정이 활발하게 일어날수록 지구 온난화가 심해질 수 있다.

⊙ ㉡과 ㉢은 모두 호흡에 의해 일어난다.

ㄱ. A는 광합성을 하여 이산화 탄소(CO_2)를 유기물로 합성하는 생산자이다.

ㄴ. 생물의 사체나 배설물 중 분해되지 않은 일부 유기물은 땅속, 해저 등에 오랜 시간 퇴적되어 석탄, 석유와 같은 화석 연료가 되고, 화석 연료가 연소(㉠)되면 이산화 탄소(CO_2)의 형태로 다시 대기 중으로 돌아간다. 이 과정이 과도하게 일어나면 대기 중 이산화 탄소(CO_2)의 농도가 높아져 지구 온난화 문제가 더욱 심해질 수 있다.

ㄷ. ㉡과 ㉢은 각각 생산자(A)와 소비자의 호흡으로 유기물이 분해되어 이산화 탄소(CO_2)의 형태로 대기 중으로 돌아가는 과정이다.

6 질소 순환 과정

선택지 분석

✗ A는 ~~생산자~~이다. 분해자

⊙ 질산화 세균은 과정 ㉠에 관여한다.

⊙ 탈질산화 세균은 과정 ㉡에 관여한다.

A는 생물의 사체나 배설물에 포함된 질소 화합물을 암모늄 이온(NH_4^+)으로 분해하는 분해자이고, B는 암모늄 이온(NH_4^+)이나 질산 이온(NO_3^-)을 흡수한 후 이를 이용해 질소 화합물을 합성하는 생산자이다. ㉠은 질산화 작용이고, ㉡은 탈질산화 작용이다.

ㄴ. 질산화 세균에 의해 암모늄 이온(NH_4^+)이 질산 이온(NO_3^-)으로 전환되는 질산화 작용(㉠)이 일어난다.

ㄷ. 탈질산화 세균에 의해 토양 속 일부 질산 이온(NO_3^-)이 질소 기체(N_2)로 전환되는 탈질산화 작용(㉡)이 일어난다.

바로알기 ㄱ. A는 분해자이고, B는 생산자이다.

7 생태계 평형 회복 과정

자료 분석

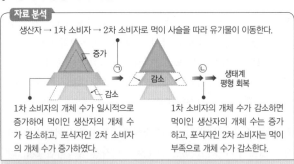

생산자 → 1차 소비자 → 2차 소비자로 먹이 사슬을 따라 유기물이 이동한다.

1차 소비자의 개체 수가 일시적으로 증가하여 먹이인 생산자의 개체 수가 감소하고, 포식자인 2차 소비자의 개체 수가 증가하였다.

1차 소비자의 개체 수가 감소하면 먹이인 생산자의 개체 수는 증가하고, 포식자인 2차 소비자는 먹이 부족으로 개체 수가 감소한다.

선택지 분석

✗ 1차 소비자의 개체 수가 일시적으로 감소하여 생산자의 수가 ~~감소하였다.~~
　　　　　　　　　　　　　　　　　　　　　　　　　　증가

⊙ ㉠에서 생산자에서 1차 소비자로 유기물이 이동한다.

⊙ ㉡에서 2차 소비자의 개체 수가 감소하는 현상이 일어날 것이다.

ㄴ. 생산자의 광합성으로 합성된 유기물은 먹이 사슬을 따라 이동한다.

ㄷ. ㉡의 전 단계에서 1차 소비자의 개체 수가 감소하였으므로 ㉡에서 2차 소비자의 개체 수가 먹이(1차 소비자) 부족으로 인해 감소하는 현상이 일어날 것이다.

바로알기 ㄱ. 1차 소비자의 개체 수가 일시적으로 증가하여 1차 소비자를 먹는 2차 소비자의 개체 수가 증가하고, 1차 소비자의 먹이인 생산자의 수가 감소하였다.

8 생태계 구성 요소 간의 관계와 식물의 물질 생산량

자료 분석

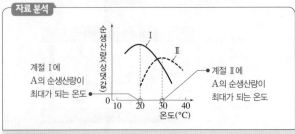

선택지 분석

⊙ 순생산량은 총생산량에서 호흡량을 제외한 양이다.

✗ A의 순생산량이 최대가 되는 온도는 Ⅰ일 때가 Ⅱ일 때보다 ~~높다.~~ 낮다

⊙ 계절에 따라 A의 순생산량이 최대가 되는 온도가 달라지는 것은 비생물적 요인이 생물에 영향을 미치는 예에 해당한다.

ㄱ. '총생산량＝호흡량＋순생산량'이다. 즉, 순생산량은 총생산량에서 호흡량을 제외한 양이다.

ㄷ. 온도는 비생물적 요인이고, 식물은 생물적 요인이다. 따라서 계절에 따라 A의 순생산량이 최대가 되는 온도가 달라지는 것은 비생물적 요인이 생물에 영향을 미치는 예에 해당한다.

바로알기 ㄴ. 식물 A의 순생산량이 최대가 되는 온도는 Ⅰ일 때는 20 ℃ 부근이고, Ⅱ일 때는 30 ℃ 부근이므로 Ⅰ일 때가 Ⅱ일 때보다 낮다.

수능 3점

본책 170쪽~173쪽

1 ②	2 ⑤	3 ③	4 ②	5 ①	6 ①
7 ③	8 ④	9 ②	10 ①	11 ⑤	12 ⑤
13 ③	14 ⑤	15 ③	16 ④		

1 에너지 흐름과 식물 군집의 물질 생산량

자료 분석

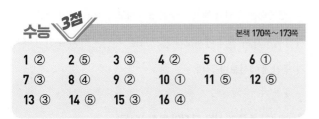

- (나)의 에너지양: 150(호흡)＋50(사체, 배설물)＝200
- (가)의 에너지양: 200((나)로 이동)＋600(호흡)＋200(사체, 배설물)＝1000
- 생산자의 에너지양: 1000((가)로 이동)＋5500(호흡)＋3500(사체)＝10000

선택지 분석

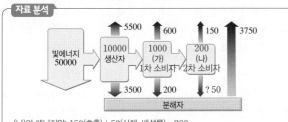

✗ $\dfrac{\text{순생산량}}{\text{총생산량}}$ 은 0.2이다. 0.45

ㄴ. (나)의 사체와 배설물에 포함된 에너지양은 50이다.

✗ 에너지 효율은 2차 소비자가 1차 소비자의 3배이다. 2배

ㄴ. (가)는 1차 소비자이고, (나)는 2차 소비자이다. (나)의 사체와 배설물에 포함되어 분해자로 이동하는 에너지양은 분해자의 호흡으로 방출되는 에너지양에서 생산자와 1차 소비자(가)에서 분해자로 이동하는 에너지양을 뺀 값이다. 따라서 (나)의 사체와 배설물에 포함된 에너지양은 3750－(3500＋200)＝50이다.

바로알기 ㄱ. 총생산량은 생산자의 에너지양인 10000이고, 순생산량은 총생산량에서 생산자의 호흡량(5500)을 뺀 4500이다.

따라서 $\dfrac{\text{순생산량}}{\text{총생산량}} = \dfrac{4500}{10000} = 0.45$ 이다.

ㄷ. 1차 소비자의 에너지 효율은 $\dfrac{1000}{10000} \times 100 = 10$ %이고, 2차 소비자의 에너지 효율은 $\dfrac{200}{1000} \times 100 = 20$ %이다.

2 에너지 피라미드와 에너지 흐름

자료 분석

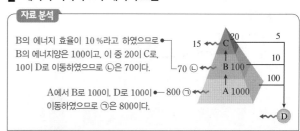

B의 에너지 효율이 10 %라고 하였으므로 B의 에너지양은 100이고, 이 중 20이 C로, 10이 D로 이동하였으므로 ⓒ은 70이다.

A에서 B로 1000이, D로 1000이 이동하였으므로 ㉠은 800이다.

선택지 분석

✗ $\dfrac{ⓒ}{㉠} = 0.1$ 이다. $\dfrac{70}{800} = 0.0875$

ⓒ 에너지 효율은 2차 소비자가 1차 소비자의 2배이다.

ⓒ A의 개체 수가 감소하면 B의 개체 수가 감소한다.

ㄴ. 1차 소비자(B)의 에너지 효율은 10 %이고, 2차 소비자(C)의 에너지 효율은 $\dfrac{20}{100} \times 100 = 20$ %이다.

ㄷ. 생산자(A)의 개체 수가 감소하면 먹이가 감소한 1차 소비자(B)의 개체 수가 감소한다.

바로알기 ㄱ. ㉠은 1000－(100＋100)＝800이고, ⓒ은 100－(20＋10)＝70이다. $\dfrac{70}{800} = 0.0875$

3 에너지 흐름과 물질 순환

자료 분석

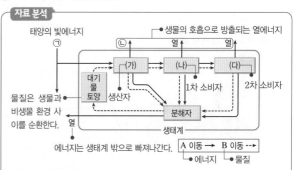

선택지 분석

① B는 물질이다.

② ㉠은 태양의 빛에너지이다.

✗ (가)의 에너지양은 ⓒ보다 작다. 크다

④ (나)의 개체 수가 증가하면 (다)의 개체 수도 증가한다.

⑤ A는 열에너지 형태로 생태계 밖으로 빠져나가지만, B는 생물과 비생물 환경 사이를 순환한다.

①, ⑤ A는 한 방향으로 흐르다 생태계를 빠져나가므로 에너지이고, B는 생물과 비생물 환경 사이를 순환하므로 물질이다.

② ㉠은 생태계 에너지의 근원인 태양의 빛에너지이다.

④ 1차 소비자(나)의 개체 수가 증가하면 1차 소비자를 먹이로 하는 2차 소비자(다)의 개체 수도 증가한다.

바로알기 ③ 생산자(가)는 빛에너지(㉠) 중 일부를 흡수하여 유기물 속에 화학 에너지로 저장하며, 그 중 일부는 호흡에 의해 열에너지(ⓒ)로 방출된다. 따라서 생산자의 에너지양은 ㉠보다 작고, ⓒ보다 크다.

4 생태 피라미드와 식물 군집의 물질 생산량

자료 분석

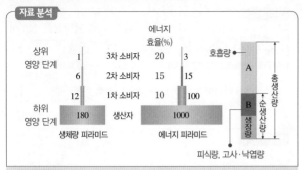

선택지 분석

✗ 1차 소비자의 생체량은 A에 포함된다. 포함되지 않는다
✗ 2차 소비자의 에너지 효율은 20 %이다. 15 %
◯ 상위 영양 단계로 갈수록 에너지양은 감소한다.

ㄷ. 에너지양(상댓값)이 생산자는 1000, 1차 소비자는 100, 2차 소비자는 15, 3차 소비자는 3이므로 상위 영양 단계로 갈수록 에너지양은 감소한다.

바로알기 ㄱ. 총생산량은 순생산량과 호흡량의 합이므로 A는 생산자의 호흡량이다. 따라서 1차 소비자의 생체량은 A에 포함되지 않는다.

ㄴ. 에너지 효율은 전 영양 단계의 에너지양에 대한 현 영양 단계의 에너지양을 백분율로 나타낸 것이므로 2차 소비자의 에너지 효율은 $\frac{15}{100} \times 100 = 15\,\%$이다.

5 식물 군집의 천이와 물질 생산량

자료 분석

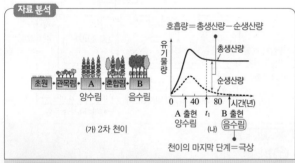

(가) 2차 천이

천이의 마지막 단계=극상

선택지 분석

◯ (가)는 2차 천이를 나타낸 것이다.
✗ K는 (가)의 A에서 극상을 이룬다. B
✗ (나)에서 t_1일 때 K의 생장량은 순생산량보다 크다. 작다

ㄱ. (가)는 산불이 난 후 초원부터 시작되는 2차 천이를 나타낸 것이다. 토양 내 살아남은 종자나 식물 뿌리 등에 의해 다시 시작되는 2차 천이는 1차 천이에 비해 진행 속도가 빠르다.

바로알기 ㄴ. 삼림이 발달해 지표에 도달하는 빛의 세기가 줄어들면서 양수림에서 혼합림을 거쳐 음수림으로 천이가 일어나므로 A는 양수림이고, B는 음수림이다. (가)에서 양수림(A) 이후에 음수림(B)까지 천이가 일어났으므로 K는 (가)의 음수림(B)에서 극상을 이룬다.

ㄷ. 순생산량은 피식량, 고사량과 낙엽량, 생장량으로 구성되어 있다. 따라서 생장량은 순생산량보다 클 수 없다.

6 식물 군집의 물질 생산과 소비

자료 분석

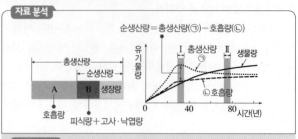

선택지 분석

◯ ㉠은 총생산량이다.
✗ 초식 동물의 호흡량은 A에 포함된다. 포함되지 않는다
✗ $\frac{순생산량}{생물량}$은 구간 Ⅱ에서가 구간 Ⅰ에서보다 크다. 작다

ㄱ. 총생산량이 호흡량보다 많으므로 ㉠이 총생산량이고, ㉡이 호흡량이다.

바로알기 ㄴ. A는 식물 군집의 호흡량으로, 초식 동물의 호흡량은 A에 포함되지 않는다.

ㄷ. 생물량은 구간 Ⅰ에서가 구간 Ⅱ에서보다 적고, 순생산량은 구간 Ⅰ에서가 구간 Ⅱ에서보다 많으므로 $\frac{순생산량}{생물량}$은 구간 Ⅰ에서가 구간 Ⅱ에서보다 크다.

7 에너지 흐름과 식물 군집의 물질 생산량

선택지 분석

◯ 생산자의 호흡량과 순생산량은 같다.
✗ 2차 소비자의 에너지 효율은 15 %이다. 25 %
◯ B의 사체와 배설물 속의 에너지는 분해자로 이동한다.

ㄱ. 생산자의 에너지양에서 분해자로 이동하는 양과 피식량을 뺀 값이 호흡량이다. 따라서 호흡량은 $1000 - (380 + 120) = 500$이고, 순생산량은 총생산량에서 호흡량을 뺀 값으로 $1000 - 500 = 500$이다. 즉, 생산자의 호흡량과 순생산량은 500으로 같다.

ㄷ. A~C는 각각 1차 소비자, 2차 소비자, 생산자 중 하나라고 하였으므로, B의 사체와 배설물 속의 에너지는 분해자로 이동한다.

바로알기 ㄴ. 생산자의 피식량인 120이 1차 소비자의 에너지양이므로 1차 소비자의 에너지 효율은 $\frac{120}{1000} \times 100 = 12\,\%$이고, 2차 소비자의 에너지 효율은 $\frac{30}{120} \times 100 = 25\,\%$이다.

8 식물 군집의 물질 생산과 소비

자료 분석

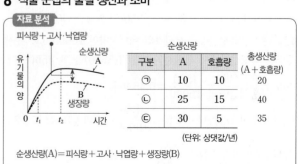

구분	A	호흡량	총생산량 (A+호흡량)
㉠	10	10	20
㉡	25	15	40
㉢	30	5	35

(단위: 상댓값/년)

순생산량(A)=피식량+고사·낙엽량+생장량(B)

선택지 분석

ⓑ B는 생장량이다.

✗ ㉠~㉢ 중 1년 동안 생산자가 광합성으로 생산한 유기물의 총량은 ㉢에서 가장 많다. ㉡

ⓒ X의 경우, 생산자에서 1차 소비자로 이동하는 유기물의 양은 t_1일 때가 t_2일 때보다 적다. 피식량

ㄱ. 생장량은 순생산량의 일부이므로 순생산량보다 클 수 없다. 따라서 A가 순생산량이고, B가 생장량이다.

ㄷ. 순생산량(A)은 '피식량＋고사·낙엽량＋생장량(B)'인데, 고사·낙엽량이 일정하므로 A와 B의 차이가 클수록 피식량이 많다. 즉, X에서 피식량(생산자에서 1차 소비자로 이동하는 유기물의 양)은 t_1일 때가 t_2일 때보다 적다.

바로알기 ㄴ. A가 순생산량이므로 총생산량은 'A＋호흡량'이다. 총생산량은 각각 ㉠이 20, ㉡이 40, ㉢이 35로 ㉡이 가장 많다.

9 탄소 순환

선택지 분석

✗ A는 광합성을 하고, 호흡은 하지 않는다. 한다

✗ ㉠에서 전달되는 에너지양은 ㉡에서 전달되는 에너지양보다 적다. 많다

ⓒ 인간의 활동이 대기 중 이산화 탄소 농도에 영향을 미칠 수 있다.

ㄷ. 인간의 화석 연료 사용 증가로 대기 중의 이산화 탄소 농도가 증가하여 지구 온난화 문제가 대두되고 있다.

바로알기 ㄱ. A는 대기의 CO_2를 광합성에 이용하는 생산자이다. 식물과 같은 생산자도 호흡을 하여 생명 활동에 필요한 에너지를 얻는다.

ㄴ. 생산자에서 소비자로 전달된 에너지(㉠) 중 일부는 호흡에 의해 열에너지로 방출되고 일부는 사체와 배설물 형태로 이동한다(㉡). 따라서 ㉠에서 전달되는 에너지양이 ㉡에서 전달되는 에너지양보다 많다.

10 질소 순환

자료 분석

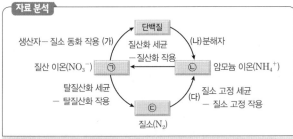

선택지 분석

ⓐ ㉠은 NO_3^-이고, ㉡은 NH_4^+이다.

✗ (가)와 (다)는 세균에 의해서만 일어난다. (가)는 생산자이다.

✗ 이 생태계의 순생산량은 (나)의 총생산량에서 호흡량을 뺀 값이다. (가)

ㄱ. 질소 순환에서 질소(N_2) → 암모늄 이온(NH_4^+)의 질소 고정 작용, 암모늄 이온(NH_4^+) → 질산 이온(NO_3^-)의 질산화 작용, 질산 이온(NO_3^-) → 질소(N_2)의 탈질산화 작용, 질산 이온

(NO_3^-) → 단백질의 질소 동화 작용이 일어나므로 ㉠은 질산 이온(NO_3^-), ㉡은 암모늄 이온(NH_4^+), ㉢은 질소(N_2)이다.

바로알기 ㄴ. (가)는 질산 이온(NO_3^-)을 이용해 단백질을 합성하므로 질소 동화 작용을 하는 생산자이고, (다)는 질소 고정 작용을 하는 질소 고정 세균이다.

ㄷ. 이 생태계의 순생산량은 생산자인 (가)의 총생산량에서 호흡량을 뺀 값이다.

11 탄소 순환과 질소 순환

자료 분석

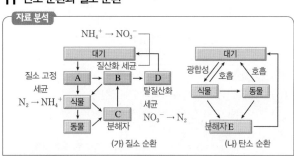

(가) 질소 순환　　　(나) 탄소 순환

선택지 분석

ⓐ (가)는 질소 순환이다.

ⓑ 뿌리혹박테리아는 A에 해당한다.

ⓒ C와 E는 모두 분해자에 속한다.

ㄱ. (가)에서 대기의 물질이 세균 A를 거쳐 식물에게 전달되므로 (가)는 질소 순환, (나)는 탄소 순환이다.

ㄴ. 질소 고정 세균인 뿌리혹박테리아는 A에 해당한다.

ㄷ. 식물과 동물의 사체와 배설물을 분해하는 C와 E는 분해자이다. 분해자에는 세균, 곰팡이, 버섯 등이 있다.

12 질소 순환과 군집 내 개체군 간의 상호 작용

자료 분석

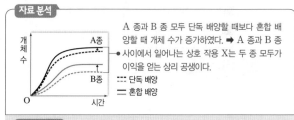

A 종과 B 종 모두 단독 배양할 때보다 혼합 배양할 때 개체 수가 증가하였다. ➡ A 종과 B 종 사이에서 일어나는 상호 작용 X는 두 종 모두가 이익을 얻는 상리 공생이다.

선택지 분석

ⓐ ㉠ → ㉢ 과정을 수행하는 세균 중 특정 식물과 상호 작용 X를 하는 것이 있다.

ⓑ 생태계에서 질소가 순환할 때 ㉢ → ㉡ → ㉠ 과정이 일어난다.

ⓒ 분해자는 ㉣ → ㉢ 과정을 수행한다.

ㄱ. A 종과 B 종 사이에서는 서로 이익을 주는 상리 공생(X)이 일어난다. 질소(N_2)(㉠)를 암모늄 이온(NH_4^+)(㉢)으로 전환하는 질소 고정 작용을 하는 질소 고정 세균 중 뿌리혹박테리아는 콩과식물과 상리 공생을 한다. 뿌리혹박테리아는 콩과식물의 뿌리에 공생하면서 콩과식물로부터 양분을 공급받고, 콩과식물은 뿌리혹박테리아가 고정한 질소를 이용한다.

ㄴ. 생태계에서 질소가 순환할 때 암모늄 이온(NH_4^+)(㉢)이 질산 이온(NO_3^-)(㉡)으로 전환되는 질산화 작용이 일어나고, 질산 이온(NO_3^-)(㉡)이 질소(N_2)(㉠)로 전환되어 대기 중으로 돌아가는 탈질산화 작용이 일어난다.

ㄷ. 분해자는 생물의 사체나 배설물에 있는 단백질(㉣)과 같은 질소 화합물을 암모늄 이온(NH_4^+)(㉢)으로 분해해 비생물 환경으로 돌려보내는 작용을 한다.

13 질소 순환

자료 분석

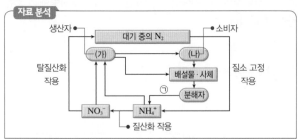

선택지 분석

㉠ (가)에서 (나)로 물질과 에너지가 이동한다.
㉡ (가)는 NO_3^-을 흡수해 핵산 합성에 이용할 수 있다.
✗ ㉠은 질소 고정 작용이다.
   사체와 배설물 속의 질소 화합물이 NH_4^+으로 분해되는 과정

ㄱ. 먹이 사슬을 따라 생산자(가)에서 소비자(나)로 물질과 에너지가 이동한다.

ㄴ. 식물에 의해 흡수된 질산 이온(NO_3^-)은 단백질, 핵산과 같은 질소 화합물 합성에 쓰인다.

바로알기 ㄷ. ㉠은 분해자에 의해 사체와 배설물 속의 질소 화합물이 암모늄 이온(NH_4^+)으로 분해되는 과정이다. 대기 중의 질소 기체(N_2)가 질소 고정 세균에 의해 암모늄 이온(NH_4^+)으로 전환되는 과정이 질소 고정 작용이다.

14 생태계 평형과 에너지 효율

자료 분석

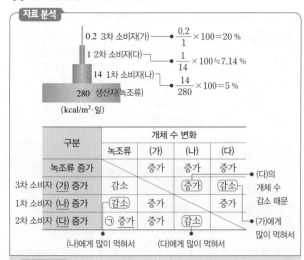

선택지 분석

✗ (가)는 2차 소비자이다. 3차 소비자
㉡ 에너지 효율은 (다)가 (나)보다 높다.
㉢ ㉠은 (나)의 개체 수가 감소하여 나타난다.

피식자의 개체 수가 증가하면 포식자의 개체 수가 증가하며, 포식자의 개체 수가 증가하면 피식자의 개체 수는 감소한다.

ㄴ. 1차 소비자(나)의 에너지 효율은 5 %이고, 2차 소비자(다)의 에너지 효율은 약 7.1 %이다. 따라서 에너지 효율은 2차 소비자(다)가 1차 소비자(나)보다 높다.

ㄷ. 2차 소비자(다)의 개체 수가 증가하면 먹이인 1차 소비자(나)의 개체 수가 감소하고, 그에 따라 1차 소비자(나)의 먹이인 녹조류의 개체 수는 증가(㉠)한다.

바로알기 ㄱ. (가)는 3차 소비자이다.

15 생태계 평형과 에너지 흐름

자료 분석

• 상위 영양 단계로 갈수록 에너지양이 감소한다.
• 에너지양은 생물 B가 생물 C보다 적다.
  ➡ B가 C보다 상위 영양 단계이다.
• 생물 C의 개체 수가 증가하면 ㉠생물 B의 개체 수는 증가하고, 생물 A의 개체 수는 감소한다.
  ➡ C의 개체 수 증가하면 C를 먹이로 하는 B의 개체 수 증가하고, C의 먹이인 A의 개체 수 감소한다. 즉, 먹이 사슬은 A → C → B로 연결된다.

선택지 분석

㉠ 에너지양은 생물 A가 생물 C보다 많다.
㉡ ㉠이 일어난 후에 생물 C의 개체 수는 감소할 것이다.
✗ 생물 B의 에너지는 생물 C와 분해자에게 유기물의 형태로 이동한다. 생물 C에게는 이동하지 않는다.

ㄱ. 에너지양이 상위 영양 단계로 갈수록 감소하고, 생물 B가 C보다 에너지양이 적으므로 생물 B가 C보다 상위 영양 단계이다. 또한 생물 C의 개체 수가 증가하면 생물 A의 개체 수는 감소하므로 생물 C는 생물 A를 먹는 포식자이다. 따라서 이 생태계의 가장 하위 영양 단계는 생물 A이고, 먹이 사슬은 생물 A → 생물 C → 생물 B로 연결된다. 상위 영양 단계로 갈수록 에너지양은 감소하므로 에너지양은 생물 A가 C보다 많다.

ㄴ. 포식자인 생물 B의 개체 수가 증가하고, 먹이인 생물 A의 개체 수가 감소하면 생물 C의 개체 수가 감소한다.

바로알기 ㄷ. 생물 B의 에너지 중 일부는 사체와 배설물에 포함된 유기물의 형태로 분해자에게 전달된다. 그러나 생물 C는 생물 B의 먹이이므로 생물 B의 에너지는 생물 C로 이동하지 않는다.

16 생태계 평형과 물질 순환

선택지 분석

㉠ ㉠은 ㉡보다 상위 영양 단계에 속한다.
✗ 생물 A의 유기물은 다른 생물에게 전달되지 않는다. 전달된다
㉢ ⓐ는 'B의 개체 수 증가'이다.

ㄱ. B(1차 소비자)의 개체 수가 감소하자 ㉠의 개체 수가 감소하고 ㉡의 개체 수는 증가하였으므로 ㉠은 B를 먹이로 하는 A(2차 소비자)이고, ㉡은 B의 먹이인 C(생산자)이다. 2차 소비자(㉠)는 생산자(㉡)보다 상위 영양 단계에 속한다.

ㄷ. 포식자인 2차 소비자(㉠, A)의 개체 수가 감소하고, 먹이인 생산자(㉡, C)의 개체 수가 증가하면 1차 소비자(B)의 개체 수가 증가한다. 따라서 ⓐ는 'B의 개체 수 증가'이다.

바로알기 ㄴ. 2차 소비자(A)의 사체와 배설물 속의 유기물이 분해자에게 전달된다.

15 생물 다양성

본책 175쪽, 177쪽

개념 확인

(1) 유전적　　(2) ①-ⓒ, ②-㉠, ③-ⓛ　　(3) 높아, 낮다
(4) 많고, 균등　　(5) 높은, 낮다　　(6) ①-㉠, ②-ⓒ, ③-ⓛ
(7) 서식지 파괴　　(8) 감소, 증가　　(9) 생태 통로　　(10) 남획
(11) 외래종　　(12) 산성비　　(13) ①-ⓒ, ②-ⓛ, ③-㉠

수능 자료

본책 178쪽

자료❶	1 ○	2 ×	3 ×	4 ○	5 ×	6 ○	7 ×
자료❷	1 ○	2 ×	3 ×	4 ×			

자료❶

2 A의 개체군 밀도는 (가)에서 $\dfrac{4}{면적}$, (다)에서 $\dfrac{4}{면적}$로 같다.

3 A의 상대 밀도는 (가)에서 $\dfrac{4}{12}$, (다)에서 $\dfrac{4}{10}$로 (다)에서가 (가)에서보다 높다.

5 A와 B는 서로 다른 종이므로 한 개체군을 이루지 않는다.

7 같은 종 내에서 대립유전자 구성이 다른 것은 유전적 다양성에 해당한다.

자료❷

2 Ⅰ과 Ⅱ에서 종 수는 동일한데 종 다양성은 Ⅱ에서가 Ⅰ에서보다 높으므로 종 균등도는 Ⅱ에서가 Ⅰ에서보다 높다.

3 종 수는 변하지 않는다.

4 동일한 생물종이라도 형질이 다양하게 나타나는 것은 유전적 다양성이다.

수능 1점

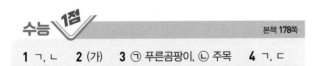

본책 178쪽

1 ㄱ, ㄴ　　**2** (가)　　**3** ㉠ 푸른곰팡이, ⓛ 주목　　**4** ㄱ, ㄷ

1 ㄱ. 생태계의 종류에는 사막, 초원, 삼림, 습지 등이 있다.
ㄴ. 종 다양성은 종 풍부도와 종 균등도를 모두 고려한다. 종 풍부도는 군집에 서식하는 종의 수이고, 종 균등도는 군집을 구성하는 종들의 개체 수가 균일한 정도이다.
〔바로알기〕 ㄷ. 유전적 다양성은 같은 종의 개체 사이에서 나타나는 대립유전자의 다양함이다.

2 군집을 구성하는 종의 수가 많고, 종들 사이에 개체 수의 비가 유사할 때 종 다양성이 높다. (가)와 (나)의 종 수는 같고, (나)보다 (가)에서 각 종의 분포 비율이 더 균등하다.

3 푸른곰팡이에서는 항생제인 페니실린을 얻고, 주목에서는 항암제의 원료인 택솔을 얻는다. 버드나무 껍데기에서 얻은 살리실산은 아스피린의 주성분이다.

4 ㄱ. 생태 통로를 설치하여 생태계가 단절되지 않도록 하면 서식지 단편화의 영향을 줄일 수 있다.
ㄷ. 생물 다양성 보전을 위해 국가 차원에서 중요한 생태계를 국립 공원과 같은 법적 보호 지구로 지정하여 보호한다.
〔바로알기〕 ㄴ. 천적이 없는 외래종은 개체 수가 크게 늘어나 고유종의 서식지를 차지하고, 먹이 사슬을 변화시켜 생태계를 교란할 수 있다.

수능 2점

본책 179쪽~180쪽

1 ③	2 ③	3 ①	4 ①	5 ②	6 ⑤
7 ③	8 ④				

1 생물 다양성의 의미

자료 분석

구분	예　　　　　　　　　　● 생태계의 종류
생태계 다양성 (가)	우리나라에는 〔숲, 강, 초원〕 등이 존재한다.
유전적 다양성 (나)	〔같은 종의 무당벌레〕라도 날개의 색과 반점 무늬가 개체마다 다르다. ● 같은 종
종 다양성 (다)	숲에 〔무당벌레, 고슴도치, 개구리, 참나무〕 등이 서식한다. ● 서로 다른 종

선택지 분석

㉠ (가)는 생태계 다양성이다.
ⓛ 대립유전자가 다양한 종일수록 (나)가 높다.
✕ (다)가 높은 생태계일수록 ~~단순한~~ 먹이 사슬이 형성된다.
　　　　　　　　　　　　　　복잡한

ㄱ. 생물의 서식지인 생태계의 다양함을 생태계 다양성(가)이라고 한다. 기온이나 강수량 등의 차이로 생태계의 종류나 그 특성이 달라진다.
ㄴ. 유전적 다양성(나)은 한 생물종에 얼마나 다양한 대립유전자가 존재하는가를 뜻한다.
〔바로알기〕 ㄷ. 종 다양성(다)이 높은 생태계일수록 복잡한 먹이 그물이 형성되고, 먹이 그물이 복잡할 때 생태계 평형이 잘 유지된다.

2 생물 다양성의 의미와 개체군의 생존

선택지 분석

㉠ 경작지 B의 개체군은 (가)가 낮았다.
✕ 사람마다 눈동자 색이 다른 것은 (나)에 해당한다. (가)
ⓒ (다)는 비생물적 요인을 포함한다.

(가)는 유전적 다양성, (나)는 종 다양성, (다)는 생태계 다양성을 나타낸 것이고, 표는 유전적 다양성이 개체군의 생존에 미치는 영향을 설명한 것이다.

ㄱ. 개량된 단일 품종만을 재배하는 경작지 B의 개체군은 유전적 다양성(가)이 낮아 감자마름병이 유행했을 때 모두 죽었다. 유전적 다양성은 급격한 환경 변화에서 개체군이나 종의 생존 가능성을 높이는 데 중요하다.

ㄷ. 생태계에는 생물적 요인과 비생물적 요인이 모두 포함된다.

바로알기 ㄴ. 같은 종 내에서 대립유전자가 다양하여 여러 가지 변이가 나타나는 것은 유전적 다양성(가)에 해당한다.

3 생물 다양성의 의미와 개체군의 생존

선택지 분석

ㄱ A는 한 생물종 내에서 나타난다.

✗ A가 높은 종은 환경이 급격하게 변할 때 멸종할 확률이 높다. → 낮다

✗ B가 높은 생태계일수록 생태계 평형이 깨지기 쉽다. → 잘 깨지지 않는다

ㄱ. (나)는 털 무늬가 다양한 기린들을 나타내므로 A는 유전적 다양성이고, B는 종 다양성이다. 유전적 다양성(A)은 한 생물종 내에 존재하는 대립유전자의 다양한 정도이다.

바로알기 ㄴ. 유전적 다양성(A)이 높을수록 개체들의 형질이 다양하게 나타나므로 환경이 급격하게 변할 때 변화된 환경에 적응하기 유리한 형질을 가진 개체가 존재할 가능성이 높다. 따라서 유전적 다양성(A)이 높은 종은 환경이 급격하게 변할 때 멸종할 가능성이 낮다.

ㄷ. 종 다양성(B)이 높아 먹이 그물이 복잡한 생태계에서는 어떤 한 종이 사라져도 이를 대체할 수 있는 먹이 사슬이 있어 생태계 평형을 유지할 수 있다.

4 군집의 특성과 종 다양성

자료 분석

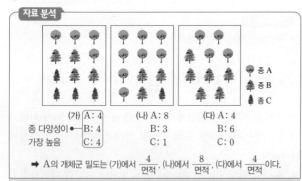

(가) A: 4, B: 4, C: 4 — 종 다양성이 가장 높음
(나) A: 8, B: 3, C: 1
(다) A: 4, B: 6, C: 0

종 A, 종 B, 종 C

➡ A의 개체군 밀도는 (가)에서 $\frac{4}{\text{면적}}$, (나)에서 $\frac{8}{\text{면적}}$, (다)에서 $\frac{4}{\text{면적}}$ 이다.

선택지 분석

ㄱ 식물의 종 다양성은 (가)에서가 (나)에서보다 높다.

✗ A의 개체군 밀도는 (가)에서가 (다)에서보다 낮다. → (가)와 (다)에서 같다

✗ (다)에서 A는 B와 한 개체군을 이룬다. → 서로 다른 개체군을 이룬다

ㄱ. (가)와 (나)에서 종 수는 3종으로 같고, 각 종이 차지하는 비율이 (가)에서가 (나)에서보다 균등하므로 식물의 종 다양성은 (가)에서가 (나)에서보다 높다.

바로알기 ㄴ. (가)와 (다)의 면적이 같고 (가)와 (다)에서 A의 개체 수도 같으므로 A의 개체군 밀도는 (가)와 (다)에서 같다.

ㄷ. (다)에서 A와 B는 서로 다른 종이므로 서로 다른 개체군을 이룬다.

5 생물 다양성과 생태계 평형 유지

자료 분석

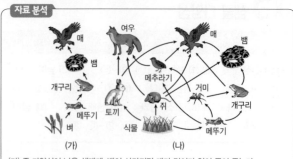

여우, 매, 뱀, 개구리, 메추라기, 거미, 쥐, 메뚜기, 토끼, 벼, 식물, 개구리

(가) (나)

(가) 종 다양성이 낮은 생태계: 뱀이 사라지면 매가 먹이가 없어 굶어 죽는다.
(나) 종 다양성이 높은 생태계: 뱀이 사라져도 매가 토끼, 메추라기, 쥐, 개구리를 먹고 살 수 있다.

선택지 분석

ㄱ (가)에서 뱀이 사라지면 매도 사라질 가능성이 높다.

ㄴ (나)는 (가)보다 종 다양성이 높은 생태계이다.

✗ 생물 다양성과 생태계 평형의 유지는 서로 관련이 없다. → 생물 다양성이 높을수록 생태계가 안정적으로 유지된다

ㄱ. (가)에서 매의 먹이는 뱀뿐이다.

ㄴ. (나)는 (가)보다 종 다양성이 높아 복잡한 먹이 그물을 형성하였다.

바로알기 ㄷ. 종 다양성이 높아 복잡한 먹이 그물을 형성할 때 생태계 평형이 잘 유지된다.

6 생물 자원

선택지 분석

ㄱ 모두 생물 자원에 해당한다.

ㄴ 목화를 이용하여 면섬유를 만든다.

ㄷ 푸른곰팡이와 주목으로부터 의약품의 원료를 얻는다.

인간에게 식량을 제공하는 벼, 면섬유를 제공하는 목화, 항생제인 페니실린을 제공하는 푸른곰팡이, 항암제의 원료를 제공하는 주목은 모두 생물 자원에 해당한다.

7 생물 다양성의 감소 원인

선택지 분석

ㄱ '서식지 파괴와 단편화'는 ㉠에 해당한다.

ㄴ 단기간에 일어나는 생물의 멸종은 대부분 인간의 활동과 관련이 있다.

✗ 담수로 유입된 중금속은 수중 식물에게는 피해를 주지만 인간에게는 영향을 미치지 않는다. → 인간에게도 심각한 피해를 준다

ㄱ. 서식지 파괴와 단편화는 생물 다양성을 위협하는 주요 원인이다.

ㄴ. 생물의 멸종은 기후 변화나 자연재해로 발생하기도 하지만, 단기간에 일어나는 생물의 멸종은 대부분 인간의 활동과 관련이 있다.

바로알기 ㄷ. 담수나 해양 생태계에 유입된 유해 화학 물질과 중금속은 수중 식물은 물론 생물 농축으로 결국 인간에게까지 심각한 피해를 준다.

8 생물 다양성 보전을 위한 노력

선택지 분석

✗ (가)는 국가적 노력이다. 개인적
ㄴ 국립 공원 지정은 (나)의 예에 해당한다.
ㄷ 생물 다양성 협약은 ㉠에 해당한다.

ㄴ. 국가에서는 생물 다양성 보전을 위해 야생 생물 보호 및 관리에 관한 법률을 제정하고 국립 공원을 지정하여 관리한다. 또, 국가 연구 기관을 통해 생물 다양성을 보전하고 관리하기 위한 활동을 한다.

ㄷ. 생물 다양성 보전을 위한 국제 협약에는 생물 다양성 협약, 람사르 협약, CITES 등이 있다.

바로알기 ㄱ. 자원 절약, 쓰레기 분류 배출, 공원의 지정 탐방로 이용 등은 생물 다양성 보전을 위한 개인적 노력이다.

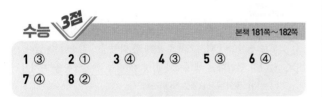

본책 181쪽~182쪽

1 ③	2 ①	3 ④	4 ③	5 ③	6 ④
7 ④	8 ②				

1 생물 다양성

선택지 분석

ㄱ 종 균등도와 가장 관련이 깊은 것은 (가)이다.
ㄴ (나)가 높으면 생물과 환경의 상호 작용이 다양하게 나타난다.
✗ 대립유전자의 종류가 적을수록 (다)가 높다. 많을수록

ㄱ. (가)는 종 다양성이다. 종 다양성은 종 풍부도(서식하는 생물종의 다양한 정도)와 종 균등도(각 생물종의 분포 비율이 고른 정도)가 높을수록 높다.

ㄴ. 해령, 해산, 해구는 환경 조건이 서로 다른 생태계이므로 (나)는 생태계 다양성이다. 생태계의 종류에 따라 서식지의 환경 특성과 생물의 종류, 생물과 환경의 상호 작용이 다양하게 나타난다.

바로알기 ㄷ. 같은 종의 토끼 사이에서 나타나는 털색의 다양함은 털색을 결정하는 대립유전자의 차이에 의한 것이므로 (다)는 유전적 다양성이다. 대립유전자가 다양할수록 유전적 다양성이 높다.

2 생물 다양성

자료 분석

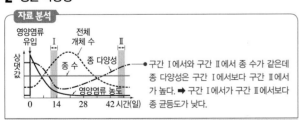

→ 구간 Ⅰ에서와 구간 Ⅱ에서 종 수 같은데 종 다양성은 구간 Ⅰ에서보다 구간 Ⅱ에서가 높다. ➡ 구간 Ⅰ에서가 구간 Ⅱ에서보다 종 균등도가 낮다.

선택지 분석

ㄱ 구간 Ⅰ에서 개체 수가 증가하는 종이 있다.
✗ 전체 개체 수에서 각 종이 차지하는 비율은 구간 Ⅰ에서가 구간 Ⅱ에서보다 균등하다. 덜 균등하다
✗ 종 다양성은 동일한 생물종이라도 형질이 각 개체 간에 다르게 나타나는 것을 의미한다. 유전적 다양성

ㄱ. 구간 Ⅰ에서 종 수는 변하지 않는 반면, 전체 개체 수는 증가하므로 이 구간에서 개체 수가 증가하는 종이 있다.

바로알기 ㄴ. 종 다양성은 종 수가 많고, 전체 개체 수에서 각 종이 차지하는 비율이 균등할수록 높아진다. 구간 Ⅰ에서와 구간 Ⅱ에서 종 수가 같은데 종 다양성이 구간 Ⅰ에서가 구간 Ⅱ에서보다 낮으므로 전체 개체 수에서 각 종이 차지하는 비율은 구간 Ⅱ에서가 구간 Ⅰ에서보다 균등하다.

ㄷ. 동일한 생물종이라도 형질이 각 개체 간에 다르게 나타나는 것은 대립유전자의 차이에 의해 나타나는 유전적 다양성을 의미한다.

3 생물 다양성의 의미

자료 분석

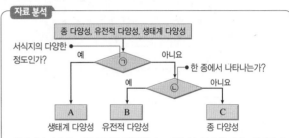

• 한 종에서 나타나는 것은 유전적 다양성뿐이고, 사람의 눈동자 색 차이는 유전적 다양성의 예이다. ➡ ㉠이 '한 종에서 나타나는가?'이면 유전적 다양성이 A가 되므로 사람의 눈동자 색 차이가 B와 C 중 하나의 예라는 조건과 맞지 않는다.
• 서식지의 다양한 정도는 생태계 다양성이다.

선택지 분석

✗ ㉠은 '한 종에서 나타나는가?'이다. ㉡
ㄴ B는 유전적 다양성이다.
ㄷ C가 높으면 생태계가 안정적으로 유지된다.

ㄴ. 한 종에서 나타나는 B는 유전적 다양성이다.

ㄷ. 종 다양성(C)이 높으면 복잡한 먹이 그물이 형성되어 생태계가 안정적으로 유지된다.

바로알기 ㄱ. ㉠은 '서식지의 다양한 정도인가?'이고, ㉡은 '한 종에서 나타나는가?'이다.

4 군집의 특성과 종 다양성

자료 분석

구분	A	B	C	D
㉠	8	8	12	? 2
㉡	15	? 16	14	15

• 서식지의 면적은 ㉡이 ㉠의 2배이다.
• B의 밀도는 ㉠과 ㉡에서 같다.
  ➡ ㉠의 면적을 상댓값 1이라고 하면 ㉡의 면적은 2이다. B의 밀도가 ㉠과 ㉡에서 같다고 하였으므로 $\frac{8}{1}=\frac{㉡의\ B}{2}$이므로 ㉡의 B는 16이다.
• ㉠에서 C의 상대 밀도는 40 %이다.
  ➡ 상대 밀도는 $\frac{특정\ 종의\ 개체\ 수}{모든\ 종의\ 개체\ 수\ 합}\times100$이다. ㉠에서 C의 상대 밀도가 40 %라고 하였으므로 $\frac{12}{28+㉠의\ D}\times100=40$ %에서 ㉠의 D는 2이다.

선택지 분석

ㄱ 서식하는 식물의 종 수는 ㉠과 ㉡에서 같다.
ㄴ B의 상대 밀도는 ㉠과 ㉡에서 같다.
✗ 식물의 종 다양성은 ㉠에서가 ㉡에서보다 높다. 낮다

ㄱ. ㉠과 ㉡에는 각각 식물 종 A~D가 모두 서식한다.

ㄴ. B의 상대 밀도는 ㉠에서 $\frac{8}{30}$, ㉡에서 $\frac{16}{60}$으로 같다.

바로알기 ㄷ. ㉠에서보다 ㉡에서 A~D가 차지하는 비율이 균등하므로 식물의 종 다양성은 ㉠에서보다 ㉡에서 높다.

5 군집의 특성과 종 다양성

자료 분석

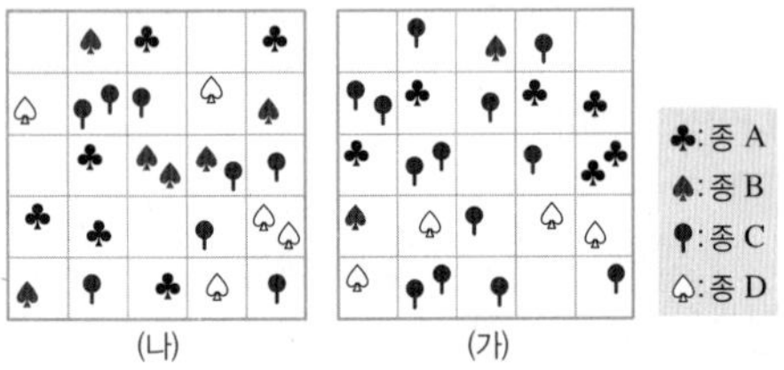

♣: 종 A
♠: 종 B
🍂: 종 C
🍃: 종 D

(나)   (가)

종 다양성이 (가)보다 (나)에서 높다고 하였으므로 종 균등도가 더 높은 왼쪽 그림이 (나)이다.

구분	A	B	C	D
(가)	6	2	13	4
(나)	6	6	8	5

선택지 분석

㉠ 종 A의 상대 밀도는 (가)와 (나)에서 같다.

✗ (가)에서 종 C의 개체 수가 많아지면 종 다양성이 ~~높아진다.~~ 낮아진다

㉢ (나)에서 개체군 밀도는 종 D가 종 B보다 작다.

ㄱ. (가)와 (나)에서 종 A의 상대 밀도는 $\frac{6}{25} \times 100 = 24\,\%$로 같다.

ㄷ. (나)에서 종 D가 종 B보다 개체 수가 적으므로 종 D의 밀도가 종 B의 밀도보다 작다.

바로알기 ㄴ. 생물종의 수가 같더라도 생물종의 분포 비율이 균등할수록 종 다양성이 높아진다. (가)에서 C의 개체 수가 가장 많으므로 C의 개체 수가 더 많아지면 C의 분포 비율이 더 높아져 종의 균등도가 낮아지므로 종 다양성이 낮아진다.

6 생물 다양성의 중요성

선택지 분석

㉠ (가)는 종 다양성이다.

✗ (가)가 낮은 생태계일수록 한 종의 멸종으로 다른 종이 함께 멸종할 확률이 ~~낮다.~~ 높다

㉢ ㉠은 의약품의 원료를 제공하는 생물 자원이다.

ㄱ. 다양한 종이 서식하는 생태계일수록 먹이 그물이 복잡하게 형성되므로 (가)는 종 다양성이다.

ㄷ. 팔각회향은 기생충 치료제, 주목은 항암제, 버드나무는 아스피린의 원료를 제공하는 생물 자원이다.

바로알기 ㄴ. 종 다양성(가)이 낮은 생태계일수록 먹이 그물이 단순하므로 한 생물종이 멸종했을 때 이를 대체할 수 있는 생물종이 있을 확률이 낮아 다른 생물종도 함께 멸종할 가능성이 높다.

7 생물 다양성의 감소 원인

선택지 분석

㉠ '로드킬이 발생한다.'는 ⓐ에 해당한다.

✗ ㉠은 먹이 그물을 ~~복잡하게~~ 만든다. 단순하게

㉢ '외래종의 도입'은 ㉡에 해당한다.

ㄱ. 도로 건설로 서식지가 분리되면 야생 동물이 도로를 건너다가 자동차에 치여 죽는 로드킬이 흔히 발생한다.

ㄷ. 천적이 없는 외래종은 개체 수가 크게 증가해 고유종의 서식지를 차지하고 먹이 사슬을 변화시켜 생태계를 교란할 수 있다.

바로알기 ㄴ. 남획(㉠)에 의한 생물의 멸종은 먹이 그물을 단순하게 만든다.

8 생물 다양성의 감소 원인

선택지 분석

㉠ 서식지 단편화에 대한 대책으로 생태 통로를 건설할 수 있다.

㉡ 도로 건설이나 택지 개발로 인해 종 다양성이 감소할 수 있다.

✗ 서식지 단편화는 생태계의 평형 유지 능력에 영향을 미치지 ~~않는다.~~ 평형 유지 능력을 떨어뜨린다.

이끼층이 전체적으로 덮여 있는 (가)에 비해 이끼층이 단절된 (다)에서는 소형 동물이 59 %만 생존했고, 이끼층이 완전히 단절되지 않게 한 (나)에서는 소형 동물이 86 % 생존했다.

ㄱ. 생태 통로는 생태계가 단절되지 않도록 하고, 동물이 안전하게 이동할 수 있게 하여 서식지 단편화에 의한 영향을 줄여준다.

ㄴ. 도로 건설, 택지 개발, 공단 건설 등으로 생태계가 작은 생태계로 나누어지는 서식지 단편화가 일어나면 종 다양성이 감소할 수 있다.

바로알기 ㄷ. 서식지 단편화는 생물 다양성을 감소시켜 생태계 평형 유지 능력을 떨어뜨린다.

오투와
오답노트
만들기

틀린 까닭

❶ 착각이나 실수로 틀렸다. ➡ 실수가 발생한 원인이 무엇인지 구체적으로 적고 방법을 정리한다.

❷ 모르는 개념이나 공식이 나와 틀렸다. ➡ 실수한 문제에 올바른 공식과 개념을 적는다.

❸ 처음부터 손도 못 대고 포기했다. ➡ 풀이 과정을 읽어보고, 풀지 못한 까닭을 적는다.

단원명 :   쪽수 :   틀린 까닭 ❶ ❷ ❸

문제   기억해야 할 것

단원명 :   쪽수 :   틀린 까닭 ❶ ❷ ❸

문제   기억해야 할 것

오투와
오답노트
만들기

단원명 :   쪽수 :   틀린 까닭 ❶ ❷ ❸

문제   기억해야 할 것

단원명 :   쪽수 :   틀린 까닭 ❶ ❷ ❸

문제   기억해야 할 것

단원명 :

쪽수 :

틀린 까닭 **❶ ❷ ❸**

문제

기억해야 할 것

단원명 :

쪽수 :

틀린 까닭 **❶ ❷ ❸**

문제

기억해야 할 것

단원명 :

쪽수 :

틀린 까닭 ❶ ❷ ❸

문제

기억해야 할 것

단원명 :

쪽수 :

틀린 까닭 ❶ ❷ ❸

문제

기억해야 할 것

문제부터 해설까지 자세하게!

Full수록

풀수록 커지는 수능 실력! 풀수록 1등급!

- **최신 수능 트렌드** 완벽 반영!
- 한눈에 파악하는 **기출 경향과 유형별 문제!**
- 상세한 **지문 분석** 및 **직관적인 해설!**
- 완벽한 **일차별 학습 플래닝!**

수능기출 | 국어 영역, 영어 영역, 수학 영역, 사회탐구 영역, 과학탐구 영역
고1 모의고사 | 국어 영역, 영어 영역

Full수록

oE 오·투·시·리·즈   생생한 시각자료와 탁월한 콘텐츠로 과학 공부의 즐거움을 선물합니다.

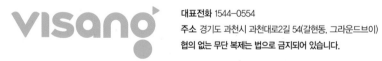

대표전화 1544-0554
주소 경기도 과천시 과천대로2길 54(갈현동, 그라운드브이)
협의 없는 무단 복제는 법으로 금지되어 있습니다.